国家能源集团
CHN ENERGY

技术技能培训系列教材

电力产业（新能源）

U0655626

风力发电机组检修工

（上册）

国家能源投资集团有限责任公司　组编

中国电力出版社
CHINA ELECTRIC POWER PRESS

内 容 提 要

本系列教材根据国家能源集团新能源专业员工培训需求，结合集团各基层单位在役机组，按照人力资源和社会保障部颁发的国家职业技能标准的知识、技能要求，以及国家能源集团发电企业设备标准化管理基本规范及标准要求编写。本系列教材覆盖新能源专业员工培训需求，本教材的作者均为长期工作在生产第一线的专家、技术人员，具有较好的理论基础、丰富的实践经验。

新能源系列培训教材包括《新能源（储能）装备技术（风电技术）》《风力发电机组检修工》《风力发电运行值班员》《新能源（储能）装备技术（光伏技术）》等。本教材为《风力发电机组检修工》，旨在全面阐述风力发电机组检修工所需掌握的各项技能和知识。全书共分为十一个章节，分别为概述、岗位安全职责、危险源辨识与典型事故、检修作业安全操作规范、风电机组检修基础知识、风电机组巡视维护、风电机组故障处理、风电机组缺陷处理、风电机组技术改造、应急救援与现场处置、职业危害因素及其防治。

本教材不仅适用于国家能源集团风力发电检修工的培训与指导，还可作为风力发电检修相关专业领域技术和管理人员的学习与参考资料。通过认真学习本教材，帮助其胜任风电机组检修工作进而为风力发电行业培养众多具备专业技能与知识的检修人才，助力我国风力发电事业的可持续发展。

图书在版编目（CIP）数据

风力发电机组检修工 / 国家能源投资集团有限责任

公司组编. -- 北京：中国电力出版社，2025. 6.

（技术技能培训系列教材）. -- ISBN 978 - 7 - 5198 - 9620 - 1

Ⅰ. TM315

中国国家版本馆 CIP 数据核字第 2025TE7387 号

出版发行：中国电力出版社

地　　址：北京市东城区北京站西街 19 号（邮政编码 100005）

网　　址：http://www.cepp.sgcc.com.cn

责任编辑：孙　芳（010－63412381）

责任校对：黄　蓓　郝军燕　李　楠

装帧设计：张俊霞

责任印制：吴　迪

印　　刷：北京雁林吉兆印刷有限公司

版　　次：2025 年 6 月第一版

印　　次：2025 年 6 月北京第一次印刷

开　　本：787 毫米×1092 毫米　16 开本

印　　张：40

字　　数：770 千字

印　　数：0001—2500 册

定　　价：190.00 元（上、下册）

技术技能培训系列教材编委会

主　　任　王　敏
副 主 任　张世山　　王进强　　李新华　　王建立　　胡延波　　赵宏兴

电力产业教材编写专业组

主　　编　张世山
副 主 编　李文学　　梁志宏　　张　翼　　朱江涛　　夏　晖　　李攀光
　　　　　蔡元宗　　韩　阳　李　飞　申艳杰　邱　华

《风力发电机组检修工》编写组

编写人员　（按姓氏笔画排序）
　　　　　丁兆龙　于重阳　马建荣　王　兴　王　建　王　聃
　　　　　王天福　王利静　王纯理　王建国　王曦正　牛　江
　　　　　牛玉鑫　代　余　白淑伟　邢智伦　曲柏衡　吕　朋
　　　　　朱　泽　乔　帅　乔佳良　仲丛彬　任彦彬　刘　凯
　　　　　刘　强　刘志强　刘佳松　刘紫东　刘静静　闫军帅
　　　　　孙海鸿　李京都　李振中　杨生进　杨宏明　杨海龙
　　　　　冷明旭　羌　慰　沈　涛　张　凯　张学文　张建冬
　　　　　张跃强　尚新升　罗　翔　金熙伦　周世东　周成成
　　　　　孟　刚　赵俊华　钟佳炜　夏　曦　徐　旸　徐　鹏
　　　　　徐文龙　徐明军　高宏飙　郭日阳　郭明旭　唐重建
　　　　　陶　涛　黄文游　黄晓杰　梁　锐　靳禄宁　翟津川
　　　　　樊登胜　薛　蕾

序　言

　　习近平总书记在党的二十大报告中指出，教育、科技、人才是全面建设社会主义现代化国家的基础性、战略性支撑；强调了培养造就更多大师、战略科学家、一流科技领军人才和创新团队、青年科技人才、卓越工程师、大国工匠、高技能人才的重要性。党中央、国务院陆续出台《关于加强新时代高技能人才队伍建设的意见》等系列文件，从培养、使用、评价、激励等多方面部署高技能人才队伍建设，为技术技能人才的成长提供了广阔的舞台。

　　致天下之治者在人才，成天下之才者在教化。国家能源集团作为大型骨干能源企业，拥有近25万技术技能人才。这些人才是企业推进改革发展的重要基础力量，有力支撑和保障了集团公司在煤炭、电力、化工、运输等产业链业务中取得了全球领先的业绩。为进一步加强技术技能人才队伍建设，集团公司立足自主培养，着力构建技术技能人才培训工作体系，汇集系统内煤炭、电力、化工、运输等领域的专家人才队伍，围绕核心专业和主体工种，按照科学性、全面性、实用性、前沿性、理论性要求，全面开展培训教材的编写开发工作。这套技术技能培训系列教材的编撰和出版，是集团公司广大技术技能人才集体智慧的结晶，是集团公司全面系统进行培训教材开发的成果，将成为弘扬"实干、奉献、创新、争先"企业精神的重要载体和培养新型技术技能人才的重要工具，将全面推动集团公司向世界一流清洁低碳能源科技领军企业的建设。

　　功以才成，业由才广。在新一轮科技革命和产业变革的背景下，我们正步入一个超越传统工业革命时代的新纪元。集团公司教育培训不再仅仅是广大员工学习的过程，还成为推动创新链、产业链、人才链深度融合，加快培育新质生产力的过程，这将对集团创建世界一流清洁低碳能源科技领军企业和一流国有资本投资公司起到重要作用。谨以此序，向所有参与教材编写的专家和工作人员表示最诚挚的感谢，并向广大读者致以最美好的祝愿。

编委会

2024 年 11 月

前　言

随着风电产业的迅猛发展，风力发电机组的检修维护工作也面临着日益严峻的挑战。其需求的日益增长，为行业带来了前所未有的发展机遇。当前，风力发电机组检修人员的技能水平已经成为推动风电产业高质量发展的关键动力。为进一步提升检修人员技术水平，确保高质量、高效率地完成检修任务，保障风力发电机组的稳定运行和高效发电，国家能源集团精心组织一批具有丰富现场实践经验和深厚理论功底的专业人才，共同编写了一套系统、全面、实用的风力发电系列培训教材。

本套教材包括《新能源（储能）装备技术（风电技术）》《风力发电机组检修工》《风力发电运行值班员》。《风力发电机组检修工》分十一章，包括概述、岗位安全职责、危险源辨识与典型事故、检修作业安全操作规范、风电机组检修基础知识、风电机组巡视维护、风电机组故障处理、风电机组缺陷处理、风电机组技术改造、应急救援与现场处置、职业危害因素及其防治。

第一章详细介绍了风力发电机组检修人员的工作内容、工作性质和工作目标，让读者对这一岗位有更深入地理解。

第二章强调了风力发电机组检修人员在检修过程中应遵守的安全规定和责任，以确保自身和他人的安全。

第三章讲解了如何识别和应对风力发电机组检修过程中的危险源。

第四章详述了风力发电机组检修过程中的安全操作规范，以确保检修工作的顺利进行。

第五章介绍了检修基础理论、工具器的使用、图纸识图、操作工艺、起重作业等与检修工作相关的基础知识。

第六章阐述了风力发电机组巡视维护的基本要求、操作流程和维护周期。

第七章介绍了风力发电机组故障处理的流程、方法和注意事项。

第八章阐述了风力发电机组缺陷原因、类型、处理方法。

第九章阐述了风力发电机组技术改造的具体方法和技巧。

第十章介绍了风力发电机组检修过程中遇到紧急情况时的救援措施和现场处置方法。

第十一章分析了风力发电机组检修人员面临的职业危害因素，并提出了防治措施。

本教材不仅适用于国家能源集团风力发电检修人员的培训与指导，还可作为风力发电检修相关专业领域技术和管理人员的学习与参考资料。通过认真学习本教材，帮助其熟练掌握风力发电机组的检修维护技术，有效应对各种现场故障，胜任风力发电机组检修工作，为风力发电行业培养众多具备专业技能与知识的检修人才，助力我国风力发电事业的可持续发展。

由于编著者水平有限，书中难免有不足之处，希望广大读者批评指正。

编写组
2025 年 3 月

目　录

第一章 概 述

随着风力发电机组（简称风电机组）装机容量的增加，风电机组检修人员已经成为风力发电行业中一个重要的工种。风电机组经过设计、制造、组装、调试后并网发电，在并网发电期间需要风电机组检修人员定期为轴承注油、巡视维护设备工作，及时处理风电机组故障，可以说有风电机的场所就有风电机组检修人员，风电机组检修人员对保障风电机组的稳定运行发挥着至关重要不可替代的作用。

本章介绍了风电机组检修人员的日常工作内容，职业健康检查要求，以及为满足工作要求应具备的生产技能知识，帮助读者了解风力发电机组检修工这一岗位。

第一节 岗位工作内容

本节介绍了风电机组检修工岗位工作内容，描述了检修作业安全操作、巡视维护、故障处理、缺陷处理与技术改造、应急救援与现场处置等工作包含的项目，明确了对风电机组检修人员的工作要求。

风电机组检修人员通常是指从事风电机组设备巡视维护和故障检修的人员，主要工作内容包括检修作业安全操作、巡视维护、故障处理、缺陷处理、技术改造、应急救援与现场处置等。

一、检修作业安全操作

风电机组的检修作业安全操作是通过分析作业过程中的危险点，制定防范措施，降低作业风险，保障检修人员的安全和健康。危险点按照原因主要包括以下几类：

1. 人为原因

人为原因导致的危险源包括误操作设备、违反操作规程、酒后作业、疲劳作业、超速驾驶等。

2. 作业环境原因

作业环境原因导致的危险源包括恶劣天气、照明不足、通风不良、地面湿滑、空间狭窄等。

3. 设备原因

设备原因导致的危险源包括吊具损坏、机械部件磨损、车辆带病行驶等。

4. 管理原因

管理原因导致的危险源包括出海作业人员管理要求、作业船舶管理要求、海上交通调度管理要求、海上作业管理要求等。

二、巡视维护

风电机组的巡视维护是指对风电机组进行定期检查和保养，确保其安全、可靠、高效地运行。主要可以概括为以下几类：

1. 外观巡视检查

外观巡视检查包括对风电机组部件外部结构、涂层、损伤情况等进行视觉检查。

2. 电气类设备巡视维护

电气类系统巡视维护包括检查电缆、接线盒、控制柜等电气设备，电气连接牢固，无过热或损坏现象。

3. 机械部件的巡视维护

机械部件的巡视维护检查包括齿轮箱、轴承、主轴等机械部件的运行状况，如润滑、磨损和振动等情况检查和维护。

4. 螺栓预紧力维护

螺栓预紧力维护是指定期检查和校验关键连接螺栓的预紧力，保证部件间足够的连接强度。

5. 环控设备巡视维护

环控设备巡视维护包括检查风电机组的加热、冷却、通风等设备可以正常工作。

6. 控制设备巡视维护

控制设备巡视维护包括检查控制器、软件等设备，无死机、卡顿等问题。

7. 通信设备巡视维护

通信设备巡视维护包括检查通信电缆、光纤、总线连接器等设备连接可靠、无破损。

8. 其他辅助系统巡视维护

其他辅助系统巡视维护包括偏航系统、液压系统、制动系统、水冷系统、生产数字化系统等辅助设备的检查和维护。

三、故障处理

风电机组故障处理是指风电机组检修人员在风电机组出现故障后采取的一系列诊断、维修的措施。主要分为以下几类：

1. 电气类故障

电气类故障包括器件损坏、电缆破损等原因引起的故障，该类故障在风电机组的故障中占比较多，是在风电场十分常见的故障类型。

2. 机械类故障

机械类故障包括润滑不良导致的零部件磨损、设计缺陷导致的部件损坏等原因引起的故障，该类故障在风电机组的故障中占比较少，但维修成本一般较高，停机时间长。

3. 液压类故障

液压类故障包括蓄能器预充压力不足、油液污染、渗漏油等原因引起的故障。

4. 冷却类故障

冷却类故障包括器件损坏、散热通道堵塞引起的散热不良等原因引起的故障，该类故障具有一定的季节性特点，一般需风电场在季节温度变化来临前进行预防性维护。

5. 润滑类故障

润滑类故障包括润滑油脂不足、管路堵塞、润滑泵损坏等原因引起的故障，该类故障一般不会直接报出故障，容易被忽视，但长时间润滑不良，容易导致机械部件损坏。

6. 数字化设备类故障

数字化设备类故障包括设备损坏、线路虚接或破损、内存不足、配置错误等原因引起的故障。

四、缺陷处理

风电机组缺陷是指在设计、制造、安装或运行过程中存在的不足或瑕疵，这些缺陷可能潜在地影响风电机组的性能、可靠性和安全性，但不一定会直接导致故障停机。主要可以分为以下几类：

1. 机械磨损

机械磨损包括主轴轴承磨损、变桨齿轮磨损、断路器机构磨损等。

2. 设计制造缺陷

设计缺陷包括发电机转子连接线断裂、通风量不足引起的高温、叶片褶皱等。

3. 维护不当

维护不当包括变桨齿形带位置偏移、发电机不对中、齿轮箱油温高、蓄能器或膨胀罐预充压力不足等。

4. 老化性能衰减

老化性能衰减包括密封圈损坏、塔架腐蚀等。

五、技术改造

风电机组技术改造是指对已有的风电机组进行技术升级、优化改进，以提高其性能、安全性的工作。

1. 空气动力类技术改造

空气动力类技术改造包括涡流发生器、后缘襟翼、叶根扰流、叶尖小翼、叶尖加长、更换长叶片、叶片防覆冰等技术改造。

2. 机械类技术改造

机械类技术改造包括密封圈技术改造、渗漏油技术改造等。

3. 电气类技术改造

电气类技术改造包括供电电源技术改造、低压配电系统技术改造、电缆技术改造等。

4. 辅助系统技术改造

辅助系统技术改造包括测风设备技术改造、环控设备技术改造、润滑类技术改造、冷却类技术改造等。

六、应急救援与现场处置

应急救援与现场处置是指针对现场存在的安全风险制定的管理措施以及保障体系。主要包括以下内容：

（1）应急管理的原则。

（2）对现场典型安全风险制定应急处置方案。

第二节　职业健康检查

本节详细阐述了职业健康检查的总体要求，明确了职业健康检查的适用范围，列举了典型的体检项目，强调了档案管理应主要涵盖的内容。

一、总体要求

企业应坚持"预防为主、防治结合"的原则，按照国家及行业有关规定，建立健全职业健康监督管理体系，切实开展作业现场职业健康危害防治与控制及日常管控活动。其主要内容包括建立、实施并保证以下过程控制：

（1）作业现场职业健康危害控制与预防，包括设备设施及环境进行治理、维护的管控机制及要求和提供个人劳动防护用品等。例如，在生产过程中涉及机械加工、焊接、涂装等工序，可能产生噪声、粉尘、有害气体等职业健康危害，为预防职业危害需要为设备安装隔音罩、粉尘产生区安装除尘设备、有毒有害气体区域设置通风系统、为员工配置个人防护用品。

（2）建设项目职业健康管控，包括建设项目职业健康的"三同时"（同时设计、同时施工、同时投入使用）管控机制与要求。例如，在项目设计阶段设计符合职业健康标准，施工过程中严格按照设计要求进行施工，项目投产前全面验收，确保所有职业健康设施正常运行，符合设计要求。

（3）外包项目管控，包括外包人员入场、现场服务过程职业健康危害控制及预防挂靠机制与要求等。例如，应对外包单位人员进行职业健康培训、建立健康档案、检查作业过程中的防护用品满足使用要求等。

（4）职业危害因素检测，包括检测项目、检测点清单、检测程序及危害公示、告知等管控机制与要求。例如，项目单位应在生产车间环节、危化品存放地、员工休息区等场所，检测生产过程中产生的有毒有害气体、粉尘、噪声、辐射等危害职业健康的因素。检测时间分为定期检测、日常检测、应急检测。检测完成后，对检测结果进行公示，同时对检测结果记录保存，检测结果超标时应进行整改。

（5）职业健康监护，包括职业健康体检项目、内容、频次及结果处置、健康档案等管控机制与要求。例如，项目单位应定期安排员工接受专业体检，针对可能面临的职业健康风险进行专项检查，经专业体检单位评估后，将体检结果存档保存。

二、分类

按照作业人员接触的职业病危害因素，职业健康检查分为以下六类：

（1）接触粉尘类。例如：X 线胸片（DR）、肺功能等。

（2）接触化学因素类。例如：内科常规检查、心电图、肝功能、血、尿常规等。

（3）接触物理因素类。例如：纯音听阈测试等。

（4）接触生物因素类。例如：高千伏 DR 拍片、B 超等。

（5）接触放射因素类。例如：血、尿常规等。

（6）其他类（特殊作业等）。

三、适用范围

企业人力资源管理部门应每年组织接触职业病危害因素的作业人员进行上岗前、在岗期间、离岗时和应急的职业健康检查，检查结果应如实告知作业人员本人。

（1）上岗前职业健康检查：对新录用、变更工作岗位以及拟从事有特殊健康要求的作业人员上岗前进行职业健康检查。特别是该岗位接触职业危害因素作业可能影响人体健康的相关的检查项目，确保只有通过职业健康检查的作业人员才能上岗。

（2）在岗期间职业健康检查：企业职业健康归口管理部门应根据作业人员所从事的工种和工作岗位存在的职业病危害因素及其对作业人员健康的影响规律，选定检查项目，定期进行职业健康检查。需要复查的，应当根据复查要求增加相应的检查项目。

（3）离岗时职业健康检查：对准备脱离所从事的职业病危害作业或者岗位的作业人员，应当在作业人员离岗前 30 日内进行离岗时的职业健康检查，作业人员离岗前 90 日内的在岗期间的职业健康检查可以视为离岗时的职业健康检查。对未进行离岗时职业健康检查的作业人员，不得解除或者终止与其订立的劳动合同。应及时将职业健康检查结果及职业健康检查机构的建议，以书面形式如实告知作业人员。在委托职业健康检查机构对从事接触职业病危害作业的作业人员进行职业健康检查时，应当如实提供下列文件、资料：

1）企业的基本情况。

2）工作场所职业病危害因素种类及其接触人员名册。

3）职业病危害因素定期检测、评价结果。

（4）应急健康体检：出现下列情况之一的，企业应当立即组织有关作业人员进行应急职业健康检查：

1）接触职业病危害因素的作业人员在作业过程中出现与所接触职业病危害因素相关的不适症状的。

2）作业人员受到急性职业中毒危害或者出现职业中毒症状的。

四、检查项目表

特种作业人员应经社区或者县级以上医疗机构体检健康合格，并无妨碍从事相应特种作业的器质性心脏病、癫痫病、美尼尔氏症、眩晕症、癔症病、帕金森病症、精神病、痴呆症以及其他疾病和生理缺陷，高处作业人员还应无恐高症、四肢骨关节及运动功能障碍等病症。

为确保作业人员的身体健康，预防职业病的发生，需要制定有针对性的职业健康检查表，以下是一个职业健康检查表的示例，见表1-1。根据现场作业类型的不同，作业人员所接触的职业病危害因素也各不相同，相应的职业健康检查项目也会有所差异。企业应根据作业人员的岗位特点制定符合现场实际情况的检查表。

表1-1　职业病检查项目表

检查项目	危害因素		
	噪声	高温	工频电磁场
内科常规检查	√	√	√
一般检查	√	√	√
心电图（12导）	√	√	√
血常规（五分类）	√	√	√
尿常规	√	√	√
肝功三项	√	√	√
耳科常规检查	√	—	√
电测听	√	—	—
血糖	—	√	—
游离甲状腺素	—	√	—
游离三碘甲状腺原氨酸	—	√	—

检查项目	危害因素		
	噪声	高温	工频电磁场
促甲状腺激素	—	√	—
眼科常规检查	—	—	√
神经系统检查	—	—	√
外科常规检查	—	—	√

五、档案管理

企业应为作业人员建立职业健康监护档案，一人一档，并妥善保存。职业健康监护档案应包括但不仅限于下列内容：

（1）作业人员姓名、性别、年龄、籍贯、婚姻、文化程度、爱好等情况。

（2）作业人员职业史、既往病史和职业病危害接触史。

（3）历次职业健康检查结果及处理的详细情况。

（4）职业病诊疗资料记录。

（5）需要存入职业健康监护档案的其他有关资料。

第三节　生产技能知识

本节主要介绍了风电机组检修人员应该具备的基本能力，能够明确自身岗位职责、掌握风电机检修基础理论知识、会正确使用检修用到的工器具、可以读懂电气、机械类等与风电机组检修相关图纸、明确风电机组检修操作的安全注意事项、能够完成故障处理和技术改造等工作。以及为了满足工作需求应进行的培训内容，以确保可以安全高效地完成检修工作。

一、基本能力与培训要求

（一）基本能力

风电机组作业人员应具备与本岗位从事的生产活动相适应的安全生产和职业卫生、生态环境知识与能力，经考核合格，具有下一级岗位生产工作的经历。

1. 安全生产与职业卫生知识

（1）掌握风电机组检修过程中的安全操作规程，确保个人及团队安全。

（2）能够正确使用个人防护装备，并监督他人遵守安全规定。

（3）熟悉职业卫生标准，了解常见职业病的预防措施。

2. 生态环境知识

（1）了解风电机组对生态环境的影响，掌握环保检修技术。

（2）熟悉相关环保法规，确保检修活动符合环保要求。

（3）具备处理突发环境事件的能力，减少对环境的损害。

（二）培训内容

依照《中华人民共和国安全生产法（2021年修订）》第三十条规定：生产经营单位的特种作业人员必须按照国家有关规定经过专门的安全作业培训，取得相应资格，方可上岗作业。检修人员的安全生产教育培训内容如表 1-2 所示。

表 1-2 检修人员培训内容

序号	类型	培训内容	培训形式
1	文化理念	事故案例，行为规范、安全文化手册等	进行相关文件的教育学习，加强分析领会
2	制度规定	设备、检修、安全文明生产标准化，检修规程、有关安全健康环保法律法规、规章标准、安全生产制度等	进行相关规章制度、规程、规范的学习培训
3	岗位理论知识	本专业岗位检修理论知识、相关重点安全技术要求等	进行各项知识的学习培训
4	岗位专业技能	（1）岗位相关设备原理及构造、设备故障、隐患分析和判断技能、检修工艺流程和作业标准、技术资料、工器具和仪器的使用等； （2）岗位相关的作业操作技能，包括特种设备作业、危化品处置、重大危险源管理、高风险作业及相应防护措施等	进行各类技能的薄弱点学习培训和实操训练，并在实践中积累经验
5	风险应急知识技能	（1）风险预控理论、风险辨识技能，熟悉与岗位相关的安全、健康、环保风险因素及预防措施，具备工作票和作业指导书与风险预控的融合技能，并熟练掌握个人防护技能； （2）岗位相关的应急处置程序、措施、报警和响应等知识技能，包括消防报警、扑救、疏散、人身急救等技能	进行各类技能的薄弱点学习培训
6	资格资质	取得法律法规要求的特种设备作业操作证资质证书	参加培训机构的培训、通过考试

二、必备知识

风电机组检修人员经安全教育、理论知识及生产技能培训之后，应掌握知识如下：

（一）安全管理

1. 安全生产法律

（1）掌握安全生产权利和义务；

（2）掌握生产经营单位的安全保障制度；

（3）掌握安全生产的监督管理制度。

2．电气安全规程

（1）熟练掌握高压设备工作的基本要求；

（2）熟练掌握保证安全的组织措施和技术措施。

3．风电场安全规程

（1）熟练掌握风电场作业人员的基本要求；

（2）熟练掌握风电场作业现场的基本要求；

（3）熟练掌握风电机调试、检修、维护、安装的安全要求。

4．消防安全

（1）掌握火灾和爆炸的易燃物质和引燃条件知识；

（2）掌握火灾扑救的方法；

（3）掌握灭火器的配置、使用、管理规定；

（4）掌握消防的方针、原则、防火重点部位；

（5）掌握风电场采取防火的措施和方法。

5．风电企业安全管理

（1）熟悉风电企业的安全目标；

（2）熟悉安全生产的保障体系与监督体系；

（3）熟悉安全性评价实施阶段的主要程序和简要内容；

（4）熟悉危险源的概念、分类及防护措施。

6．事故调查规程

（1）掌握事故等级的划分和事故调查的工作规范；

（2）掌握典型事故案例分析。

7．电气安全防护技术及应用

（1）熟练掌握安全用电的基本知识；

（2）熟练掌握电气设备绝缘类型和分类；

（3）熟练掌握低压配电系统的供电方式；

（4）熟练掌握保护接地的基本原理、方式、区别；

（5）熟练掌握风电机组的防雷措施。

8．工作票与操作票

（1）熟练掌握工作票与操作票填写、使用与管理；

（2）熟练掌握数字化生产系统电子票的使用。

9．安全工器具

（1）熟练掌握绝缘安全工器具的使用；

（2）熟练掌握个人防护用品的使用；

（3）熟练掌握安全围栏和标识牌的使用。

10．紧急救护法

（1）熟练掌握心肺复苏方法；

（2）熟练掌握触电急救；

（3）熟练掌握窒息急救；

（4）熟练掌握高空逃生。

（二）运行管理

1. 风电场运行管理制度

（1）熟悉风电场工作制度；

（2）熟悉风电场安全工作制度；

（3）熟悉风电场备件管理制度；

（4）熟悉风电场交接班制度。

2. 风电场运行技术管理

（1）熟悉风电场技术档案管理；

（2）熟悉现场运行记录；

（3）熟悉风电场运行分析；

（4）熟悉风电场保护定值管理；

（5）熟悉风电场技术监督；

（6）熟悉风电场状态监测；

（7）熟悉风电场管理信息系统。

3. 风电场检修管理

（1）掌握检修管理的基本原则和要求；

（2）掌握检修管理工作流程及基本指标；

（3）掌握检修计划及实施；

（4）掌握检修验收、评价与总结。

4. 风电场生产指标与运行资料

（1）熟悉风电场应具备的记录台账；

（2）熟悉风电场数据储存；

（3）熟悉风电场安全生产指标统计；

（4）熟悉风电场报表清单。

5. 风电场班组管理

（1）熟悉风电场班组生产组织；

（2）熟悉风电场班组工作要求；

（3）熟悉风电场班组文明生产；

（4）熟悉风电场班组安全管理；

（5）熟悉风电场班组技能培训；

（6）熟悉风电场班组劳动竞赛；

（7）熟悉风电场班组创新管理；

（8）熟悉风电场班组对标管理。

（三）风电机组知识

1. 风电机组基础知识

（1）了解风资源基础知识：粗糙度和风切变、空气密度和气压、湍流、测风和测风数据分析、风资源评估；

（2）熟悉风力发电的空气动力学原理：贝茨理论、翼型和空气动力特性、风轮的空气动力学、风电机组功率控制；

（3）了解风电机组分类及典型结构介绍。

2. 风电机组运行与操作

（1）掌握风电机组运行主要工作内容；

（2）掌握风电场风电机组监控系统；

（3）掌握风电场有功功率和无功功率控制；

（4）掌握风电场功率预测；

（5）掌握风电机组巡视检查；

（6）掌握风电机组运行故障分析与事故处理。

3. 风电机组检修基础理论

（1）熟悉设备检修的定义及检修原则；

（2）熟悉设备可靠性指标；

（3）熟悉设备故障理论。

4. 风电机组检修基本技能及工器具

（1）掌握检修基本技能；

（2）掌握检修常用工具使用。

5. 风电机组叶片

（1）掌握叶片结构及功能；

（2）掌握叶片的检查与维护；

（3）掌握轮毂结构与作用；

（4）掌握变桨系统的结构与原理；

（5）掌握变桨系统的检查和维护；

（6）掌握变桨系统的常见故障处理。

6. 风电机组传动链

（1）掌握主轴、齿轮箱、联轴器的结构和功能；

（2）掌握主轴、齿轮箱、联轴器检查和维护；

（3）掌握齿轮箱润滑及冷却系统的原理和功能；

（4）掌握齿轮箱润滑及冷却系统的检查和维护。

7. 风电机组发电机

（1）发电机的原理及类型；

（2）发电机的检查与维护；

（3）发电机的常见故障处理。

8. 风电机组偏航系统

（1）掌握偏航系统结构及工作原理；

（2）掌握偏航系统检查与维护；

（3）掌握偏航系统常见故障处理。

9. 风电机组变流系统

（1）掌握变流系统的功能及类型；

（2）掌握变流系统检查与维护；

（3）掌握变流系统常见故障处理。

10. 风电机组主控系统

（1）掌握主控系统原理及结构；

（2）掌握主控系统检查和维护；

（3）掌握主控系统常见故障处理。

11. 风电机组监控系统

（1）熟悉风电机组集中监控系统结构及作用；

（2）熟悉风电机组人机界面的操作。

12. 风电机组液压系统

（1）掌握液压系统功能及原理；

（2）掌握液压系统检查和维护；

（3）掌握液压系统常见故障。

13. 风电机组制动系统

（1）熟悉制动系统原理及功能；

（2）熟悉制动系统的检查与维护；

（3）熟悉制动系统的常见故障处理。

14. 风电机组塔架和基础

（1）熟悉塔架、基础的作用和分类；

（2）熟悉塔架、基础的检查和维护。

15. 风电机组润滑系统

（1）熟悉润滑系统基础知识；

（2）熟悉润滑系统的检查与维护；

（3）熟悉润滑系统常见故障处理。

第二章　岗位安全职责

　　岗位安全职责是企业安全生产管理体系的核心基础，它明确了各岗位人员在生产经营活动中应承担的安全生产责任与义务。建立健全岗位安全职责，不仅是落实国家安全生产法律法规的必然要求，更是保障员工生命安全、防范事故风险、实现企业可持续发展的关键举措。通过细化责任分工、强化过程管控，能够有效形成"人人有责、层层负责"的安全责任链条，从而将安全生产贯穿于生产运营的每一个环节，筑牢企业安全防线。

　　本章围绕"岗位安全职责"展开，介绍了风电机组检修工的安全运行、维护管理职责，以及企业全员安全生产责任制的原则、建立与实施要求。规定了检修人员在设备巡视、缺陷处理、消防急救、外委项目管理等方面的具体职责；从责任制原则、履职监督、安全承诺等维度，提出了标准化、全覆盖的安全生产责任体系构建方法，并配套监督机制与考核标准，为企业实现责任落地、风险可控提供了操作性指南。

第一节　岗　位　职　责

　　本节介绍了检修人员在保障安全生产和设备维护管理方面应承担的具体任务。从安全运行职责到维护管理职责，为检修人员提供了清晰的工作指南，确保每位检修人员都能明确自己的职责范围。

一、风电机组检修工安全与运行职责

　　（1）坚守岗位，值班时应了解当班的安全运行、故障内容和处理方式，应有计划地定时巡视设备，发现缺陷向班长及时汇报。

　　（2）贯彻执行国家及行业安全生产有关法律法规、规程标准，以及上级单位规章制度与安全生产工作要求。

　　（3）应掌握设备的工作原理、性能、构造，且一般检修人员能正确运用各种消防器材，结合实际情况进行灭火，掌握触电、窒息、烧伤等急救法。

　　（4）负责履行作业人员安全、施工质量监管责任。负责检修外委项目施工队伍的管理，重点危险作业现场过程管控。

　　（5）严格执行两票制度，认真填写并审核操作票、工作票所填写项目是否正确，把好安全关并许可工作票的工作。工作结束后及时地组织调整恢复生产。

　　（6）在日常巡视中，若发现问题并无法处理时，及时上报；遇有设备

事故、障碍及异常运行等情况，进行处理，同时做好相关记录。

二、风电机组检修人员维护与管理职责

（1）负责完成公司下达的各项计划指标。全面贯彻执行各项生产及非生产工作任务。

（2）保质保量地完成设备的消缺工作，检修中要讲究工艺方法，要精益求精，达到质量标准，做到应修必修、修必修好的原则。

（3）负责分工范围内的工作，熟悉自己所管辖的设备运行状况，做好设备的维护工作，保证设备安全运行，确保设备的运维质量。

（4）接受班长的安排工作，明确任务，学好安全、技术措施，抓紧工作，讲究效率，充分利用有效时间完成定额。

（5）做好本职岗位所涉及的费用指标及预算编制工作。

（6）负责主管业务过程中形成的档案资料整理，并按要求移交。

（7）负责编制及修订与主管业务相关的管理制度。

（8）编制生产物资采购计划，落实物资出入库、库存盘点、维护保养及废旧物资处置等工作。

（9）落实消防保卫、交通安全、生活后勤等保障措施。

（10）负责完成领导交办的其他工作等。

第二节　岗位安全生产责任制

企业全员安全生产责任制是由企业根据安全生产法律法规和相关标准要求，在生产经营活动中，针对岗位的性质、特点和具体工作内容，明确所有层级、各类岗位从业人员的安全生产责任，通过加强教育培训、强化管理考核和严格奖惩等方式，建立起安全生产工作"层层负责、人人有责、各负其责"的工作体系。

依法建立安全生产责任制管理流程、工作标准、执行体系，实现安全生产责任制各要素标准化、规范化，并持续改进，促进企业更好地贯彻执行法律法规、完善安全管理机制、推动企业落实安全生产主体责任，使企业生产经营秩序处于良好稳定的状态。

一、原则

企业安全生产责任制管理应坚持"管生产必须管安全、管业务必须管安全、安全生产责任全覆盖、安全生产责任标准化、安全生产责任追究"的原则。

（一）坚持管生产必须管安全

各级领导和生产人员必须做到安全生产"五同时"，在计划、布置、检

查、总结、考核生产工作的同时，计划、布置、检查、总结、考核安全工作，实现安全与生产的统一。

（二）坚持管业务必须管安全

企业各系统、各部门和所有人员必须对分管业务和工作范围内的安全生产负责，将安全工作纳入日常工作，落实于前期设计、工程施工、生产经营全过程。

（三）坚持安全生产责任全覆盖

落实安全生产责任制的实质是安全生产、人人有责，企业必须建立涵盖全员（含承包商）、全过程、全方位的安全生产责任体系，做到责任全覆盖、管理无死角。

（四）坚持安全生产责任标准化

明确所有部门、岗位、人员的安全生产责任和安全工作标准，针对实际工作，建立作业人员个人安全生产责任标准，做到标准化、具体化，并具有针对性、可操作性。

（五）坚持安全生产责任追究

制定执行安全生产责任追究制度，强化硬约束，加强监督检查，对安全生产责任不落实或落实不到位的组织机构和个人，严格追责、严肃问责，促进全员安全生产责任的落实。

二、建立和保持

企业应采用"策划、实施、检查、改进"的"PDCA"动态循环模式，结合企业自身特点，自主建立并保持安全生产责任制管理体系，通过自我检查、自我纠正和自我完善，构建安全生产责任制长效机制，持续提升安全生产责任制管理水平。

三、自评和评审

企业应以问题为导向，以提升安全生产、全面落实安全生产责任为目标，建立健全自评价和评审机制，采用自查自评、上级验评相结合的方式，组织开展安全生产责任制管理体系运行情况的评价和评审，促进安全生产责任制持续改进提高。

四、安全承诺

（1）按照本岗位安全生产责任制履职清单严格执行。

（2）签订个人安全生产责任状。

（3）接受安全生产责任制公示。

（4）参加安全生产责任制教育培训。

（5）履行本岗位安全生产责任清单，严格落实岗位安全责任。

（6）遵守本单位的安全生产规章制度和操作规程，服从管理。

（7）正确佩戴和使用劳动防护用品。

（8）主动发现事故隐患或者其他不安全因素，做好应急处理并立即报告。

（9）拒绝和制止违章指挥、强令冒险作业、违反操作规程的行为。

（10）固化本岗位标准化作业流程，并持续改进。

（11）服从安全生产责任制的考核管理。

五、安全生产履职监督

（一）岗位自查

各级作业人员应每月开展安全生产履职自查，自查应对照本岗位履职清单开展。岗位自查应包括：

（1）结合岗位工作总结、计划开展。

（2）检查工作任务应按计划完成、履职周期应符合规定、相关工作应按照标准落实到位。

（3）未按周期和计划开展的工作是否有控制措施、整改措施。

（4）根据履职自查结果，采取自我纠正、改进措施。

（二）监督部门检查

1. 企业安全监督管理部门应定期对各级组织机构、岗位安全生产履职情况开展监督检查

（1）对检查发现的问题应以整改通知单、检查通报等方式书面通知被查对象。

（2）督促责任部门（场站）、班组、人员落实整改并反馈整改结果。

（3）按照企业安全奖惩、绩效考核等相关制度落实考核。

2. 企业安全监督管理部门、归口管理部门（场站）应定期对承包商安全协议履责情况进行检查

（1）检查发现的问题应以整改通知单、检查通报等方式书面通知被查对象。

（2）视问题性质和严重程度，按有关规定进行通报、立即整改、限期整改、约谈等。

（3）督促承包商落实整改并反馈整改结果。

（4）按照安全协议相关规定落实考核。

（三）安全生产目标及计划监督

企业应每季度对安全生产目标及计划的完成情况进行监督，各级安全监督人员按照监督职责范围进行监督检查。

一般管理人员的安全生产目标及计划监督工作标准见表2-1。

表 2-1　一般管理人员履职监督工作标准

序号	监督要素	监督内容	监督方式
1	重点区域定期检查	（1）安监、生产部门（场站）一般管理人员应每周对风电机组等重点区域进行检查；（2）检查问题整改情况	（1）查阅重点区域检查签到表和问题记录；（2）检查问题整改落实情况
2	重大操作、事项到岗到位	安监、生产部门（场站）一般管理人员应按重大操作、事项的到岗到位制度规定到岗到位	查阅重大操作、事项签到表
3	参加安全生产例会	生产部门（场站）一般管理人员应每月参加部门（场站）安全例会	查阅会议签到表或视频、会议纪要
4	生产现场安全监督检查	日常对生产现场进行安全监督检查，对发现的问题进行纠正、考核	查阅检查考核记录
5	承包商安全管理	（1）安监部门每周进行外包项目作业现场专项检查；（2）安监部门一般管理人员（新能源场站安全员）每月对承包商人员人身安全风险分析预控本填写情况进行检查评估；（3）安监部门一般管理人员每月通过查看记录、现场考问、组织考试等形式对承包商人员教育培训效果进行检查评估；（4）安监部门一般管理人员每月对外包单位应急演练效果进行检查、评价、通报；（5）安监部门一般管理人员每月对监理单位的工作进行一次专项检查	（1）查阅各类安全检查记录；（2）查阅人身安全风险分析预控本
6	落实双重预防机制	（1）安监、生产部门（场站）一般管理人员应建立风险数据库，组织员工开展作业风险辨识预控；（2）安监、生产部门（场站）一般管理人员应落实隐患排查治理机制，组织开展隐患排查、登记、监控、整改、验收的闭环管理	（1）查阅风险数据库，查阅作业风险辨识预控记录；（2）查阅隐患排查治理台账；（3）检查现场作业风险预控情况；（4）检查现场隐患情况
7	落实"两措"计划	（1）安监、生产部门（场站）一般管理人员应每年编制"两措"计划，并按计划执行；（2）安监部门一般管理人员应每月监督"两措"计划执行进展	查阅"两措"计划及相关的执行记录，如培训演练记录、物资出入库台账、检修技改报告等

序号	监督要素	监督内容	监督方式
8	组织安全教育培训	（1）安监、生产部门（场站）一般管理人员应每年编制安全教育培训计划，并按计划执行； （2）安监部门一般管理人员应每月监督安全教育培训计划执行进展	查阅安全教育培训计划及相关的执行记录，如培训演练记录、考试卷等，并现场考问受训人员掌握情况
9	做好应急管理	（1）安监、生产部门（场站）一般管理人员应每年参与应急预案局部修订； （2）安监、生产部门（场站）一般管理人员应每年编制应急演练计划，并按计划执行； （3）生产部门（场站）一般管理人员应每月组织应急物资检查	查阅应急预案、演练计划、演练评估总结报告、应急物资检查记录等台账
10	事故调查	安监、生产部门（场站）一般管理人员应参加事故的调查处理	查阅事故调查报告

第三章　危险源辨识与典型事故

风电机组作业环境复杂，高空与电气作业并存，危险因素较多，有必要分析评估危险源。根据现行的国家标准对风电机组的作业风险进行评估，划分风险等级，以便于把控作业中的风险。

根据事故类型分类叙述事故经过、分析事故原因、制定防范措施，强化作业人员对风电机组危险源的重视程度，在日常工作中严格遵循安全规范操作。

第一节　安全风险评估

本节主要介绍危险源辨识与安全风险评估的相关内容，包括安全风险评估原则、依据、方式、内容及评价方法。重点阐述了如何识别高风险、中风险和低风险作业项目。

一、安全风险评估原则

危险源辨识是指识别危险源并确定其特性的过程，主要是对危险源的识别，对其性质加以判断，对可能造成的危害、影响提前进行预防；风险评价是指评价识别出危险源的风险程度，确定不可承受的风险，并给出优先顺序的排列，根据评价情况制定相应措施。常用危险性事件发生可能性和后果严重度来表示风险大小。

"风险作业项目"采用定性的方法评定，分为三个等级类型，即高风险作业项目、中风险作业项目、低风险作业项目。高风险作业项目是指作业环境条件差、作业人员集中、交叉作业多、特种作业多、作业风险高、劳动强度大、作业周期长、易发生造成人身伤亡、设备重大损坏和重大环境污染或一旦发生不安全事件造成群伤事故、不易进行救援的作业项目。例如：高空作业、起重作业、受限空间作业、重大危险源区域作业、大型脚手架搭拆，以及使用易燃、易爆、有毒化学品等作业施工的项目。

在进行危险源辨识和风险评价时，需要综合考虑多个因素，包括危险源的性质、可能造成的危害和影响、发生的可能性和风险程度等。对于不同类型的风险作业项目，需要采取不同的措施来预防和控制风险。

（1）对于高风险作业项目，由于其作业环境条件差、作业人员集中、交叉作业多、特种作业多、作业风险高、劳动强度大、作业周期长等特点，需要特别注意安全防范措施的制定和实施。在施工前需要进行详细的安全风险评估，制定安全施工方案和应急预案，确保作业人员具备相应的安全知识和技能，配备完善的安全设施和个人防护用品，并加强现场管理和监督。

（2）对于中风险作业项目，需要采取相应的安全措施来降低风险程度。这包括对作业人员进行安全培训和教育，加强设备维护和检查，制定并执行安全操作规程等。

（3）对于低风险作业项目，也需要采取相应的安全措施来预防风险的发生。这包括对作业人员进行安全告知和警示、加强现场管理和监督等。

综上所述，危险源辨识和风险评价是确保安全生产的重要手段。

二、安全风险评估依据

（1）《生产过程危险和有害因素分类与代码》（GB/T 13861—2022）。

（2）《企业职工伤亡事故分类》（GB/T 6441—1986）。

三、安全风险评估方式

（1）安全风险辨识包含三种状态（即正常、异常及紧急状态）、三种时态（即过去、现在及将来时态）。

（2）每年 6、12 月组织开展危险源辨识和风险评估动态管理，不断积累、完善风险辨识、评估、控制措施基础数据库。

（3）当作业活动生产过程变化而导致危害变化时，需要对危害重新进行安全环保危害因素辨识和风险评估。

（4）当实施新建、改造、扩建工程，以及法律法规、规程、规定修改时，需要重新进行安全环保危害因素辨识和风险评估。

（5）事故（包括发生的和未遂的）反措、技术改造项目、法律法规、标准的改变等均要重新进行风险评估。

（6）任何危害都要从人的因素、物的因素、环境因素、管理因素 4 个方面进行辨识和评估。

四、安全风险评估内容

（1）评估范围：物理性（动能、势能、电能、热能、光和电磁波等）、化学性（易燃易爆、有毒有害、氧化、腐蚀、麻醉、致缺氧）、生理性及心理性、行为性、生物性、其他。

（2）评估形式：工作任务。

（3）评估内容：工作任务分类、任务节点、工作区域、危险源、危险因素、危害后果、原始风险评价、控制级别、现有控制措施、剩余风险评价、补充控制措施。

五、安全风险评价方法

（1）评价方法：风险评价采用 RFC 评价法，即

$$R = F \cdot C$$

式中　R——风险；

　　　F——发生事故的可能性；

　　　C——发生事故的严重性。

（2）风险等级：工作任务风险等级分为高风险、中风险、低风险三个等级。

（3）风险管控：高风险——公司级控制、中风险——部门级控制、低风险——工作负责人控制。

（4）计算方法取值见表 3-1～表 3-3。

表 3-1　事故可能性（F）取值

序号	事故发生的可能性（F）		分值
1	如果危害事件发生，即产生最可能和预期的结果（100%）	频繁：平均每 6 个月发生一次	50
2	十分可能（50%）	持续：平均每 1 年发生一次	15
3	可能（25%）	经常：平均每 1～2 年发生一次	6
4	很少可能性，据说曾经发生过	偶然：3～9 年发生一次	3
5	相当少但确有可能，多年没有发生过	很难：10～20 年发生一次	1
6	百万分之一的可能性，尽管暴露了许多年，但从来没有发生过	罕见：几乎从未发生过	0.2

表 3-2　事故严重性（C）取值

序号	事故可能造成后果的严重程度分值（C）		分值
1	人员伤亡	造成死亡≥3 人；或重伤≥10 人	100
	设备损坏	造成设备或财产损失≥1000 万元	
	生产中断	造成较大及以上事故	
	环境污染	严重违反国家环境保护法律法规	
2	人员伤亡	造成 1～2 人死亡；或重伤 3～9 人	50
	设备损坏	造成设备或财产损失在 100 万～1000 万元之间	
	生产中断	造成 A 类或 B 类一般设备事故	
	环境污染	影响后果可导致 3 人以上急性疾病或重大伤残，居民撤离；政府要求整顿	
3	人员伤亡	造成重伤 1～2 人	25
	设备损坏	造成设备或财产损失在 50 万～100 万元之间	
	生产中断	造成 C 类一般设备事故	
	环境污染	影响到周边居民及生态环境，引起居民抗争	

序号	事故可能造成后果的严重程度分值（C）		分值
4	人员伤亡	造成轻伤 3 人以上。生产中断造成设备一类障碍	15
	设备损失	造成设备或财产损失在 30 万~50 万元之间	
	生产中断	设备一类障碍	
	环境污染	周边居民及环境有些影响，引起居民抱怨、投诉	
5	人员伤亡	造成轻伤 1~2 人	5
	设备损失	造成设备或财产损失在 10 万~30 万元之间	
	生产中断	设备二类障碍	
	环境污染	轻度影响到周边居民及小范围（现场）生态环境	
6	人员伤亡	可能造成人员轻微的伤害（小的割伤、擦伤、撞伤）	1
	设备损失	可能造成设备或财产损失在 10 万元以下	
	生产中断	设备异常	
	环境污染	对现场景观有轻度影响	

表 3-3　危险程度（R）取值

序号	风险等级	危险性 R（危险程度） RFC 评估方式：$R = F \cdot C$	对应管控层级
1	高风险	≥320	公司级
2	中风险	160~320	风场级
3	低风险	<160	工作负责人级

第二节　事　故　案　例

列举高处坠落、触电伤害、交通事故等人身伤害，以及风电机组火灾、倒塔等设备事故，分析事故原因、制定预防措施，汲取事故中的经验教训，切实防范各类不安全事件的发生。

一、高处坠落类

（一）不使用防坠锁扣下塔导致人员坠落死亡事故

1. 事故经过

某风电场 3 人开展风电机组出质保复检工作。工作结束后，1 名人员使用助爬器环形钢索挂接环作为防坠连接口，从五层平台下塔，而后传出 2~3 次异常声响。随后，救援人员发现二层平台上遗落安全帽和工作鞋，一层平台爬梯底部发现坠塔员工，其身体呈俯卧状态，身体周围及塔筒内壁上有大量血迹，经救护人员检查，确认该人员已死亡，如图 3-1 所示。

2. 事故分析

此次事故是一起因违章和监护不到位引发的典型责任事故，主要是工

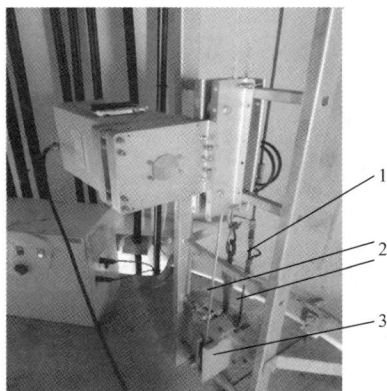

图 3-1　助爬器

1—助爬器环形钢索挂接环；2—助爬器环形钢索；3—助爬器底部滑轮

作人员安全意识不强，未按规定使用安全滑块（相当于未系安全带）；工作负责人未完全履行安全监护职责，未对工作班成员逐条讲解危险点及安全防范措施，未检查工作班成员安全防护用品的配备、使用情况，未及时发现和制止工作班成员的违章行为。

3. 防范措施

（1）明确使用个人防护用品和安全工器具，登高及高处作业必须系好安全带与防坠用品；严禁在没有安全防护措施的情况下，攀爬风电机组、线路杆塔及建筑物等，严禁将其他设备替代安全工器具使用。

（2）严格履行安全监护职责，开展作业前危险点分析和安全交底，检查安全措施落实情况，制止不安全行为，履行互保义务。

（二）孔洞边工作未使用安全带导致人员坠落死亡事故

1. 事故经过

某风电场 3 人在塔筒内第三层平台开展检修维护作业，1 名人员独自对塔筒螺栓力矩进行校验。当螺栓力矩校验工作开展至升降机背面围栏处时，检修人员不慎坠落至第二层平台的升降机护栏上，三平台至二平台落差 19.6m。最终，检修人员因抢救无效死亡（注：图 3-2 中圆圈区域为坠落孔洞，长约 1.4m，宽约 0.3m，无盖板）。

2. 事故分析

此次事故是一起因作业违章、装置违章和监护不到位引发的责任事故，由于作业平台盖板缺失，且人员安全意识不强，在孔洞处工作时，未按规定使用安全绳；在工作过程中，工作负责人未完全履行安全监护职责，未对安全防护用品的使用状况进行检查，工作班成员未履行互保职责。

3. 防范措施

（1）排查风电机组平台孔洞盖板、护栏等安全防护设施是否完好、可靠，发现问题立即整改。

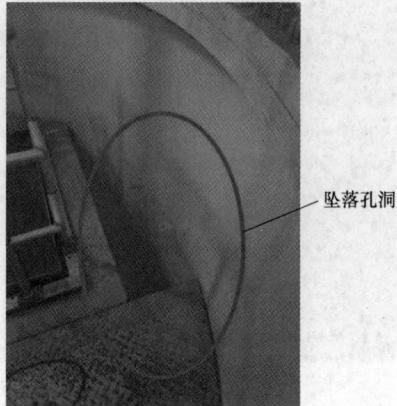

图 3-2　第三层平台升降机背面围栏孔洞

（2）作业人员在有坠落风险的孔洞附近作业，必须将安全绳悬挂在可靠固定点，禁止踩踏黄色警示线标识的区域。

（3）工作负责人必须监督工作班成员严格执行安全措施，全面开展环境危险源辨识，告知检修作业区域的安全风险、隐患，并采取有效防护措施，及时制止人员违章行为。

二、触电伤害类

（一）未有效控制吊物绳索导致人员触电伤亡事故

1. 事故经过

某风电场进行风电机组安装调试作业，工作结束后，3 名调试人员使用自备的钢芯吊物绳将备件从机舱外放下。当吊物即将到达地面时突发阵风（10m/s 左右），由于未对吊物绳进行有效控制，风将吊物绳吹偏至临近的 35kV 集电线路上，导致 3 人触电死亡，风电机组机舱起火，如图 3-3 所示。

2. 事故分析

此次事故是一起因管理不规范、安全意识淡薄造成的责任事故，暴露出风电场吊物作业缺乏管理，作业流程不规范，人员培训教育不到位、技术能力不足、现场违章作业、安全意识薄弱等问题。

3. 防范措施

（1）在机舱外部使用吊绳运输物品时，地面必须有人员使用引导绳对吊物进行有效控制，确保吊绳与带电设备保持足够的安全距离；吊绳及引导绳必须由非导电材料制成。

（2）使用风电机组机舱提升机从塔筒外部起吊物品时，应将机舱偏航使吊物远离带电线路，确保吊链和物品与带电设备保持足够的安全距离。

（3）当风速超过 10m/s 时，禁止从机舱起吊塔筒外物品。

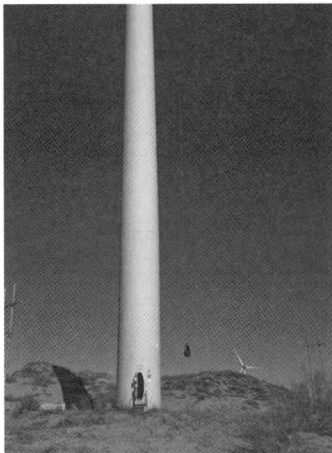

图 3-3 吊车触电示意图

（二）带电母排螺栓松动脱落导致人身烧伤事故

1. 事故经过

某风电场 2 名工作人员在机舱处理故障。机组 690V 并网柜的 L 形铜排的连接螺栓在长期运行中松动，因设备振动，导致螺栓掉落后发生三相短路故障。短路电流达到保护定值，但箱式变压器断路器拒动，未及时切除故障。铜排短路弧光击穿 690V 并网柜绝缘挡板，引燃 2 人工作服，发生人身电弧灼伤事故，造成 1 人重伤、1 人轻伤，如图 3-4 所示。

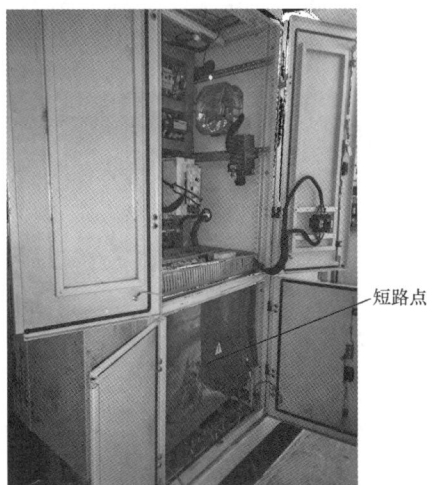

图 3-4 短路点

2. 事故分析

此次事故是一起因检修维护不到位引发的责任事故，具体原因如下：

（1）设备检查维护不到位，检修手册内容制定不全，导致设备螺栓松动。

（2）断路器长期未试验，未能发现断路器拒动隐患。

3. 防范措施

（1）打开风电机组功率柜、并网柜等设备的有机玻璃隔板（或隔离网栅）前，必须停运风电机组变压器低压侧，设立明显断开点，并严格执行安全作业的技术措施。设备启动测试前，必须先关闭设备柜门。

（2）重新梳理风电机组检修维护作业项目，消除设备检修维护盲点，做好检修维护记录与标记。定期核对风电场相关设备的保护定值，开展箱式变压器断路器传动试验。

（3）在并网柜和变频柜中，裸露的690V铜排之间加装绝缘隔板，同时可采用刷绝缘漆、加绝缘套等方式提高母排间的绝缘强度。

三、中毒类

（一）有限空间清洗剂大量挥发导致人员窒息死亡事故

1. 事故经过

某风电场3名员工进行风电机组变桨齿圈加脂作业，如图3-5所示。员工甲意外碰倒清洗剂铁桶且未及时发现，在吸入急剧挥发的清洗剂后出现眩晕状况。员工乙发现后与员工丙将清洗剂铁桶移至轮毂外部，并合力将员工甲推送到靠近轮毂人孔处。随后，员工丙、员工乙也先后出现眩晕状况，员工乙晕厥斜靠站立在下部变桨电池柜处（头部处于通风较好区域），员工丙晕倒平躺在下部叶片人孔平台处（空气流通不畅）。一段时间后，员工甲、员工乙清醒后呼叫救援。救援人员赶到后将人员救出，员工丙经抢救无效死亡。

图 3-5　作业位置

2. 事故分析

此次事故是一起因安全管理不到位、人员安全技能欠缺造成的责任事故，具体原因如下：

（1）事故中工业清洗剂含有三氯乙烯成分，麻醉中枢神经系统，急性中毒可致人迅速昏迷。但清洗剂使用说明中未明确提及。

（2）风电场及使用人员不了解清洗剂存在的事故隐患，未对作业过程和使用要求做出严格规定。

3. 防范措施

（1）使用无毒无害的清洗剂等化学品。认真开展风险辨识，核查化学产品安全说明（MSDS），对有毒有害、易燃易爆、挥发性强的化学品，实行严格的入场审查。

（2）限制每次使用剂量，采用按压式、喷雾式独立小包装产品，防止发生泼洒和泄漏。使用挥发性化学制剂，必须保持空气流动，必须设专人监护。

（3）制定化学品使用的安全措施和技术措施，开展风险辨识和安全交底，制定相关应急预案并组织演练，严禁盲目施救。

四、火灾类

（一）机舱遗留工具导致风电机组火灾事故

1. 事故经过

某风电场风电机组送电，检修人员在风电机组底部操作高压开关合闸后，顶部机舱不断传来异常响声，数分钟后机舱顶部通风口处有烟冒出，机舱起火并烧毁，如图 3-6 所示。事故勘查发现，在 35kV 干式变压器的 A 相低压母排附近遗留长约 35cm 的螺纹杆（用于风电机组安装的工具）。

事故造成机舱全部烧毁，叶轮（包括轮毂和三支叶片）过火损坏。

图 3-6　机舱、叶轮过火损坏

2. 事故分析

本次事故是一起因调试人员严重违章导致的责任事故。在变压器初次带电前没有按照规范执行检查、测试工作，变压器母排遗留金属工具，导致变压器短路，最终发生火灾。

3. 防范措施

（1）作业结束后，必须清点工具，不得遗留工具、废弃备件、易耗品等杂物，做到"工完、料净、场地清"。

（2）严格按照规范要求，在风电机组、变压器、高压电缆等电气设备送电前必须做全面检查，并测量绝缘值，严禁盲目送电。

（二）刹车间隙调整不当导致风电机组火灾事故

1. 事故经过

某风电场开展更换齿轮箱作业，作业完成后，检修人员未严格按照作业规程调整、测量刹车盘和刹车片间隙。风电机组投运后，刹车盘和刹车片持续摩擦产生火花，并从刹车盘护罩空隙喷出，引燃工作现场遗留的油脂、杂物，最终导致风电机组发生火灾事故，造成机舱严重烧毁，两支叶片根部过火，如图 3-7 所示。

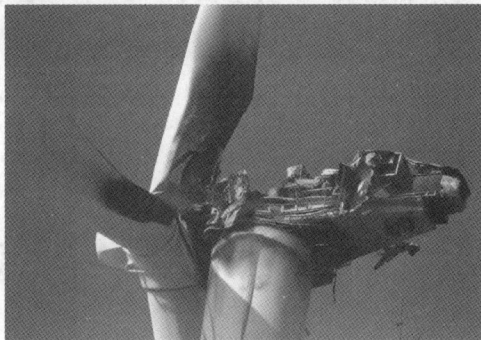

图 3-7　机舱、两支叶片过火损坏

2. 事故分析

此次事故是一起因人员严重违章作业引发的责任事故，具体原因如下：

（1）缺少风电机组大修作业管理，作业人员安全意识淡薄、技术能力不满足作业需要。

（2）风电机组检修维护质量不合格，遗留杂物，未做到"工完、料净、场地清"。

3. 防范措施

（1）任何有关风电机组刹车系统部件的维修和安装，必须经过严格调试和验收，并经多次试验合格，确保刹车间隙符合技术要求。

（2）风电机组投入运行前，必须恢复刹车系统防护罩安装。

（3）风电机组检修或维护时，必须全面清理油脂、易耗品、废弃的备件等杂物。

五、倒塔类

（一）人为屏蔽故障信号导致风电机组超速倒塔事故

1. 事故经过

某风电场同型号风电机组运行期间多次出现变桨电池和发电机故障信

号，为避免影响设备可用率，两个故障信号被制造商检修人员屏蔽。

发生事故的风电机组出现发电机故障，触发安全链紧急停机，风电机组脱网，因变桨蓄电池电量不足，无法完成顺桨，进而造成风电机组超速。一支叶片解体后加大了振动及不平衡载荷，最终发生风电机组倒塔事故。

2. 事故分析

此次事故是一起因人员安全意识淡薄、管理缺失导致的典型责任事故，具体原因如下：

（1）制造商检修人员未能从根本上消除缺陷，违规屏蔽故障告警信号，最终造成事故发生。

（2）风电场作业人员责任心不强，未制止制造商检修人员屏蔽故障信号，对电池容量不足的缺陷未引起重视，设备缺陷未闭环管理。

3. 防范措施

（1）任何人员不得擅自解除或修改风电机组保护、不得擅自屏蔽故障告警信号和传感器信号。

（2）在移交生产和出质保验收环节，风电场和设备制造商必须共同对每台风电机组信号和参数进行核查，确保设置完整、准确，对设备缺陷闭环管理。

（3）定期开展风电机组变桨后备电源容量测试，按要求更换变桨系统后备电源。

（二）盲目开展转速测试导致机风电组倒塔事故

1. 事故经过

某风电场发生风电机组超速倒塔事故，塔筒及以上部件整体倒落至地面。经调查，检修人员在变桨系统故障原因不清楚、未确定变桨系统工作正常的情况下，大风天气（约16m/s）盲目开展转速测试，因比例阀、逻辑阀卡涩，导致叶片开桨速度快而回桨速度慢，风电机组叶轮超速倒塔，如图3-8所示。

图3-8 倒塔后的风电机组

2. 事故分析

此次事故主要原因是检修人员安全意识不强，未能辨识大风天气工作的危险因素，检修技能不高，暴露出责任单位对设备管理和检修人员培训教育不到位。

3. 防范措施

(1) 变桨系统测试（包括紧急顺桨、流量、调节、正弦测试）前，必须可靠锁定叶轮机械锁并偏航侧风 90°，随时观察风向，保持风电机组侧风90°状态。

(2) 应按照检修手册规定步骤，进行紧急顺桨、流量、调节、正弦测试，所有结果应符合规定要求，正弦测试中观察液压传动系统无卡涩、抖动、噪声等异常现象。上述结果不合格，不得继续运行，必须查明原因、立即处理。定检维护时，按要求测量变桨系统传动机构间隙，及时调整或更换有问题的部件。

(3) 必须确认变桨系统测试正常，运行状态无故障后，才可进行能使叶轮转动的测试（包括但不限于转速测试、电气超速测试、叶轮超速测试）。对于报变桨系统故障和液压系统故障的风电机组，未查清原因前严禁开展使叶轮转动的测试、严禁盲目复位运行。

(4) 全面测试、排查风电机组的液压系统，按规定开展液压油送检工作。对液压油中存在杂质的风电机组需整体更换液压油，更换液压缸，并开展油路清洗工作；对于液压系统滤芯堵塞报警或超使用周期的风电机组，应及时更换滤芯，并检查液压油应未被污染，如液压油被污染，需更换液压油，并开展油路清洗工作。部件、液压油更换及油路清洗过程应严格遵循风电机组检修工艺，严禁液压系统带缺陷运行。

六、交通事故类

（一）不系安全带超速驾驶导致人身死亡事故

1. 事故经过

某风电场员工驾驶皮卡车接值班员，途中车辆失控翻滚，致使驾驶员被甩出车外，抢救无效死亡。根据调查，事故车辆拐弯时速度过快，向左侧滑至路沟后侧滚，驾驶员未系安全带被甩出车外，倒地后被翻滚的车辆右前方轮胎压砸到头部造成死亡，如图 3-9 所示。

2. 事故分析

这是一起因不系安全带、超速驾驶导致的责任事故，驾驶人员交通安全意识不强，违章驾驶，存在侥幸心理。

3. 防范措施

(1) 现场必须严格执行交通安全管理相关规定，系好安全带，严禁超速行驶。无本企业准驾证或考试不合格人员，严禁驾驶本企业车辆。

(2) 在场区内的道路设置明显的警示标牌，特别是道路狭窄、转弯较

图 3-9　事故车辆

多的路段，驾驶车辆时减速慢行。

（二）霜冻天气车辆二次碰撞事故

1. 事故经过

某风电场司机驾驶车辆行驶至弯道处时，遇见对向大卡车占道强行超车，立即减速制动，紧急向右打方向，因处理不当，撞在路右边护栏处。在司机下车拍照片取证时，后方大型运输车驶来，再次撞到皮卡车左后方，致使车辆严重受损，人员未受伤，如图 3-10 所示。

图 3-10　车辆碰撞现场

2. 事故分析

此次事故是驾驶人员操作不当、安全意识不强导致的交通责任事故，具体原因如下：

（1）霜冻天气道路湿滑，驾驶员经验不足，在转弯区域未采取提前减速等有效措施，遇到应急情况处理不到位。

（2）事故发生后，未采取相关应急措施，导致后方来车无法提前避让，造成二次事故发生。

3. 防范措施

（1）招聘驾驶技能熟练、心理素质较好的驾驶员，加强驾驶员的管理

31

及交通安全教育培训工作，提高驾驶员驾驶水平。

（2）路况不佳时，必须减速慢行，与前方车辆保持足够距离，要做到及时避让、鸣笛、闪灯警示对方车辆。

（3）车辆应尽量避免在弯道停靠；发生故障停运时，必须在车辆后方150m处摆放警示三脚架；光线较差时，在车顶摆放警示灯，人员应远离道路。

七、其他事故类

（一）螺栓旋合处掺杂泥土导致风电机组叶轮整体坠落事故

1. 事故经过

某风电场发生风电机组叶轮整体坠落事故，轮毂、三支叶片坠落至地面。经调查，轮毂与主轴双头连接螺栓的主轴侧螺纹旋合处掺杂泥土且润滑不良，造成轮毂与主轴连接的轴力不足，进而导致轮毂与主轴结合面出现微滑移，部分螺栓疲劳断裂，剩余螺栓在不足以承受风轮弯矩载荷时，瞬间塑性断裂，最终导致叶轮整体坠落，如图3-11所示。

图3-11　坠落的叶轮

2. 事故分析

此次事故主要原因如下：

（1）工程建设期间安装指导及监督不到位；

（2）未清理轮毂与主轴双头连接螺栓螺纹间掺杂的泥土；

（3）未按安装手册和施工方案要求润滑螺栓螺纹；

（4）质保期内定期维护不到位。

3. 防范措施

（1）新机组调试前，必须对轮毂—主轴、塔筒法兰、叶片，以及机舱—塔顶法兰等关键部位高强度连接螺栓开展一次轴力检测。

（2）重要工序和关键环节要履行签字确认手续，确保工程建设质量。

（3）机组首次维护时，必须对高强度连接螺栓进行标准力矩值校验。

（二）主轴质量问题导致风电机组叶轮整体坠落事故

1. 事故经过

某风电场发生风电机组叶轮整体坠落事故，轮毂、三支叶片坠落至地面，如图 3-12 所示。经调查，齿轮箱内嵌主轴主受力区存在隐性裂纹，在风电机组运行过程中，受风轮交变载荷作用催化主轴裂纹扩展，最终造成主轴断裂，叶轮整体坠落。

图 3-12 主轴断裂、叶轮整体坠落

2. 事故分析

此次事故主要原因是齿轮箱维修厂家提供的主轴存在质量问题，主受力区存在隐形裂纹，齿轮箱出厂前未对主轴开展探伤检测，未及时发现质量问题。

3. 防范措施

（1）开展风电机组齿轮箱主轴探伤工作，发现问题立即处理。

（2）维修过程的关键节点应派遣技术人员现场见证和监督。

（3）开展风电机组变桨滞后、卡涩等问题专项治理，深入分析故障原因，逐台开展专项治理。

（4）优化风电机组故障处理流程，防止故障处理不正确导致故障扩大。严禁机组停机原因未查清，强行复位情况发生。

第四章　检修作业安全操作规范[1]

风电机组长期在复杂的自然环境下运转，检修作业是维持其稳定运行的必要手段。检修作业往往处于高空、强风等恶劣条件下，且涵盖电气、机械、液压等多个复杂技术环节。稍有操作不当，便可能引发安全事故，不仅严重威胁检修人员的生命安全，还会导致风电机组停机，进而影响发电效率。通过规范风电机组检修作业安全操作流程，对保障检修人员生命安全、有效预防事故发生以及确保风电机组持续稳定运行而言，有着极为关键的意义。

本章将重点介绍检修作业安全操作规范，包括基本作业和风电机组作业的安全操作规范，涵盖叶片作业、变桨系统作业、传动链作业、发电机作业、电气系统作业、变流器系统作业、偏航系统作业、液压系统作业、制动系统作业、水冷系统作业、润滑系统作业、塔架与基础作业、辅助设备作业、生产数字化系统作业多个方面，深入分析危险点，并给出对应的安全措施。同时，针对海上风电出海作业，也明确了人员、船舶管理及作业安全等多方面的要求。

第一节　基本作业安全操作规范

风电机组基本作业环节是整个检修工作的基础，隐藏着诸多安全风险。本节内容主要包括天气因素、个人防护用品使用不当、设备操作违规等潜在危险点，系统地提出相应的安全措施，为后续各系统检修作业的安全开展奠定坚实基础。

一、危险点

（1）雷雨天气巡视、维护风电机组。

（2）叶片或机舱覆冰时，在叶轮平面附近或机舱下方逗留。

（3）超规定风速巡视、维护风电机组。

（4）超规定风速、雷雨、大雾等天气吊装作业。

（5）未按规定使用个人安全防护用品。

1　依据《电力安全工作规程　发电厂和变电站电气部分》（GB 26860—2011）及《风力发电场安全规程》（DL/T 796—2012）相关规定执行。本章所阐述的内容，系企业内部的安全规定，仅作为读者参考。若本章内容与上述两个规程存在差异之处，以风电机组检修作业现场实际情况为准。

（6）不停机巡视、维护风电机组。

（7）登塔作业平台人孔盖板未及时关闭。

（8）两个及以上人员在同一段塔筒内攀爬风电机组。

（9）与带电设备安全距离不足。

（10）开启塔筒门方法不当。

（11）高处作业的工作面临边区域未装设防护栏杆。

（12）未正确佩戴、使用安全帽、安全鞋等安全防护用品。

（13）未正确使用双钩安全绳。

（14）未按规定使用临时电源。

（15）拆卸、搬运部件前，未预估部件重量和采取有效防护。

（16）作业前未停电、验电、放电。

（17）接线错误、违规操作、电气连接件接触不良。

（18）未正确使用工器具。

（19）未切断设备器件控制电源。

（20）搬运长物，造成触电事故。

（21）安全带挂点选取错误。

（22）随身携带、抛掷工器具及备品备件。

（23）遗留抹布及废油。

（24）登塔过程中、接、打电话。

（25）车辆超载、人货混载或搭载危险化学品。

（26）无证驾驶、酒后驾驶、疲劳驾驶、超速驾驶车辆。

（27）驾乘带病车辆。

（28）驾驶车辆时吸烟。

（29）驾驶员情绪不稳定，危险驾驶。

（30）吊篮的固定钢丝绳松动、吊点和锚点不牢固。

（31）施工平台（吊篮）安全装置配置不全。

（32）使用清洗剂时未进行通风。

（33）清洗剂含有毒有害成分。

（34）清洗剂盛装容器为敞开式瓶口容器。

（35）因照明不足或检修人员站位不合理导致踩空、跌倒、磕碰。

（36）风电机组塔上、塔下通信不畅。

（37）现场作业约时停送电，违反调度停送电指令。

（38）吸烟或使用明火。

（39）有限空间作业无通风措施。

（40）现场实际存在的其他危险点。

二、安全措施

（1）雷雨期间禁止巡视风电机组，发生雷雨天气后 1h 内不应靠近风电机组和箱式变压器。

（2）塔底巡视前，应将风电机组停运，车辆应停放在上风向并远离风电机组至少 20m，检修人员不宜在叶轮平面附近或机舱下方逗留。

（3）在雷雨天气下，禁止进行风电机组的检修作业。如果检修人员在机组内来不及离开，双脚并拢站立在塔架平台上，并且不得触碰机组的任何部位。

（4）风速超过 12m/s 时，禁止出舱作业，遇雷、雨、雪、大雾及风速大于 8m/s 时，禁止在吊篮上作业。

（5）风速超过 12m/s 时禁止进入轮毂，风速超过 15m/s 时禁止攀爬风电机组。

（6）叶轮吊装风速不得高于该机型安装技术规定，未明确吊装风速的，风速超过 8m/s 时，禁止进行叶轮吊装。

（7）风速超过 10m/s 时，禁止进行发电机吊装。

（8）攀爬风电机组必须正确使用安全带、安全滑块（防坠锁扣）、双钩安全绳、安全帽和安全鞋等个人安全防护用品，不应失去安全防护。

（9）通过平台后，应及时关闭平台人孔盖板。

（10）一人通过平台人孔并关闭盖板后，其他人员方可顺序攀爬，不应两个及以上人员在同一段塔筒内攀爬风电机组。

（11）攀爬风电机组前，应将风电机组停运，并切换至维护状态。

（12）使用对讲机等可靠通信，收到顶部明确信息后地面人员方可操控下放装置（挂点）。

（13）巡视、维护设备时，应与带电设备保持足够的安全距离。

（14）开启塔筒门时，必须站在门的开启半径外，开启后应立即挂上防风钩或插上防风锁定销。

（15）风电机组基础高台边缘或临海、临江、临湖设备设施应装设合格、牢固的防护栏杆，防止检修人员踏空或坐靠发生坠落。

（16）必须使用双钩安全绳，两个挂钩应挂在不同的挂点上。

（17）临时电源接线必须规范，电线绝缘应良好，并装设剩余电流动作断路器。

（18）应预估拆卸和搬运部件重量，并采取有效防护措施，检修人员合理站位，防止部件突然脱落砸伤人员和设备。

（19）作业前应断开电源并进行验电、放电，防止触电。

（20）作业时，应对照图纸准确接线，并按标准力矩值紧固连接螺栓力矩，轻拉接线检查接线有无松动。

（21）作业前，应切断相关控制电源，防止部件转动。

（22）正确使用工器具，防止工具使用错误和不当，造成其他伤害。

（23）作业前，应切断主电源、控制、反馈回路电源。

（24）搬动梯子、管子等长物，应放倒后两人搬运，并与带电设备保持足够的安全距离。

（25）安全带应高挂低用。

（26）箱式变压器作业，应停电、验电、放电并挂设接地线。

（27）工器具或零部件等物品应放入专用工具袋中，不应随身携带、抛掷物品。

（28）作业结束后，应及时清理机舱、轮毂内杂物及油污。

（29）攀爬风电机组过程中不得接、打电话。

（30）车辆除规定座位外，严禁超载或人货混载。

（31）禁止酒后驾驶、疲劳驾驶，连续驾驶机动车不得超过4h，且停车休息时间不少于20min。

（32）应执行例行保养，在出车前、行车中、收车后要对车辆进行检查，车辆不得带病行驶。

（33）驾驶员在行车期间不准吸烟。

（34）车辆不准承运搭载危险化学品。

（35）驾驶员情绪不稳定，不准驾驶机动车，控制情绪，防止"路怒"。

（36）严禁驾驶员在行车期间接打电话，如需接打电话，应将车辆停靠在安全区域。

（37）车辆应由取得本单位准驾证的人员驾驶；在规定的限速下行车，禁止超速行驶。

（38）维修用的施工平台（吊篮）应配置制动器、行程限位、安全锁及防滑底板。

（39）在轮毂内使用清洗剂时，应装设机械排风装置或使用便携式鼓风机。

（40）所选用清洗剂不得含有国家规定的有毒有害成分，每次作业中允许携带的清洗剂总剂量不得超过1L。

（41）应采用具有按压式、喷雾式瓶盖的容器进行承装，确保容器倾倒后不会发生泼洒和泄漏，不应采用敞开式瓶口的容器承装清洗剂。

（42）作业时应配备充足、合适的照明工具。

（43）线路的停、送电均应按照调度机构或线路运行维护单位的指令执行。不应约时停、送电。

（44）作业时，禁止吸烟禁止携带火种进山入林。

（45）有限空间作业时，应设置排风系统，确保作业期间不间断工作，每隔1h监测一次现场可燃气体浓度和氧气浓度，气体含量不合格时，不准动火；在有限空间作业应携带便携式鼓风机并正确使用；有限空间外部应有人和有限空间内人员保持通信畅通，发现异常立刻现场施救并拨打120。

第二节 风电机组作业安全操作规范

风电机组由多个复杂系统协同构成，其检修作业的安全规范也各有特点。本节内容主要包括各系统检修作业及海上风电出海作业中的危险点，针对性地提出相应的安全措施，帮助作业人员掌握不同系统作业的安全操作关键。

一、风电机组叶片作业安全操作规范

（一）叶片巡视检查安全操作规范

1. 危险点

（1）叶片坠落、机组落物。

（2）未锁定叶轮锁。

（3）叶片人孔盖板缺失或固定不牢。

（4）叶片或机舱覆冰时，在叶轮平面附近或机舱下方逗留。

（5）玻璃纤维会对人体造成危害。

2. 安全措施

（1）进入工作现场应戴安全帽，穿安全鞋，戴防护手套，进入叶片内部检查时应穿防护服。

（2）应对高处作业下方周围区域进行安全隔离。

（3）进行叶片检查高处作业时，不准非检修人员靠近风电机组或在机舱下方附近逗留。

（4）检修人员随身携带物品及工具应妥善保管并做好防坠措施。

（5）叶片检查工作至少有两人：一人在叶片内，另一人只能在叶片外部负责安全绳。

（6）对叶片人孔盖板加强检查，发现盖板松动、破损或缺失，应及时维修、补充。

（二）叶片检修维护安全操作规范

1. 危险点

（1）风电机组偏航。

（2）检修人员随身携带、抛掷物品。

（3）未锁定叶轮锁。

（4）吊篮接近叶片时速度过快。

2. 安全措施

（1）如果超过下述的任何一个限定值，应立即停止工作，检修人员不得进行叶片维护和检修：5min平均值（平均风速）10m/s；5s平均值（阵风速度）19m/s；叶片位于顺桨位置（当叶片锁定装置锁定时不允许变桨）。

（2）开展维护作业前，应了解天气情况，雷雨沙尘天气不应进行维护与检修作业。

（3）出舱前，确认风电机组在维护状态，确保不会偏航动作。

（4）工器具或零部件等物品应放入专用工具袋中，不应随身携带、抛掷物品。

（5）叶片维修用的施工平台（吊篮）应配置制动器、行程限位、安全锁及防滑底板。

（6）作业前应锁定风电机组叶轮锁，作业结束后，方可解除。

（7）吊篮接近叶片时应缓慢靠近，避免发生碰撞。

（8）修复叶片表面时，检修人员应穿戴安全面罩、手套及防尘服。

（9）打开叶片人孔盖板后，应先通风15min，测量叶片内部的氧气含量应在正常范围内及其他有害气体不应超标。

（10）应使用不少于两根缆风绳控制吊篮方向，并保证吊篮、提升机一直处于可控状态。

（11）缆风绳、吊篮及提升机等应与输电线路保持安全距离。

（12）吊篮、提升机作业人员应配置独立于悬吊平台的安全绳及坠落防护装备，始终将安全带系在安全绳上。

（13）吊篮、提升机工作绳、安全绳在风电机组上的固定点即吊点，各吊点应两两独立，任何两个吊点不应使用同一固定点。

（14）应尽可能减少吊篮中的作业人员数量，吊篮的作业人员数量不应超过核定人数。

（15）禁止使用车辆作为缆绳支点和起吊动力机械，不准用铲车、装载机、风电机组提升机等作为高处作业人员的运送设施。

（三）叶片吊装安全操作规范

1. 危险点

（1）超载起吊。

（2）在吊车起重臂或起吊物下方经过、停留。

（3）吊绳与吊物之间棱角处直接接触。

（4）未设专人统一指挥或通信不畅。

（5）临时吊物绳、缆风绳为导电材质。

（6）歪斜拽吊。

（7）吊具连接不牢固、破损或选用不当。

（8）起吊时，叶片重心不稳，失去平衡。

（9）叶轮固定不牢，发生倾倒。

（10）吊装叶轮前未锁定叶片锁。

（11）吊篮接近叶片时速度过快。

2. 安全措施

（1）现场应设置警戒围栏、不准在吊车起重臂下、旋转半径内或起吊物下方经过、停留。

（2）临时缆绳材质必须为非导电材料。

（3）应选用正确并经检验合格、无破损的吊具，使用吊具时应连接牢固。

（4）起吊前，应核实起吊物品实际重量，禁止超载起吊。

（5）起吊前，应在吊绳与吊物之间棱角处加装软质衬套等防护。

（6）起吊前，确定重心位置，保持吊物平衡，应使用缆风绳。

（7）作业时，应确保叶片、吊臂与附近输电线路等带电设备保持足够的安全距离。

（8）吊装作业时，应由专人统一指挥，使用标准的指挥手势及口令，必须保持通信畅通。

（9）吊物时，应使用专用吊物带并捆绑牢靠，不得歪斜拽吊。

（10）叶轮吊至地面后，所有叶片必须可靠支撑，防止倾倒。

（11）叶轮吊装前应锁定叶片锁，防止吊装过程中叶片角度变化。

（12）起吊叶轮和叶片时至少有两根导向绳，导向绳长度和强度应足够。应有足够作业人员拉紧导向绳，保证起吊方向。

（13）叶片吊装前，应检查叶片引雷线连接良好，叶片各接闪器至根部引雷线阻值不大于该机组规定值。

二、风电机组变桨系统作业安全操作规范

（一）变桨系统巡视检查安全操作规范

1. 危险点

（1）风电机组落物。

（2）未锁定叶轮锁。

（3）未经轮毂内检修人员允许进行变桨测试。

（4）变桨控制柜盖板锁扣未锁紧。

（5）未将变桨系统切换至手动模式，未切断变桨主电源及蓄电池后备电源。

2. 安全措施

（1）巡视检查时防止随身工具从叶片挡雨环处坠落。

（2）进轮毂前，应锁好叶轮锁，戴好安全帽。

（3）轮毂内作业时，执行变桨测试应由轮毂内检修人员发令。

（4）进入轮毂等作业时，应将变桨系统切换至手动模式，并断开主电源以及蓄电池等后备电源。

（5）变桨系统维护工作结束后，应将变桨控制柜盖板关闭并将锁扣扣牢，出轮毂前，确保各变桨控制柜盖板全部可靠锁紧。

（二）变桨系统检修维护安全操作规范

1. 危险点

（1）未锁定叶轮锁。

（2）叶片人孔盖板缺失或固定不牢。

（3）未经轮毂内检修人员允许进行变桨测试。

（4）未将变桨系统切换至手动模式，未切断变桨主电源及蓄电池后备电源。

（5）需要从机舱外部进入轮毂内工作的风电机组，检修人员进出轮毂时未使用双钩安全绳。

（6）变桨控制柜盖板锁扣未锁紧。

（7）变桨电池正负极短路。

（8）超规定风速登机测试变桨系统。

（9）拆除滑环接线不做好标记造成误接、错接。

2. 安全措施

（1）作业前，应锁定风电机组叶轮锁。作业结束后，方可解除。

（2）作业前，应断开电源和相关接线，并进行验电，对电容器采取正确的放电操作，确认无电压后方可工作。

（3）对叶片人孔盖板加强检查，发现盖板松动、破损或缺失，应及时维修、补充。

（4）轮毂内作业时，执行变桨测试应由轮毂内检修人员发令。

（5）进入轮毂作业应配备充足、合适的照明工具。

（6）进入轮毂等作业时，应将变桨系统切换至手动模式，并断开主电源以及蓄电池等后备电源。

（7）从机舱外部进入轮毂内作业，检修人员进、出轮毂时应使用双钩安全绳。

（8）拆卸变桨驱动器前，应将其断电并等待一段时间，用万用表测量驱动器内部直流母线电压，确保无电压后方可进行操作。

（9）变桨系统维护工作结束后，应将变桨控制柜盖板关闭并将锁扣扣牢。出轮毂前，确保各变桨控制柜盖板全部可靠锁紧。

（10）更换蓄电池时，应将拆卸的电池连接线和蓄电池接线桩用绝缘胶带缠绕做好绝缘。

（11）变桨系统测试应在小风或无风天气进行。

（12）松开变桨电磁刹车前，观察叶片位置并提前释放叶片势能，避免突然转动。

三、风电机组传动链作业安全操作规范

（一）传动链巡视检查安全操作规范

1. 危险点

（1）传动系统有突然转动的风险。

（2）未锁定叶轮锁。

（3）旋转部件未按规定安装防护罩。

（4）巡视齿轮箱散热系统有烫伤风险。

2. 安全措施

（1）作业前应锁定叶轮锁，作业结束后，方可解除。

（2）巡视时不得打开转动部位防护罩。

（3）跨越主轴时，应从专用爬梯跨越。

（4）检查齿轮箱散热系统时，避免直接触摸散热器。

（二）传动链检修维护安全操作规范

1. 危险点

（1）未锁定叶轮锁。

（2）传动系统有突然转动的风险。

（3）更换润滑系统滤芯时未监测油温。

（4）未断开油泵电机电源。

（5）作业时未采取防护措施直接踩踏机舱壳体。

2. 安全措施

（1）进行旋转部件检查、维修作业前，应锁定叶轮锁，作业结束后，方可解除。

（2）维护完成及时恢复转动部位防护罩。

（3）更换滤芯、齿轮箱内窥镜检查时，应正确佩戴手套、口罩、护目镜等个人防护用品。

（4）作业前，应监测油温，待温度降至允许范围内再开始作业。

（5）作业前，应断开油泵电机电源开关。

（6）踩踏机舱壳体作业时，应使用双钩安全绳。

（三）齿轮箱吊装作业安全操作规范

1. 危险点

（1）与输电线路等带电设备安全距离不足。

（2）超载起吊。

（3）在吊车起重臂或起吊物下方经过、停留。

（4）吊绳与吊物之间棱角处直接接触。

（5）未设专人统一指挥或通信不畅。

（6）临时吊物绳、缆风绳为导电材质。

（7）起吊时歪斜拽吊。

（8）吊具连接不牢固、破损或选用不当。

（9）拆除液压部件时，未泄压。

（10）未锁定叶轮锁。

（11）过早拆除机舱盖螺栓。

（12）未与发电机进行对中。

（13）旋转部件未按规定安装防护罩或遮栏。

（14）拆除滑环接线等部件时，未切断电源。

2. 安全措施

（1）作业时，应确保齿轮箱、吊臂与附近输电线路等带电设备保持足够的安全距离。

（2）起吊前，应核实起吊物品实际质量、禁止超载起吊。

（3）现场应设置警戒围栏，不准在吊车起重臂下、旋转半径内或起吊物下方经过、停留。

（4）起吊前，应在吊绳与吊物之间棱角处加装软质衬套等防护。

（5）吊装作业时，应由专人统一指挥，使用标准的指挥手势及口令，应保持通信畅通。

（6）临时缆绳材质应为非导电材料。

（7）吊物时，应使用专用吊物带并捆绑牢靠，不得歪斜拽吊。

（8）应选用正确并经检验合格、无破损的吊具，使用吊具时应连接牢固。

（9）在拆解齿轮箱油管时，应正确佩戴手套、口罩、护目镜等个人防护用品。

（10）拆除液压部件前，应释放液压系统压力。

（11）作业前，锁定叶轮锁及制动盘处机械锁。

（12）机舱盖吊具连接前，不得将连接螺栓全部拆除。

（13）齿轮箱更换完毕后，应进行齿轮箱与发电机对中，对中数据应符合风电机组相关技术文件要求。

（14）刹车盘、联轴器等旋转部件应装设防护罩或遮栏。

（15）拆除滑环管线部件前，应切断供电电源。

（四）主轴吊装作业安全操作规范

1. 危险点

（1）与输电线路等带电设备安全距离不足。

（2）超载起吊。

（3）在吊车起重臂或起吊物下方经过、停留。

（4）吊绳与吊物之间棱角处直接接触。

（5）未设专人统一指挥或通信不畅。

（6）临时吊物绳、缆风绳为导电材质。

（7）起吊时歪斜拽吊。

（8）吊具连接不牢固、破损或选用不当。

（9）拆除滑环接线等部件时，未切断电源。

（10）未锁定叶轮锁。

（11）过早拆除机舱盖螺栓。

（12）未与齿轮箱进行可靠紧固。

（13）旋转部件未按规定安装防护罩或遮栏。

2. 安全措施

（1）作业时，应确保主轴、吊臂与附近输电线路等带电设备保持足够的安全距离。

（2）起吊前，应核实起吊物品实际质量，禁止超载起吊。

（3）现场应设置警戒围栏，不准在吊车起重臂下、旋转半径内或起吊物下方经过、停留。

（4）起吊前，应在吊绳与吊物之间棱角处加装软质衬套等防护。

（5）吊装作业时，应由专人统一指挥，使用标准的指挥手势及口令，必须保持通信畅通。

（6）临时缆绳材质应为非导电材料。

（7）吊物时，应使用专用吊物带并捆绑牢靠，不得歪斜拽吊。

（8）临时电源接线应规范，电源线应绝缘良好，并装设剩余电流动作断路器。

（9）应选用正确并经检验合格、无破损的吊具，使用吊具时应连接牢固。

（10）拆除滑环管线部件前，应切断供电电源。

（11）作业前，锁定叶轮锁及制动盘处机械锁。

（12）机舱盖吊具连接前，不得将连接螺栓全部拆除。

（13）主轴与齿轮箱应紧固连接，紧固力矩应符合风电机组相关技术文件要求。

（14）刹车盘、联轴器等旋转部件应装设防护罩或遮栏。

四、风电机组发电机作业安全操作规范

（一）发电机巡视检查安全操作规范

1. 危险点

（1）巡视发电机时，有踏空和高空坠落风险。

（2）与发电机散热风扇、加热器等带电设备安全距离不足。

（3）与机械转动部位安全距离不足。

（4）巡视碳刷室时，有碳粉吸入的风险。

（5）未切断定子、转子侧电源。

2. 安全措施

（1）检查发电机旋转部件时应锁定叶轮锁。

（2）巡视发电机时，应断开相关电源并进行验电，确保无电压后，再开始操作。

（3）在清理发电机碳粉时，应断开发电机加热器开关，佩戴防尘口罩。

（4）检查发电机散热风扇，应断开相应开关，防止风扇误启动而发生机械伤害。

（5）出机舱巡视发电机时，应正确使用合格的个人防坠落用品。

（二）发电机检修维护安全操作规范

1. 危险点

（1）未锁定叶轮锁。

（2）与机械转动部位安全距离不足。

（3）维护发电机散热系统，有烫伤风险。

（4）维护碳刷室时，有碳粉吸入的风险。

（5）未戴防护手套安装加热后的轴承。

（6）使用千斤顶和螺杆拉拔轴承时，有机械伤害的风险。

（7）测量发电机绕组选错相应量程绝缘电阻表，损坏设备或仪表。

（8）对绕组测量后，未对绕组放电。

（9）需要出机舱维护发电机附件时，有高处坠落的风险。

（10）未切断定子、转子侧电源。

2. 安全措施

（1）维护发电机旋转部件时，应锁定叶轮锁。

（2）维护发电机时，应断开相关电源并进行验电，确保无电压后，再开始操作。

（3）在清理发电机碳粉时，应断开发电机加热器开关，佩戴防尘口罩。

（4）维护发电机散热风扇，应断开相应开关，防止风扇误启动而发生机械伤害。

（5）进行绝缘测试前，应断开与变频器的连接电缆。

（6）维护发电机散热系统、更换发电机轴承等作业，应佩戴防护手套。

（7）应预估端盖、轴承等发电机部件质量，检修人员合理站位，防止部件突然脱落砸伤人员和设备。

（8）测量发电机绕组应选用相应量程绝缘电阻表。

（9）出机舱维护发电机附件时，应正确使用合格的个人防坠落用品。

（10）每次对绕组测量后，应将绕组对地放电。

（11）刹车盘、联轴器等旋转部件应装设防护罩。

（三）发电机吊装作业安全操作规范

1. 危险点

（1）与输电线路等带电设备安全距离不足。

（2）超载起吊。

（3）在吊车起重臂或起吊物下方经过、停留。

（4）吊绳与吊物之间棱角处直接接触。

（5）未设专人统一指挥或通信不畅。

（6）临时吊物绳、缆风绳为导电材质。

（7）起吊时歪斜拽吊。

（8）未按规定使用临时电源。

（9）吊具连接不牢固、破损或选用不当。

（10）拆卸发电机附件时，未正确使用个人防护用品。

（11）拆除发电机连接电缆时，未验电。

（12）未锁定叶轮锁。

（13）过早拆除机舱盖螺栓。

（14）未与齿轮箱高速轴进行对中。

（15）旋转部件未按规定安装防护罩或遮栏。

2. 安全措施

（1）作业时，应确保发电机、吊臂与附近输电线路等带电设备保持足够的安全距离。

（2）起吊前，应核实起吊物品实际质量、禁止超载起吊。

（3）现场应设置警戒围栏，不准在吊车起重臂下、旋转半径内或起吊物下方经过、停留。

（4）起吊前，应在吊绳与吊物之间棱角处加装软质衬套等防护。

（5）吊装作业时，应由专人统一指挥，使用标准的指挥手势及口令，应保持通信畅通。

（6）临时缆绳材质应为非导电材料。

（7）吊物时，应使用专用吊物带并捆绑牢靠，不得歪斜拽吊。

（8）临时电源接线应规范，电源线应绝缘良好，并装设剩余电流动作断路器。

（9）应选用正确并经检验合格、无破损的吊具，使用吊具时应连接牢固。

（10）在拆解发电机电缆、与机舱连接螺栓时，应正确佩戴手套、口罩、护目镜等个人防护用品。

（11）拆除发电机编码器时，应做好防护。

（12）作业前，锁定叶轮锁及制动盘处机械锁。

（13）机舱盖吊具连接前，不得将连接螺栓全部拆除。

（14）发电机更换完毕后，应进行齿轮箱高速轴与发电机对中，对中数据要符合风电机组相关技术文件要求。

五、风电机组电气系统作业安全操作规范

（一）电气系统巡视检查安全操作规范

1. 危险点

（1）电气系统巡视时，与带电设备安全距离不足。

（2）巡视干式变压器时，接触其外壳发生烫伤。

（3）巡视变频器交流母排时，母排发生短路。

（4）巡视散热风扇等转动部件时，发生机械伤害。

2. 安全措施

（1）巡视设备时，应与带电设备保持足够的安全距离。

（2）在接触干式变压器外壳时，应戴符合安全标准的手套，能够防止热量传导到手部。

（3）在巡视变流器母排时，穿二级防电弧服。

（4）巡视风扇的运行状态时，使用手持式风速仪测量其通风量，不得用手靠近风扇检测风量。

（5）作业前应断开电源并进行验电、放电，确保设备无法突然转动再操作。

（二）电气系统检修维护安全操作规范

1. 危险点

（1）检修电缆等带电设备前未断电、验电、放电。

（2）安装选型错误的熔断器。

（3）在塔底柜顶部维护电气系统设备时，未按规定使用个人安全防护用品。

（4）继电器、断路器更换后未正确设置定值。

（5）未及时释放储能机构的能量。

（6）变更熔断器容量。

（7）电气设备接触不良。

2. 安全措施

（1）检修电缆等带电设备前应断开电源并进行验电、放电，悬挂接地线后方可操作。

（2）清理干式变压器及并网柜卫生时，作业结束后，应做到工完料净场地清。

（3）使用尖刺、锋利的工具在进线电缆附近作业时，应对邻近电缆采取防割、刺措施。

（4）在塔底柜顶部维护电气系统设备时，检修人员应有防坠落措施。

（5）更换继电器、断路器后，应根据风电机组相关技术标准设定动作电压、电流、时间值。

（6）检修、更换断路器前，释放储能机构的弹簧储能。

（7）禁止擅自变更熔断器容量。

（8）检修电气设备、路线等接头处，确保连接良好。

六、风电机组变流器系统作业安全操作规范

（一）变流器系统巡视检查安全操作规范

1. 危险点

（1）擅自打开变流器柜门巡视，未穿戴防电弧服、防护面罩。

（2）巡视检查时距离的变流器过近，易导致触电。

（3）巡视检查时误操作变流器导致机组故障。

2. 安全措施

（1）巡视设备时，应与带电设备保持足够的安全距离。

（2）巡视风电机组变流器时，应在机组停机状态下进行，禁止在机组发电状态下打开变流器柜门。

（3）打开变流器柜门巡视时，应正确穿戴合格的穿防电弧服，并确认带电部分，保持足够的安全距离。

（二）变流器系统检修维护安全操作规范

1. 危险点

（1）维护风电机组变流柜前，未将风电机组置于维护状态，且主断路器和接触器未断开至少 15～20min 便打开柜门，未测量直流母排电压，未确认降到安全值之后便进行工作。

（2）打开变流器柜门巡视，未穿戴防电弧服、防护面罩。

（3）拆卸或更换变流器控制板，未全部切断控制板上的电源。

（4）接线错误、电气连接件接触不良。

（5）测试变流器时未关闭柜门。

（6）进行变流器测试前未检查相关回路的接线及绝缘情况。

（7）未释放箱式变压器低压侧断路器弹簧储能，断路器误动。

（8）箱式变压器断路器低压侧装设接地线未可靠固定。

2. 安全措施

（1）维护风电机组变流柜前，应将风电机组置于维护状态，确认主断路器和接触器断开至少 15～20min（注：厂家提供明确放电时间要求的，按照厂家要求执行）后方可打开柜门，然后测量直流母排电压，确认降到安全值之后方可工作。测量母排电压时，检修人员应穿合格的 2 级防电弧服，戴 2 级防护面罩。

（2）变流器系统作业时，应确认带电部分，并保持足够的安全距离。

（3）断开变流器 690V 断路器，摇至检修位置，释能并挂锁。

（4）将风电机组供电变压器（箱式变压器、台式变压器）转至检修状态，箱式变压器低压侧断路器分闸后，断开储能电源，并释放弹簧储能。

（5）柜体中的一些部件，如散热器、铜排、电感和电缆，在变流器断电之后的一段时间内仍然保持着较高的温度，要特别留意器件的热表面，防止烫伤。

（6）进行变流器试验前，应关闭所有柜门，测试人员应远离变流器。

（7）不得在设备带电的情况下，强制吸合变流器的任何继电器和接触器。

（8）不得将任何物体遗留在变流器柜体及模块内部。

（9）拆卸或更换变频器控制板前，应断开控制板上所有电源供电，验明确无电压才可操作。

（10）测试前应使用万用表及绝缘电阻表检查设备无短路及接地情况。

（11）接地线线夹应选用合适的固定方式，装设接地线应保证接地线两端夹具与导体和接地装置接触良好、固定可靠。

（12）变频器维护后应安装防护挡板，并将固定螺栓全部安装齐全，同时应保证母排连接螺栓按规定力矩紧固。

七、风电机组偏航系统作业安全操作规范

（一）偏航系统巡视检查安全操作规范

1. 危险点

（1）未切断偏航电机及电磁刹车控制电源。

（2）偏航系统突然启动。

（3）巡视时，手放在轮系齿面啮合处或偏航刹车盘上。

（4）偏航平台巡视，易踏空坠落。

2. 安全措施

（1）作业前，应切断偏航电机电源，防止部件转动或触电。

（2）巡视设备时，应与带电设备保持足够的安全距离。

（3）偏航平台和扭揽平台的孔洞边缘应装设合格、牢固的防护栏杆，防止人员踏空或坐靠发生坠落。

（4）巡视时，不得将手放在轮系齿面啮合处或偏航刹车盘上。

（二）偏航系统检修维护安全操作规范

1. 危险点

（1）未切断风速仪、风向标电源。

（2）未切断偏航电机及电磁刹车控制电源。

（3）偏航系统突然启动。

（4）电磁刹车间隙未调整，会造成电刹线圈及刹车片损坏。

（5）拆装偏航减速器传动轮系时，手指放在轮系齿面啮合处，造成挤伤等人身伤害事故。

（6）未使用专用防护工装，电机反旋转造成机械伤害。

（7）偏航平台盖板未关闭。

2. 安全措施

（1）测风装置更换作业前，应切断风速仪、风向标电源并验明确无电压。

（2）作业前，应切断偏航电磁刹车及电机电源，防止部件转动或触电。

（3）安装电磁刹车时检查刹车间隙在技术要求范围内。

（4）拆装偏航减速器传动轮系时，手指不得放在轮系齿面啮合处。

（5）更换刹车片时，应使用专用防护工装，防止电机反转伤人。

（6）偏航平台和扭揽平台的孔洞边缘应装设合格、牢固的防护栏杆，防止人员踏空或坐靠发生坠落。

（7）更换偏航减速器结束后，应按风电机组相关技术标准调整间隙。

（8）偏航液压制作器作业前，应释放液压系统压力。

（9）偏航减速器、偏航卡钳、滑动衬垫更换过程中，充分预估更换部件质量，防止倾倒、掉落等情况发生。

（10）与转动部件保持安全距离，防止检修人员夹伤。

八、风电机组液压系统作业安全操作规范

（一）液压系统巡视检查安全操作规范

1. 危险点

（1）管路或接头破裂，存在高压液体喷射风险。

（2）液压站泄漏油液导致地面湿滑，容易滑倒。

2. 安全措施

（1）检查液压阀、液压缸及管接头处无外泄漏。

（2）对液压系统巡视时，应佩戴护目镜，使用橡胶手套等个人防护用品。

（3）用吸油棉清理液压站周围地面油液，做好防止检修人员摔倒的措施。

（二）液压系统检修维护安全操作规范

1. 危险点

（1）拆装液压元器件前，未切断液压泵电机电源且未泄压。

（2）油液溅入眼睛。

（3）皮肤直接接触油液，引起皮肤炎症或过敏。

（4）未告知其他检修人员操作项目和动作元器件，可能导致误操作。

（5）未释放蓄能器内氮气压力。

2. 安全措施

（1）拆装液压站元器件，应在作业前断开液压泵电机电源、对系统泄压。

（2）对液压系统维护时，应佩戴护目镜，使用橡胶手套等个人防护用品。

（3）任何液压系统测试项目在操作前均应告知其他检修人员操作项目、动作元器件，得到确认后方可进行。

（4）更换蓄能器前，应释放蓄能器内氮气压力，排气管应固定牢固，排气口严禁对准检修人员。

（5）安装液压油管时应正确安装，油管接头按标准力矩值拧紧。

（6）定期对液压油样进行送检，发现污染或变质，应及时清洗液压回路并更换新液压油。

九、风电机组制动系统作业安全操作规范

（一）制动系统巡视检查安全操作规范

1. 危险点

（1）未锁定叶轮锁。

（2）高速刹车本体作业未泄压。

（3）制动器旋转部件未安装防护罩。

（4）与旋转部件未保持足够的安全距离或闭锁旋转部件。

（5）制动系统油液具有腐蚀性，在清洁或接触液压油时未使用橡胶手套等防护用品。

2. 安全措施

（1）制动器本体检查时，应锁定叶轮锁。

（2）制动器本体检查前，应断开液压与机械、电气回路连接，检修人员仔细核对电机空开控制电源。

（3）制动器本体检查液压建压回路时，打开液压站泄压手阀，确保液压系统无压力。

（4）制动系统检查时，不得拆除刹车、联轴器防护罩，防止机械伤人。

（5）不得在制动盘旋转时清扫、擦拭和润滑设备。

（6）接触液压油时应戴橡胶手套，接触高压设备时应戴护目镜。

（二）制动系统检修维护安全操作规范

1. 危险点

（1）检查制动器间隙未进行泄压。

（2）制动器本体作业未泄压害。

（3）制动盘更换动火作业存在火灾危险。

（4）制动器排气时，未佩戴护目眼镜。

（5）更换刹车盘作业后存在火灾风险。

（6）制动器测试运行未安装防护罩。

（7）与旋转部件未保持足够的安全距离或闭锁旋转部件。

（8）制动系统油液具有腐蚀性，在清洁或接触液压油时未使用橡胶手套等防护用品。

2. 安全措施

（1）作业前，应锁定叶轮锁。

（2）作业前，断开液压与机械、电气回路连接，检修人员仔细核对液压泵电机空开控制电源，断电后，使用万用表对电机接线盒进行验电确保无电压。

（3）制动器本体检查液压建压回路时，打开液压站泄压手阀，确保液压系统无压力。

（4）进行制动器刹车间隙测量时，不得将手伸入间隙部位，保持足够安全距离，防止机械夹伤。

（5）进行制动器钳体排气时，应戴好护目镜、橡胶手套，先连接排气油管再加压，防止高压伤人，油液腐蚀皮肤。

（6）在未安装好高速轴制动器刹车盘防护罩时，不得测试运行。

十、风电机组水冷系统作业安全操作规范

（一）水冷系统巡视检查安全操作规范

1. 危险点

（1）水冷管路、散热片未戴防护手套。

（2）水冷管路未泄压。

（3）检查散热器时，未使用双钩安全绳。

（4）冷却液与皮肤直接接触。

2. 安全措施

（1）巡视检查应在水冷泵停止运行的情况下进行。

（2）检查时，应先观察水冷系统温度，并测量，防止烫伤。

（3）检查散热器时，应穿好安全带并挂好双钩安全绳。

（4）冷却液具有腐蚀性和毒性，应避免直接与冷却液接触。

（二）水冷系统检修维护安全操作规范

1. 危险点

（1）水冷管路、散热片未戴防护手套。

（2）水冷管路未泄压。

（3）维护散热器时，未使用双钩安全绳。

（4）冷却液与皮肤直接接触。

（5）维护水冷系统未将变流器等带电设备停电。

（6）水冷泵突然启动。

2. 安全措施

（1）应在水冷泵停止运行的情况下进行。

（2）系统中存在压力，工作前应泄压，防止压力伤人。

（3）维护前，应对水冷泵开关进行停电，验明确无电压。

（4）维护前，应先观察水冷系统温度，并测量，防止烫伤。

（5）维护时，防止冷却液受到污染。

（6）维护散热器时，穿好安全带并挂好双钩安全绳。

（7）冷却液具有腐蚀性和毒性，应避免直接与冷却液接触。

十一、风电机组润滑系统作业安全操作规范

（一）变桨轴承润滑系统安全操作规范

1. 危险点

（1）未锁定叶轮锁。

（2）轮毂内上、下同时工作。

（3）未经轮毂内检修人员允许进行变桨测试。

（4）维护润滑设备前未断电、验电。

（5）检修人员直接接触润滑油脂可能导致皮肤刺激、过敏反应或皮肤炎症。

2. 安全措施

（1）进入轮毂前，应可靠锁定叶轮锁。

（2）正确使用合格的个人防护用品。

（3）工作前，应执行停电、验电等技术措施，确保交流、直流回路均无电压后方可进行。

（4）测试项目在操作前均应告知其他检修人员。告知内容应包括操作项目、带电部位及动作元器件，得到确认后方可进行，执行变桨测试应由轮毂内检修人员发令。

（5）拆卸的部件要放置在可靠的位置，轮毂内不得同时上、下作业，防止落物伤人。

（6）每次只能测试一只叶片，测试时应保证其余两只桨叶处于安全位置。

（二）偏航润滑系统安全操作规范

1. 危险点

（1）在维护偏航齿圈、偏航轴承润滑系统等工作中，未切断主电源，意外启动偏航系统。

（2）检修人员吸入润滑油脂的蒸汽或气雾。

（3）检修人员直接接触润滑油脂可能导致皮肤刺激、过敏反应或皮肤炎症。

（4）维护润滑设备前未断电、验电。

2. 安全措施

（1）在维护偏航齿圈、偏航轴承润滑系统等工作中，应切断偏航系统主电源。

（2）正确使用合格的个人防护用品。

（3）维护时，不得将手指放入齿轮啮合处等易夹伤部位。

（3）工作前，应执行停电、验电等技术措施，确保交流、直流回路均无电压后方可进行。

（三）齿轮箱润滑系统安全操作规范

1. 危险点

（1）检查油泵电机等带电设备前未断电、验电。

（2）检修人员接触齿轮箱油液腐蚀皮肤。

（3）过量加注齿轮油导致油液泄漏。

（4）拆卸油泵电机等润滑部件前，未预估部件质量。

2. 安全措施

（1）检查油泵电机时，应断开齿轮箱油泵电机主供电开关，并进行验电。

（2）在更换齿轮箱滤芯时，应佩戴一次性橡胶防护手套。

（3）在测试风扇及电机运行前，应先测量设备有无短路情况。

（4）加注齿轮油不可过量，以免造成油液泄漏。

（5）更换齿轮箱油泵电机花键或联轴器时，应预估电机重量，做好防掉落措施，防止落物伤人。

（四）发电机轴承润滑系统安全操作规范

1. 危险点

（1）在加脂过程中可能仍然处于运转状态，接近旋转的部件可能导致检修人员被旋转部件撞击或卷入。

（2）检修人员吸入润滑油脂的蒸汽或气雾。

（3）检修人员直接接触润滑油脂可能导致皮肤刺激、过敏反应或皮肤炎症。

（4）维护润滑设备前未断电、验电。

2. 安全措施

（1）加脂时，与转动的部件保持安全距离。

（2）正确使用合格的个人防护用品。

（3）工作前，应执行停电、验电等技术措施，确保交流、直流回路均无电压后方可进行。

（五）主轴轴承润滑系统安全操作规范

1. 危险点

（1）未锁定叶轮锁。

（2）在加脂过程中可能仍然处于运转状态，接近旋转的部件可能导致检修人员被旋转部件撞击或卷入。

（3）检修人员吸入润滑油脂的蒸汽或气雾。

（4）检修人员直接接触润滑油脂可能导致皮肤刺激、过敏反应或皮肤炎症。

（5）维护润滑设备前未断电、验电。

2. 安全措施

（1）检查及清理主轴接地碳刷时，应可靠锁定叶轮锁后方可进行，防止机械伤害。

（2）锁定或退出叶轮锁前，应通过制动系统进行制动，禁止叶轮转动的情况下投退叶轮锁。

（3）主轴加脂时，与转动的部件保持安全距离。

（4）正确使用合格的个人防护用品。

（5）工作前，应执行停电、验电等技术措施，确保交流、直流回路均无电压后方可进行。

十二、风电机组塔架与基础作业安全操作规范

（一）塔架和基础巡视检查安全操作规范

1. 危险点

（1）未按规定使用个人安全防坠用品。

（2）灯具损坏、照明不足。

（3）爬梯松动或存在油污。

（4）不停机攀爬风电机组。

（5）与带电设备安全距离不足。

2. 安全措施

（1）正确使用安全带、安全滑块（防坠锁扣）、双钩安全绳、安全帽和安全鞋等个人安全防护用品，不得失去安全防护。

（2）定期检查，及时更换损坏及亮度不足的灯具。

（3）及时紧固爬梯连接螺栓，清理爬梯油污。

（4）塔架及基础巡视前，应将风电机组停运，并切换至维护状态。

（5）与塔底断路器、干式变压器等带电设备保持安全距离。

（二）塔架和基础检修维护安全操作规范

1. 危险点

（1）电缆绝缘破损。

（2）使用未经检验、检验超期或检验不合格电动工器具。

（3）液压工器具未经校验。

（4）液压扳手抓握不当。

（5）未按规定使用临时电源。

（6）错接试验电源，未安装漏电保护器。

2. 安全措施

（1）工作前检查电缆外观无破损。

（2）定期检验，不得使用未经检验、检验超期或检验不合格电动工器具。

（3）液压工器具应定期校验。

（4）握在液压扳手运动反方向部位，防止挤伤手指。

（5）临时电源接线应规范，电源线应绝缘良好，并装设剩余电流动作断路器。

（6）检修需接引工作电源时，应装设满足要求的剩余电流动作断路器，工作前应检查电缆绝缘良好，剩余电流动作断路器动作可靠。

十三、风电机组辅助设备作业安全操作规范

（一）提升机安全操作规范

1. 危险点

（1）检修维护时，未进行停电、验电。

（2）使用时，检修人员易踏空坠落。

（3）使用提升机前，未正确穿戴安全带，未正确挂双钩安全绳。

（4）使用提升机进行起重作业时，起吊人员与挂接吊物人员通信不畅。

（5）使用提升机进行起重作业时，手扶吊链。

（6）使用提升机前未将风电机组停机或禁止偏航。

（7）进行起重作业时，与输电线路等带电设备安全距离不足。

（8）超载使用提升机。

（9）在起升重物时，检修人员在重物下工作或行走。

（10）使用提升机起吊、装运检修人员。

（11）自行加长或修理起重链条。

（12）通过限位开关停机。

（13）反复进行急剧的上升、下降操作。

2. 安全措施

（1）首次使用、检修维护后使用提升机前，应核对相序，应确保吊钩的运行方向和按钮所示的方向一致。

（2）起重作业前，应穿戴全身安全带，应将双钩安全绳挂于牢固的防坠落定位点。

（3）提升机检修维护作业前，应做好停电、验电工作，确认无电压后方可作业。

（4）起重作业前，应核实起吊物品的实际重量，禁止超载使用提升机。

（5）起重作业时，起吊人员与挂接吊物人员应使用对讲机，保证通信畅通。

（6）吊物结束后，应及时关闭吊物孔盖板。关闭吊物孔盖板前，应正确穿戴安全带，正确使用双钩安全绳。

（7）在起升重物时，检修人员不得在重物下工作或行走。

（8）禁止使用提升机起吊、装运人员。

（9）不得自行加长或修理起重链条。

（10）不应在风电机组运行、偏航时使用提升机。

（11）不应通过限位开关停机。

（12）不应反复进行急剧的上升、下降操作。

（13）使用提升机时，禁止将手扶在提升机运转的链条上。

（14）如链条上有油漆、泥沙等异物时，不应使用。

（15）如发现链条卡入导向口处，此时应进行故障处理，不得反复点动"上、下"按键，以免链条折断，发生危险事故。

（二）辅助升降设备安全操作规范

1. 危险点

（1）使用免爬器上下塔时，防坠器使用不当。

（2）使用免爬器未按规定使用个人安全防护用品。

（3）使用免爬器通过平台时，平台人孔盖板不能关闭或未及时关闭。

（4）使用免爬器时，随身携带超重工器具，有高空落物、物体打击风险。

（5）使用免爬器通过各层平台法兰处时，安全带与法兰间有卡涩、拖拽的风险。

（6）与运行的免爬器间距过近。

（7）顶部检修人员免爬器挂点未摘除就下放装置（挂点）。

（8）升降机安装、上升或下降时，未按规定使用个人安全防护用品。

（9）升降机缺少安全检查报告。

（10）升降机下降时，下方有障碍物或有妨碍轿厢运行的物体。

（11）升降机电气系统存在触电风险。

（12）升降机部件磨损、老化或制造缺陷可能导致设备故障。

（13）因检修人员疏忽、缺乏培训或精神状态不佳等因素导致的操作不当。

2. 安全措施

（1）使用免爬器时注意滑块位置：下塔时手在防坠器下方、上塔时手在上方。

（2）使用免爬器的检修人员，应戴安全帽，穿全身式安全带、双钩安全绳且使用免爬器专用防坠器。

（3）及时关闭平台人孔盖板，顶层平台请使用遥控器将其下降关闭盖板。

（4）随身携带不应超过5kg工器具，系好工具包口并与一侧双钩连接。

（5）使用免爬器通过法兰时，身体尽量前贴，避免法兰螺丝挂住背部安全带。

（6）放免爬器时，请用对讲机沟通好保证通信畅通。

（7）钢丝绳顶层加装护罩，防止机械卷入。

（8）免爬器最大负荷不应超过120kg。

（9）操作免爬器的检修人员应经过培训并保留培训记录（培训合格许可）。

（10）免爬器应经过年检并合格，并存有年检报告。

（11）免爬器运行时，不准任何检修人员处于免爬器正上或正下方。

（12）免爬器运行时，不准检修人员使用塔筒爬梯攀爬。

（13）检修人员在免爬器上时，不得使用遥控器或电控箱操作免爬器，不得单手操作免爬器。

（14）在使用中如发现免爬器设备损坏或故障导致安全隐患时，应立即停止作业。

（15）禁止两人及以上检修人员同时使用免爬器。

（16）发生火情时，不准使用免爬器。

（17）检修人员需站立在踏板区域内，尽量保持身体躯干在踏板区域内。不应倾斜身体或者晃动身体或者将身体的任何部位伸出站立平台区域。

（18）不准一只脚踏在免爬器，另一只脚踏在别处进行作业。

（19）不得携带背包或其他可能出现悬挂情况的物品。

（20）下免爬器时，先拍下急停按钮，挂好双钩再摘除防坠滑块。

（21）检修人员下塔时，先挂好双钩安全绳然后站上小车踏板，挂好滑块后取下双钩安全绳。松开急停按钮，转换开关旋到下降，双手握住扶手，同时按下启停按钮。

（22）免爬器钢丝绳须保持清洁，避免与油、润滑脂和化合物等接触。

（23）任何时候，升降机的安装、上升或下降都有坠落危险，在有坠落危险区域内的所有检修人员应佩戴防坠落装置。防坠落装置必须可靠固定在稳固结构上，防止检修人员的坠落。

（24）升降机额载 240kg，准乘 2 人，不得超载。

（25）升降机双钩安全绳所挂的单个锚点只能供一个人使用。

（26）升降机锚点没有安装固定好或者有变形、裂纹等不正常损坏时，不准使用。

（27）一旦发生断电或操作故障等状况使得升降机停止，则升降机可以实现在轿厢内手动紧急下降。

（28）辅助升级设备的动力系统、安全锁和系统零部件的维修应由有资格的专业技术人员来完成。

（29）在使用升降机之前，应由授权的安全机构进行检验。牵引提升装置和安全制动装置每运行 250h 后必须在授权的工厂检修，并提供一份新的检修证明。

（30）升降机下时保证下方畅通，无障碍物。

（31）只能使用无故障的悬挂装置、轿厢构件、牵引提升装置、安全制动装置、原装牵引提升钢索和止动装置，设备有缺陷禁止使用。

（32）如果在操作过程中发现任何损坏或故障，或者如果出现可能危及安全的情况时，应中断正在进行的工作。

（33）未经制造商事先书面同意，不得修改、延长或改造升降梯。

十四、生产数字化系统作业安全操作规范

（一）生产数字化系统巡视检查安全操作规范

1. 危险点

（1）巡视数字化设备未与其他带电设备保持安全距离。

（2）检查安装位置较高或机舱外的设备，未使用个人坠落防护用品。

（3）检查摄像头等设备时，未断开相应电源。

2. 安全措施

（1）巡视设备时，应与带电设备保持足够的安全距离。

（2）检查安装位置较高或机舱外的设备，应正确使用安全带、安全滑

块（防坠锁扣）、双钩安全绳、安全帽和安全鞋等个人安全防护用品，不应失去安全防护。

（3）检查设备时断开相关电源，并进行验电。

（二）生产数字化系统检修维护安全操作规范

1. 危险点

（1）维护数字化设备未与其他带电设备保持安全距离。

（2）维护安装位置较高或机舱外的设备，未使用个人坠落防护用品。

（3）维护摄像头等设备时，未断开相应电源。

（4）维护结束后网线误插，造成网络安全问题。

2. 安全措施

（1）维护设备时，应与带电设备保持足够的安全距离。

（2）维护安装位置较高或机舱外的设备，应正确使用安全带、安全滑块（防坠锁扣）、双钩安全绳、安全帽和安全鞋等个人安全防护用品，不应失去安全防护。

（3）维护设备时断开相关电源，并进行验电。

（4）作业结束后，检查光纤、网线接线正确，避免造成网络安全问题。

十五、海上风电出海作业安全操作规范

（一）作业人员管理要求

（1）接受消防、救生等技能的基本培训和避碰、信号、通信等技能的专业培训，取得海上设施作业人员海上交通安全技能培训合格证明。特种作业及特种设备操作人员，应取得相应特种作业资质证书（包括但不限于电工证、登高证、起重机司机 Q2 证书、起重指挥 Q1 证书、焊接与热切割作业证等），确保作业人员持证上岗。

（2）出海前接受安全教育，熟悉海上作业场所和工作岗位存在的危险有害因素，掌握相应的防范措施和事故应急措施。

（3）熟悉作业场所救生器材、消防器材、应急物资的分布位置、逃生通道和逃生路线，掌握救生器材和逃生设施的正确使用方法。

（4）作业人员身体不适、精神不佳、酒后不得从事海上作业。

（5）不得在无监护的情况下单独从事海上作业。

（6）临时性出海作业人员应接受出海前安全教育，通过阅读资料、观看视频等方式掌握必要的安全和救生知识。

（7）船员持有海事部门核发的符合船舶最低配员要求的适任证书和健康证明。熟悉本岗位职责和管理使用设备的安全操作规程，按照船舶应急部署表规定职责，熟悉船舶应急操作，掌握海上通航环境以和气象海况变化情况。

（二）作业船舶管理要求

作业船舶应符合以下条件：

（1）具有船舶检验证书、国籍证书、所有权登记等合规证书。

（2）具有船舶适航证书，并在证书规定的航区内航行、停泊和作业。

（3）船上起重设备、压力容器等特种设备应检验合格且在有效期内。

（4）起重吊索具应参照国家标准使用、检验、维护、报废。

（5）船舶的救生、消防等应急设备设施，应满足在船人员的使用要求。

（6）船舶应当使用符合标准的船用燃油，按规定做好污油（水）、生活污水及船舶垃圾的收集与处置，并做好记录。

（7）签订租赁合同及安全协议。

（8）船舶的通信导航设备应按规范配置，并始终保持良好工作状态，AIS、甚高频设备不得关闭，通信设备应有人值守、确保畅通。

（9）船舶入场前，须经企业安全检查合格，重点检查其锚泊、通信、作业专用设备、安全操作规程、船容船貌等，签字确认后方可入场。

（10）应向海事部门报备船舶及船员资料。

（11）违反海事部门管理规定，被海事部门要求停用的船舶，实行清退。

（12）严禁船舶带安全缺陷运行，严禁超员、超载、超抗风等级或超能见度标准航行。

（三）海上交通调度安全管理

（1）应对作业船舶进行交通调度管理。调度管理员应根据施工作业计划，核对气象、潮汐等条件信息，提前发布交通出海计划。调度管理员应根据气象预警信息及时调整出海作业时间。调度室应配有当地最新版的海图和潮汐表。

（2）船舶因工作需要、通达受限而变更行驶线路时，应及时联系调度管理员，征得许可后方可变更行驶线路。若遇气候突变或其他紧急情况需变更行驶线路，可在变更线路后及时汇报调度管理员，并说明变更原因。

（3）海上作业期间，应每间隔2～4h向调度管理员报告一次船位、航行信息及海况气象信息。

（4）应当建立出海人员登记制度，严格履行出海登记手续，登记出海人员数量、姓名、出海时间、返回时间等信息，经管理人员审批后方可出海。船舶返回停靠点后，作业人员应向调度管理员汇报并办理出海登记注销手续。

（5）遇有特殊情况作业人员留宿海上，须向调度管理员报备，管理人员履行审批手续。应确保船舶安全、通信、急救设施齐备完好，船舶抛锚固定安全可靠。做好夜间值班，确保及时发现天气变化等突发情况。

（6）应加强海上风电场通航安全监控能力，对靠近或进入海上风电场、海缆保护警戒区域内的非企业管理船舶进行警示与驱离。海上调度管理应符合海事部门对通航安全风险隐患预警处置、船舶安全动态监控、作业安全管理的要求。

（四）海上作业管理

（1）海上风电机组基础施工、海上风电机组安装及基础施工的施工单位，应具有海上作业相关资质证书，包括但不限于中华人民共和国独立法人资格证书、安全生产许可证、港口与海岸工程专业承包三级及以上资质证书、港口与航道工程施工总承包三级及以上资质证书、电力工程施工总承包三级及以上资质证书等。

（2）作业人员必须检查和佩戴救护、照明、通信等个人防护用品，宜佩戴具有定位和报警功能的电子设备。

（3）应将作业人员、船舶位置信息接入公司生产管控系统，确保在系统中可随时查看。

（4）生产运维海上高风险作业，应配置工作记录仪、移动布控球。各级管理人员应通过公司生产管控系统开展远程视频安全监督，及时掌握海上高风险作业情况，做好全过程安全监督管理。

（5）船舶出海前，应进行安全检查。对于在固定航线航行且单次航程不超过 2h 的，1 日内应至少自查 1 次。对于超过 2h 的，每个航次前应进行自查，并做好记录。

（6）应进行作业区域地质分析和扫海，对海上潮流、洋流、水深、潮间带滩面变化，以及养殖区等海洋地理环境可能存在的风险进行识别，对雷电、高温、大风等恶劣气象条件做好防范措施，确定避风锚地。

（7）应通过安全技术交底，书面将海缆路由坐标告知施工船舶。作业时，船舶抛锚应避开海缆区域，不应利用风电机组基础系泊。船舶抛锚应考虑对通航、施工作业的影响，各锚缆布置应设置明显标志或采取其他安全措施。特殊天气、海况应加强对船舶锚缆系统的检查。

（8）应对吊机、起吊设备、吊索具及安全设施进行检查，核实吊索具规格、荷载是否符合所吊部件重量要求。吊装起重作业应遵守《起重机械安全规程》（GB 6067）和《风电机组吊装安全技术规程》（GB/T 37898—2019）要求。

（9）船舶 AIS、甚高频设备应实时开启，并保持与陆上集控中心通信畅通。

（10）船舶坐滩作业时，应观察船舶坐滩点的冲刷情况，防止船底掏空。

（11）非作业时间，应适当增加船舶与施工机位的距离，防止因风浪影响导致船舶与基础碰撞造成基础损坏。

（五）海上应急处置措施

（1）企业收到台风、强对流等灾害天气预警信息，应根据预警级别启动应急响应，按照应急预案要求，将船舶撤离至指定避风锚地，组织作业人员上岸避险。

（2）船舶、作业人员遇险时，应立即发出遇险信号，将遇险时间、位置坐标、状况、救助需求向海上搜救机构或海事部门报告，保持通信畅通。

（3）发生事故时，事故现场作业人员应立即启动现场应急处置方案，采取有效措施，积极组织自救、互救，防止事故扩大、减少损失，第一时间向本单位负责人和当地海事部门报告。

第五章　风电机组检修基础知识

随着风电装机规模的持续扩大与机组运行年限的增长，设备检修已成为保障风电场安全、高效运行的核心环节。从日常维护到故障修复，规范化的检修作业不仅依赖先进的技术手段，更需以扎实的理论基础、精准的工器具应用以及标准化的操作流程为支撑。掌握机械装配、电气系统调试及起重作业等核心技能，是提升检修效率、降低人为操作风险、延长机组寿命的关键。

本章系统梳理风电机组检修技术的知识体系与实践要点，涵盖检修基础理论概述、常用工器具使用规范、机械识图与电气图纸解析、高精度机械装配工艺、低压电气系统装配标准、重型部件起重作业安全控制六大模块。通过理论解析、实操案例与风险预控相结合，为技术人员构建从原理认知到实践落地的完整能力链路，助力实现"精准诊断、规范操作、本质安全"的现代化检修目标。

第一节　检修基础理论概述

本节介绍了检修的概念，明确检修在风电机组运行管理中的定位；检修的原则，不同的检修管理理论在不同设备中的共性原则；检修的分类，不同检修分类之间的差异化特征；类型的选择，根据设备故障特征、停机影响及经济性分析，不同类型的选择对风电机组的检修具有重要意义。

一、检修的概念

检修和维修是设备检修管理经常用到的名称，在不同的行业对其有不同的理解：一般认为维修是对设备进行维护和修理的简称，检修是对设备进行检验和维修的简称，检修是主动行为，偏重于预防性的维护、检查和修理，而维修是被动行为，偏重于故障性解决的维护、检查和修理。维修多见于教材，检修多见于标准和规范。因为现在推行主动的预防性维护、检查和修理，所以本书采用检修表述。

二、检修的原则

为了保证设备高的完好率和延长设备的使用寿命，在做好设备的检修工作中应遵循一些原则。不同的检修管理理论通常采用不同的设备检修原则，但在一些方面它们具有共同的原则。下面介绍这些原则：

（1）以预防为主，维护与计划检修并重。

维护与计划检修是相辅相成的。设备维护得好，能延长检修周期且减少检修工作量。计划检修得好，维护也就更加容易。预防检修是贯彻预防为主的设备检修方式，其具体含义和主要活动是定期检查设备，尽早发现各种可能引起生产上停机的故障或加速折旧的情况，及时检修，或者在上述情况处于轻微状态时，加以调整或修复。不宜对所有设备都实行预防检修，那样需支付大量检修费用，不利于保证和提高设备检修的经济性，产生"过分检修"的现象。因此宜采取对重点设备及一般设备的重要部分进行预防检修，对一般设备进行故障检修，既保证生产，又节约费用，它被称为经济的检修制度。它也是贯彻"预防为主、维护和计划检查并重"原则的有效措施。风电场检修遵循"预防为主，定期维护和状态检修相结合"的原则。

（2）以生产为主，检修为生产服务。

生产是企业的主要活动，检修要为生产服务，但也不能因此而忽视检修工作，不注意设备使用的科学性、规律性，一味设备，设备长期处于超负荷运行状态，这样的做法往往会适得其反、留下后患。应根据自身设备的复杂程度和数量规模，保持一支相对稳定的检修队伍和足量的检修工器具。为了实现检修为生产服务的目的，应设法采取各种措施缩短停机时间，减少对生产的影响。

在设备的维护检修中，应采用系统化的观点，将维护工作覆盖至设备的整个使用周期。基于这一理念，我们应主动采取检修预防措施，从设计、制造阶段就开始着手减少设备故障，从而提升设备的可靠性和维修性。

（3）专职修理。

检修人员应严格执行操作规程，尽心维护设备，其对设备的状态起着决定性作用。因此要求实行定人、定机、定岗位的方法，把维护设备的优劣情况作为职工考核的重要内容。

三、检修的分类

（1）根据检修范围的大小、检修费用多少，设备检修可分为小修理、中修理和大修理三类。

1）小修理。小修理通常只需修复、更换部分磨损较快和使用期限等于或小于修理间隔期的零件，调整设备的局部结构，以保证设备能正常运转到计划修理时间。小修理的特点是：修理次数多、工作量小、每次修理时间短、修理费用计入生产费用。

2）中修理。中修理是对设备进行部分解体、修理或更换部分主要零件、基准件和修理使用期限等于或小于修理间隔期的零件；同时要检查整个机械系统，紧固所有机件，消除扩大的间隙，校正设备的基准，以保证机器设备能恢复和达到应有的标准和技术要求。中修理的特点是：修理次数较多、工作量不大、每次修理时间较短、修理费用计入生产费用。

3）大修理。大修理是指通过更换，恢复其主要零部件，恢复设备原有精度、性能和生产效率而进行的全面修理。大修理的特点是：修理次数少、工作量大、每次修理时间较长。

风电机组的设备检修包括日常检修和大部件检修等工作。日常检修是指临时故障的排除，包括检查、清理、调整、注油及配件更换等，没有固定的时间周期，因此其属于小修理的一种。大型部件检修是指风电机组叶片、主轴、齿轮箱、发电机等部件的检修或更换，包含了中修理和大修理，因此风电场大部件检修不区分中修理和大修理。

（2）根据检修的策略，设备检修可分为故障检修、定期检修、状态检修三类。

1）故障检修适用于非重要设备，故障造成损失较少，故障后果不严重或备有冗余的设备，会造成设备欠检修。

2）定期检修适用于有明显故障周期的设备，或者一些故障周期不明显的重要设备，其前提是了解设备的故障特征和磨损状况。对于连续性的生产系统，根据生产计划和设备运行状况，确定设备定期检修的安排，易造成设备检修过剩。

3）状态检修适用于重要或关键设备。借助监测的技术手段，分析诊断设备故障的部位、原因及程度、发展趋势，以及确定检修的时间和内容，以避免计划检修或预防检修带来的过度检修成本。

四、类型的选择

不同的设备或同一设备的不同部位，所处不同的生产状态，可选择不同的检修策略，一个企业设备的检修方式不应只有一种，也不应固定不变，而应针对不同的设备、不同的故障模式、企业条件、生产的需要等从设备的维修性、可靠性、经济性方面考虑，决定设备的检修方式，可采取一种或多种，或多种组合检修模式。因此，风电的检修方式选择是建立在故障费用、故障影响、故障模式和故障后果分析的基础上，是一种将故障检修、定期检修、状态检修等结合起来的检修模式。

根据现有数据统计分析，风电机组电气、电控、液压和偏航系统故障频率比较高，但是故障处理时间相对较短；而叶片、传动链、发电机等大部件故障频率比较低，但是故障处理时间长。因此像电气、电控、液压等这些故障频率高，但故障造成停机时间较短且损失较小的部件，采用故障检修方式；而像叶轮、传动链、发电机等这些故障频率低，但是故障造成停机时间长且损失大的关键部件，应采用定期维护和状态检修相结合的检修方式。

第二节 常用工器具

本节介绍了风电机组检修作业中各类工器具的正确使用方法及注意事

项，包括一般防护安全工器具的作用、使用方法及注意事项，重点说明了安全帽、安全带等防护装备的规范使用；绝缘安全工器具的使用注意事项，着重分析了验电器、绝缘手套等工具的检查要点及检测标准；电气仪表的操作规范与测量方法，涵盖万用表、电容表、兆欧表等仪器的使用步骤；以及液压工器具和测量工器具的操作流程与精度控制要求，通过规范化的使用指导确保检修作业的安全性与准确性。

一、一般防护安全工器具

（一）安全帽

1. 定义

安全帽是指对人头部受坠落物及其他特定因素引起的伤害起防护作用的帽子。

2. 安全帽的结构及作用

（1）安全帽由帽壳、帽衬、下颏带及其附件等组成，如图 5-1 所示。

图 5-1 安全帽

1）帽壳：这是安全帽的主要部件，一般采用椭圆形或半球形薄壳结构。这种结构，在冲击压力下会产生一定的压力变形，由于材料的刚性性能吸收和分散受力，加上表面光滑的圆形曲线易使冲击物滑走，而减少冲击的时间。根据需要可加强安全帽外壳的强度，外壳可制成光顶、顶筋、有檐和无檐等多种形式。

2）帽衬：帽衬是帽壳内直接与佩戴者头顶部接触部件的总称，其由帽箍环带、顶带、护带、托带、吸汗带、衬垫及拴绳等组成。帽衬的材料可采用棉织带、合成纤维带和塑料衬带制成，帽箍为环状带，在佩戴时紧紧围绕人的头部，带的前额部分衬有吸汗材料，具有一定的吸汗作用。帽箍环形带可分为固定带和可调节带两种，帽箍有加后颈箍和无后颈箍两种。顶带是与人头顶部相接触的衬带，顶带与帽壳可用铆钉连接，或用带的插口与帽壳的插座连接，顶带有十字形、六条形。相应设插口 4~6 个。

3）下颏带：下颏带是位于安全帽下方部位的可调节配件，主要用于固定安全帽，防止在低头、弯腰或其他动作时帽子脱落。其两端通常通过卡扣或者绳结等方式与安全帽主体相连，这种连接方式方便使用者根据自己头部的大小和形状来调节下颏带的长度。

（2）安全帽的防护原理。

1）缓冲减震作用：帽壳与帽衬之间有 25～50mm 的间隙，当物体击打安全帽时，帽壳不因受力变形而直接影响到人头顶部。

2）分散应力作用：帽壳为椭圆形或半球形，表面光滑，当物体坠落在帽壳上时，物体不能停留立即滑落；而且帽壳受打击点的承受力向周围传递。通过帽衬缓冲减少的力可达 2/3 以上，这样就把着力点变成了着力面，从而避免了冲击力在帽壳上某点应力集中，减少了单位面积受力。

3）生物力学原理：相关安全标准中规定安全帽必须能吸收 4900N，这是因为生物学试验中人体颈椎在受力时最大的限值，超过此限值颈椎就会受到伤害，轻者引起瘫痪，重者危及生命。

3. 安全帽的使用及注意事项

（1）佩戴前，应检查安全帽各配件无破损，装配牢固，帽衬调节部分应卡紧，插口牢靠，绳带系紧等。

（2）严禁将安全帽歪戴，严禁将安全帽檐戴在脑后方。

（3）安全帽的下颏带必须扣在下颏，并系牢，松紧要适度。

（4）在使用安全帽过程中，不能随意拆卸或添加附件，以免影响其原有防护性能。

（5）安全帽使用年限从制造之日起计算，达到安全帽上永久标识的强制报废期限后，应进行报废处理。

（6）安全帽帽壳有裂纹、灼伤、冲击痕迹，或者帽箍、帽衬、下颏带等组件缺失时严禁使用。

（7）安全帽帽衬连接卡位固定不良、帽箍调节器失灵等且无法修复时严禁使用。

（8）安全帽经受严重冲击后，没有明显损坏，仍必须更换。

（9）安全帽批量采购进货后，每年需抽样送检。

（10）安全管理人员每月检查安全帽一次。

（11）现场检修人员在使用安全帽前需进行认真检查。

（二）安全鞋

1. 定义

安全鞋是安全类鞋和防护类鞋的统称，其一般是指在不同工作场合穿用的具有保护脚部及腿部免受可预见伤害的鞋类。其主要保护功能包括防砸、防穿刺、防静电、耐油、防滑、耐酸碱、绝缘和耐磨损等，适用于不同行业和工作条件，如图 5-2 所示。

2. 安全鞋的作用

（1）耐磨性：安全鞋通常采用耐磨的鞋底材料，这有助于防止鞋底被磨损，提高鞋子的使用寿命。以保护脚部免受尖锐物体或粗糙表面的磨损。

图 5-2 安全鞋

（2）防刺穿：安全鞋的鞋底通常设计为防刺穿的结构，以阻止尖锐物体穿透鞋底伤害脚底。这种结构对于工作环境中可能存在的尖锐物体，如钉子、金属碎片等，为脚部提供了额外的保护。

（3）防滑性：安全鞋的鞋底通常采用防滑设计，以便在湿润或滑溜的表面上具有更好的抓地力，减少因滑倒而造成的人身伤害。

（4）抗冲击：安全鞋在鞋头部分通常配备了防护帽，其通常是由合成材料或金属制成，以抵御坠落物体对脚部的冲击。这有助于减轻可能导致损伤的冲击力。

（5）静电防护：一些工作环境可能对静电敏感，因此安全鞋可能包含静电防护功能，防止静电的积累和释放，从而减少因静电放电引起的潜在危险。

（6）防化学腐蚀：在某些工作环境中，可能存在化学品风险。因此，安全鞋被设计成具有能够抵御特定化学物质侵蚀功能的，以保护脚部免受化学品的损害。

3. 安全鞋的使用及注意事项

任何劳动防护用品的使用效率和寿命都可能随时间和重复使用而减少，为了保证劳保鞋的正常穿戴，正确的保养是十分必要的。为此，应该建立保养计划，具体内容包括：

（1）安全鞋运输和储存时要避免阳光直射、雨淋及受潮，储存库内应通风良好、干燥、防霉防蛀，堆放要离开地面、墙壁 0.2m 以上，切勿与酸、碱和其他腐蚀性化学物质及有毒有害物接触。

（2）应定期清理安全鞋，其中重点注意的是不要采用溶剂做清洁剂。

（3）不得擅自修改鞋的构造，如打洞、挖空等。

（4）若安全鞋是防静电、绝缘或导电设计，不得使用自制的鞋垫。

（5）正确穿着安全鞋，不应赤脚穿着安全鞋；不应将安全鞋当作拖鞋穿，损坏鞋后帮。

（6）不应不系鞋带穿着安全鞋。

（7）防静电鞋每穿 200h 应进行一次鞋电阻测试，若电阻值不符合防静电鞋要求的范围不能作为防静电鞋使用。

（三）线（棉纱）手套

1. 定义

线（棉纱）手套是一种广泛应用于工作防护的手部防护工具，采用涤棉纱制成，结构简单实用。

2. 线（棉纱）手套的作用

（1）线（棉纱）手套能提供机械防护。工作现场可能存在各种机械设备和物体，例如钢铁、木材、玻璃等，这些物体的表面可能具有锋利的边缘、露出的螺纹和尖锐的角度。在工人接触这些物体时使用线（棉纱）手套能够减少对手部的直接伤害，防止切割、刺穿及挫伤等可能发生的意外伤害。

（2）线（棉纱）手套能保护手部免受化学物质的伤害。在某些行业中，作业人员可能需要与酸、碱、溶剂等有毒或腐蚀性的化学物质接触，这些化学物质可能对人体的皮肤产生刺激或者损害。线（棉纱）手套能够在一定程度上降低这些化学物质对皮肤的接触，减少皮肤受损的风险。

（3）线（棉纱）手套具有一定的保温性。在一些寒冷的工作环境中，线（棉纱）手套能够提供一定的保温效果，保持手部的温暖，减少寒冷对手部的不适影响，从而提高工作人员的工作效率。

（4）线（棉纱）手套有助于吸湿排汗。工作人员工作时手部容易出汗，线（棉纱）手套能够吸湿排汗，减少汗液在手部的积聚，保持手部的干爽，避免因过多汗液造成的手部滑腻、不舒适等问题。

3. 线（棉纱）手套的使用及注意事项

（1）适用范围。适用于一般作业环境，例如井下、矿山、煤矿、隧道等工作，不宜用于高温、带电、腐蚀性及怕静电的作业。

（2）状态检查。在使用前仔细检查手套，如发现破损、霉烂等情况，禁止使用。在使用过程中，如发现割破或磨损，及时更换新手套。

（3）工作范围。含棉量低于 20％的手套不适用于需要抓握锤头、电钻、装卸搬运等特殊作业。

（4）储存环境。储存时请保持在通风干燥、防火、防晒、防潮、防鼠、防虫的环境中。

（5）工作环境。避免用于高温及腐蚀性环境。

（四）防护眼镜

1. 定义

防护眼镜是一种专门设计用于保护眼睛免受各种危害的眼镜。它通常由耐冲击材料制成，也称作劳保眼镜。

2. 防护眼镜的作用

防止眼部和面部免受紫外线、红外线、微波等电磁波辐射，以及粉尘、烟尘、金属、砂石碎屑和化学溶液溅射可能造成的伤害。

3. 防护眼镜的使用及注意事项

（1）挑选、佩戴大小合适的防护眼镜，防止其作业时脱落和晃动，影响使用效果。

（2）眼镜框架要与脸部吻合，避免侧面漏光。需要时应使用带有护眼罩或防眩光型眼镜。

（3）当保护片和滤光片组合使用时，镜片的屈光度需相同。

（4）防护眼镜的树脂镜片受到强烈冲击有破碎的可能，易造成眼睛和面部损伤，建议不要在剧烈运动时使用。

（5）防护眼镜使用时间过长或使用不当，会造成镜片粗糙及损坏，留下刮痕后的镜片会影响佩戴者的视线，达不到佩戴安全标准需要及时进行调换。

（6）防护眼镜禁止重压，保存应尽量远离坚固物体，防止对镜片造成损坏。

（7）当镜片附上汗水等污渍，建议立即用清水冲洗再用纸巾吸干水分后用专用眼镜布擦干。镜片脏污情况较为严重时建议先用低浓度的中性洗剂清洗，然后用清水冲洗擦干。

（8）在清洗防护眼镜时，需要使用柔软的专业擦拭布进行清理，并放于眼镜盒或安全的地方。

（9）防护眼镜需要根据产品的使用手册进行使用及保养。在化学飞溅工作场所使用后，需要及时进行清洁维护，必要时需及时更换。

（五）正压式空气呼吸器

1. 定义

正压式空气呼吸器（简称空呼器）是一种专为在缺氧、有毒有害气体环境中作业的人员提供高效呼吸保护的设备。

2. 正压式空气呼吸器的作用与原理

使用者通过佩戴空呼器，不依赖环境气体，而是通过气瓶内的高压空气供人体呼吸。呼出的气体通过呼气阀排放到大气中。在正常使用时，空呼器面罩内始终保持略高的压力，有效防止外界有毒、有害气体进入，确保使用者的安全。正压空呼器是一种隔离式呼吸器，以压缩空气为供气源。使用时，高压空气通过减压器减压，供应到面罩上的供气阀，根据使用者的呼吸需求提供空气。整个呼吸循环过程由吸气、排气和呼气阀的协调完成。

3. 正压式空气呼吸器的结构

正压式空气呼吸器主要由面罩、供气阀、减压器、压力表、空气瓶和瓶阀组件、背托组件等组成，如图5-3所示。

（1）供气阀安装在面罩上向使用者提供空气。供气阀上中压软管带有快速插头，穿过肩带的固定扣环与中压管上的快速接头连接。供气阀可根据使用者对吸气量的需求自行调节面罩内的气流量。供气阀顶部中间圆圈

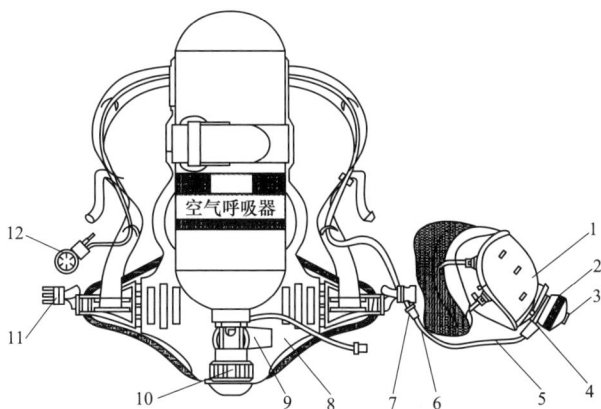

图 5-3　正压式空气呼吸器

1—面罩；2—供气阀；3—供气阀供给开关；4—面罩呼气阀；5—中压导管供给阀插头组；
6—快速插头；7—快速插头锁紧帽；8—背托组；9—减压器；10—气瓶开关；
11—腰带；12—压力表

按钮是应急冲泄阀，其主要作用：用于辅助供气；冬天可以迅速除去面窗内的积雾或落霜，排掉系统内余气。供气阀侧面有黑色按钮，其作用是关闭供气阀，即在测试过程中或任务结束后取下面罩时按下供气阀侧面黑色按钮，即可以关闭供气阀。当佩戴者将面罩戴在脸上保持气密，吸气时供气阀自行开启供给气源。

（2）减压器作用是将气瓶内高气体减压为中压，保证供气阀正常工作。减压器组件安装在背架上通过手轮与气瓶阀连接，减压器上配有中压安全阀，并留有中压接口。

（3）压力组件由压力表和报警哨组成。其置于佩戴者胸前，便于识别。当气瓶压力低于 5MPa 时，报警哨会发出 90dB（A）以上的报警声，警示佩戴者撤离危险区。

（4）气瓶和气瓶阀组件。空气瓶选用碳纤维缠绕复合气瓶，额定储气压力为 30MPa。气瓶阀上装有过压保护膜片，当气瓶压力超过额定压力 25% 左右时气瓶安全膜会爆破泄压。气瓶阀开启：按 NO 方向旋转听到"咯咯"声，拧两圈。气瓶阀关闭：手握手轮外壳，轻轻向下按住，按箭头 OFF 方向旋转。

4．正压式呼吸器的使用步骤

（1）外观与部件检查。

1）确认气瓶外观无裂纹、变形，气瓶阀开关灵活，压力表指针在绿色区域（额定工作压力 28～30MPa，部分型号为 30～35MPa）。

2）检查面罩：镜片无划痕、裂纹，密封圈无老化破损；头带弹性良好，呼气阀片启闭正常。

3）检查供气阀：接口无变形，橡胶密封件完好，手动补气按钮按下后能正常供气。

4）检查背板与肩带：背架无断裂，肩带、腰带卡扣牢固，调节带无磨损。

（2）气密性测试。

1）关闭气瓶阀，打开供气阀，缓慢释放管路余气至压力表归零（约10s），观察压力表30s，压力上升不大于2MPa为合格（表明管路无泄漏）。

2）戴上面罩，用手掌堵住面罩接口，深吸气后屏住呼吸5s，面罩应贴合面部不脱落（验证面罩气密性）。

（3）佩戴与启动。

1）将气瓶竖直放置，背架贴紧背部，双手穿过肩带，调整肩带至肩部无压迫感，腰部卡扣扣紧，腰带收至肋骨下方（确保重心稳定）。

2）打开气瓶阀（逆时针旋转1.5～2圈，听到"咔嗒"声后再补半圈），确认压力表显示正常压力。

3）将供气阀接口对准面罩进气口，听到"咔嗒"声即连接到位，拉动供气阀软管确认无脱落。

4）双手握住面罩两侧，由下至上将面罩贴合面部（女性需先取下首饰，长发盘起避免影响密封），调整头带：先收紧下部两根头带，再调整顶部头带，确保面罩边缘完全贴合面部（鼻梁、下颌处无漏气）。

5）深呼吸2～3次，供气阀应自动开启供气，呼气时面罩内压力略有升高（正压式设计，确保外界污染空气无法进入）。

5. 正压式空呼器的使用及注意事项

（1）使用者在报警器起鸣时，必须立刻撤离到一个不需要呼吸保护的场所。当报警器起鸣时，表明气瓶压力已降到告警值，此时若没有立刻离开现场可能会引起人员伤亡。

（2）如果供气阀上的节气开关在瓶阀打开之前没有被按下关闭，空气将从面罩内自由流出。如果气瓶未充满压缩空气，则使用前必须换上充满空气的气瓶。

（3）使用空呼器时，如果没有按要求扣紧和调节肩带、腰带，空呼器可能在使用者的身上移动或从身上掉落。

（4）使用者的面部条件妨碍了脸部与面罩的良好密封时，不应佩戴空呼器。这样的条件包括胡须、鬓角或眼镜架等。使用者面部和面罩间密封性不好会减少空呼器的使用时间或导致使用者本应由空呼器防护的部分暴露于空气中。

6. 正压式空呼器的保养及其他

（1）气瓶。

气瓶必须按照国家相关法律规定进行定期检查，且由专业的经过授权的机构和人员进行检测，同时须做好相关记录。日常使用时，应检查瓶阀并保证瓶口密封无泄漏、瓶阀和减压器接口旋紧。充的可呼吸空气必须符合 EN132 标准，具体要求见表 5-1。

表 5-1　气瓶充气标准

成分	质量百分比（干燥空气）	体积百分比（干燥空气）
氧气	23.01%	20.93%
氮气	75.51%	78.10%
氩气	1.29%	0.9325%
二氧化碳	0.04%	0.03%
氢气	0.001%	0.01%
氖气	0.0012%	0.0018%
氦气	0.000 07%	0.0005%
氪气	0.0003%	0.0001%
氙气	0.000 04%	0.0009%

（2）湿度要求。

1）气瓶内的水分含量不能超过 $35g/m^3$。

2）送气瓶充气途中应关闭气瓶阀门以避免受潮。不要完全排空气瓶内的空气（至少保持 0.5MPa 的压力）。如果气瓶内没有空气，则需在充气前对气瓶进行干燥。可使用空气干燥机或者气瓶干燥炉，最高温度不能超过 90℃。

（3）清洗和消毒。

1）背架上的织带可拆下进行清洗和消毒。

2）清洗时，必须用温水和 pH 值为中性的清洁剂进行清洗。按照清洁剂的使用手册控制其浓度和使用时间。应避免清洁剂对呼吸器部件造成腐蚀（有机溶剂会损坏橡胶或塑料部件）。

3）清洗消毒后，必须干燥空呼器部件。所有部件应在 15～30℃ 条件下晾干。避免使用任何热辐射源，如太阳直射、烘干机、加热器等。建议使用压缩空气对减压器、中压管等重要部件进行干燥，以消除可能的渗入水分，避免损坏。

（4）检测。

每次清洗和维修之后都需对空呼器进行检测。如果供气阀的薄膜和所有橡胶部分有损坏或者老化的迹象（变黏、硬化、变皱等）应及时更换。按照 GA 124—2004《正压式消防空气呼吸器标准》规定进行低压气密性检测和供气阀静态正压测试。

（5）储存。

1）只有在经过清洗、消毒、检查、维修且记录在案的空呼器才可以储存。

2）储存温度必须在 15～30℃ 之间，且处于干燥环境中。

3）储存地点应避免阳光直射、远离热源、潮湿环境和腐蚀性物质，并且禁止未经培训的人员进入。

4）储存后，使用前必须确定工作环境不会影响产品功能，并对所有部件进行检测。

5）禁止使用者自行拆卸或滥用空呼器，以免造成设备损坏。

6）在运输和储存途中，气瓶应垂直放置（瓶阀向上）。搬运时，应双手握紧瓶体，禁止提阀门手轮。切勿撞击、滚动或投掷气瓶，应保证防震。

（六）防毒面具

1. 定义

防毒面具是一种用于保护呼吸系统的个人防护装备，主要用于过滤或隔绝有毒气体、粉尘、烟雾等有害物质。其广泛应用于化工、消防、军事、矿山等高风险环境。

2. 防毒面具的结构

防毒面具通常由以下几个部分组成。

（1）面罩：覆盖面部，提供密封保护，通常由橡胶或硅胶制成。

（2）滤毒罐：内含活性炭、化学吸附剂等材料，用于过滤有害物质。

（3）导气管：连接面罩和滤毒罐，输送过滤后的空气（部分型号使用）。

（4）头带：固定面罩，确保密封性和舒适性。

（5）呼气阀：排出呼出的气体，防止二氧化碳积聚。

3. 防毒面具的作用

（1）保护呼吸系统：通过滤毒罐将空气中的有毒有害物质去除，为佩戴者提供清洁的空气，防止有毒物质进入呼吸道，避免对肺部、气管等呼吸器官造成损伤。

（2）保护面部和眼睛：一些有毒气体或化学物质可能会对皮肤和眼睛造成腐蚀、灼伤或其他损害，防毒面具的面罩可以起到隔离和防护的作用，保护面部和眼睛免受有毒物质的刺激和伤害。

4. 防毒面具的使用及注意事项

（1）防毒面具使用前检查。

1）检查面具是否有裂痕、破口，确保面具与脸部贴合密封性；

2）检查呼气阀片有无变形、破裂及裂缝；

3）检查头带是否有弹性；

4）检查滤毒盒座密封圈是否完好；

5）检查滤毒盒是否在使用期内。

（2）防毒面具佩戴说明。

1）将面具盖住口鼻，然后将头带框套拉至头顶；

2）用双手将下面的头带拉向颈后，然后扣住；

3）风干的面具请仔细检查连接部位及呼气阀、吸气阀的密合性，并将面具放于洁净的地方以便下次使用。

（3）防毒面具佩戴密合性测试。

1）测试方法一：将手掌盖住呼气阀并缓缓呼气，如面部感到有一定压力，但没感到有空气从面部和面罩之间泄漏，表示佩戴密合性良好。若面部与面罩之间有泄漏，则需重新调节头带与面罩排除漏气现象。

2）测试方法二：用手掌盖住滤毒盒座的连接口，缓缓吸气，若感到呼吸有困难，则表示佩戴面具密闭性良好。若感觉能吸入空气，则需重新调整面具位置及调节头带松紧度，消除漏气现象。

（七）个人电弧防护用品

1. 定义

个人电弧防护用品是用于保护可能暴露于电弧相关热危害中的人体的防护用具。

2. 个人电弧防护用品作用与组成

个人电弧防护用品主要目的是通过阻挡和吸收电弧能量，保护人的身体免受电弧灼伤。常见的个人电弧防护用品包括电弧防护服、电弧防护面罩、电弧防护头罩等。电弧防护服通常采用耐火材料制成，能够抵御高温和火焰。防护面罩可以防止电弧射击和高温辐射对面部的伤害，电弧防护头罩可以保护头部和颈部如图 5-4 所示。

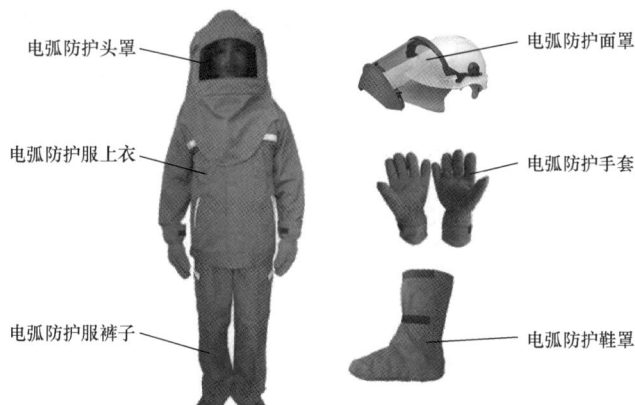

图 5-4　电弧防护用品

3. 电弧防护服分类等级与选用依据

根据《个人电弧防护用品通用技术要求》（DL/T 320—2019），电弧防护服装的分类等级采用 ATPV 值来标识，该值反映了电弧防护服装能够吸收的电弧能量，其值越高，防护性能越好。以下是电弧等级和防护服装分类的概述：

（1）电弧等级。

Ⅰ级（6~8cal/cm²）：适用于低风险电气作业，如 240V 及以下配电柜的简单操作。

Ⅱ级（8~25cal/cm²）：适用于中低风险电气作业，包括 600V 电压等级的 MCC 操作和 120V 及以下带电回路的工作。

Ⅲ级（25~40cal/cm²）：适用于中风险电气作业，如 600V 开关柜的操作和开启柜门等。

Ⅳ级（40cal/cm² 以上）：适用于高风险电气作业，包括 3000V 及以上高压电动机附近的工作和 1kV 及以上变压器室的工作。

（2）电弧防护服选用依据。

2 级电弧防护服：适用于Ⅱ级和Ⅲ级风险等级的电气作业。这些作业通常涉及较低的电弧能量，但仍需足够的防护以防止电弧灼伤。2 级电弧防护服提供了全面的防护性能，同时在设计上兼顾了轻便与舒适性，确保作业人员在进行工作时能够自如地操作。

4 级电弧防护服：适用于Ⅳ级风险等级的电气作业，这些作业涉及非常高的电弧能量，需要最高级别的防护。4 级电弧防护服具备充足的保护能力，能有效防止严重电弧灼伤及其他伤害。尽管此类电弧防护服可能较为厚重且热阻较大，从而影响舒适度，但在高风险环境下，安全始终是至关重要的考量因素。

4. 配置标准

（1）依据防护用品性能和现场实际工作需要，所有场站应按照相关要求配置 2 级电弧防护服、4 级电弧防护服、电弧防护面罩、电弧防护头罩；

（2）风电场电气作业人员必须每人配置一套 2 级电弧防护服和电弧防护面罩；

（3）一个场站最少配置 2 套 4 级电弧防护服和电弧防护头罩。

5. 电弧防护服的使用及注意事项

（1）变电站倒闸操作过程中，就地操作断路器、隔离开关、接地开关（户外型），以及推拉小车开关时，操作和监护人员必须穿戴 4 级电弧防护服和电弧防护面罩。

（2）箱式变压器发生接地和短路故障，以及操作箱式变压器高压开关时，操作和监护人员必须穿戴 4 级电弧防护服和电弧防护头罩。

（3）箱式变压器首次投运，或大修后初次送电操作时，作业人员必须穿戴 4 级电弧防护服和电弧防护头罩。

（4）箱式变压器日常运维过程中，带电打开低压室柜门巡视设备、分合 690V 断路器，以及操作高压负荷开关时，检修人员必须穿戴 2 级电弧防护服和电弧防护面罩。

（5）巡视检查风电机组并网柜前，应将风电机组置于维护状态，确认主断路器断开后方可打开柜门，严禁拆卸防护网或绝缘隔板，严禁触碰任何设备，巡视人员必须穿戴 2 级电弧防护服和电弧防护面罩。

（6）巡视检查风电机组变频柜前，应将风电机组置于维护状态，确认主断路器和接触器断开至少 15~20min（厂家提供明确放电时间要求的，按照厂家要求执行）后方可打开柜门，严禁拆卸防护网或绝缘隔板，严禁触碰任何设备。巡视期间工作人员必须穿戴 2 级电弧防护服和电弧防护面罩。

（7）检修维护风电机组变频柜前，应将风电机组置于维护状态，确认主断路器和接触器断开至少 15～20min（注：厂家提供明确放电时间要求的，按照厂家要求执行）后方可打开柜门，然后测量直流母排电压，确认降到安全值后方可工作。测量母排电压时，检修人员必须穿戴 2 级电弧防护服和电弧防护面罩。

（8）拉合风电机组 400V 及以上主供电回路的保险或开关，巡视风电机组塔底 690V/400V 干式变压器时，检修人员必须穿戴 2 级电弧防护服和电弧防护面罩。

（9）就地操作站用变压器低压侧断路器、400V 母联断路器，以及带电打开 400V 开关柜巡视和检测设备时，作业人员必须穿戴 2 级防电弧服和防电弧面罩。

（10）对直流蓄电池充电柜、馈线柜、蓄电池组检测及清扫灰尘时，作业人员必须穿戴 2 级电弧防护服和电弧防护面罩。

（11）穿电弧防护服开展相关工作时，必须将电弧防护服穿在工作服或贴身衣物的外面。同时，作业人员应穿棉麻材质的贴身衣物，严禁穿化纤类衣物。

（12）在使用电弧防护用品过程中，应尽量避免接触油污和尖锐物体，并严格按照厂家技术要求进行保管和清洗。在使用寿命期限内，如果电弧防护用品出现破损或电弧灼伤后应立即停止使用，并及时更换新的防护用品。

（13）电弧防护面罩应牢固安装在适用的安全帽卡扣上，且使用温度范围为 $-10～45℃$。

（14）当电弧防护用品达到厂家规定的使用寿命时，应立即停止使用并全部更换。

6.电弧防护服的清洗存放规定

（1）清洗。

1）电弧防护服（不包括面屏）一般使用机洗，也可以采用手洗，水温不得超过 50℃，熨烫温度不能超过 200℃，禁止干洗；

2）使用中性洗涤剂，不允许使用含氯洗涤剂；

3）电弧防护服应单独洗涤，不得与其他衣物一起洗涤；

4）在通风环境中自然晾干或者滚筒烘干，部分电弧防护服尽量避免在日光或者荧光灯下晾晒；

5）清洗面屏表面时，应使用柔软棉布或者海绵蘸取少量中性洗涤剂或者清水，轻轻擦拭，然后清水冲洗干净；

6）不允许使用硬质刷子或者表面粗糙物体擦拭面屏。

（2）存放。

1）电弧防护服和电弧防护面罩应在室温、干燥通风条件下存放，不要将电弧防护面罩、头罩长期暴露在阳光下直射；

2）远离腐蚀性化学品或者易燃物品；

3）长期储存时，应定期晾晒，避免出现滋生细菌、产生虫蛀等现象；

4）电弧防护服和电弧防护面罩的正常使用寿命为 5 年。

（八）全身式安全带

1. 定义

全身式安全带是防止作业人员在高处作业时坠落的安全用具。全身式安全带的设计采用高强度、耐磨的材料，并符合相关标准，旨在提供可靠的支撑和保护，降低高处作业风险，如图 5-5 所示。

图 5-5　全身式安全带

2. 全身式安全带的构成

（1）全身式安全带由带子、绳子和金属配件组成。

（2）安全绳是全身式安全带上保护人体不坠落的系绳。

（3）吊绳是自锁钩使用的绳，要预先挂好，垂直、水平和倾斜均可，自锁钩在绳上可移动，能适应不同作业点工作。

（4）自锁钩是装有自锁装置的钩，在人体坠落时，能立即卡住吊绳，防止坠落。

（5）缓冲器是当人体坠落时，减少人体受力，吸收部分冲击能量的装置。

（6）双钩安全绳是保护作业人员登高途中使用的一种挂钩。

3. 全身式安全带的作用

（1）分散冲击力：在发生坠落时，全身式安全带能够将冲击力均匀地分散到身体的各个部位，包括肩部、胸部、腰部和大腿等。相比其他类型的安全带，它能更有效地避免冲击力集中在某一局部区域，从而大大降低对身体造成严重伤害的风险。

（2）提供稳定的支撑和固定：作业人员在高空进行各种操作时，全身式安全带可以将其身体牢固地固定在安全绳或固定点上，防止人员因失去平衡、滑倒或其他意外情况而坠落。

（3）便于救援和定位：当作业人员遇到其他危险情况时，全身式安全带通常配备有便于救援的装置，如救援挂钩、O形环等。救援人员可以通过这些装置快速、安全地将被困人员吊起或转移到安全地带。

4. 全身式安全带的使用注意事项

（1）全身式安全带应高挂低用，注意防止摆动碰撞。使用3m以上长绳应加缓冲器，自锁钩所用的吊绳则例外。

（2）缓冲器、速差式装置和自锁钩可以串联使用。

（3）不准将绳打结使用，也不准将钩直接挂在安全绳上使用，应挂在连接环上使用。

（4）全身式安全带上的各种部件不得任意拆除。更换新绳时要注意加绳套。

（5）全身式安全带在使用两年后，按批量购入情况，抽验一次。全身式安全带做静负荷试验，以2206N拉力拉伸5mm，如无破断方可继续使用。悬挂全身式安全带冲击试验时，以80kg重量做自由坠落试验，若不破断，该批全身式安全带可继续使用。对抽试过的样带，更换安全绳后才能继续使用。

（6）使用频繁的绳，要经常进行外观检查，发现异常时，应立即更换新绳。

（7）全身式安全带及安全绳不得用于吊送工具材料或其他工作用具。

5. 全身式安全带穿戴方法

（1）握住背部挂点提起安全背带，使腿部固定带下垂；

（2）把肩带像背包带一样背在身上，背部挂点和塑料扣板位于背部；

（3）将宽松的腿部固定带从内向外绕大腿一圈；

（4）将腿部固定带穿进带扣并且拉紧；

（5）将腿部固定带的末端插入带套内；

（6）系好狭长的胸带；

（7）用中间的带调整环调整安全背带，使之松紧适宜。

6. 全身式安全带的检验标准

（1）全身式安全带使用期一般为3～5年，发现异常应提前报废。

（2）全身式安全带的腰带和保险带、绳应有足够的机械强度，材质应有耐磨性，卡环（钩）应具有保险装置。保险带、绳使用长度在3m以上的应加缓冲器。

（3）使用全身式安全带前应进行外观检查。

1）组件完整、无短缺、无伤残破损；

2）绳索、编带无脆裂、断股或扭结；

3）金属配件无裂纹、焊接无缺陷、无严重锈蚀；

4）挂钩的钩舌咬口平整不错位，保险装置完整、可靠；

5）铆钉无明显偏位，表面平整。

7. 安全带的存放和保养方法

（1）安全带不宜接触120℃以上的高温、明火和酸类物质，以及有锐角的坚硬物体和化学药品；

（2）安全带可放入低温水中用肥皂轻轻擦洗，再用活水漂洗干净；

（3）在远离热源、通风良好的地方晾干，决不允许浸入热水中及在日光下暴晒或用火烤，保存在没有湿气和紫外线的地方；

（4）检查锁扣有没有异物进入，如果有灰尘进入肩部安全带的铰接处，会使全身式安全带反应缓慢，及时用清洁的干布擦干净；

（5）全身式安全带不能随便拆卸，如果有问题一定要请专业人员维修。

（九）防坠锁

1. 定义

防坠锁（见图5-6）是一种用于防止高处作业人员坠落的安全装备，利用物体下坠速度差进行自控，能在限定距离内快速制动锁定坠落物体。防坠锁通常与安全带配合使用，有效防止人员发生意外坠落，提升高处作业的安全性。

图 5-6 防坠锁

2. 防坠锁的作用

（1）防止坠落：在高空作业时，防止人员从高处坠落。

（2）吸收冲击力：缓冲器在坠落时吸收冲击力，减少对身体的伤害。

（3）提高安全性：通过自锁装置和牢固连接，确保作业人员的安全。

3. 防坠锁的使用及注意事项

（1）防坠锁必须固定在与其匹配的导轨或钢丝绳上，使用时应悬挂在使用者正前方胸部位置；

（2）使用防坠锁前应对安全绳、外观做检查，并试锁2～3次；

（3）使用防坠锁进行倾斜作业时，原则上倾斜度不超过30°，30°以上必须考虑能否撞击到周围物体；

（4）防坠锁的关键零部件已做耐磨、耐腐蚀等特种处理，并经严密调试，使用时不需加润滑剂；

（5）防坠锁严禁安全绳扭结使用，严禁拆卸改装，并应放在干燥少尘的地方。

（十）双钩安全绳

1. 定义

双钩安全绳（见图 5-7）是一种用于高处作业和悬垂作业的安全防护装备。具有两个挂钩，可以交替使用以保持连续保护。广泛应用于建筑、电力等高处作业行业。

图 5-7 双钩安全绳

2. 双钩安全绳的结构

（1）挂钩：两个挂钩，通常有自锁功能，防止持钩意外打开，用于连接安全带和固定点。

（2）织带或钢丝绳：连接两个挂钩，具有高强度和耐磨性。

（3）缓冲器：在坠落时吸收冲击力，减少对身体的伤害。

3. 双钩安全绳的作用

（1）连续保护：双钩设计允许交替使用，确保作业人员在移动时始终有至少一个挂钩连接，提供连续保护。

（2）防止坠落：在高处作业时，防止作业人员高处坠落。

4. 双钩安全绳的使用及注意事项

（1）每次使用双钩安全绳时，必须做一次外观察，如发现有破损老化情况及时反映并停止使用，以确保操作安全。

（2）双钩安全绳应保持清洁，用完后妥善存放好，弄脏后可用温水及肥皂水清洗并在阴凉处晾干，不可用热水浸泡或日晒火烧。

（3）双钩安全绳是防止高处作业人员坠落的防护用品。因为坠落的高度越大，受到的冲击力越大，因此，安全绳必须具备下面两个基本条件：

1）必须有足够的强度来承受人体掉下时的冲击力。

2）可防止人体坠落到能致伤的某一限度，即它应在这一限度前就能挂住人体，使之不再往下坠落；坠落时，如超过某一限度，即使把人用绳拉住，但因所受的冲击力太大，也会使人体内脏损伤而死亡。为此，绳的长度不能太长，要有一定的限度。

（4）双钩安全绳挂绳长度，在保证操作活动的前提下，要限制在最短的范围内。

5. 双钩安全绳的保养

（1）定期检查绳索和钩头的磨损情况，如有需要应及时更换。同时要避免将安全绳放在潮湿或污染的地方。

（2）不使用时，应将安全绳卷起并妥善保存，避免阳光直射和潮湿环境。同时也要避免将安全绳绕在手上或脖子上。

（十一）高空逃生速降装置

1. 定义

高空逃生速降装置（见图5-8）是一种紧急逃生设备，可以通过快速且安全地降至地面。高空逃生速降装置通常由装置本体、绳索、制动系统、手柄或把手等部分组成。

图 5-8　高空逃生速降装置

2. 高空逃生速降装置的结构

（1）装置本体：通常包括一个手柄或把手（用于使用者握住），以及一个或多个滚轮或滑轮（确保绳索的顺畅运动）。

（2）绳索：逃生速降装置使用高强度的绳索，如聚酯纤维、尼龙或其他耐磨损和耐拉力的材料。这确保了逃生时绳索的稳固性和耐用性。

（3）制动系统：逃生速降装置通常配备有制动系统，以确保使用者在下降时能够受到适当的制动，避免过快的速度。制动系统可能是机械式的，通过摩擦或锁定原理实现，也可能是电子控制的，根据使用者的体重和速度进行智能调整。

（4）手柄或把手：逃生速降装置上通常有一个手柄或把手，用于使用者握住以保持平衡，并在逃生过程中控制下降的速度。

3. 高空逃生速降装置的使用及注意事项

（1）使用高空逃生速降装置前，仔细阅读理解说明书并按要求做，避免不按要求操作造成人员伤亡。

（2）使用高空逃生速降装置前，应了解事先相关的逃生方案。

（3）逃生包是一种配合安全带使用的紧急救援逃生装置。

（4）使用高空逃生速降装置时，避免逃生包与未保护的尖锐棱角发生摩擦接触。

（5）日常逃生包培训不是紧急情况，一定要有必用辅助的安全防护设备来绝对确保使用者的安全。

（6）在逃生包存储过程中，不能直接接触或接近明火、高温物体、溶液、强酸、强碱。

（7）确保逃生通道没有障碍物，以免阻碍逃生或伤害使用者。

（8）锚点要符合 EN795 标准，并能承重 10kN 的重量。安装点应置于使用者上方。

4. 高空逃生速降装置的使用方法

（1）检查安全带、安全帽，逃生包是否完好无损。

（2）手动偏航机组到合适位置（确保逃生口或吊物口下方对准陆地，偏离高压线、水塘、悬崖峭壁等环境）。

（3）将缓降器的连接器挂到符合 EN795 的要求锚点上。

（4）注意挂点必须选在出口正上方，如果没有挂点可用逃生包里绿色短绳悬在风机上端横梁上作为挂点。

（5）双向拉绳索检查绳（见图 5-9）是否工作正常。

（6）调整绳索使绳索和人保持适当距离，将整个逃生包抛下，绳会自动展开，检查绳索无打结或是被障碍物阻挡，如图 5-10 所示。

（7）将挂钩和安全带连接（挂到胸前），确保人体和缓降器之间保持适当距离，并且绳子无松弛现象，检查自由下落一端的绳子长度能与地面接触。

（8）所有的连接件必须扣好锁好，使用者可以以恒定速度进行自动下降，并可以靠拉住上升的绳来停止下降或减慢速度，如图 5-11 所示。

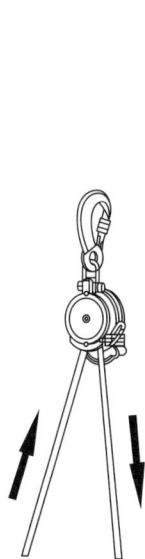

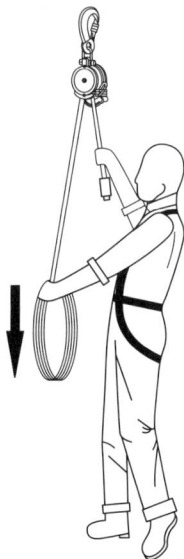

图 5-9　检查绳　　　　图 5-10　调整操作　　　　图 5-11　坐姿示意

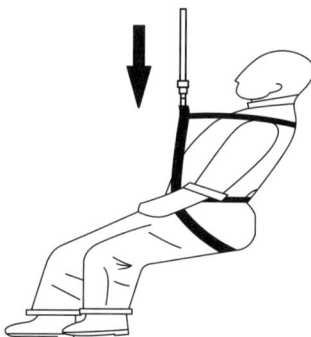

（9）出舱时缓慢进行，等到身体完全到达舱外松开手中的绳子。

二、绝缘安全工器具

(一) 绝缘靴使用注意事项

(1) 绝缘靴作为辅助绝缘安全工器具,使用期间其防护功能可能受到被刻痕、切割、磨损或化学污染而损坏的影响,应定期检查,损坏的绝缘靴不能再以电绝缘劳保鞋使用。

(2) 绝缘靴不能与油类、酸性、碱性及尖锐物质等接触,以防腐蚀、变形受损;绝缘靴要注意勿受潮,受潮后则严禁使用。

(3) 绝缘靴使用前应检查:不得有外伤,要无裂纹、无漏洞、无气泡、无飞边、无划痕等缺陷。如发现有以上缺陷,应立即停止使用并及时更换。

(4) 雷雨天气或一次系统有接地时,巡视风电企业室外高压设备应穿绝缘靴。使用绝缘靴时,应将裤管套入靴筒内,并要避免接触尖锐的物体,避免接触高温或腐蚀性物质,防止受到损伤。严禁将绝缘靴挪作他用。

(5) 绝缘靴每半年需进行耐压试验,耐压及泄漏电流值应符合标准,否则应将其报废处置。试验不合格的绝缘靴不能再使用。

(6) 为了使用方便,一般现场至少配备大、中号绝缘靴各两双,确保作业人员有绝缘靴穿用。

(7) 绝缘靴应存放在干燥、阴凉的地方,并应存放在专用的柜内,要与其他工具分开放置,其上不得堆压任何物件。

(二) 绝缘手套使用注意事项

(1) 绝缘手套作为辅助绝缘安全工器具,在进行高压电气设备倒闸操作时必须使用,防止触电等可能导致的人身伤害事故发生。

(2) 每次使用前,应进行外部检查,要求外表无损伤、磨损或划伤、破漏等,有砂眼漏气的禁用。手套朝手指方向卷曲,当卷到一定程度时,内部空气因体积减小、压力增大,手指鼓起,为不漏气者,即为良好。

(3) 每次使用后,应擦净、晾干,还应撒上一些滑石粉,保持干燥和避开黏结。

(4) 不得与石油类的油脂接触,合格的与不合格的不能混放在一起,以免使用时拿错。

(5) 绝缘手套每半年需进行耐压试验,耐压及泄漏电流值应符合标准,否则应将其报废处置。

(6) 进行设备验电、倒闸操作、装拆接地线等工作应戴绝缘手套。使用绝缘手套时,里面最好戴上一副线(棉纱)手套,这样夏天可防止出汗而操作不便,冬天可以保暖。戴手套时,应将上衣袖口套入手套筒口内。

(7) 绝缘手套应存放在干燥、阴凉的地方,并应倒置在指形支架上或存放在专用的柜内,与其他工具分开放置,其上不得堆压任何物件。

(三) 绝缘杆使用注意事项

(1) 使用前,应先检查是否超过有效期限,检查绝缘操纵杆的表面是否干燥、清洁完好，各部分的连接是否可靠。应检查绝缘杆的堵头，如发现破损，应禁止使用。

（2）绝缘操作杆的规格必须符合被操作设备的电压等级，不可任意取用。

（3）在使用绝缘棒拉合隔离开关或经传动机构拉合隔离开关和断路器时，均应戴绝缘手套，防止绝缘棒受潮而产生较大的泄漏电流，进而危及操作人员安全。

（4）雨天使用绝缘杆操作室外设备时，还应穿绝缘靴，当接地网接地电阻不符合要求时，晴天操作也应穿绝缘靴，以防止跨步电压、接触电压的伤害。

（5）使用绝缘操作杆进行电气倒闸操作时，操作者的手握部位不得超过护环。

（6）操作绝缘杆时，绝缘杆不得直接与墙或地面接触，以防碰伤其绝缘表面。

（7）应存放在干燥的地方，防止受潮。一般情况，应放在特制的架子上或垂直悬挂在专用挂架上，防止弯曲变形。

（四）低压验电器使用注意事项

（1）只能在500V以下使用，禁止超过额定电压使用。手拿验电笔，用一个手指触及笔杆上端的金属部分，金属笔尖接触被检查的测试部分。严禁用湿手去验电，严禁用手接触笔尖金属探头。

（2）使用前，先在有电的导体上检查电笔是否正常发光，检验下验电器（验电笔）的可靠性。在强光下验电时，应采取遮挡措施，以防误判断。

（3）验电前，注意身体各部位与带电体的安全距离，防止人身触电。防止通过验电器的金属部位造成相间或对地短路，造成人身电弧烧伤。

（4）使用完毕后，一定要保持清洁，放置在干燥、防潮、防摔碰之处。

（5）验电器可区分相线和接地线（中性线），接触时氖泡发光的线是相线，氖泡不亮的线为接地线（中性线）。

（6）验电器可区分交流电或是直流电，电笔氖泡两极发光的是交流电，一极发光的是直流电，且发光的一极是直流电源的负极。

（五）高压验电器使用注意事项

（1）只适用于户内和户外良好的天气下使用，当天气不良时，如有雨、雪、雾，禁止户外使用。每次使用前都应检查，绝缘部分是否有污垢、损伤、裂纹，声光显示是否完好。

（2）使用时，操作人员必须戴绝缘手套，手握在护环下面的握柄部分，不得触及以上部分，人体与带电部分的距离应符合《电业安全生产工作规程》规定的设备不停电的安全距离，并注意指示部分不得同时触碰相邻物体或接地部分，防止短路。

（3）须使用电压等级和被检设备电压等级相一致的合格验电器，并且验电操作顺序应按照验电"三步骤"进行。在验电前，应先将验电器在已知带电的设备上进行测试，以验证验电器是否良好。然后，在设备的需验电点逐相进行验电，确保验电器验电头与验电点的裸露金属部分可靠接触。最后，当验明无电后再将验电器在带电设备上复核，以确认其功能仍然正常。

（4）使用完毕，要妥善保管，存放在有柔软垫的干燥的匣内并加以固定，以免积灰和受潮。

（5）注意被试部位各方向的邻近带电体电场的影响，防止误判断。

（6）避免跌落、挤压、强烈冲击、振动，不要用腐蚀性化学溶剂和洗涤等溶液擦洗。

（7）不要在露天烈日下曝晒，使用和装运途中要避免剧烈震动。

（8）使用完毕的高压验电器，应妥善存放于指定的专用保管室（如安全工器具室）。该保管室需保持干燥与清洁，同时，必须实施防尘和防潮措施，以维护验电器的良好状态和使用安全。

（六）接地线使用注意事项

（1）使用接地线前，检查试验日期是否在有效期内、有无断股，检查绝缘护套有无破损，线夹是否完好、能否自由操作，接地铜线与三相铜线连接是否牢固。

（2）装设接地线前，应对设备进行验电，戴绝缘手套。先装设接地端，接地点应选择与全站接地网相连的接地点，装设应牢固，装设部位不应有油漆。严禁使用缠绕的方法进行接地或短路。

（3）使用接地线夹分别对设备进行三相放电，放电时应站在侧面，防止电弧伤害。装设接地线后应及时做好接地线装设记录。

（4）每组接地线均应编号，并存放在固定地点，存放位置亦应编号。接地线号码与存放位置号码必须一致，避免因管理不到位导致的带接地线合闸的误操作事故发生。

（5）装设接地线必须由两人进行，装、拆接地线均应使用绝缘杆和戴绝缘手套。

（6）在每次装设接地线前，应经过详细检查，损坏的接地线应及时修理或更换，禁止使用不符合规定的导线做接地线或短路线。

（7）接地线必须使用专用线夹固定在导线上，严禁用缠绕的方法进行接地或短路。

（8）接地线和工作设备之间不允许连接隔离开关或熔断器，以防它们断开时，设备失去接地，使检修人员发生触电事故。

（七）放电棒使用注意事项

（1）对大的容性试品放电时，须在试验完毕后，断开试验电源后，应该等待一段时间后，使试品上的电荷通过倍压筒及试品本身对地自放电。此时可观察控制箱上的电压表电压数在逐步下降跌落，当电压表下降到较低的电压，一般在 5~15kV，方可用放电棒去逐步移向试品附近，先通过间隙空气游离放电，此时可听到嘶嘶的声音，当无声音后，用放电棒尖端去碰试品，最后将试品直接接地放电。

（2）大的容性试品积累电荷的大小与试品电容的大小和施加电压的高低与时间的长短成正比。

（3）对几公里以上的高压电缆试验结束后，放电时间一般都很长，且需多次反复放电，电阻容量要很大，需订购大容量的放电棒。

（4）严禁未拉开试验电源用伸缩型直流高压放电棒对试品进行放电。

（5）严禁用脚踩及重物挤压伸缩型直流高压放电棒，严禁折弯直流高压放电棒。

（6）严禁将伸缩型直流高压放电棒受潮，影响绝缘强度，应放在干燥的地方。

三、电气仪表

（一）万用表

1. 定义

万用表又称复用表、多用表等，是电力电子行业不可缺少的测量仪表。万用表按显示方式分为指针万用表和数字万用表。一般以测量直流电压和交流电压、直流电流和交流电流、电阻、电容、二极管、三极管、通断测试等参数，如图 5-12 所示。

图 5-12　万用表

2. 安全事项

测量电压时，请勿输入超过万用表规定的极限电压与电流。36V 以下的电压为安全电压，在测量高于 36V 直流、25V 交流电压时，要检查表笔是否可靠接触，是否正确连接、是否绝缘良好等，以避免电击。改变功能和量程时，表笔应离开测试点。选择正确的功能和量程，谨防误操作。

3. 操作面板说明

（1）液晶显示器：显示仪表测量的数值及单位；

（2）POWER 电源开关：开启及关闭电源；

（3）LIGHT 背光开关：开启及关闭背光灯；

（4）HOLD 保持开关：按下此功能键，仪表当前所测数值保持在液晶显示器上，再次按下，退出保持功能状态；

（5）旋钮开关：用于改变测量功能及量程。

4. 使用方法

（1）直流电压测量。

1）将黑表笔插入"COM"插孔，红表笔插入 V/Ω/Hz 插孔；

2）将量程开关转至相应的 DCV 量程上，然后将测试表笔跨接在被测电路上，红表笔所接的该点电压与极性显示在屏幕上。

（2）交流电压测量。

1）将黑表笔插入"COM"插孔，红表笔插入 V/Ω/Hz 插孔；

2）将量程开关转至相应的 ACV 量程上，然后将测试表笔跨接在被测电路上。

（3）直流电流测量。

1）将黑表笔插入"COM"插孔，红表笔插入"mA"插孔中，或红笔插入"20A"中；

2）将量程开关转至相应的 DCA 档位上，然后将仪表串入被测电路中，被测电流值及红色表笔点的电流极性将同时显示在屏幕上。

（4）交流电流测量。

1）将黑表笔插入"COM"插孔，红表笔插入"mA"插孔中，或红笔插入"20A"中；

2）将量程开关转至相应的 ACA 档位上，然后将仪表串入被测电路中。

（5）电压电流注意事项。

如果事先对被测电压电流范围没有概念，应将量程开关转到最高挡位，然后按显示值转至相应挡位上。严禁使用电流档测量电压，过大的电流会将保险丝熔断，在测量电流时要注意，该档位无保护，连续测量大电流将会使电路发热，影响测量精度甚至损坏仪表。

（6）电阻测量。

1）将黑表笔插入"COM"插孔，红表笔插入 V/Ω/Hz 插孔。将所测开关转至相应的电阻量程上，将两表笔跨接在被测电阻上。

2）电阻测量注意事项：测量在线电阻时，要确认被测电路所有电源已关断而所有电容都已完全放电时，才可进行。请勿在电阻量程输入电压。

（7）电容测量。

1）将量程开关置于相应的电容量程上，将测试电容插入"Cx"插孔；

2）将测试表笔跨接在电容两端进行测量，必要时注意极性。

电容测量注意事项：大电容档测严重漏电或击穿电容时，将显示一数字值且不稳定。在测试电容容量之前，对电容应充分地放电，以防止损坏仪表。

（8）二极管及通断测试方法。

1）将黑表笔插入"COM"插孔，红表笔插入 V/Ω/Hz 插孔（注意红表笔极性为"＋"）；

2）将量程开关置挡，并将表笔连接到待测试二极管，红表笔接二极管正极，读数为二极管正向降压的近似值。

5. 注意事项

（1）在使用万用表前，请检查机壳，切勿使用机壳损坏的万用表，查看是否有裂纹或缺少塑胶件。请特别注意接头的绝缘层。

（2）检查测试导线绝缘是否有损坏或裸露的金属。检查测试导线的通断性，若导线有损坏，请把它更换后再使用电表。

（3）不要在量程开关为欧姆位置时，测量电压值。

（4）测量时，必须用正确的端子、功能和量程档。

（5）切勿在爆炸性的气体、蒸气或灰尘附近使用万用表。

（6）使用测试探针时，手指应保持在保护装置的后面。

（7）进行连接时，先连接公共测试导线，再连接带电的测试导线；切断连接时，则先断开带电的测试导线，再断开公共测试导线。

（8）测试电阻、通断性、二极管或电容以前，必须先切断电源，并将所有的高压电容器放电。

（9）打开机壳或电池门以前，必须先把测试导线从电表上拆下，在电池没有装好或后盖没有上紧时，不要使用此表进行测试工作。

（10）在更换电池或保险丝前，请将测试表笔从测试点移开，并关闭电源开关。

（11）电池指示灯亮时立即更换电池。当电池电量不足时，电表可能会产生错误读数，导致电击及人员伤害。如果长时间不用仪表，应取出电池。

（二）电容表

1. 定义

电容表是一种用于测量电容值的仪器，广泛应用于电子电路实验和维修中。使用电容表可以快速准确地测量电容器的电容值，以及判断电容器的好坏，如图 5-13 所示。

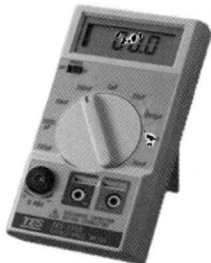

图 5-13　电容表

2. 使用电容表测量电容值的操作步骤主要包括准备工作、选择测量模式、开始测量、判断电容器好坏以及注意事项等。以下是详细的操作步骤。

（1）准备工作。

在使用电容表之前，需要做一些准备工作。首先，要确保电容表电池电压充足，以保证测量的准确性。其次，要测量的电容在测量前应充分放电，电容表要选择合适的测量档位，一般根据待测电容的大小来确定。较小的电容值可以选择较小的测量档位，较大的电容值则选择较大的测量档位。

（2）选择测量模式。

电容表一般提供两种测量模式，即直流模式和交流模式。直流模式适用于测量直流电路中的电容值，而交流模式适用于测量交流电路中的电容值。根据实际测量需求选择合适的测量模式。

（3）开始测量。

按下电容表的测量按钮或旋转选择开关，开始测量。待测电容器的电容值会在电容表的显示屏上显示出来。注意观察显示屏上的数值，并记录下测量结果。

（4）判断电容器好坏。

通过测量结果可以初步判断电容器的好坏。如果显示的电容值接近待测电容器的标称值，说明电容器工作正常；如果显示的电容值偏离标称值较多，可能说明电容器存在问题，需要进行进一步的检查或更换。

（5）注意事项。

在使用电容表时，需要注意以下几点事项：

1）要避免在高压状态下进行测量，以免发生电击事故。

2）要保持电容表的仪器和测试环境干燥、清洁，以确保测量结果的准确性。

（三）直流电阻测试仪

1. 定义

直流电阻测试仪是取代直流单、双臂电桥的高精度换代产品，如图 5-14 所示。仪器采用了先进的开关电源技术，其测量速度比电桥快一百多倍，显示部分由四位半 LCD 液晶显示测量结果，三位半 LCD 液晶显示环境温度或测试电流值，克服了由 LED 显示值在阳光下不便读数的缺点，同时具备了自动消弧功能。本仪器具有测速快、精度高、显示直观、抗干扰能力强、体积小、耗电省、测试数据稳定可靠、不受人为因素影响等优点。仪器内装可充电电池组，交、直流两用，便于现场及野外测试。

2. 操作步骤和注意事项

直流电阻测试仪是一种高精度、高效率的测量设备，广泛应用于变压器绕组直流电阻的测量。其操作步骤主要包括测量前的准备、开始测量、结束测量以及使用注意事项等。以下是详细的操作步骤和注意事项。

图 5-14　直流电阻测试仪

（1）测量前的准备。

1）首先将电源线和地线可靠连接到直阻仪上，然后把随机附带的测试线连接到直流电阻测试仪面板与其颜色相对应的输入输出接线端子上，将测试线末端的测试钳夹到待测变压器绕组两端，并用力摩擦接触点，以确保接触良好。

2）直流电阻测试仪提供了多种不同的测量电流，用户可以根据需要按"▲"键和"▼"键来选择合适的测量电流。请务必注意每种测量电流的最大测量范围，以避免出现所测绕组的直流电阻大于所选电流的最大测量范围。使测量开始后电流无法达到预定值，导致直流电阻测试仪长时间处于等待状态，无法完成测量。

3）"查看"键用于查看和打印已经存储的测量数据。选择好测量方式和测量电流后，按"测量"键开始整个测量过程。

（2）开始测量。

1）直流电阻测试仪在按下"测量"键后开始对被测绕组充电，并显示相应界面，如图 5-15 所示。

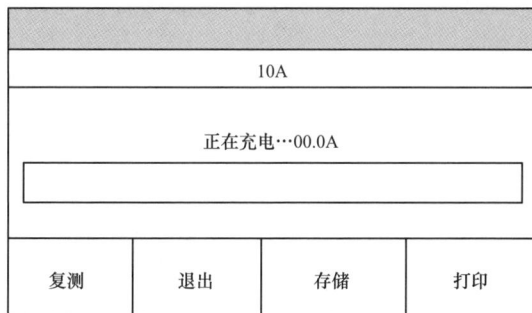

	10A		
	正在充电…00.0A		
复测	退出	存储	打印

图 5-15　直流电阻测试仪操作界面

2）显示器中部显示区将出现一个充电进度条，进度条上部为当前的电流值。一般在测量大电感负载时，电流达到稳定需要一定时间，电流值由零向额定值上升。

应该注意的是：如果充电进度条长时间停滞在某一电流值不再上升，

则可能当前的绕组电阻值超过了所选电流的测量范围，使电流达不到预定值，请按"退出"键退出测量，然后选择小一档的电流再试。

3）当电流达到额定值后，充电结束，直流电阻测试仪开始对数据进行采样计算。显示器提示"正在测量，请稍候"，计算完毕后，所测电阻值将显示在显示屏上。待数据稳定后，即可以按"存储"键存储或按"打印"键打印数据。

4）在测量无载分接开关时，不允许直接切换分接开关，必须退出测量状态，放电完成后才能切换分接开关。

（3）结束测量。

测量完毕后，按"退出"键退出测量。此时如果是电感性负载，直流电阻测试仪将自动开始对绕组放电，显示器提示"正在放电，请稍候"，并发出蜂鸣音提示。放电指示消失后，即可拆除测量接线，测试下一绕组。

（4）直流电阻测试仪使用注意事项。

1）在测量感性负载时不能直接拆掉测试线，以免由于电感放电危及测试人员和设备的安全。本机的输出端设有放电电路。关闭输出时，电感会通过仪器泄放能量。一定要在放电指示完毕后才能拆掉测试线。

2）对于无载调压变压器，不允许测量过程中切换分接开关。

3）测量过程中，如果电源突然断电，本机会自动开始放电，不要立刻拆卸接线，至少等待30s后才可拆卸接线。

4）测量时，其他未测试的绕组勿短路接地，否则会导致变压器充磁过程变慢，数据稳定时间延长。

5）开机前，检查电源电压：交流 220V±10%，50Hz。

6）试验时，确认被测设备已断电，并与其他带电设备断开。

7）试验时，机壳必须可靠接地。

8）试验时，不允许不相干的物品堆放在设备面板上和周围。

（四）绝缘电阻表

1. 定义

绝缘电阻表是用于测量绝缘材料电阻值的专用仪器。常见的绝缘表主要包括手摇式绝缘电阻表、电动绝缘电阻表、数字绝缘电阻表等。以下将以手摇式绝缘电阻表为例进行详细说明。

手摇式绝缘电阻表，又称兆欧表、摇表或梅格表，是一种典型的绝缘测试设备。该表主要由直流高压发生器、测量回路和显示装置三部分构成，其结构如图5-16所示。手摇式绝缘电阻表专门用于测量高电阻值、绝缘电阻、吸收比和极化指数，其测量结果的标度单位为兆欧（MΩ）。值得注意的是，此类绝缘电阻表内置有高压电源，通过手摇发电的方式产生，从而确保在没有外部电源的情况下也能进行精确的绝缘测试。

2. 安全事项

选用要求和使用前的检查：

图 5-16 绝缘电阻表

（1）绝缘电阻表应根据设备的电压等级选择，常见的电压等级有 50V、100V、250V、500V、1000V、2500V 等，如对于 10～35kV 的变压器，应使用 2500V 的测试仪。

（2）测量绝缘电阻前，必须切断被测电器及回路的电源，并对相关元件进行临时接地放电，以保证人身与绝缘电阻表的安全和测量结果准确。

（3）测量时必须正确接线。绝缘电阻测试仪共有 3 个接线端（L、E、G）。测量回路对地电阻时，L 端与回路的裸露导体连接，E 端连接接地线或金属外壳。测量回路的绝缘电阻时，回路的首端与尾端分别与 L、E 连接。测量电缆的绝缘电阻时，为防止电缆表面泄漏电流对测量精度产生影响，应将电缆的屏蔽层接至 G 端。

（4）测量结束后需对被测元件进行充分放电，避免残余电荷对人员或设备造成伤害。

3. 操作界面

（1）"E"（接地端）：连接被测设备的接地部分；

（2）"G"（屏蔽端）：用于消除表面泄漏电流的影响；

（3）"L"（线路端）：连接被测设备的导体部分；

（4）手摇柄；

（5）表盘。

4. 使用方法

（1）使用前，应先检查绝缘电阻表和引出线是否正常。将"L"和"E"两根引出线短接，轻摇手摇柄，查看仪表的指针应偏转到 0 处，再将两根引出线断开进行测量，指针指示为∞，则说明正常。

（2）被测物表面要清洁，减少接触电阻，确保测量结果的正确性。

（3）摇动一次绕组对二次绕组和地（外壳）的绝缘电阻的接线方法：用裸铜线将一次绕组的三相端子 1U、1V、1W（具体端子符号按照铭牌标注定义）短接，接地后连接到绝缘电阻表的"L"端。用裸铜线将二次绕组的 N、2U、2V、2W 端子与地（外壳）短接，接至绝缘电阻表的"E"端。如果使用带有绝缘线的测试仪，应确保绝缘线正确连接以减少表面漏电。必要时，可以将裸铜线在一次绕组瓷套管上沿伞裙缠上绕几圈，然后将此裸铜线连接在绝缘电阻表的"G"端，以减少表面漏电对测量值的影响。

（4）二次绕组对地摇动测量一次绕组与地（壳）绝缘电阻的接线方法：用裸铜线将二次绕组的 2U、2V、2W、N 端子短接，并连接到绝缘电阻表的"L"端。接着，用裸铜线将初级绕组的三相引线 1U、1V、1W 和地（外壳）短接后，连接到绝缘电阻表的"E"端。为减少表面漏电对测量值的影响，可将裸铜线绕在二次侧瓷套瓷裙上几圈，然后用绝缘线连接到绝缘电阻表的"G"端。

（5）测量时，将绝缘电阻表置于水平位置，用一只手按压摇表外壳（防止摇表振动）以 120r/min 左右的速度转动摇表的手摇柄，当指针指示为 0 时，立即停止转动手摇柄，以免烧毁绝缘电阻表。

（6）测量结束后对被测元件进行充分放电。

1）测量时有两根引线接在被测设备上，绝缘电阻表指针停稳后，进行读数，读完后继续转动手摇柄，并从绝缘电阻表上取下其中的一根线，取下之后方可停止转动手摇柄，防止反冲电压损坏摇表。

2）使用专用的放电棒或绝缘良好的导线，将放电棒的一端接地，另一端接触被测设备的导体部分，将被测对象就地放电。拆线操作时，不要触及引线的金属部分，防止电击伤人。

5. 注意事项

（1）禁止在雷电时或高压设备附近测绝缘电阻，只能在设备不带电也没有感应电的情况下测量。

（2）测量过程中，被测设备上不能有人员工作，摇动绝缘电阻表时，必须避免触碰绝缘电阻表的接线柱和被测回路，以防触电。

（3）绝缘电阻表的连接应为绝缘良好的两根单独的单线（两种颜色），两根连接线不要扭在一起，也不要使连接线接触大地，以免因接触不良造成错误连接线的绝缘。

（4）为了防止被测设备表面泄漏电阻，使用绝缘电阻表时，应将被测设备的中间层（如电缆壳芯之间的内层绝缘物）接于保护环。测量结束时，对于被测设备要放电。

（五）蓄电池内阻测试仪

1. 定义

蓄电池内阻测试仪是一款专为测试和测量固定电池系统而设计的多功能仪表，也可以测量电池内部电阻和电压。这些测量值可用于确定该系统的总体状况。同样可测量电气参数以用于电池系统维护，包括高达 600V 的直流电压、600V 的交流电压以及波纹电压，如图 5-17 所示。

2. 安全事项

为了防止可能发生的触电、火灾或人身伤害：

（1）若设备损坏或工作异常，请勿使用。

（2）端子间或每个端子与接地点之间施加的电压不能超过额定值。

（3）禁止触摸电压超过 30V 有效值交流电、42V 交流电峰值或 60V 直流电的带电导体。

图 5-17　蓄电池内阻测试仪

（4）在裸露的导线或母线附近工作时要格外小心。与导线接触可导致触电。

（5）不应使用已损坏的测试导线。检查测试引线的绝缘是否破损或是否裸露金属，或磨损指示器是否露出。检查测试导线的通断性应正常。

（6）测量时，请先连接零线或地线，再连接火线。断开时，请先切断火线，再断开零线和地线，保障人身安全、防止设备损坏并确保测量精度。

（7）避免同时接触电池和可能接地的机架或硬件。

（8）遵守当地和国家的安全规范。穿戴个人防护用品（经认可的橡胶手套、面具和阻燃衣物等），以防危险带电导体裸露时遭受电击和电弧而受伤。

（9）使用产品前先检查外壳，否存在裂纹或塑胶缺损。仔细检查端子附近的绝缘体。

（10）使用正确的测量类别（CAT）、电压和电流额定探针、测试线以及转接器进行测量。

（11）在 CATⅢ 环境中使用本产品时，安装测试导线的 CATⅢ 保护帽。CATⅢ 保护帽将裸露的金属探头减少至小于 4mm。在盖子取下或机壳打开时，请勿操作产品，以防接触到危险电压。

3. 操作面板

蓄电池内阻测试仪的操作面板如图 5-18 所示。

（1）子功能键：可在显示屏上灵活地执行各种功能。

（2）选项选取键：在菜单中选择项目并滚动查看信息。

（3）量程切换键：在手动测距和自动测距之间切换。在手动测距模式下循环所有测距范围。

（4）背光灯键：打开或关闭 LED 屏显背光。

（5）功能菜单键：打开设置菜单，可进行对比度、语言、日期/时间和关机时间等设置。

（6）测量模式切换键：在仪表测量模式和序列测量模式之间切换。在

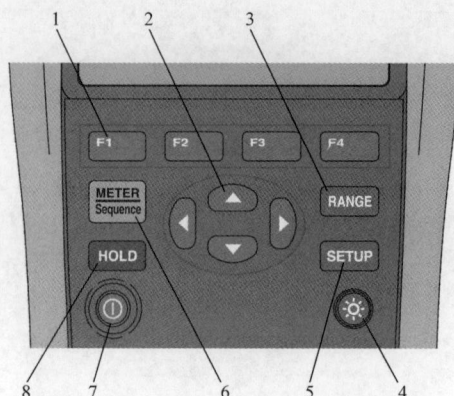

图 5-18 蓄电池内阻测试仪操作面板

1—子功能键；2—选项选取键；3—量程切换键；4—背光灯键；

5—功能菜单键；6—测量模式切换键；7—电源键；8—保持键

仪表存储模式和序列存储模式之间切换。

（7）电源键：打开或关闭设备。

（8）保持键：冻结显示器的当前读数，并允许保存显示读数。

4. 使用方法

（1）连接内阻测试仪测试探针。

（2）将内阻测试仪开机。

（3）更换探针后都要先进行零点校准，具体步骤为：将零点校准板放置在平坦的地面上，然后在"设置"菜单中设置零校准；将红色和黑色探针尖端插入校准孔，按下校准选项。完成零校准后，产品会发出蜂鸣声，并自动退出零校准模式。

（4）按 RANGE 量程选择键，选择合适量程，未知被测蓄电池的内阻时应选 AUTO 量程。

（5）先将黑色测试探针与蓄电池负极柱接触，再使用红色测试探针与蓄电池正极柱接触（注意：使用测试探针时先将测试探头的笔尖内端接触蓄电池极柱表面，再将测试探针的外端按压至接触蓄电池极柱表面，直到笔尖内圈和外圈完全接触被测目标，如图 5-19 所示）。

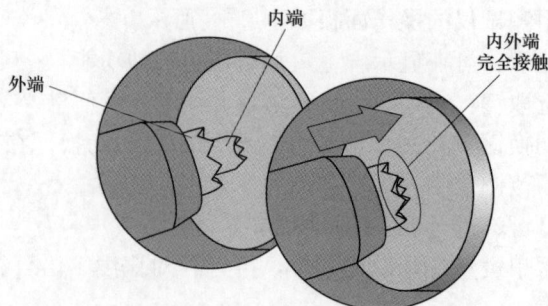

图 5-19 测试探针使用方法

(6) 测蓄电池的测试结果，如图 5-20 所示。

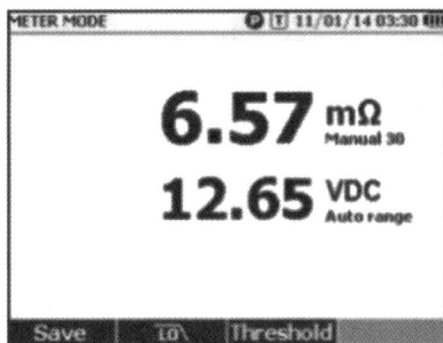

图 5-20　蓄电池内阻测试结果

(7) 按下 HOLD 键，可对测试结果进行冻结保持，按下测试探针或内阻测试仪上的 Save 键可将测试结果进行保存。

5. 测量蓄电池放电电压

在典型的电池负载放电测试中，需要循环测试电池组中每个电池的电压。典型的电池负载放电测试是从电池满电量时开始监测每个电池的电压，直到任何一个电池的电压在恒定负载下达到预定义的最低电压值，然后进行测量要测试的放电电压。

(1) 根据需要按下进入 Sequence 模式；

(2) 拨动旋钮开关至 DischargeVOLTS（放电电压）位置。

另外，放电电压只能在 Sequence 模式下测量。其典型界面如图 5-21 所示。

图 5-21　放电电压测量时的典型界面

(1) 进度条：表示正在测试的电池数量。电池 ID 和总数："/"符号左侧数字表示已测电池的 ID，"/"右侧数字表示档案中的电池总数。

(2) 循环次数和测试时间：进度条上面一行表示循环次数和每一循环的测试时间。

(3) 光标：进度条左侧数字表示电池的 ID，与光标所指的方格相对应。

按→和←可移动光标。进度条左侧数字随之改变。

(4) 如果光标所指方格对应着含有读数的电池会在进度条下方显示该读数。

(5) 平均读数:保存两组或多组测试读数之后,本产品会显示本次循环的平均电压读数。按 Save(保存)功能键保存当前放电电压读数和测试时间。当前电池数和进度方格数自动加 1。当前被测电池对应的方格变为实心,光标向前移动一位。

(6) 按 F3 功能键开始下一循环测试。保存第一个读数时,测试时间将显示在循环次数的旁边。

注意:开始新的循环测试时,不能返回上一循环。

6. 注意事项

(1) 测试探针的笔尖内端和外端都与电池极柱完全连接时,才会显示稳定、正确的读数。要获得更准确的电池内部电阻读数,不要将测试探针连接到螺钉。

(2) 在蓄电池内阻测量之前,请确保检查连接两个测量探头的导线或笔尖的连接部分,并确认熔保险丝是否完好。如果测量时读数持续显示为"OL"(开路),这表明保险丝可能已经熔断。

(3) 保险丝更换时应使用原装及指定的产品。

(4) 请勿使用除产品专门提供的充电器以外的任何充电器。

(5) 在打开电池舱门之前,请移除所有探针、测试引线和附件。

(6) 使用蓄电池内阻测试仪之前请查明电压量程范围,避免保险丝烧毁。

(六) 双臂电桥

1. 定义

电桥是一种基本的测量工具,应用广泛,作为一种具有高灵敏度和准确度的测量电路,利用电桥平衡的原理,不仅可以测电阻,也可以测电容、电感,并且可以通过这些物理量的变化间接测量非电学量,例如温度、压力、质量、速度等,因此电桥电路在自动化控制中有着广泛的应用。

电桥包括直流电桥和交流电桥两大类。直流电桥是一种比较式的测量仪器,主要用于测量电阻,其灵敏度和准确度都很高。它分为直流单臂电桥和直流双臂电桥两种。直流单臂电桥又称惠斯登电桥,它适用于测量 $1\Omega \sim 1M\Omega$ 的中阻值电阻;直流双臂电桥又称凯尔文电桥,它适用于测量低阻值(1Ω 以下)的小电阻,如短导线电阻、大中型电机和变压器绕组的电阻等。

直流电桥的设计特点在于其桥臂仅适用于接入电阻性负载。这种电桥广泛应用于应变电桥的测量中,其输出信号可以直接通过励磁式指示器或光线示波器振子进行观测,无需额外的信号放大环节。因此,直流电桥非常适合于半导体应变计等高灵敏度传感器的场合。

与此相对,交流电桥的桥臂能够接入多种元件,包括电阻(R)、电感(L)和电容(C)。这种电桥主要适用于那些输出信号需要通过放大器进行增强的场合,例如在使用金属应变计等传感器进行测量时。交流电桥的这种灵活性使其在需要信号放大的传感器应用中尤为重要。

2. 安全事项

(1)用电桥测量电阻时,均不许带电测试,测量时必须将被测电阻与其他所有接线断开,单独测量。

(2)在进行测量时,应先接通电源按钮,然后接通检流计按钮。测量结束后,应先断开检流计按钮,再断开电源按钮。这是为了防止被测元件具有电感时,因电路的通断产生很大的自感电势而造成检流计损坏。

3. 操作面板

双臂电桥是一种用于精确测量电阻的仪器,其工作原理基于比较两个相对桥臂间的电阻比值,从而实现高精度测量。图 5-22 展示了 QI44 型双臂电桥的面板布局,该设备结构紧凑、操作直观,适合在实验室及现场测试环境中使用。该电桥的主要特点包括精确接入电流和电压、内置检流计放大器和多种调节旋钮,这些特点共同保障了测量的精确性与操作的便捷性。

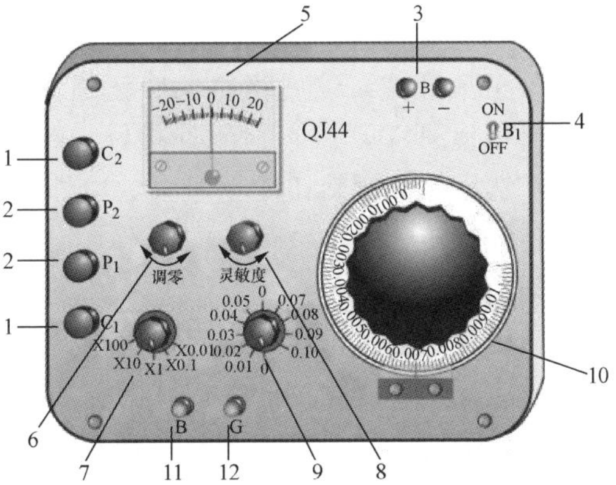

图 5-22 双臂电桥外形图

1—电流接线柱;2—电位接线柱;3—电桥外接下工作电源开关;4—检流计放大器开关;
5—检流计;6—检流计调零旋钮;7—倍率读数旋钮;8—检流计灵敏度调节旋钮;
9—粗调旋钮;10—细调旋钮;11—电桥工作电源;12—检流计电源开关

4. QJ44 型双臂电桥电路图

QJ44 型双臂电桥电路图见图 5-23。该电桥基于经典的惠斯通电桥原理,平衡条件是当检流计显示零偏转时,电桥电路中两个相邻分支的电压比相等,这一平衡状态通过调整电桥内的可调电阻来实现。

5. QJ44 型双臂电桥的使用方法

(1)在电池盒内装入电池用作电桥的工作电源和检流计工作电源。如用外接直流电源时,电池盒内电池应预先全部取出。

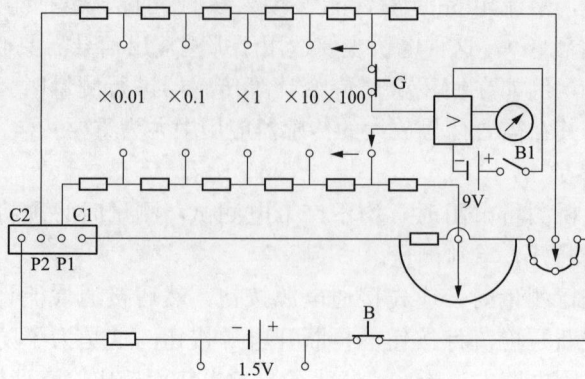

图 5-23　QJ44 型双臂电桥电路图

（2）"B1"开关扳到通位置，等稳定后，调节检流计指针零位。

（3）检查灵敏度旋钮在最低位置。

（4）将被测电阻两端接在电桥相应的 C1、P1、C2、P2 的接线柱上。

（5）估计被测电阻值大小，选择适当倍率位置，先按"G"按钮，再按"B"按钮，适当调节灵敏度旋钮，观察检流计指针（注意：尽量不要让检流计指针的摆动超过量程，以免打坏指针）。根据检流计指针偏移方向及偏移程度，调节粗调及细调旋钮。具体方法是：假设检流计指针向正方向偏移，先将灵敏度旋钮放至最低位，然后将粗调旋钮指示向大值方向调动一格，然后再稍微旋转灵敏度开关，观察检流计指针，继续调节，直到检流计指针向负方向偏移，然后将细调旋钮放至最大数位处，缓慢调节灵敏度，同时细调旋钮缓慢逆时针旋转（向小数值方向调节），直到灵敏度在最高位时，检流计指针在零刻度处。

（6）将灵敏度旋钮旋至最低位，然后按起"B"按钮，再释放，重复此操作几次，检流计指针应无太大变化。如果指针稳定，则可以进行下一步。

（7）首先按起"B"按钮，接着按起"G"按钮，最后断开"B1"按钮，结束测试。

（8）测试数据记录：被测电阻＝倍率读数×（粗调读数＋细调读数）。

6. QJ44 型双臂电桥使用的注意事项

（1）在测量电感电路的直流电阻时，应先按下"B"按钮，再按"G"按钮，断开时，应先断开"G"按钮，后断开"B"按钮。

（2）在测量时，为了测试数据精确，应将电位接线和电流接线分开接，电位接线应靠近被测电阻。

（3）电桥使用完毕后，"B"与"G"按钮应断开，"B1"开关应扳向"断"位，避免浪费检流计放大器工作电源。

（4）电桥如长期不用，应将电池取出。

（5）被测电阻范围与倍率位置选择如表 5-2 所示。

表 5-2　被测电阻范围与倍率位置选择表

倍率	被测电阻范围（Ω）
×100	1.1～11
×10	0.11～1.1
×1	0.011～0.11
×0.1	0.0011～0.011
×0.01	0.000 01～0.0011

（七）AT5 发电机测试仪

1. 定义

AT5 发电机测试仪（见图 5-24），是一个强大的分析工具。其适用于交直流电机、变压器、发电机，以及伺服和步进电机等多种电机的性能分析。它能够监测交流异步鼠笼电机的转子性能退化过程，并提供详细的分析。此外，软件能够创建一个专业的数据库，用于存储和管理电机运转的实时数据，以便进行深入分析。

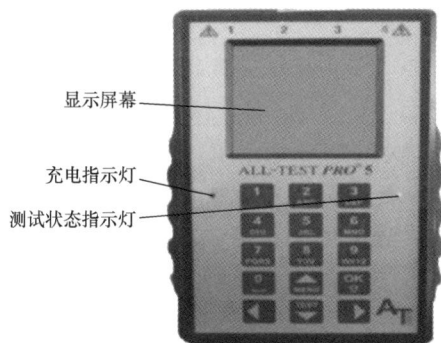

显示屏幕
充电指示灯
测试状态指示灯

图 5-24　AT5 发电机测试仪

2. 安全事项

（1）发电机测试仪属于离线测试仪，仪器在测试前必须断电，确认电机无电后再进行测量。如果带电测试容易造成仪器损坏，对人身也造成安全伤害。

（2）测试前，要检查仪器是否可靠接触，测试引线的外表是否破损，连接是否可靠、是否绝缘良好等，以避免触电危险。

（3）每一次测试结束后，为确保安全三相充分放电防止电击伤人。

（4）选择正确的功能和量程，测量更准确保护仪器。

3. 操作面板

发电机测试仪接口如图 5-25 所示。

测试仪开机界面如图 5-26 所示。

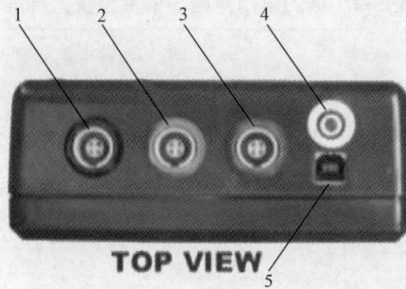

图 5-25 发电机测试仪接口

1—U 相绕组测试接口；2—V 相绕组测试接口；3—W 相绕组测试接口；
4—地线测试接口；5—通信接口

图 5-26 测试仪开机界面

IND 为测试三相鼠笼交流异步电机的电容值；DYN 为转子动态测试；INS 为电机绝缘测试；SET 用于仪器的时间设置，查看测试记录及其他测试；OFF 用于仪器的关机；Z/φ 用于测试电机的所有测试项目，包括相角、阻抗、感抗，I/F；DC 两个测试选项，在同一绕组进行绝缘测试，即 DF 值、电容值和其他物理量的测试，进行转子的细化分析实验的测试；ROU 用于仪器存储路径的选择；COM 用于仪器和软件测试数据的上传。

4. 使用方法

（1）开始测试电机时，首先进行电机绝缘性能的测试。根据如图 5-27 所示的发电机测试仪接线图，使用蓝色测试夹连接到电机绕组的任意一相，

图 5-27 发电机测试仪接线

而黄色测试夹则连接到电机的外壳。在操作仪器时，选择"IND"模式，并按下 OK 键进行确认。

（2）接下来，进行转子三相状态的静态测试，此时需要将黄色、红色和绿色测试线分别连接到电机的相应接线端子上。完成接线后，请参照如图 5-28 所示的步骤逐步执行测试。

（3）蓝色测试夹接电机绕组任意一相，黄色测试夹接电机外壳。操作仪器选中"IND"，按 OKJ 键，转子三相状态的静态测试，将黄、红、绿测试线与电机接线，按照如图 5-29 所示逐步操作。

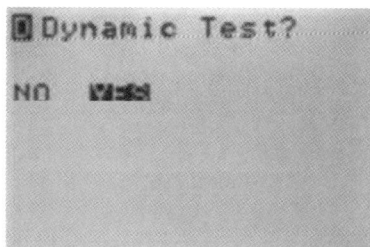

图 5-28　转子三相状态的静态测试　　　图 5-29　转子静态测试完成

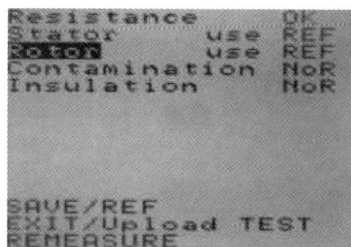

5. 注意事项

（1）测量发电机时，注意拆除所有电缆并将 UVW 三相一侧可靠短接，然后测量另外一侧三相。

（2）发电机必须处于静止状态。

（3）每次测试要多次测量确保测试结果的准确性。

（4）确保测试引线与绕组接触面接触良好，接地线良好。

（5）测试时正确接线，确认接线无误后方可进行测试。

（6）测试前检查电量，保持电量充足以免测试途中出现死机测试不准确。

（7）如果长时间不用仪表，放在干燥处并适当进行充电。

（八）光时域反射分析仪

1. 定义

光时域反射分析仪能显示光纤及光缆的损耗分布曲线，测量光纤及光缆衰减系数、两点间损耗和接头损耗，测量光纤及光缆长度、两点间距离，确定光纤及光缆连接点、故障点和断点的位置。

该仪器主要特点是：

（1）一体化设计，外观新颖，坚固耐用。

（2）体积小，重量轻，便于携带。

（3）能轻松测试光纤链路的损耗、长度及故障点位置。

（4）机内带有可视故障定位系统（VFL），可方便检测光纤跳线中的故障位置。

（5）机内电池工作时间长，适宜于长时间野外作业。

该仪器广泛适用于基于 FTTx 及接入网的工程施工和维护中的光纤损

耗特性测量,以及光纤故障的定位。

2. 安全事项

(1) OTDR工作时会连续发送高能量光信号(不可见光),在测试时禁止仪表发射口或连接尾纤端口直接照射眼睛,避免灼伤注意光接口清洁,始终保持仪表测试口清洁。

(2) 处理光纤时,佩戴手套和防护眼镜,避免光纤碎片伤害。

3. 操作面牌

光时域反射分析仪如图5-30所示。

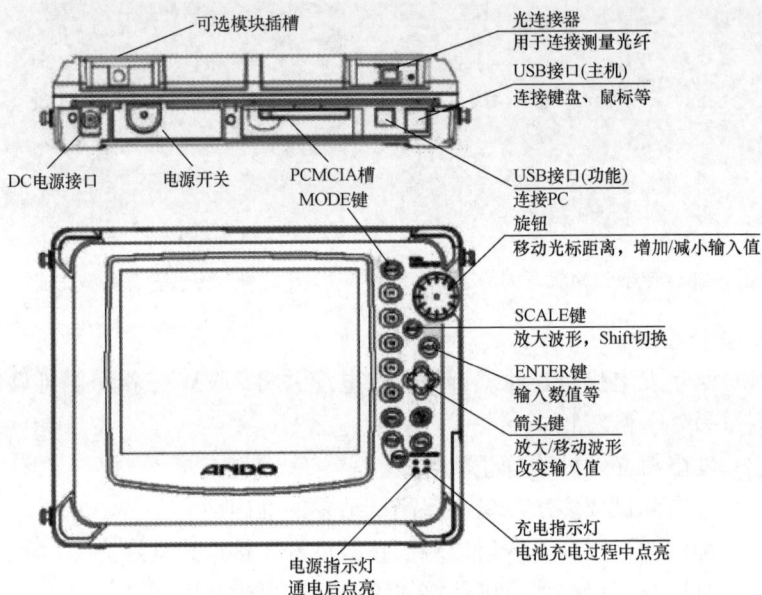

图5-30 光时域反射分析仪

4. 使用方法

开始测量,按AVE键自动设置测量条件并开始测量。不能自动设定时,请进行初始化操作。光时域反射分析仪使用如图5-31所示。确认和改变测量条件如图5-32所示。

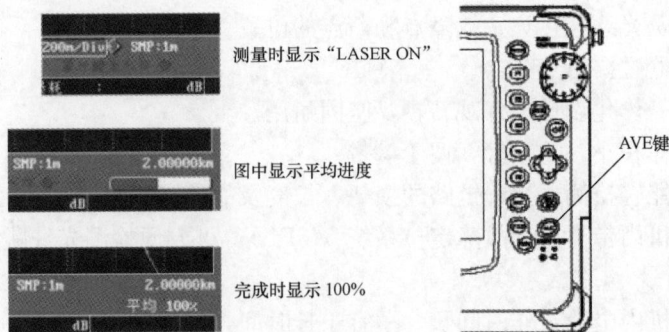

图5-31 光时域反射分析仪使用

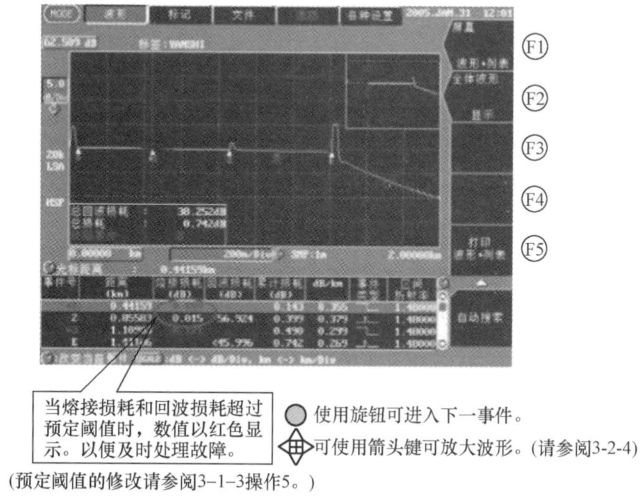

图 5-32　确认和改变测量条件

（1）如何显示并确认条件：在上一页按［F1］（屏幕）选择［列表］，并按 ENTER 键。

（2）改变波长：按 ESC 键。按［F1］键（测量条件），显示条件。再次按［F1］（波长）使用旋钮或箭头键改变波形并按 ENTER 键确认。按 AVE 键重新测量。

（3）改变折射率：按［F2］键（改变搜索条件），按 ENTER 键并使用旋钮或箭头键改变折射率的值并按 ENTER 键确认，如图 5-33 所示。

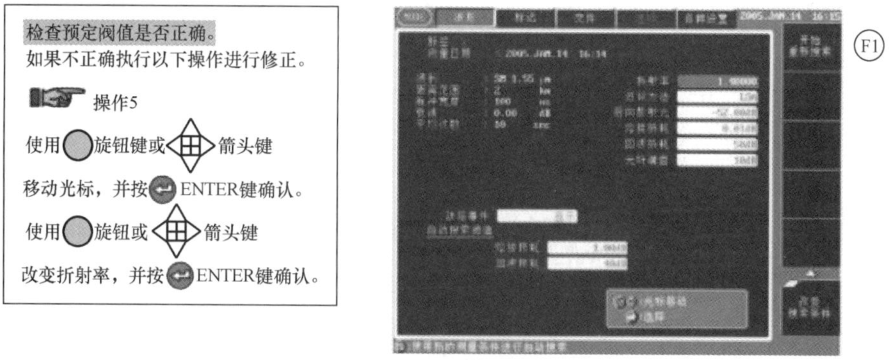

图 5-33　改变折射率

改变设定后按［F1］键（开始重新搜索），再按［F1］（屏幕）并选择［波形 & 列表］，并按 ENTER 键，返回最终画面。

5. 注意事项

（1）清洁时确保关闭仪器。

（2）应遵守所规定的控制、调节或操作步骤，避免导致危险的放射性辐照。

（3）当清洁任一光学接口时，应确保禁用激光源。

（4）防止电击，清洁前将仪器与电源断开，使用干燥或者稍微潮湿的布来清洁机箱的外部，不要清洁机箱的内部。

（5）不应在光学设备上安装零件或者对光学设备擅自进行调整。

（6）在日常光缆测试中，大部分的衰减是因不洁光纤端面造成的，严重的可使光链路不能正常工作。

（7）OTDR测试时，不允许光纤中存在除仪表发射光信号之外的光信号，否则将影响测试的准确性，甚至会严重损坏光链路设备。OTDR发射口内置陶瓷芯，其机械强度较低，请勿大力扭转避免破碎。

（8）选取适当的测试距离和脉冲宽度。在未知光缆长度时，可以先用仪表自动测试功能，大概了解待测光缆质量情况，然后应手动设置合适的测量范围和脉冲宽度等参数，用于精确定位光缆整体和各事件位置及损耗情况。

（9）OTDR中的平均模式和实时模式分别应用在日常维护和光缆抢修工作中。OTDR参数设置中门限值的设定包括反射门限和非反射门限。两个参数可以根据用户的实际要求自定义。当用户对光纤熔接质量或弯曲特性要求比较高时，可由用户适当调低门限值。例如：用户对光纤熔接点要求在不大于0.10dB时，可以把非反射门限调至0.10dB反射门限的设置也一样。

（九）网线测线仪

1. 定义

使用网线测试仪是为了验证和诊断网络电缆（通常是以太网电缆）的连接性能。这种测试仪通常被称为网络电缆测试仪或LAN电缆测试仪，如图5-34所示。以下是一般情况下使用网线测试仪的基本步骤：

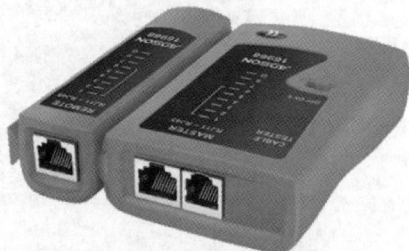

图5-34　网线测试仪

2. 连接准备

（1）连接测试仪：将测试仪正确连接到待测试网络电缆的两端。

（2）选择并安装测试头：根据待测试网络电缆的类型，选择相应的测试头。对于以太网电缆，通常使用RJ45连接器作为测试头。将选定的测试头牢固地插入测试仪的对应端口。

（3）电源开启：打开测试仪的电源。

（4）设置测试模式：在测试仪上选择合适的测试模式。测试模式可能包括快速测试、详细测试或自定义测试等。根据测试需求选择最合适的模式。

（5）选择测试类型：多功能测试仪通常支持不同类型的测试，包括连通性测试、线缆长度测试、线对线映射测试等。可根据诊断需求，从测试仪菜单中选择适当的测试类型。

3. 进行测试

（1）连通性测试：进行基本的连通性测试，确保电缆两端的连接正常。

（2）线缆长度测试：如果测试仪支持线缆长度测量，可以执行这个测试，以了解电缆的长度。

（3）线对线映射测试：测试仪通常能够识别和显示电缆中每对线的连接状态。

4. 记录结果

（1）检查结果显示：测试仪通常会在屏幕上显示测试结果。检查这些结果，查看是否存在任何异常。

（2）记录问题：如果测试结果显示问题，记录具体的问题，以便进一步排除。

5. 问题排查

（1）检查连接：检查电缆连接，确保连接牢固。

（2）更换连接器：如果测试结果表明连接器可能有问题，可以尝试更换连接器。

（3）检查电缆质量：检查电缆质量，确保电缆没有损坏或断裂。

（十）光功率计

1. 定义

光功率计（见图 5-35）是指用于测量绝对光功率或通过一段光纤的光功率相对损耗的仪器。简单地就是测量光信号在光纤传输后的衰减程度。

图 5-35　光功率计

2. 安全事项

（1）不应用眼睛直视光功率计的激光输出口，对端接入光传输设备同样不应用眼睛直视光源。这样做会造成永久性视觉损伤。

（2）高功率激光（如通信级长距光模块）可能灼伤皮肤，操作时避免光纤端面对准人体。

3. 使用方法

（1）使用光功率计测绝对光功率时，只要接上光源，看屏幕第二排以DBM为单位的数值即为光功率数值。

（2）测光纤衰减，如果知道发光设备的发光值，可以直接连上被测光纤，并得出数值后与发光设备的发光值相减，即可得出光纤的衰减值。

（3）在一般测试使用时，测试发光值的方法是直接将光功率计插入测试点，此时屏幕上显示的 dBm 值即为发光值。

（4）测试衰减（dB），首先，测量发光设备输出的光功率值，记为 A 随后，将待测光纤线连接到发光设备上，并测量输出端的光功率值，记为 B 光纤线路的衰减值即为两个光功率值的差值（$A-B$）。操作流程包括：在获取发光设备的光功率值 A 后，无须关闭设备，直接按下 ZERO 键进行清零操作。接着，连接待测光纤线，此时设备显示面板的第三行将自动显示计算出的衰减值。

4. 注意事项

（1）注意及时为电池充电，防止电池电量不足。如果长时间不用仪表，应取出电池。

（2）使用时，保护好陶瓷头，每三个月用酒精棉清洁陶瓷头一次。

（3）清零操作之前应用探头盖将探头盖住，以免光线进入影响测量结果。

（4）测量时，请注意根据不同的光接口选择相应的波长进行测量。对于 S-X.1、L-X.1 光接口，应选择 1310nm 波长进行测量；对于 S-X.2、L-X.2 光接口，应选择 1550nm 波长进行测量。这里的"X"代表传输 SDH 信号的等级，可以是 1、4、16 或 64。

（5）使用时，注意防潮、防震、防灰尘、防热源，并保持探头和连接器清洁。

（6）仪表在低温条件下长期存放或使用后，在进入高温环境时应放置一段时间使用，以免发生结露损坏仪表。

（十一）相序表

1. 定义

相序表是用来检测三相电源的相序的。相序表可检测工业用电中出现的缺相、逆相、三相电压不平衡、过电压、欠电压五种故障现象，并及时将用电设备断开，起到保护作用。最早的相序表内部结构类似三相交流电动机，有三相交流绕组和非常轻的转子（可以在很小的力矩下旋转）。三相交流绕组的工作电压范围很宽，从几十伏到五百伏都可工作。测试时，依转子的旋转方向确定相序，也有相序表利用阻容移相电路，依据不同相序使对应的信号灯亮，以此显示相序。

2. 工作原理

（1）三相电相序是以某相电量的相位超前而排列在前面，电量的相位滞后的相排列在后面，三相之间互差120°角度，第二相滞后第一相120°角度，最后的一相滞后第一相240°角度。但是由于相差360°相当于同相位，因此最后的一相又相当于超前第一相120°角度。因此任意将两条电源线对调，则相序变反，电机反转。若对调两条电源线后再一次另外对调任意两条电源线，则相序又变回原来的相序。

（2）相序正确，相序表的继电器就吸合；相序错误，相序表的继电器就不吸合。三相电源中有A相、B相、C相，假如按ABC相序电源接入电动机，电动机按正方向运行，则按ACB相序电源接入电动机，电动机则会反转。为了防止电动机反转，加入相序表来防止进来电源相序反相，造成电动机反转。

3. 安全事项

（1）在使用相序表时，无须其他电源或电池为其供电，而是直接由被测电源供电。在接线前，做好被测设备停电、验电工作，确认无电压后方可接线。

（2）测试时禁止触碰探头金属部分或裸露导线部位。

（3）使用绝缘工具调整接线，避免直接用手接触导体。

（4）在使用相序表时，若当三相输入线中有任意一根线接通电源时，表内就会带电，因此在打开机壳前一定要切断电源。

4. 使用方法

（1）接线。将相序表三根表笔线A（红，R）、B（蓝，S）、C（黑，T）分别对应接到被测源的A（R）、B（S）、C（T）三根线上。

（2）测量。按下仪表左上角的测量按钮，灯亮，即开始测量。松开测量按钮时，停止测量。

（3）缺相指示。面板上的A、B、C三个红色发光二极管分别指示对应的三相来电。当被测源缺相时，对应的发光管不亮。

（4）相序指示。当被测源三相相序正确时，与正相序所对应的绿灯亮，当被测源三相相序错误时，与逆相序所对应的红灯亮，蜂鸣器发出报警声。

（十二）钳形电流表

1. 定义

钳形电流表，简称钳表，是一种通过非接触方式测量电流的便携式电气仪表。由电流互感器和电流表组合而成。电流互感器的铁芯在捏紧扳手时可以张开。被测电流所通过的导线可以不必切断就可穿过铁芯张开的缺口。当放开扳手后铁芯闭合，穿过铁芯的被测电路导线就成为电流互感器的一次线圈，其中通过电流便在二次线圈中感应出电流，从而使二次线圈相连接的电流表测出被测线路的电流。钳形表可以通过功能量程开关的拨挡，改换不同的量程。但拨挡时不允许带电进行操作。钳形表一般准确度不高，通常为 2.5~5 级。

2. 安全事项

（1）在使用钳形电流表前，要清楚被测线路电压等级为多少，是超出了钳形电流表的额定电压，这关系到检修人员的人身安全和测量设备的安全。如果测量的是电压等级较高线路的电流，就需要戴绝缘手套、穿绝缘鞋、垫绝缘垫等保护措施。

（2）钳形表不能测量裸露导线电流，以防触电和短路。

（3）使用前检查钳口上绝缘材料有无脱落、破裂等磨损现象，若有必须修复后使用，防止使用过程中造成人员触电和钳表损坏。

（4）不能在带电流测量时换量程，应该断开电流测量后再换量程，否则钳形电流表容易损坏，且有造成测量人员触电的风险。

3. 操作面板

钳形电流表如图 5-36 所示。

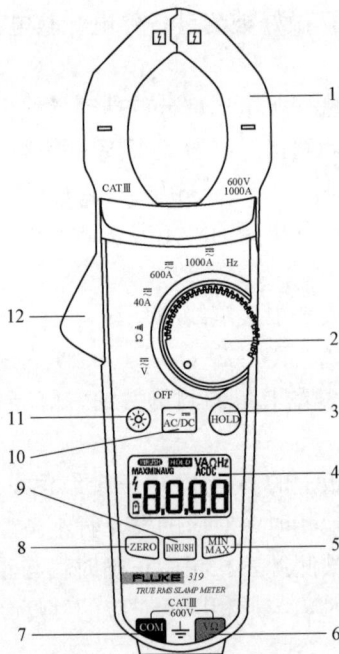

图 5-36　钳形电流表

1—交/直流电流钳口；2—功能量程开关；3—HOLD 数据保持键；
4—显示器；5—MAX/MIN 保持键；6—VΩ 插孔；7—COM 插孔；
8—ZERO 键；9—INRUSH 键；10—AC/DC 键；
11—背光灯键；12—扳机

（1）交/直流电流钳口：拾取交/直流电流和钳头测频。

（2）功能量程开关：用于选择各种功能和量程挡位。

（3）HOLD 数据保持键：按下保持键，显示器上将保持测量的 Z 后读数，并显示"H"。再按保持键，仪表即恢复正常测试状态。

（4）MAX/MIN 保持键：按下保持键，显示器上将保持 Z 大或 Z 小读数。

（5）VΩ 插孔：量电压、电阻、电路通断时，红表笔正极输入端。

（6）COM 插孔：除交流电流外，黑表笔负极输入端。

（7）ZERO 键：在交直流电流量程，按此按键仪表即进入相对测量状态，"REL"标志符号将被显示，另外读数显示为零。而在这之前的显示器读数被作为基准值储存在存储器。在自动量程的状态时，这之前的量程范围也会被保留下来。

（8）INRUSH 键：是用于测量浪涌电流（即启动电流）的功能键，其核心作用是捕捉电气设备启动瞬间产生的瞬时高电流峰值。

（9）AC/DC 键：用于切换交流（AC）和直流（DC）测量模式。按下 AC/DC 键可以切换至 DCV 挡位，进行直流电压的校准。

4. 使用方法

（1）选择合适的量程：根据被测电流的大致范围，选择钳形电流表的合适量程。若无法预估电流大小，应先选择最大量程，以防损坏仪表。

（2）检查仪表：查看钳形电流表外观有无损坏，显示屏是否清晰，表笔及钳口是否完好，确保仪表处于正常工作状态。

（3）安全防护：使用者要穿戴好绝缘手套等防护用具，站在干燥、绝缘良好的地面上进行操作，防止触电事故。

（4）放置导线：按下钳形电流表的钳口扳机，使钳口张开。将被测载流导线置于钳口中央位置如图 5-37 所示，确保导线与钳口保持垂直，且钳口闭合紧密，以减少测量误差。如果是多股绞线，需将其绞合在一起后放入钳口。

图 5-37　钳形电流表的使用

（5）读取数据：待显示屏上的数字稳定后，读取测量值。注意读数时要根据所选量程确定电流的实际值。例如，量程为 200A，显示屏显示为 150，则实际电流为 150A；若量程为 20A，显示 150 时，实际电流应为 15A。

（6）当测量较小电流时，若测量精度要求较高，可将被测导线在钳口上多绕几圈，此时实际电流值等于仪表读数除以绕线匝数。比如，绕了 5 圈，仪表读数为 50A，则实际电流为 50÷5＝10A。

5. 注意事项

（1）进行电流测量时，被测载流体的位置应放在钳口中央，以免产生误差。

（2）测量前，应估计被测电流的大小，选择合适的量程。在不知道电流大小时，应选择最大量程，再根据指针适当减小量程。

（3）为了使读数准确，应保持钳口干净无损，如有污垢时，应用汽油擦洗干净再进行测量。

（4）在测量 5A 以下的电流时，为了测量准确，应该绕圈测量。

（5）不能用钳形电流表测量带屏蔽的导线，因为带屏蔽的导线电流感应的磁场不能透过屏蔽层到被测钳形电流表铁芯，所以无法进行准确测量。

（十三）接地电阻测试仪

1. 定义

接地电阻测试仪又称接地电阻摇表、接地电阻表、接地摇表。接地电阻测试仪按供电方式分为传统的手摇式、和电池驱动；接地摇表按显示方式分为指针式和数字式；接地摇表按测量方式分为打地桩式和钳式。是一种用于测量接地系统电阻值的专用仪器，主要用于评估接地装置是否符合安全标准如电力系统、建筑物防雷等要求。

2. 注意事项

（1）在测量时，应将接地装置线路与被保护的设备断开，确保测量准确。

（2）若测量探测针附近有与被测接地极相连的金属管道或电缆时，则整个测量区域的电位将产生一定的均衡作用，影响到测量结果。此时，电流探测针 C 与上述金属管道或电缆的距离应大于 100m，电位探测针 P′ 与上述金属管道或电缆的距离应大于 50m。如果金属管道或电缆与接地回路无连接，则上述距离可减小 1/2～2/3。

（3）若检流计的灵敏度过高，导致读数过于敏感，可以将电位探测针 P′ 插入土壤中较浅的位置。相反，如果检流计的灵敏度不足，使得读数不够敏感，可以在电位探测针 P′ 和电流探测针 C′ 之间的土壤中注入水分，以提高土壤的导电性，从而获得更准确的测量结果。

（4）当接地极 E 和电流探测针 C′ 之间的距离大于 20m 时，电位探测针 P′ 的位置可插在离 E′、C′ 之间直线外，此时测量误差可以不计。当接地极

E′和电流探测针 C′之间的距离小于 20m 时，则应将电位探测针 P′插于 E′和C′的直线间。

（5）雷雨天气禁止测试。

3. 操作面板说明

接地电阻测试仪操作面板如图 5-38 所示。

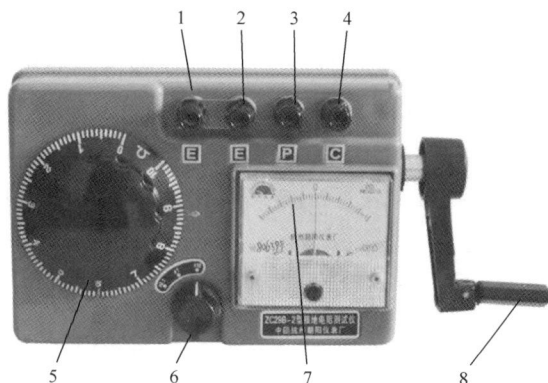

图 5-38 接地电阻测试仪操作面板

1、2—"E"端口接地体；3—"P"端口电位极；4—"C"端口电流极；

5—刻度盘；6—量程选择旋钮；7—标度盘；8—手柄

4. 使用方法

（1）接地电阻测试仪设置符合规范后才开始接地电阻值的测量。

（2）接地电阻测试仪测量前，量程选择位旋钮应旋在最大挡位，即×10 挡位，调节接地电阻值旋钮应放置在 6～7Ω 位置。

（3）缓慢转动手柄，若检流表指针从中间的 0 平衡点迅速向右偏转，说明原量程挡位选择过大，需逐步调低挡位（如 X1 挡、X0.1 挡），直至指针进度刻度盘中间区域，若指针向左偏转，说明量程挡位过小需调高挡位。

（4）通过步骤（3）的选择后，缓慢转动手柄，检流表指针从 0 平衡点向右偏移，则说明接地电阻值仍偏大，在缓慢转动手柄同时，接地电阻旋钮应缓慢顺时针转动；当检流表指针归 0 时，逐渐加快手柄转速，使手柄转速达到 120r/min，此时接地电阻指示的电阻值乘以挡位的倍数，就是测量接地体的接地电阻值。如果检流表指针缓慢向左偏转，说明接地电阻旋钮所处在的阻值小于实际接地阻值，可缓慢逆时针旋转，调大仪表电阻指示值。

（5）如果缓慢转动手柄时，检流表指针跳动不定，说明两支接地插针设置的地面土质不密实或有某个接头接触点接触不良，此时应重新检查两插针设置的地面或各接头。

（6）用接地电阻测试仪测量静压桩的接地电阻时，检流表指针在 0 点处有微小的左右摆动是正常的。

（7）当检流表指针缓慢移到 0 平衡点时，才能加快仪表发电机的手柄，手柄额定转速为 120r/min。严禁在检流表指针仍有较大偏转时加快手柄的旋转速度。

（8）接地电阻测量仪表使用后，阻值档位要放置在最大位置即×10 挡位。

（9）整理好 3 根随仪表配置来的测试导线，清理两插针上的脏物，装袋收藏。

（10）在 E-E 两个接线柱测量接地电阻时，用镀铬铜板短接，并接在随仪表配来的 5m 长纯铜导线上，导线的另一端接在待测的接地体测试点上。测量屏蔽体电阻时，应松开镀铬铜板，一个 E 接线柱接接地体，另一个 E 接线柱接屏蔽。

（11）将 P 柱连接到随仪表附带的 20m 长纯铜导线，该导线的另一端应连接到电位探测插针。

（12）将 C 柱连接到随仪表附带的 40m 长纯铜导线，该导线的另一端应连接到电流探测插针 2。

四、液压工器具

（一）液压扭矩扳手

1. 定义

液压扭矩扳手是一种使用液压能来产生扭矩的扳手，通过液压系统将压力转换为旋转力矩，以拧紧或松开螺栓和螺母。液压扭矩扳手特别适用于高扭矩要求的紧固作业。

2. 工作原理

液压扳手由液压泵、工作头和高压油管等核心部件构成，如图 5-39 所示。液压扳手 3D 结构图如图 5-40 所示。

（1）液压泵通过高压油管将动力传递至工作头，进而实现对螺母的拧紧或松开操作。

（2）工作头主要由壳体、油缸和传动部件构成。油缸负责输出力量，其活塞杆与传动部件协同工作，形成运动副。油缸中心至传动部件中心的距离定义了液压扳手的力臂。力臂与油缸出力的乘积计算出液压扳手的理论输出扭矩。然而，由于摩擦阻力的影响，实际输出扭矩通常低于理论值。

3. 注意事项

（1）确保扳手与螺栓匹配：在使用前，检查扳手的规格与螺栓尺寸是否匹配，避免损坏工具或螺栓。

（2）检查油量和油质：确保液压油充足且清洁，以保证扭矩传递准确。

（3）调整扭矩：在使用前根据工作需求正确设置扭矩值，避免过载导致工具损坏。

（4）逐步紧固：不要一次快速加压，应缓慢增加压力，防止瞬间过大扭矩对连接件造成损伤。

（5）定期维护：使用后应及时清理油迹，定期检查各部件磨损情况，

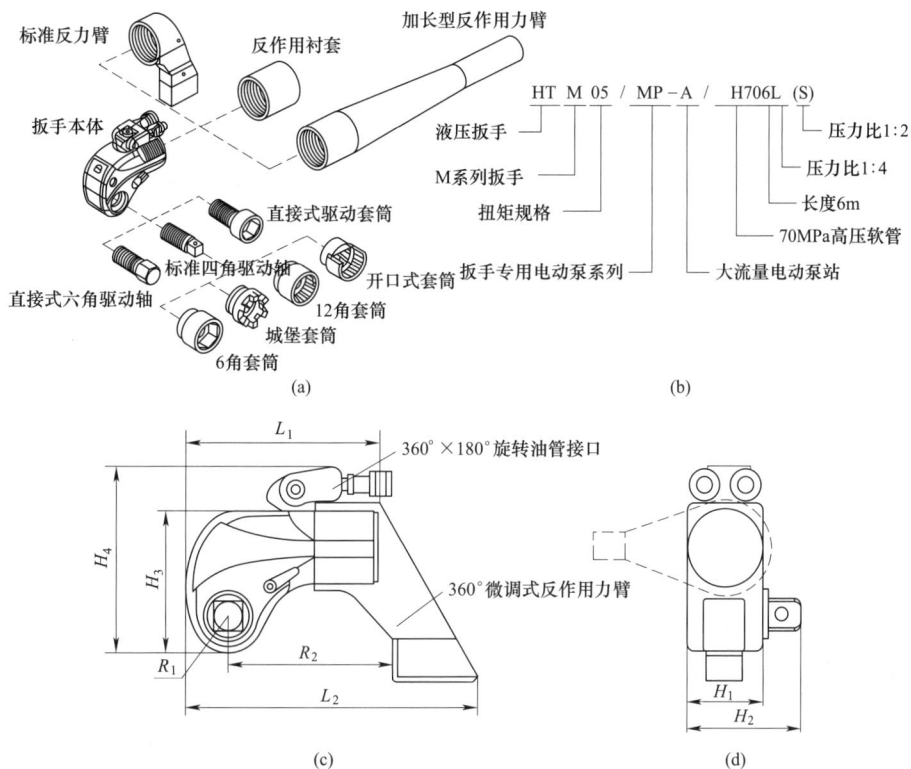

图 5-39　液压扳手结构

（a）爆炸图；（b）型号说明；（c）主视图；（d）俯视图

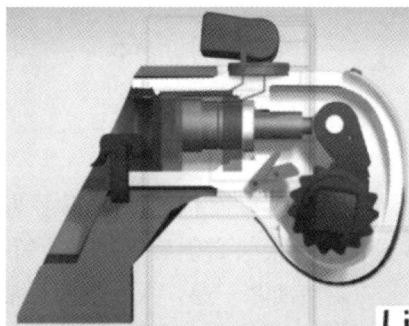

图 5-40　液压扳手 3D 结构图

必要时进行保养。

（6）安全操作：避免扳手在运转中突然释放，以防伤害操作者。操作时应戴好防护眼镜和手套。

（7）存储妥善：不使用时，存放在干燥、阴凉处，避免摔落或受潮。

（8）检查电源电压：确保电源电压稳定在额定值。

（9）液压油的选择和检查：工作油采用抗磨液压油，其牌号为 YA-

N32G 或 YA-N46G(32 号或者 46 号抗磨液压油)。系统内工作油必须经常更换并清洗过滤,油量应在油位窗红线以上绿标以下位置最适宜。

(10)调压操作:启动液压扳手泵开始升压,然后由高慢慢降到需要数值锁死调压阀固定压力值。

(11)连接液压系统:用高压油管连接液压扳手泵与液压扳手,确保快速接头安装到位无憋压并锁死接头连接。

(12)操作安全:调压时不要站在泵站快速接头方向调压,作业时手不要扶在扳手作用面或者反作用力臂停靠一侧。

(13)避免超负荷使用:不要超负荷使用液压扳手,反作用力臂应靠在垂直受力位置不能夹角停靠。

(14)使用后的维护:泵站用完及时清洁接头等位置灰尘并盖上防尘盖保护,油管避免折弯憋压。

4. 主要类型

液压扳手主要有方驱型和中空型两种结构形式。方驱型与重型套筒配合使用,中空型适用于狭窄的空间,如图 5-41 所示。

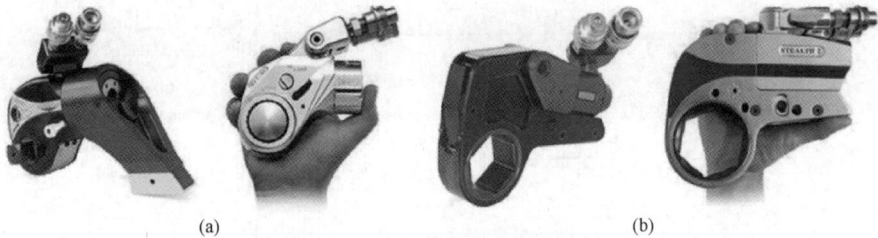

(a)   (b)

图 5-41 液压扳手

(a) 方驱型;(b) 中空型

5. 连接

通过油管将液压扳手与泵站连接,液压扳手即可以正常使用。如图 5-42 所示,在连接过程中,接头必须旋紧,不能留有空隙,否则油管接头截止阀(钢珠)会卡住,使油路不通,扳手不能正常工作。

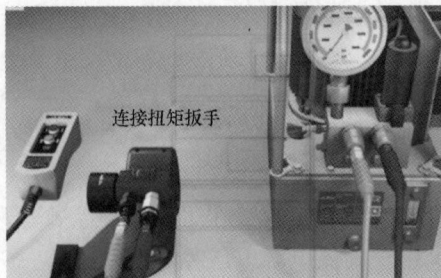

连接扭矩扳手

图 5-42 液压扳手连接图

6. 调试

使用液压扳手之前，应对其进行调试。调试方法为：按住启动开关，顺时针方向旋拧调压阀，将压力从零调至最高，观察压力是否稳定，有无明显漏油的现象。如果一切正常，即可开始正常使用，如图5-43所示。

注意：在调压前要先将调压阀调到零（顺时针），试压的时候，必须从低向高调。

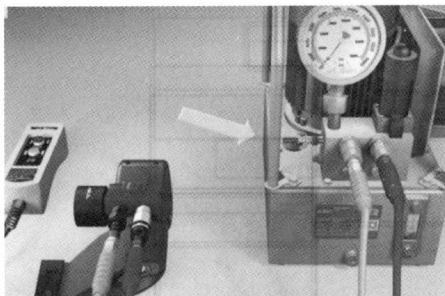

图5-43 液压扳手调试

7. 使用方法

（1）根据预紧螺母的尺寸选配内六角套筒。

（2）按照螺母需要拧紧或松开的要求，组合棘轮（拧紧螺母时用右向棘轮，松开螺母时用左向棘轮）。

（3）把带快速接头的高压、低压胶管插入扳手接头的连接处，并要求插入到位后，将快速接头的锁紧机构转动以锁紧。

（4）反作用力臂应依靠在相应的内六角支撑套或其他能承受反力的地方。

（5）扳手连杆转角的大小应控制在反作用力臂标定的角度范围内。

（6）打压时，应将放气阀向左旋转一周，打开放气阀，待空气放尽后将其关闭。

（7）手动泵打压时，按液压缸活塞杆的伸和缩，转动换向阀手柄。当手柄在左侧位置时，活塞杆则伸，反之为缩，而在中间位置时压力为零。

（8）打压时，通过观察压力表读数值（MPa），即可得出扭矩值。在操作前，应根据公式计算出所需扭矩值（N·m）时的压力值（MPa）。

（9）预紧结束后，泄压，使其压力回零。

（10）卸下带快速接头的高、低压胶管时，应首先将快速接头的外套旋转松后，再拔出接头。

（二）千斤顶

1. 定义

千斤顶是一种常用的起重工具，通常分为机械千斤顶和液压千斤顶等。千斤顶主要用于其他起重、支撑作业。它的特点是结构简单、操作方便、可靠性高，通常一个人即可完成操作。液压千斤顶如图 5-44 所示。

2. 液压千斤顶工作原理

液压千斤顶的工作原理如图 5-45 所示。其遵循帕斯卡定律。即在封闭液体系统中，液体内部的压强是均匀传递的。在液压千斤顶的平衡系统中，即使在小活塞上施加的压力比较小，由于液体传递压力的特性，大活塞端所承受的压力将被放大，从而保持液体的静态平衡。这种特性使得液压千斤顶能够实现力的放大，即将较小的输入力转换为较大的输出力，以达到举升或支撑重物的目的。

图 5-44　液压千斤顶实物图

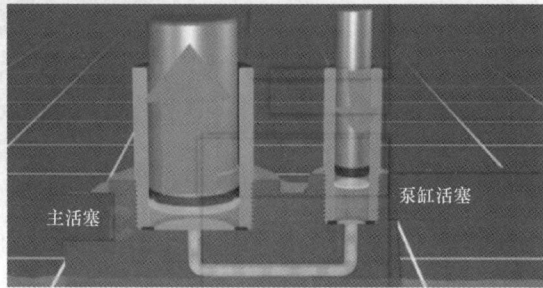

图 5-45　千斤顶工作原理

需要强调的是，千斤顶的种类繁多，常见的有机械千斤顶（包括齿条齿轮式、螺旋式和剪式），气动千斤顶、电动千斤顶等。每种千斤顶均基于特定的物理原理设计的，展现出独特的操作特点。例如，机械千斤顶通过齿轮齿条啮合或螺旋副传动（如旋转手柄驱动螺杆）传递力量，完成物体的提升；气动千斤顶则依赖外部气泵提供的压缩空气作为动力，推动活塞运动以生成提升力。虽然这些千斤顶的工作原理与液压千斤顶存在差异，但其核心目标均是通过物理机制实现力量的放大与传递，以满足重物搬运、顶升或固定需求。

3. 注意事项

（1）确保工作面平稳：在使用千斤顶之前，需要确保工作面平稳，以免千斤顶失稳或工作面受损；

（2）确定千斤顶的使用位置：在使用千斤顶时，需要确定千斤顶的使用位置，以免千斤顶承载力不足或使用不当导致工作事故；

（3）确定千斤顶的承载能力：在使用千斤顶时，需要根据实际需要确定千斤顶的承载能力，以免千斤顶承载能力不足导致工作事故；

（4）顶升后必须用支撑架固定重物，禁止仅依赖千斤顶长时间承重；

（5）操作时身体避开重物下方及千斤顶侧方。

4. 使用方法

（1）顶升操作

1）放置千斤顶：将千斤顶垂直放置在顶升点正下方，确保底座完全接触地面，无倾斜。调整顶帽与重物接触面贴合，必要时加垫防滑橡胶片。

2）预顶升测试：轻摇手柄2～3次，观察千斤顶是否稳固，重物是否轻微抬升，抬升过程中如有偏移或异响，立即停止并调整位置。以此进行预顶升测试。

3）正式顶升：顺时针拧紧泄压阀，双手握持手柄匀速摇动，活塞杆缓慢上升。通过刻度或目测确认顶升高度，达到目标后停止加压。插入安全销（如有）或锁紧自锁装置，防止意外下降。

4）加装支撑架：顶升后必须使用刚性支撑架（如马凳）承重，禁止仅靠千斤顶长时间支撑。支撑架应放置在重物稳定结构处，与千斤顶共同分担载荷。

（2）下降操作。

1）解除负载：移开支撑架，确保重物完全由千斤顶承重。清理重物周围工具或杂物，人员退至安全区域。

2）缓慢泄压：逆时针缓慢旋转泄压阀（约1/4圈），控制活塞杆匀速下降。逆时针旋转手柄或释放棘轮锁，逐级下降。

3）复位收纳：活塞杆完全收回后，清洁表面污渍，存放于干燥处。长期不用时，液压千斤顶需泄压至零，避免密封件老化。

5. 保养和维护

（1）定期检查千斤顶：在使用千斤顶之前，需要定期检查千斤顶的外观和内部结构是否完好，以免使用过程中出现故障。

（2）清洁千斤顶：在使用千斤顶后，需要及时清洁千斤顶，以保证其使用寿命和效果。

（3）润滑千斤顶：在使用千斤顶前，需要对千斤顶进行润滑，以保证其灵活性和稳定性。

（4）定期更换液压油，检查密封圈老化情况。

（5）存放千斤顶：在使用千斤顶后，需要将千斤顶存放在干燥、通风的地方，以免千斤顶受潮或损坏。

五、测量工器具

（一）塞尺

1. 定义

塞尺（见图5-46）也称作厚薄规或间隙片，主要用于检测机械设备中两个结合面间的间隙大小，如紧固面、活塞与气缸等。它由多层不同厚度的薄钢片组成，每片都有平行测量平面和厚度标记，可根据间隙大小选择适当的片数重叠塞入，实现精确测量。塞尺能通过插入片的成功与否判断间隙范围，因此也可作为界限量规使用。

2. 结构

塞尺具有两个平行的测量平面，即其长度制成50、100mm或200mm，

图 5-46　塞尺

测量厚度规格为 0.03~0.1mm 的塞尺，中间每片相隔 0.01mm。如果厚度为 0.1~1mm 的，则中间每片相隔 0.05mm。

3. 使用注意事项

（1）在测量过程中，不允许剧烈弯折塞尺，或用较大的力将塞尺插入被检测间隙，否则将损坏塞尺的测量表面或零件表面的精度。

（2）使用完后，应将塞尺擦拭干净，并涂上一薄层工业凡士林，然后将塞尺折回夹框内，以防锈蚀、弯曲、变形而损坏。

（3）存放时，不能将塞尺放在重物下，以免损坏塞尺。

4. 使用方法

（1）准备工具：在使用塞尺之前，首先要确认塞尺的精度等级符合测量需求。用干净的布将塞尺测量表面擦拭干净，确保没有油污或金属屑末，以免影响测量结果的准确性。

（2）选择合适的塞尺片：根据预计的间隙大小，选择适当厚度的塞尺片。为了保证测量的准确性，尽量减少重叠使用塞尺片的数量，一般不超过 3 片。优先选择接近估计值的塞尺片开始测量。

（3）插入测量：将塞尺片插入两个表面之间的间隙中，逐渐施加轻微的压力，直到感觉到阻力或塞尺片能够自由滑动但不能轻易移动。如果塞尺片能够轻松插入且没有明显阻力，说明间隙大于所选塞尺片的厚度；如果插入时有轻微阻力但还能滑动，说明间隙接近该塞尺片的厚度；如果无法插入或插入后非常紧，说明间隙小于所选塞尺片的厚度。

（4）判断间隙大小：通过试插几片不同厚度的塞尺片来找到最接近实际间隙的那片。在某些情况下，可能需要组合两片或多片塞尺片来获得更精确的测量值。

（5）读数记录：最终通过的塞尺片厚度之和即为间隙值（如 0.10mm＋0.05mm＝0.15mm）。

（二）百分表

1. 定义

百分表是利用精密齿条齿轮机构制成的表式通用长度测量工具。是一种高精度机械测量工具，用于检测工件的尺寸偏差、形状误差（如圆度、平面度）和位置误差（如平行度、同轴度）广泛应用于机械加工、模具制造、设备装配等领域。常见的行程通常为 3、5、10mm 三种。

2. 结构

百分表的结构由测头、测杆、表壳、表盘、指针、刻度环、防尘罩及传动机构等组成，如图 5-47 所示。

图 5-47 百分表

1—表盘；2—表壳；3—防尘罩；4—刻度环；5—指针；6—测杆；7—测头

测头：接触被测工件表面，传递位移信号（材质多为硬质合金，耐磨）。

测杆：连接测头与内部传动机构，传递直线位移。

表壳：保护内部精密齿轮结构，通常标有品牌和量程（如 0～10mm）。

表盘：显示测量数值，主刻度为圆周分布，大刻度代表 0.1mm，小刻度代表 0.01mm。

指针：长指针（主指针）指示毫米级读数，短指针（副指针）记录长指针转过的圈数（每圈 1mm）。

刻度环：可旋转调整表盘位置，便于归零校准。

防尘罩：防止灰尘、油污进入内部齿轮系统，影响精度。

3. 工作原理

百分表的工作原理是将被测尺寸引起的测杆微小直线移动，经过齿轮传动放大，变为指针在刻度盘上的转动，从而读出被测尺寸的大小。百分表是利用齿条齿轮或杠杆齿轮传动，将测杆的直线位移变为指针的角位移的计量器具。

4. 使用方法

（1）清洁被测工件表面及测头，确保无油污、毛刺。

（2）将百分表安装在磁性表座或专用支架上，调整至测头与工件测量面垂直。

（3）预压测杆 0.3～1mm（消除间隙），旋转刻度环使长指针指向

"0"位。

（4）轻触测头至工件表面，缓慢移动工件或百分表，观察指针摆动方向。

（5）记录指针最大偏移值（正偏差：顺时针转动；负偏差：逆时针转动）。

（6）测量跳动量时，需旋转工件一周，记录指针最大值与最小值的差值。

（7）读数方法：

1）主刻度（长指针）：每小格代表 0.01mm，每大格（10 小格）代表 0.1mm。

2）副刻度（短指针）：每格代表 1mm，用于记录长指针转过的整圈数。

3）示例：短指针指向"2"，长指针指向"75 格"，则总读数为 2mm＋0.75mm＝2.75mm。

4）正负判断：顺时针转动为正值（＋），逆时针转动为负值（－），如图 5-48 所示。

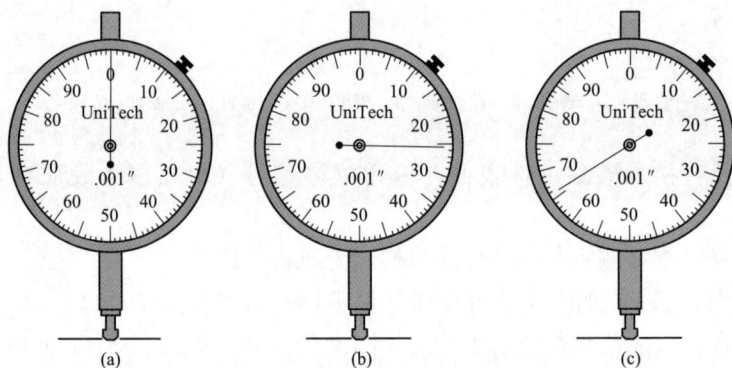

图 5-48 百分表正负偏差
(a) 零点；(b) 正偏差；(c) 负偏差

5. 注意事项

（1）避免测头过载或撞击，防止齿轮变形。

（2）测量时保持测杆与工件表面垂直，减少余弦误差。

（3）使用后清洁测头，复位至自由状态，存放于干燥无震环境。

（4）定期校准百分表精度。

（三）游标卡尺

1. 定义

游标卡尺是一种测量长度、内外径、深度的量具。游标卡尺由主尺和附在主尺上能滑动的游标两部分构成。从背面看，游标是一个整体，深度尺与游标尺连在一起，可以测槽和筒的深度。

主尺一般以毫米为单位，而游标上则有 10、20 或 50 个分格，根据分格的不同，游标卡尺可分为十分度游标卡尺、二十分度游标卡尺、五十分

度游标卡尺等，游标为 10 分度的有 9mm，20 分度的有 19mm，50 分度的
有 49mm。游标卡尺的主尺和游标上有两副活动量爪，分别是内测量爪和
外测量爪，内测量爪通常用来测量内径，外测量爪通常用来测量长度和
外径。

　　游标卡尺具有结构简单、使用方便、精度中等和测量尺寸范围大等特
点。其可以用来测量零件的内径、外径、长度、宽度、厚度、深度和孔距
等，应用范围广，属于万能量具。

　　2. 结构

　　百分表的结构由主尺、游标、外测量爪、内测量爪、深度尺、锁紧螺
钉等组成如图 5-49 所示。

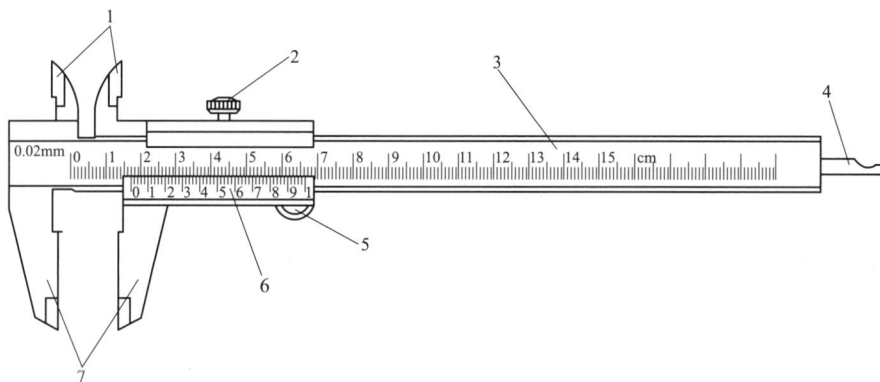

图 5-49　游标卡尺

1—内测量爪；2—锁紧螺钉；3—主尺；4—深度尺；5—凸钮；6—游标；7—外侧量爪

　　主尺：固定刻度尺，标注毫米刻度，测量基准主体。

　　游标：可滑动副尺，标注细分刻度，用于读取小数点后数值。

　　外测量爪：上端爪状结构，用于测量工件外径或长度（闭合时两爪对
齐零位）。

　　内测量爪：下端爪状结构，用于测量工件内径或槽宽（闭合时两爪间
有间隙，需校准零点）。

　　深度尺：尾部可伸缩杆，用于测量深度或台阶高度。

　　锁紧螺钉：固定游标尺位置，防止测量时滑动导致误差。

　　3. 使用方法

　　（1）校准归零：闭合外测量爪，检查主尺与游标尺的"0"刻度线是否
对齐，如果对齐即可进行测量。若未对齐，记录初始误差值，后续测量中
需扣除该误差。游标的零刻度线在尺身零刻度线右侧的称正零误差，在尺
身零刻度线左侧的称负零误差（这种规定方法与数轴的规定一致，原点以
右为正，原点以左为负）。

　　（2）外尺寸测量（长度/外径）：用外测量爪轻夹工件，避免用力过猛

123

导致变形。夹稳之后即可读数。

（3）内尺寸测量（内径/槽宽）：将内测量爪插入孔或槽内，轻微摆动卡尺找到最大尺寸点。夹稳之后即可读数。

（4）深度测量：将深度杆垂直抵住被测面，推至底部后读取数值。

（5）读数。

1）看游标尺总刻度，确定精确度（10、20、50分度的精确度）。

2）读出游标尺零刻度线左侧的主尺整毫米数（X）。

3）找出游标尺与主尺刻度线"正对"的位置，并在游标尺上读出对齐线到零刻度线的小格数（n）（不要估读）。

4）按读数公式读出测量值。读数公式：测量值（L）＝主尺读数（X）＋游标尺读数（$n \times$ 精确度）。

注意：如果小数点后面的数字是0，不能省略，表示精度。

5）50分度游标卡尺读数示例如图 5-50 所示，主尺的最小分度是1mm，游标尺上有50个小的等分刻度，它们的总长等于49mm，因此游标尺的每一分度与主尺的最小分度相差0.02mm。$L = 22 + 0.06 = 22.06$mm。

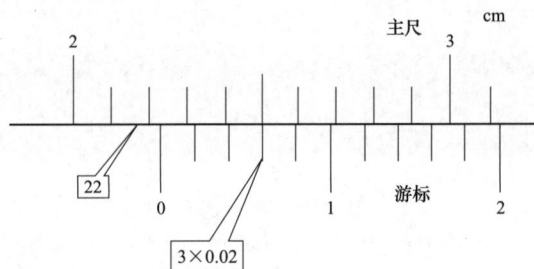

图 5-50　游标卡尺读数

4. 注意事项

（1）轻轻夹住物体：在使用卡尺脚夹住物体时，要尽量避免过分用力，以免对物体造成损伤并影响测量结果。

（2）水平和垂直：在测量时，要确保卡尺脚与被测量物体保持水平或垂直，以获得准确的测量结果。

（3）多次测量：为了确保准确性，建议进行多次测量，并取平均值来得出最终结果。

（4）保护卡尺：在使用后，应将卡尺妥善保管，避免损坏尺度和游标指针，并定期清洁和润滑卡尺脚。

第三节　识　　图

本节介绍了电气识图中图而规范、元件符号标示、连接线表示方法及电路图整体布局与标识内容等核心知识要点；机械识图中的三视图表达规则、剖视图标注方法以及装配图要点，同时也介绍了液压系统图中泵、阀、缸等元件的图形符号表示方法及液压回路的工作原理图解。

一、电气识图

（一）图面规定

电气图的图纸幅面、标题栏、明细表和字体等：遵守《技术制图图纸幅面和格式》（GB/T 14689）的要求。

电气图用图线主要有四种，如表 5-3 所示。

表 5-3　图线的形式和应用规范

图线名称	图线形式	一般应用	图线宽度（mm）
实线		基本线、简图主要内容（图形符号及连线）用线、可见轮廓线、可见导线	0.25、0.35、0.5、0.7、1.0、1.4、2.0
虚线		辅助线、屏蔽线、机械（液压、气动等）连接线、不可见导线、不可见轮廓线	0.25、0.35、0.5、0.7、1.0、1.4、2.0
点划线		分界线（表示结构、功能分组用）、围框线、控制及信号线路（电力及照明用）	
双点划线		辅助围框线	

在电气制图中，为区分不同的含义，采用了三种形式的箭头，如表 5-4 所示。

表 5-4　箭头形式及意义

箭头名称	箭头形式	意义
空心箭头	⟶	用于信号线、信息线、连接线，表示信号、信息、能量的传输方向
实心箭头	⟶	用于说明非电过程中材料或介质的流向
普通箭头	⟶	用于说明运动或力的方向，也用作可变性限定符、指引线和尺寸线的一种末端

指引线用于将文字或符号引注至被注释的部位，用细实线画成，并在末端加注标记。如末端在轮廓线内，加一黑点，如图 5-51（a）所示；如末端在轮廓线上，加一实心箭头，如图 5-51（b）所示；如末端在连接线上，加一短斜线或箭头，如图 5-51（c）所示，表示从上到下第 1、3 根导线截面面积为 $4mm^2$，第 2、4 根导线截面面积为 $2.5mm^2$。

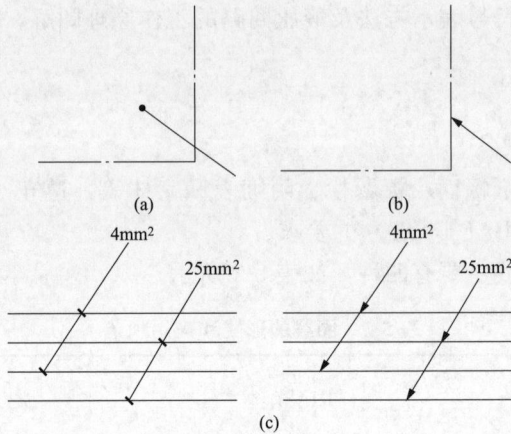

图 5-51 指引线

(a) 末端在轮廓线内；(b) 末端在轮廓线上；(c) 末端在连接线上

（二）简图的布局

1. 简图的布局分类

电气技术文件编制中简图的布局通常采用功能布局法和位置布局法。

（1）功能布局法是指按功能划分，以便元件等在图上的布置使功能关系易于理解的一种布局方法。在系统图、电路图中常采用此方法。

（2）位置布局法是指按元件在图上的布置，以使其在图上的位置反映其实际相对位置的一种布局方法。在系统安装简图、接线图与平面图中常采用此方法。简图的绘制应做到布局合理、排列均匀，使图面清晰地表示出电路中各装置、设备和系统的构成，以及组成部分的相互关系。

2. 简图的布局的具体要求

（1）布置简图时，首先要考虑的是如何有利识别各种过程（含非电过程）和信息的流向，重点是要突出信息流及各级之间的功能关系，并按工作顺序从左到右、从上到下排列。

（2）表示导线或连接线的图线都应是交叉和折弯最少的直线。图线可水平布置，此时各个类似项目应纵向对齐；可垂直布置，此时各个类似项目应横向对齐。

（3）功能上相关的项要靠近，以使关系表达得清晰；同等重要的并联通路，应按主电路对称布置；只有当需要对称布置电元器件时，可以采用斜的交叉线。

（4）简图的引入线和引出线，最好画在图纸边框附近，以便清楚地看出具有输入/输出关系的各图纸间的衔接关系，尤其是当绘制在几张图上时。

（三）连接线的表示方法

电气图中的连接线起着连接各种设备、元器件的图形的作用，它可以是传输信息的导线，也可以是表示逻辑流、功能流的图线。连接线采用实线绘制。

（1）连接线的粗细选择：一张图中连接线宽度应保持一致。但为了突出和区别某些功能，也可用不同粗细的连接线。例如，在电动机控制电路中，电源主电路、一次电路、主信号通路、非电过程等采用粗实线表示，测量和控制引线用细实线表示。

（2）连接线的标记：无论是单根还是成组连接线，其识别标记一般标注在靠近连接线的上方（水平布置）或左方（垂直布置），也可将连接线中断，并在中断处标注，如图5-52所示。

（3）中断线：允许连接线中断，但需在中断线两端加注同样的标记，如图5-52所示。

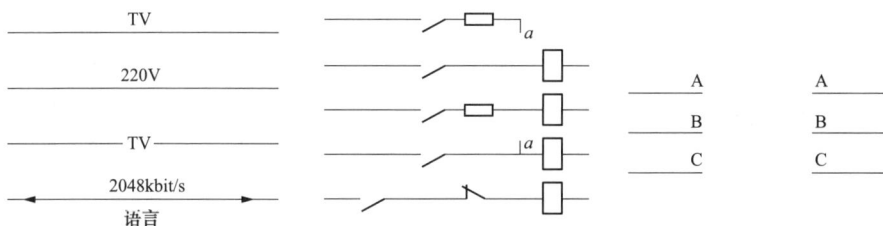

图5-52 连接线、中断线的标记

（4）导线连接形式的表示方法：线连接有"T"形连接和"十"形连接两种形式。"T"形连接可加实心圆点"•"，也可以不加实心圆点；"十"形连接表示两导线相交时，必须加实心圆点"•"，表示两导线相交。而未连接（即跨越）时，在交叉处不能加实心圆点。

（四）围框

围框有两种形式：点划线围框和双点划线围框。

（1）点划线围框：需要在图上显示出图的某一部分，如功能单元、结构单元、项目组（继电器装置等）时，可用点划线围框表示。为了图面的清晰，围框的形状可以是不规则的。图5-53（a）所示的继电器-K由线圈和三对触点组成，用一围框表示，其组成关系更加明显。

（2）双点划线围框：表示一个单元的围框内，对于在电路功能上属于本单元而结构上不属于本单元的项目，可用双点划线围框围起来，并在框内加注释说明。如图5-53（b）所示，-A2单元中的按钮-S1控制的-W1单元不在-A2单元中，用双点划线表示。

（五）电气元件的表示方法

同一电气设备、元件在不同类型的电气图中往往采用不同的图形符号

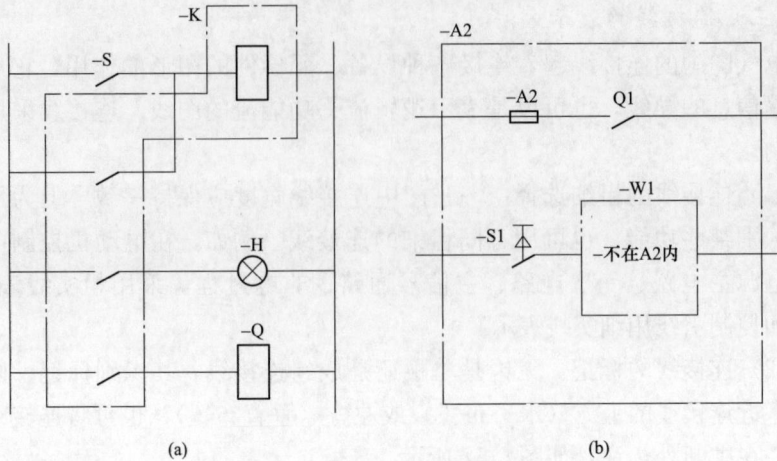

图 5-53　围框示例

（a）点划线围框；（b）含双点划线围框架

表示。对于在驱动部分和被驱动部分之间具有机械连接关系的器件和元件，特别是被驱动部分包含有多组触点的继电器、接触器等，在电气图中可以将各相关的部分用集中表示法、半集中表示法，内部具有机械的、磁的和光的功能联系的元件可采用分开表示法。集中、半集中、分开三种方法的比较见表 5-5。

表 5-5　集中、半集中、分开三种方法的比较

方法	表示方法	特点
集中表示法	图形符号的各组成部分在图中集中（即靠近）绘制	易于寻找项目的各个部分，适用于较简单的图
半集中表示法	图形符号的某些部分在图上分开绘制，并用机械连接符号（虚线）表示相互的关系，机械连接线可以弯折、交叉和分支	可以减少电路连线的往返和交叉，图面清晰，但是会出现穿越图面的机械连接线。适用于内部具有机械联系的元件
分开表示法	图形符号的各组成部分在图上分开绘制，不用机械连接符号而用项目代号表示相互的关系，并表示出图上的位置	可减少连线的往返和交叉，机械连接线不穿越图面，但是为了寻找被分开的各部分，需要采用插图或表格

（六）元器件技术数据的表示方法

技术数据（如元器件型号、规格、额定值等）可直接标在图形符号的近旁，必要时，应放在项目代号的下方。技术数据也可标在继电器线圈、仪表、集成块等的方框符号或简化外形符号内。如图 5-54 所示的电流继电器，项目代号为-KA，继电器的额定电流为 5A，电容器项目代号为 C1(C2)，电容器的电容值为 0.1μF。

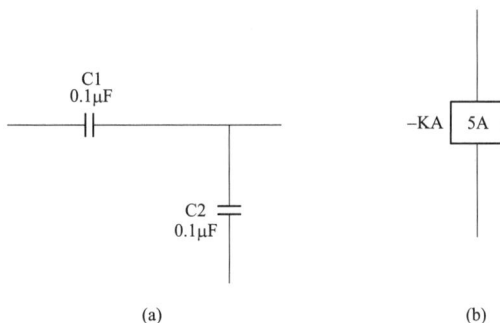

图 5-54　元器件技术数据表示方法

（a）电容器；（b）电流继电器

其技术数据如表 5-6 所示。

表 5-6　技术数据表

项目代号	名称	技术数据	数量
C1	电容器	0.1μF 电容	1
C2	电容器	0.1μF 电容	1
KA	继电器	5A 电流继电器	1

（七）读图时的注意事项

（1）电路图的外围信息：读图时，首先要观察所读图纸是否与配套设备一致，与实际设备不一致的图纸可能会导致严重的后果。

1）电路图的外围信息是指电路图的名称、项目名称、版本、日期、制图者、设计者、批准者、单位名称等信息。这些信息能够向读图人员提供一些技术之外的信息，方便读图人员判断图纸的准确性。

2）电路图的外围信息还包括图纸的区域标识和页码标识。所有的电路图每一页都划分为不同的区域，犹如地球的经纬度一样，只不过经纬度是用角度表示，电路图是用数字和字母表示。电路图的纵向一般均分为 10格，用数字 0～9 进行区别，横向一般均分为 6 格，用字母 A～F 表示。各个国家的标准不一样，图纸区域分割有区别，但目的都是方便读图时定位。区域标识与页码标识共同组成电路图纸的位置标识，为读图人员读图提供了很大方便。图幅分区如图 5-55 所示。

（2）电路图的组成：电路图纸除标题栏、版本号等外围信息外，核心内容由功能模块、互连介质、工程标识三大部分构成。

1）功能模块是指功能上相对独立、外部设置有接口（接线端子）的独立产品或独立电路块。例如，变频器模块、断路器、接触器、继电器、传感器、电路板、电动机、变压器等各种高低压电器，以及 D/A、A/D、编码器、译码器等电路模块。显然模块是有层次之分的，大模块里面可以嵌套小模块。

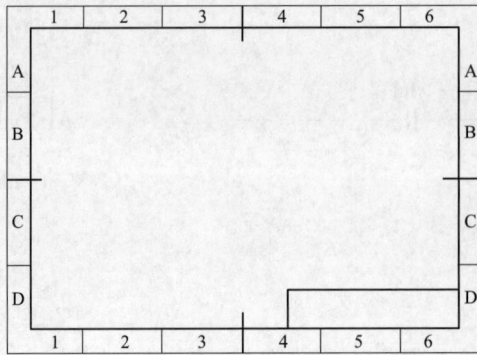

图 5-55　图幅分区

2）互连介质是各个模块之间的关联方式和关联物质，包括电缆、光缆（光导纤维）、铜排以及无线电连接等。

3）工程标识是对模块、连接介质以及它们之间关联方法、相关工艺等的标注、说明和解释。

各种绘图标准都是对模块画法、连接介质粗细颜色、标识的字体大小和颜色，以及图纸大体布局做出规定，以便增加图纸的可读性和通用性。

（3）电路图的层次：电路图与电路实体对应。电路实体是指实际存在的电路设备或者设计中的即将在实际中存在的电路设备，以及设备之间连接的集合体。因此电路实体就是电路设备，或者简称设备，包括已经存在的设备和即将存在的设备（研究中的）。

1）电路图需要划分层次，电路图本身不可能无限详尽。在实际中，电路图不可能详尽到画出实际电路设备的每一个元器件（零部件），也不可能将整个系统绘制在一个电路图中，而是根据实际需要选择一定的电路实体范围，绘制出详细到一定程度的电路图。同时，这也为电路图的使用者带来方便。

2）确定电路图的横向范围和纵向深度：在绘制电路图时，需要根据实际需要，选择电路图所要对应的电路实体，要确定所对应的电路实体是整个部分还是子系统部分，对应的是子系统部分中的哪一块，即确定电路图对应的电路实体的横向范围，也就是电路图的对象。还需要依据实际用途确定电路图的纵向深度，即电路图应呈现的详尽程度。因此在查看电路图时，也要选择正确的横向范围和纵向深度的电路图。

确定电路图的横向范围和纵向深度的过程，统称为电路图的层次划分。对于双馈式电动变桨型风电机组，其电路图系统一般分为图 5-56 所示的层次。

如果要绘制双馈式电动变桨型风电机组的电路图，首先确定电路图的横向范围，选择电路图的对象，然后根据实际需要，确定电路图的纵向深度，也即确定绘制电路图的详细程度。

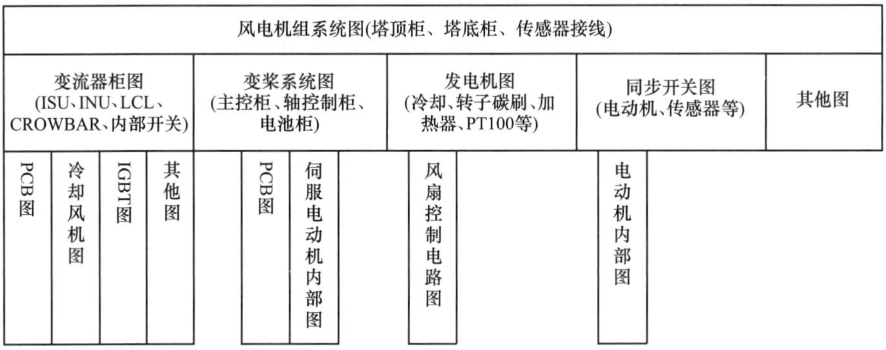

风电机组系统图(塔顶柜、塔底柜、传感器接线)				
变流器柜图 (ISU、INU、LCL、CROWBAR、内部开关)	变桨系统图 (主控柜、轴控制柜、电池柜)	发电机图 (冷却、转子碳刷、加热器、PT100等)	同步开关图 (电动机、传感器等)	其他图
PCB图　冷却风机图　IGBT图　其他图	PCB图　伺服电动机内部图	风扇控制电路图	电动机内部图	

图 5-56　双馈风电机组的电路图层次

那么电路图可以是整个风电机组、变桨系统、变频器系统，也可以是某个 PCB 板，或者某个零部件，如主接触器的内部电路。

3）电路图划分层次的原则：电路图的层次在划分上一般采取"兼顾功能模块和位置两个方面，但是以功能为主"的原则。比如某风电机组的电路图第一层次为风电机组系统电路图；第二层次是变流器柜图、变桨系统图（电动变桨）、发电机图；第三层次可以是变频器系统 PCB 图纸等。针对同一模块绘制的电路图，一般绘制在一份图纸上，此时要求所有的标识都具有唯一性，否则有可能造成混乱。

（八）电路图的标识内容

电路的标识主要分为四个类型：端子标识、线头标识（线号）、模块命名标识、连接介质性质标识。

电路标识分图纸标识和设备标识两个部分：①图纸标识。图纸标识在实际设备中可能存在，也可能不存在（比如电缆上电流流向标识）。②设备标识。设备标识在电路图中可能存在（比如模块端子标识），也可能不存在（比如模块厂信息等），根据实际需要而定。

在绘制电路图时，标识应兼顾两个方面：第一，每个模块本身的标识和外部端子的接线说明；第二，每个电路块的功能说明。所有电路图标识都应满足不易混淆及可读性强要求。

（1）端子标识—模块外部标识：端子是指模块外部设置的接线位置。端子是模块的外围接口。端子标识，一般都由模块的生产厂家标识出来，如果厂家标识不清楚，可以打印出标签贴上去。端子标识一般都标识功能（如 U、V、W、A1、A2、…）或者顺序号 1、2、3、…（端子排上一般都有端子号 X1、X2、…和顺序号 1、2、3…）。

图纸上要准确标注模块的端子标号，必须与模块生产厂的标注一致。对于端子标识，电路图标识和设备标识一般都存在，且这两者一致。

（2）线头标识（线号）：连接介质末端标识，各个模块之间需要用连接介质（电缆）进行连接，连接介质的两个末端就是线头。线头一般有线号管，线号管上打印有线号。

线号一般分为两种：一是指电路图纸上的标识，实际设备上一般没有这个标识，称为图纸线号；二是设备上实际的标识，称为设备号。在读图时一定分清楚这两种线号。图纸上也尽量将两种线号都标上，而且要标清楚。图纸线号一般标在图纸中连接介质的端上，图纸换页时都需要标注图纸线号；设备号一般标到图纸中模块端子的附近，并且紧贴在线的上侧（连接介质水平时）或者左侧（连接介质竖直时），如图 5-57 所示。

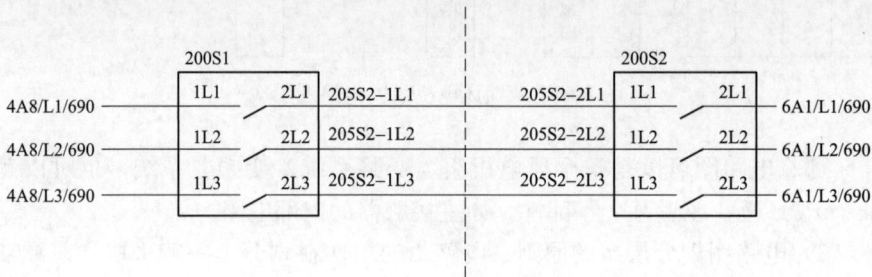

图 5-57　线号标识

图 5-57 中，4A8/L1/690、205S2-1L1 等是图纸线号 200S1、200S2 是设备号。

（3）图纸线号需要标识的内容：功能标识、图纸位置标识、其他。

1）功能标识，如 U、V、W、N、LI、L2、L3、L＋、L－、24VDC、GND 等。功能标识在各个模块之间会有很多相同。

2）图纸位置标识，包括页码和坐标，如 4A2——第 4 页图中的 A2 区域，若是本页则直接标为 A2。

3）其他：如电压等级 230、400、690。

4）不同标识之间可以用"/"分开。例如，在机组电路图中，电网到发电机定子的电缆可以标示为 4A3/L1/690。

（4）设备线号需要标识的内容：接线位置标识，一根电缆一般用于连接两个模块之间的端子，线号就标明电缆来处端子的位置，如 200S1-L1。设备线号标识的内容一般不在图纸中进行标识。

在实际施工中，工人接线时所使用的电缆可能没有标识线号，或者电缆生产厂只是简单地标识了 1、2、3、4 之类的线号。但是对于柜体内接线时所使用的电缆一般都要求有明确的设备线号，一根电线的两端都有明确标识，一般都用线号管打印上线号，这为工人接线和现场查线带来了很大方便。

对于线头标识，电路图标识和设备标识两者差别较大，应用时要注意。

（5）模块命名标识：模块内部标识，各个模块在电路图中都要进行命名和排序，而且这个名字在电路图中是唯一的（是指在一个电路图本里，不同层次的电路图，或者同一层次电路图的不同模块之间，可以有相同的标号）。例如，继电器用 K1、K2、K3 标识，或者用 233K1、233K2 标识，前一个数字表示所在的页码。

所有的模块命名，都可以包含电路图的页码信息，这样便于图纸与设备对应。对于模块命名标识，图纸标识和设备标识都存在，并且这两者一致。

（6）连接介质性质标识：连接介质中间标识，连接介质的标识根据实际需要而定。

若有必要，电路图中的连接介质上要用箭头标明电流或信号的方向（仅在图纸标识中有）。连接介质所用线条颜色要符合标准规定，但图纸中连接介质的颜色和实际连接介质的颜色一般不符合，若有必要可用英文缩写或汉字标明连接介质的实际颜色。

有时要在连接介质上用虚线标注柜内、柜外的界线（仅在图纸标识中有）。有时连接介质在连接时有一定工艺要求，比如双绞或者需要专门做线，这时需要有工艺说明（仅在图纸标识中有）。

对于电缆和铜排可标明规格型号（截面尺寸、长度、材质）和厂家，电缆需要压接端子（线鼻子）的地方，要标明端子（线鼻子）的型号；对于模块可标明厂家和型号甚至基本参数（仅在图纸标识中有）。对于连接介质性质标识，只用于图纸中，设备中不单独进行标识，设备出厂时会印有部分相关信息。

二、机械与液压识图

（一）机械识图

1. 机械识图概述

机械识图是工程技术领域中的一项基本技能，它涉及理解和解读机械图纸的过程。机械图纸是机械设计和制造的重要技术文件，它们包含了制造和组装机械部件所需的全部信息。

2. 机械制图投影原理

机械制图投影原理基于物体与投影平面之间的关系，通过选择适当的投影面和视点位置，将三维物体的几何形状在二维图纸上进行投影绘制。机械投影主要包括正交投影和斜投影两种形式。

（1）正交投影。

正交投影是机械制图中最常用的投影方式。它以垂直于投影面的直线作为投影线，将三维物体沿不同方向进行投影。通过正交投影，可以得到主视图、俯视图、左视图 3 个视图。这些视图以平行投影方式绘制，保持物体各面的真实形状和尺寸。主视图显示物体的正面，俯视图显示物体的上部，左视图显示物体的侧面。通过这些视图的组合，可以全面、准确地描述物体的几何特征和尺寸关系。

（2）斜投影。

在机械制图中，斜投影使用较少，一般用于表达物体的外观、立体感和倾斜状态。斜投影是以投影线与投影平面不垂直的方式进行投影。通常，斜投影是以 45°角或其他合适的角度倾斜，使投影图形具有立体感。

正交投影提供了详细的尺寸和形状信息，适用于尺寸分析、装配设计和制造工艺规划等工作。斜投影则主要用于表达物体的外观和立体感。这些投影原理在机械制图中提供了规范的方法，使得设计师和制造人员能够准确理解和交流设计意图。

3. 机械三视图的形成及投影规律

（1）三视图的形成。

利用 3 个互相垂直的投影面构成空间投影体系，即正面 V、水平面 H、侧面 W，把物体放在空间的某一位置固定不动，分别向 3 个投影面上对物体进行投影，在 V 面上得到的投影为主视图，在 H 面上得到的投影为俯视图，在 W 面上得到的投影为左视图。为了在同一张图纸上画出物体的 3 个视图，国家标准规定了其展开方法：V 面不动，H 面绕 OX 轴向下旋转 90°与 V 面重合，W 面绕 OZ 轴向后旋转 90°与 V 面重合。这样，便把 3 个互相垂直的投影面展平在同一张图纸上了。三视图的配置：以主视图为基准，俯视图在主视图的下方；左视图在主视图的右方。

（2）视图之间的投影规律。

每个视图反映物体两个方向的尺寸。主视图反映物体的长度和高度；左视图反映宽度和高度；俯视图反映长度和宽度。按照三视图的配置，三视图的投影规律为长对正、高齐平、宽一致。

（3）装配图基础。

装配图是用来表达机器或部件的图样，它是机械工程中的重要技术文件。在对现有机械设备的使用和维修过程中，常需要通过装配图来了解机器的结构和连接关系。装配图也常用来进行设计方案的论证和技术交流。因此，装配图是设计、安装、维修机器或进行技术交流的一项重要技术资料。常见的机械装配图示例如图 5-58 所示。

装配图应包括以下内容。

1）一组视图：表达各组成零件的相互位置、装配关系和连接方式，部件（或机器）的工作原理和结构特点等；

2）必要的尺寸：包括部件或机器的规格（性能）尺寸、零件之间的配合尺寸、外形尺寸、部件或机器的安装尺寸和其他重要尺寸等；

3）技术要求：说明部件或机器的性能、装配、安装、检验、调整或运转的技术要求，一般用文字写出；

4）标题栏、零部件序号和明细栏：在装配图中对零件进行编号，并在标题栏上方按编号顺序绘制成零件明细栏。

（4）装配图读图。

读装配图的目的是了解部件的作用和工作原理；了解各零件间的装配

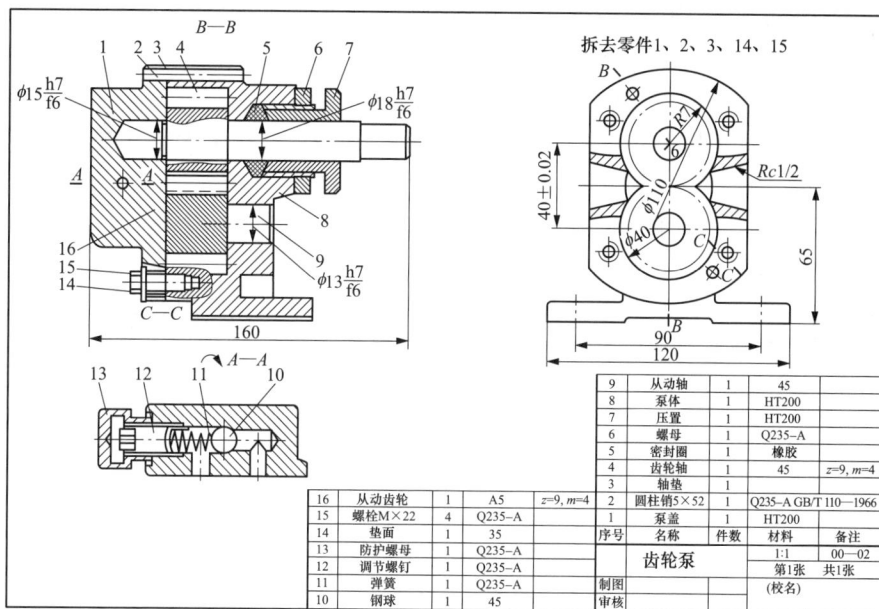

图 5-58　机械装配图示例

关系、拆装顺序及各零件的主要结构形状和作用；了解主要尺寸、技术要求和操作方法。在设计时，还要根据装配图画出该部件的零件图。读装配图的方法和步骤如下：

1）概括了解：主要了解部件的名称、性能、作用、大小，以及装配体中零件的一般情况等。首先从标题栏入手，了解部件的名称，再结合生产实际经验了解一下它的性能和作用。通过编号（见图 5-61），可以了解到该阀共有 16 种零件。其中，明细表中列出了所有零件的名称、数量、材料、规格和标准代号等。另外，还可以了解哪些是标准件，哪些是一般零件。

2）分析视图及表达方法：分析装配图中用了几个视图来表达，确定出主视图及各视图之间的投影关系，即确定每个视图的投影方向、剖切位置、表达方法，分析各视图所表达的主要内容。

3）工作原理及装配关系：了解机器或部件是怎样工作的，运动和动力是如何传递的。弄清楚各有关零件间的连接方式和装配关系，搞清部件的传动、支撑、调整、润滑和密封等情况。

4）分析零件的结构形状：分析零件的目的是熟悉每个零件的主要结构形状和作用，以及进一步了解各零件间的连接形式和装配关系。从了解主要零件开始，区分不同零件的投影范围，即根据各视图的对应关系，以及同一零件在各个视图上的剖面线方向和间隔都相同的规则，区分出该零件在各个视图上的投影范围，按照相邻零件的作用和装配关系构思其结构，并依次逐个进行分析确定。对于部件装配图中的标准件，其规格、数量和标准代号可从装配图附带的零件清单中确定，如螺柱、螺母、滚动轴承等相关信息可从相应的标准手册中查找。

5）分析尺寸和技术要求：分析装配图中所标注的尺寸，对弄清部件的规格、零件间的配合性质、安装连接关系和外形大小有着重要的作用。分析技术要求，了解装配、调试、安装等注意事项。

（二）液压识图

1. 常用液压元器件符号

液压系统是风电机组的关键组成部分，它主要负责控制机组的高速刹车和偏航刹车功能。在某些风电机组中，液压系统也被应用于变桨系统的控制。风电机组常用液压传动部件图形符号如表5-7所示。

表5-7 风电机组常用液压传动部件图形符号

名称	符号	名称	符号
管路		连接管路	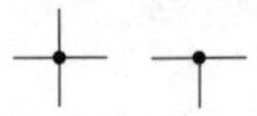
交叉管路	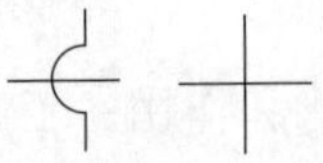	控制管路	
柔性管路		联轴器	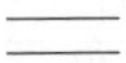
带污染指示器的过滤器	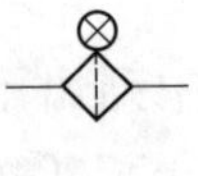	空气过滤器	
带旁通阀的过滤器	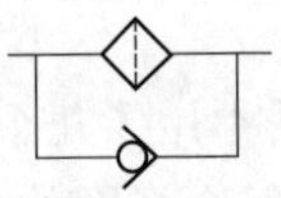	过滤器	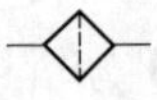
可调节流阀		不可调节流阀	
单向阀		单向放气装置（测压接头）	
管端在油箱底部	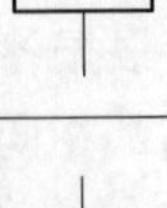	至油箱底部	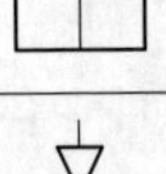
液压源		截止阀	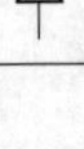

续表

名称	符号	名称	符号
放大器		压力传感器	
压力继电器 （压力开关）		液位传感器	
压力表（计）		温度计传感器	
液压泵		单向定量液压泵	
手动液压泵		电动机	
弹簧控制式		手柄控制式	
单作用电磁铁		双作用电磁铁	
内部压力控制		外部压力控制	
可调溢流阀		可调溢流阀	
先导式止回阀		可调减压阀	
二位二通电磁阀		二位二通电磁球阀	
二位三通电磁阀		二位三通电磁球阀	
二位四通电磁阀		带手柄控制式二位 二通电磁阀	

续表

名称	符号	名称	符号
三位四通电磁阀	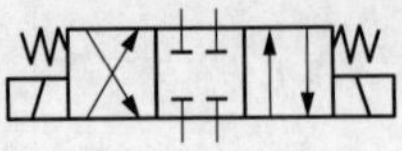	二位四通比例阀	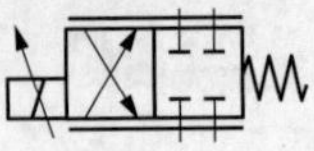
锥阀	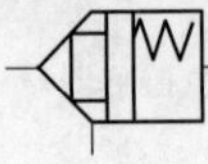	三位四通比例阀	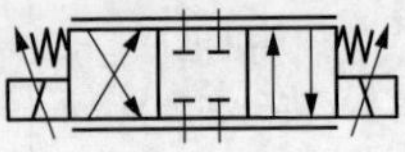
单活塞杆缸		单活塞杆缸	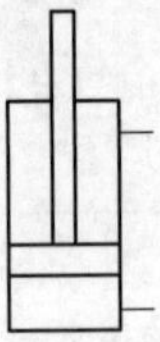
气体隔离式蓄能器		弹簧式蓄能器	

2. 液压系统原理图

（1）某 1.5MW 风电机组液压系统原理图。

如图 5-59 所示，1Y、2Y、3Y、4Y 电磁阀为失电状态。当执行高速刹车时，1Y、2Y 电磁阀同时失电，系统压力油液通过 24.1 单向阀、1Y 电磁

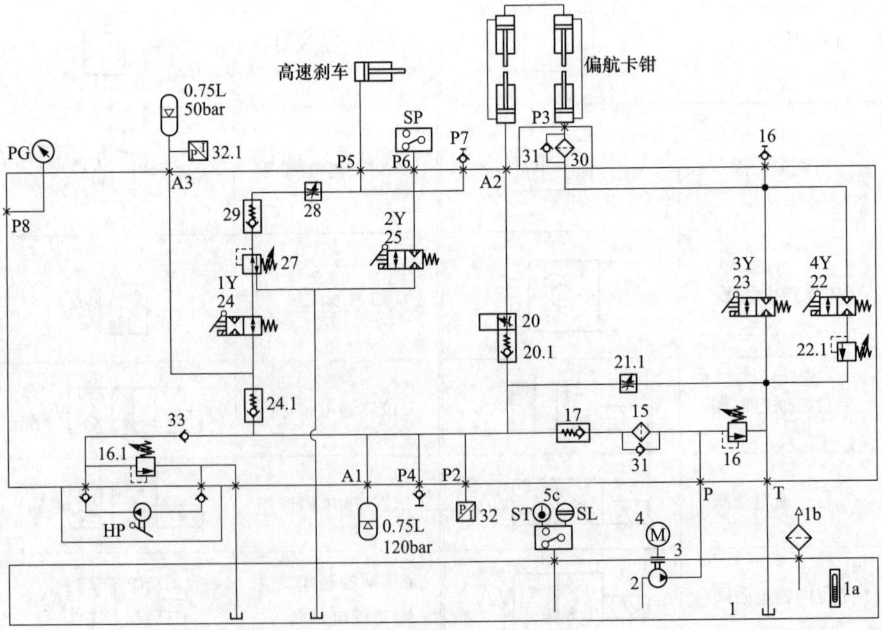

图 5-59　液压系统原理图

阀、27 溢流阀、29 单向阀、28 节流阀注入高速刹车缸体执行刹车。当释放高速刹车时，1Y、2Y 电磁阀同时得电，1Y 断开系统压力油液供应，缸体内尚存系统压力油液经 2Y 电磁阀返回油箱刹车释放。偏航卡钳分为刹车状态、偏航半泄状态、偏航全泄状态三种状态。当偏航刹车时，3Y、4Y 电磁阀失电状态；当偏航半泄时，4Y 电磁阀得电，卡钳内部及系统的部分压力油液经 4Y 电磁阀、22.1 溢流阀返回油箱；当偏航全泄时，3Y 电磁阀得电，将卡钳内部及系统全部压力油液经 3Y 电磁阀返回油箱。

液压站符号名称见表 5-8。

表 5-8　液压站符号名称

编号	名称	编号	名称	编号	名称
1	主油箱	4Y/22	电磁换向阀	32	压力传感器
1a	液位计	22.1	溢流阀	33	单向阀
1b	空气滤芯	3Y/23	电磁换向阀	A1	蓄能器接口
2	油泵	1Y/24	电磁换向阀	A3	蓄能器/压力传感器接口
3	联轴器	24.1	单向阀	P6	压力继电器接口
4	电动机	2Y/25	电磁换向阀	P7	测压接口
15	高压过滤器	27	溢流阀	PG	液压表
16	溢流阀	28	节流阀	HP	手动泵
17	单向阀	29	单向阀	SP	压力继电器
20	节流阀	30	高压过滤器	SL	油位传感器
20.1	单向阀	31	单向阀	ST	温度传感器
21.1	节流阀				

（2）某 1.5MW 风电机组液压系统原理图。

如图 5-60 所示，Y1、Y2、Y3、Y4 电磁阀为失电状态。高速刹车分为两种状态，分别为刹车状态、刹车释放状态。当执行刹车状态时，Y1、Y2 电磁阀同时失电，系统压力油液通过 3.3 单向阀、Y1 电磁阀、3.10 减压阀、3.3 单向阀、3.12 节流阀注入高速刹车缸体执行刹车。当刹车释放状态时，Y1、Y2 电磁阀同时得电，Y1 断开系统压力油液供应，缸体内尚存系统压力油液经 Y2 电磁阀返回油箱刹车释放。偏航卡钳分为三种状态，分别为刹车状态、偏航半泄状态、偏航全泄状态。当偏航刹车时，Y3、Y4 电磁阀为失电状态；当偏航半泄时，Y4 电磁阀得电，卡钳内部及系统的部分压力油液经 Y4 电磁阀、3.1 溢流阀返回油箱；当偏航全泄时，Y3 电磁阀得电，将卡钳内部及系统全部压力油液经 Y3 电磁阀返回油箱。液压站符号名称见表 5-9。

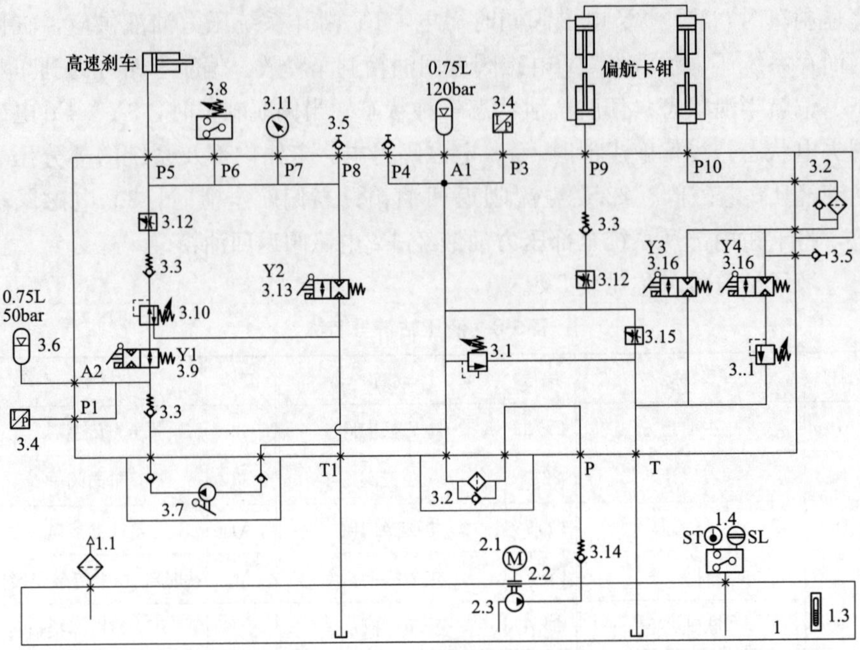

图 5-60　液压系统原理图

表 5-9　液压站符号名称一览表

编号	名称	编号	名称	编号	名称
1	油箱	3.2	高压过滤器	3.10	减压阀
1.1	空气滤清器	3.3	插装式单向阀	3.11	压力表
1.3	液位计	3.4	压力传感器	3.12	节流阀
1.4	液位/温度开关	3.5	测压接头	Y2/3.133	电磁换向阀
2.1	电动机	3.6	蓄能器	3.14	单向阀
2.2	联轴器	3.7	手动泵	3.15	节流阀
2.3	高压齿轮泵	3.8	压力继电器	Y3/Y4/3.16	电磁换向阀
3.1	溢流阀	Y1/3.9	电磁换向阀		

第四节　机 械 装 配

本节介绍了机械配合基础中的公差等级选择与配合类型确定方法，包括间隙配合、过渡配合和过盈配合的具体应用场景；机械装配基础中的装配要点、基本规范与实施流程，涵盖装配前准备、装配精度控制等关键技术要点。

一、机械配合基础

为了设计、制造方便及获得最佳的技术经济效益，无须将孔、轴公差带同时变动，只要固定一个公差带位置，变更另一个公差带位置即可满足各种配合要求。GB/T 1800.1—2009 规定了两种配合制，即基孔制配合和基轴制配合。

在同一基本尺寸的配合中，将孔的公差带位置固定，通过变动轴的公差带位置，得到各种不同的配合。基孔制的孔称为基准孔，如图 5-61（a）所示。在同一基本尺寸的配合中，将轴的公差带位置固定，通过变动孔的公差带位置，得到各种不同的配合。基轴制的轴称为基准轴，如图 3-61（b）所示。

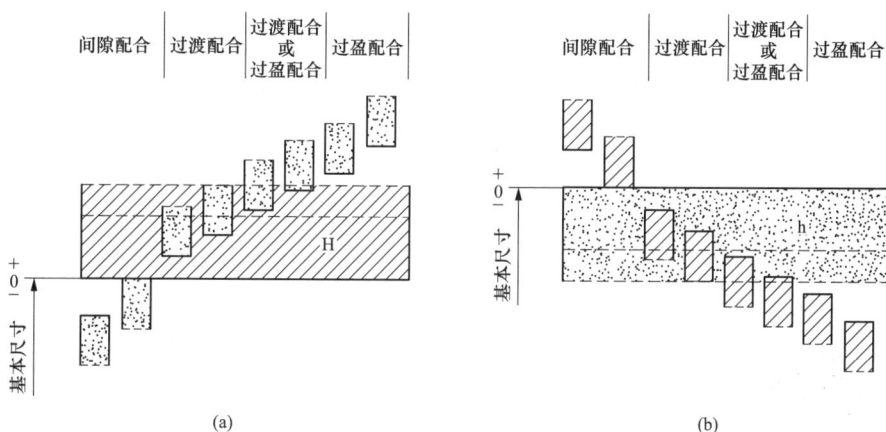

图 5-61　基孔制和基轴制
（a）基孔制；（b）基轴制

1. 机械配合定义

机械配合是指在机械设计中，两个或多个零件通过尺寸公差的有意设计，实现特定的连接状态（如相对运动、固定或传递力）。配合关系的核心在于零件之间的尺寸差异（间隙或过盈），决定了它们的装配方式、功能表现及可靠性。孔的尺寸减去相配合的轴的尺寸所得的代数差，差值为正时，称为"间隙"，用 X 表示；差值为负时，称为"过盈"，用 Y 表示。

2. 配合类型

根据零件配合松紧度的不同，即组成配合的孔与轴的公差带位置不同，将配合分为间隙配合、过盈配合和过渡配合三种类型。

1）间隙配合。孔的公差带完全在轴的公差带之上，即孔的实际尺寸永远大于或等于轴的实际尺寸，如图 5-62 所示。其特点是：允许孔轴配合后，能产生相对运动。间隙的作用在于：储存润滑油，补偿温度引起的尺寸变化，补偿弹性变形及制造与安装误差等。

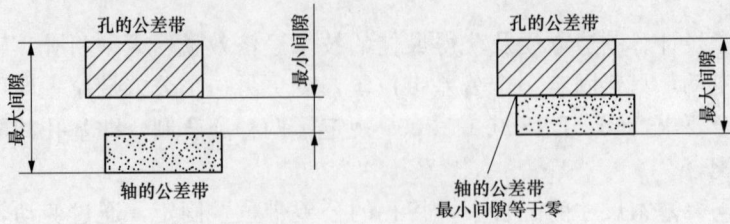

图 5-62　间隙配合

2）过盈配合。孔的尺寸设计略小于轴的尺寸，装配后通过弹性或塑性变形使两者紧密结合，依靠接触面产生的摩擦力传递载荷，且无相对运动。过盈是指孔的尺寸减去相配合的轴的尺寸之差为负，此时，孔的公差带在轴的公差带之下，孔的各个方向上的尺寸减去相配合的轴的各个方向上的尺寸所得代数差，此差为负时是过盈配合，如图 5-63 所示。过盈配合的作用在于：使孔轴之间零件间通过摩擦力锁定，避免相对运动。增强承载，适用于高扭矩、冲击载荷场景。

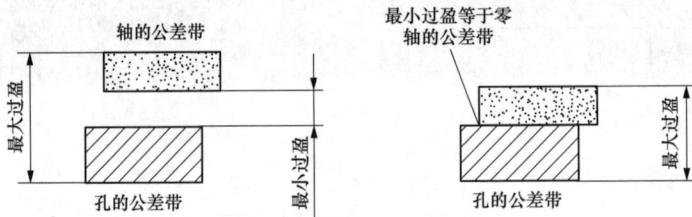

图 5-63　过盈配合

3）过渡配合。孔与轴装配时，可能有间隙配合，也可能有过盈配合，如图 5-64 所示。孔的公差带与轴的公差带相互交叠。轴的最大极限尺寸大于孔的最小极限尺寸，轴的最小尺寸小于孔的最大极限尺寸，轴的实际尺寸可能大于也可能小于孔的实际尺寸。过渡配合作用在于：兼具定位精度与适度可调性，适用于需精准对中且偶尔拆卸的机械连接场景。

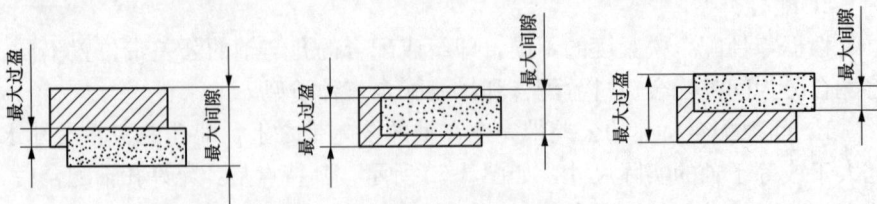

图 5-64　过渡配合

二、机械装配基础

产品的装配过程不是简单地将有关零件连接起来的过程，而是每一步装配工作都应满足预定的装配要求，达到一定的装配精度。通过分析尺寸链，可知封闭环公差等于组成环公差之和，装配精度取决于零件制造公差，但零件制造精度过高，生产不经济。为了正确处理装配精度与零件制造精度的关系，妥善处理生产的经济性与使用要求的矛盾，形成了一些不同的装配方法。

1. 机械装配的要点

（1）装配前零件要清理和清洗。

（2）结合面在装配前一般都要加润滑剂，以保证润滑良好和装配时不产生零件表面拉毛现象。

（3）相配零件的配合尺寸要准确，对重要配合尺寸进行复验，这对于保证配合间隙和试验过盈量尤为重要。

（4）每个工步装配完毕应进行检查。

（5）试运转前，必须进行静态检查，熟悉试运转内容及要求；在试运转过程中，应认真记录。

2. 机械装配作业前的准备

（1）作业资料：包括总装配图、部件装配图、零件图、物料表（BOM）等，直至项目结束，必须保证图纸的完整性、整洁性、过程信息记录的完整性。

（2）作业场所：零件摆放、部件装配必须在规定作业场所内进行，整机摆放与装配的场地必须规划清晰，直至整个项目结束，所有作业场所必须保持整齐、规范、有序。

（3）装配物料：作业前，按照装配流程规定的装配物料必须按时到位，如果有部分非决定性材料没有到位，可以改变作业顺序。

（4）装配前，应了解设备的结构、装配技术和工艺要求。

3. 机械装配的基本规范

（1）机械装配应严格按照设计部提供的装配图纸及工艺要求进行装配，严禁私自修改作业内容或以非正常的方式更改零件。

（2）装配的零件必须是验收合格的零件，装配过程中若发现漏检的不合格零件，应及时上报。

（3）装配环境要求清洁，不得有粉尘或其他污染，零件应存放在干燥、无尘、有防护垫的场所。

（4）装配过程中，零件不得磕碰、切伤，不得损伤零件表面，或使零件明显弯、扭、变形，零件的配合表面不得有损伤。

（5）相对运动的零件，装配时接触面间应加润滑油（脂）。

（6）相配零件的配合尺寸要准确。

（7）装配时，零件、工具应有专门的摆放设施，原则上零件、工具不允许摆放在机器上或直接放在地上，如果需要的话，应在摆放处铺设防护垫或地毯。

（8）装配时，原则上不允许踩踏设备，如果需要踩踏作业，必须在设备上铺设防护垫或地毯，重要部件及非金属强度较低部位严禁踩踏。

第五节　低压电气装配

本节介绍了 PLC 模块的安装与拆卸步骤、各功能模块的安装规范及控制器 CF 卡的正确插拔方法；接触器本体的固定安装与拆卸技巧，以及辅助触点的组装与更换步骤；端子排安装与拆卸的操作规范；同时还介绍了 Profibus-DP 通信总线连接器的屏蔽层处理与装配工艺。通过规范化的装配流程指导，提升低压电气系统的安装质量与运行可靠性。

在风电机组的低压电气装配中，需要按照标准的操作规范安装低压电气元件，避免因安装操作不当引起电气元件损坏、接触不良等问题从而导致风电机组不能正常运行。

下面以风电机组 PLC、接触器、端子排、Profibus-DP 通信插头为例说明其安装注意事项。

一、PLC 装配

（一）某 PLC 电源模块及 CPU 的安装与拆卸

（1）安装时，要保证模块与柜体间的距离，保证散热的需求，且不可垂直安装，如图 5-65 所示。

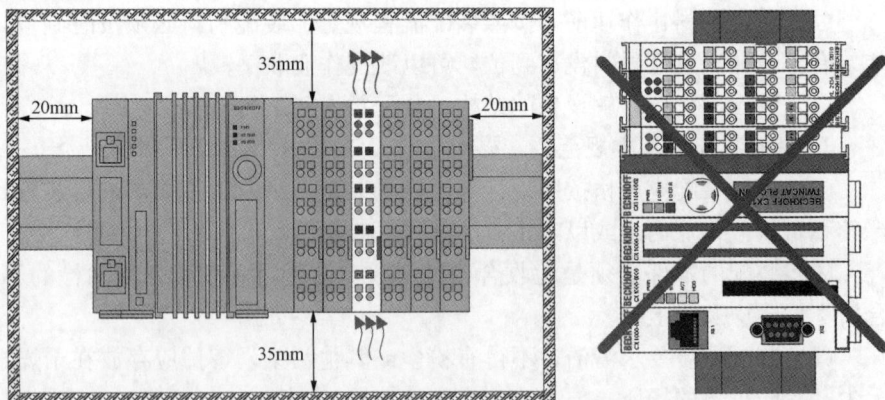

图 5-65　模块安装到柜体上的要求

（2）将模块放置在水平面上并按箭头方向进行安装，将 CPU 和电源模块组装在一起，如图 5-66 所示。

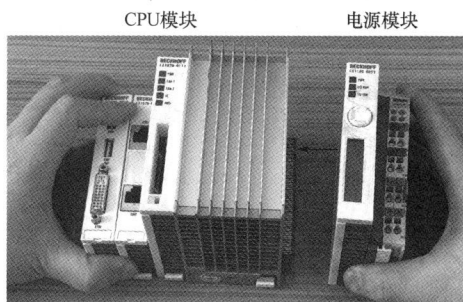

图 5-66 组装 CPU 及电源模块

（3）在装到导轨之前拉下待安装模块下方白色锁紧机构，使其不起作用，如图 5-67 所示。

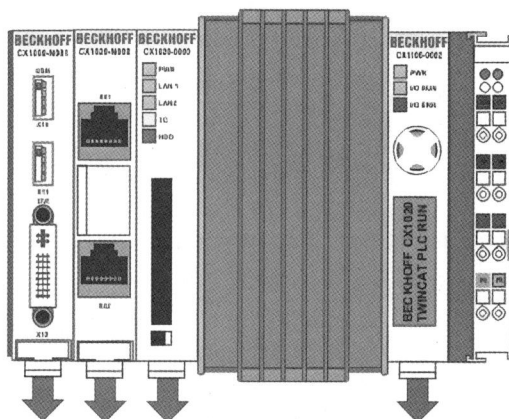

图 5-67 拉下白色锁紧机构

（4）将卡槽对准导轨轻轻按下，然后推上白色锁紧机构，至此 PLC 电源模块和 CPU 的机械安装完毕，如图 5-68 所示。

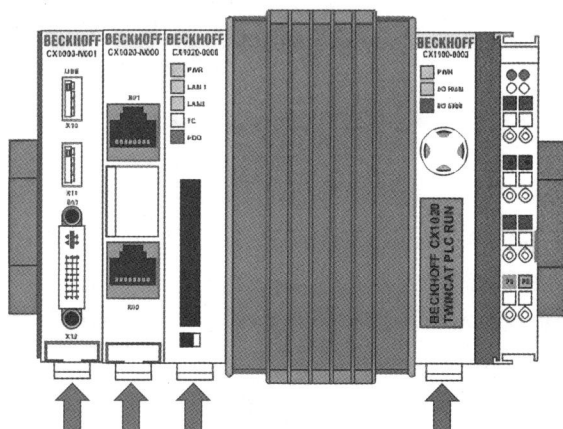

图 5-68 安装效果图

（5）拆卸时，按照上述相反的顺序操作。

（二）某 PLC 模块的安装与拆卸

（1）安装时，将模块沿前一个模块上下的槽沿插入，注意上下沿同时施力推入，当听到"咔嗒"声后，表示模块已卡紧，安装完毕，如图 5-69 所示。

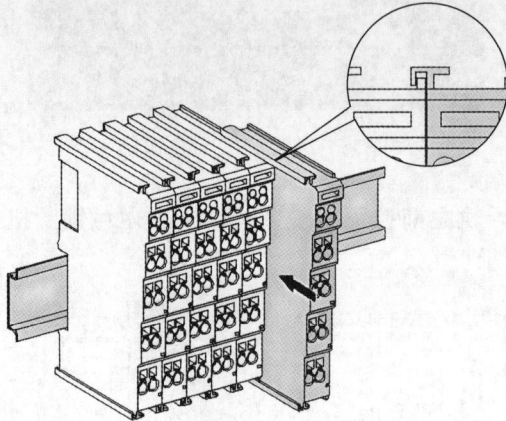

图 5-69　某 PLC 模块的安装

（2）拆卸时，使用尖嘴钳夹住模块上橙色抽拉卡扣，并平行往外拉出，可将模块从导轨上卸下，如图 5-70 所示。

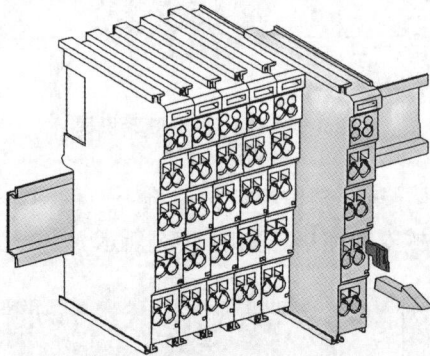

图 5-70　某 PLC 模块的拆卸

注意：

1）如果没有将模块卡紧，可能会导致主控通信故障及输出故障；

2）建议逐块安装模块，以保证每个模块安装到位；

3）如遇模块较难拔出的情况，可尝试先拔出相邻的模块，然后再将其拔出。

（三）某 PLC 主控制器 CF 卡的安装与拆卸

（1）安装时，将 CF 卡印有字样的一面朝向 CPU 模块标签一面，然后慢慢插入 CF 卡插槽。注意：方向不能插反，如图 5-71 所示。

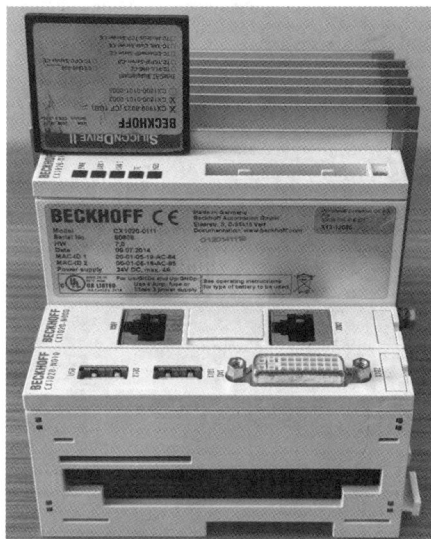

图 5-71　插入 CF 卡

（2）拆卸时，使用小一字螺丝刀，将 PLC 退卡机构往里按，CF 卡随即会自动弹出，用手将 CF 卡取下即可，如图 5-72 所示。

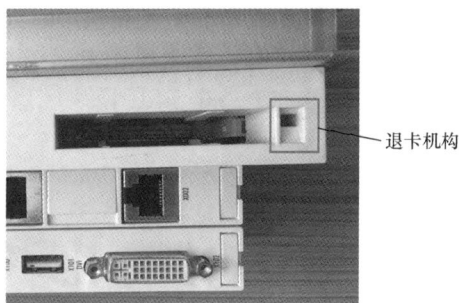

图 5-72　取下 CF 卡

（四）某 PLC 主控制器的安装与拆卸

（1）将 PLC 主控制器按照顺序依次放入背板上对应卡槽位置，如图 5-73 所示。图 5-73（a）是某 PLC 主控制器背板，图 5-73（b）是安装效果图。

（2）用螺丝刀拧紧 PLC 主控制器上的螺丝并将之紧固到背板上，使其与背板无缝隙。

（3）拆卸时，需要拧松 PLC 主控制器上的螺丝，并将 PLC 模块平行地从背板拔出。

（五）某 PLC 模块的安装与拆卸

（1）安装第一个模块底座时，用手大拇指及食指或中指，按住 PLC 模

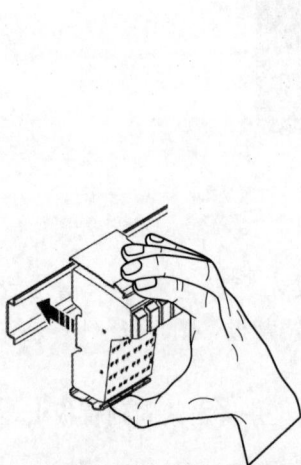

(a)

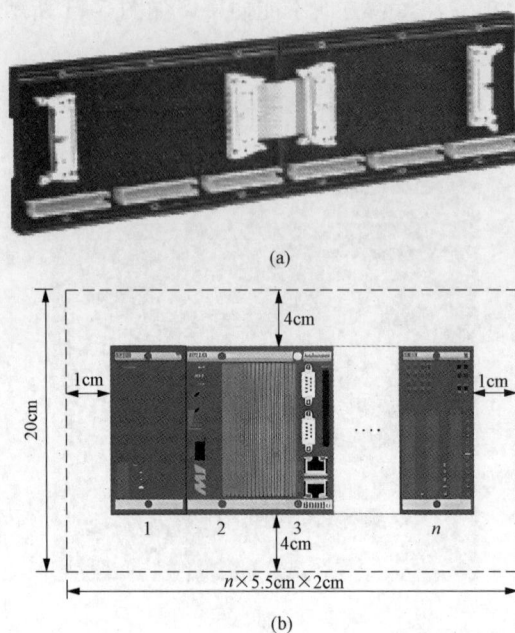

(b)

图 5-73　某 PLC 主控制器的安装
(a) PLC 背板；(b) PLC

块底座上下两个弹性卡扣，并将模块底座卡入导轨中，如图 5-74 所示。

（2）继续安装下一个模块底座时，使用同样方法按住待安装的 PLC 模块底座上下两个弹性卡扣，并沿着上一个 PLC 模块底座的卡槽往里推，并将 PLC 模块底座卡入导轨中，如图 5-75 所示。

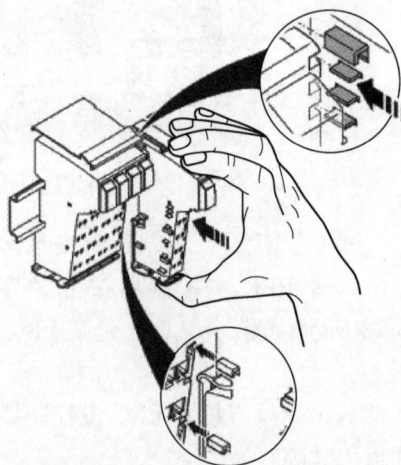

图 5-74　第一个 PLC 模块底座安装　　图 5-75　安装下一个 PLC 模块底座

（3）安装相邻的 PLC 模块底座时，确保完全插入卡槽内，以免造成 PLC 底座供电不良，如图 5-76 所示。

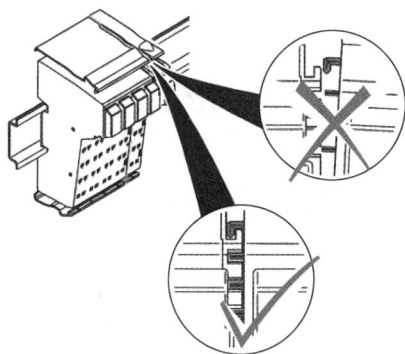

图 5-76　模块底座未插入上一个底座卡槽内

（4）在安装 PLC 端子模块时，将 PLC 端子模块下端先插入 PLC 模块底座，再将 PLC 端子模块上端推入 PLC 模块底座，即可完成 PLC 模块的安装，如图 5-77 所示。

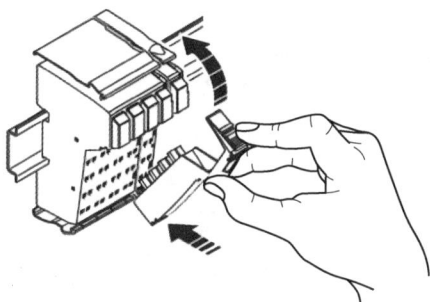

图 5-77　PLC 端子模块安装

（5）拆卸时，将某 PLC 模块外部挡尘盖板取下，并用手按住端子模块上端弹性卡扣，如图 5-78 所示。

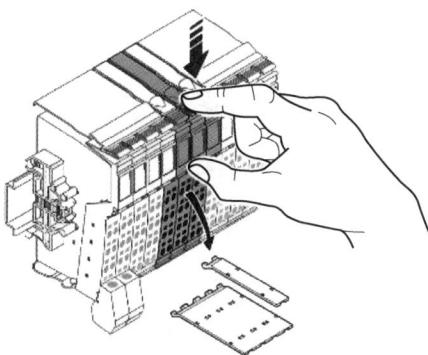

图 5-78　取下外部挡尘盖板

（6）将 PLC 端子模块上端拉下，如图 5-79 所示。

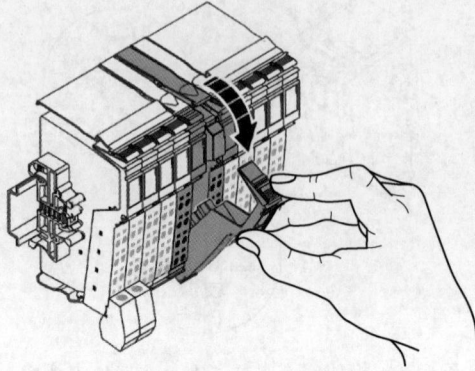

图 5-79 拉开 PLC 端子模块上端

（7）取下 PLC 端子模块如图 5-80 所示。

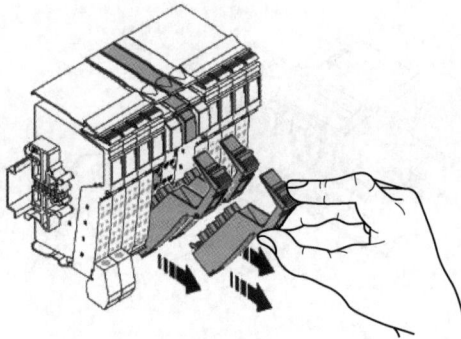

图 5-80 取下 PLC 端子模块

（8）用手大拇指及食指或中指按住 PLC 模块上下两个弹性卡扣，平行往外拉出 PLC 模块底座即可将之从导轨上拆下，如图 5-81 所示。

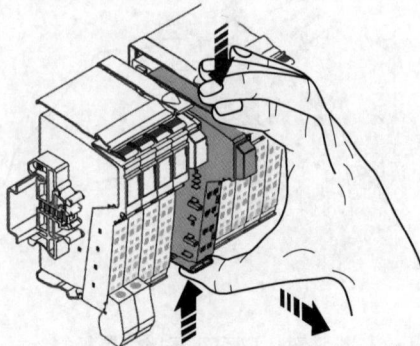

图 5-81 取下 PLC 模块

二、接触器装配

（一）接触器本体的安装与拆卸

（1）安装时，将接触器背部的导轨卡槽对准导轨上沿，确保接触器与导轨平行。

（2）轻推接触器，使其上端卡槽滑入导轨上沿，暂时悬挂（此时未完全锁紧），如图 5-82 所示。

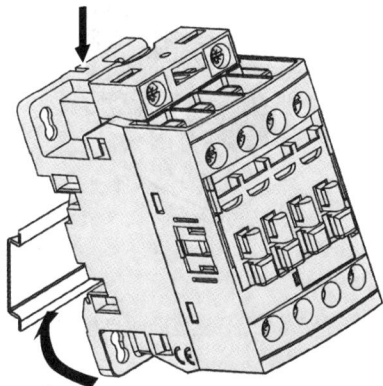

图 5-82　接触器的安装

（3）向下按压接触器，直至听到"咔嗒"声，表示接触器内部弹簧卡扣已将导轨下沿锁入导轨卡槽。

（4）拆卸时，用螺丝刀将接触器下方导轨卡扣撬开，并用手从下方将接触器拉起，即可将接触器从导轨上拆卸下来，如图 5-83 所示。

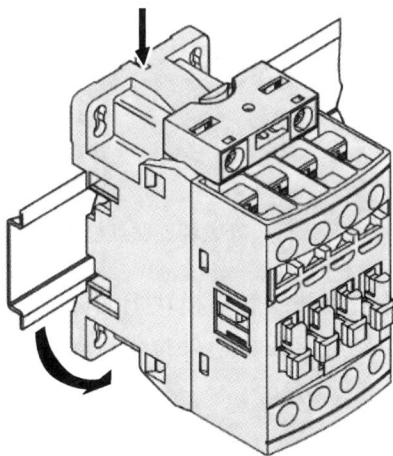

图 5-83　接触器的拆卸

（二）接触器辅助触点模块安装与拆卸

（1）安装时，将辅助触点模块上端插入接触器的上端卡槽内；

（2）将辅助触点模块下端扣入接触器的下端卡槽内，如图 5-84 所示；

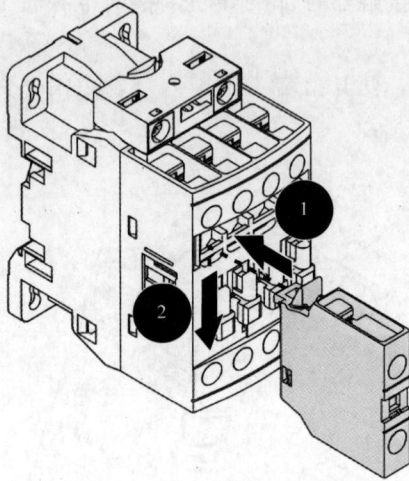

图 5-84　安装辅助触点模块

（3）听到"咔哒"声代表辅助触点模块安装到位，如图 5-85 所示；

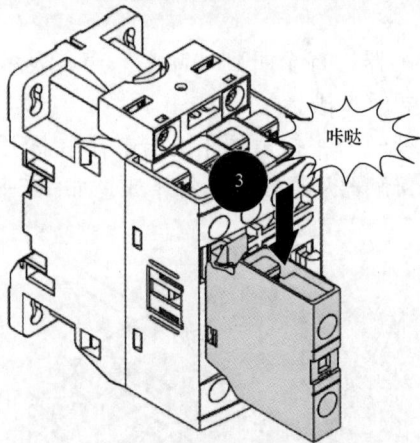

图 5-85　安装辅助触点模块

（4）拆卸时，向外按住辅助触点模块上面的卡扣解锁按钮，再将辅助触点模块向推，再将辅助触点模块向外拉出，即可将辅助触点模块从接触器上拆卸下来，如图 5-86 所示。

三、端子排装配

（1）安装时，将端子排的下端导轨槽卡入下端导轨，并将端子排的上端推入导轨即可完成安装；

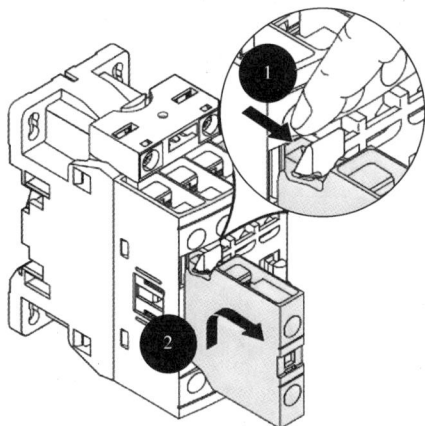

图 5-86　拆除辅助触点模块

（2）拆卸时，用螺丝刀向上挑起（见图 5-87 画框处）上端导轨槽卡扣，使端子排上端脱离导轨；

（3）将端子排的下端从导轨上取下，即可完成端子排的拆卸。

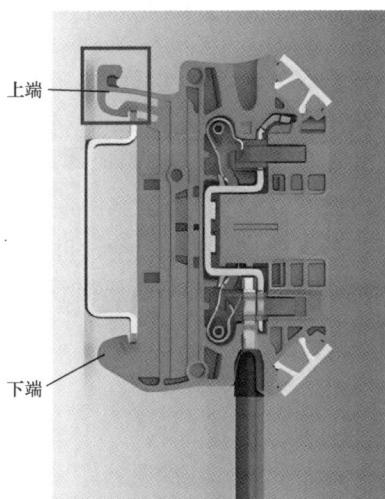

图 5-87　端子排实物图

四、Profibus-DP 通信总线连接器装配

在进行 Profibus-DP 通信插头安装前需要了解其尺寸参数：通信电缆外护套边缘至接线端子底部的距离，屏蔽夹至接线端子底部的距离，接线端子边缘至底部的距离。以某款 Profibus-DP 通信总线连接器为例讲解其详细的安装步骤，其内部结构如图 5-88 所示。

Profibus-DP 通信总线连接器接线工艺如下：

（1）选取 Profibus 通信电缆，电缆外护套剥除长度为（28.5±2)mm（注

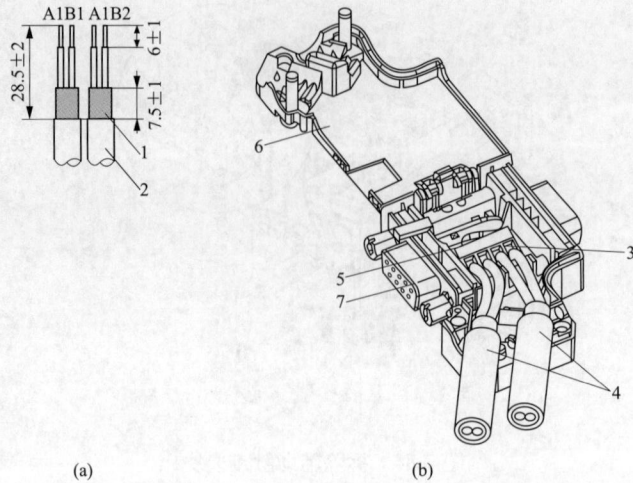

图 5-88　Profibus-DP 通信总线连接器通信电缆切割尺寸要求与结构图

(a) 通信电缆切割尺寸；(b) Profibus-DP 通信总信连接器结构

1—Profibus 总线屏蔽层；2—Profibus 总线电缆；3—输入输出端子；

4—Profibus 总线屏蔽接口；5—终端电阻开关；6—防火 ABS 后盖及螺丝；

7—扩展通信或编程口

意：剥除过程中不要损坏金属屏蔽网和铝箔纸屏蔽层）。

（2）屏蔽层剥除至长度剩余（7.5±1)mm（注意：剥除过程中不要损伤线芯绝缘层，否则会使通信传输线发生接地）。

（3）线芯剥除至长度剩余（6±1)mm。

（4）剥除电缆后把屏蔽层拨向一侧，令所有屏蔽层集中在 Profibus 通信总信连接器的屏蔽压接铁片上以保证屏蔽压接效果，如图 5-89 所示。

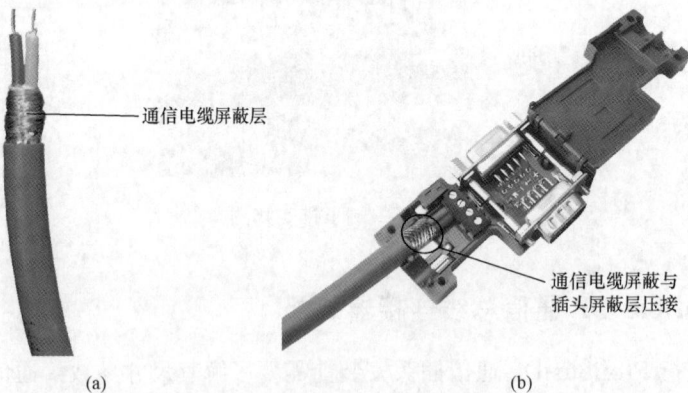

通信电缆屏蔽层

通信电缆屏蔽与插头屏蔽层压接

(a)　　　　　　　　　　(b)

图 5-89　Profibus-DP 通信插头

（a）Profibus-DP 通信电缆屏蔽层；（b）Profibus-DP 通信电缆屏蔽层压接

（5）打开 Profibus 通信插头盖，把制作好的电缆压接进 Profibus 通信总线连接器的端子不超出接头贴合处，并用螺丝刀拧紧上。

（6）如果要连接中间通信站点时，使用相同的方式制作，将另两根线芯装入 2A、2B 端子。

（7）调整通信电缆外护套与外壳上外护套固线夹的位置，确保上下外壳的外护套固线夹可以完全夹住电缆的外护套部分。

（8）调整通信电缆屏蔽层与外壳上屏蔽层固线夹的位置，使其全方位接触。

（9）盖上外壳，拧紧外壳螺钉，直至上下外壳间没有缝隙。

第六节　起　重　作　业

本节介绍了起重作业基础的起重术语：起重机械装备的起重机械重量分类及起重机械形式分类；以及起重指挥人员的专业术语标准与标准手势信号，通过规范化的指挥语言确保作业安全；同时阐述钢丝绳、吊带等起重工器具的选用原则与日常检查要求，为风电机组大部件品装作业提供技术指导。

一、起重作业基础

起重作业是指所有的利用起重机械或起重工具移动重物的操作活动。除了利用起重机机械搬运重物外，还使用起重工具，如千斤顶、滑轮、手拉葫芦、自制吊架、各种绳索等，垂直升降或水平移动重物，均属于起重作业范畴。起重术语如下：

（1）起重施工。指利用机械或机具进行装卸、运输和吊装工作。

（2）工件。指设备、构件，以及其他被起重的物体的统称。

（3）安全系数。指在工程结构和吊装作业中，各种索具材料在使用时的极限强度与容许应力之比。

（4）索具。指在起重作业中，用于承受拉力的柔性件及其附件的统称。一般常用索具包括麻绳、尼龙绳、尼龙带、钢丝绳、滑车、卸扣、绳卡、螺旋扣等。

（5）专用吊具。指为满足特定起重工艺要求而设计的吊耳、吊装梁或平衡梁等设备的总称。

（6）地锚。指用于固定拖拉绳的埋地构件或建筑物，稳定抱杆并使其保持相对固定的空间位置，也可用于稳定卷扬机、钢结构、定滑车和起重机的平衡索。

（7）吊耳。指设置在工件上，专供系挂吊装索具的部件。

（8）主吊车。指抬吊被吊装工件顶（或上）部的吊车。

（9）辅助吊车。指抬吊被吊工件底（或下）部的吊车。

（10）单吊车吊装。指用一台主吊车和一台或两台辅助吊车进行的吊装。

（11）双吊车吊装。指用两台主吊车和一台或两台辅助吊车进行的吊装。

（12）侧偏法吊装。指提升滑车组动滑车的水平投影偏离设备基础中心，设备吊点位于重心上且偏于设备中心的一侧，在提升滑车组作用下，设备悬空呈倾斜状态，然后由调整索具校正其直立就位的吊装工艺。

（13）捆绑绳（吊索）。指连接滑车吊钩与重物之间的绳索。

（14）临界角。指当设备处于脱排瞬时位置，设备重力作用线与尾排支点共线时，设备的仰角（即设备吊装临界角）。

（15）信号。指在指挥起重机械操作时，常因工地声音嘈杂不易听清，或口音不对容易误解，或距离操作台司机较远无法听见等，故常用信号来指挥。常用的信号有手示信号、旗示信号及口笛信号三种。

（16）额定起重量。指重机在各种工作状况下安全作业时所允许的起吊重物的最大重量，常用 Q 表示，单位为 t（或 kg）。

通常起吊重物时，不仅要计算重物的重量，而且还包含起重机吊钩的重量。吊装使用的起重钢索具，例如吊索、卸扣电机使用的起重专用铁扁担—平衡梁等重量，这些重量的总和不能大于或超过额定起重量。

（17）作业半径。指作业半径是指起重机吊钩中心线（即被吊重物的中心垂线）到起重机回转中心线的距离，单位为米（m）。

（18）起重机曲线。指重机吊臂曲线，表示起重机吊臂在不同吊臂长度和不同作业半径时空间位置的曲线，规定直角坐标的横坐标为幅度（即作业半径），纵坐标为起升高度。起升高度是表示最大起升高度随幅度改变的曲线。不难看出，当幅度变小（作业半径变小），起重量增加，起升高度也随之增加，此时的起重机吊臂的仰角也同时增加。同样，同等的变幅，不同的臂长，起重量也有所不同，如图 5-90 所示。

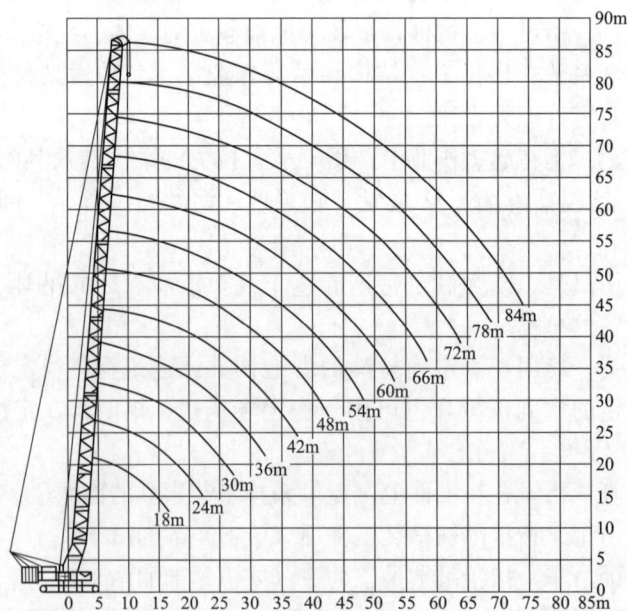

图 5-90　起重机曲线

二、起重机械装备

起重机械是指用于垂直升降或者垂直升降并水平移动重物的机电设备，其范围规定为额定起重量大于或者等于 0.5t 的升降机，以及额定起重量大于或者等于 1t，并且提升高度大于或者等于 2m 的起重机和承重形式固定的电动葫芦等。

（一）起重机械重量分类

起重施工可按工件重量划分为以下四个等级。

（1）超大型：工件重量大于或等于 300t 或工件高度大于或等于 100m；

（2）大型：工件重量为 80～300t 或工件高度大于或等于 60m；

（3）中型：工件重量为 40～50t 或工件高度大于或等于 30m；

（4）小型：工件重量小于 40t 或工件高度小于 30m。

（二）起重机械形式分类

（1）桥架式（桥式起重机、门式起重机、半门式起重机）；

（2）缆索式；

（3）臂架式（自行式、塔式、门座式、铁路式、浮式、履带式、桅杆式起重机）。

三、起重指挥人员专业术语与手势

（一）起重指挥人员通用手势信号及说明

A——"预备"（注意），手臂伸直，置于头上方，五指自然伸开，手心朝前保持不动。

B——"要主钩"，单手自然握拳，置于头上，轻触头顶。

C——"要副钩"，一只手握拳，小臂向上不动，另一只手伸出，手心轻触前只手的肘关节。

D——"吊钩上升"，小臂向侧上方伸直，五指自然伸开，高于肩部，以腕部为轴转动。

E——"吊钩下降"，手臂伸向侧前下方，与身体夹角约为 30°，五指自然伸开，以腕部为轴转动。

F——"吊钩水平移动"，小臂向侧上方伸直，五指并拢手心朝外，朝向负载应运行的方向，向下挥动到与肩相平的位置。

G——"吊钩微微上升"，小臂伸向侧前上方，手心朝上高于肩部，以腕部为轴，重复向上摆动手掌。

H——"吊钩微微下落"，手臂伸向侧前下方，与身体夹角约为 30°，手心朝下，以腕部为轴，重复向下摆动手掌。

I——"吊钩水平微微移动"，小臂向侧上方自然伸出，五指并拢，手心朝外，朝向负载应运行的方向，重复做缓慢的水平运动。

J——"微动范围"，双小臂曲起，伸向一侧，五指伸直，手心相对，其间距与负载所要移动的距离接近。

K——"指示降落方位"，五指伸直，指出负载应降落的位置。

L——"停止"，小臂水平置于胸前，五指伸开，手心朝下，水平挥向一侧。

M——"紧急停止"，两小臂水平置于胸前，五指伸开，手心朝下，同时水平挥向两侧。

N——"工作结束"，双手五指伸开，在额前交叉。

起重指挥人员通用手势信号如图5-91所示。

图 5-91 通用手势信号

（二）起重指挥人员专用手势信号

A——"升臂"，手臂向一侧水平伸直，拇指朝上，余指握拢，小臂向上摆动。

B——"降臂"，手臂向一侧水平伸直，拇指朝下，余指握拢，小臂向下摆动。

C——"转臂"，手臂水平伸直，指向应转臂的方向，拇指伸出，余指握拢，以腕部为轴转动。

D——"微微升臂"，一只小臂置于胸前一侧，五指伸直，手心朝下，保持不动；另一手的拇指对着前手手心，余指握拢，做上下移动。

E——"微微降臂"，一只小臂置于胸前的一侧，五指伸直，手心朝上，保持不动，另一只手的拇指对着前手心，余指握拢，做上下移动。

F——"微微转臂"，一只小臂向前平伸，手心自然朝向内侧；另一只手的拇指指向前只手的手心，余指握拢做转动。

G——"伸臂"，两手分别握拳，拳心朝上，拇指分别指向两侧，做相斥运动。

H——"缩臂"，两手分别握拳，拳心朝下，拇指对指，做相向运动。

I——"履带起重机回转"，一只小臂水平前伸，五指自然伸出不动；另一只小臂在胸前做水平重复摆动。

J——"起重机前进"，双手臂先后前平伸，然后小臂曲起，五指并拢，手心对着自己，做前后运动。

K——"起重机后退"，双小臂向上曲起，五指并拢，手心朝向起重机，做前后运动。

L——"抓取"（吸取），两小臂分别置于侧前方，手心相对，由两侧向中间摆动。

M——"释放"，两小臂分别置于侧前方，手心朝外，两臂分别向两侧摆动。

N——"翻转"，一小臂向前曲起，手心朝上，另一小臂向前伸出，手心朝下，双手同时进行翻转。

起重指挥人员专用手势信号如图5-92所示。

四、起重工器具

（一）钢丝绳索具的使用注意事项

（1）在使用钢丝绳索具前，须看清楚标牌上的工作载荷及适用范围，严禁超载使用。

（2）在使用钢丝绳索具时，将其直接挂入吊钩的受力中心位置，不能挂到钩尖部位，如图5-93所示。

（3）在使用两根钢丝绳索具时，将其直接挂入双钩内，两根钢丝绳索具各挂在双钩对称受力中心位置；在使用四根钢丝绳索具时，每两根钢丝绳索具直接挂入双钩时，注意双钩内两根钢丝绳索具不能产生重叠或者相互挤压，四根钢丝绳索具要对称于吊钩受力中心，如图5-94所示。

图 5-92　专用手势信号

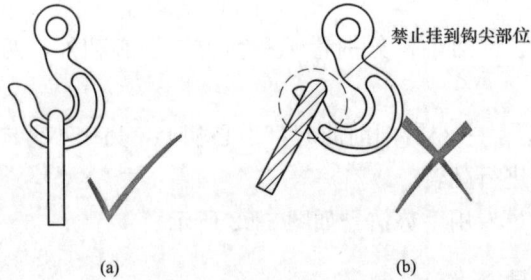

图 5-93　钢丝绳索具（一）

（a）钢丝绳挂入受力中心；（b）钢丝绳挂入吊钩钩尖

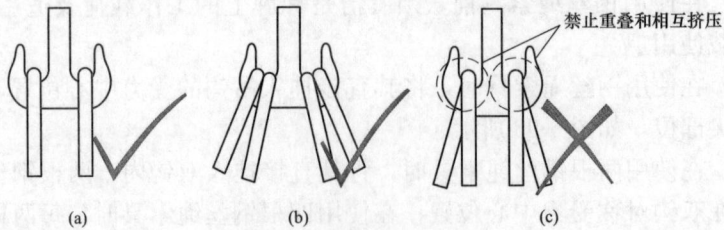

图 5-94　钢丝绳索具（二）

（a）两根钢丝绳对称分布；（b）四根钢丝绳对称分布；（c）四根钢丝绳重叠分布

（4）成套索具吊装时，应避免吊装角度超过 60°（以压制钢丝绳索具为例，插编钢丝绳索具同理），如图 5-95 所示。

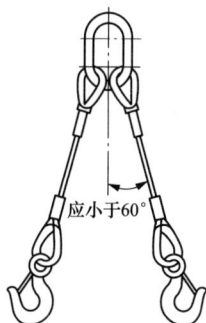

应小于60°

图 5-95　钢丝绳索具（三）

（5）禁止钢丝绳索具打结，禁止钢丝绳间直接接触，应加卸扣或吊环隔开（以压制钢丝绳索具为例，插编钢丝绳索具同理），如图 5-96 所示。

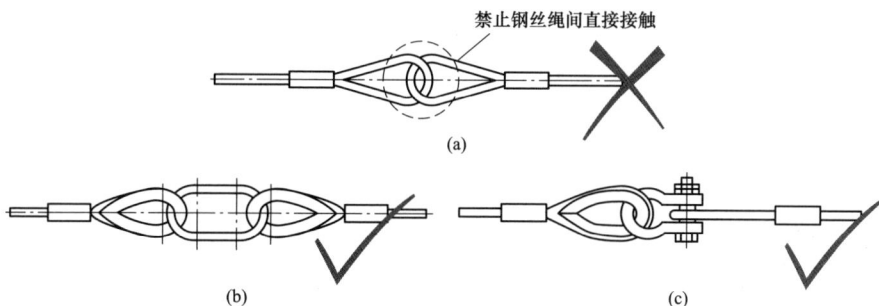

禁止钢丝绳间直接接触

(a)

(b)　　　　　　　　　　　　(c)

图 5-96　钢丝绳索具（四）
（a）钢丝绳直接接触；（b）使用卸扣；（c）使用吊环

（6）在负载运行过程中，成套钢丝绳索具发生异响，应立即停止使用，等有资质人员检查后再进行处理。

（7）在吊装过程中，成套钢丝绳索具应尽量保持平稳，人员严禁在物品上通过且吊运物品下面严禁站人。

（8）在运输、安装和使用时，避免钢丝绳索具弯曲受力，以免铝管、螺纹、接头或钢丝绳受到伤害（以压制钢丝绳索具为例，插编钢丝绳索具同理），如图 5-97 所示。

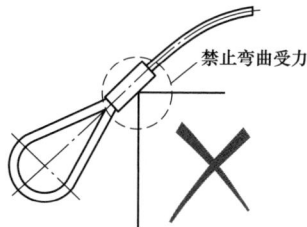

禁止弯曲受力

图 5-97　钢丝绳索具

（9）在以下情况之一出现时，应立即停止使用成套钢丝绳索具。

1）钢丝绳与铝合金压制接头部位有裂纹或滑移变形；插编钢丝绳索具插编部位有严重抽脱。

2）成套钢丝绳索具因各端配件磨损、变形、锈蚀等影响其正常使用。

3）成套钢丝绳索具的钢丝绳部分报废（其报废标准参照钢丝绳报废标准）。

（二）合成纤维吊装带使用注意事项

（1）操作人员在经过培训后方可使用合成纤维吊带。

（2）严禁超载使用。

（3）两根吊装带作业时，将两根吊装带直接挂入双钩内，吊装带各挂在双钩对称受力中心位置；四根吊装带同时使用时，每两根吊装带直接挂入双钩内，注意钩内吊装带不能产生重叠和相互挤压，吊装带要对称于吊钩受力中心，如图 5-98 所示。

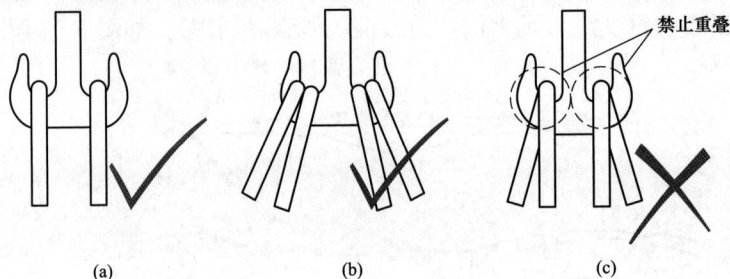

图 5-98　合成纤维吊带（一）

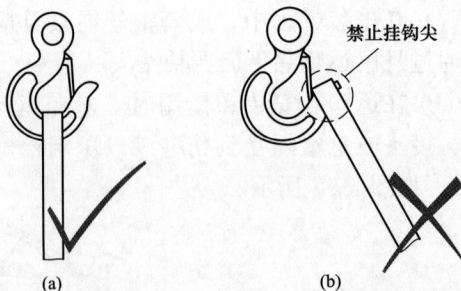

（a）两根吊装带对称分布；（b）四根吊装带对称分布；（c）四根吊装带重叠分布

（4）使用吊装带时，不允许采用如图 5-99 所示的拴结方法进行环绕。

（5）使用吊装带时，将吊装带直接挂入吊钩受力中心位置，不能挂在吊钩钩尖部位。合成纤维吊带如图 5-100 所示。

图 5-99　合成纤维吊带（二）　　　图 5-100　合成纤维吊带（三）

（a）吊装带挂入受力中心；（b）吊装吊未挂入受力中心

（6）在吊装作业中，吊装带不允许交叉、扭转，不允许打结、打拧，应该采用正确的吊装带专用连接件来连接，如图 5-101 所示。

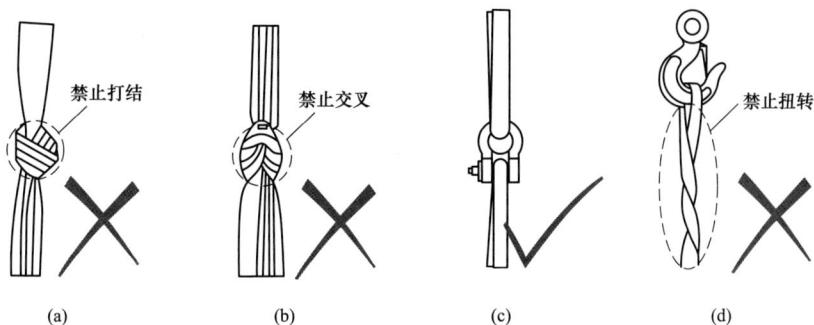

图 5-101　合成纤维吊带（四）

（a）打结；（b）交叉；（c）正确使用方式；（d）扭转

（7）当遇到负载有尖角、棱边的货物时，必须采取护套、护角等方法来保护吊带，以延长吊装带的使用寿命。严禁在粗糙表面使用吊带，以免吊带被棱角割断和粗糙的表面划伤，如图 5-102 所示。

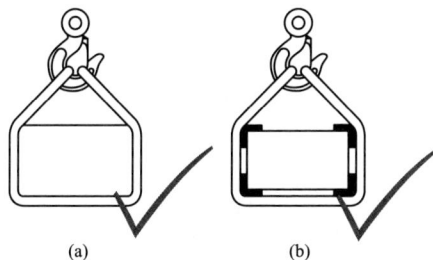

图 5-102　合成纤维吊带（五）

（a）圆角可不加保护套；（b）锐变处应加保护套

（8）双匝扼圈捆扎更为安全，如图 5-103 所示。

（9）使用吊带时，由于吊钩的弯曲部分使扁平吊装带在宽度方向不能均匀承载，受到吊钩内径的影响。当吊钩直径太小时，与织带环眼结合得不充分，应采取正确的连接件连接，如图 5-104 所示。

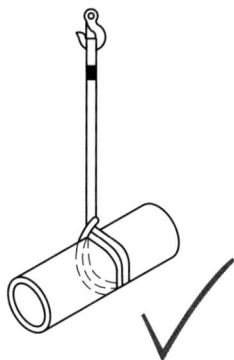

图 5-103　合成纤维
吊带（六）

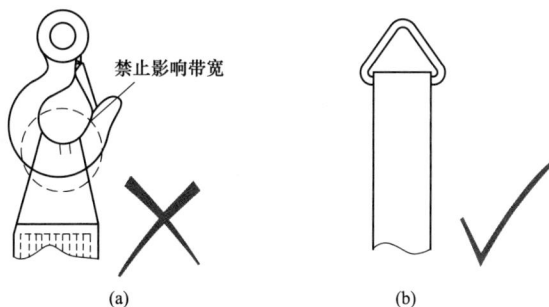

图 5-104　合成纤维吊带（七）

（a）影响带宽吊具；（b）不影响带宽吊具

（10）圆形吊装带环眼张开角度禁止大于 20°，吊装过程中避免环眼处开裂，如图 5-105 所示。

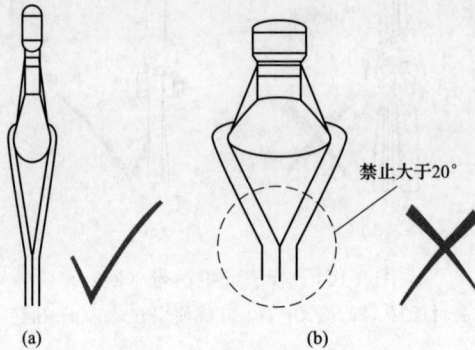

图 5-105　合成纤维吊带（八）

（a）张开角度小于 20°；（b）张开角度大于 20

（11）吊装管类物体时，要采取正确的吊装方式，吊装角度过大会产生安全隐患，如图 5-106 所示。

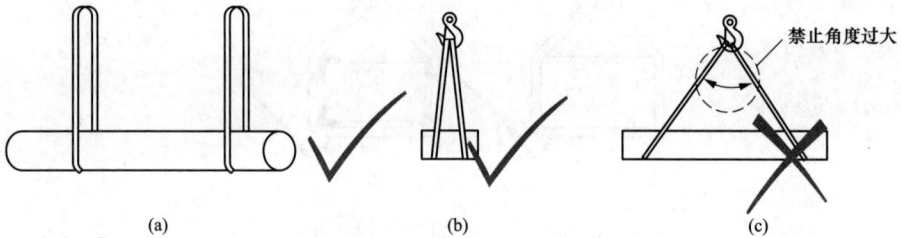

图 5-106　合成纤维吊带（九）

（a）零度吊装角；（b）吊装角适中；（c）吊装角过大

（12）不应将物品压在吊装带上，以免造成吊装带损坏，不应试图将吊装带从下面抽出来，造成危险。应用物体垫起，留出足够的空间顺利取出吊装带，如图 5-107 所示。

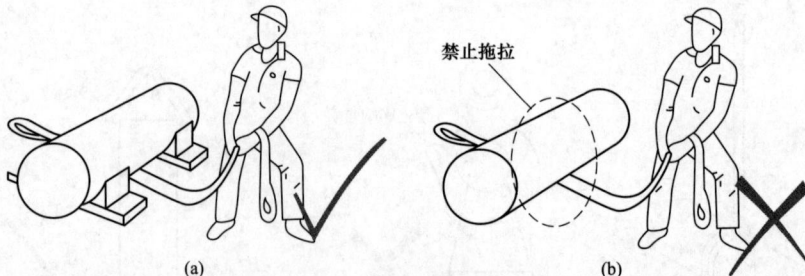

图 5-107　合成纤维吊带（十）

（a）被垫起后拖拉；（b）直接拖拉

（13）吊装带不应在地面或粗糙表面拖拉，如图 5-108 所示。

图 5-108 合成纤维吊带（十一）

（14）使用完毕后，吊装带应选择悬挂存放法。

（15）在发生下列情况之一时，应停止使用扁平、圆形吊带。

1）本体被切割、严重擦伤、带股松散、局部破裂时，应报废，如图 5-109 所示。

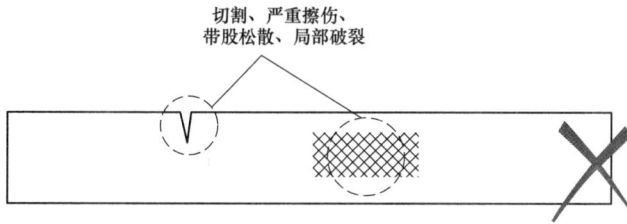

图 5-109 合成纤维吊带（十二）

2）表面严重磨损，吊装带异常变形起毛，磨损达到原吊装带宽度的 1/10 时，应报废，如图 5-110 所示。

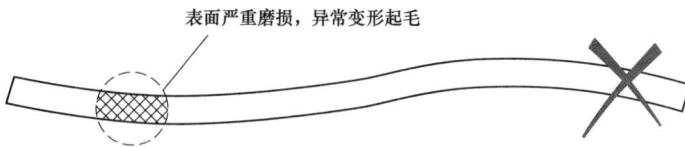

图 5-110 合成纤维吊带（十三）

3）合成纤维软化或老化（发黄）、表面粗糙、合成纤维剥落、弹性变小、强度减弱时，应报废，如图 5-111 所示。

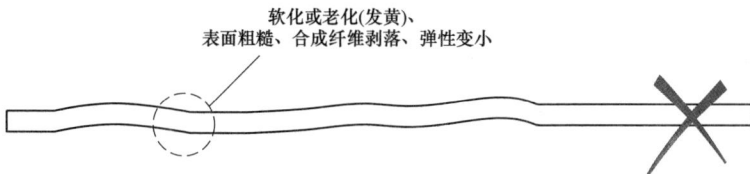

图 5-111 合成纤维吊带（十四）

4）吊装带发霉变质、酸碱烧伤、热融化或烧焦、表面多处疏松、腐蚀时，应报废，如图 5-112 所示。

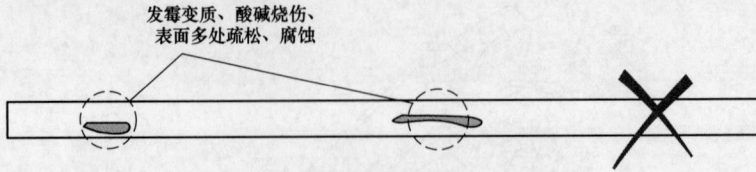

图 5-112　合成纤维吊带（十五）

（三）卸扣使用注意事项

（1）操作人员在受经过培训后方可使用卸扣。

（2）作业前，检查所有卸扣型号是否匹配，连接处是否牢固、可靠。

（3）禁止使用螺栓或者金属棒代替销轴。

（4）起吊过程中，不允许有较大的冲击与碰撞。

（5）销轴在承吊孔中应转动灵活，不允许有卡阻现象。

（6）卸扣本体不能承受横向弯矩作用，即承载力应在本体平面内。

（7）在本体平面内承载力存在不同角度时，卸扣的最大工作载荷也有所调整。

（8）卸扣承载的两腿索具间的最大夹角不得大于 120°，如图 5-113 所示。

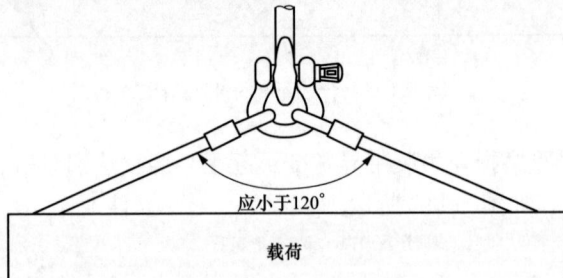

图 5-113　卸扣（一）

（9）卸扣要正确地支撑着载荷，即作用力要沿着卸扣的中心线的轴线上。避免弯曲、不稳定的载荷，更不可以过载，如图 5-114 所示。

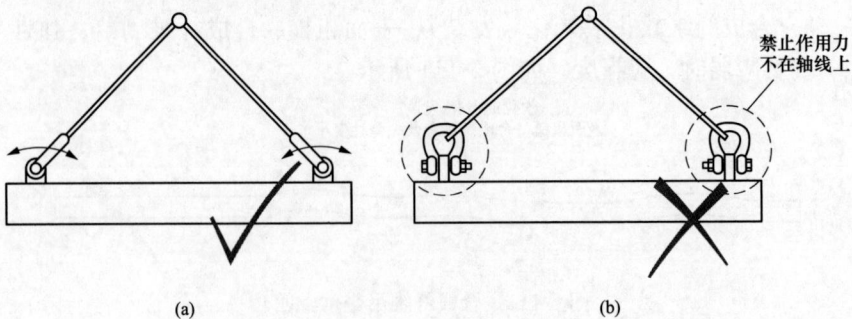

图 5-114　卸扣（二）

（a）作用力在卸扣中心线上；（b）作用力不在卸扣中心线上

（10）避免卸扣的偏心载荷，如图 5-115 所示。

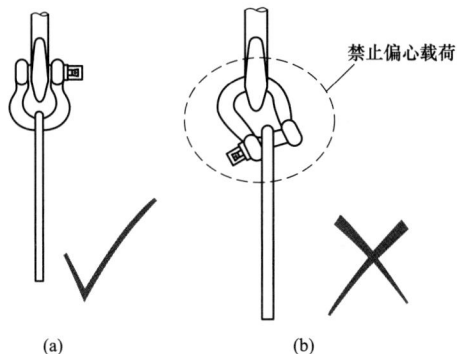

图 5-115　卸扣（三）

（a）无偏心载荷；（b）有偏心载荷

（11）当卸扣与钢丝绳索具配套作为捆绑索具使用时，卸扣的横销部分应与钢丝绳索具的锁眼进行连接，以免索具提升时，钢丝绳与卸扣发生摩擦，造成横销转动，导致横销与扣体脱离，如图 5-116 所示。

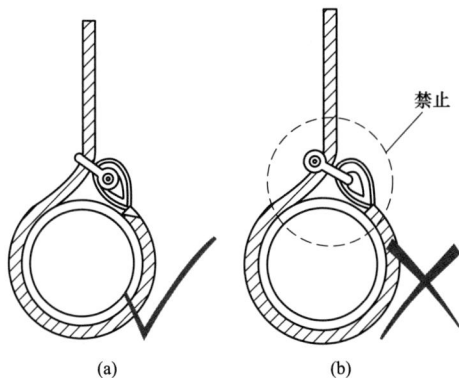

图 5-116　卸扣（四）

（a）卸扣横销与锁眼连接；（b）卸扣横销与钢丝绳连接

（12）根据使用的频度、工况条件、恶劣程度确定合理的检查周期，定期检查周期不应低于半年，最长不超过一年，并做检验记录。

（13）如果在高温环境中使用，载荷减小应考虑，如表 5-10 所示。

表 5-10　卸扣许用载荷与工作温度对照表

温度（℃）	温度升高载荷减少后的新额定载荷
≤120	原额定载荷的 100%
120～200	原额定载荷的 90%
200～300	原额定载荷的 75%
400 以上	不允许

（14）卸扣发生下列情况之一时，应禁止使用。

1）卸扣本体及销轴的任何一处，用肉眼观测时有裂纹，应立即报废；

2）磁粉探伤和超声波探伤有裂纹时，应立即报废；

3）卸扣本体有明显变形、销轴有变形不能转动时，应立即报废；

4）卸扣本体及销轴的任何一处截面磨损量超过名义尺寸10%时，应立即报废；

5）卸扣本体及销轴有大面积腐蚀或锈蚀时，应立即报废。

（四）吊环螺钉使用注意事项

（1）操作人员在经过培训后方可使用吊环。

（2）选用正确的螺纹型号、等级和长度的吊环。

（3）工作载荷、螺纹规格、批号、厂商标记是否清晰可辨。

（4）在使用每一个吊环前必须认真检查，检查吊环是否已经被损伤变形。

（5）吊环必须旋至与支撑面紧密贴合，不允许使用工具扳紧，并且确保螺纹和螺纹孔配合紧密。

（6）对于按照GB 699（优质碳素钢结构）生产的吊环螺钉，起吊方向与垂直方向夹角不超过45°，如图5-117所示。

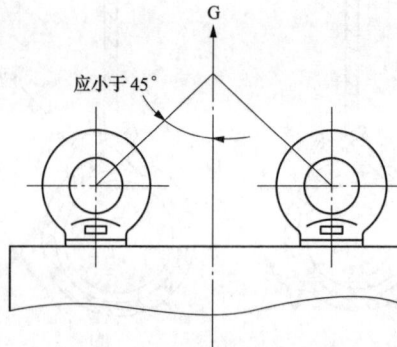

图 5-117　吊环螺钉（一）

（7）对RUDVLBG型号的螺栓型旋转吊环，起吊方向应该在设计受力方向范围内，如图5-118所示。

图 5-118　吊环螺钉（二）

（8）在使用 RUDVWBG 型号的螺栓型旋转吊环时，应注意吊环不同起吊方向对应不同的许用载荷值，如图 5-119 所示。

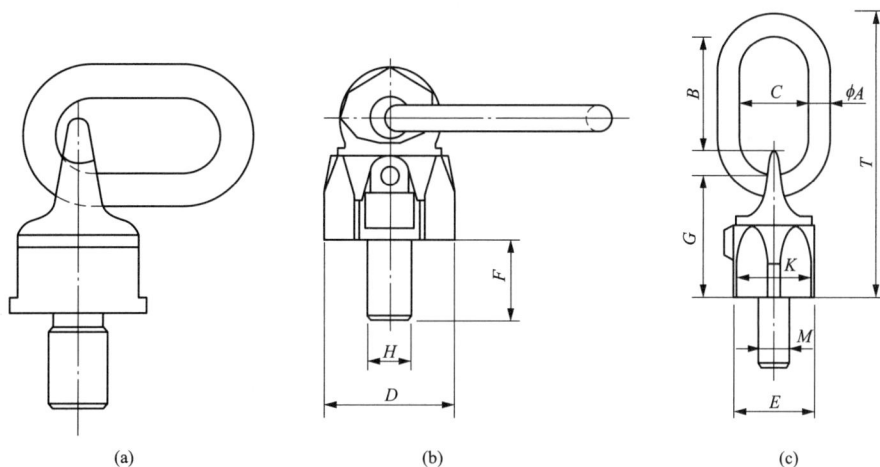

图 5-119　吊环螺钉（三）

（a）工作载荷最不利条件下吊环未被调整至水平方向；（b）手调放平工作载荷提升；

（c）垂直方向起吊工作载荷加倍

（9）吊环的最大起吊重量为额定载荷，严禁超载使用。

（10）避免在酸、碱中使用吊环。

（11）避免抢夺或震荡造成吊环的负载。

（12）不要使用已经被切割、热或化学损伤、过度的磨损或有其他缺陷的吊环。

（13）磨损超过截面直径的 10％时，应立刻停止使用。

（五）成套索具使用注意事项

（1）操作人员在经过培训后方可使用成套索具。

（2）根据所要吊装物体重量，选择合适的成套索具，成套索具严禁超载使用，如图 5-120 所示。

（3）每一个成套索具在使用前必须认真检查，检查成套索具是否已经被损伤。

（4）在使用过程中，不允许交叉或者扭转，不允许打结、打拧，如图 5-121 所示。

（5）在吊装时，应避免吊装角度 α 超过 60°，如图 5-122 所示。

（6）在（两腿、三腿、四腿）使用过程中，严禁单根吊带索具受力，应使负载均匀分布在每条腿上，如图 5-123 所示。

（7）避免在酸、碱中使用成套索具。

（8）避免强震或震荡造成成套索具的负载。

（9）不要使用已经被切割、热或化学损伤、过度的磨损或有其他缺陷的成套索具。

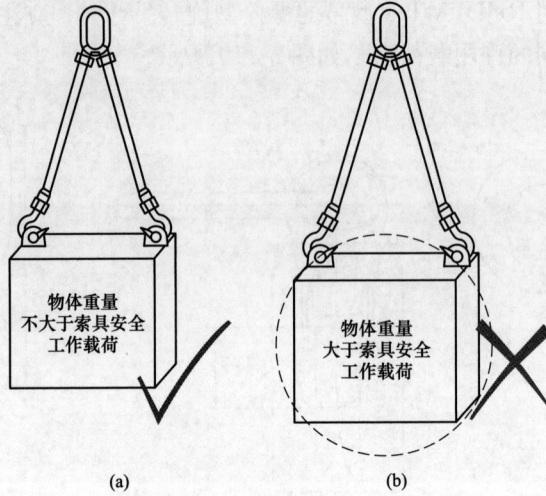

图 5-120　成套索具（一）

(a) 不大于安全载荷；(b) 大于安全载荷

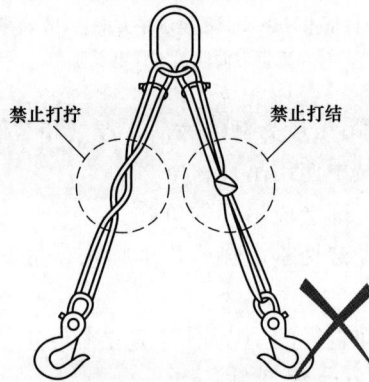

图 5-121　成套索具（二）

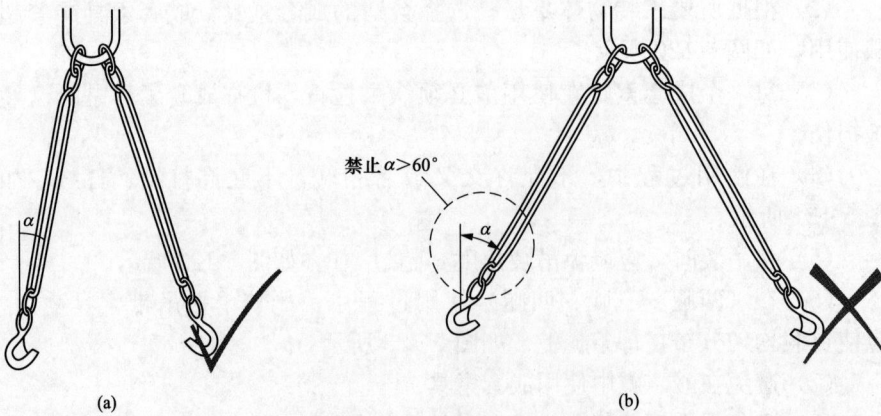

图 5-122　成套索具（三）

(a) 吊装角度不大于 60°；(b) 吊装角度大于 60°

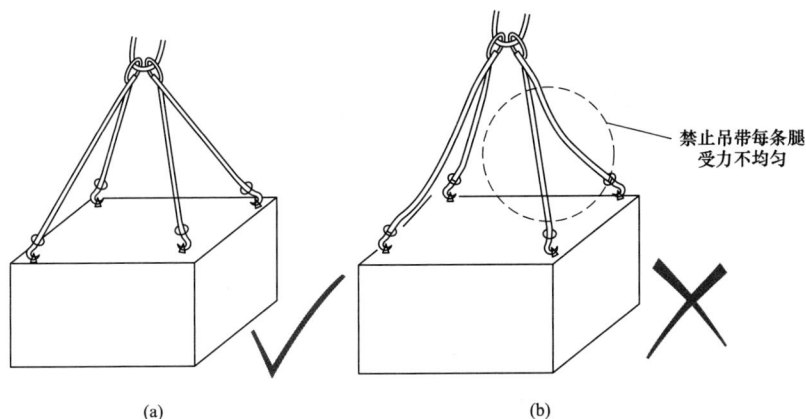

图 5-123　成套索具（四）

（a）吊带受力均匀；（b）吊带受力不均匀

（10）成套索具发生下列情况之一时，应停止使用：

1）本体被切割、严重擦伤、带股松散、局部破裂时，应报废；

2）表面严重磨损，吊装带异常变形起毛，磨损达到原吊装带宽度的 1/10 时，应报废；

3）合成纤维软化或老化（发黄）、表面粗糙、合成纤维剥落、弹性变小、强度减弱时，应报废；

4）吊装带发霉变质、酸碱烧伤、热融化或烧焦、表面多处疏松和腐蚀时，应报废；

5）成套索具金属件严重碰伤，产生变形影响使用；

6）成套索具金属件严重锈蚀影响强度。

第六章　风电机组巡视维护

　　风电机组的巡视维护是通过检修工作中的定期检查、测试和保养，及时发现并消除风电机组由于恶劣的环境条件、复杂的机械结构以及长期的动态负荷，各部件所产生的磨损、腐蚀、松动等问题。科学的巡视维护能降低突发故障风险，是保障风电机组长期稳定运行的坚实基础。

　　本章介绍了风电机组各系统的巡视维护内容与方法，包括叶片、变桨系统、传动链、发电机、主控系统、变流器系统、偏航系统、液压系统、制动系统、水冷系统、润滑系统、塔架与基础和辅助设备。从外观检查、功能测试到数据记录，以及各类维护项目的操作流程和技术要点，为检修人员提供全面、规范的参考指导。

第一节　叶片巡视维护

　　本节介绍了叶片巡视维护的具体内容和方法，包括外观和内部巡视维护的检查项目和检查方法，巡视维护拍照记录的要求，螺栓巡视维护的外观检查与力矩校验流程，防雷系统巡视维护的检查项目，以及 X 射线检测法和超声波检测法无损巡视技术的原理与应用场景。

一、外观巡视维护

　　（一）检查内容

　　（1）检查叶片前缘、后缘无腐蚀、开裂、结冰现象。

　　（2）检查叶片表面无起皮、剥落、砂眼、腐蚀、鼓包、裂纹、雷击等痕迹。

　　（3）检查叶片接闪器无发黑、损坏现象。

　　（4）检查叶片表面附件，如挡雨环、涡流发生器、叶尖小翼等应完好。

　　（5）检查叶片外表的防护涂层无脱落。

　　（6）检查叶片排水孔无堵塞、损坏现象。

　　（7）当出现叶片结冰，在机组启机后，7 天内应对叶片外表完成 1 次巡视检查。

　　（二）检查方法

　　1. 目视检查

　　目视检查法是一种直观且实用的检测方法，主要用于检查风电机组叶片的外表面和内腔可达区域。在叶片的加工制造过程中，目视检查具有重要意义，可以发现表面划伤、起泡、起皱、凹痕、缺胶、发白、裂纹，以及界面分层等明显缺陷。尤其在叶片灌注固化后、合模粘接前，目视检查能够及时发现问题并采取相应的补救措施。但是，当叶片合模粘接后，目视法只能检测到人可以到达的区域，而且如果叶片表面喷漆后，目视检测法也仅能检测到叶片表面的缺陷。

2. 敲击检查

敲击法是当前在风电叶片现场常用的检测方法，通过使用棒、小锤等工具敲击叶片表面，仔细辨听声音的差异来判断是否存在缺陷。对于叶片的粘接区域（前缘、后缘合模粘接以及大梁和壳体粘接），敲击法可以用来判断是否存在缺胶或有气泡的情况。然而，敲击法只能检测到较大的缺陷，对于细微缺陷的检测效果并不理想。此外，敲击法的检测结果容易受到环境和检查人员经验的影响，要求较高。对检测叶片蒙皮，以及蒙皮与夹芯的分层、脱粘、大的空腔有效，但对于复合材料深层的细微缺陷则无法有效检测。如果人工敲击操作不当，还可能在叶片表面蒙皮上产生小的凹痕，导致整个叶片检测效率降低，并可能导致缺陷漏检。

3. 无人机检查

检查人员利用无人机代替人工对叶片外部进行高效检查，这种方法不仅提高了检查效率，还降低了对检查人员自身素质的依赖。

在进行无人机机组巡检时，首先需要拍摄并保存机组的编号信息。巡检应从整体到局部进行，拍摄的照片应包括风机整体、叶片整体以及叶片局部。对于叶片局部的巡检，需要根据选用设备在叶片的迎风面、背风面、前缘和后缘进行，每张照片的重叠率不应低于20%，单张照片应能够识别出1mm级别的裂纹。此外，拍摄的照片还应验证叶片表面覆盖的完整性。

采用传统的人员操作无人机拍照方法进行巡视，这种方法虽然可行，但效率低下且精度不高。为了提高检测效率和精度，人们开始研究无人机自动巡航检测技术和不停机的叶片检测技术。

无人机自动巡航巡视的原理是利用无人驾驶飞行器技术，通过预设航线，自动巡航并对风电机组叶片进行全面检查。首先，根据风电机组的位置和形状，设计出一条或几条航线，无人机能够按照预定路线自动飞行。其次，无人机搭载高清晰度摄像头或其他传感器，对风电机组叶片进行图像采集或扫描，并将数据传输到地面控制站。然后，通过对采集到的图像进行分析和处理，可以识别出叶片表面的裂纹、损伤和其他缺陷。最后，将分析结果反馈给维护人员，以便进行维修和更换等操作。无人机自动巡航巡视具有高精度、高效率和高安全性等优点，可以大大提高巡视的准确性和效率。

无人机不停机叶片巡视方案是采用目前最先进的人工智能深度学习识别算法，在无须人员控制的情况下，无人机挂载云台和相机在风机旋转直径虚拟球外30～50m自动拍摄。首先，无人机进入拍摄航线，通过内部的计算机算法和激光雷达的反射信号，能够精确触发相机拍照功能，对叶片进行拍摄，拍摄后旋转到风机侧面拍摄前缘与后缘，依次转到风机正后方拍摄叶片背面影像。所有拍摄的影像资料都会被储存到内置的内存卡上，操作人员会通过专业的软件对拍摄的图片进行解读，以查看叶片是否存在缺陷或损伤。

相对于停机检测，不停机检测方案在不影响发电量的情况下，较大地减少对风电场正常工作的干扰，无须等待停机，做到随到随检，高效实时发现风机缺陷。

二、内部巡视维护

（一）检查内容

（1）检查人孔盖板及固定螺栓无丢失、固定不牢等问题。

（2）检查腹板的完整性，以及腹板与叶片壳体、后缘两壳体、前缘两壳体粘接区域无粘接胶开裂、缺胶等问题。

（3）检查内表面无发白、褶皱、分层、鼓包、开裂等问题。

（4）检查叶片连接螺栓无松动、断裂等问题。

（5）检查前缘、后缘补强区域无发白、开裂现象。

（6）检查内部无水、胶粒等异物，若叶片内部产生积水，维护人员应使用直径 8~10mm 的钻头疏通排水孔，将水排干净。

（7）检查叶片内部无光线射入。

（8）检查内部挡板盖板无分层、裂纹，盖板密封完好，盖板连接紧固件无松动。

（二）检查方法

1. 目视和敲击组合法

叶片内部可以通过目测和橡胶锤敲击相结合的方法进行检查，并测量叶片各个接闪器的电阻。在进入叶片内部后，检查人员需要利用手电筒对叶片内部的各个部位进行照明，并仔细观察各个部位的情况。需要检查的内容包括叶片内部的粘接情况，是否有裂缝、脱胶等现象。此外，还需要检查避雷线是否牢固、完好，在目视检查的基础上，检查人员可以利用橡胶锤对叶片内部进行敲击，通过声音和震动情况来判断内部是否存在缺陷。例如，如果敲击时听到空洞的声音，或者感觉到明显的震动，则可能存在脱胶、空鼓等现象。在检查过程中，利用专门的电阻测试仪器如万用表等，测量各个接闪器的电阻，并记录测试结果。

2. 内窥机器人

内窥机器人是一种用于在叶片内部进行移动内窥内部结构的检测机器人，对于叶片内部人力不可及的范围，使用专用的内窥机器人代替人工对叶片内部质量、粘接质量和避雷组件的固定情况进行近距离检查。内窥机器人检查可以进入人力不可及区域（狭小区域）的外观缺陷进行检查，但其受叶片角度、障碍物（如结构胶胶瘤、避雷导线）等因素制约，部分区域无法行进，行业应用并不普遍。

三、巡视维护拍照和记录要求

（1）对焦准确、成像清晰，能够清晰辨别微裂纹级缺陷。如使用手机拍照时，需加入时间水印。

（2）写明缺陷所属叶片标识面，包括压力面、吸力面、前缘、后缘。

（3）写明缺陷的轴向位置、径向位置。轴向位置统一定为损伤沿轴向至叶根的最短距离，径向位置应包括2个：①距前缘距离与距后缘距离；②距前后缘位置统一为损伤至前后缘的最短距离。只发生在前缘、后缘的缺陷，如前缘腐蚀、后缘开裂等写明轴向位置即可。

（4）拍照时必须同时包括缺陷尺寸信息。1m以上缺陷应将软尺粘贴在缺陷附近，1m及以下缺陷可以将尺寸刻度印在缺陷信息卡上。

（5）拍照时必须同时包括信息卡，至少包含以下信息：检查公司全称或Logo、机组型号、机位号、风电场名称、叶片型号、叶片编码、检查日期、检查人员。外部、内部检查时还应包括检查缺陷编号、缺陷说明（此项可以用记号笔标注在叶片上）。导通电阻检测时还应包括雷电接收器所属标识面、轴向位置信息。

四、螺栓巡视维护

（一）外观检查

（1）检查叶片螺栓外观无裂缝、锈蚀或其他形式的损害。

（2）检查确认连接叶片与轮毂的变桨轴承螺栓的力矩指示线清楚可见，并且未发生位移。

（二）螺栓力矩校验

紧固时采用扭矩法或拉伸法，对应使用扭矩扳手或拉伸器。首次维护100%螺栓紧固，第一年年检目视螺栓防松标记线，第二年年检抽检10%螺栓，第三年年检抽检20%螺栓，第四年年检抽检10%螺栓，第五年年检抽检20%螺栓，后续检查依照10%、20%比例交替执行。后续巡视检查时，目视叶片与变桨轴承连接螺栓防松标记线无错位移动，如有错位重新紧固。

具体要求如下：

（1）清洁螺栓和螺母，确保没有杂质。选择合适型号的扭矩扳手，同时检查扳手已校准。

（2）根据生产厂家提供的技术文档确定所需扭矩值。将扭矩扳手或拉伸器调整至规定的扭矩值。以交叉的方式逐步紧固螺栓，避免因不均匀紧固导致的叶片变形或不平衡。

（3）当所有螺栓均已初步预紧后，再次以交叉的方式进行最终紧固，确保每个螺栓都达到规定的扭矩值。

（4）抽检时，如遇某一螺栓可以转动超过原始位置10°～30°，则必须按首次维护重新紧固所有螺栓。

（5）记录所有抽检紧固的螺栓进行标识，以便于后期的监控和维护。

拉伸法安装的高强螺栓需进行以下检查：螺纹连接副完整性检查；螺纹连接副松动标识检查；外漏螺纹长度检查；螺纹连接副锈蚀情况检查，是否有补充防腐；螺纹连接副有无目视可见的变形、裂纹等。

五、防雷系统巡视维护

对于叶片防雷保护系统，需定期进行全面检查以确保系统的完整性和功能性。以下是对相关防雷系统检查流程的整合描述：

1. 防雷引下线检查

需系统全面检查防雷引下线，以确认不存在断裂、破损、锈蚀或安装不牢固等缺陷。这些缺陷可能影响防雷引下线的完整性和其保护功能。

2. 雷电峰值记录卡检查

确认雷电峰值记录卡正常工作，它是评估雷电活动影响并采取进一步行动的重要依据。

3. 雷电接收器与叶片法兰导通性测试

对各雷电接收器及其与叶片根部法兰之间的导通性进行测试，确保变桨距叶片的导通电阻不大于 $50m\Omega$，定桨距叶片的导通电阻不大于 1Ω。这些测试确保雷电能有效地从接收器传导到地面，防止电气设备受到损坏。

该测试的周期为每年至少一次，以监测系统的长期稳定性。

4. 叶片根部防雷系统线路检查

定期检查确认叶片根部防雷系统线路完好无损，无断裂或磨损等情况，从而确保防雷系统的有效性。

5. 雷电计数卡与接地线检查

检查雷电计数卡是否丢失，以及接地线及其热缩管表皮完好。确认不存在断裂、磨损和脱落等现象，这些都是保证接地系统有效性的关键因素。

6. 连接螺母检查

对引下线连接螺母进行检查，确保无松动和锈蚀现象，以维持电气连接的稳定性。

若在上述检查中发现任何异常情况，应立即进行处理。对于无法现场处理的问题，应拍照记录并及时上报给相应部门。确保所有检查和维护行为都有详尽的记录保存。

六、无损巡视技术

（一）X 射线检测法

X 射线实时成像技术（RTTR）是一种无损检测方法，广泛应用于复合材料的缺陷检测。其工作原理如图 6-1 所示。利用 X 射线穿过物体时发生的衰减现象，在物体的不同部位受到不同程度的吸收，通过对这些被吸收的 X 射线的检测，形成物体的内部结构图像，这种技术可以有效地检测出风电机组叶片中常见的缺陷，如缺胶空洞、夹杂物、垂直于玻璃钢表面的裂纹、富脂，以及部分褶皱等。在判断叶片是否存在缺胶空洞或夹杂等体积型缺陷方面，X 射线检测技术具有显著的优势。

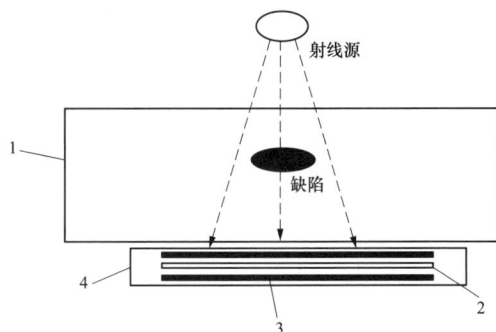

图 6-1　X 射线检测原理

1—试样；2—胶片；3—增感屏；4—暗盒

（二）超声波检测法

超声波检测技术是一种常用的无损检测方法，主要分为脉冲反射法、共振法、反射板法及阻抗法等。在工程应用领域，通常采用脉冲反射式超声波探伤仪来检测材料内部是否存在缺陷。当材料内部存在缺陷时，会导致材料内部结构不连续，使得材料各部分的声阻抗不一致。脉冲反射法则利用超声波在不同声阻抗介质交界面上产生的反射来检测材料内部的缺陷。反射波的能量与介质的声阻抗、交界面的大小及方向有关，因此可以通过检测反射波的能量来确定材料内部是否存在缺陷。

超声波检测原理如图 6-2 所示，超声波检测技术具有指向性好、能量大、穿透力较强等特性，因此一些国内制造企业将其用于检测叶片的分层、腹板与壳体及前后缘的粘接缺胶、裂纹及夹杂等缺陷，并可对黏接胶的厚度进行有效测量。然而，由于超声波探伤仪以反射脉冲形式输出，需要结合材料类型、检测部位、制造工艺，以及生产过程中可能出现的缺陷类型等因素，才能初步判断缺陷的性质。因此，超声波检测技术仍然难以对缺陷的性质做出准确判断，该方法在叶片缺陷检测的应用尚未普及。

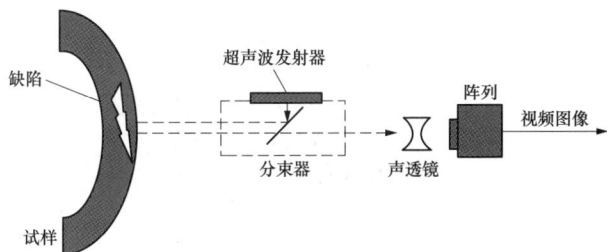

图 6-2　超声波检测原理

第二节　变桨系统巡视维护

本节介绍了变桨系统巡视维护的内容和方法，包括电动变桨系统的轴承检查、齿圈零度齿测量流程、电机维护、电气滑环清洗润滑步骤、后备电源测试、控制柜检查、减速器油位确认、齿形带涨紧度调整、叶片角度校准操作，以及液压变桨系统的液压缸密封检查、旋转接头维护、液压管路阀块检测、蓄能器压力测试与氮气补充流程。

一、电动变桨系统巡视维护

（一）轴承及固定螺栓巡视维护

1. 轴承常规巡视维护

（1）变桨轴承密封圈应无漏油、无脱落现象，如变桨轴承密封圈漏油损坏需要更换或重新安装，并清理渗漏的油脂。

（2）检查变桨轴承与叶片连接螺栓无松动；轴承与轮毂连接螺栓无松动。

（3）检查变桨轴承齿圈的外观，包括齿面、背面和齿槽，确保无明显的裂纹、磨损、断裂或其他损伤。

（4）检查变桨轴承齿圈表面无异常的凹坑、刮痕或磨损迹象。

（5）检查三个变桨齿圈齿面应无严重磨损（特别是 0°附近）。

（6）检查齿圈的润滑情况，确保润滑系统正常工作。

变桨系统主要对变桨轴承与叶片、轮毂连接的固定螺栓进行力矩校验，根据维护周期不同分为全检和抽检（抽检全部的 10%）。当桨叶开至零度位置时，轴承部分区域处于最大受力区，抽检过程中也应将最大受力区的螺栓力矩进行全检。变桨轴承的受力分析见图 6-3。

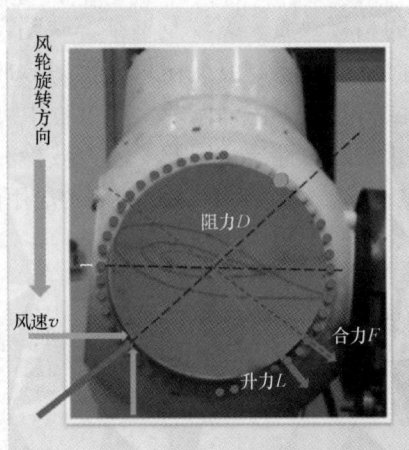

图 6-3　变桨轴承的受力分析图

2. 轴承齿圈零度齿测量

（1）使用齿厚游标卡尺对变桨轴承齿圈零度齿进行测量，齿厚游标卡尺结构见图 6-4。

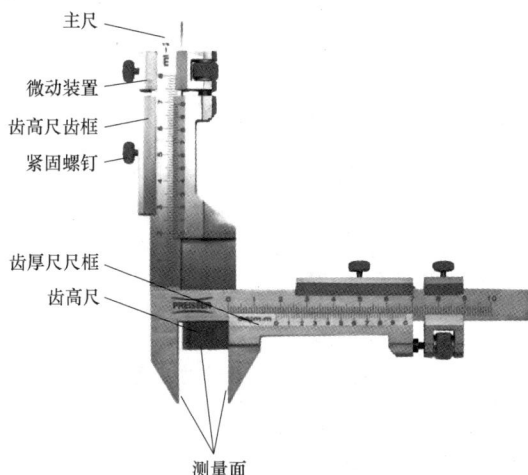

图 6-4　齿厚游标卡尺结构图

（2）测量原理：齿厚游标卡尺通过齿高尺和齿厚尺协同工作，其原理如图 6-5 所示。齿高尺用于定位齿顶高基准（设定值为 h_a），通过将齿高尺测量面与齿顶面贴合确定测量基准。齿厚尺通过移动尺框使测量面接触齿侧面，锁紧紧固螺钉后即可读取分度圆处的齿厚值。

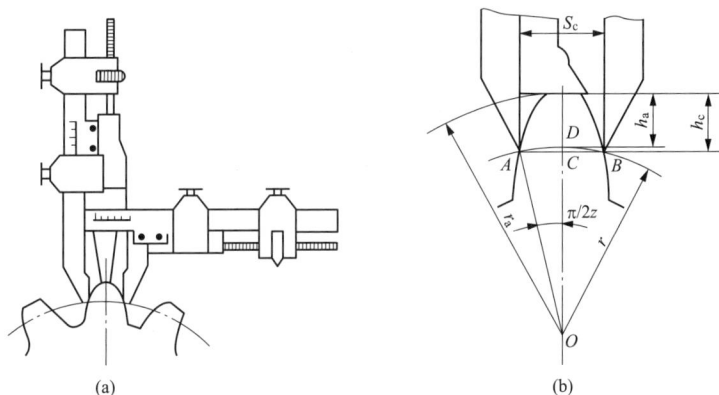

图 6-5　齿厚游标卡尺测量原理
（a）测量过程示意图；（b）测量位置放大图

（3）零度齿测量操作流程：

1）选取磨损最严重的两个零度齿作为测量对象。

2）用抹布彻底清洁齿顶面及齿面油脂。

3）调整齿高尺尺框，设定齿高尺数值为对应齿的齿顶高度，并拧紧尺高齿紧固螺钉。

4）保持齿厚尺与变桨轴承齿端面平行，将齿高尺测量面垂直贴合待测齿顶面。

5）移动齿厚尺尺框使两测量面与待测齿齿面接触，测量时，保持齿厚尺与变桨轴承齿端面平行，锁紧紧固螺钉，读取测量值。

6）齿厚测量位置如图 6-6 所示，位置 1、位置 2 共两处。

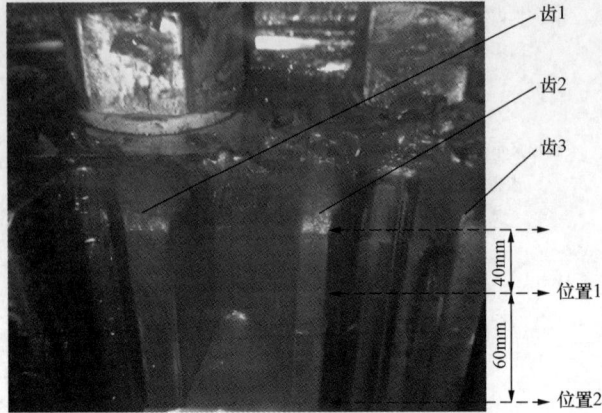

图 6-6　零度齿测量位置

7）测量非工作齿齿厚。随机挑选两个非工作区齿，将非工作区齿面油污清理干净，分别测量齿厚，记录数值。

8）测量完成后，重新涂抹新油。

9）测量数据记录。检查人员对数据的采集：记录的尺寸单位为 mm，到小数点后两位，记录如表 6-1 所示。

表 6-1　变桨轴承齿厚测量记录表

变桨轴承齿厚记录表				
风场名称		风机号		
风机并网时间		轮毂编号		
轴承型号		轴承成品编号		A 桨叶： B 桨叶： C 桨叶：
A 桨叶轴承	轴承 0°齿 1	位置尺寸 1	位置尺寸 2	
	轴承 0°齿 2	位置尺寸 1	位置尺寸 2	
	非工作齿 1	位置尺寸 1	位置尺寸 2	
	非工作齿 2	位置尺寸 1	位置尺寸 2	
B 桨叶轴承	轴承 0°齿 1	位置尺寸 1	位置尺寸 2	
	轴承 0°齿 2	位置尺寸 1	位置尺寸 2	
	非工作齿 1	位置尺寸 1	位置尺寸 2	
	非工作齿 2	位置尺寸 1	位置尺寸 2	

续表

C 桨叶轴承	轴承 0°齿 1	位置尺寸 1		位置尺寸 2	
	轴承 0°齿 2	位置尺寸 1		位置尺寸 2	
	非工作齿 1	位置尺寸 1		位置尺寸 2	
	非工作齿 2	位置尺寸 1		位置尺寸 2	
齿面磨损照片	A 桨叶		B 桨叶		C 桨叶
检查备注				检查人员：	
				日期：	

（二）电机巡视维护

1. 直流电机

（1）检查变桨电机的外观，包括外壳、连接部分、电缆和重载连接器，确保它们无明显的损伤、腐蚀或松动。

（2）检查变桨电机的机械部件，包括轴承、齿轮和连接件，确保它们无异常的磨损、松动或振动。

（3）检查变桨电机散热风扇无卡涩、风扇工作正常，确保散热良好。

（4）检查变桨电机的防护罩和密封部分，确保其完好无损，防止外部环境的影响。

（5）变桨电机与减速器连接螺栓无松动。

（6）手动变桨测试，耳听变桨电机运转有无异常的声响，变桨电机的电磁刹车应能正常打开和关闭，如有异常应检查电磁刹车的线圈阻值或调整刹车间隙。

（7）测试变桨电机散热风扇运行正常、无卡涩、无异常、通风量满足散热要求。打开散热风扇接线盒检查接线有无松动、断开的现象，并紧固接线；测量风扇启动电容容值，容值与铭牌标定值偏差超过±5%，应更换，并可靠固定电容器。

（8）打开碳刷室测量直流变桨电机碳刷长度，若长度小于规定值，及时更换。

（9）清理变桨电机碳粉。

（10）打开电机防护罩检查测速发电机的碳刷长度，若小于碳刷规定值时，及时更换。测速发电机碳刷见图 6-7。

（11）检查编码器弹性体式联轴器是否有裂纹、损坏，如有异常应及时更换。损坏的弹性联轴器见图 6-8。

（12）当变桨电机内部碳粉较少时，可使用毛刷和吸尘器清理电刷室表面碳粉；如果机组运行时间较长，碳粉较多时，只打开电刷室盖板，使用吸尘器无法清理换向器与轴承之间以及电刷架绝缘支撑盘上的碳粉，此时需要依次拆下电机编码器、电磁刹车，使用拉马将电机的后盖拔出；然后使用毛刷和吸尘器将换向器、电枢绕组、定子绕组以及端盖等位置的碳粉清理干净，重点清理换向器与轴承、电刷、电刷架绝缘支撑盘上的碳粉，检查支撑盘固定螺栓无松动。

图 6-7　测速发电机碳刷

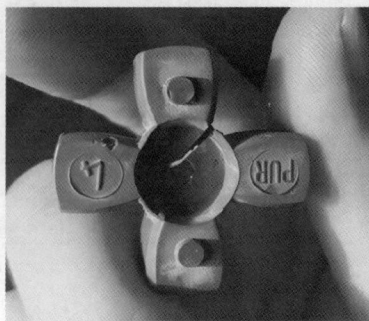

图 6-8　损坏的弹性联轴器

注意：不要将绝缘支撑盘拆下清理碳粉，这样会改变电刷的空间安装位置，导致换向时电刷通过换向片直接相连的电枢绕组不在交轴上，使电枢磁通发生偏移，与换向极产生的磁通不同轴，换向将发生超前或延迟，导致电刷与换向片之间出现打火现象。维护后，使用 500V 绝缘电阻表测量电枢绕组对地绝缘应满足要求。

2. 交流电机

（1）检查变桨电机无掉漆、无油污。

（2）检查变桨电机接线盒固定可靠、无松动。

（3）检查变桨电机冷却风扇无磨损、无变形，风扇罩无变形，固定螺栓无缺失。

（4）检查变桨电机电缆绑扎牢固、无老化、无磨损，若出现松动，使用钢芯塑料扎带进行绑扎。

（5）检查变桨电机接线盒内接线紧固、无松动、无老化、无放电痕迹。

（6）检查变桨电机重载连接器安装紧固、卡扣无缺失。

（7）手动变桨，测试变桨电机冷却风扇可以正常工作。

（8）测量变桨电机冷却风扇启动电容容值，容值与铭牌标定值偏差超过±5%，应更换，并可靠固定电容器。

（9）检查变桨电机编码器接线紧固，编码器线缆无破损、绑扎牢固，屏蔽层接地良好。

（10）检查编码器联轴器固定可靠，软连接无老化、无破损，编码器轴穿出联轴器内侧端面 2.5mm 左右。

（11）手动变桨，测试变桨电机电磁刹车可以正常工作。

（12）检查电磁刹车继电器触点无过热、无变色，若有异常，及时更换。

（13）必要时，检查变桨电机上的电缆的固定是否牢固。

（三）电气滑环巡视维护

（1）检查滑环外观无损坏、裂纹或异物附着。

（2）检查滑环的密封性能，确保防尘密封环或护罩完好。

（3）检查滑环应平稳运转，无异常的振动或噪声，润滑良好。

（4）检查电气连接牢固，确保连接器和导线无松动或损坏。

（5）打开变桨滑环检查滑道有无明显磨损、滑道点蚀、灰尘堆积情况。

（6）检查电刷、电刷电路板、滑环加热器固定支架无损坏，对损坏的部件进行更换。

（7）对脏污的滑环进行清洗并润滑，具体操作步骤如下：

1）断开机舱柜轮毂 400、230、24V 供电电源开关，并验明无电压。

2）使用抹布将滑环外部的灰尘和油污清理干净，并在滑环下边铺垫一层干净的抹布。

3）断开滑环的外部接线，拆下滑环和滑环护罩。

4）一边转动滑环，另一边使用喷壶喷洒滑环清洗剂到滑环滑道及电刷上，确保所有滑道及电刷全部湿润。

5）一边转动滑环，另一边使用细毛刷顺着电刷刷头方向轻轻刷洗电刷，将杂物清理出来。

6）重复 4）步骤，冲洗杂物并添加清洗剂。

7）一边转动滑环，另一边使用短细的宽毛刷轻压在滑道以及隔离带上（通信滑道需要使用短细的窄毛刷），顺着滑道的一个方向逐一进行清洗，从而清理滑道及隔离带。

注意：边清洗边转动滑环，清洗过程中尽量不要触动电刷刷头。清洗完后要检查电刷刷头是否在正常位置。

8）清洗后，等待滑环自然风干（至少等待 10min）。

9）使用专用润滑剂对滑道滴润滑油，每个滑道滴 1～2 滴即可（具体用量视滑环型号而定）。

10）转动滑环数圈后，检查滑环滑道表面是否形成薄薄的一层润滑膜。如果出现润滑过量的现象，需要使用干净、无尘布将多余的润滑剂擦除。

11）再次检查所有电刷刷头是否在正常位置上，如果有电刷出现变形，仔细将其恢复原位，并检查弹力是否良好。

注意：不要使蛮力，一旦造成大的变形，将导致接触出现问题，必须更换新的滑环。

12）将清洗好的滑环安装好并恢复接线。注意插头安装后必须将锁扣锁好，否则会因振动导致接触不良、烧毁插头，引发大的故障。

13）清理现场，清除并带走所有杂物。

（四）后备电源巡视维护

在电动变桨系统中，主要用铅酸蓄电池、超级电容器等设备为电动变桨提供动力来源。电池的主要测试项目为电池的电压与内阻，由于铅酸蓄电池在浮充状态下寿命较短，当检测到电池的电压和内阻不满足要求时，需要对电池组进行更换。部分风电机组能定期自动检查电池内阻，测量电池放电的电流和电压跌落。若信号异常，系统将报出相应的电池故障。

（1）检查电池外壳，确保无明显的损伤、腐蚀或渗漏；检查电池连接器、电缆和接线无松动或腐蚀。

（2）检查充电状态，确保电池处于充足充电状态。

（3）检查电池的工作温度范围，确保其在正常范围内。

（4）检查充电系统的工作状态，确保正常运行。

（5）检查变桨电池表面无鼓包、漏液、变形现象。查看电池的生产日期，若生产日期超过使用期限及时更换变桨电池，具体使用期限见表6-2。

表 6-2 变桨铅酸电池参考使用期限

蓄电池品牌	使用区域	参考使用年限（年）
松下铅酸蓄电池	河北、云南、山西	5
	新疆、甘肃、宁夏、蒙西、蒙东、黑龙江、辽宁、吉林、天津、山东	4
	安徽、江苏、浙江、福建、海南	3
艾诺斯铅酸蓄电池	蒙东、黑龙江、山西、河北	8
	江苏	5
非凡铅酸蓄电池	蒙西、甘肃、蒙东、辽宁、河北	3

注 对于运行期间损坏或内阻超过标称内阻 200% 的蓄电池，必须同时对该叶片蓄电池柜内其他蓄电池组进行检测，在确保其他蓄电池组性能良好的情况下，可只更换该故障蓄电池组，无须更换其他电池组。内阻相差 10mΩ 以上的新旧蓄电池严禁混用，不同品牌、不同型号的电池严禁混用

（6）超级电容器的测试一般需要进行手动测试。采用顺桨测试方法，将单个叶片变桨至 0°，然后关闭市电电源模块，仅使用超级电容进行顺桨操作。在此过程中，需要观察电容电压的跌幅。电压跌幅必须保持在规定范围内。

注意：手动测试每次仅允许单只桨叶进行变桨，必须保证其余桨叶均在安全位置，待一只桨叶测试完毕，回桨至安全位置，方可进行下一桨叶变桨测试。

（7）在对电动变桨系统的后备电源进行测试时，系统会自动监测充电回路的情况，如果后备电源测试后发现充电回路存在故障，那么电池和电容测试也将无法通过。因此，在进行后备电源测试时，必须确保充电回路的正常工作，以确保整个电动变桨系统的正常运行。

（五）控制柜巡视维护

（1）检查控制柜外观，确保外壳完整，无明显的物理损伤或腐蚀。

（2）检查控制柜与轮毂连接弹性支撑无开裂、失效。

（3）检查控制柜密封条无缺失、破损；检查通风孔和散热器，确保通风系统畅通，无积尘或杂物阻碍散热。

（4）检查控制柜的电源连接，确保电源线连接牢固，插头和插座无松动。

（5）检查控制柜内的开关、按钮、指示灯和其他控制元件，确保该部件的标识清晰。

（6）检查控制柜内的电缆连接，确保连接牢固，无松动或损坏。

（7）检查内部组件，包括电路板、继电器、接触器等，确保无明显损坏。

（8）检查连接器、接线端子，确保无松动、腐蚀或氧化。

（9）检查软件运行正常，无报错或异常。

（10）检查控制柜内的400V电涌保护器视窗应为绿色，若变为红色则需进行更换。

（11）检查柜门应无变形、扣合不严，密封胶条无老化、损坏。

（12）清理轮毂内外部、控制柜表面的油污、杂物，并检查表面应无掉漆、腐蚀现象。

（六）减速器巡视维护

（1）检查减速器的外观，包括外壳、连接部分、螺栓和密封，确保它们无明显的损伤、裂纹或腐蚀。

（2）检查减速器外壳上无油迹，无渗漏油问题。

（3）检查电机和驱动系统的状态，确保正常工作。

（4）检查减速器运行时无异响。

（5）检查减速器连接螺栓的力矩标识线清晰，确保连接螺栓无松动。

（6）检查减速器油位正常。

（7）检查减速器驱动齿无磨损。

（七）齿形带巡视维护

（1）检查齿形带的外观，包括齿形带表面及齿面，确保无明显的裂纹、磨损、断裂或其他损伤。

（2）检查齿形带的整体形状，确保齿形带无明显的变形或扭曲。

（3）检查齿形带在驱动轮的位置无偏移。

（4）检查齿形带的齿形结构，确保齿槽深度均匀，齿峰和齿谷没有异常磨损。

（5）检查齿形带的涨紧程度。使用涨紧度测试仪测量齿形带的振动频率。若实际工作频率超出设定范围，应通过调整变桨驱动支架上的调节滑板，以满足频率要求。

（6）对调节滑板和齿形带压板的螺栓进行紧固。

（八）叶片角度校准

（1）变桨系统正常上电，与风机主控通信正常后，将轴箱全部切换为手动模式。

（2）连接变桨控制器软件，进入基本信息界面，页面上可以看到当前桨叶角度反馈。

（3）另外两个桨叶在安全位置的前提下，将该桨叶手动操作变桨至机械零位（桨叶角度刻度尺指示在零度）。

（4）手动触发强制零位信号，观察当前软件界面上桨叶角度值是否变为 0°，如果是则校零成功，此时当前零位值会保存在编码器中。

（5）将桨叶手动操作回安全位置角度，观察挡块是否在 90°传感器附近（具体角度值以各变桨系统为准）。

（6）重复以上操作将另外两个桨叶校零。

注意：由于零位值记录在码盘中，调试校零后，运行维护过程中，不需重新校零。更换编码器后应按上述步骤重新校零。

（九）其他部件巡视维护

（1）检查轮毂照明设备的外观，包括灯具和支架，确保无明显的损坏、裂纹、锈蚀或其他问题。

（2）检查灯罩或透镜，确保其透明度良好，不受污物或腐蚀影响，确保轮毂照明系统的电源连接正常。

（3）检查电缆、插头和插座完好无损。

（4）检查轮毂照明设备防护罩无损坏、安装牢固，以防止风雨和其他环境因素对设备的影响。

（5）检查电缆外部，确保电缆无明显的损伤、磨损、裂纹或剥皮。

（6）检查电缆的绝缘层完好，未受到外部环境的损害。

（7）检查连接器的外观，确保连接器无变形、损坏或松动，确保连接器的密封件完好，防止湿气、尘土等外部物质进入连接器内部。

（8）检查电缆在连接点附近的固定和支撑，确保电缆没有被过度张拉或受到外部力的挤压，确保电缆与支撑结构之间有足够的防护，防止电缆因振动或其他原因受到损害。

（9）检查电缆的标识，确保每根电缆都清晰地标有正确的标识信息，包括编号、用途等；检查电缆端子的状态，确保端子无松动或腐蚀。

二、液压变桨系统巡视维护

（一）液压缸巡视维护

（1）检查液压缸外观，包括油缸壳体、活塞杆、密封件和连接部分无明显的损伤、腐蚀或泄漏。

（2）检查活塞杆表面无明显的划痕或磨损。

（3）检查液压缸的密封件，包括活塞密封和油缸端面密封，确保它们无老化、变形或磨损。

（4）检查液压缸的连接件，确保螺纹、法兰和紧固螺栓连接紧固，并且无松动或漏油。

（5）检查活塞杆能正常伸出和缩回，确保油缸的运动平稳，液压缸在运动过程中无异常的振动或噪声。

（6）检查液压缸所用液压油的清洁情况，定期进行液压油更换。

（7）检查接地线应连接牢固。

（8）对位置传感器校验。

（二）液压旋转接头巡视维护

（1）保持液压旋转接头滚筒及管道内部的清洁。对于新设备，特别需要注意清洁，以避免异物对液压旋转接头造成异常磨损。

（2）检查液压旋转接头、油管接头等位置，无液压油渗漏痕迹，如有渗漏油，及时处理。

（3）检查密封面无磨损；观察密封面的摩擦轨迹，应无三点断续或划伤等问题，如有上述情况，应立即更换。

（4）液压旋转接头应轻拿轻放，严禁受到冲击，以免损坏接头构件。

（5）液压旋转接头不允许在无液压油情况下长时间空转。

（三）液压管路及阀块巡视维护

（1）检查管道、接头、连接件无腐蚀、泄漏、塑性变形或机械损伤。

（2）检查管路的弯曲部分，确保无裂纹或变形。

（3）检查管路标识（压力等级、流向）应清晰完整。

（4）检查液压管路的连接件，包括螺纹、法兰和紧固螺栓，确保连接紧固，且无松动。

（5）检查连接件的密封情况，确保无渗漏油。

（6）检查液压管路的固定支架和夹具，确保管路稳定，无松动或振动。

（7）检查阀块的外观，包括阀体、连接件、螺纹和法兰，确保无明显的损伤或腐蚀；检查阀块的密封面，确保无渗漏油。

（8）检查阀块内的阀芯和阀座，确保它们无异常的磨损、卡滞或损坏。

（9）检查液控阀，确保阀芯能够在控制系统的指令下正常移动。

（10）检查电控阀的电气连接，确保电气系统正常工作。

（四）蓄能器巡视维护

在液压变桨系统中，主要通过蓄能器为液压变桨提供后备动力。如果蓄能器氮气不足，则无法保证液压变桨距风电机组安全顺桨。需定期检查和测试蓄能器，特别是变桨蓄能器的氮气压力，以确保其性能达标。

1. 蓄能器压力测试

定期检查蓄能器氮气压力，保持最佳使用条件，发现渗漏及时修复。如图 6-9 所示的液压系统原理图为例，介绍检查 106 位置蓄能器的方法。

测量蓄能器预充压力，首先确认液压系统无故障，并且压力正常，随

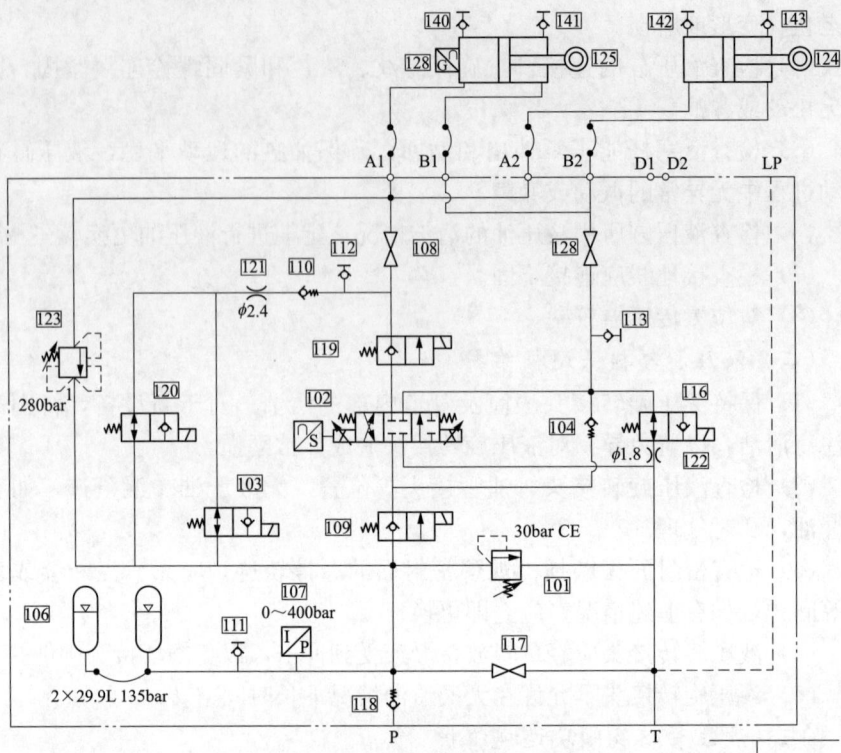

图 6-9   液压变桨系统原理图

后在 111 位置的压力测点上安装了一台液压表。随后，慢慢拧松 117 位置的手动节流阀，使压力油逐渐流回油箱。在这个过程中，密切关注液压表的读数。观察到压力表的指针先是慢慢下降，但在达到某个特定压力值后，突然急速降到零，这个时刻的压力值就是蓄能器预充压力值。如果压力下降速率没有明显的变化，那么需要进一步排查蓄能器皮囊是否损坏。

2. 补充氮气

蓄能器氮气压力的补充应按照当前液压系统的油温，对照蓄能器的额定压力进行补充，具体见表 6-3。

表 6-3   某一蓄能器温度压力对照表

温度（℃）/压力（MPa）							
−20℃	−10℃	0℃	10℃	20℃	30℃	40℃	50℃
11.2±0.2	11.7±0.25	12.1±0.25	12.6±0.25	13.0±0.25	13.4±0.25	13.9±0.25	14.3±0.25

（1）将液压系统压力泄至 0MPa。

（2）拧下蓄能器顶部充氮口的保护盖。

（3）在蓄能器充氮口上安装充氮工具，如图 6-10 所示。

----

1   1bar＝105Pa。

188

（4）关闭排气阀。

（5）打开充氮阀，从充氮工具的压力表上读取压力值。

（6）当蓄能器压力值符合要求时，关紧充氮阀。

（7）取下充氮工具。

（8）将保护帽拧上。

图 6-10　安装充氮工具

1—充氮阀；2—排气阀；3—氮气入口管

第三节　传动链巡视维护

本节介绍了传动链系统的巡视维护内容，包括主轴外观状态检查、接地碳刷测量维护、传感器校准测试、轴承润滑系统操作和废油脂清理流程。齿轮箱油位监测标准、润滑系统检查方法、油液加注与更换步骤、滤芯更换具体操作以及冷却器清洗规范。胀套式联轴器、连杆式联轴器和膜片式联轴器的螺栓紧固要求、部件状态评估标准以及位移标记测试方法。

一、主轴巡视维护

（一）外观常规巡视维护

在传统的风电机组中，主轴是风轮的转轴，支撑风轮并将风轮的扭矩传递给齿轮箱，将轴向推力、气动弯矩传递给底座。如图 6-11 所示，其法兰面用于连接轮毂，轴颈用于安装轴承，轴端圆柱面则与齿轮箱的输入轴相配合，通过联轴器传递扭矩。具体巡视维护内容如下：

（1）检查主轴与轮毂法兰盘连接螺栓力矩标识、主轴地脚固定螺栓标识线未产生位移或转动，如图 6-12 所示。

（2）检查主轴外观无裂纹、变色、发热，表面的防腐涂层无脱落。

（3）检查主轴低速转动时无噪声和振动。

图 6-11　主轴立体图
1—主轴轴系；2—胀套式联轴器；3—齿轮箱

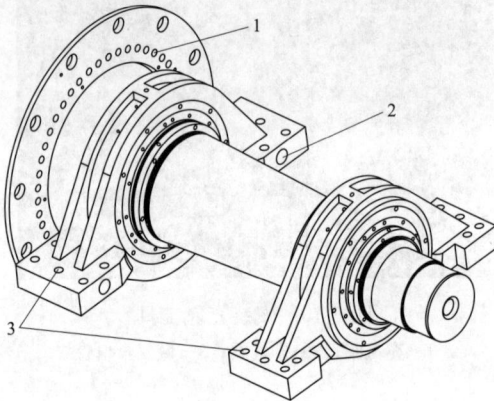

图 6-12　轴承部件位置示意图
1—法兰螺栓孔；2—叶轮锁销孔；3—地脚螺栓孔

（4）检查在机组叶轮锁定过程中，叶轮锁销可灵活锁定，叶轮锁反馈信号与实际位置应一致。

（5）检查主轴中心转子无轴向位移。

（二）接地碳刷巡视维护

（1）检查主轴防雷接地碳刷处无油污，如有油污，及时清理。接地碳刷刻度线在规定范围内，接地碳刷端面与主轴导通良好。

（2）手动拉伸压簧，释放后应能够迅速弹回；取出压簧，检查压簧表面无裂纹、变形，如图 6-13 所示。

（3）使用万用表电阻挡，红表笔放在接地碳刷线安装柱上，黑表笔放在接地碳刷与主轴接触面上，测量阻值，接地碳刷与主轴接触电阻小于 0.5Ω 为合格。

（4）用游标卡尺或米尺测量两个接地碳刷长度都应大于 32mm，否则进行更换。

（三）传感器附件巡视维护

（1）断开主轴温度采集模块电源开关，拆下轴承座上 PT100 防护盖，用中十字螺丝刀拆下 PT100 接线，使用万用表电阻挡，红黑表笔连至接线

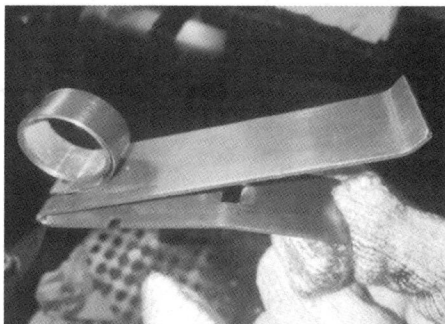

图 6-13　碳刷压簧实物图

柱测量，对温度及阻值进行折算，测量结果要与实际相符（测量阻值＝100＋主控显示温度值×0.385）。

（2）用扳手松开 PT100 固定螺栓并取出 PT100 温度传感器；用游标卡尺测量主轴轴承外圈面到 PT100 固定面的深度；测量 PT100 测温面至定位环的距离，2 次测量结果做差后应在 4～8mm，如不在范围内需调整定位环位置。

（3）检查主轴转速类传感器探头与被测旋转体的相对距离在合适位置，传感器支架螺栓无松动。

（四）轴承润滑系统巡视维护

1. 密封圈巡视维护

检查主轴密封圈应完好，密封圈上无油污及污染物，如有，应及时清理。主轴轴承的前、后密封圈无渗漏油，密封圈无变形或位移，如图 6-14 所示。

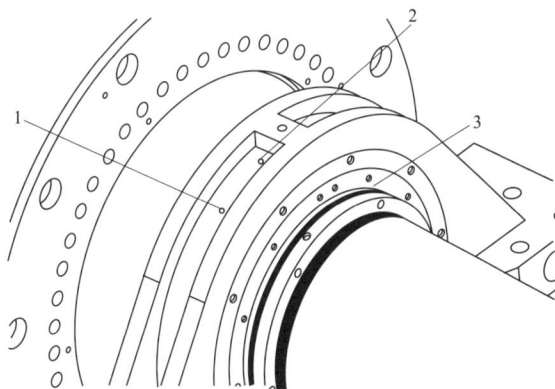

图 6-14　轴承密封圈位置示意图
1—轴承注油孔；2—轴温传感器；3—密封圈安装位

在沙尘条件下应注意机舱的密封，防止沙尘对主轴轴承的密封产生不

191

良影响。

2. 油脂加注

(1) 解除叶轮机械锁，合上高速刹车控制开关从而打开高速刹车；手动开桨使叶轮旋转，转速控制在 3r/min 左右。

(2) 严禁在未打开排油口、主轴未旋转的情况下加注润滑脂。

(3) 使用扳手打开主轴轴承加油孔、排油孔，安装加油管；依据用户手册对前后轴承开展注油。

(4) 注油过程中排脂口保持打开，保持叶轮正常转动，加注的润滑脂会在叶轮旋转过程中进行延展分布，直到多余的润滑脂从排油孔排出，从而降低内部压力，油脂加注完毕后，叶轮持续运行 30min，排油孔无油脂排出后，安装排油孔堵头。

(5) 手动收桨后，断开高速刹车开关进行刹车制动，锁定叶轮机械锁。使用小铲刀清理主轴集油盒废油脂，清理密封圈处废油脂。

(6) 检测力矩标识线无错位，可以在主轴两侧分别测量，必要时进行轴承内窥镜检查。

(7) 如果发现从轴承密封圈处挤出的润滑脂较为稀软，或主轴轴承的运行温度高、振动大，需相应增加加脂频率，截取油脂样本进行油样分析，定期对轴承温度数据进行分析。

(8) 当采用自动润滑装置润滑时，需设定好时间间隔及加脂量，结合用户手册严格执行。

(9) 注意对比分析补充润滑脂前、后轴承的温度变化。

(10) 注意主轴轴承润滑加脂前后的振动状况和噪声变化。

(11) 应在适当的时间对主轴轴承的润滑脂进行取样分析，以判断主轴轴承的运行状况。

3. 废油脂清理

(1) 在锁定叶轮状态下，清理主轴前后轴承双侧废油脂；检查密封圈无严重磨损及变形必要时更换密封圈或密封圈内弹簧；检查主轴油封挡圈固定螺栓无松动，必要时进行紧固。

(2) 清理主轴集油盒内废油，部分废油脂已溢出流至机舱机架夹缝中（见图 6-15），需选用合适工具进行清理，部分油脂溢出流至主轴下方电缆处，需进行清理。

二、齿轮箱巡视维护

(一) 常规巡视维护

齿轮箱属于机械部件，其主要功能是将风轮在风力作用下所产生的动力传递给发电机，并使其得到相应的转速。风轮的转速很低，远达不到发电机发电的要求，必须通过齿轮箱齿轮副的增速作用来实现，故也将齿轮箱称之为增速箱，齿轮箱外形如图 6-16 所示。具体巡视维护内容如下：

图 6-15　主轴废脂盒清理后

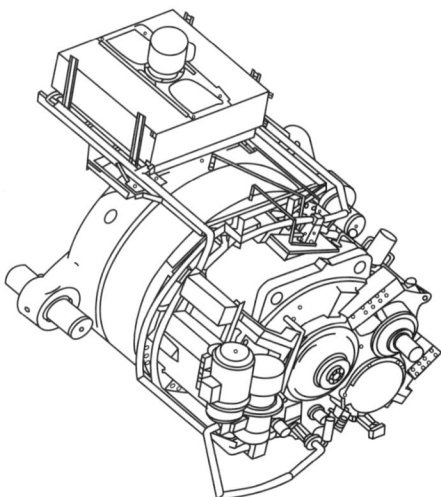

图 6-16　齿轮箱整体结构示意图

（1）检查齿轮箱表面的防腐涂层无脱落，表面无油污，通过油窗观察油脂颜色正常，在油泵停止 30min 后观察油位，齿轮箱油位应在正常标准刻度范围内，如图 6-17 所示。

（2）检查温度传感器、压力传感器的接线无破损、无松动，后台显示温度及压力值与实际情况一致。

（3）检查齿轮箱低速转动过程中内部无异响或振动。

（4）检查减震装置中的板式弹簧应无裂纹、老化及损坏现象，弹性支撑固定螺栓无松动、断裂。

（5）检查接地线固定螺栓应可靠紧固，线缆无损坏。

（6）检查齿轮箱加热器接触器接线应无松动、触点无粘连，加热器阻值应在正常范围内。

（7）检查空气滤清器硅胶应未受潮变色，如有变色，及时更换。

图 6-17　齿轮箱油位计位置

（8）检查齿轮箱冷却系统所有管路接头、油分配器、压力表接头、齿轮箱输入端、输出端、低速轴、观察孔处无渗漏油，润滑油管路无老化、松动。若发现泄漏，需先修复渗漏点再加油，否则加油后仍会快速流失。

（二）润滑系统巡视维护

1. 油泵电机巡视维护

（1）控制回路接线检查。

1）断开油泵电机开关及油泵电机加热开关，并验明开关下口确无电压。

2）拆开油泵电机接线盒，并检查接线无松动、破损、老化情况，如图6-18所示。如有松动，及时紧固。

图 6-18　油泵电机接线盒端子接线情况

注意：拆解、安装油泵电机控制回路接线时，及时拍照记录接线方式，谨防电机接线错误。

（3）检查油泵电机各固定螺栓齐全，固定可靠、无松动。

（4）检查油泵电机扇叶齐全，与防护罩无摩擦，防护罩固定螺丝无缺失松动。

（5）检查油泵电机接线盒固定螺栓齐全，固定可靠。

（6）检查齿轮箱油泵电机联轴器无严重磨损或损坏。

（7）检查梅花弹垫应无严重磨损，否则应更换；使用塞尺测量两个联轴节之间的间隙应在 2～3mm 之间，大于或小于此距离都应进行间隙调整。

（8）开展润滑系统油泵电机运行测试。

1）合上油泵电机开关及油泵电机加热开关，并检查开关确已合到位。

2）启动油泵电机低速，油泵电机运行声音应平稳，用钳形电流表测量三相电流平衡度（见图 6-19）；测试完毕，再次点击启动油泵电机高速进行测试。

图 6-19　测量 A、B、C 三相电流情况

2. 油泵电机联轴器及梅花弹垫更换

（1）断开油泵电机开关及油泵电机加热开关，并验明开关下口确无电压；拆开油泵电机接线盒，再次对接线柱验电验明无电压；拆线前做好接线标记，拆下所有动力线固定螺母。

（2）使用开口扳手、套筒棘轮扳手拆下油泵电机固定螺栓，两人缓慢拆下电机。

注意：拆卸、安装电机过程中，注意人员协同搬运，谨防电机掉落。

（3）使用两个直尺成垂直型测量油泵联轴节凹面到油泵电机法兰面与油泵钟形罩接触面的距离；两个直尺成垂直型测量的油泵电机联轴节凸面到油泵电机法兰面的距离，确保两个面的测量结果差值在 2～3mm 范围内，如图 6-20 所示。

（4）如果间距大于 3mm 需要用拉马向上拉动联轴节，如果小于 2mm 需要将联轴节向下调整，直到调整到合理范围；调整油泵电机联轴器间隙时，可用加长杆在观察孔撬动油泵侧联轴节，进行微调。

（5）装回油泵电机，测量两个联轴器之间距离在 2～3mm 范围内，不在区间时需进行调整，符合条件用内六紧固上半环顶丝；回装接线，对油泵进行电机低速和高速测试，确保高低速相序均正确，电机运行过程中无异音。

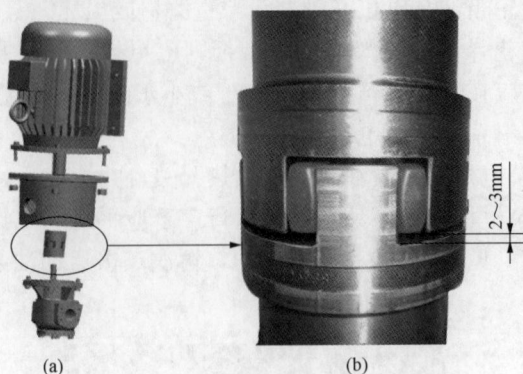

图 6-20 联轴器间距示意图

(a) 联轴器安装位置；(b) 联轴器间隙

3. 加注油液

（1）锁定叶轮机械锁，刹住高速轴液压刹车。

（2）断开油泵电机电源开关，验明开关下口无电压。

（3）严格按风机厂家要求选择润滑油型号，确保与原润滑油兼容。

（4）用无尘布擦拭加油口及周围区域，防止灰尘、杂质进入齿轮箱。

（5）将注油泵或漏斗与齿轮箱加油口连接。

（6）分次少量缓慢注入润滑油（每次加入 1～2L），避免过量；若使用油泵，保持匀速加压，防止油液喷溅。

（7）每加注一次后静置 5min，等待油液平稳后重新检查油位视窗，直至达到各设备制造商出厂标定范围。

（8）移除加油工具，清洁加油口，拧紧盖子确保密封。清理现场油污，回收废弃油料，按环保要求处理。

（9）恢复电源，短暂启动油泵电机，循环润滑油 5～10min，确保油路畅通。

（10）通过监控系统观察油压应正常，油温应稳定。

（11）停止油泵电机后，再次检查油位，因循环后油液可能沉降，需补至标准范围。

4. 更换油液

根据齿轮箱使用说明书要求定期对齿轮箱油液进行取样检测，并根据检测结果按质换油。根据油品种类和质量的不同，通常换油周期为 3～5 年。

（1）换油前需预先进行远程停机，将齿轮油液冷却至 50℃以下。

（2）作业前将齿轮箱观察口打开，充分放出齿轮箱内部油液蒸气，防止人员气体中毒。

（3）齿轮箱维护作业前，清除口袋中所有可能掉落到齿轮箱中的物品（如签字笔、手电筒、手机等）。

（4）打开齿轮箱观察口盖板前要清洁周围区域，确保没有物体或污物掉落到齿轮箱内部的隐患。

（5）放油前预先安装好导油管，合理摆放空油桶，打开放油阀排出齿轮箱内部的润滑油。

（6）在换油过程中，需要放掉过滤器里的存油，清理滤油器内部的铁屑及杂质。

（7）过滤器清理完毕后更换油液滤芯，更换滤芯过程需严格按照滤芯更换步骤执行，必要时更换空气滤清器。

（8）齿轮箱内油液放空后，对其内部进行清洗，确保齿轮箱底部无残留铁屑、杂物等。

（9）清洗完毕后，关上所有打开的球阀，开始对齿轮箱加油，确保油位加注至标准刻度。

（10）加注完毕后启动冷却回路，运行 15min 后检查齿轮箱各连接处应无渗漏油。

5. 更换滤芯

以某滤芯更换步骤为例：

（1）锁定叶轮机械锁，刹住高速轴液压刹车。

（2）通过后台监控软件确认齿轮箱油温确在 50℃ 以下。

（3）将齿轮箱高低速油泵电机停止运行，断开机舱柜油泵电机电源开关，并验明开关下口确无电压。

（4）工作过程中全程戴好口罩、护目眼镜、丁腈手套。

（5）清理过滤器周围油污及灰尘，避免更换过程对滤芯及油液造成污染。

（6）关闭齿轮箱与油泵之间的球阀；打开过滤器下方放油阀（某些型号的过滤器放油阀，需要拆卸放油球阀的内六角堵头）如图 6-21 所示，并用干净的油桶接油，排尽过滤器内残油。注意不得使用反转油泵电机的方式进行回油，防止滤芯过滤的杂质反流回齿轮箱。

图 6-21　拆卸放油球阀内六角堵头

（7）拆下过滤器上端的通气软管，如图 6-22 所示。

图 6-22　拆卸过滤器上端通气软管

（8）逆时针旋转过滤器壳体上端盖进行拆卸，如图 6-23 所示。拆卸后放置在洁净位置，防止污染或损坏。

图 6-23　拆卸过滤器壳体上端盖

（9）拆下过滤器壳体上端盖，此时可以看到滤芯，如图 6-24 所示。

图 6-24　滤芯实物

（10）通过滤芯的手柄提起滤芯，如图 6-25 所示。静止 30s，让滤芯上的油尽可能地滴落；提出滤芯并且在滤芯下方放置接油盆。

图 6-25 提起滤芯

（11）取出滤芯后逆时针旋转滤芯底部纳污盒将其拆下，如图 6-26 所示。并用无纺布清理纳污盒中的油泥及杂质。

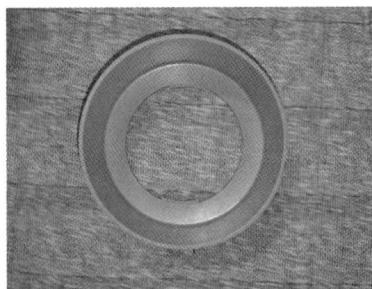

图 6-26 拆下纳污盒

（12）将滤芯放入垃圾袋中妥善放置，防止污染机舱。

（13）使用工业无纺布清理过滤器滤壳中油泥及杂质；使用工业无纺布清理过滤器滤壳上端盖及螺纹内油泥及杂质。清洁过程中，严禁使用普通抹布清理过滤器腔室内部，防止清理过程中抹布碎屑、灰尘、沙粒进入过滤器腔室内部，应使用丁腈手套、工业无纺布，如图 6-27 所示。

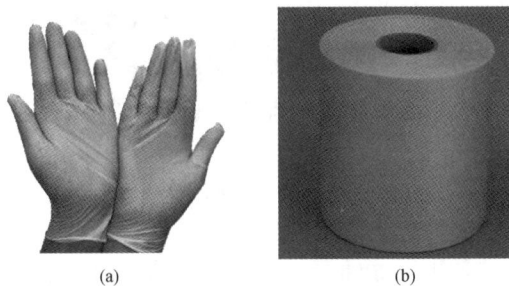

(a)   (b)

图 6-27 过滤器滤壳清理用品
（a）丁腈手套；（b）工业无纺布

（14）用新油沿过滤器滤壳内壁四周倒下，如图 6-28 所示。将管路、放油口以及无纺布不能清洁的部位冲洗干净，保证过滤器内部清洁。

图 6-28　过滤器滤壳内壁冲洗

（15）在新滤芯密封圈表面涂抹薄层齿轮油（减少安装摩擦，防止密封圈扭曲）。

（16）将纳污盒旋入滤芯卡槽中，确认是否到位、牢固。

（17）将新滤芯沿过滤器滤壳轴向垂直放入，确保滤芯底部与滤壳定位槽对齐，避免偏斜，防止割伤密封圈，并确认新滤芯与底座安装到位。

（18）更换过滤器滤壳上端口密封圈（每次更换滤芯时同步更换密封圈，旧密封圈弹性下降易导致泄漏），并使用新齿轮油对上端盖密封圈进行润滑，如图 6-29 所示。

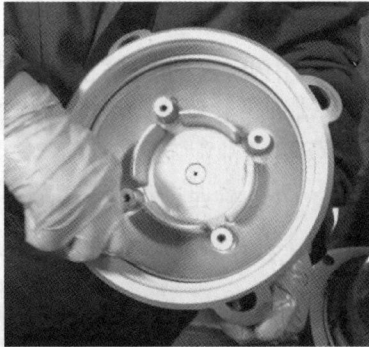

图 6-29　上端盖密封圈进行润滑

（19）将过滤器滤壳上端盖完全拧紧后回旋 1/4 圈。

（20）装上过滤器滤壳上端口通气软管。

（21）打开过滤器下方放油阀，打开齿轮箱与油泵之间的球阀。

（22）将机舱柜油泵电机电源开关合上。

（23）拆下齿轮箱本体连接至过滤器滤壳上端盖的通气软管，并将通气软管放置在接油桶上部进行排气；启动齿轮箱高速油泵，待通气软管中排出均匀的油液，代表排气完成。

（24）将通气软管装回齿轮箱，拧紧。

（25）将齿轮箱油泵启动 10min，观察过滤器接口螺纹处无渗油现象。收好接油桶，并将操作区域油液及卫生清理干净。

（26）解除叶轮机械锁及释放高速轴液压刹车。

（三）油冷却器巡视维护

齿轮箱油冷却器常见的结构形式为板翅式换热器，通常由隔板、翅片、封条、导流片组成。以下内容主要描述该结构形式的齿轮箱油冷却器巡视维护内容。

（1）检查齿轮箱油冷却器导流罩外观应无破损，固定牢靠，若有损坏及时更换；风道百叶窗扇叶无卡涩、丢失。

（2）检查齿轮箱油冷却器表面无尘土及柳絮等堆积、翅片间孔隙无堵塞，如图 6-30 所示。

图 6-30　齿轮箱油冷却器堵塞

（3）检查齿轮箱油冷却器翅片应无变形、倒伏现象，保证气流通过效率。

（4）检查齿轮箱油冷却器无渗漏油痕迹。

（5）检查散热风扇运转时应无异响；检查风扇叶片应完整，无裂纹、断裂。

（6）齿轮箱油冷却器清洗。

1）目视检查。使用内窥镜或手电筒观察齿轮箱油冷却器翅片堵塞程度，若透光率较低的需彻底清洗。

2）污染类型判断。粉尘/柳絮：直接水冲＋刷洗。油污/虫胶：需预喷清洗剂浸泡。

3）齿轮箱停止运行一段时间后，待齿轮油液冷却至50℃以下时，方可开展散热器维护工作。

4）散热器清洗前，断开齿轮箱散热风扇电源开关，并验明下口确无电压。

5）拆除轮箱油冷却器导流罩；拆除散热风扇。

6）高压水清洗前，在冷却器下方铺设防雨布，后经导水管将污水导入至废水桶。

7）利用高压水枪沿内部纹路进行清洗，水枪与翅片呈 30°～45° 夹角，顺翅片方向冲洗，避免逆向导致倒伏。

8）在冷却器风扇电机端子排处，将相序反接，反接操作前，将冷却风扇开关断开，验明端子排确无电压后方可进行端子排换线。

9）清洗一遍后通过油冷却器散热风扇电机反转，将脏水及杂物吹出。

10）采用尼龙毛刷和清洗剂擦洗堆积在散热片弯曲的拐角等位置污垢；完成冲洗后对表面进行擦拭处理，如图 6-31 所示。

图 6-31　冷却器清洗后

11）清洗完成之后，恢复散热风扇接线，装回散热风扇及导流罩，清理污水，并将工作区域卫生清理干净，做好工完料净场地清。

三、联轴器巡视维护

（1）检查弹性联轴器时，必须投入叶轮机械并可靠锁定叶轮锁，禁止只通过高速轴液压刹车进行单一制动。

（2）恢复联轴器防护罩后，要进行转动测试，防止因安装不当出现的异常摩擦。

（一）胀套式联轴器巡视维护

（1）检查联轴器外表面无裂纹。

（2）检查联轴器固定螺栓无断裂和松动，力矩标线无位移。

（3）联轴器内外圈本体，联轴器内圈与齿轮箱输入轴侧无位移滑动。

（二）连杆式联轴器巡视维护

（1）检查连杆式联轴器外部护罩无异常碰撞，护罩固定螺栓无缺失、松动。

（2）联轴器连杆机构无磨损、变形及裂纹，连杆固定螺栓无松动。

（3）连杆固定螺栓处橡胶垫无磨损、老化、变形。

（4）联轴器与齿轮箱侧及发电机侧胀紧套固定处无轴向位移、打滑迹象。

（5）拆开联轴器护罩，检查连杆节无缺失、裂痕、变形情况，检查连杆节内部橡胶衬套无老化损坏情况，如图 6-32 所示。

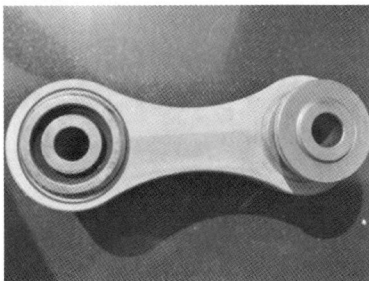

图 6-32　联轴器连杆

（6）检查连杆固定螺栓力矩标线无位移，重点检查防松垫片方向无安装错误。

（7）紧固联轴器连接螺栓，其紧固力矩值依据机组说明执行，紧固、校验后的螺栓需按标准画力矩标线。

（三）膜片联轴器巡视维护

（1）检查膜片联轴器外部护罩无异常碰撞，护罩固定螺栓无缺失、松动。

（2）膜片联轴器中间纤维管无裂纹、无变形，联轴器本体固定螺栓无松动、无断裂。

（3）膜片联轴器扭矩限制器螺栓无断裂、力矩标示线无位移。

（4）联轴器膜片组无断裂、松动。

（5）拆开联轴器护罩，检查膜片联轴器固定螺栓无缺失，用内六角套筒扳手紧固松动螺栓；检查膜片电机侧固定螺栓无松动，力矩标识无位移。

（6）需要调整锁紧螺母时，将锁紧螺母上的所有胀紧螺栓拧松，保证所有螺栓头不露出胀紧螺母。将已手工拧紧的锁紧螺母拧松 1/4 圈，使间隙大约在 1mm。正在紧固的胀紧螺栓如图 6-33 所示。利用交叉法拧紧固定螺栓，第一遍拧紧力矩 $T=30\text{N}\cdot\text{m}$，最终拧紧力矩 $T=60\text{N}\cdot\text{m}$。过程中可分 3～5 遍拧紧所有的胀紧螺栓，直到所有螺栓的拧紧力矩为 $T=60\text{N}\cdot\text{m}$。

（7）检查膜片无裂纹、变形，膜片之间的连接状态，以及固定膜片的内六角螺丝无松动、断裂，力矩标识线无错位。

（8）检查联轴器表面无裂纹、开裂。

（9）用记号笔在联轴器表面进行标记，解除叶轮锁及高速轴刹车制动，手动开桨测试联轴器转动 10min 后观察标记线无错位，如图 6-34 所示；断开高速刹车开关，锁定叶轮锁。

（10）恢复安装联轴器护罩，退出叶轮锁锁销，合上高速刹车开关。

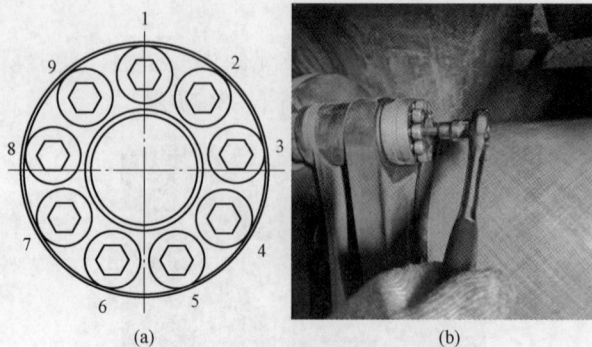

图 6-33 联轴器固定螺栓

（a）联轴器螺栓示意图；（b）联轴器螺栓实物图

图 6-34 联轴器做位移刻度标记

第四节 发电机巡视维护

本节介绍了发电机系统的巡视维护内容，包括异步发电机常规巡视、润滑系统维护、集电环室检查、冷却系统维护等内容，以及同步发电机外观检查、支架检查、转轴检查、制动器检查、绕组引出线检查、温度传感器检查、开关柜维护、转速测量装置检查、绝缘测量、轴承间隙测量、连接螺栓紧固以及冷却系统维护等具体内容。

一、异步发电机巡视维护

根据《风力发电场检修规程》（DL/T 797—2012），发电机的通用维护项目及要求如下：

（1）检查发电机电缆无损坏、破裂和绝缘老化。

（2）检查发电机散热系统无异常。

（3）紧固电缆接线端子，按产品技术要求力矩标准执行。

（4）检查发电机消声装置、减震装置无异常。

（5）轴承注油并检查油质，注油型号及用量按相关技术要求。

（6）空气过滤器每年检查清洗一次。

（7）定期测试发电机绝缘、直流电阻、等有关电气参数。

（8）紧固螺栓力矩。

（9）检查发电机对中情况应符合相应技术要求。

（10）检查发电机编码器。

（11）检查发电机转子的碳刷和集电环的磨损情况，并清理。

（12）检查发电机前后轴承的震动情况。

（13）检查发电机声音：手动开桨，让发电机转速达到 200r/min 左右（桨角不得开到 0°），检查发电机无异常声响。

风电机组使用的异步发电机包括鼠笼异步发电机和双馈异步发电机，因其结构相似，鼠笼异步发电机维护项目基本包含于双馈异步发电机的维护项目中。本节主要讲双馈异步发电机的维护项目。

（一）常规巡视维护

1. 发电机表面清洁

（1）应对发电机表面及周围的灰尘、油污进行清理，特别是发电机前、后轴承下方的油污。

（2）检查发电机前、后轴承集油盒收集正常，轴承端盖周围无废旧油脂排出。

2. 紧固发电机的外壳接地线

紧固发电机外壳接地线，如图 6-35 所示。

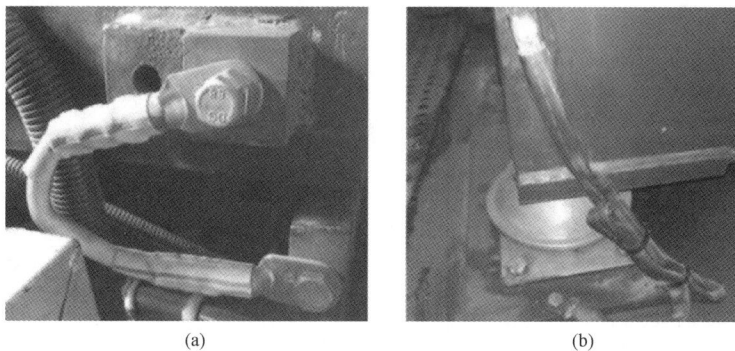

图 6-35　发电机接地线

（a）品牌一发电机接地线；（b）品牌二发电机接地线

3. 发电机对中

发电机对中工作应每年开展一次，根据现场所使用对中设备的作业指导书规范执行，开展对中工作时应注意：

（1）风速超过 8m/s，不应进行发电机对中工作。

（2）对中工作前，应确认叶片处于顺桨状态，测试能否手动盘车。

（3）确保高速轴处于制动状态，确认联轴器两端面之间的距离在规定范围之内。

（4）调整发电机位置前，应先使用电机尾部工装顶住发电机，防止发电机后移，调整发电机时应先调垂直方向，再调水平方向。

（5）调整弹性支承螺母若超出弹性支承范围，应加装垫片，垫片最多不超过 4 片。

（6）对中过程中应把对中前和对中后的结果以电子版的形式进行保存，以便核对。

（7）调试结束后，紧固发电机地脚螺栓应按图中的顺序分两次进行紧固，第一次为预紧力矩，第二次为额定力矩（具体力矩值按照现场力矩单执行，见图 6-36）。打完预紧力矩后，再次用对中仪检测对中结果应在允许范围内，超出了范围需重新对中，若在误差范围内以额定力矩进行紧固。

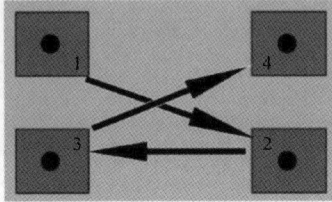

图 6-36　发电机固定螺栓紧固顺序

（8）调整后的发电机径向偏差、角度偏差应符合相应技术要求，如图 6-37 所示。

项目	标准	
	VSM弹性支撑	国产弹性支撑
垂直方向预设高度	1.5mm	1.0mm
连轴器两端面距离	588mm,±0.5mm	588mm,±0.5mm
垂直方向径向偏差	上差为0mm；下差为–0.16mm	上差为0.1mm；下差为–0mm
垂直方向角度偏差	0.05°	0.05°
水平方向径向偏差	上差为+0.08mm；下差为–0.08mm	上差为+0.08；下差为–0.08mm
水平方向角度偏差	0.05°	0.05°

图 6-37　某发电机对中参数

（二）润滑系统巡视维护

1. 手动加注油脂

（1）取出发电机前、后轴轴承集油盒，清理其内部的废弃油脂，如图 6-38 所示。

（2）清理注油口外部的灰尘、油污。

（3）手动开桨，使发电机转速达到 200r/min 左右。

（4）使用手动注油枪或自动注油枪，按照机组油品及耗品要求对发电

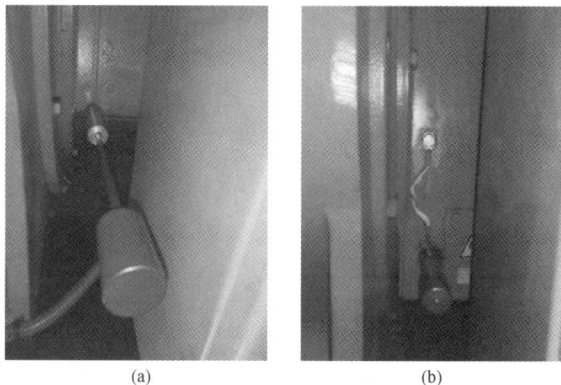

图 6-38　某发电机集油盒
（a）发电前轴承集油盒；（b）发电后轴承集油盒

机前、后轴轴承按要求油量进行注油。

（5）注油前、后手动抽拉发电机前、后轴集油盒，并清理废弃油脂。

（6）再次清理集油盒中的油脂及前、后轴承附近的油污和杂物。

2. 自动润滑装置检查

（1）检查自动润滑装置显示正常，检查确认油脂出油管路无堵塞，检查储油罐内油脂不低于储油罐容积的 1/3 以上。

（2）检查自动润滑装置接头、油路分配器、油管应无漏油、无破损。

（3）在自动润滑装置上测试润滑泵运行，应无异常。

（4）按要求检查自动润滑装置设定值。

（三）集电环室巡视维护

1. 外观检查

（1）集电环表面应光滑，无打火、放电痕迹。

（2）检查刷架固定螺栓应无松动。

（3）检查刷架绝缘杆和集电环的绝缘材料、绝缘瓷柱应无裂纹、无爬电痕迹，碳刷与集电环贴合紧密，无跳动。

2. 碳刷的检查

（1）碳刷长度在总长度 1/2 以上的发电机，应每 6 个月检查一次；碳刷长度在总长度 1/2 以下的发电机，应每 3 个月检查一次，并确定下一次检查周期，预防故障发生。检查主碳刷和接地碳刷应无异常磨损。

（2）拆下所有主碳刷和前、后轴接地碳刷，进行碳刷的外观检查和长度测量，如图 6-39 所示。

（3）检查主碳刷和接地碳刷长度，若长度小于总长度的 1/3 时，应提前更换（保证碳刷在刻度线以上，见图 6-40）。

注意：如需要更换新的碳刷没有进行预磨，应使用 180 目砂纸缠绕在集电环上，安装好碳刷和压簧，使发电机在一定转速下进行预磨，要求新碳刷表面与集电环接触面积达到 85％以上，且在 50％负载运行 8h 后才能

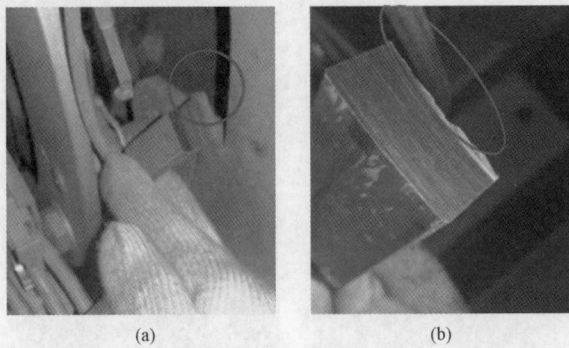

图 6-39　碳刷异常磨损
（a）接地碳刷；（b）主碳刷

满负载运行，如图 6-41 所示。

图 6-40　发电机主碳刷　　　　　图 6-41　预磨碳刷

（4）碳刷的使用要区分接地碳刷和主碳刷，并注意碳刷安装方向要求，如图 6-42 所示。

图 6-42　带安装方向的碳刷

3. 清理集电环室

集电环室内的碳粉和油脂清理工作非常重要，直接影响发电机和变流器的正常运行，应将集电环室内、碳粉通道、碳粉收集盒内的所有碳粉和油脂彻底清理干净。应使用吸尘器、气泵、毛刷、抹布、清洗剂等进行清理。

注意：进行集电环室清理时，应佩戴防尘口罩、手套等防护用品。

（1）清理集电环滑道间绝缘材料上附着的碳粉，如图 6-43 所示。

图 6-43 集电环相间绝缘材料

（2）清理集电环绝缘瓷柱上附着的碳粉，如图 6-44 所示。

（3）清理刷架绝缘支撑杆上附着的碳粉，如图 6-45 所示。

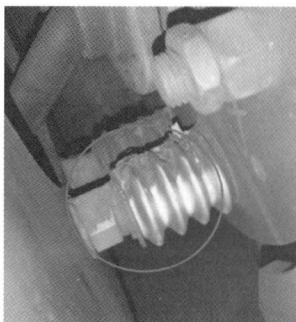

图 6-44 集电环绝缘瓷柱

图 6-45 刷架绝缘支撑杆

（4）清理发电机转子引出线、接线桩上附着的碳粉，如图 6-46 所示。

图 6-46 发电机转子引出线

（5）清理 24V 接线端子上附着的碳粉和油污，如图 6-47 所示。

（6）清理接地碳刷架周围附着的油脂和碳粉，如图 6-48 所示。

图 6-47　24V 接线端子　　　　　图 6-48　接地碳刷架

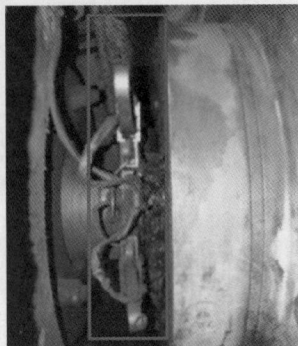

（7）清理集电环室内壁、转子接线箱至刷架电缆、加热装置附着的油脂和碳粉，如图 6-49 所示。

图 6-49　集电环室

（8）清理碳粉排碳筒内部附着的碳粉和油污，应将排碳筒更换为阻燃型材料，如图 6-50 所示。

图 6-50　碳粉排碳筒

（9）清理碳粉收集盒内，应每年更换一次碳粉收集盒内部滤棉，应更换为阻燃材质的滤棉，如图 6-51 所示。

4. 集电环室的检查与测试

（1）检查碳刷卡簧应安装到位，无松动，手动提拉碳刷几次进行测试，如图 6-52 所示。

图 6-51　碳粉收集盒

图 6-52　碳刷卡簧

（2）拨动每个发电机碳刷磨损信号开关，观察机舱柜碳刷磨损反馈信号灯应熄灭，如图 6-53 所示。

（3）使用塞尺测量刷握与集电环表面的间隙应在 $2\sim2.5\mathrm{mm}$ 以内，所有刷握和集电环表面的间隙应大致相等，如图 6-54 所示。

图 6-53　发电机碳刷磨损开关

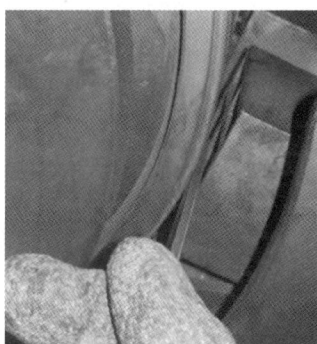

图 6-54　刷握间隙

（4）检查刷握压力杆确无卡涩、变形。

（5）测试集电环室加热器温度均匀上升。

（6）使用绑扎带逐相绑扎碳刷刷辫，如图 6-55 所示。

（7）对集电环进行绝缘测试，绝缘电阻要求大于 $500\mathrm{M\Omega}$。

（8）对集电环室内图 6-56 中 5 种螺栓进行紧固。

5. 发电机电缆

（1）发电机接线盒检查。

检查发电机定子接线盒、转子接线盒、辅助接线盒盖板密封条应无老化、损坏，盖板固定螺栓应无缺失，若有异常及时进行更换或补充，如图 6-57 所示。

图 6-55　绑扎碳刷引线

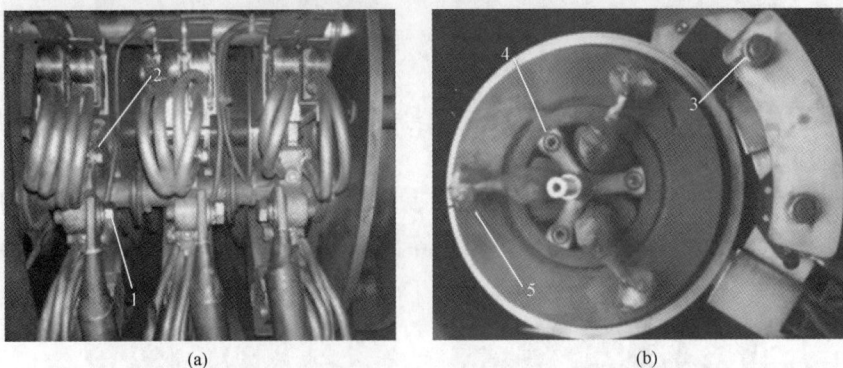

(a)

(b)

图 6-56　集电环室

（a）集电环室碳刷侧；（b）集电环室转子引出线侧

1—转子线缆固定螺栓；2—碳刷引线固定螺栓；3—刷架固定螺栓；

4—编码器小轴固定螺栓；5—转子引出线固定螺栓

图 6-57　发电机接线盒盖板

（2）发电机接线检查。

1）打开发电机定子接线盒与转子接线盒，检查接线盒内有无放电、烧灼的痕迹。

2）检查发电机定子接线盒与转子接线盒的进线与出线部位电缆绝缘皮应无磨损，若有轻微磨损需要做绝缘处理，若磨损严重需要剪断磨损线缆，对电缆进线重新压接电缆接头。接线盒电缆进线口需用防火泥进行封堵，防止进入潮气，如图 6-58 所示。

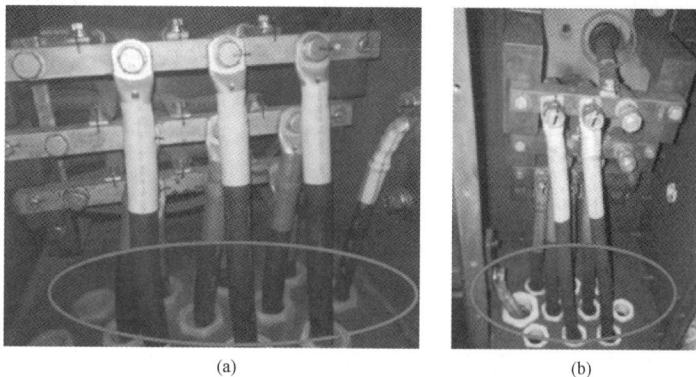

(a)　　　　　　　　　　(b)

图 6-58　发电机动力电缆接线盒

（a）定子接线盒；（b）转子接线盒

3）检查发电机定子电缆、转子电缆与电缆槽应无磨损，若绝缘保护胶皮损坏、老化则需要更换，如图 6-59 所示。

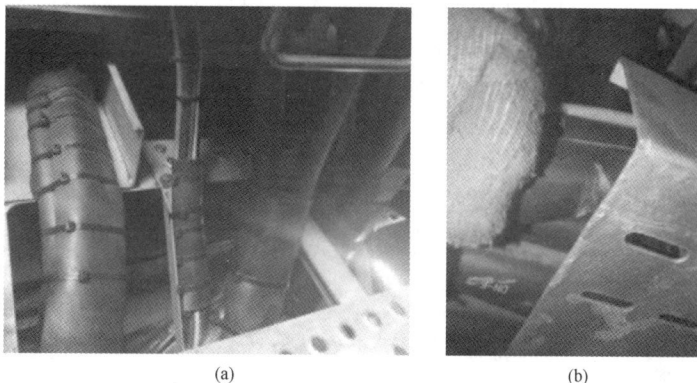

(a)　　　　　　　　　　(b)

图 6-59　发电机电缆

（a）定子电缆；（b）转子电缆

（3）清理发电机定子接线盒、转子接线盒、辅助接线盒内的碳粉和灰尘，如图 6-60 所示。

（4）校验发电机定子接线、转子接线和接地线固定螺栓的力矩（按规定值执行），并画力矩标识线；紧固辅助接线盒内的所有接线。

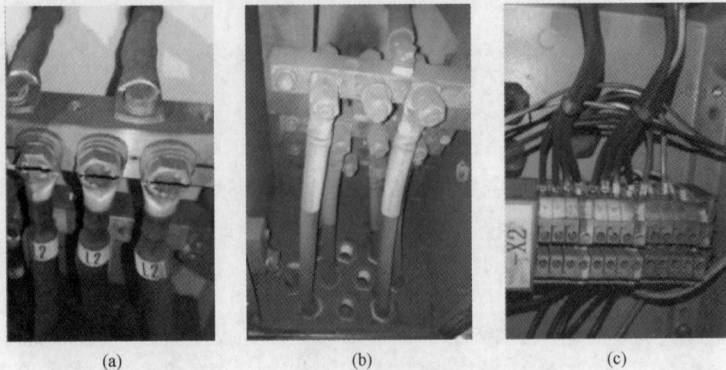

图 6-60　发电机接线盒内碳粉附着

（a）定子接线盒；（b）转子接线盒；（c）辅助接线盒

（5）使用 500V 绝缘电阻表测试发电机定子绕组绝缘阻值，使用 1000V 绝缘电阻表测试发电机转子绕组绝缘阻值，最低绝缘阻值应满足要求。

（6）发电机绝缘要求：吸收比应不小于 1.3。

6. 发电机编码器

（1）测量发电机编码器的小轴跳动，其测量数值不应大于 0.05mm，以下是操作步骤：

1）将百分表磁力底座固定在发电机集电环室后端盖距离编码器合适的位置。

2）调整百分表位置使测量杆与编码器小轴相互垂直，保证百分表有 0.3～1mm 的预压量。

3）手动开桨，使发电机缓慢转动，在编码器小轴转动数圈后，记录最大值与最小值；最大值与最小值之差一般不大于 0.05mm，如图 6-61 所示。如偏差过大，应检查小轴无变形、无松动，或发电机轴承无异常。

（2）检查编码器接线插头，紧固编码器内的接线和插头内部接线，确保接线无松动。

（3）使用防静电毛刷清理编码器内部附着的碳粉。

（4）紧固编码器与小轴连接的内六角螺栓，确保无松动，如图 6-62 所示。

图 6-61　测量编码器小轴跳动　　　　图 6-62　发电机编码器

（5）检查编码器密封圈应无损坏，外壳固定螺栓应无缺失，并对未使用的穿线孔进行密封，如图6-63所示。

（6）检查发电机编码器固定应牢靠，固定杆应无松动、无损坏，若有异常及时微调固定杆两端螺栓或对损坏的固定杆进行更换，如图6-64所示。

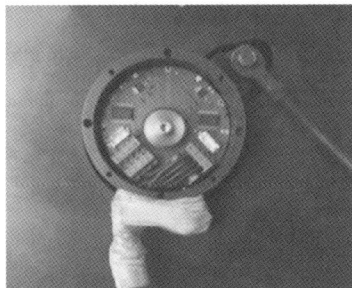

图6-63　电机编码器　　　　　　图6-64　编码器固定杆

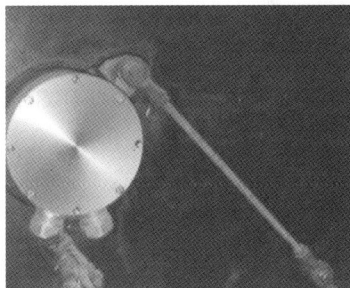

（7）使用万用表检测发电机编码器外壳及屏蔽线应可靠接地，若有异常，应紧固或重新压接编码器屏蔽线缆，确保屏蔽线可靠接地。

（8）检查编码器线缆的固定情况，编码器线缆应牢固地固定在发电机集电环室后盖上，无晃动，如图6-65所示。

图6-65　编码器线缆固定

（四）冷却系统巡视维护

1. 强制风冷发电机

（1）拆开发电机风扇保护罩，清理扇叶上附着的尘土和杂物，如图6-66所示。

图6-66　某强制风冷发电机风扇

（2）每年清理一次发电机风扇空气过滤网。

（3）打开发电机风扇接线盒，检查连接导线应无过热、无烧灼痕迹，并紧固连接螺栓。

（4）在控制界面修改参数"启动发电机散热风扇的温度限值"低于当前绕组温度最高值，启动发电机冷却风扇，风扇运转过程中应无异响；测试后恢复设定值，或拆除绕组温度 PT100 传感器，冷却风扇应启动，检查风扇转动灵活、无异响，风向吹向机舱尾部，如图 6-67 所示。

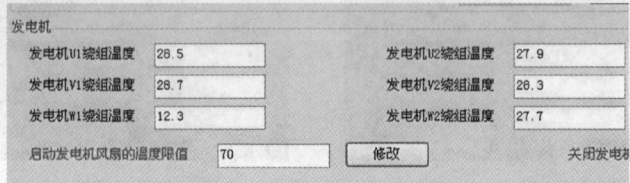

图 6-67　某机组发电机控制界面

注意：发电机风扇运转测试过程中，与风扇保持安全距离。

（5）检查发电机导风罩应无破损、无老化，如破损则进行更换；若导风罩下垂严重，应重新固定发电机导风罩，如图 6-68 所示。

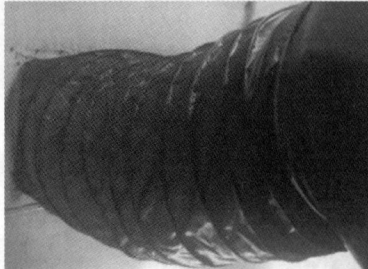

图 6-68　发电机导风罩

2. 直冷发电机

（1）检查确认发电机外壳无漆面脱落、无锈蚀、无裂缝、无脏污、无粉尘，如图 6-69 所示。

图 6-69　直冷发电机外壳

（2）目视检查过滤器无破损，若有破损应更换。

（3）清理过滤器表面、导风筒内表面和防护网灰尘，如图 6-70 所示。

图 6-70 直冷发电机过滤器

3. 水冷发电机

（1）检查发电机冷却管道接头无渗漏。

（2）定期清理发电机冷却管道。

（3）水冷泵等其他水冷部件的维护，参照水冷系统的维护章节。

二、同步发电机巡视维护

因半直驱永磁同步发电机的结构与异步发电机结构基本相同，维护内容参考异步发电机维护。本节主要讲解直驱型永磁同步发电机的维护内容。

直驱型永磁同步发电机的结构主要由转子和定子两大部分组成：因转子结构不同，分为内转子和外转子结构，维护内容基本相同。以下为永磁直驱型永磁同步发电机维护基本内容。

（一）常规巡视维护

1. 检查发电机外观

（1）使用控制手柄开桨，使发电机转动，发电机转动后应无异响、振动。

（2）从机舱天窗处观察发电机，防腐漆无开裂、脱落现象，无锈蚀痕迹。

（3）检查转子盖板的排水孔无异物阻塞。

（4）检查定子电缆防护盒固定螺栓（或铆钉）无松动、无脱落。

（5）检查定子风道防腐漆无开裂、脱落现象，无锈蚀痕迹，如图 6-71 所示。

图 6-71 某直驱型发电机

2. 检查发电机支架

(1) 检查转子、定子支架及焊缝无裂纹、无锈蚀。

(2) 检查转子、定子支架防腐漆无开裂、无脱落，如图 6-72 所示。

(3) 清理转子、定子支架上的尘土、油污，如图 6-73 所示。

3. 检查发电机转动轴、定轴

(1) 检查转动轴、定轴无损伤、无裂纹、无锈蚀，如图 6-74 所示。

(2) 检查转动轴、定轴防腐漆无脱落、无开裂。

(3) 清理转动轴、定轴上的尘土、油污。

4. 检查发电机转子制动器

(1) 检查转子制动器无油污，管路无异常磨损、无渗漏、无老化。

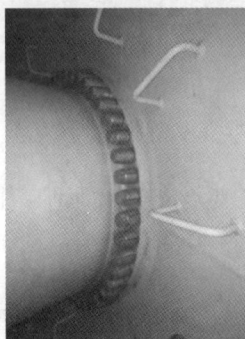

图 6-72 某直驱型发电机转子支架   图 6-73 某直驱型发电机转子支架

图 6-74 某直驱型发电机转轴

(2) 检查转子制动器摩擦片无裂纹、无损坏，摩擦片厚度不小于相关技术要求，如图 6-75 所示。例如，某机型摩擦片要求不小于 2mm。

5. 检查发电机定子绕组引出线

(1) 检查发电机定子绕组引出线绑扎牢固、无老化、无磨损、无裂纹、无放电痕迹，如图 6-76 所示。

(2) 检查发电机中性线绑扎牢固，线缆终端头使用热缩套防护。

6. 检查发电机绕组温度传感器和轴承温度传感器

(1) 检查发电机绕组温度传感器和轴承接线盒安装螺栓紧固，传感器线缆绑扎牢固、无老化、无磨损、无裂纹。

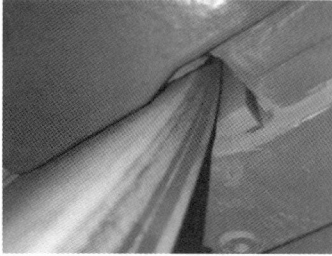

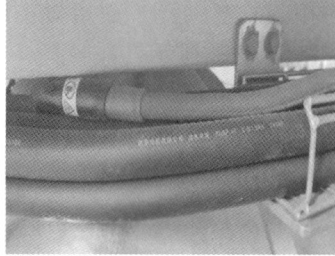

| 图 6-75　转子制动器摩擦片 | 图 6-76　发电机电缆 |

（2）通过就地监控软件查看发电机绕组温度和轴承温度，应与实际相符，参照公式 $R = 0.395\,66 \times T + 100$，$R$ 为计算阻值，单位欧姆（Ω），T 为当前摄氏温度，单位为℃。

（3）当某个 PT100 的阻值和其他所有 PT100 的阻值之差均大于 2Ω 时，则认为该 PT100 损坏，需更换为对应的备用 PT100 或更换 PT100。

7. 检查发电机附件

（1）检查下舱门及人孔上盖板无锈蚀、固定螺栓无松动，如图 6-77 所示。

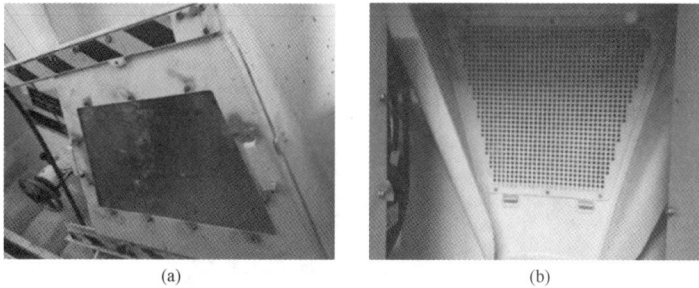

（a）　　　　　　　　　　　　　　（b）

图 6-77　某发电机舱门

（a）人孔下舱门；（b）人孔上盖板

（2）检查定子与机舱侧、转子与叶轮侧密封圈安装牢固、无脱落、无破损，如图 6-78 所示。

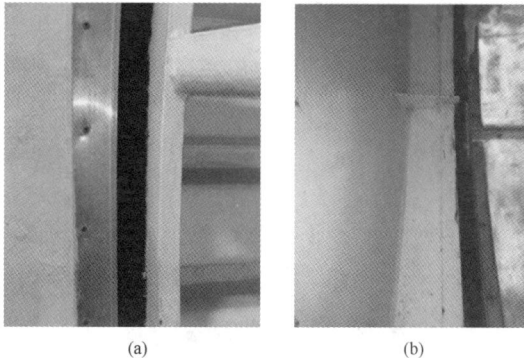

（a）　　　　　　　　　　　　　　（b）

图 6-78　某直驱发电机定子、转子与机舱密封处

（a）定子与机舱侧密封；（b）转子与机舱侧密封

（3）检查发电机转子锁定机构的锁定销无异常磨损、无锈蚀，定位销无缺失，如图 6-79 所示。

（4）检查发电机转子锁定机构，锁定手轮转动时无卡涩。若有卡涩，应旋出锁定手轮后，清洗螺纹杆，并加注规定型号的润滑脂。

（5）检查接近开关安装牢固，接近开关与挡块距离满足技术要求，如某发电机要求为（2.5±0.5)mm，并测试接近开关接收信号正常，如图 6-80 所示。

图 6-79　锁定销定位销　　　　　图 6-80　接近开关

（6）检查接近开关线缆应有缠绕管防护，线缆绑扎牢固、无磨损。

（二）润滑系统巡视维护

（1）检查发电机前、后轴承密封圈无老化、无裂纹，清理溢出的油脂，如图 6-81 所示。

(a)　　　　　　　　　　　　(b)

图 6-81　某直驱型发电机轴承密封圈

（a）发电机前轴承密封圈；（b）发电机后轴承密封圈

（2）检查发电机前、后轴承注油嘴无损坏、无缺失，如图 6-82 所示。

图 6-82　注油嘴

（3）润滑脂加注：每个油嘴均匀加注，按相关技术要求规定的润滑脂型号、注油量进行加注。

（三）开关柜巡视维护

1. 检查发电机开关柜外观

（1）检查开关柜盖板无变形、无锈蚀，固定螺栓无缺失，密封良好。

（2）检查开关柜 PG 锁紧螺母固定可靠，如不能锁紧，应使用防火胶泥进行封堵，如图 6-83 所示。

2. 检查发电机开关内元件及其接线

（1）检查开关柜内霍尔传感器、超速模块等器件固定可靠、接线无松动，线缆绑扎牢固，如图 6-84 所示。

图 6-83　发电机开关柜　　　　图 6-84　霍尔传感器

（2）检查开关柜内端子排安装牢固，接线无松动、无老化、无放电痕迹，如图 6-85 所示。

3. 检查发电机开关柜内母排及电缆

（1）检查开关柜内发电机电缆无发热、无放电痕迹。

（2）检查开关柜内母排无过热、无变色，使用标准力矩校验连接螺栓无松动，如图 6-86 所示。

图 6-85　端子排　　　　　　图 6-86　发电机电缆

4. 维护发电机断路器

（1）拆除断路器面板和端盖，手动压下欠压线圈顶杆，对断路器进行

221

合闸和分闸操作，以释放储能；拧松断路器右侧的螺钉，然后拔出固定线圈的插销，移除线圈，如图 6-87 所示。

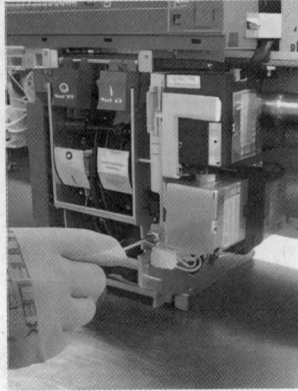

图 6-87　拆卸线圈

（2）清洁左、右防护板内外侧的三个轴承座位置，用毛刷清除旧润滑脂和污渍，并进行润滑，如图 6-88 所示。

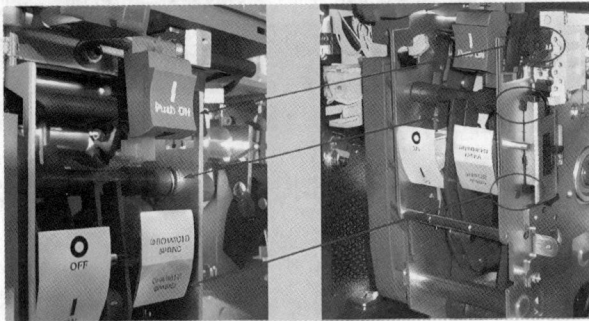

图 6-88　轴承座

（3）清洁止动块、轴承及弹簧，用毛刷清除旧润滑脂和污渍，并进行润滑，如图 6-89 所示。

图 6-89　止动块轴承

（4）清洁止动块机构，用毛刷清除旧润滑脂和污渍，并进行润滑，如图 6-90 所示。

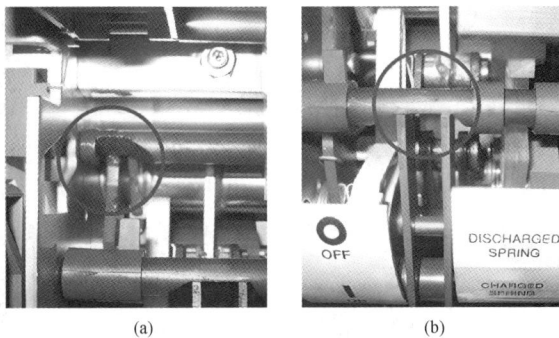

(a)　　　　　　　　(b)

图 6-90　止动块机构

(a) 左侧接触部分；(b) 右侧接触部分

（5）清洁钩块机构，用毛刷清除旧润滑脂和污渍，并进行润滑，如图 6-91 所示。

图 6-91　钩块机构

（6）恢复断路器安装，测试断路器分、合闸功能应正常。

（四）转速测量装置巡视维护

1. 检查发电机转速测量接近开关

（1）检查接近开关安装牢固，接近开关与齿形盘距离应为 2.5mm，测试接近开关接收信号正常，如图 6-92 所示。

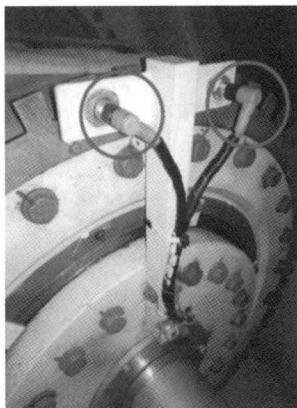

图 6-92　某发电机转速测量接近开关

（2）检查接近开关接线无松动，线缆在穿线孔处应有缠绕管防护，支架处线缆绑扎牢固、无磨损。

2. 检查发电机转速测量接近开关支架

检查接近开关支架安装牢固，固定螺栓无松动、无锈蚀，如图 6-93 所示。

3. 检查发电机转速测量齿形盘

（1）检查齿形盘无变形、无油污，如图 6-94 所示。

图 6-93　某发电机接近开关支架　　图 6-94　某发电机齿形盘

（2）检查齿形盘安装牢固，固定螺栓力矩标识线无偏移、固定螺栓无锈蚀，并按标准力矩值对固定螺栓进行紧固。

（五）常规检测

1. 测量发电机绝缘（有发电机绝缘监测装置的机组可不执行）

（1）断开发电机开关柜内 230V 及 24V 电源开关。

（2）测量时，锁定叶轮锁及转子液压刹车，拆开发电机开关柜，检查断路器已在分闸位置，并验明发电机接线柜内母排及电缆无电压。

（3）用接地线对发电机绕组进行放电。

（4）断开开关柜内测速模块等元件的接线。

（5）用绝缘电阻表 1000V 挡位，测量发电机两套绕组对地及绕组间绝缘电阻，应大于 50MΩ；测试完毕后确保满足吸收比要求，使用接地线对发电机绕组进行放电，恢复相关接线，如图 6-95 所示。

（6）吸收比 N 应大于或等于 1.3，见式（6-1）。

$$N = \frac{R_{60s}}{R_{15s}} \tag{6-1}$$

式中　N——吸收比；

　　R_{60s}——测量 60s 的绝缘电阻；

　　R_{15s}——测量 15s 的绝缘电阻。

2. 测量发电机后轴承间隙

测量发电机后轴承密封保持架与轴承内圈端面之间的间隙，应满足厂家要求，并做好记录，如图 6-95 所示。

图 6-95　发电机绝缘

图 6-96　测量后轴承间隙

（六）连接螺栓巡视维护

（1）检查发电机定轴与底座连接螺栓无松动、无锈蚀，若有松动，重新紧固，紧固时采用十字对角紧固，按相关规定力矩紧固。

（2）检查定轴与定子支架连接螺栓无松动、无锈蚀，若有松动，重新紧固，紧固时采用十字对角紧固，按相关规定力矩紧固。

（3）检查转轴与转子支架连接螺栓无松动、无锈蚀，若有松动，重新紧固，紧固时采用十字对角紧固，按相关规定力矩紧固。

（4）检查转轴与转轴止动圈连接螺栓无松动、无锈蚀，若有松动，重新紧固，按相关规定力矩紧固，如图 6-97 所示。

（5）检查定轴与定轴止动圈连接螺栓无松动、无锈蚀，若有松动，重新紧固，按相关规定力矩紧固，如图 6-98 所示。

图 6-97　转轴与转轴止
动圈连接螺栓

图 6-98　定轴与定轴止
动圈连接螺栓

（6）检查转轴与转轴固定圈连接螺栓无松动、无锈蚀，若有松动，重新紧固，按相关规定力矩紧固，如图 6-99 所示。

（7）检查转子制动器本体与定子连接螺栓无松动、无锈蚀，若有松动，按相关规定力矩紧固，如图 6-100 所示。

图 6-99　转动轴与转轴
固定圈连接螺栓

图 6-100　某发电机转子制动器
闸体与定子连接螺栓

（七）冷却系统巡视维护

（1）检查内外循环散热电机无振动现象，并紧固电机固定螺栓。

（2）检查散热器管道无裂纹、破损，连接件无松动，并紧固螺栓。

（3）检查内外循环通风道无裂纹、破损。

（4）检查通风道固定螺栓应牢固，检查进、出风口的温度传感器固定
螺栓应牢固。

第五节　主控系统巡视维护

本节介绍了主控系统的巡视维护内容，包括控制柜外观与功能检查、
控制设备运行测试与参数核对、环控设备清洁与功能测试、UPS 系统电池
检查与更换操作、通信设备连接状态与接线规范检查等具体维护要求。

一、控制柜巡视维护

（1）开合柜门应顺畅无阻，与柜体紧密贴合，无歪斜或缝隙。

（2）柜门表面应无弯曲、翘曲或凹凸不平的现象。

（3）把手应无破损、裂痕或脱落。

（4）轻轻摇动把手，应安装牢固，无松动。

（5）使用钥匙或按钮测试柜门锁的开合功能，应灵活自如。

二、控制设备巡视维护

（1）按下启动、停机、偏航、复位等功能按钮，PLC 对应的 I/O 指示
灯能点亮或熄灭；手动拍下急停按钮，系统安全链能正常断开。

（2）检查确认塔底控制屏使用正常（如配有塔底控制屏），无卡顿现
象；测试、调试界面能正常使用。

（3）对塔底控制屏进行对时校准和触摸校准，清理塔底控制屏无用

文件。

（4）检查确认 PLC 运行参数应与本现场下发的参数列表相符，若有修改，查找修改原因并处理。

（5）使用多功能读卡器将 PLC 存储卡的内部程序及数据拷贝至电脑备份，并清理 PLC 存储卡下的无用文件。

（6）紧固柜内所有器件、端子排的接线，反拉模块及快速插接端子排的接线不脱落，按压所有短接片。

（7）核对各接线端子排无故障屏蔽短接线。

（8）检查确认器件外观无破损，接线连接处无烧灼痕迹，设备标识齐全、清晰。

（9）更换、补全柜内错误及缺失的接线标签、器件编号。

（10）使用电器清洗剂清洗 PLC 端子模块通信总线的弹簧触点及插针，端子终端固定件可以将模块固定牢固。

三、环控设备巡视维护

（1）清理柜门滤棉灰尘、堵塞物，或更换滤棉，保证滤棉通风良好。

（2）使用吸尘器、吹风筒、毛刷等工具清理柜内各器件及柜体上的灰尘、杂物、昆虫等异物，保证清洁。

（3）调整柜体温度控制器，使设定值高于柜体温度，测试加热器及加热器风扇能够正常运行，如不能正常运行时应进行修复或更换，严禁用手直接触摸加热器，以免发生烫伤，测试完毕后，将温度控制器参数调整至现场规定值，如图 6-101 所示。

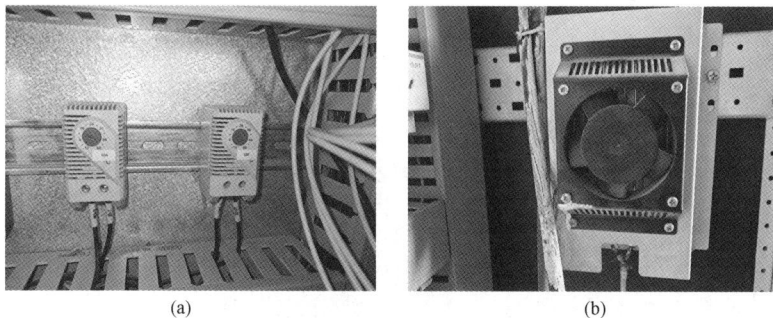

(a)　　　　　　　　　　　(b)

图 6-101　温控控制器及加热器
（a）温度控制器；（b）加热器

（4）拆除柜内温度传感器接线，测试柜门散热风扇能够正常运转，无噪声、无卡涩、且风向正常，如图 6-102 所示。

（5）测量单相风扇电机的启动电容容值，更换不满足要求的电容。

（6）检查确认柜体无变形、漆面无脱落；手动测试柜门开合正常，柜门锁定可靠，柜体无晃动；地脚固定螺栓防松动标识清晰、无位移。

图 6-102　柜门散热风扇

(7) 检查确认柜体照明灯具无脱落，灯罩无损坏，打开柜门时照明灯正常点亮，按压顶部限位开关时照明灯熄灭（适用于自控灯）。

四、UPS 系统设备巡视维护

（一）电池模块检查

检查确认电池模块的蓄电池无鼓包漏液，接线无松动、灼烧痕迹，UPS 无报警。

（二）UPS 系统测试

断开 UPS 系统市电供电电源开关，查看各模块供电正常，应能持续供电 5 min 以上。

（三）电池模块更换

(1) 将风电机组停机并切换至维护模式，断开 UPS 系统市电供电电源开关，确保无电压。

(2) 将 UPS 面板旋钮调节至"Service"模式，如图 6-103 所示。

(3) 将电池模块熔断器取出，如图 6-104 所示。

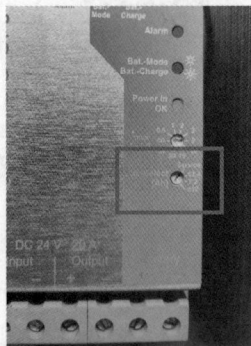

图 6-103　UPS 维护旋钮

图 6-104　电池模块熔断器

(4) 拆除电池与 UPS 间的连接线，拆线位置如图 6-105 所示。注意避免电池的正、负极接线短接或正、负极与其他金属设备搭接，以防电池剩余电量放电打火。

（5）拆除电池模块的固定螺栓，并将电池模块拆下，如图 6-106 所示。

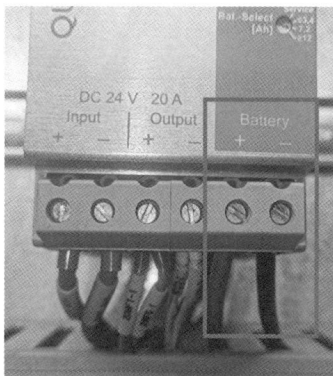 

图 6-105　电池与 UPS 连接线　　　　图 6-106　UPS 电池固定螺栓

（6）将全新的电池模块按照原方式安装并固定在柜体底板上。注意避免蓄电池磕碰。

（7）将新电池模块与 UPS 之间的电源线接好。注意避免正、负极接反。

（8）将电池模块熔断器按图 6-105 插入指定位置。

（9）闭合柜内 UPS 系统市电供电电源开关，将 UPS 面板旋钮从"Service"模式调节至指定电池容量 7.2Ah。

（10）首次使用时，应先给蓄电池充满电以延长电池的使用寿命。

五、通信设备巡视维护

风电机组的通信传输主要包括 PLC 站点内部的通信传输、通信站点之间的传输，站点之间的传输主要采用 Profibus-DP、CAN 等通信形式。通信系统的巡视维护作业规范如下：

（1）检查确认交换机、PLC 模块光纤固定牢固，无弯折，光纤头无破损、无漏光，水晶头连接牢靠，水晶头无破损。

（2）检查确认 Profibus-DP 通信、CAN 通信的总线连接器安装牢靠，屏蔽线可靠压接，拨动开关的投切位置正常，如图 6-107 所示。

(a)　　　　　　　　　　　　　　(b)

图 6-107　通信总线连接器

（a）Profibus-DP 通信总线连接器；（b）CAN 通信总线连接器

（3）规范 Profibus-DP 总线连接器接线，通讯进线应接在 1A、1B，出线接在 2A、2B，确保屏蔽线规范压接。

第六节 变流器系统巡视维护

本节介绍了变流器系统的巡视维护内容，包括控制柜门检查、UPS 功能测试、接触器触点检查、柜内滤棉更换、电路板除尘、散热系统维护、电缆连接检查、电容器检测、Crowbar 电阻测量、电抗器清洁、断路器维护以及光纤和通信线路检查等具体维护项目。

一、控制柜巡视维护

（1）开合柜门应顺畅无阻，与柜体紧密贴合，无歪斜或缝隙。

（2）柜门表面应无弯曲、翘曲或凹凸不平的现象。

（3）把手应无破损、裂痕或脱落。

（4）轻轻摇动把手，应安装牢固，无松动。

（5）使用钥匙或按钮测试柜门锁的开合功能，应灵活自如。

二、控制设备巡视维护

（一）UPS 巡视维护

（1）UPS 面板状态指示灯状态正常，无报警指示，无报警声音。

（2）UPS 输入、输出无短接。

（3）UPS 散热风扇运行正常，无异常噪声或振动。

（4）UPS 内部如配有加热器，确认其在环境温度较低时能够自动启动。

（5）断开市电供电开关，测试 UPS 功能，如不能满足测试要求，应更换 UPS 电池或 UPS 本体。

（二）接触器巡视维护

（1）电缆和接线端子连接处无松动、过热或腐蚀。

（2）承载大电流接触器的主触头有轻微放电痕迹属于正常现象，如腐蚀、烧伤严重，应进行更换，如图 6-108 所示。

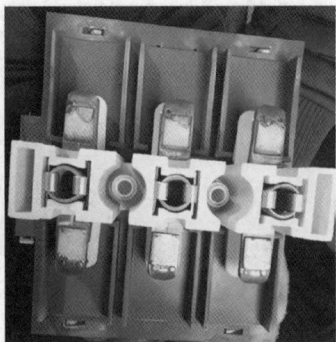

图 6-108 接触器主触头

（3）继电器及承载小电流的接触器触点无氧化、放电痕迹，对经常动作的继电器应着重检查，要求触点接触电阻小于1Ω。

三、环控设备巡视维护

（1）滤棉需定期进行清理、更换，滤棉应无灰尘、杂物，通风良好，如图6-109所示。粉尘污染严重区域，可根据情况适当缩短更换周期，防止堵塞，避免引起变流器系统过温。

（2）清理柜内的灰尘及异物，如果积尘严重，应使用吸尘器等进行除尘。

（3）清理柜内各接线端子及柜内所有器件的灰尘及杂物，如图6-110所示。

图6-109　滤棉

图6-110　柜内卫生清理

（4）使用防静电软毛刷清理所有电路板上灰尘，清理时手不能直接接触电路板，防止静电对电路板造成损坏，如图6-111所示。

（5）模块内部滤棉每年需更换一次，风沙和灰尘较多的地区可视情况缩短更换周期，更换时需注意滤棉安装方向，如图6-112所示。

图6-111　印刷电路板清理

图6-112　更换模块滤芯

（一）加热器及风扇巡视维护

（1）吸合加热器或风扇控制继电器，对柜体加热器或风扇进行测试，应能正常工作，对损坏的进行更换，如图 6-113 所示。

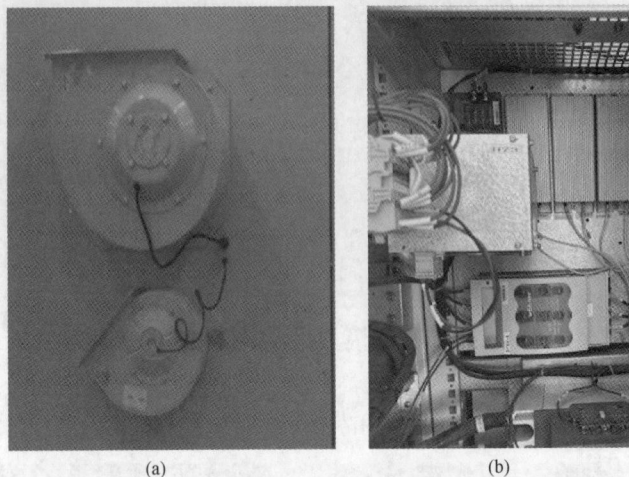

图 6-113　风扇和加热器
(a) 风扇；(b) 加热器

（2）检查温度控制器及湿度控制器定值设置正常。调节温度控制器设定值低于环境温度时，加热器应正常启动，高于环境温度时，风扇应正常启动。如不能正常启动，应更换损坏的风扇或加热器，测试完成后恢复原设定值，如图 6-114 所示。

图 6-114　温度控制器和湿度控制器

（3）检查风扇转动灵活，无异响，清理风扇内部的灰尘及杂物，测量风扇启动电容容值，应符合要求。如果发现电容有鼓包、变形、漏液或容值偏差严重时，需进行更换，如图 6-115 所示。

（二）功率单元散热设备巡视维护

（1）使用酒精清理 IGBT 模块底板及散热板上残余的导热硅脂并重新涂抹，如图 6-116 所示。

（2）如图 6-117 所示，检查模块底部的水冷管无裂纹、无老化、无变形、无渗漏。

（3）检查水冷管与模块的连接管接头紧固、无松动。

232

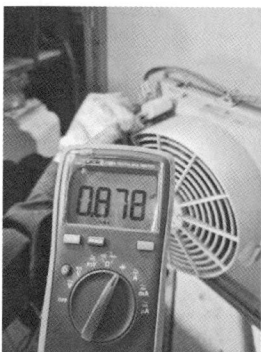

图 6-115 启动电容容值不足

图 6-116 清理后的散热板

图 6-117 水冷管路

（4）检查管路分配器水管连接紧固，无裂纹、无渗漏。

四、电气设备巡视维护

（一）电缆及附件巡视维护

（1）检查电缆出线孔密封，无密封或密封不严时应用防火泥进行封堵。

（2）检查主电缆及定、转子电缆的连接及老化情况，对异常的电缆进行处理。

（3）铜排表面无氧化、锈蚀现象，无明显的变色或斑点。

233

（4）螺栓无松动、放电痕迹，防松线清晰，防松线的位置应保持不变。

（5）铜排及螺栓表面应保持清洁，无大量灰尘。

（6）检查快速连接器的连接情况，清理灰尘及杂物，并重新均匀涂抹导电膏。

（二）电容器巡视维护

（1）滤波电容及补偿电容外壳无开裂、无鼓包、无漏液，如图 6-118 所示。

（2）检查补偿电容投切组数满足设备要求。

（3）用电容表或万用表检测电容器电容值，不满足要求时应更换，如图 6-119 所示。

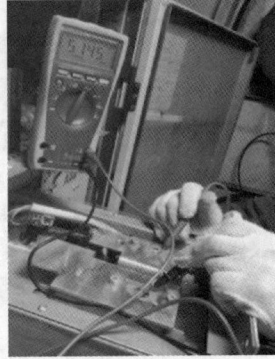

图 6-118 电容柜   图 6-119 测量电容器电容值

（三）过电压保护组件 Crowbar 巡视维护

（1）Crowbar 制动电阻外观应无变形、熔断现象，测量 Crowbar 制动电阻阻值，若存在异常需更换电阻，如图 6-120 所示。

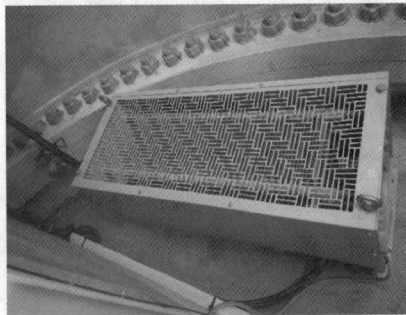

图 6-120 测量制动电阻阻值

（2）清理 Crowbar 内部卫生，并紧固连接电缆，Crowbar 防护板应安装牢固。

（四）电抗器及其支架巡视维护

（1）检查电抗器支架及电抗器固定螺栓无松动，支架无锈蚀。

（2）检查电抗器外观无变色、鼓包、放电痕迹。

（3）使用吸尘器清除电抗器表面的灰尘，如图 6-121 所示。

图 6-121　电抗器

（五）框架式断路器巡视维护

（1）检查框架式断路器无变形、无破损，固定螺栓无缺失，如图 6-122 所示。

图 6-122　主断路器

（2）维护框架断路器时要确保断路器已释能，清洁框架断路器内部各机械连接结构及相关部位处的油脂和尘垢，并进行润滑。

（3）检查脱扣保护器保护应正常投入使用，过载长延时"L"保护禁止关闭，核对保护定值正确。

（4）检查分、合闸及欠压线圈动作正常，检查欠压脱扣线圈顶杆上的金属垫片位置正常，并进行紧固，如图 6-123 所示。

（5）检查框架断路器在合闸动作后，能够正常储能，储能过程中无异响，储能电机无齿轮损坏、线圈烧损的现象，如图 6-124 所示。

图 6-123　框架式断路器线圈　　图 6-124　框架式断路器储能电机

五、通信设备巡视维护

（一）光纤巡视维护

（1）检查光纤线路无损伤、弯曲过度或受压情况。

（2）检查光纤接头连接牢固，接触良好。

（3）每 3～5 年用酒精棉球擦拭控制柜内各光纤接头和控制器光纤接口。

（二）通信电缆巡视维护

（1）电缆外皮无破损、老化、龟裂、腐蚀。

（2）电缆与接线端子连接牢靠，无松动、脱落、氧化、过热，电缆无被过度拉伸现象。

（3）电缆的屏蔽层接地良好，连接牢固，无破损、断裂。

第七节　偏航系统巡视维护

本节介绍了偏航系统的巡视维护内容，包括控制系统限位开关式和接近开关式偏航计数器的调整方法、测风传感器检查、控制回路测试；电机外观检查、电气回路测量、整流器检测和电磁制动器间隙调整；减速器外观检查、螺栓力矩校验、齿轮啮合间隙测量、油液加注与更换；制动器和阻尼器摩擦片检查更换、间隙测量、压力测试；轴承外观检查、润滑系统维护和密封检查；测风装置外观检查、N 点位置确认和传感器探头检查。

一、控制系统巡视维护

（一）计数器巡视维护

1. 限位开关式偏航计数器

以某品牌 1.5MW 机组的限位开关式偏航计数器为例，具体巡视维护步骤如下：

（1）检查偏航计数器编码器应完好，线缆无磨损，并绑扎牢靠，如图 6-125 所示。

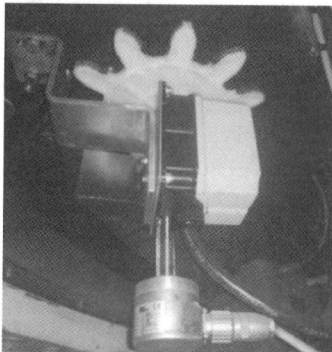

图 6-125　限位开关式偏航计数器

（2）检查偏航计数器的尼龙齿轮与偏航齿圈应正常啮合，无磨损、开裂。

（3）维护模式下手动偏航机舱至自动解缆角度；解除维护模式，待机组进入待机模式后，查看机组应自动执行偏航解缆动作。

（4）检查限位式偏航计数器无水痕及水渍，接线无松动，接线与电气图相符。

（5）向电缆扭绞的相反方向进行手动偏航，直到电缆自然下垂时停止偏航，此时的扭缆角度应为零。

（6）断开编码器、黄盒子、偏航电机的电源开关，使用万用表电压挡在开关下端口处验明确无电压，防止作业过程中机组误偏航。

（7）拆下黄盒子安装螺栓，将其取下并清理尼龙齿轮上的油污及灰尘。

（8）拆下黄盒子端盖安装螺栓，取下端盖。先将凸轮顶部中间的螺栓稍微拧松，如图 6-126 所示，保证 4 个凸轮可以单独转动，使用一字螺丝刀调节双向调节蜗杆，使 4 个凸轮凸起部分在同一水平线，如图 6-127 所示。

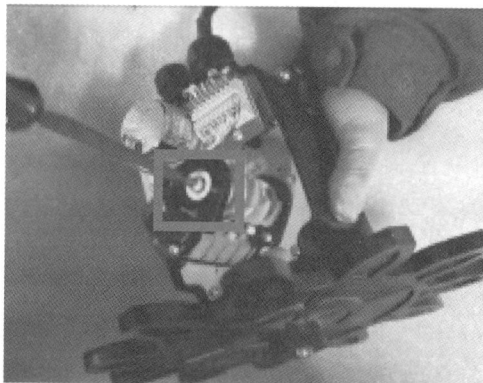

图 6-126　拧松中间的螺栓

图 6-127　调节 4 个凸轮凸起部分在同一水平线

（9）调节左偏航（扭缆）第二级机械限位保护对应凸轮（第 2 个）的位置。下面调节步骤均为面对尼龙齿轮。向左旋转尼龙齿轮，使 4 个凸轮凸起部分刚好同时触发对应微动行程开关，此时第二个凸轮凸起位置标定为向左偏航（扭缆）触发第二级机械限位保护的位置，相当于电缆向左扭转 860°（尼龙齿轮向左旋转 30 圈），如图 6-128 所示，接着以此位置为基准点，进行其他凸轮位置的调整。

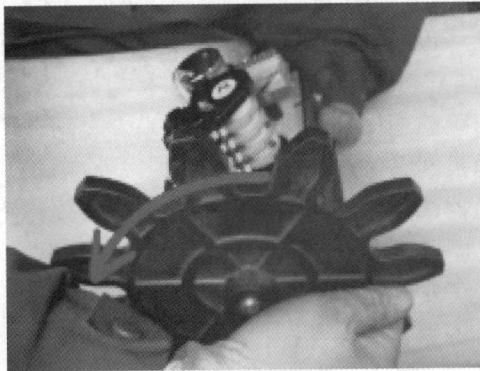

图 6-128　向左旋转齿轮 30 圈

（10）调节左偏航（扭缆）第一级机械限位保护对应凸轮（第 1 个）的位置。在步骤（9）的基础上，将尼龙齿轮向右旋转 4 圈，此时相当于电缆向左扭转 750°（尼龙齿轮向左旋转 26 圈），对应触发左偏航（扭缆）第一级机械限位保护的位置。俯视凸轮方向，调节双向调节蜗杆使第一个凸轮向左转动，如图 6-129 所示，使其凸起部分刚好触发对应微动行程开关，左偏航（扭缆）第一级机械限位保护对应凸轮的位置调节完成。

（11）调节右偏航（扭缆）第二级机械限位保护对应凸轮（第 3 个）的位置。在步骤（10）的基础上，使用记号笔或绝缘胶带等方法对尼龙齿轮起始位置做好标记，将尼龙齿轮向右旋转 26 圈，此时凸轮组位置对应电缆自然垂直，扭转角度为 0°的位置；继续将尼龙齿轮向右旋转 30 圈，如图 6-130

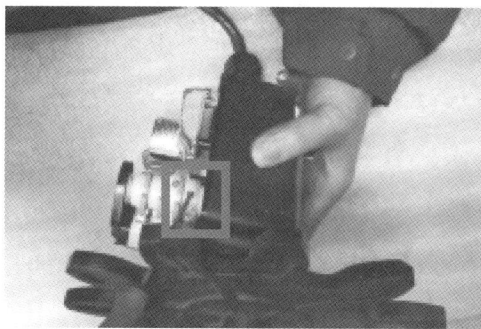

图 6-129　调节双向蜗杆使第一个凸轮触发

所示相当于电缆向右扭转 860°（尼龙齿轮向右旋转 30 圈），对应触发右偏航（扭缆）第二级机械保护的位置。调节双向调节蜗杆使第三个凸轮向右转动，如图 6-131 所示，使其凸起部分刚好触发对应微动行程开关，右偏航（扭缆）第二级机械限位保护对应凸轮的位置调节完成。

图 6-130　向右旋转齿轮 56 圈

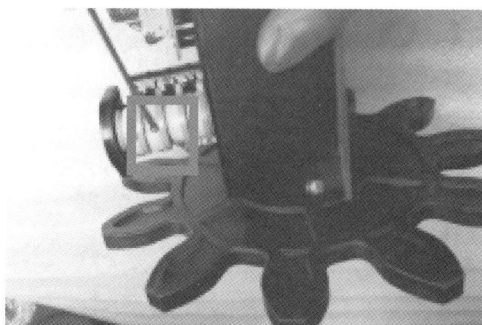

图 6-131　调节双向蜗杆使第三个凸轮触发

　　（12）调节右偏航（扭缆）第一级机械限位保护对应凸轮（第四个）的位置。在步骤（11）的基础上，将尼龙齿轮向左旋转 4 圈，如图 6-132 所示，相当于电缆向右扭转角度为 750°（尼龙齿轮向右旋转 26 圈），对应触发右偏航（扭缆）第一级机械限位保护的位置。调节双向调节蜗杆使第四个凸轮向右转动，如图 6-133 所示，使其凸起部分刚好触发对应微动行程开关，右偏航（扭缆）第一级机械限位保护对应凸轮的位置调节完成。

图 6-132　向左旋转齿轮 4 圈

图 6-133　调节双向蜗杆使第四个凸轮触发

（13）在步骤（12）的基础上，将尼龙齿轮向左旋转 26 圈，如图 6-134 所示，此时凸轮组位置对应电缆自然垂直，扭转角度为 0°的位置。至此，4 个凸轮位置全部调节完成。

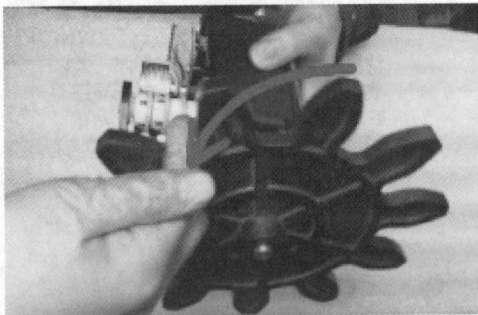

图 6-134　向左旋转齿轮 26 圈

（14）紧固凸轮顶部中间的固定螺栓，防止螺栓松动造成机械保护失效，如图 6-135 所示。

（15）检查黄盒子端盖上密封圈良好，如有破损进行更换，安装端盖，

图 6-135　拧紧中间固定螺栓

紧固螺栓。

（16）将黄盒子安装在机舱主机架下，安装时注意勿旋转尼龙齿轮，紧固安装螺栓。

（17）合上偏航编码器、黄盒子和偏航电机的电源开关。

（18）在系统控制面板上点击"偏航校零"控制命令按钮，完成偏航计数器校零。

2. 接近开关式偏航计数器

接近式偏航计数器与行程限位开关单元共同实现对偏航扭缆的保护功能，接近式偏航计数器用于检测偏航位置，行程限位开关单元用于机械扭缆保护，当超过了解缆角度，风电机组没有执行自动偏航解缆而是继续扭缆时，行程限位开关就会动作，进而切断安全链同时报告主控发生了偏航扭缆故障。

行程限位开关单元由行程限位开关、钢丝绳（带塑料保护层）和钢球组成，如图 6-136 所示。行程限位开关安装在塔顶平台的背面，钢丝绳的一端拴着钢球，另一端拴在电缆束中的一根电缆上。随着电缆束的扭转，钢丝绳不断缠绕在电缆束上，因为其长度固定，所以扭缆到一定程度时，钢丝绳会牵引着钢球拉动行程限位开关的触点，机组紧急停机。

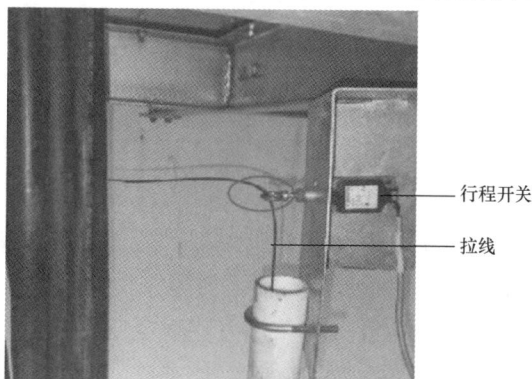

图 6-136　钢丝绳行程限位开关

241

以某品牌 1.5MW 机组的接近开关式偏航计数器为例，具体巡视维护步骤如下：

（1）检查接近开关式偏航计数器的固定螺母无松动、损坏。行程限位开关与塔筒平台间连接螺栓无松动。

（2）检查行程限位开关单元钢球无脱落，钢丝绳与电缆间无明显划伤。

（3）检查传感器安装可靠，检测面无油污。

（4）手动偏航，当偏航齿圈的齿顶端面经过传感器时，传感器应亮起。

（5）测量传感器到偏航齿圈齿顶距离，确认两个传感器到齿顶距离基本相等，约为 3mm，如图 6-137 所示。

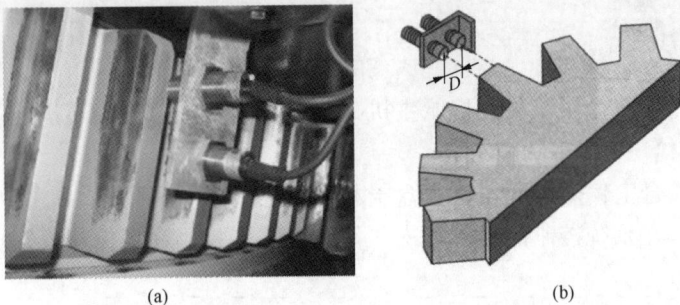

图 6-137 接近开关式偏航计数器
(a) 接近开关式偏航计数器实物；(b) 接近开关式偏航计数器示意图

（二）测风传感器巡视维护

（1）检查加热元件。使用万用表电阻挡测量加热器电阻值，应在厂家技术文件要求范围内；用红外测温仪进行查看，表面温度应高于环境温度。

（2）查看监控界面测量的风速、风向数值应与实际相符，输出信号应符合线性特征曲线。

（3）手动转动风速仪风向标，检查轴承有无卡涩、异响等情况（机械式）。

（4）手动转动风向标传动单元到 90°、180°、270°、360° 位置，并在监控界面观察是否与实际位置相符（机械式）。

（三）控制回路巡视维护

（1）断开机组机舱柜主电源开关，并验明下端口确无电压。

（2）手动旋转偏航电机电源开关，测试开关的分合闸反馈状态，开关旋钮无卡涩现象。

（3）核对偏航电机电源开关、热继电器、软启动器或偏航变频器的保护定值，设定值应与电气图纸保持一致，如图 6-138 所示。

（4）合上偏航电机电源开关，使用万用表电阻挡测量主触点和辅助触点的电阻值，阻值应小于 1Ω，如图 6-139 所示。

（5）检查偏航接触器外壳应完整，无破损、拉弧现象；手动测试接触

(a)　　　　　　　　　(b)　　　　　　　　　(c)

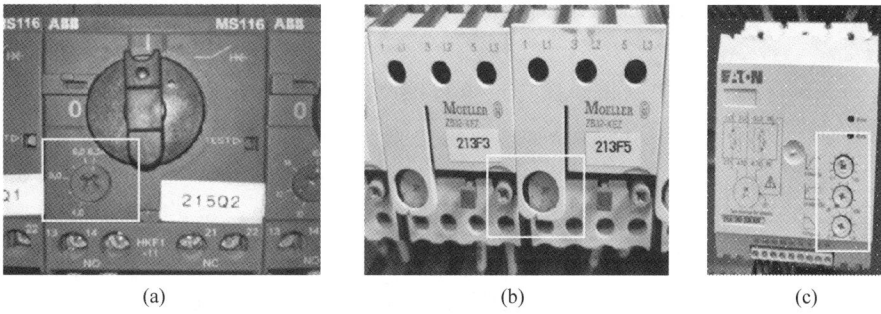

图 6-138　保护定值设定

（a）电机电源开关；（b）热继电器；（c）软启动器

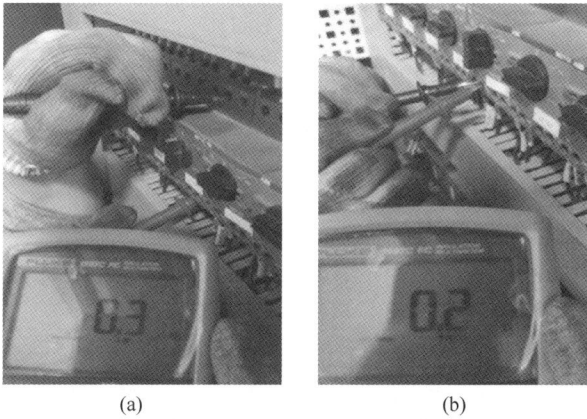

(a)　　　　　　　　　　　　(b)

图 6-139　供电电源开关触点电阻值测量

（a）主触点电阻值测量；（b）辅助触点电阻值测量

器机械部件无卡涩，如图 6-140 所示；使用万用表电阻挡测量主触点和辅助触点的电阻值，阻值应小于 1Ω；测量接触器线圈电阻值，如图 6-141 所示。阻值应在厂家技术文件要求范围内。

图 6-140　接触器机械结构检查　　　图 6-141　接触器线圈电阻值测量

（6）查看偏航软启动器或变频器的运行状态，各指示灯应正常指示或闪烁。

（7）手动进行左右偏航操作，查看控制系统左右偏航、电磁刹车反馈、液压刹车反馈等指示灯应正常。

二、电机巡视维护

偏航电机对称布置在机舱，一般为四极三相异步电动机，部分电机内部装有测温装置，用于绕组过温保护。电动机的转轴末端装有电磁制动器，在偏航停止时，可靠制动；整流器位于接线盒内，为电磁制动器提供直流电源。

（一）外观巡视维护

（1）检查漆层完好，无脱皮反锈、无油污。

（2）检查电机安装固定螺栓无松动、缺失。

（3）检查铭牌及接线图标记齐全、清晰。

（4）检查线缆固定牢固，无老化、磨损。

（5）检查电机转动无振动、卡涩、异常响声。

（6）检查电机风扇罩无变形，固定螺栓无松动、无缺失。

（7）检查风扇无裂纹、变形、磨损，固定弹簧销无缺失，如图 6-142 所示。

（8）检查风扇平键和键槽孔无松动、磨损。

图 6-142　偏航电机风扇

（二）电气主回路巡视维护

（1）手动偏航，用钳形电流表分别测量每台偏航电机电流值，如图 6-143 所示，并做好记录。

（2）测量偏航电机、刹车和加热器回路的电压，无电压过高、过低或缺相情况。

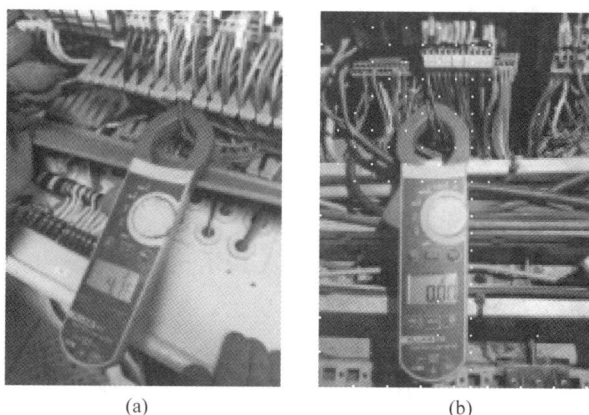

图 6-143 偏航电机电流测量

(a) 单相电流测量；(b) 三相电流测量

（3）断开偏航电机、加热器和电磁刹车电源开关。

（4）使用万用表交流电压挡对开关下端口及偏航电机接线柱进行相对地、相间验电，确认无电压。

（5）将电机接线拆下，用 1000V 绝缘电阻表测量电机绝缘电阻不小于 0.5MΩ，如图 6-144 所示。

（6）接线盒无损坏、受潮、老化及放电痕迹。检查绝缘板或引线瓷套外观，无掉瓷、裂纹，引线牢固，如图 6-145 所示。对照接线图，检查绕组接线，确保接线正确。

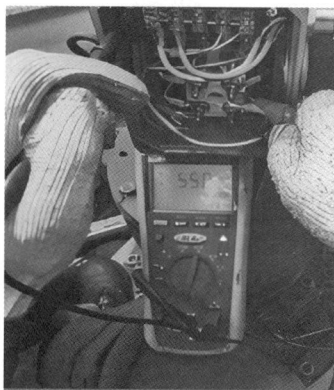

图 6-144 偏航电机绝缘测量

图 6-145 偏航电机接线盒

（7）绕组直流电阻测量，用直流电阻测量仪测试直流电阻是否平衡。

（8）测量电磁刹车线圈电阻值，确保在厂家技术文件要求范围内。

（三）整流器巡视维护

（1）断开偏航电机、加热器和电磁刹车电源开关。

（2）使用万用表交流电压挡对开关下端口及偏航电机接线柱进行相对

地、相间验电，确认无电压。

（3）检查整流桥，测量二极管管压降（硅管的正向压降为 0.7V，锗管的正向压降为 0.3V）。其具体步骤为：

1）万用表的红表笔接整流器"＋"端子，黑表笔分别接交流的两个端子，显示均为∞，如图 6-146（a）所示；

2）万用表的红表笔分别接交流的两个端子，黑表笔接"＋"端子，显示为二极管正向压降值，如图 6-146（b）所示；

3）万用表红表笔接整流器"－"端子，黑表笔分别接交流的两个端子，显示为二极管正向压降值，如图 6-146（c）所示；

4）万用表的红表笔分别接交流的两个端子，黑表笔接"－"端子，显示均为∞，如图 6-146（d）所示。

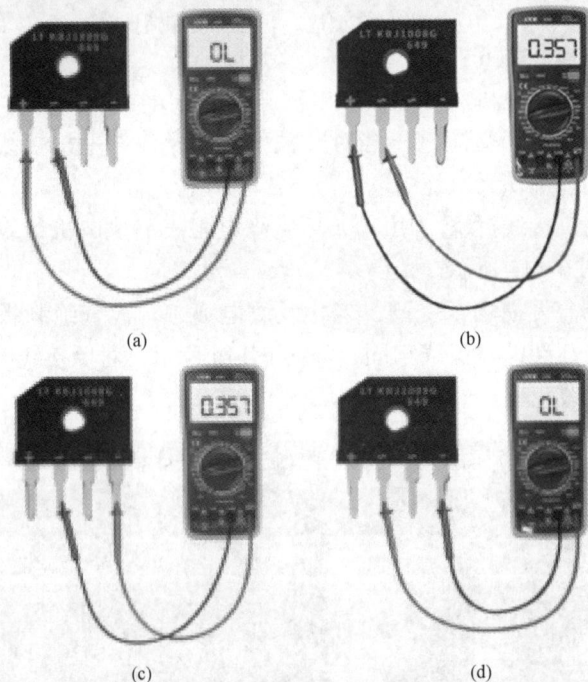

图 6-146　偏航电机整流器测量
(a) 红（＋）黑（～）截止；(b) 黑（＋）红（～）导通；
(c) 红（－）黑（～）导通；(d) 黑（－）红（～）截止

（四）电磁制动器巡视维护

电磁制动器又称电磁刹车。手动偏航，偏航电机电磁刹车应能正常松闸。电磁刹车失电闭合时，使用塞尺测量电磁刹车间隙应在规定范围内。若间隙不满足要求，需调整电磁刹车间隙，具体步骤如下：

（1）断开偏航电机和电磁刹车电源开关、加热器及反馈回路电源开关。

（2）使用万用表交流电压档对开关下端口及偏航电机接线柱进行相对

地、相间验电，确认无电压。

（3）逆时针拧下电磁刹车手动释放杆。

（4）拆除偏航电机尾部防护罩。

（5）使用毛刷清扫电机本体灰尘，用卡簧钳（外卡）拆下偏航电机风扇上的卡箍，取下风扇，如图 6-147 所示。

（6）取下电磁刹车下端的防尘胶圈，如图 6-148 所示。使用毛刷或吸尘器清扫内部灰尘。

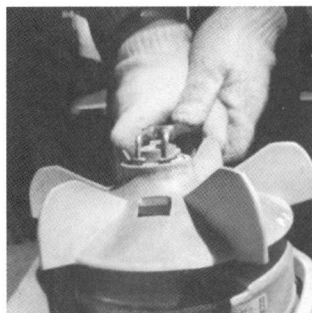 

图 6-147　拆卸偏航电机风扇　图 6-148　拆卸电磁刹车防尘胶圈

（7）拆除三颗固定螺栓，取下电磁刹车。若发现内部有大量磨屑，需拆解电磁刹车，使用砂纸、抛光机剔除衔铁、摩擦板等部位板结的磨屑，如图 6-149 所示。

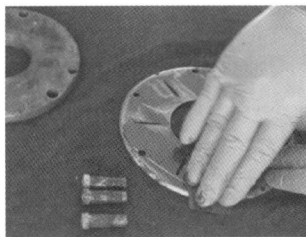  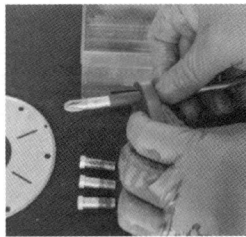

　　　　　（a）　　　　　　　　　　（b）　　　　　　　　　　（c）

图 6-149　拆解打磨作业

（a）摩擦板打磨；（b）衔铁抛光；（c）滑柱销打磨

（8）取出电磁刹车摩擦盘，使用毛刷清理摩擦盘、摩擦板上的磨屑，目视检查摩擦盘的使用情况，应无变形、裂纹或划痕，如有则需更换摩擦盘。

（9）使用游标卡尺测量电机电磁刹车摩擦片厚度，如相对于初始值磨损量大于 2mm，需换摩擦盘。摩擦片磨损量＝（原来厚度-测量厚度）/2，如图 6-150 所示。同时，如果摩擦盘上下摩擦面因磨损变得不平行，也需要更换摩擦盘。

图 6-150　测量摩擦盘厚度

（10）往回装摩擦板、摩擦盘、线圈等，拧紧三颗内六角螺杆，如图 6-151 所示。

(a)　　　　　　　　　(b)　　　　　　　　　(c)

图 6-151　回装电磁刹车总成

（a）回装摩擦板；（b）回装摩擦盘；（c）回装线圈

（11）目视三颗滑柱销两侧衔铁与线圈之间的间隙，以间隙较大处开始调节。如图 6-152 所示，拧松对应滑柱销处线圈固定螺杆 2，拧动滑柱销 1，向"－"方向旋转间隙变小，向"＋"方向旋转间隙变大。再次锁紧线圈固定螺杆 2，测量衔铁与线圈之间的间隙，如图 6-153 所示。如果间隙过大，则需要继续调节，直至间隙值符合厂家技术要求。

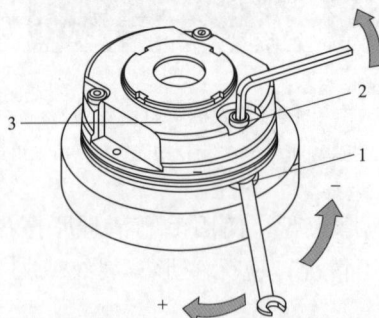

图 6-152　间隙调节示意图

（12）依次调节相邻滑柱销，调节过程与步骤（11）相同。直至衔铁与线圈之间的间隙沿整个气隙圆周面均满足厂家技术要求。

图 6-153　间隙测量

需要注意：

1）每次调节必要经历：拧松线圈固定螺杆→调节滑柱销→预紧线圈固定螺杆→测量间隙这四个过程，直至调节出符合厂家技术要求的间隙值。

2）调节次数依据调试者经验而定，无具体要求，原则上间隙应逐步减小至最佳值。

（13）上电测试。做上电吸合测试，分合过程声音干净、清脆。同时，在衔铁吸起后，必须测量衔铁与摩擦盘间隙，因为此间隙才是最终"工作间隙"，是有相对运动的，上述所有步骤只是"间接调整间隙"的一个过程。此步骤至关重要，将直接决定电磁刹车制动力矩、运行稳定性及使用寿命。

（14）力矩校验。在电磁刹车制动状态下，使用扭力扳手及专用工装，检验制动力矩是否符合电磁刹车铭牌要求，如图 6-154 所示。

图 6-154　制动力矩校验

（15）间隙调整完毕后，往回装防尘胶圈。

（16）往回装偏航电机风扇、护罩及手动释放杆。

间隙调整作业中关键因素把控：

1）不同型号电磁刹车的弹簧严禁互换。不同型号的电磁刹车弹簧，弹力系数、线圈处弹簧安装孔洞深度等均有所不同。不同弹簧互换，会引起电磁刹车实际制动力矩与铭牌不符。

2）摩擦盘可以沿齿形轴套上下自由移动，即电磁刹车在打开或关闭状态下，摩擦盘下表面均和摩擦板直接接触。要求摩擦板表面要绝对平整、光滑，不得有毛刺、凸起，否则会加速摩擦盘磨损。

3）摩擦板及衔铁有磨损、凹陷的，严禁回装使用，否则会造成摩擦盘有效接触面积减小，降低电磁刹车制动力矩。制动力矩不足又会加速电磁刹车失效进程，最终形成恶性循环。

4）电磁刹车间隙调整过程必须以"被调"电机端面作为基准。

5）衔铁吸起、释放过程，声音需干净、清脆。

6）上电测试，测量衔铁与摩擦盘间隙时，塞尺末端要塞入间隙深处直至触碰到电机转轴为止，同时，塞尺插拔过程稍带一丝阻力，方为塞尺对应尺寸，最后再以超出目标间隙值±0.1mm 塞尺复检。例如：目标间隙值0.4mm，可以用 0.3mm 和 0.5mm 塞尺进行校验，确保间隙值的准确性。

7）上电测试，衔铁被吸起时，转动电机转轴，应无明显摩擦声响。

8）衔铁吸起、释放过程，务必做到"同上同下"，不得有一端先起先落现象。

9）每根线圈固定螺杆都需要配有弹垫。

10）间隙一旦调整完毕，线圈、衔铁、摩擦盘、摩擦板不得随意更换，否则需重调间隙。

三、减速器巡视维护

偏航减速器输出端速度低、转矩大，一般选用多级行星减速器，如图6-155 所示；或涡轮蜗杆与行星串联减速器，如图 6-156 所示。

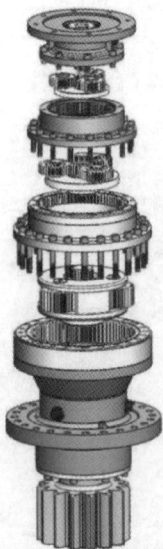

图 6-155 多级行星减速器

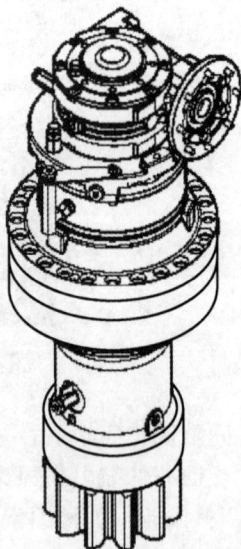

图 6-156 涡轮蜗杆与行星减速器

（一）外观巡视维护

（1）检查减速器的防腐涂层无脱落现象，如有脱落需修复，如图 6-157所示。

图 6-157 偏航减速器

（a）减速器防腐涂层脱落；（b）减速器防腐涂层修复

（2）手动向左、右方向偏航，检查偏航减速器无异响、无异常振动。

（二）螺栓力矩校验

以技术文件要求的力矩检查偏航减速机与主机架安装螺栓，检查比例参照技术文件要求执行。减速器螺栓力矩表可参考表 6-4。

表 6-4　螺栓力矩表

性能等级 螺栓规格	螺距 P（mm）（粗牙）	8.8	10.9
M4	0.7	3.2	4.3
M5	0.8	5.9	8.3
M6	1	10.2	14.4
M8	1.25	20	27
M10	1.5	39	43
M12	1.75	75	115
M14	2	114	160
M16	2	165	290
M18	2.5	230	400
M20	2.5	320	580
M22	2.5	544	765
M24	3	690	970
M27	3	1009	1419
M30	3.5	1377	1936
M36	4	2386	3356

注　1. 以上力矩值仅适用螺栓表面无润滑剂的状态。

　　2. 减速器不允许使用 12.9 级螺栓。

（三）输出轴巡视维护

（1）检查偏航减速器的密封情况，查看偏航减速器输出轴轴承处无油脂溢出。如有油脂溢出，将油脂清理干净，记录减速器的编号、出厂日期等信息并及时处理。

（2）检查偏航减速器输出轴小齿轮无断齿、齿面剥落等情况，如图 6-158 所示。

图 6-158　偏航减速器小齿

（3）用塞尺检查偏航大小齿轮啮合间隙，确保满足规定要求，如图 6-159 所示。

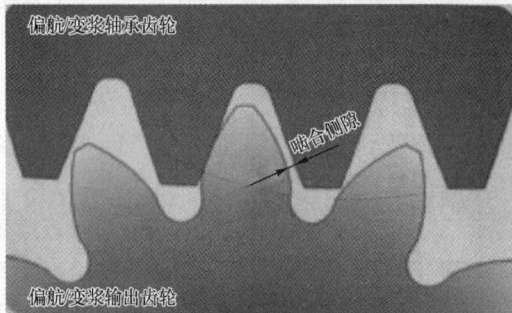

图 6-159　偏航大小齿啮合间隙

（4）四个小齿轮分别与偏航减速机连接在一起，与同一个偏航齿圈啮合。为了使得偏航位置精确且无噪声，需定期用塞尺检查啮合齿轮的间隙。若不满足要求，则将主机架与驱动装置连接螺栓松开，缓慢转动偏航减速机，直到得到合适的间隙，然后以规定的力矩值拧紧螺栓。

齿轮啮合间隙调整方法有两种：一种为压铅法，测量铅丝厚度；另一种为塞尺齿面间隙测量。

1）压铅法。

a）在涂绿漆的偏航外齿圈处进行测量，将两根铅丝在齿轮齿长方向对称放置（见图 6-160），距齿轮两侧端面为 20～30mm，在放好铅丝后，手动偏航，使偏航减速器小齿轮碾压铅丝。

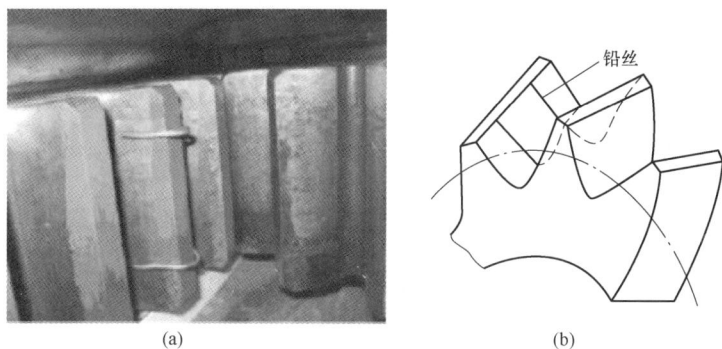

图 6-160 偏航外齿圈铅丝放置
(a) 偏航外齿圈铅丝放置实物图；(b) 偏航外齿圈铅丝放置示意图

b）压扁后的铅丝用千分尺或游标卡尺测量铅丝双面厚度如图 6-161 所示。

图 6-161 铅丝厚度测量

c）若啮合间隙不满足要求，则按以下步骤进行调整：①寻找偏航减速器最大端标识。②通过调整减速器偏心圆盘的圆周面到偏航减速器中心轴的距离来调整啮合间隙。③调整方法如图 6-162 所示，若啮合间隙大，则需将最大偏心处远离偏航内齿圈；若啮合间隙小，则需将最大偏心处靠近偏航内齿圈，调整完毕重压铅丝，确保铅丝厚度在规定范围内。

2）塞尺法。

a）找到偏航齿圈的 3 个测量齿（标有绿色油漆），形成 2 个齿槽。

b）手动进行偏航，使偏航驱动齿轮与 2 个齿槽进行啮合如图 6-163 所示。

c）使用塞尺进行测量，测得塞尺厚度在规定范围内即可。

（四）加注油液

在减速器静止状态下，检查减速器的油位、油色正常。一般减速器油位于油位计最高线与最低线两刻线之间或高于油位窗 1/2 处，如图 6-164 所示。

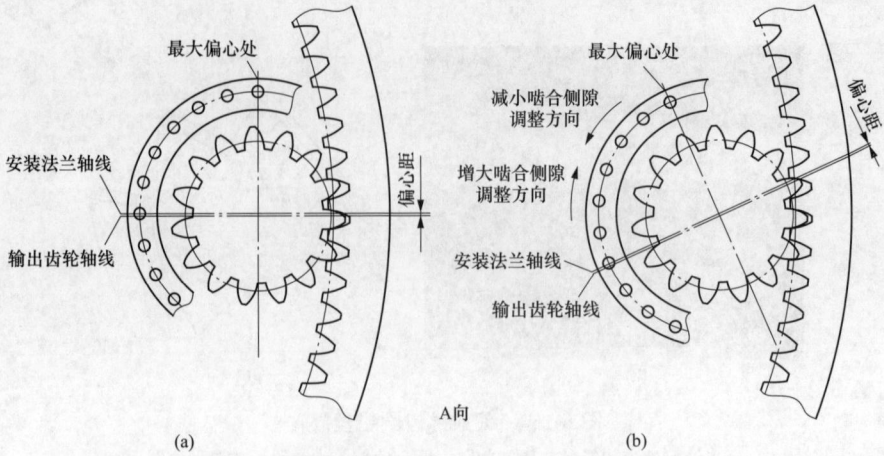

图 6-162　啮合间隙调整图示

（a）最大偏心处靠近齿圈；（b）最大偏心处远离齿圈

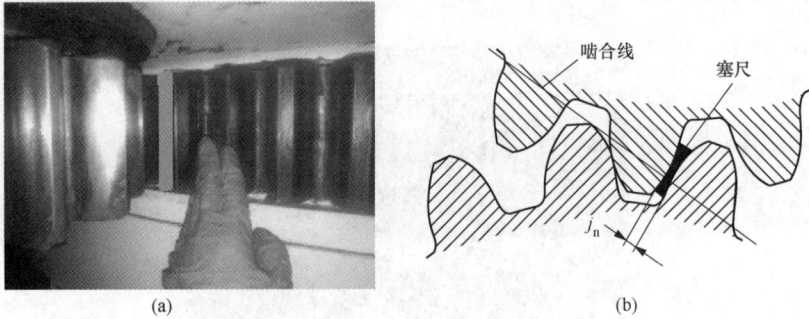

图 6-163　齿槽啮合位置

（a）齿槽啮合位置实物图；（b）齿槽啮合位置示意图

图 6-164　偏航减速器油位检查

如油位偏低，需加注润滑油，并检查是否有渗漏点，润滑油型号见相关技术文件。减速器结构如图 6-165 所示。加注方法为：

（1）用毛巾清理干净加油口及其周围的灰尘油污。

（2）旋下加油塞，并将其倒置于一块干净的抹布上。

（3）将润滑油顺着加油口倒入减速器内（由于加油口较小，实际加油时可使用干净的大号针筒作为加油工具）边加油边通过油位计观察油位。

（4）当油位接近油位刻度指示时，停止加油（可事先在正常油位处用记号笔做一标记）。

（5）将加油塞擦拭干净并旋到加油口上拧紧。

（6）进行手动偏航使减速器运行5min，观察加油口处是否有渗漏现象，如有加以处理。

（7）停止偏航再次观察减速器油位，如油位达到正常值，加油工作结束，如未能达到要求，重复步骤（2）～步骤（6），直到油位满足要求。

图 6-165 偏航减速器加油口及油窗
1—加油口；2—油窗；3—放油口

润滑油型号根据项目具体配置，常用 Shell S4 GX 320（旧称 Shell Omala HD 320，常温型）或 Shell S4 GX 150（旧称 Shell Omala HD 150，低温型）。

（五）更换油液

为了延长减速器的寿命，必须定期对减速器进行换油（最好在热机状态下换油），更换过程如下：

（1）用毛巾清理干净放油口及其周围的灰尘和油污。

（2）将一个空的容器置于放油口附近，以备回收废油。

（3）拧下放油口螺栓并将其倒置于一块干净的毛巾上。

（4）如图 6-166 所示，安装一个外接油管，油管的另一头插入准备好的容器内。

（5）将废油排入容器内，同时打开加油口，以便顺利将油排出。

（6）加入适量新油进行冲洗，以便使停留在输出端的残渣顺利排出，如气温较低，需加入事先预热过的新油进行冲洗。

（7）将放油口螺栓擦拭干净，重新安装到排油口上，拧紧。

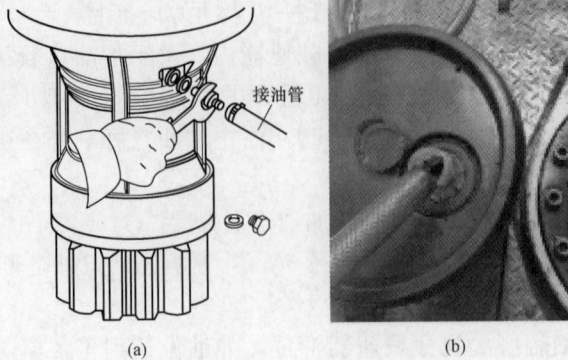

(a)　　　　　　　　　　(b)

图 6-166　排油示意图

(a) 减速器侧油管；(b) 容器侧油管

四、制动器和阻尼器巡视维护

（一）制动器巡视维护

（1）检查制动器与主机架连接螺栓力矩线无偏移。

（2）检查制动器表面无掉漆、锈蚀、渗漏油，无油污及磨损碎屑。

（3）检查制动器两端的限位块无异常磨损，测量限位块与偏航制动盘的距离，如图 6-167 所示。

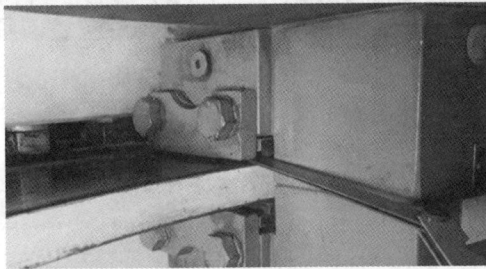

图 6-167　偏航制动器限位块测量

（4）清理制动器废油回收装置中废油。

（5）检查压力油管接头处无松动渗漏油。

（6）检查制动器摩擦片的磨损情况，满足规定要求，如图 6-168 所示。

（7）叶轮锁定情况下，将制动器全泄压力，使用塞尺分别测量偏航制动盘的两个端面到制动器摩擦片端面间的间隙，确认在厂家技术文件要求范围内，如图 6-169 所示。

（8）使用游标卡尺测量偏航制动盘的厚度，如图 6-170 所示。确认在厂家技术文件要求范围内。若磨损超出范围，需及时进行修复。

（9）油污清理。

1）清理每个制动器侧面的粉末和油污。

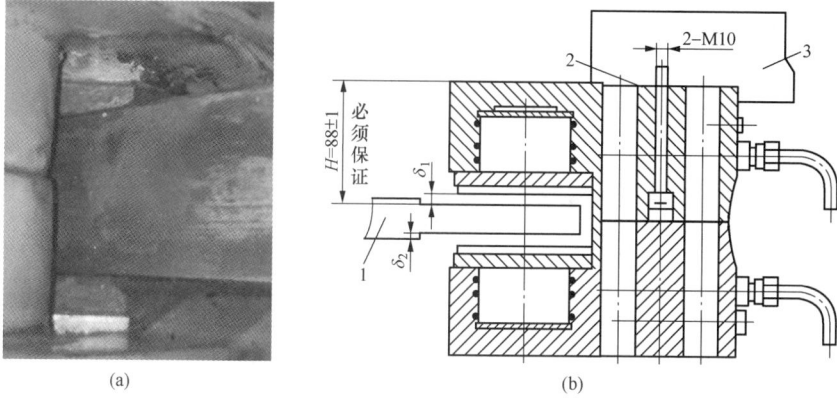

图 6-168　制动器摩擦片

（a）制动器摩擦片实物图；（b）制动器摩擦片示意图

1—刹车盘；2—调整垫；3—安装座

图 6-169　偏航制动器刹车盘和摩擦片间隙测量

图 6-170　制动盘厚度测量

2）清理每个制动器表面及连接油管的灰尘及油污，并检查制动器及油管无渗漏油。

3）清理偏航齿圈及制动盘上的废弃油脂、杂物和粉末。

4）拧下制动器上排油管的三通接头，排出制动器回油管内的废油，检

257

查制动器应无内泄。

（10）目视偏航制动盘表面，若偏航制动盘表面有明显的沟壑，需要及时进行修复，如图 6-171 所示。

图 6-171　制动盘表面磨损严重

（11）力矩校验。检查制动器与主机架连接螺栓力矩，确保符合厂家技术规范要求，如图 6-172 所示。

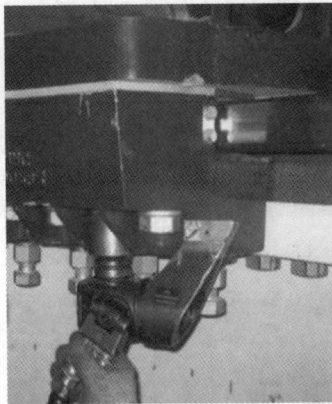

图 6-172　制动器螺栓力矩校验

（12）检查制动器压力是否满足要求，如图 6-173 所示。使用压力表在压力测点进行测试。

（二）制动器及摩擦片更换

以某品牌 1.5MW 风电机组的偏航制动器为例，介绍偏航制动器更换工作。更换步骤如下：

（1）首先将机组打到维护状态，拍下机舱柜急停按钮并断开偏航电机电源开关，其次对液压系统进行泄压并断开液压泵电机电源开关，同时拆下制动器上的油管、废油收集管，保证闸体内活塞已泄压。

（2）用工装撑起需更换的制动器，防止制动器固定螺栓拆除后下钳体掉落伤人。

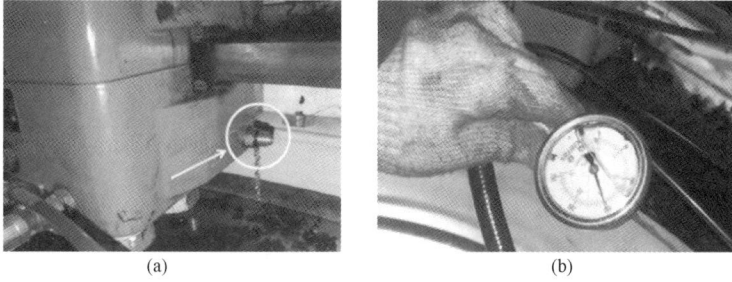

图 6-173　制动器压力测试

（a）制动器压力测点；（b）压力表

（3）用力矩倍增器拆除制动器固定螺栓 M27×260-10.9，使钳体分开后，分别卸下上、下两个钳体。

（4）螺栓拆卸完后翻过钳体，将摩擦片从钳体上撬下，如图 6-174 所示。

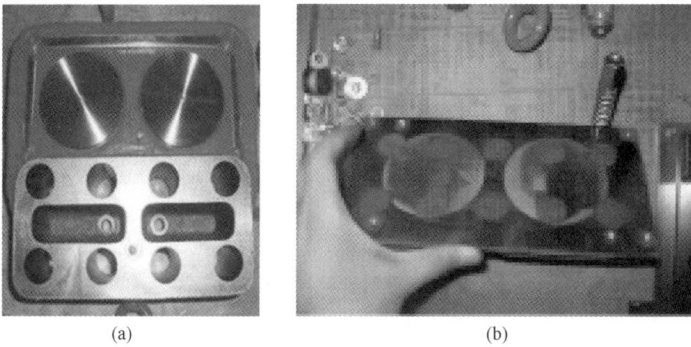

图 6-174　摩擦片与钳体分离

（a）制动器钳体；（b）摩擦片

（5）清洗钳体，安装新摩擦片后，用橡胶锤均匀敲击制动器上、下钳体摩擦片表面，如图 6-175 所示。使制动器内的活塞缸处于最低位置，注意用力不要过猛。

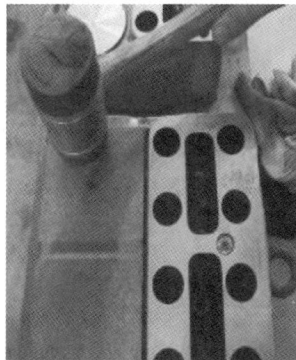

图 6-175　安装新摩擦片

（6）安装新的偏航制动器，用高度尺测量底座到偏航制动盘上表面距离，设计尺寸为 118mm±1.5mm。据此尺寸来调整制动器与制动盘间隙，若实测高度大于此尺寸，就在底座与制动器上钳体间加相应厚度的刹车调整垫片。保证制动器上、下钳体与偏航制动盘间隙为 2～3mm。

（7）清理制动器各零部件，先将制动器按上钳体、下钳体依次摆放在底座偏航制动器安装位置上。注意上钳体的 O 形密封圈必须安装上。

（8）用符合《六角头螺栓》（GB/T 5782—2016）标准要求的 M27×260-10.9 螺栓，将上下钳体连接在一起，先用电动冲击扳手预紧螺栓，再使用力矩扳手锁紧，力矩值为 1200N·m，螺栓紧固顺序为对称紧固，分 3 次紧固 $T_1＝600$N·m，$T_2＝900$N·m，$T_3＝1200$N·m，螺栓顶部螺纹需涂抹二硫化钼。

（9）检查制动器摩擦片间隙是否符合安装要求，不符合间隙要求的，则松动 8 个固定螺栓，适当增加自制垫片调整间隙，直到达到间隙要求，然后旋紧 8 个固定螺栓，固定制动器。

（10）螺栓紧固完成后，用油漆笔在螺栓六角头侧面与偏航轴承面做防松标记，位于制动器内侧，螺栓六角头部分及连接面上总长度约 30mm，并在长度方向上不得间断。待油漆完全干燥后再均匀涂抹 D-硬膜防锈油。

（11）安装制动器液压油管，观察液压油位并及时加油，更换完毕。

（三）阻尼器巡视维护

（1）检查偏航阻尼器衬垫的磨损情况应在合理范围内。

（2）检查偏航阻尼器紧固螺母力矩线无偏移。

（3）使用游标卡尺测量碟簧伸缩量尺寸，确保满足厂家技术文件要求，如图 6-176 中 3 所示。

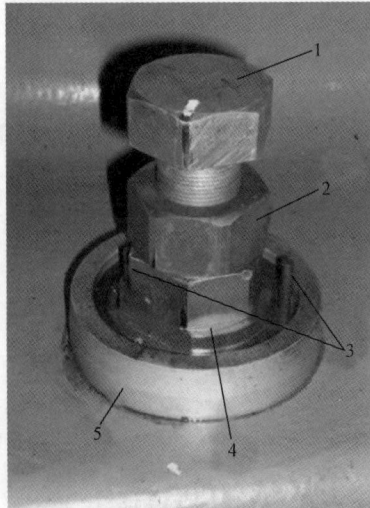

图 6-176 偏航阻尼器

1—调节螺钉；2—锁紧螺母；3—塑料销或橡皮塞；4—螺纹衬套；5—底板中的滑套

（4）阻尼力矩校验。

1）对于可以检测偏航功率参数的机组，需调节偏航功率螺栓，确保偏航功率值满足厂家技术要求，但需要强调的是所有功率调节螺栓力矩值必须一致。

2）对于没有检测偏航功率参数的机组，只需保证所有阻尼力矩调节螺栓的力矩值符合厂家技术要求即可，如图 6-177 所示。

图 6-177 阻力筒套力矩校验

五、轴承巡视维护

偏航轴承主要分为滑动轴承和滚动轴承两种类型。在日常巡视维护中，作业人员通过目视的方式观察轴承是否存在磨损、金属碎屑，或者是否有水污染的迹象。一旦发现轴承出现过度磨损，或者润滑油脂中渗入了水分，这可能预示着轴承即将出现损坏，此时便需要立即采取更为深入的维护和修复措施。

（一）外观巡视维护

（1）检查偏航轴承表面无掉漆、锈蚀、裂纹或其他损伤，如图 6-178 所示。

图 6-178 偏航轴承

（2）检查偏航齿圈磨损、点蚀、断齿、裂纹情况，如图 6-179 所示。如齿圈有断齿，需检查偏航减速器是否也存在损坏情况，并进行及时修复。

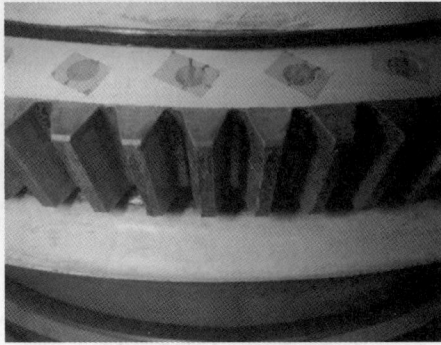

图 6-179　偏航齿圈

（3）进行机组偏航操作，检查轴承运行应平稳，确保没有异常的振动或噪声。

（4）检查轴承座应无变形、无松动情况。

（5）检查轴承座固定螺栓无松动、无缺失，力矩线无偏移，如图 6-180 所示。

(a)　　　　　　　　　　　　　(b)

图 6-180　偏航轴承座固定螺栓

（a）卡钳式制动器轴承；（b）阻尼器制动器轴承

（二）轴承润滑系统巡视维护

（1）检查偏航齿圈润滑良好，齿面无点蚀、崩齿、裂纹痕，如图 6-181 所示。

（2）检查偏航注油管路和分配器无渗漏，如图 6-182 所示。

（3）检查润滑泵油脂不少于 1/2，若油脂存在油基分离，更换油脂罐内所有油脂。

（三）轴承密封巡视维护

（1）检查偏航轴承密封唇口无龟裂、硬化、变形。

图 6-181 偏航齿圈润滑

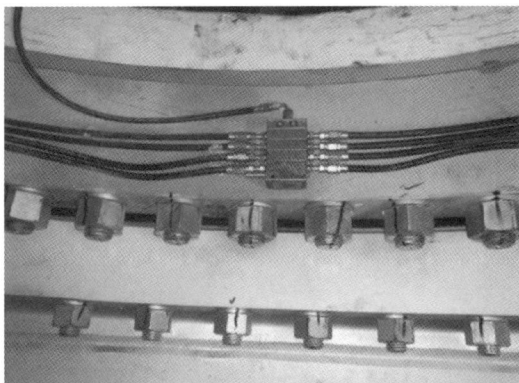

图 6-182 偏航润滑分配器

（2）检查密封基体无腐蚀、分层、机械损伤。

（3）检查密封与轴承配合面无松动、错位。

（4）检查使用抹布擦拭密封边缘，观察应无残留新鲜油脂。

（5）检查轴承下方机舱罩内壁无油渍积聚。

（6）如偏航轴承密封漏油、损坏，则对其进行更换或重新安装，并清理渗漏的油脂。

（四）滑动轴承巡视维护

（1）检查径向滑板和水平滑板的厚度，当厚度小于厂家标准值时需要进行更换，如图 6-183 所示。

（2）通过偏航水平滑板的润滑管缓慢向水平滑板与偏航环之间注油润滑，如图 6-184 所示。注油时一边偏航一边注油，每个油孔注入润滑油脂直至打出新油。注油后清理偏航环下边排出的废油。

六、测风装置巡视维护

（1）检查测风装置外观完好无损，N 点安装位置正确，N 点应沿机舱中轴线指向风轮方向，且安装牢固，如图 6-185 所示。

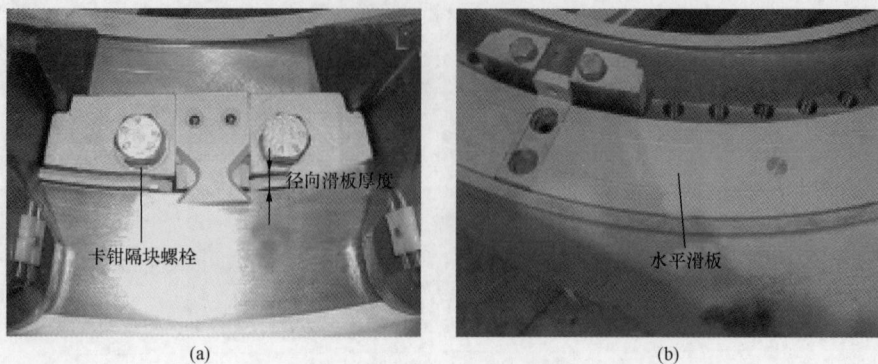

图 6-183　偏航滑动轴承滑板

（a）径向滑板；（b）水平滑板

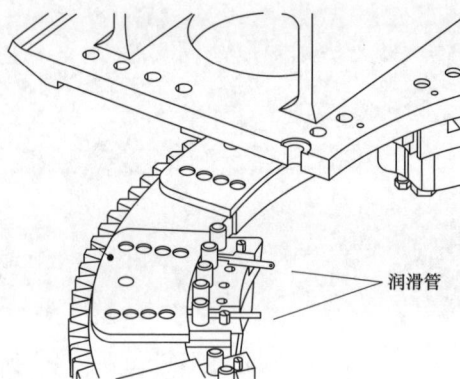

图 6-184　润滑管位置

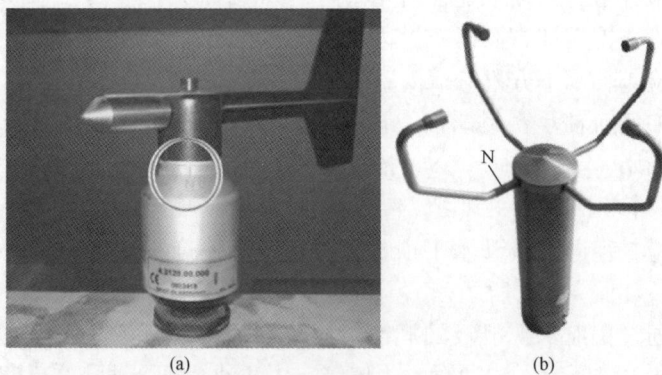

图 6-185　测风装置 N 点

（a）机械式测风装置；（b）超声波式测风装置

（2）检查线缆连接牢固，插头无破损。

（3）检查机械式风速风向仪应转动灵活、无卡涩。

（4）检查超声波风速风向仪传感器探头无污染、腐蚀和损坏。

第八节　液压系统巡视维护

本节介绍了液压系统的巡视维护内容，包括液压系统渗漏检查、油位油质监测、滤芯状态确认和电气元件检查；油泵电机测试和溢流阀调整；偏航余压、高速轴刹车压力和蓄能器预充压力的测量与设定；滤芯更换、蓄能器充氮和液压油更换的具体操作步骤。

一、常规巡视维护

（1）检查液压系统本体、各阀体、油管接头无渗漏油。

（2）检查液压系统油管无裂纹、无损坏、无漏油。

（3）检查油位，将风电机组置于急停或暂停状态，释放全部蓄能器的压力，查看油位应在油位计的 1/2～3/4 处。

（4）通过油窗观察液压系统油液应无变黄、发黑现象，如有及时进行更换。

（5）目测滤芯信号无报警，如能看到红色标识，则需要更换滤芯，并对液压系统油液做相应的过滤处理。

（6）液压系统表计压力指示正常，外观无损坏。

（7）检查油泵电机、加热器、传感器、电磁阀、压力开关等电气接线无松动、无破损、无老化且绑扎牢固。

（8）液压系统固定螺栓无松动。

（9）检查空气过滤器，查看空气过滤器内硅胶颜色，若 2/3 以上硅胶变成粉红色或白色，需更换空气过滤器。

（10）风电机组在未进行任何操作下，液压系统压力保持良好。

（11）压力传感器检查，核对 SCADA 监控系统压力值与液压系统表计显示的值应相符。

（12）观察运行中的液压系统缸体应无异常振动。

二、系统设备巡视维护

（一）油泵电机巡视维护

液压系统油泵及其动力源电机，直接关系到液压系统能否正常工作，故此需对油泵和电机进行维护。具体步骤如下：

（1）操作风电机组至安全状态，对于液压变桨系统需查看桨叶在安全位置。

（2）断开油泵电机电源开关，并对液压系统泄压。

（3）合上油泵电机电源开关，并操作液压系统建压，记录减压时间。

（4）检查油泵电机运行无异响，转向正确，且停止瞬间无反转现象。

（二）溢流阀维护

溢流阀用于调整液压系统的最大工作压力。通过测试，可以确保系统压力在规定的压力范围内准确调整，并且维持系统压力的稳定，从而确保系统的正常运行。溢流阀维护步骤如下：

（1）在系统压力测量点处安装压力表。

（2）将液压系统油泵操作至运行状态。

（3）检查压力表所测系统压力值。

（4）修改系统停油泵压力值，高于溢流阀设定的压力值。

（5）当压力超过或低于设定值时，执行以下步骤：①先旋松溢流阀锁紧螺母，若压力过高，顺时针调整溢流阀的调节螺栓；②若压力不足，逆时针调整溢流阀的调节螺栓，将其调整至系统允许的最高压力设定值。

（6）将液压系统油泵操作至停止状态，并对系统进行泄压。

（7）再次将液压系统油泵操作至运行状态，查看压力表所测压力值，若不符合设定值，再次对溢流阀进行调整，直至符合设定值。

（8）调整完毕后，紧固溢流阀锁紧螺母。

（9）停止液压系统油泵运行，拆除压力表。

（10）恢复系统停油泵压力设定值。

三、系统压力维护

（一）偏航余压

偏航余压对于风电机组在执行偏航过程中起到重要作用，偏航余压过大会导致偏航电机过电流，造成风电机组故障，并且对偏航刹车片和制动盘造成异常磨损。偏航余压过小会导致在偏航过程中阻尼力不足，可能造成风电机组在偏航过程中机舱摆动，增加风电机组结构的疲劳载荷。因此在维护过程中需测量偏航余压。其具体维护步骤如下：

（1）安装压力表在偏航制动器压力测量孔处。

（2）操作偏航半泄电磁阀得电动作，查看偏航制动器处压力表所测偏航余压是否符合设定值。

（3）若所测偏航余压不符合设定值，调整偏航回路溢流阀。

（4）当偏航余压超过或低于设定值时，执行以下步骤：

1）先旋松溢流阀锁紧螺母，若偏航余压高，顺时针调整溢流阀的调节螺栓；

2）若偏航余压低，逆时针调整溢流阀的调节螺栓，将偏航余压调整至设定值。

（5）调节完成后，紧固溢流阀锁紧螺母。

（6）拆除压力表。

（7）检查液压系统无异常。

（二）高速轴刹车压力

高速轴刹车压力过大易导致制动器及密封件的损坏，高速轴刹车压力不足，无法对高速轴有效制动，对检修人员及设备都可能造成伤害。因此需要对高速轴刹车压力进行测试。其具体测试步骤如下：

（1）锁定叶轮机械锁。

（2）安装压力表至高速轴刹车测点。

（3）对高速轴进行刹车制动，查看压力表的压力值是否符合设定值。

（4）若所测高速轴刹车压力不符合设定值，根据所测压力值的大小，调整对应的减压阀出口压力：旋松减压阀锁紧螺母，若高速轴刹车压力大，逆时针拧动减压阀调节螺栓，使减压阀出口压力降低；若高速轴刹车压力小，则顺时针拧动减压阀调节螺栓，使减压阀出口压力升高，将高速轴刹车压力调整至设定值。

（5）调节完成后，紧固减压阀锁紧螺母。

（6）释放高速轴制动。

（7）拆除压力表。

（8）松开叶轮机械锁。

（三）蓄能器预充压力

蓄能器对液压系统作用：作为紧急动力源、吸收脉动、降低液压冲击的作用，当蓄能器预充压力不满足要求时，对液压系统的性能、稳定性和效率均产生影响，甚至会影响到机组安全、稳定运行。特别是液压变桨系统，更要定期检测蓄能器预充压力。其具体步骤如下：

（1）操作风电机组至维护状态：对于液压变桨系统需查看桨叶在安全位置。

（2）断开液压系统电动机供电电源开关。

（3）对液压系统泄压，使蓄能器无压力。

（4）等待 5min，让蓄能器中的气体与环境温度相同。

（5）使用测温枪测量蓄能器壳体温度，并进行记录。

（6）拆下蓄能器顶部保护帽。

（7）将压力检测装置安装在蓄能器充气口。

（8）查看压力检测装置上的压力表读数。

（9）将当前温度下蓄能器所测预充压力换算至 20℃下蓄能器预充压力，并根据换算后的预充压力决定是否对蓄能器补充氮气。当蓄能器预充压力为 0 时，需要检查蓄能器皮囊或隔膜有无损坏。

（10）若蓄能器预充压力满足要求，拆下压力检测装置，拧上蓄能器顶部保护帽。

（11）合上液压系统电动机供电电源开关。

（12）对机组进行复位操作，查看液压系统无异常。

四、预防性和周期性维护

（一）滤芯更换

液压系统滤芯用于过滤油液内脏污杂质，其使用寿命是有限的，当达到纳污能力上限时就应及时更换。其更换步骤如下：

（1）操作风电机组至维护状态：对于液压变桨系统需查看桨叶应在安全位置。

（2）断开液压系统油泵电机电源开关。

（3）对液压系统进行泄压，并确认液压系统已无压力。

（4）清理液压系统周围的油污和灰尘，避免更换滤芯过程中，对新滤芯造成污染。

（5）使用工具拆下滤壳。

（6）将滤壳内油液倒入废油桶，并取下滤芯装进密封袋内以防油液溅落。

（7）使用无尘布清理干净滤壳内壁、螺纹及滤芯座等位置的油污及杂质。

（8）拆下密封圈检查应无破损形变及老化现象，并对密封槽处进行清理。

（9）将新滤芯安装至滤芯座内。

（10）密封圈上涂抹新液压油后，安装滤芯壳，紧固后再逆时针回旋1/4圈。

（11）清理液压系统集油槽及周围油污及杂物。

（12）合上机舱柜液压系统油泵电机电源开关，对风电机组执行复位操作，待液压站建压完成，检查液压系统应无异常，过滤器应无渗漏油。

（二）蓄能器充氮

当检测蓄能器压力不足时，就需及时对蓄能器充氮，以达到蓄能器最佳性能。蓄能器充氮具体操作步骤如下：

（1）操作风电机组至维护状态：对于液压变桨系统需查看桨叶应在安全位置。

（2）断开液压系统油泵电机电源开关。

（3）对液压系统泄压，并确认液压系统已无压力。

（4）使用测温枪测量蓄能器壳体温度，根据所测温度换算在20℃时所预充压力。

（5）连接充氮泵与氮罐进氮口。

（6）连接蓄能器与充氮泵出口。

（7）将压力表连接在蓄能器上（压力表需选择内六接头，并在连接时将内六接头与蓄能器处内六螺母对齐）。

（8）打开压力表手阀，检测蓄能器压力。检查后，关闭压力表手阀，进行泄压，对压力不足的蓄能器进行充氮。

（9）预充压阶段：在确认泄压阀与增压阀关闭的情况下，依次打开氮罐手阀、充氮泵出氮口充氮阀、蓄能器压力表手阀，完成预充压。预充压时，当蓄能器内压力达到固定值，充氮声音会停止，氮罐压力与蓄能器压力保持平衡。

（10）增压阶段：打开充氮泵的增压阀，观察蓄能器压力表指数。当充到13MPa左右时，关闭增压阀。待冷却到室温后，将氮罐压力调节至12MPa。

（11）关闭增压阀后，依次关闭蓄能器压力表手阀、充氮泵出氮口充氮阀、氮罐手阀。

（12）打开充氮泵泄压阀，进行泄压。

（13）打开蓄能器压力表泄压阀，进行泄压。

（14）拆除氮罐、充氮泵、压力表的连接，用抹布清理卫生，确保场地整洁。

（三）油液更换

当液压系统油液达到使用周期或检测油液指标不满足要求时需要更换液压系统油液，对其更换是维护液压系统健康运行、延长器件寿命、提高性能和确保系统安全可靠的关键措施。更换液压系统油液的具体步骤如下：

（1）操作风电机组至维护状态：对于液压变桨系统需查看桨叶应在安全位置。

（2）锁定叶轮锁。

（3）断开机舱柜液压系统油泵电机、加热器、电磁阀和压力传感器等电源开关。

（4）对液压系统泄压，确认液压系统无压力。

（5）清理液压系统周围的油污和灰尘，避免更换液压系统油液过程中，对新油液造成污染。

（6）拆下液压系统阀岛与外部连接的所有线缆和油管。

（7）打开液压系统油液放油孔，将油液收集到废油桶内，关闭放油孔。

（8）拆下液压系统阀岛与油箱固定螺栓。

（9）将阀岛整体移出液压系统油箱，放置在干净无纺布上，注意防止阀岛发生磕碰损伤及人员受到磕碰砸伤。

（10）使用无纺布清理干净油箱内壁，以及阀岛上内侧管路等油污及杂质。

（11）安装阀岛至油箱上，恢复固定螺栓安装，注意压好连接处密封圈。

（12）将偏航制动器废油收集管及高速轴刹车废油收集管内脏污油污排至废油桶。

（13）将阀岛上与外部连接线缆和油管全部恢复连接。

（14）打开加油盖，加入清洗油。

（15）对偏航制动器及高速轴刹车建压、泄压，对变桨液压油缸进行充油、放油，以达到清洗管路及执行器件的目的。

（16）排除清洗油，并再次对油箱内部进行清理。

（17）加入经过滤的新液压油，油位满足要求。

（18）清理液压系统油槽及周围油污及杂物。

（19）合上机舱柜液压系统油泵电机、加热器、电磁阀和压力传感器等电源开关，对风电机组执行复位操作。

（20）检查液压系统应正常建压，管路及过滤器无渗漏油。

（21）松开叶轮机械锁。

第九节　制动系统巡视维护

本节介绍了制动系统的巡视维护内容，包括高速轴刹车制动盘检查、制动器间隙调整、摩擦片状态评估、蝶形弹簧组测试、螺栓力矩校验；叶轮机械锁外观检查、紧固件状态确认、锁定功能测试和润滑保养，以及制动器动作测试、排气操作和油污清理的具体维护要求。

一、高速轴刹车巡视维护

（一）制动器制动盘巡视维护

（1）对制动盘执行目视检查，检查制动盘磨损均匀，无裂纹。检查并确认制动盘处于自由旋转状态时，不与支架产生接触，且制动片与制动盘平行，使用百分表检查制动盘表面跳动不超过 0.5mm，如图 6-186 所示。

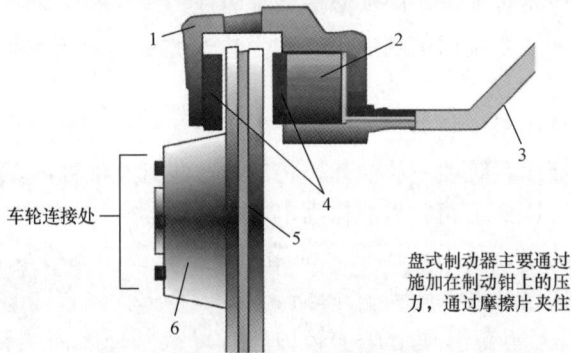

图 6-186　制动盘磨损检查

1—制动钳；2—活塞；3—液压油；4—制动摩擦块；5—转子；6—制动盘

（2）检查制动盘应无不均匀磨损，若出现"犁沟"现象时，应更换新摩擦片，接触面积不足 80% 时更换制动盘。

（二）制动器间隙检查

使用塞尺检查制动盘与两侧摩擦片的间隙应为 1～1.5mm（具体按相关技术要求执行），如大于 1.5mm，应调整摩擦片间隙。

（三）制动器摩擦片巡视维护

（1）检查制动摩擦片不得有龟裂、烧伤和材料颗粒脱落现象，无裂纹、

PTC 信号线无脱落。

（2）检查制动摩擦片摩擦材料厚度低于 3mm 应更换摩擦片。

（四）蝶形弹簧组巡视维护

（1）针对被动式制动器：在制动盘和制动摩擦片之间放一张纸，并按下"紧急停止"按钮进行完全减压。将压力表计连接到制动器压力测点上，使用液压系统手泵缓慢增加压力，仅在压力达到 6.4～6.8MPa（具体按照厂家蝶形弹簧张力要求执行），制动摩擦片才可能脱离制动盘（通过移动纸进行检查）。如果制动摩擦片在较小的压力下便脱离，应更换蝶形弹簧。

（2）针对主动式制动器：在制动器动作后进行泄压，检查制动盘与两侧摩擦片的间隙应符合相关技术要求。如果制动摩擦片不能脱离制动盘，应更换蝶形弹簧。

（五）制动器螺栓力矩巡视维护

（1）检查制动器所有螺栓的力矩标识线无偏移。

（2）检查制动器所有连接螺栓无松动、无锈蚀，若有松动，按相关规定力矩紧固。

（六）叶轮机械锁巡视维护

（1）检查叶轮机械锁的表面无明显的损伤、变形或腐蚀，螺纹无损伤。

（2）检查所有固定叶轮机械锁的螺栓、螺母等紧固件应可靠紧固，无松动或损坏。

（3）确保锁定机构可以顺畅地操作，并且锁定位置牢固，不会自行松动。

（4）检查叶轮机械锁传感器工作正常。

（5）叶轮锁转动应灵活，两端都能可靠锁定叶轮。

（6）每半年每个注油口注油 15g，将叶轮锁旋入旋出 2 次，转动应灵活无卡涩，两端锁入后锁定销的螺纹应剩 6 圈。

二、高速轴刹车性能测试与清洁

（一）制动器动作测试

检查、测试制动器松、抱闸灵活性，如泄压后无法完全打开，一是应检查制动器内压力正常，无残留余压；二是应检查蝶形弹簧组动作可靠无卡涩，弹力充足；三是检查制动器导向轴平行，无卡涩。

（二）制动器排气

检查制动器动作测试制动时间不超过标准制动时间，制动力不足应进行制动器排气。

（三）制动器油污清理

清理刹车盘、制动器附近的油污及杂物，尤其注意清理刹车盘下方堆积的油污。

第十节 水冷系统巡视维护

本节介绍了水冷系统的巡视维护内容，包括管路橡胶水管状态检查、连接处渗漏检测；膨胀罐压力表检查、补气操作和补水排气流程；高位水箱外观检查和水位补充；水冷泵电机检查、绝缘测量和联轴器检查；三通阀电动和手动模式切换测试；散热器清洗方法和效果验证标准。以及水冷系统压力测试方法和标准值核对。

一、水冷部件巡视维护

（一）管路巡视维护

（1）检查橡胶水管表面无老化、无裂纹、无损伤。

（2）检查平台应无冷却液，各水冷管路连接处无渗漏。

（3）检查水冷管路传感器无松动、无损坏，各数据采集正常。

（二）膨胀罐巡视维护

（1）检查膨胀罐外观无损坏、无变形。

（2）检查膨胀罐固定可靠。

（3）检查压力表外观正常、显示正常、无损坏。

（4）检查运行时压力表指针无异常跳动，如图 6-187 所示。

图 6-187　检查压力表

（5）对照操作面板检查压力表数值应显示一致。

（6）检查膨胀罐顶部排气阀无渗水。

（7）检查膨胀罐底部充气嘴无生锈，橡胶保护罩完整，如图 6-188 所示。

（8）检查膨胀罐内气压应符合相关技术标准。

（9）膨胀罐补气。

1）断开水冷泵电机电源，在开关下口处放置"禁止合闸，有人工作"标识牌。

2）检查膨胀罐外观无损坏、无变形。

图 6-188　检查膨胀罐底部充气嘴保护罩

3）将放水管与膨胀罐的放水口拧紧，打开放水球阀，将水冷系统中的冷却液排至干净的桶中，水冷系统冷却液排完后，观察压力表压力泄为0MPa，如图 6-189 所示。

水压指示为0

图 6-189　压力表显示数值为"0"

4）打开膨胀罐下部充气口保护盖，如图 6-190 所示。

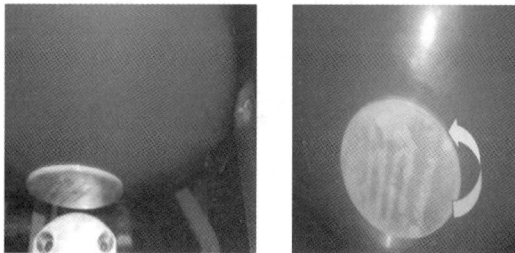

图 6-190　打开膨胀罐下部充气口保护盖

5）插入气压检测仪，检测膨胀罐压力，压力应在正常区间内（不同型号膨胀罐预充压力不同，具体参照相应技术要求），如压力不足则需要使用补气泵对膨胀罐进行充气，如图 6-191 所示。

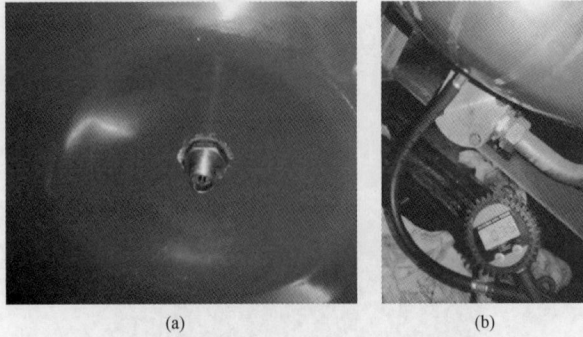

(a)　　　　　　　　　　　(b)

图 6-191　使用气压检测仪检测膨胀罐压力

（a）充气口；（b）连接气压检测仪

6）补气结束后再次插入气压检测仪，确保膨胀罐预充压力应在正常区间内。

（10）膨胀罐补水、排气。

1）断开水冷泵电机电源，在开关下口处放置"禁止合闸，有人工作"标识牌。

2）检查水冷管接头各连接处无松动，检查电磁排气阀和溢流阀已关闭。

3）检查膨胀罐预充压力值应在规定压力范围内，若压力不足，需在排空系统内冷却液后补气至规定压力。

4）手动操作三通阀，使三通阀处于全开位置。

5）将加水装置连接至水冷系统补水口，补水球阀打开 1/3，对水冷系统进行补水，如图 6-192 所示。

图 6-192　水冷系统补水

6）补充冷却液时，查看水压表。当水冷系统压力达到规定要求后停止补液，并关上补水球阀（不同机型规定水冷系统压力不同，具体参照相应技术要求）。

7）合上水冷泵电机电源开关并启动水冷泵，应运行 1min，静置 2min，对发电机侧、变频器侧、膨胀罐上放气阀拧开进行排气，如图 6-193 所示，这个过程中会有气体从自动排气阀逐渐排出，直到有液体开始流出后将旋帽拧紧。

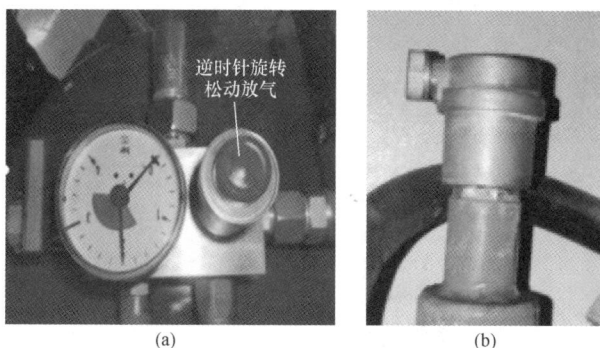

图 6-193　水冷系统排气
（a）膨胀罐侧排气阀；（b）变流器侧排气阀

8）重复"启泵-停泵-静置排气-再启泵"步骤 4～5 次以促进系统排气，若效果不明显，多重复几次。

9）排气结束后，观察水冷泵停止时系统静态压力，压力降到规定值以下，应继续补充冷却液，重复执行步骤 8）和步骤 9），直至系统压力符合相应技术要求。

（三）高位水箱巡视维护

（1）检查水箱表面无裂缝、无掉漆、无锈蚀、无变形或漏水迹象。

（2）检查水箱内的水位在正常范围内。

（3）确保水箱盖密封良好，无损坏或变形，防止水分蒸发或外界杂物进入。

（4）高位水箱补水。

1）通常高位水箱的补水系统还会配备有报警装置，当水位低于临界值时，系统会发出警报，提醒检修人员补水。

2）补水时从补水口将水位补充至规定的范围内。

（四）水冷泵巡视维护

（1）检查水冷控制子站、继电器工作正常，接线无松动。启动水冷系统主循环泵，检查水冷泵运行声音正常、无异响、无振动。

（2）检查水冷泵电机冷却风扇无老化、无磨损、无变形，风扇罩无变形，固定螺栓无缺失。

（3）打开水冷泵电机接线盒盖，检查接线盒内无放电痕迹。

（4）使用万用表电阻挡测量水冷泵电机三相阻值应平衡，若三相阻值不平衡度大于 2%，应更换水冷泵电机。

（5）检查水冷泵电机接地线固定螺栓无松动。

（6）使用 500V 绝缘电阻表测试水冷泵电机对地绝缘，绝缘电阻应大于 $0.5M\Omega$。

（7）检查水冷泵本体固定螺栓无松动、无缺失。

（8）拆下水冷泵联轴器防护罩，检查联轴器螺栓无松动、无缺失。

（五）三通阀巡视维护

（1）检查三通阀无破损、无渗漏，指示清晰正确，如图 6-194 所示。

图 6-194　检查三通阀

（2）以某型号电动三通阀为例。通过就地监控软件，控制三通阀打开，观察指针向 OPEN 方向旋转，到达 OPEN 标签停止，面板显示三通阀开限位状态为高电平。

（3）通过就地监控软件，控制三通阀关闭，观察指针向 SHUT（CLOSE）方向旋转，到达 SHUT（CLOSE）标签停止，面板显示三通阀关限位状态为高电平。

（4）断开三通阀控制器电源，手动将三通阀遥至打开状态，观察指针向 OPEN 方向旋转，到达 OPEN 标签停止，手动将三通阀遥至关闭状态，观察指针向 SHUT（CLOSE）方向旋转，到达 SHUT（CLOSE）标签停止。

（六）散热器巡视维护

（1）检查散热器外观完好、无锈蚀、无破损、无渗漏，散热器固定螺栓无松动、无锈蚀，散热器风道无堵塞。

（2）检查散热风扇外观无锈蚀，电缆无老化、无破损，绑扎牢固。

（3）检查散热风扇本体端子箱接线无松动、无放电打火现象。

（4）检查散热器进、出水管无破损，连接处无锈蚀、无渗漏，检查散热器顶部排气阀应正常。

（5）检查水冷风扇旋转方向及气流方向应与标识方向一致。

（6）断开水冷柜内水冷泵、散热风扇电源。

（7）将水枪清洗装置调节至 4～5MPa 的压力，将水枪头紧贴散热器通道上，喷头与散热器间隙应不超过 0.5cm，尽量保证水枪喷出的水从散热器正面全部射入散热器翅片间隙内部，并从散热器背面的翅片间隙中喷出。清洗应顺着翅片，水压不应太大，防止翅片吹倒。

（8）清洗散热器时，要从散热器的一侧开始清理，遵循从上到下的顺序逐条散热通道进行清理，保证每个散热通道都能清洗。

（9）使用手持式风速仪，检验清洗效果。

二、水冷系统压力测试

（1）就地启动水冷泵。

（2）观察水冷系统压力表数值应在规定范围内（不同机型规定水冷系统压力不同，具体参照相应技术要求）。

（3）观察控制面板上显示的压力数值应与系统压力表显示数值一致。

第十一节　润滑系统巡视维护

本节介绍了润滑系统的巡视维护内容，包括变桨润滑系统轴承检查、异物清理、齿圈润滑和自动润滑装置测试；偏航润滑系统齿圈润滑检查、自动润滑装置维护和减速器注油操作；齿轮箱润滑系统油路检查、散热器清洁和油位监测；发电机轴润滑系统润滑装置测试和集油槽清理；主轴轴承润滑系统运转检查、密封圈检查和润滑加注要求，以及规范了润滑剂取样方法、使用年限推荐、更换程序和废油处理要求。

一、变桨润滑系统巡视维护

（一）外观巡视维护

（1）检查变桨轴承外观无裂纹、防腐层无脱落、无漏油，密封圈应完好，轴承连接螺栓无断裂、无缺失。

（2）检查变桨轴承密封圈无漏油，如变桨轴承密封圈漏油损坏需及时更换或重新安装，并清理渗漏的油脂。

（3）检查3个变桨齿圈齿面润滑状况，齿面应润滑良好无磨损（特别是0°～15°附近）。

（4）检查变桨轴承废油回收情况，查看集油瓶无松脱、损坏或缺失。

（5）检查变桨减速器无渗漏油，油位应正常。

（二）异物、废弃油脂清理

清理变桨齿圈、变桨驱动齿轮、变桨齿圈与轮毂间隙之间的所有异物和废弃油脂，并清理油脂集油瓶内的废油，重点清理限位开关、安全位置和0°位置处的油脂。

（三）变桨齿圈润滑脂涂抹

对于变桨齿圈无自动润滑装置的风电机组需手动对变桨齿圈涂抹润滑脂，在工作区域（−5°～100°）之间的齿面均匀地涂抹一层润滑脂，涂抹不到的齿面应手动变桨后进行涂抹，如图6-195所示。

（四）自动润滑装置检查

（1）对于有自动润滑装置的风电机组，检查自动润滑泵油位，当油位低于1/2时，必须添加润滑脂，补加油脂需用注油枪对润滑泵加油嘴加脂，

图 6-195 变桨齿圈涂抹润滑脂

不可打开储油罐盖子加脂；无自动润滑装置风电机组按照制造商维护指导手册对变桨轴承手动加注润滑脂，加脂完成后，在～0°～90°范围内手动开、顺桨 2 次。

（2）手动变桨润滑方式需要检修人员定期对变桨轴承注油，注油周期需根据变桨轴承的运行情况、变桨轴承的工作环境、润滑脂的寿命等因素来确定。也就是说，注油的周期就是轴承内润滑脂的失效时长。定期润滑而需注入变桨轴承中的润滑脂的量并没有精确的计算方法，润滑脂的注入量依据风电场的环境而定。针对我国风电场的总体情况（不包括海上风电场），可用式（6-2）为指导，确定定期重新润滑的油脂量，即

$$G = 0.005 \cdot D \cdot B \tag{6-2}$$

式中　G——油脂量，g；

　　　　D——变桨轴承外径，mm；

　　　　B——轴承宽度，mm。

（3）采用手动润滑的变桨轴承，一般需按照润滑规程说明，使用指定的工具在指定的油嘴按指定油量进行注油操作。由于变桨轴承直径较大（一般在 1～2m 之间），而油嘴数量相对较少，检修人员需要将指定的油量在各个油嘴处均匀注入，有条件的情况下，还需要分次注入，在每次注油间隔后人为变桨一定角度，以实现润滑的均匀。如果一次性注入的润滑油量太大，有可能造成轴承内部局部压力过大而顶开轴承密封圈。

（4）值得注意的是，在实际操作中，手动注油受检修人员经验、操作质量、手动注油枪注油量不准确等诸多因素的影响，注油量随意性较大，需要加强质量监督，增强操作人员质量意识，辅助采用称重、使用电动注油枪、使用自动润滑装置等技术手段提升润滑的操作质量。这对延长轴承的使用寿命，降低设备故障率是至关重要的。

（5）对于定期润滑的周期，检修人员可以根据设备的实际状况，调整润滑的次数和润滑量。对于运行条件恶劣的设备，可以增加润滑油脂的注入量。一般说来，电动独立式变桨轴承，由于电机的过载较强，对轴承的润滑不良的适应性较好。机械集中式变桨轴承，对润滑不良的适应性低，应加强润滑。

（五）轮毂内卫生清理

轮毂内维护工作完成后，必须对轮毂内进行卫生清理，并做仔细检查，保持轮毂内清洁，严禁变桨齿圈和驱动小齿轮的齿面存在垃圾和颗粒杂质，严禁轮毂内遗留任何工具和物品。

二、偏航润滑系统巡视维护

（一）外观巡视维护

（1）检查偏航齿轮与齿圈上的润滑情况，若缺少润滑或偏航齿圈无自动润滑装置的风电机组，需要手动进行抹油（注意：手动抹油时，齿轮啮合部分需要偏航后再次涂抹）。

（2）检查偏航齿圈与驱动齿轮的磨损情况，齿面应光滑，无变色、齿面疲劳等异常现象，偏航齿圈与驱动齿轮。

（3）检查偏航轴承密封圈应无漏油现象，如密封圈漏油损坏需更换或重新安装，并清理溢出油脂。

（4）检查偏航减速器无渗漏油，油位应正常。

（5）检查偏航减速器下方接油盒安装固定应可靠，及时进行废油清理。

（二）自动润滑装置检查

（1）检查自动润滑装置油脂罐无破损、固定可靠，油脂罐如图 6-196 所示。

图 6-196　偏航润滑泵

（2）检查油脂罐内油脂，当油位低于 1/2 时，必须添加润滑脂，补加油脂需用注油枪对润滑泵加油嘴加脂，不可打开储油罐盖子加脂。

（3）检查各润滑油管和接头无松动、无渗漏。

（4）检查油脂分配器无渗漏、无堵塞。

（5）检查润滑小齿轮无损伤，可以正常出脂。

（6）检查油管无脆化和破裂。如果发现有脆化和破裂，则应更换有问题的油管。

（三）减速器输出轴注油

（1）偏航减速器靠近输出小齿轮侧安装有油嘴，用于补充润滑脂（不涉及此项的风电机组不用执行），润滑脂加油位置如图 6-197 所示。

（2）补充润滑脂时，先拆除其中一个油嘴，用润滑脂注油枪（或其他工具）连接至另一个油嘴，开始加注润滑脂，润滑脂补充量约 0.5kg。

注意：用容器或抹布在打开的油嘴孔处收集可能排出的废旧润滑脂。

（3）清洁油嘴，安装至原来位置。

（四）偏航齿圈及制动盘卫生清理

清理偏航齿圈及偏航制动盘上的废弃油脂、杂物和粉末，清理偏航平台上附着的油污、铁粉，如图 6-198 所示。

图 6-197　偏航减速器输出轴注油嘴　　　图 6-198　偏航刹车盘粉末及油污

（五）接油盒内废油清理

清理偏航减速器下方接油盒内的废弃油脂，接油盒如图 6-199 所示。

图 6-199　偏航减速器下方接油盒

三、齿轮箱润滑系统巡视维护

（一）油路、油管、接头检查

检查齿轮箱冷却系统所有管路接头、油分配器、压力表接头、齿轮箱输入端、输出端、低速轴处应无漏油，润滑油管无老化、松动，如有异常进行处理。

（二）散热器检查

检查散热器片应无堵塞，根据堵塞情况进行清理散热器，确保散热器孔隙内无堵塞。

（三）油位检查

齿轮箱油位检查应待叶轮停止转动 20min 后，油温下降至 50℃ 以内，检查油位应介于最小值与最大值之间，如图 6-200 所示。如果超出此范围，应采取相应措施（在油位平稳时，如果油位低于最小值，应将油补充到相应位置；如果油位超出此范围，应等待油温降到 30℃ 以下，放出超出限位的油量）。

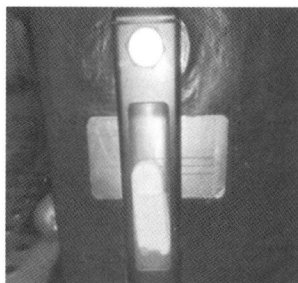

图 6-200　齿轮箱油位计

四、发电机轴承润滑系统巡视维护

（一）声音检查

手动开桨，使发电机转速达到 200r/min 左右，耳听发电机应无异常响声，若有异响应重点检查发电机轴承。

（二）自动润滑装置检查

若发电机配备了自动润滑装置（见图 6-201），则进行下列检查：

（1）检查润滑装置接头、油路分配器、油管应无漏油、无破损。

（2）检查储油罐内油脂应不低于储油罐容积的 1/3，油脂罐内油脂不存在油基分离情况。

（3）检查自动润滑装置参数设置是否正确（不同制造商机型其注油量及注油时间参数不同）。

图 6-201　发电机自动润滑装置

（三）润滑脂加注

若发电机配备了自动润滑装置，对自动润滑装置补充油脂到规定刻度线。若发电机无自动润滑装置则开展下列维护项目：

（1）取出发电机前、后轴承集油槽，清理其内部的废弃油脂。

（2）清理加油口外部的灰尘、油污。

（3）手动开桨，使发电机转速达到200r/min左右。

（4）使用手动加油设备或自动加油装置，对发电机前、后轴承进行加油。

（5）加油期间手动抽拉发电机前、后轴承集油槽并清理废弃油脂。

（6）清理集油槽中的油脂及前、后轴承附近的油污和杂物。

（四）集油槽检查

检查发电机前、后轴承集油槽无松动、损坏或异常磨损迹象。同时，注意集油槽内废油的积聚情况，发电机集油槽如图6-202所示。

图6-202　发电机集油槽

五、主轴轴承润滑系统

（一）轴承运转声音检查

手动开桨，使主轴以2r/min缓慢转动，耳听主轴转动时轴承应无异响。

（二）自动润滑装置检查

若主轴配备了自动润滑装置，则进行下列检查：

（1）检查润滑装置接头、油路分配器、油管应无漏油、无破损。

（2）检查储油罐内油脂应不低于储油罐容积的1/3，油脂罐内油脂不存在油基分离情况。

（3）检查自动注油泵参数设置是否正确（不同制造商机型其注油量及时间参数不同）。

（三）轴承密封圈检查

将主轴密封圈处油污擦拭干净，检查主轴密封圈无损坏、主轴密封处无渗漏。

（四）轴承润滑加脂

主轴轴承常采用的补充润滑方式有手动润滑方式和集中润滑方式两种。

（1）手工润滑方式，通常状况是每半年补加一定质量的润滑脂。一般采用黄油枪或加脂机，通过轴承座注油孔，根据运维手册的要求直接注入相应质量或体积的润滑脂。

（2）集中润滑方式，通常情况由润滑脂泵、递进式分配器和管路组成，集中润滑的特点是少量、频繁多次润滑，从而使主轴轴承始终处于最佳的润滑状态。

若主轴配备了自动润滑装置，对自动润滑泵补充油脂到规定刻度线。某品牌风电机组主轴及自动润滑装置如图 6-203 所示。

图 6-203 某品牌风电机组主轴
1—主轴；2—自动润滑装置

若无自动润滑装置的机型，主轴承加脂每半年进行一次。加脂前手动开桨使主轴低速旋转，打开主轴承放油口，使用加脂机或注油枪给主轴前、后轴承加注润滑油脂。

（五）接油盒内废油清理

油脂加注完成后，对主轴和轴承再次进行清理，检查主轴及接油盒是否有废油排出，并进行清理。

六、润滑剂取样

（一）基本要求

风电机组润滑剂取样，要求检修人员经过取样规程的培训并且熟悉风电机组润滑系统，确保从油箱中提取的样品具有代表性，能够准确反映润滑设备的健康状况和润滑剂的性能劣化情况。

润滑剂取样除满足以上要求外，还需满足以下要求：

1. 防护措施

在取样过程中应佩戴防护口罩，避免吸入油雾或油蒸气，避免皮肤长时间与油接触，应戴防护手套，取样完成后应将皮肤上的油污及时清洗干净。

2. 取样工器具

齿轮箱油和液压油取样工器具可包括取样瓶、取样管、测压软管、标签纸、活动扳手、抹布等，润滑脂取样工器具可包括取样瓶、针筒、标签纸等；取样过程中应保证取样工器具干燥清洁，并使用未经污染的取样瓶。

3. 取样位置

应保证每次取样都在同一点，并采用同样的取样方法和工器具。

4. 取样时间

风电机组处于维护服务模式后才能取样，确保取样前风电机组处于运行状态，且在停机后 1h 内取样。

5. 取样量

取样量需满足检测用量，如所需样品量超出取样瓶容积，可分装至多个取样瓶，每个瓶中的样品量不超过取样瓶容积的 3/4。

6. 取样记录

取样标签上应包括风电场、风电机组编号、油品牌号、取样位置、油品使用时间、取样时间等信息。

7. 储存及送检

样品密封好后放置在干燥、避光的环境下保存，并于 30 天内检测完成。

（二）齿轮箱油液

1. 取样位置

按专用取样口、在线过滤器的滤芯前取样的顺序选择取样位置，每次取样时应在同一部位取样。

2. 取样步骤

（1）启动齿轮箱低速油泵电机运行 5~10min。

（2）断开油泵电机电源开关。

（3）齿轮油取样时应注意避免高温烫伤，取油样时油温应保持在 40~50℃之间。

（4）清理油泵出口与过滤器之间测压点的螺帽周围的灰尘，然后拧下油泵出口与过滤器之间测压点的螺帽，将专用取样管拧到测压点上，拧紧后油会自动流出，放出约 300mL 油液到废油瓶后取样。

（5）取样瓶油样不要装满，取样完成后盖好瓶盖。

（6）对取样瓶标记的信息有风电场名称、油品型号、风电机组编号、取样时间。

（7）先采集的油样在存放时应做到遮阴处存放，存放在 20℃左右的环

284

境中防止油液的质变，同时也要注意存放地点的安全性从而避免起到助燃的作用，当现场的油样采集全部完成后，应尽快邮寄至检测单位。

（8）每次取样放出的300mL废油，要进行集中存放，按照公司危废物品的处理要求执行。

（三）偏航减速器油液

1. 取样位置

在放油口取样，取样前应确保偏航减速器已经运行了较长时间，若风电机组停机超过1天，取样前须手动启动偏航电机，以搅匀减速器中的油液。

2. 取样步骤

取样前先对取样位置进行清洁，放出50～100mL油液至废油瓶后取样。由于偏航减速器容积较小，取样结束后应注入与放出量（包括放出的废油和样品量）相等的同牌号新油。

（四）变桨减速器油液

1. 取样位置

在变桨减速器处于水平位置时，从上端放油口取样，取样前应确保变桨减速器已经运行了较长时间，若风电机组停机超过1天，取样前须手动启动变桨电机，以搅匀变桨减速器中的油液。

2. 取样步骤

机组在维护状态下，将叶轮锁定在"正Y字"位置，人员进入轮毂进行变桨减速器油样采集工作，期间须遵守检修人员进、出轮毂相关的作业要求。对于处于"正Y字"上方的两个减速器进行采油样操作，取样前先对取样位置进行清洁，再拧开磁性螺塞，使用抽油器将减速器中油液抽至取样瓶中。抽油器管口与油池底部保持适当的距离，避免吸进沉积物。抽油至少需装至油样瓶容积的75％。取样结束后，应注入与放出量（包括放出的废油和样品量）相等的同牌号新油。完成上方两个减速器的油样采集后，检修人员和工具全部退出轮毂，将叶轮旋转120°，对剩余的减速器进行采样工作。

（五）液压系统油液

1. 取样位置

在过滤器入口处的测压阀位置取样（根据具体品牌型号确定取样位置）。

2. 取样步骤

液压系统油液取样前应对系统泄压，防止高压液体喷溅伤人；拧开测压阀，拧入测压软管，放出50～100mL油液到废油瓶后取样，取样后确保油位在工作范围内。

（六）轴承润滑脂

对润滑脂取样时，在轴承排脂口或集油口处取样。从加脂口注入新脂，直至旧脂排出，取旧脂检测。

七、润滑剂使用年限推荐

润滑剂上风电机组使用后，由于受机械剪切、高温、外界污染、磨损金属颗粒催化等作用导致油品本身氧化、变质和老化，使用性能变差、寿命缩短，因而需要增补或更换。然而过早换油会造成浪费，而延长使用周期又会造成设备磨损，因此，"在保障设备安全的前提下，尽量延长润滑油的使用时间"是风电场关注的问题之一。

在运维过程中，整机制造商、润滑油供应商和风电场的利益出发点不同，在润滑剂的使用年限上给出的建议也有出入，一般来说，前两者推荐的油品使用期限相对保守，并不能完全发挥出油品在全生命周期的性能，势必会造成一定程度的润滑投入浪费。严谨的措施是对油品进行定期的油液检测，通过实验对其性能和寿命做出科学评估，并实施按质换油。推行按质换油既保证了设备润滑系统的可靠运行，又最大限度地延长了润滑油使用寿命，并且节约了大量的润滑油及降低了因频繁换油所消耗的工时和清洗油。

通过定期检测与维护，总结了风电机组齿轮油、液压油和润滑脂的推荐使用年限，当然各风电场润滑剂的使用年限可根据实际情况进行调整。建议各风电场收集整理风电机组的各项运行数据，并对比分析油液检测结果，找出更加符合自己风电场运行特点的油品推荐使用年限。定期检测油品性能和寿命，科学、有针对性地评估并按质更换油品。

（一）齿轮箱油

齿轮箱油的更换遵照"按质换油"的原则，一般在风电机组年平均运行小时数不小于 2000h 时，合成齿轮箱油的推荐使用期限为 7 年；在风电机组年运行小时数小于 2000h 时，可适当延长使用期限，但不宜超过 8 年。另外，非合成齿轮箱油的推荐使用期限为 4 年，达到推荐使用期限后，建议及时换油。

对于未达到使用期限，但因齿轮箱油劣化、齿轮箱磨损等原因，在油液检测报告中明确建议换油的，应及时更换齿轮箱油。

（二）液压油

Mobil SHC524 液压油推荐使用年限为 5 年；其他型号液压油推荐使用年限为 7 年。

对于未达到使用期限，但因液压油劣化、液压系统磨损等原因，在油液检测报告中明确建议换油的，应及时更换液压油。

（三）偏航和变桨减速器油

偏航和变桨减速器油的推荐更换周期为 7 年。在风电机组出质保时，可结合油液检测报告结果，与整机制造商协商对偏航和变桨减速器油进行更换。

对于现场检修时发现的偏航和变桨减速器故障、取样送检后结果异常需要换油的，应及时按报告要求更换偏航和变桨减速器油。

（四）润滑脂

润滑脂无推荐使用期限，可按照风电机组维护手册的要求定期加注和更换，或根据油脂检测报告结果的建议进行更换。

八、润滑剂更换

润滑剂在上风电机机使用一段时间后，各项理化指标将发生变化，达到使用年限后，其润滑能力会大大降低，如再继续使用，将加剧部件磨损，这就要求需定期检验润滑剂质量并根据推荐使用年限或者检测报告建议及时更换润滑剂。通常齿轮油和液压油是直接进行更换，而润滑脂是根据运维手册规定，定期、定量或自动进行加注。

齿轮箱是风电机组中用油量最大的部件，约占整机总用油量的75%，随着风电机组大型化的发展趋势，其更换步骤也由原来的人工两步换油法、三步换油法逐渐发展到目前比较成熟的机械四步、五步换油法。但无论是进行齿轮箱油和液压油的更换、还是润滑脂的加注，均需保证过程规范、安全、操作准确，做好加油、换油污染控制防范，保障清洁用油，确保设备润滑稳定。

（一）安全作业

在进行润滑剂换油时，应遵守《风力发电场运行规程》（DL/T 666—2012）和《风力发电场安全规程》（DL/T 796—2012），以及风电场各项安全规章制度。从事换油的检修人员应具备登高作业的资质和必要的安全知识及业务技能，需严格佩戴安全用具和劳保用具，以保证换油工作安全、顺利进行。当作业现场不具备安全作业条件时，不得进行换油工作。

（二）润滑剂选用

更换或补充油、脂时，应注意防止不同种类、不同牌号的油、脂混用。设备制造商所选用的润滑剂牌号是已充分考虑风电机组的运行环境条件及技术状况的，对于现场运行条件已确定的风电机组，在选用新润滑剂时需与原牌号保持一致，不得擅自改动其牌号，如确需改动以替代原润滑剂时，应委托有资质的专业机构协助筛选，并做两种润滑剂的兼容性和试用试验，试验合格后方可进行更换。

（三）润滑剂更换工器具

润滑剂更换工器具要按统一的规格、标准进行购置或制作，并按实际岗位需要进行发放，且应标记清晰，特别应注意标明所装油品名称、型号等，专油专用、定期清扫。各用具使用或清洗后，应按指定地点放置整齐，以免丢失或损坏。

在进行润滑剂更换前，需检查工器具是否齐全，至少包括泵、清洗油、废油桶、过滤网、管路连接器等部件，确保设备设施配备齐全、安全可靠。

（四）润滑剂更换工序

为确保更换润滑剂操作科学有效，保证润滑质量，更换时需严格按照制定的换油工序进行，如依次进行排放旧油、油箱清洁、系统冲洗和加注新油等。在更换过程中需全程进行监督、跟踪，换油后需对换油效果进行检测验证，确保换油过程符合要求，保证风电机组安全。

（五）换油现场管理

换油过程中所涉及的齿轮箱端盖、轴承加脂端盖等均要盖好，液压系统控制阀以及所有螺栓都要拧紧，所有涉及的工作台面及脚踏板上如有残留油污，应清理和擦拭干净。换油过程中所产生的垃圾，应全部清理干净。

（六）换油记录与报告

换油过程中，应对在用油排空情况、清洗情况、加脂情况及部件表面异常状况（严重磨损、点蚀等损坏情况）、油位情况及现场整理情况等进行文字或拍照记录。

针对齿轮箱、偏航减速器和变桨减速器的地面机械换油还应有换油报告，且至少包括换油情况概述和换油结论。在"换油情况概述"部分应当写明换油起止时间、换油齿轮箱或减速器型号及台数、原用齿轮箱油或减速器油牌号、更换后齿轮箱油或减速器油牌号、所采取的换油程序，以及其他必要的信息；在"换油结论"部分应写明该次换油是否符合规程要求，齿轮箱或减速器运行是否正常，以及如运行不正常时的维护建议等信息。

九、废润滑剂处置

（一）废润滑剂的收集

风电机组定期或按质换下的旧油、受污染的在用油、清洗油等均是废旧油，属于危化品，不得随意倾倒、排入水沟、就地掩埋、露天焚烧，以免造成环境污染。

因主齿轮箱油、液压油、偏航和变桨减速器油的黏度和成分差异较大，且润滑脂属于固体废物，收集时应注意用空油桶对其分种类、分牌号盛装，不得混装，以免影响后续的回收处置；换油过程中产生的清洗废油可装入对应牌号的废油中；废油桶上应标明油品的牌号和种类，以便在回收处置时容易辨识。

（二）废润滑剂存储

收集后的废润滑剂应储存在油品库中，设置"严禁烟火"警示标志，并配备必要的消防用品，制定消防措施，并且在日常巡视时，应注意存储容器是否有泄漏，出现泄漏时及时处置。油品库管理人员应建立油品台账，并将废润滑剂和新润滑剂分区存放，防止混用。废润滑剂存储时间不宜过长，收集到一定量后，应及时交废油回收单位处置。

（三）废润滑剂处置

风电场收集的废润滑剂应交具备相应资质的单位进行处置，任何个人和单位不得私自处置。废润滑剂在处置转运时要有污染防治措施和事故应急救援措施，需出具危险废物转移联单，需用符合危险货物运输安全要求的运输工具进行运输。

风电场向废润滑剂处置单位移交废油时，应注意个人防护，佩戴手套、口罩，穿安全鞋，搬运油桶时防止砸伤。

废润滑剂移交过程应有风电场、废润滑剂处置单位相关负责人的签字交接记录，注明交接废润滑剂的数量、日期等必要信息。

（四）资料留存

风电场应保存必要的废油处置流程材料，以备检查。相关材料包括但不限于：废油处置台账、废油处置单位资质文件、废油处置服务合同、废油签字交接记录、危化品转运联单等。

第十二节　塔架与基础巡视维护

本节介绍了塔架与基础的巡视维护内容，包括陆上基础外观检查、沉降观测、水平度测量和钢筋锈蚀检测、沉降观测方法和标准；海上基础桩基础检查、防腐系统维护、结构完整性监测和沉降监测。塔架焊缝质量、螺栓紧固和腐蚀防护检查。

一、塔架的巡视维护

（一）塔架及附件检查

（1）塔架基础环与混凝土结合处无缝隙，塔架与接地网应连接完好。

（2）塔架门关闭后无缝隙，门体无腐蚀、关闭时无卡涩，通风口防尘防水性能良好，门锁应能灵活开启。门锁防雨罩无损坏、无锈蚀。风沙较大的地区开锁前应进行清理，防止沙尘进入门锁而失效。

（3）塔架内底部应保持干燥，排水孔通畅，底部无油污、无积水，如塔底有新油痕迹，应安排人员登塔巡视，检查漏油来源。

（4）塔架内外壁无脱漆、无腐蚀。

（5）检查塔架内外梯子、平台、防风挂钩、灯具、安全开关等无异常，塔架内各层平台无油污并与塔架壁连接牢靠。

（6）塔架法兰面、塔架门、塔架壁以及塔架的对接焊缝无裂纹，应重点检查塔架底段的中部以及塔架法兰附近焊缝，如发现焊缝开裂必须立即停机，并委托有资质的单位对焊缝进行探伤检查。（大型钢结构件在焊接后存在一定的残余焊接应力，需要较长时间才能消除，因此对新投产机组的焊缝需要全面仔细检查）。

（7）底、中、顶法兰及紧固件的连接螺栓无位移、无松动、无断裂。

（8）塔架与基础、塔架与机舱、各段塔架间均应可靠接地。

（二）塔架垂直度检查

风电机组塔架的截面为圆形，上下塔架的圆心形成一个轴心线，轴心线相对于基础环水平面的理想状态是垂直，但是现实情况可能存在部分偏差。轴心线相对于基础环水平面的偏差程度，即为塔架垂直度。

1. 塔架垂直度要求

单节塔架的垂直度允差一般在 4% 以内，总塔架高度允差一般在 4% 以内，且总塔架高度允差不大于 30mm。

2. 测量方法

经纬仪法：在塔架高度 1.5 倍远的地方，瞄准塔架顶部，利用经纬仪投测下来，做一标记，量出其与底部的水平距离，用正倒镜投点法观测两个测回，取平均值即可。经纬仪测量垂直度如图 6-204 所示。

图 6-204　经纬仪测量垂直度

激光铅垂仪投测法：利用激光铅垂仪进行塔架轴线自下向上的投测是一种精度较高、速度快的方法。其基本原理是利用该仪器发射的铅直激光束的投射光斑，在基准点上向上逐层投点，从而确定各层的轴线点位。该方法的优点是方便、快捷，但需在塔架平台上预留孔洞。

（三）塔架焊缝的检查

在检查塔架的焊缝过程中，通过目视或现场简单检查如有不能确认的缺陷，应根据现场情况采取磁粉、渗透等无损检测方法进行焊缝状态的检查确认。

1. 运行中的缺陷

从基础环至机舱，塔架焊缝的厚度应为 50～10mm，焊接的主要形式为埋弧自动焊，在出厂前已进行相应的质量检验工作，以确保焊缝质量。但在运行过程中，由于受循环交变应力的影响，塔架焊缝仍有可能沿着塔架圆周方向产生裂纹甚至开裂，裂纹的产生部位可位于塔架焊缝中部的原始缺陷、表面的厚度变化处、结构的突变区等应力集中部位。这些微小的开裂形成了裂纹源，在受到循环交变应力的作用时，裂纹源的扩展可能导致塔架的有效承受厚度变小，承载能力迅速下降，造成塔架撕裂、折断、倾覆等灾难性后果。

2. 检查方法

运行过程中焊缝裂纹的检测主要采取射线、超声波、磁粉、渗透等无损探伤法。

无损检测是指在不损害或不影响被检测对象使用性能，不伤害被检测对象内部组织的前提下，对被检对象内部及表面的结构、性质、状态及缺陷的类型、性质、数量、形状、位置、尺寸、分布及其变化进行检查和测试的方法。其主要有射线检验 RT（Radiographic Testing）、超声波检测 UT（Ultrasonic Testing）、磁粉检测 MT（Magnetic Particle Testing）和液体渗透检测 PT（Penetrant Testing）四种。塔架的检测通常以超声波和磁粉检测为主。

（1）射线法是以 X 射线穿透焊缝，以胶片作为记录信息，且可永久保存的无损检测方法，该方法应用最广泛，定性、定量准确，但检测厚度有限，总体成本相对较高，而且射线对人体有害，检验速度较慢。

（2）超声波检测可对较大厚度范围内的焊缝内部缺陷进行检测，而且缺陷定位较准确，灵敏度高，可检测焊缝内部尺寸很小的缺陷；并且检测成本低、速度快，设备轻便，对人体及环境无害，现场使用较方便，但该方法对检测人员的综合判断能力要求很高，如图 6-205 所示。

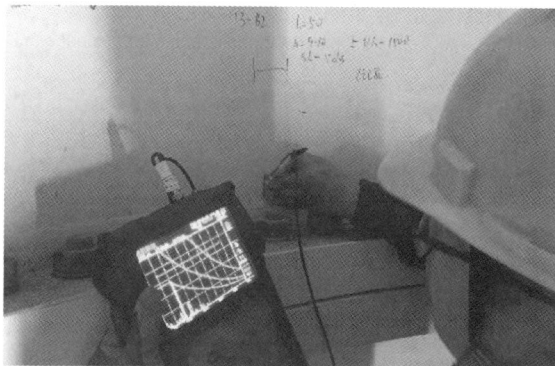

图 6-205　超声波检验塔筒焊缝问题

（3）磁粉检测适用于检测焊缝表面和近表面尺寸很小、间隙极窄（如可检测出长 0.1mm、宽为微米级的裂纹）目视难以看出的不连续性的缺陷；但不能发现焊缝内部缺陷，表面检测时焊缝的油漆对检测灵敏度干扰较大。

（4）渗透检测显示直观、操作方便、检测费用低，但它只能检出焊缝表面开口的缺陷，难以确定缺陷的实际深度，对被检焊缝表面要求光洁度较高，必须打磨油漆才能进行。

3. 检查部位

（1）塔架焊缝的检查部位一般选择运行中可能产生裂纹的位置，如基础环与底段塔架的环焊缝、顶段塔架的筒体之间的环焊缝、其他在运行中可能产生较大交变应力部位的焊缝。

（2）所有可检查部位的塔架的 T 形接头及其附近的焊缝。

（3）对塔架焊缝应制订详细的检测计划，按台、按批分别进行不低于10％的抽检。

4. 检查标准

塔架焊缝无损检测合格级别应按 JB 4730《承压设备无损检测》和 GB/T 11345—2023《手工钢焊缝超声波探伤》进行，一般在执行射线检测时二级为合格标准，超声波检测时一级为合格标准。

5. 焊缝返修

塔架焊缝的现场返修条件复杂、工艺要求高，对超标缺陷的处理应慎重、全面考虑。对运行中产生的裂纹缺陷和制造过程中产生的未焊透、夹渣等缺陷应区别对待。

（四）盐雾腐蚀检查

1. 盐雾腐蚀现象

盐雾腐蚀是一种常见且最有破坏性的大气腐蚀，多发生于沿海地区潮湿环境中，主要影响并破坏经达克罗处理的塔架和机舱螺栓的安全性能，盐雾腐蚀造成螺栓表面生锈，并造成螺纹损坏，最终降低螺栓的强度，失去紧固的作用，塔架螺栓生锈如图 6-206 所示。

图 6-206　塔架螺栓生锈

2. 盐雾腐蚀机理

盐雾是指含氯化物的大气，它的主要腐蚀成分是氯化钠。盐雾对金属材料如螺栓表面的腐蚀是由于氯离子穿透螺栓表面的防护层，与内部金属发生电化学反应引起的。同时，氯离子含有一定的水合能，易吸附在金属表面的孔隙、裂缝中，并取代氧化层中的氧，把不溶性的氧化物变成可溶性的氯化物，使钝化表面变成活泼表面，进而造成盐雾腐蚀。

3. 腐蚀检查要求

热浸镀锌螺栓目视检查所有螺栓应符合以下要求：

（1）表面总体锈蚀面积不得大于总面积的 2%～3%。

（2）螺栓表面色泽无明显变化。

（3）表面锈蚀小于 $1mm^2$ 的占总面积的比例应小于 10%。

（4）小于 $2\times2mm^2$ 的锈蚀斑点在 $20\times20mm^2$ 范围内分布数少于 3 点。

（5）螺丝螺纹边的锈蚀斑点单个面积不得大于 $4\times4mm^2$。数量应少于 2～4 点（视螺栓大小而定）。

（6）大小在 $2\times2mm^2$，$3\times3mm^2$ 之间的锈蚀点在 $30\times30mm^2$ 内分布数要小于等于两处。

4. 腐蚀检查标准

（1）缺陷面积占比大于 50%，属于非常严重腐蚀现象；

（2）缺陷面积占比 25%～50%，属严重腐蚀现象；

（3）缺陷面积占比 10%～25%，螺栓出现了基体金属腐蚀的现象；

（4）缺陷面积占比 5%～10%，螺栓表面上有非常厚的腐蚀产物层或点蚀，并有深的点蚀；

（5）缺陷面积占比 2.5%～5%，螺栓表面上有厚的腐蚀产物层或点蚀；

（6）缺陷面积占比 1.0%～2.5%，螺栓表面有腐蚀产物或点蚀，且上述现象中的一种分布在整个螺栓表面上；

（7）缺陷面积占比 0.5%～1.0%，螺栓表面严重的失光，或在螺栓局部表面上布有薄层的腐蚀产物或点蚀；

（8）缺陷面积占比 0.25%～0.5%，螺栓表面严重的失光或出现极轻微的腐蚀产物；

（9）缺陷面积占比介于 0.1%～0.25%，螺栓表面严重变色或有极轻微的腐蚀物；

（10）缺陷面积占比不超过 0.1%，螺栓表面有轻微到中度的变色；

（11）无缺陷面积，螺栓表面外观无变化。

（五）螺栓状态检查

由于风电机组螺栓工作环境的特殊性及检查条件的限制，对螺栓状态进行检查只能采用无损检查的方法。常用螺栓状态无损检查方法主要包括压电阻抗法、射线检测法、电阻应变片法、超声波法。

1. 压电阻抗法

压电阻抗技术通过将压电材料紧密贴合在螺栓的端面，利用螺栓结构的机械阻抗变化来监测螺栓的健康状态。当螺栓结构出现损伤时，其机械阻抗会发生变化。在压电材料上施加交流电场时，由于压电材料的机电耦合效应，会产生相应的电响应。通过与无损伤状态下压电材料的电阻抗谱进行对比，可以清晰地发现螺栓结构损伤的演变过程，有效识别损伤，进而实现对螺栓的健康状态实时监测。

2. 射线检测法

射线检测主要利用射线（X 射线、γ 射线）穿透被检螺栓，当射线在穿透物体的过程中会与物质内部结构发生相互作用。射线传播过程中，若遇到存在损伤或缺陷的螺栓时，其衰减程度会与完好螺栓的衰减系数不同。

3. 电阻应变片法

在螺栓上贴上应变电阻，当螺栓发生松动等异常情况时，螺栓所受应力与正常工况下的应力不一致，导致应变电阻阻值的变化。通过比较正常工况与异常情况下的应变电阻阻值变化规律，可以判别螺栓松动等状态。

4. 超声波法

超声波在介质中传播时，由于介质的变化会使超声波信号发生反射、折射等。对于探伤系统而言，超声波在被检测对象内部传播时，由于缺陷处的传播介质发生变化，缺陷特征就会以回波信号的形式反应，通过对缺陷信号的分析、识别、判断来实现无损探伤。

相对于其他常用检查方法，超声波穿透力强，自身能量高，传播方向性好。风电机组螺栓扭矩大、直径粗，超声波在这样的结构中进行传播时，螺栓裂纹、松动等状态对超声波传播特性的改变更明显。超声波用于风电机组螺栓状态检测可以获得更明显的特征信号，同时超声波检查的显示是以波形的状态直接呈现，具有更高的分辨率和可靠性，可以提高螺栓缺陷类型探测的准确性。因此，利用超声波作为传感器对风电机组螺栓状态进行监测是目前常用的选择。

（六）塔架连接螺栓的更换

1. 工艺要求

拆除断裂或失效的风电机组塔架螺栓，更换新的塔架螺栓，施加合格的施工力矩，保证塔架安全运行。

2. 操作人员的要求

（1）经过安全培训，熟悉施工现场安全规定，并能严格遵守规定。

（2）经过专业培训，应经考核合格后持证上岗。

（3）熟悉相关知识和工具使用方法。

3. 施工工具准备

（1）选择经过标定的拧紧工具，拧紧工具的计量应由计量部门定期进行。

（2）施工所用的冲击电动扳手、液压扭矩扳手应经过标定，其扭矩误差不得大于±5%，合格后方可使用。

（3）液压扭矩扳手使用时，不应将反力块顶在塔架壁上；液压扭矩扳手一般用于螺栓的终拧。

4.施工扭矩的确定

施工扭矩原则上由制造商的安装或检修作业指导书提供，作业人员按工艺要求操作即可。如施工扭矩不明确或有疑问，也可参考式（6-3），即

$$T=K \cdot P \cdot d \tag{6-3}$$

式中　T——施工扭矩，Nm；

K——高强度螺栓连接副的扭矩系数平均值；

P——螺栓施工预拉力，kN；

d——高强度螺栓螺杆直径，mm。

5.润滑剂的选择

通常情况，润滑剂采用二硫化钼。如需更换润滑剂，应重新进行扭矩系数的测定。

6.螺栓副的确认

（1）确认螺栓规格、强度等级、数量和批次。

（2）连接副和法兰面的清洁、检查。

（3）检查连接副应无达克罗缺损、缺齿及浅纹等缺陷；检查法兰椭圆度、平面度，以及法兰面内倾度应符合相关图纸、规范要求。

7.更换步骤

（1）润滑剂的涂抹：用毛刷将二硫化钼润滑剂均匀地涂在螺栓螺纹部位。

（2）连接副的安装：安装时，螺栓穿入方向为从下向上插入法兰孔，注意垫片与螺栓的接触面位置正确，垫圈有内倒角的一侧应朝向螺栓头、螺母支撑面。将螺母装在螺栓上，用手拧紧，如图6-207所示。

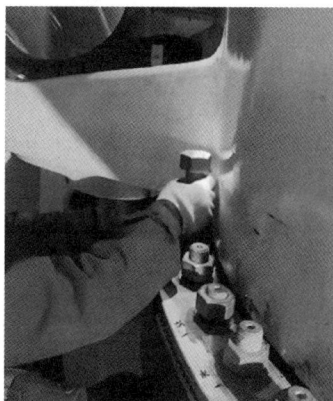

图6-207　更换螺栓

（3）安装时，不得强行穿入螺栓。全部螺栓安装后，再次检查螺栓标记，垫圈、螺母安装方向确认无误。

（4）施拧前，应按实际需要量领取连接副，安装剩余的连接副应装箱妥善保管，不得乱扔、乱放。在安装过程中，不得碰伤螺纹或沾染脏物。

（5）螺栓初拧，按对称原则将螺栓分成若干工作单元，用电动扳手初拧螺栓，初拧扭矩不得大于最终扭矩的 50%。

（6）螺栓终拧，按对称原则将螺栓分成若干工作单元，用液压力矩扳手按最终值的 100% 扭矩值拧紧螺母，要求最少 2 人同时操作。拧紧顺序对称、同方向，作业人员要同时完成螺母的拧紧。施加扭矩应连续、平稳，螺栓、垫圈不得与螺母一起转动。如果垫圈发生转动，应更换连接副，按操作程序重新初拧、终拧。操作完成后，仔细检查每个连接副，每个连接副在终拧后，立刻逐一用记号笔在螺纹连同螺母、垫片画线做终拧标记。初拧和终拧应在同一天完成。

8. 检查标准

对连接螺栓数的 10%，但不少于 2 个进行扭矩检查。检查时先在螺杆端面和螺母上画一直线，然后将螺母拧松约 60°，再用扭矩扳手重新拧紧，使两线重合，测得此时的扭矩应在 90%～110% 施工力矩范围内。扭矩检查应在螺栓终拧 4h 以后，24h 之内完成。

注意：连接副必须按螺栓生产商提供的批号配套使用，并不得改变其出厂状态。施工时，润滑剂选用、涂抹必须严格执行施工工艺。单颗螺栓断裂需更换时，邻近螺栓也应同时更换。

二、陆上基础巡视维护

（一）陆上基础外观检查

外观检查包括基础混凝土开裂、缝隙，平整度等应符合要求，基础环、锚栓笼的防水层以及防腐层无老化破坏，基础环无晃动，基础法兰无裂缝，回填土无异常等。

1. 基础环连接形式风电机组基础损坏典型表现

（1）基础环周边防水层破损或失效，基础环晃动并与周围混凝土缝隙出现"呼吸"、积水现象，如图 6-208 所示。

图 6-208　基础水磨效应

（2）基础环周边出现轻微返浆现象。

（3）基础环周边出现严重返浆现象，如图 6-209 所示。

图 6-209　基础返浆

（4）基础环周边混凝土出现较小裂缝或局部压溃、起壳、剥落现象，如图 6-210 所示。

图 6-210　混凝土裂纹

（5）基础环水平度超限，如图 6-211 所示。

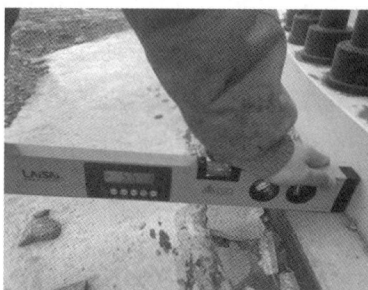

图 6-211　基础环水平度超限

（6）基础台柱破损甚至出现贯穿裂缝。

（7）基础环法兰出现裂纹裂缝，如图 6-212 所示。

2. 预应力锚栓连接形式基础损坏典型表现

（1）上锚板下高强灌浆料出现局部剥落现象，如图 6-213 所示。

图 6-212　塔架外壁与基础结合处开裂

图 6-213　塔架内壁与基础连接处的破碎带

（2）高强灌浆料出现轻微裂缝，如图 6-214 所示。

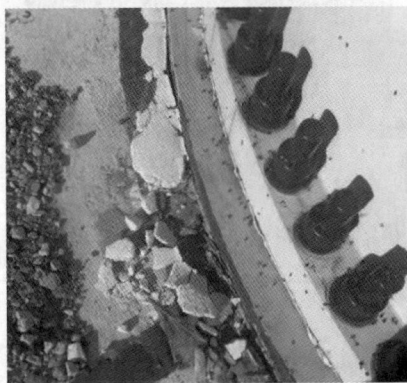

图 6-214　基础水泥损坏

（3）高强灌浆料出现较大贯穿裂缝。

（4）锚栓预应力异常、拉脱或断裂。

（5）上锚板水平度超限，如图 6-215 所示。

（6）上锚板整体变形，表面不再处于同一平面内。

（7）基础台柱破损甚至出现贯穿裂缝。

（二）沉降观测

风电机组对基础不均匀沉降有较强敏感性，不均匀沉降会使风电机组产生较大的水平偏差和倾斜超标，在机舱及叶片等载荷作用下，将产生较大的偏心弯矩，给风电机组运行带来较大的安全隐患。风电机组基础应进

图 6-215　上锚板水平度超限

行沉降观测。

1. 沉降观测点和基准点

每台风电机组在基础施工时，应在基础轴线相交的对称位置上设置不少于 4 个沉降观测点。沉降观测点可采用 30mm×30mm×5mm 的角钢，角钢与竖直方向应成 60°角，角钢露出约 40mm，角顶向上，角顶的毛刺应抛光；也可采用钢筋作观测点，钢筋一端加工成半球面并垂直向上，如图 6-216 所示。无论采用哪种沉降观测点，都应保证沉降观测点材料具有良好的抗腐蚀性，保证测量时水准尺立尺点突出、光滑、唯一，确保沉降观测的准确性。基准点优先设置在距离不小于 3 倍风电机组基础深度以外稳定的原状土层内或裸露基岩上，也可考虑在风电机组基础最大宽度 2 倍距离外侧，埋深应大于冻土层，易于长期保存。按照《工程测量通用规范》（GB 55018—2021），每个风电机组机位周边布设不少于 3 个一组的基准点，便于互相校核，要求基准点基本上或接近同一高程面上，便于水准测量。根据现场实际情况两个、三个或多个风电机组机位可共用一组基准

图 6-216　沉降观测点

点进行沉降观测。埋设的基准点可采用混凝土基准点标石，如图 6-217 所示，也可将基准点镶嵌在裸露基岩上。基准点标志的立尺部位要采用耐腐蚀的金属材料制作，应突出、光滑、唯一，并要求每个标志应安装保护罩，以防撞击。沉降观测点和基准点应统一编号管理。

图 6-217 混凝土基准点标石

2. 沉降点观测标准

风电机组基础沉降监测等级一般采用二等级，此等级要求变形观测点的高程中误差应控制在 0.5mm 以内，风电机组基础沉降观测采用二等闭合水准测量。基准点、工作基点布设、仪器设备配备、观测方法及观测精度均应满足规范二等级技术要求。高程和沉降量数据处理的数值取位要求应为 0.01mm。沉降点观测（包括基准点）应符合下列要求：在较短时间内完成现场观测任务；采用相同的观测路线和观测方法；使用同一仪器和设备；作业人员相对固定；记录相关的环境因素（包括荷载、温度、气压、风向及风力等）；采用相对统一的基准处理数据；每期观测前应对使用的仪器和设备进行校核，并做好记录。

3. 沉降点观测频率、周期

施工阶段沉降观测频率及周期应按照下列要求并结合实际情况确定：风电机组基础施工完成并安装沉降观测点标志后即可开始首次观测；组装风电机组塔筒前和结束后应各观测一次；组装风电机组叶片前、后应各观测一次；整个施工期间原则上观测次数不少于 6 次，观测时间、次数应根据地基和增加荷载情况区别对待；施工中遇到 2 个月以上停工时，在停工时和重开工时各观测一次，并每隔 2 个月观测一次。运行阶段：风电机组试运前观测一次，运行后应视地基土类型和沉降速率大小而定。除特殊要求外，应在第一年观测 3～4 次，第二年观测 2～3 次，第三年后每年观测 1 次，直至稳定为止。沉降稳定状态应根据沉降量与时间关系曲线断定，当最后 100 天的沉降速率小于 0.01～0.04mm/天时可认为已进入稳定阶段，一般工程上取 0.02mm/天。若有基础附近地面荷载突然增减、基础四周大量积水、长时间连续降雨等情况，应及时增加观测次数。当风电机组基础突然发生大量沉降、不均匀沉降或严重裂缝时，应立即进行逐日或2~3天一次的连续观测。

4. 观测仪器及使用要求

风电机组基础沉降观测应使用S1以上精度的精密水准仪和高精度铟钢水准尺，整个观测期间应采用固定测量作业人员、固定仪器设备、固定测站数的"三固定"方法。水准测量中，把立尺的位置称为测点，水准仪安放的位置称为测站。使用水准仪观测时应按下列要求作业：应在标尺分划线成像清晰和稳定的条件下进行观测。不得在日出后或日落前约半小时、风力大于四级、气温突变时，以及标尺分划线的成像跳动而难以照准时进行观测，阴天可全天观测；观测前半小时应将仪器置于露天阴影下，使仪器与外界气温趋于一致。设站时应用测伞遮蔽阳光，使用数字水准仪前还应进行预热；使用数字水准仪应避免望远镜直接对着太阳，并避免视线被遮挡，仪器应在其生产厂家规定的温度范围内工作；使用数字水准仪测量时，测量距离应大于3m且小于50m；为消除误差，应使测站距前、后测点距离尽量相等，数字水准仪进行二等测量前、后视距差应小于1.5m。

5. 观测方法

水准测量的原理是利用水准仪提供的一条水平视线，测出两地面点之间的高差，然后根据已知点的高程和高差，推算出另一个点的高程。水准测量方向是由已知高程点开始向待测点方向行进。图6-218中A为已知高程点，B为待测点，A尺上的读数a称为后视读数，B尺上的读数b称为前视读数，则A、B两点的高差为$h_{AB}=a-b$，若已知A点高程H_A，则B点高程为$H_B=H_A+h_{AB}=H_A+(a-b)$。首先从已知高程的水准点使用连续水准测量方法，通过往返形成闭合水准路线，如图6-219所示，测得风电机组周围基准点的高程。进行沉降观测时只选定一个基准点，并且固定使用该基准点，定期通过另外两个基准点校核使用基准点，确保该基准点稳固可靠。

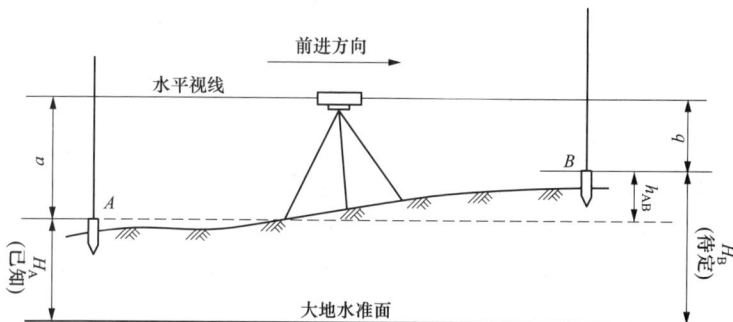

图6-218 水准测量原理

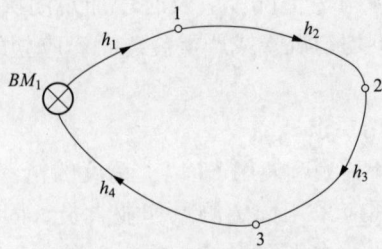

图 6-219 闭合水准路线

通过闭合水准路线方法对风电机组 4 个沉降观测点进行观测，如图 6-220 所示，即先测基准点与观测点 1 之间的高差，再测观测点 2 与观测点 1 之间的高差，依次测量，最后测量基准点与观测点 4 的高差。闭合水准路线中各段高差的代数和应为零，但实测高差总和不一定为零，从而产生闭合差。由于闭合差与测站数或测量距离成正比，站数越多、路线越长观测误差累计越大，所以将闭合差按照测站数或测量距离平均分配到各段高差中，这个过程叫作平差。通过计算各观测点与基准点的高差，平差后可以推算出各点的高程。首次观测应连续进行两次独立观测，取其观测结果的平均值作为沉降量的初始值。通过后续的沉降观测，通过观测点的高程差可以计算出基础沉降量。

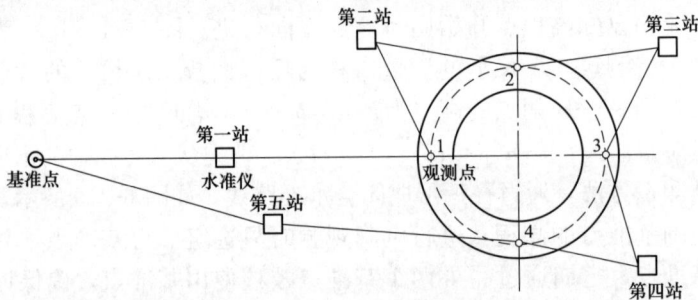

图 6-220 闭合水准路线观测

（三）基础环水平度测量

基础不均匀沉降、基础环制造、运输、存放过程中的问题以及施工中水平度控制不当均可能造成塔架基础环连接法兰水平度的微小偏差和倾斜，进而造成塔架顶部中心与垂直轴线之间的严重错位，从而使塔架垂直方向的载荷发生偏移，影响塔架垂直方向的稳定性能。

将水平仪放置在基础环附近（5～10m），在基础环上法兰的圆周上每次要均匀地采用 12 个点以上点位的测量。测量时应保证测量仪器与基础环上法兰水平面是垂直的，并应减少扰动，确保上法兰水平度不大于 2mm，误差越小越好。

（四）钢筋腐蚀检查

钢筋锈蚀会导致其截面积减少，从而使钢筋的力学性能下降，同时，钢筋腐蚀导致钢筋与混凝土之间的结合强度下降，钢筋所受的拉伸强度无法有效传递给混凝土。钢筋锈蚀生成腐蚀产物，其体积是基体体积的 2～4 倍，腐蚀产物在混凝土和钢筋之间积聚，对混凝土的挤压力逐渐增大，在这种挤压力的作用下混凝土保护层的拉应力逐渐加大，直到开裂、起鼓、剥落。混凝土保护层破坏后，使钢筋与混凝土界面结合强度迅速下降，甚至完全丧失，不但影响建筑物的正常使用，甚至使建筑物遭到完全破坏。钢筋锈蚀的原因主要有两个方面：钢筋保护层的碳化；钢筋所处氯离子的含量较高。

钢筋锈蚀的检查方法主要有破损检测和无损检测两种方法。

（1）破损检测。

破损检测是物理检测方法的一种，一般是在钢筋锈蚀比较严重的情况下进行，如混凝土由于钢筋锈胀力而导致了明显的空鼓、开裂甚至脱落等现象。为了进一步确定钢筋锈蚀的情况，就需要对结构进行破损检测。该方法是利用外力将结构物中一部分破坏的混凝土凿开，直至露出钢筋表面，通过肉眼（视觉法）来观察钢筋的锈蚀情况。必要时还可通过截取部分锈蚀最严重的钢筋，利用截面积损失率或重量损失率来计算钢筋的锈蚀率。破损检测是目前工程中应用较普遍的一种检测结构物中钢筋锈蚀的手段，也是修复钢筋锈蚀结构的一种方法。该方法也存在一定的局限性，会对结构物造成较大的损伤，且因为是"点"的检测，所以检测范围和数量及其代表性均受到限制。

（2）无损检测。

无损检测借助先进技术手段，在不破坏结构的前提下进行检测。例如电化学方法，通过测量钢筋的自然电位来推断锈蚀可能性；基于电磁感应原理的检测技术，能探测钢筋位置及估算锈蚀程度。无损检测的优势在于不影响结构正常使用，可大面积快速检测，不过在精度上可能相对破损检测略逊一筹。

三、海上基础巡视维护

（一）桩基础主体及附属构件

（1）桩基础外观无凹坑、裂纹、腐蚀，油漆漆膜无起皮、生锈、剥离等现象。

（2）防腐蚀锌块外观均匀，不低于要求厚度。

（3）爬梯外观无锈蚀，固定端牢固不松脱，防坠钢丝绳无断股、锈蚀现象。

（4）基础其他附件完好，满足正常运行安全及外观要求，典型腐蚀缺陷如图 6-221 所示。

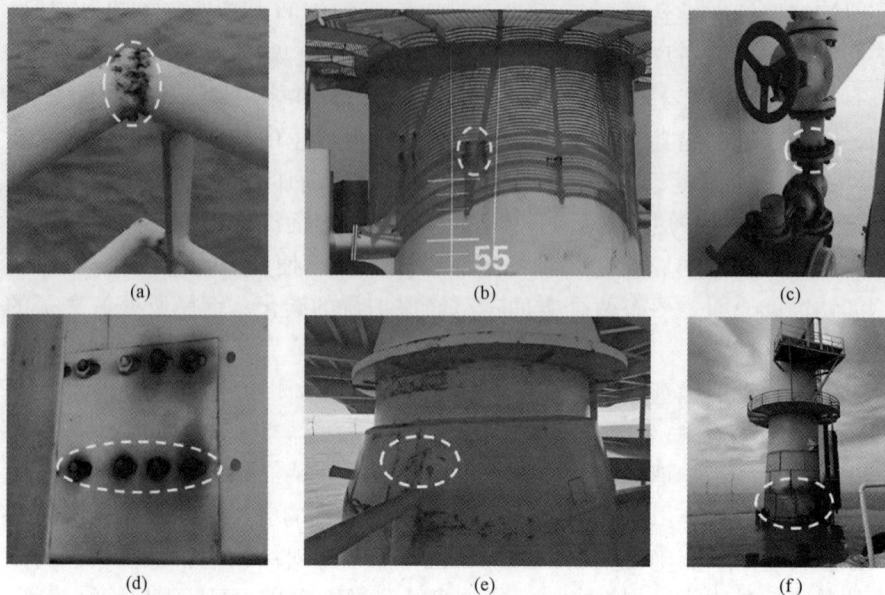

图 6-221 典型腐蚀缺陷

(a) 焊缝腐蚀；(b) 点蚀；(c) 缝隙腐蚀；(d) 电偶腐蚀；(e) 涂层皮下腐蚀；(f) 生物污损

(5) 使用遥控水下机器人 ROV（Remotely Operated Vehicle）或潜水员，检查基础冲刷防护系统。

(6) 检查助航标志。

(7) 基础及基础附属构件外表油漆涂层修补（特别是船停靠位置）。

(8) 清除海洋生物生长附着。

(9) 针对有灌浆连接的基础，检查并修复灌浆连接。

（二）海上基础防腐系统

针对基础的防腐系统，分为钢结构（包括水上结构和水下结构）涂层定期维护、混凝土结构定期维护及阴极保护系统（包括牺牲阳极和外加电流）。

(1) 水上结构涂层应先清理检查部位的海洋生物，检查防腐涂层无脱落，结构部件（包括 J 型管/靠船柱）无损坏或缺失及锈蚀、焊缝裂纹、螺栓锈蚀等情况。必要时，采用无损检测 NDT（Non-destructive Testing）技术对结构焊缝进行检测，以确认结构的完整性。

(2) 水下结构涂层的维护，通过潜水员或 ROV 进行检测。

(3) 钢结构检查与维护具体按照《海上风电场钢结构防腐蚀技术标准》（NB/T 31006—2011）的有关规定执行。

(4) 混凝土结构检查与维护具体按照《海港工程混凝土结构防腐蚀技术规范》（JTJ 275—2000）的有关规定执行。

(5) 牺牲阳极保护系统，应检查阳极溶解状况、机械损伤情况等。

（6）外加电流保护系统，应定期检查电源设备运行情况和参比电位的准确度。

（7）检查浪溅区内的基础结构海洋生物附着情况，过度腐蚀的，应进行钢板厚度测量。

（三）海上基础沉降监测

海上基础沉降监测的内容主要包括：不均匀沉降监测，支撑结构应力应变监测、倾斜监测、海上风电机组整体结构系统振动监测、冲刷防护监测以及腐蚀监测等。

1. 不均匀沉降监测

海上风电场内，对每台风电机组基础均应进行不均匀沉降观测。

施工期采取措施保护不被破坏。基础施工时，在每台风电机组基础平台上均匀设置 4 个沉降观测点，安装位置应尽量接近基础环或法兰盘等能反映出风电机组基础不均匀沉降的关键点处。

从基础施工完成当天开始对 4 个观测点进行观测和记录，监测结果应反映出风电机组吊装完成前、后基础的不均匀沉降情况。

施工期监测频率：基础平台形成当天进行第一次观测，形成后第 7 天进行第二次观测，机组安装前至少每月观测一次，机组吊装完成当天观测一次；吊装完成后第 7 天观测一次，运行期采用自动采集系统连续监测。

运行期监测频率：所选择的 4 台重点监测风电机组基础采用自动采集系统连续监测，其余采用人工观测的基础，合同期内每年应观测 2 次。

2. 支撑结构应力应变监测

以下为单桩基础及导管架基础的监测参考方案。根据实际的风电机组基础结构形式和风电场的检测要求，监测方案的具体布置将相应地进行调整。

单桩基础应力、应变监测：应在泥面附近每根钢管桩桩身外壁对称布置 4 个钢板应力计、4 个倾角计，监测桩身应力情况；在桩顶附近内表面对称均匀布置 4 个钢板应力计、4 个倾角计，以监测桩顶处的应力情况，并通过测量结构的倾角，推算出结构的变位值。

导管架基础应力、应变监测：应在选取的需要重点监测的导管架基础中，每台导管架基础选择 4 根底部撑管，每根撑管对称布置 4 支钢板应变计，共布置 16 支钢板应变计进行底部撑管的应变监测；选择 1 个 X 撑节点，连接节点的每根撑管对称布置 4 支钢板应变计，共布置 16 支钢板应变计进行 X 撑点的应变监测。

3. 倾斜监测

应在需要重点监测的风电机组基础上，在每台风电机组基础平台顶面、风电机组塔筒中部和顶部各布置 1 套双向倾角仪，每台基础共 3 套。

4. 海上风电机组整体结构系统振动监测

应在重点监测的导管架基础上做振动监测。每台风电机组在过渡段顶面和每节塔架分别布置 1 套双向加速度计，每台基础共 5 套。

5. 冲刷防护监测

对每台风电机组基础均应进行冲刷防护监测。以适宜方式布设测线，采用多波束测深应对风电机组基础周边 100m×100m 范围实现全覆盖海底地形扫测。海底地形冲刷监测应在基础施工基本完成后，第一年内至少每半年观测一次，至并网后一年，共计观测四次。每次观测时间应选在台风、风暴潮等恶劣天气之后。后续观测频次可根据现场冲刷情况做相应调整。

6. 腐蚀监测

在需要重点监测的风电机组基础上，每台不同高程应布置 3 个测点。参比电极通过固定装置固定在风电机组基础上，参比电极的电缆接入风电机组监测柜内的自动化腐蚀监测采集装置内。测点沿水深方向均匀布置在平均潮位与泥面线之间，测点的具体布置位置应在设计阶段明确。

第十三节　辅助设备巡视维护

本节介绍了辅助设备的巡视维护内容，包括链式提升机、免爬器、升降机的机械部件检查与功能测试；自动消防装置的灭火剂储存罐检查、探测器测试和报警系统验证；机舱辅助设备的罩体检查、风速仪支架维护、吊物孔盖板检查、防坠落定位点加固；以及电缆系统的夹板检查、转接箱维护和扭缆保护等具体项目。

一、链式提升机巡视维护

（一）结构外观与机械部件巡视维护

（1）检查提升机外观无损坏，如图 6-222 所示。检查连接固定螺栓无缺失、松动、锈蚀，若有松动，紧固或更换锁紧螺母。检查收链盒无变形，如图 6-223 所示。

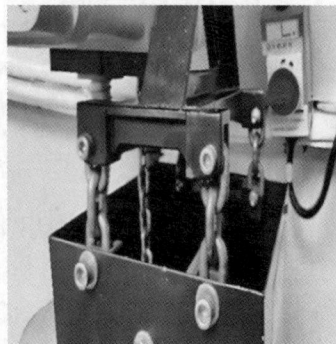

图 6-222　提升机外观　　　　图 6-223　链条盒与提升机连接螺栓

（2）检查提升机表面，无渗漏油、无锈蚀。

（3）检查提升机链条无打结、无锈蚀，链条导向孔无异常磨损、无裂纹，如图 6-224 所示。

（4）检查提升机吊钩防护罩无老化、无缺失，吊钩卡扣无脱落、无损伤，如图 6-225 所示。

图 6-224 链条打结

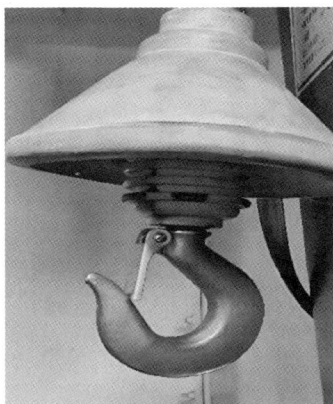

图 6-225 提升机吊钩防护罩

（5）检查吊物孔盖板无丢失，盖板固定螺栓、绳索、销体无松动，防护栏固定牢靠。

（6）紧固吊车固定支架的螺栓，并画好力矩线，及时更换脱落或磨损的固定螺栓。

（7）检查提升机控制手柄及其连接线无裂纹、无破损、无老化。

（8）检查提升机电源线绑扎牢固，绝缘层无破损、无老化，旋钮开关功能正常。

（二）电气与控制系巡视维护

（1）拆开电机接线盒的固定螺栓。

（2）检查接触器外观无烧灼痕迹。

（3）紧固接触器接线。

（4）接触器吸合无卡涩。

（5）强制接触器吸合，测试接触器触点阻值应小于 1Ω。

（6）使用万用表测试接触器上口电机三相绕组直阻，一般为 $20\sim25.8\Omega$。

（三）功能测试

（1）手柄按钮功能与提升机动作相符，运行过程无异响、无异常振动。

（2）触发靠近提升机吊钩上方的限位开关，再按住手柄向上的按钮，此时提升机电机不工作；松开限位开关，此时提升机可以工作，测试完毕后松开手柄按钮。

二、免爬器巡视维护

（一）结构外观与机械部件巡视维护

（1）检查小车、电控箱、驱动部分和涨紧装置等核心组件，检查可能影响其正常功能的损伤。

（2）检查免爬器结构牢固性、运行稳定性及安全可靠性，发现异常及时修复。

（3）检查各标牌和操作按钮无缺失或损坏情况，如果存在损坏，及时进行维修或更换。

（4）用遥控器操作上升小车，观察各导轮组应完好，运行顺畅，并使用内六角紧固导向轮螺栓。

（5）在可视位置查看并紧固防脱落装置及导向轮润滑应良好，如图 6-226 所示。

（6）检查压绳机构上的压绳轮旋转顺畅且无异常磨损。

（7）检查模具弹簧压缩后长度是否符号厂家技术标准范围内，否则必须进行调整，如图 6-227 所示。

图 6-226　导向轮　　　　图 6-227　弹簧压缩长度测量

（8）一人（甲）操作小车上升，另一人（乙）在驱动部观察牵引绳。在甲进行上升过程检查时，需要核实滑轨连接符合标准。此时，乙在驱动电机附近待命，准备在必要时进行急停操作，并仔细检查钢丝绳无断丝和局部变形的问题。在检查过程中，乙需要特别关注并标记那些可能需要在下次年检中重点关注的区域。同时，乙还需要注意电控箱的工作状态，观察应无信号丢失的情况。

（9）当小车顺利到达顶部位置后，甲将使用遥控器操作小车下行。在此过程中，甲需要密切关注钢丝绳的状态，并再次标注出需要重点关注的地方。与此同时，乙继续观察电控箱的信号情况。

（10）当小车到达底部位置时，乙会通过电控箱操作小车上升。在此过程中，乙将密切观察信号应正常。在小车即将接近顶部位置时，甲会特别注意上限位功能的触发情况，确保其正常工作。

（11）检查踏板安装牢固，无明显损伤。

（12）小车运行时，触发小车急停开关、平台触碰开关、上下限位时小车停止运行，松开后功能恢复。

（13）触碰轮廓下限位时小车停止运行并报警。

（14）模式选择开关在上升、下降时，遥控灯位置时对应功能正常。

（15）左右手柄同时操作时，小车运行，松开任一只手时小车停止运行。

（16）小车运行时，触发小车减速开关，小车运行速度减半并发出报警提示。

（二）传动与制动系统巡视维护

（1）检查驱动部分固定板、调节板、下缓冲应安装正确有效；标准件无反装、漏装现象。如果存在以上情况，根据损坏程度进行维修或更换。

（2）检查减速箱无明显磕碰、异响、渗漏油现象，如影响功能实现需进行更换。在执行小车检查时，需要关注钢丝绳与驱动箱盖之间的摩擦情况，同时检查驱动轮与钢丝绳、防脱轮之间无异常摩擦。此外，还需对驱动轮固定螺母的紧固情况进行检查，确保无松动现象。

（3）检查驱动滑轮的主动轮、从动轮无松动、损伤、卡滞现象，无松动异响，如松动必须及时紧固，如图 6-228 所示。

图 6-228　驱动滑轮

（4）在检查驱动部分的接线盒时，需确保接线牢固，无松动、虚接或错接的问题。同时，布线需保持整齐，防止相互干扰。另外，电源线应保持完好，无老化或损伤现象，如图 6-229（a）所示。

（5）检查制动电阻应稳固、无松动，电源线完好且无断开损伤，如图 6-229（b）所示。

（6）为确保钢丝绳端部的固定夹安装无误，需检查其安装情况，确保多余的钢丝绳头朝下，并确认无松动滑移现象。若发现任何问题，必须立即进行现场整改。同时检查小车内钢丝绳端部紧固情况，如图 6-230 所示。

（7）在钢丝绳载重 60kg 时，需检查涨紧指示标处于绿色区域的中下部

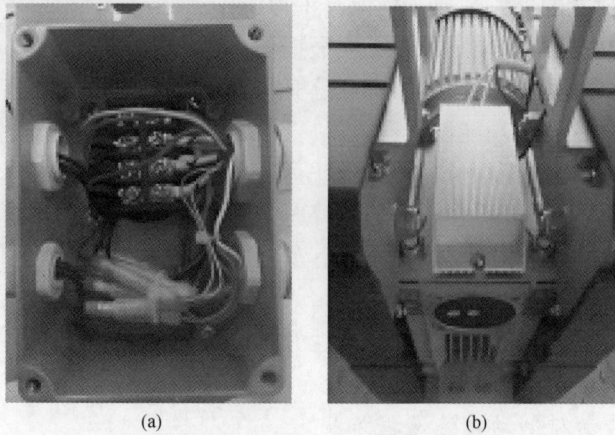

图 6-229　接线盒及制动电阻

（a）接线盒；（b）制动电阻

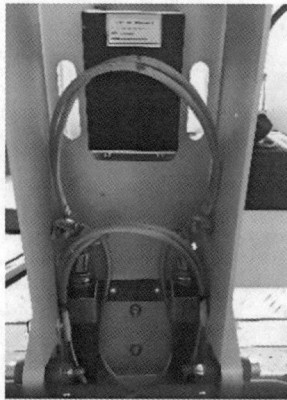

图 6-230　钢丝绳检查

分。在小车上加载 160kg 并启动小车向上运行，仔细观察驱动轮与钢丝绳之间无打滑现象。若以上两项中的任何一项不符合标准，必须立即重新拉紧钢丝绳，以确保安全运行。

（8）检查钢丝绳涨紧装置与滑轨固定的螺栓应牢固，确保标识线清晰可见。同时，检查缓冲部分无变形或缺失现象，以及导轮无异常磨损。此外，还要关注钢丝绳涨紧指示标应处于正常工作标识（部分品牌型号为绿色）区域内。一旦发现任何问题，必须立即重新调整钢丝绳涨紧力，以维持设备正常运行，如图 6-231 所示。

（9）在年度检验过程中，必须对电磁制动器的间隙进行测量和调节，以确保其有效性。根据相关标准要求，制动器间隙应为 0.3mm，在 3 个螺柱的两侧，共 6 处位置进行测试，均需达到合格标准，如图 6-232 所示。

（10）在完成制动器间隙的调整后，通过遥控器操作升降机上升和下降，以验证调节效果。同时，在启动过程中，制动器应发出清晰的声音，不应产生沉闷的声响。

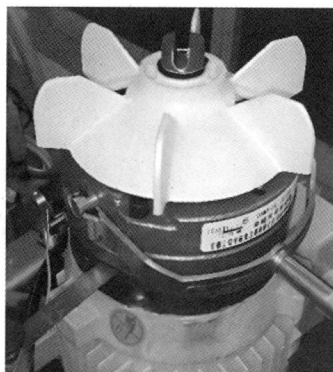

图 6-231　涨紧指示　　　　图 6-232　制动器间隙检查

（11）在手动操作制动器释放杆时，小车的上下运动功能应表现正常，风扇无损坏。

（三）电气与控制系统巡视维护

（1）电控箱表面应无明显磕伤、划伤、变形等缺陷，标识清晰，各按钮无损坏。

（2）检查各电子元器件，接收器、变频器、整流模块、开关等接线，应无虚接、裸线、压接端子松动等缺陷。

（3）配合主机小车检查，启动、上升、下降、停止、急停、指示灯功能正常。

（4）按下漏电保护器 T 测试按钮，电源开关应断开。合上电源开关时，电源应重新接通。

（5）检查小车内部接线应整洁，远离运动区域，接插头对接牢固，电池电源插头固定有效，插头无松脱和破损，蜂鸣器固定牢固。

（6）内部接线稳固，无松动、虚接、错接等问题，布线布局合理，无干涉现象。

（7）检查信号发射器外观应无严重磨损，接线端子无松动，固定牢固，如图 6-233 所示。

图 6-233　信号发射器

（8）检查电池固定盒应完好无损，与车体稳固连接。

（9）测试电池的充放电性能、电量显示功能，以及电源开关功能需正常，若发现异常情况，需立即进行修复或更换，如图 6-234 所示。

图 6-234　小车电池

（四）安全保护装置巡视维护

（1）检查失速保护装置外观无明显缺陷，如有异常必须进行更换。

（2）检查并确认失速保护装置的固定状态应稳固，螺母紧固且无松脱现象。同时，装置上的力矩标识线应清晰可见无松动，且位置准确无误。一旦发现异常情况，必须立即进行检修，并对装置进行重新紧固及划力矩标识线。

（3）断开免爬器电源开关，随后通过手轮精确调整小车的运行位置，使其位于滑轨的可视范围内。轻轻托起失速保护装置，并确保其运行流畅无阻，锁止臂的活动也应当自如无碍。

（4）拉起面板上紧急制动球时，锁止臂弹出，松手后复位，如图 6-235 所示。

（5）使用注油枪对失速保护装置导轮进行润滑，确保导轮的润滑效果达到最佳状态。

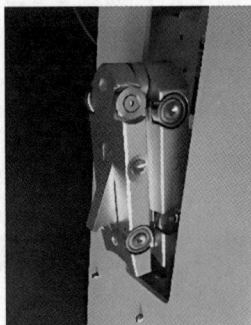

图 6-235　锁止臂

（6）检查顶轮安装无松动，各标准件连接牢固。

（7）运行时，顶轮转动顺畅，有无卡滞现象、轴承磨损声音。

（8）导向轮无异常磨损，如图 6-236（a）所示出绳及入绳无明显摆动。

（9）缓冲装置应无变形、缺失现象，如图 6-236（b）所示。

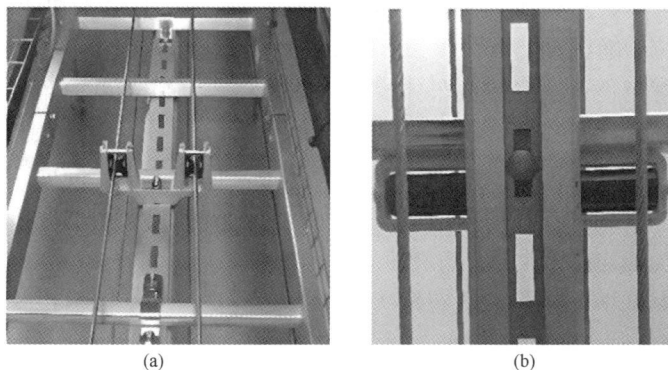

(a)　　　　　　　　　　(b)

图 6-236　导向系统

（a）导向轮；（b）缓冲装置

（10）检查钢丝绳与扭缆、爬梯、平台等应无干涉现象。

（11）检查短导轮、防磨轮、减速块固定有效，无裂纹、异常磨损，如图 6-237 所示。

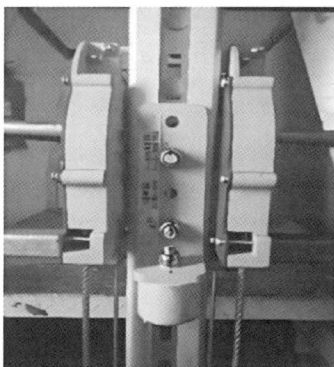

图 6-237　短导轮等辅助备件

（12）手动旋转导轮运行应顺畅，无卡滞。

（13）小车运行时，与滑轨应无卡滞、摩擦现象。

（14）检查滑轨表面无磨损、损伤等异常现象。

（15）滑轨与爬梯连接压板固定牢固，分布合规，标示线清晰。

（16）滑轨对接处平整且间距小于 1mm，连接板螺栓无松动、缺失情况。

（五）功能测试

以某品牌免爬器为例：

（1）变频器调到电流显示档，空载运行车体进行观察，驱动电机空载电流符合规定限值。

（2）人站车体上操作，下行时瞬间采取下蹲动作测试安全锁可以锁止、报警，然后解锁。测试安全锁锁止、解锁功能正常。有报警功能的安全锁，报警及复位功能正常。

（3）对免爬器依次通过车体控制、遥控器控制以及电控箱控制来切换操作权限。每种控制方式下，分别操控免爬器运行一段预定距离，以检验其上下行功能运作正常，并确认操作权限切换过程正常。同时，检查急停按钮功能应正常；以及当减速开关被触发时，车辆减速、上下限位功能和超载报警功能均能正常运作。

（4）测试小车载荷，载有两人时小车运行约40cm触发报警并停止运行，在载有一人时，小车运行正常。

（5）测试使用手柄开关操作免爬器运行时，遥控器和电控箱均无法控制小车运行。

（6）测试将转换开关置于遥控档位时，遥控器和电控箱可以使用。

（7）测试遥控器和电控箱操作时，触发小车上任意开关均能实现小车停止运行。

（8）测试遥控器操作小车运行时，电控箱不能控制小车。

（9）检查遥控器功能标识应清晰，外观无损伤。

（10）测试相近两台免爬器无相互信号干扰现象。

三、升降机巡视维护

（一）结构外观与机械部件巡视维护

（1）若出现以下钢丝绳损坏情况，及时检查并更换对应钢丝绳，如图6-238所示。

钢索套/圈不能伸直

当钢索圈拉紧时形成的环圈结

因处理不当造成的弯曲（例如，用钢索固定负载）

因挤压、辗过等引起的损坏

钢索鼓囊

毛圈形成

图6-238　钢丝绳损坏形式

1）钢丝绳直径 30 倍的长度范围内出现断股或断丝超过 8 根的现象。

2）钢丝绳表面或内部严重腐蚀、过热损害、钢丝绳明显变色。

3）钢丝绳与原来直径相比，直径减小超过 5%；钢丝绳表面的破坏，严重机械性损伤（挤压、撞击伤害等）。

（2）顶部钢丝绳固定牢固，各螺栓无松动现象；二次防护钢丝绳连接正确；底部钢丝绳端部位拉紧装置安装正确。

（3）检查电缆外皮和接口无损坏，如发现损坏及时进行绝缘处理或更换电缆；检查电缆的收揽情况，对电缆线不能有序地盘卷在收缆筒内的现象，需要立即分析原因并进行整改，确保电缆不会在运行过程中发生危险。

（4）检查钢丝绳应正确顺畅地通过导向轮，如图 6-239 所示。

图 6-239　钢丝绳导向轮

（5）清理升降机污垢，清理时应保证足够的通风。

（6）当升降机工作超过 250h，需更换一次润滑油（第一次换油运行 250h，以后每 500h 进行一次换油）。

（二）安全保护装置巡视维护

（1）检查安全锁外观无异常。

（2）检查安全锁制动杆及锁绳功能无异常。

（3）检查安全锁长柄及解锁功能无异常。

（4）将安全绳地面拉紧装置（钢丝绳预紧装置）进行拆除，然后用手迅速拉动安全绳以便检查安全锁的锁绳功能正常。

（5）检查各器件无油污，显示屏过载信息显示正确；检查所有过载指示牌和信息标识应完整可识别，更换丢失或难以辨认的标牌和标识。

（三）功能测试

（1）测试手动上升下降功能正常，车体上升下降是否平稳无异响。

（2）测试漏电保护器应正常动作。

（3）测试急停功能应正常。

（4）测试超载报警功能应正常。

（5）测试上限位及下限位功能应正常。

（6）测试安全制动装置锁定功能及解锁功能应正常。

四、自动消防装置巡视维护

（一）灭火剂储存罐巡视维护

（1）检查灭火剂储存罐外观，注意应无有明显的损伤、漏油或腐蚀迹象。若发现异常，立即停机进行修理或更换。

（2）检查压力表指针指示应正常（在绿色范围内为正常）。

（3）核实灭火剂储存罐上的标签信息，包括型号、生产日期等。确认有效期，如果即将到期，计划提前更换。

（二）系统工作状态巡视维护

（1）检查灭火系统面板指示灯，确认系统处于"就绪"状态。如果系统状态异常，根据手册执行系统复位程序。

（2）误操作和维护模式检查，确保系统未被误操作或处于维护模式。检查系统日志，查看应无任何未经授权的操作记录。

（三）火灾探测器巡视维护

（1）核实火灾探测器的安装位置，确保能够覆盖整个机舱。调整位置以适应任何新的机舱布局。

（2）使用手动测试装置触发火灾探测器，验证其应能够迅速响应。记录测试结果，确保系统正常工作。

（四）温度传感器巡视维护

（1）核实温度传感器的安装位置，确保分布在关键区域。调整位置以适应任何新的机舱布局。

（2）使用准确的温度计对传感器进行校准，确保其准确度。如有需要，调整传感器的灵敏度和响应阈值。

（五）报警系统巡视维护

（1）检查报警系统的主电源和备用电源，确保正常工作。如有异常，立即切换备用电源并记录故障。

（2）使用手动触发装置测试报警系统，验证声光报警器的响应。记录测试结果，确保系统处于工作状态。

（六）主电源和备用电源巡视维护

（1）检查主电源线路和连接，确保牢固且无损坏。如有问题，立即停机并进行修复。

（2）测试主电源故障时备用电源系统的切换时间和效果。记录切换时间，如有异常，及时进行检修。

（七）手动测试

（1）测试手动启动装置，确保能够迅速激活灭火系统。记录启动时间和系统响应时间。

（2）测试手动停止装置，确认能够有效停止系统。记录停止时间和系统反应时间。

五、机舱辅助设备巡视维护

（一）机舱罩巡视维护

（1）检查机舱罩及轮毂罩应无损坏、裂纹，如有异常及时修复。

（2）检查机舱罩拼接处的内外部密封、齿轮箱风冷排风管与机舱的连接密封、测风桅杆上的接地线孔位及机舱内外的测风桅杆连接螺栓头的密封、风向仪风向标安装结合面密封、天窗及人孔盖板的密封、机舱罩底部运输孔盖板结合处的法兰面密封应完好无异常。另外，对易渗漏位置进行密封胶密封处理，以确保罩体的密封性能。机舱罩拼接处如图 6-240 所示。

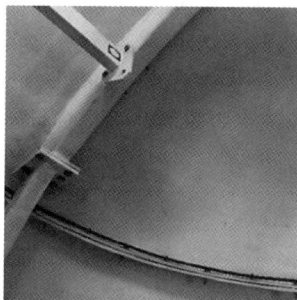

图 6-240　机舱罩拼接处

（3）清理机舱罩底部的杂物、油污及灰尘。

（4）检查拼接部位螺栓无缺失、无松动、无锈蚀，如图 6-241 所示。

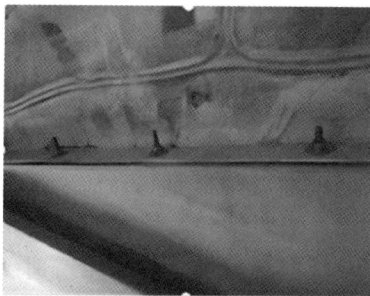

图 6-241　拼接部位

（5）使用力矩扳手对机架悬臂上的弹性轴承与机舱罩连接螺栓进行力矩检查，确保每个螺栓的力矩符合要求。在完成检查后，需在每个螺栓上划力矩标识线，如图 6-242 所示。

（6）在齿轮箱弹性支撑轴承与机舱罩的连接螺栓上，应使用力矩扳手施加规定的力矩进行紧固，并确保力矩值符合要求。完成紧固后，划力矩标识线，以便后续检查与维护。

（7）在发电机底部弹性支撑与机舱罩联接螺栓的检查过程中，要严格

图 6-242　机舱罩弹性支撑螺栓

采用规定型号的力矩扳手，确保以规定的力矩进行检验。检查结束后，务必划力矩标识线，确保所有记录的完整性和准确性。

（8）在机舱罩出现小范围的损坏或裂纹时，需停机进行修复。若损坏范围较大或对风机的正常工作造成影响，则应交由机舱罩制造商进行修复，以确保修复的专业性和安全性。

（二）风速仪、风向标支架巡视维护

（1）检查固定支架的结构完整性，确保未出现变形、开裂、腐蚀等情况。

（2）检查固定支架的各部件之间的线路连接正常，无破损，确保风速仪和风向标能够准确测量风速和风向。

（3）检查镀锌紧固件无松动，如有松动应及时紧固。

（4）检查航标灯外观无破损、安装无松动，测试航标灯亮灭闪烁正常，闪烁频率应在 $20\sim60$ 次/min 之间。

（5）检查机械式风速仪、风向标底座及支架安装牢固无松动，螺栓无锈蚀。

（6）检查风向标 N 向，确保风向标 N 向正对机头方向。

（7）检查固定支架上的避雷设施完好无损。

（8）检查支架底部的电缆口密封完好，如果密封损坏，重新打上合格的密封胶，以阻止渗漏水。

（9）重新绑扎风速仪风向标线缆，以确保风速仪和风向标能够准确测量风速和风向。

（三）吊物孔及盖板巡视维护

（1）目视检查吊物孔盖板无缺失、无裂纹、无损坏，如图 6-243 所示。

（2）检查机舱下吊物孔盖板安装牢固、无破损，锁定销及蝶形螺母无缺失，如图 6-244 所示。

（3）检查吊物孔盖板合页无损坏，如有损坏，及时修复损坏的合页。

（4）检查吊物孔护栏展开后固定可靠、无损坏、无变形。

（四）天窗巡视维护

（1）检查天窗各部件完整无缺，固定螺栓没有出现缺失、松动或锈蚀

图 6-243　机舱平台吊物孔盖板

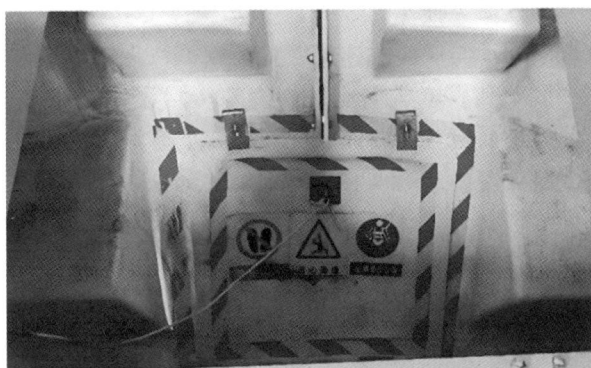

图 6-244　机舱下吊物孔盖板

的情况。

（2）检查天窗的防水密封性能，防止在极端天气条件下有水渗漏进入机舱内部。如有密封不良，应及时进行防水密封的修补和调整工作。

（3）检查天窗把手、玻璃、合页等配件，确保它们无破损且功能正常。如有发现损坏或功能失效的配件，应立即进行处理或更换。

（4）检查天窗支撑、铰链、把手无缺失损坏，如有损坏及时修理更换。

（5）检查天窗处有"当心坠落""风速超过 12m/s，禁止出舱"等标志标识清晰，未脱落，及时补充损坏或脱落的标识。

（6）针对人孔盖板固定螺栓缺失的问题，应及时进行补充。同时，对于损坏的伸缩支撑杆，应及时进行更换。

（7）针对易脱落的人孔盖板上端面，应采取加固措施，并粘贴防水胶条以确保密封性。

（8）对于齿轮箱上方缺失的人孔盖板，应进行补充更换，采用侧面打孔并用自攻螺丝固定的方式进行安装。

（五）防坠落定位点巡视维护

（1）定期核查机舱顶部安全栏杆或安全定位点与机舱外壳的连接稳固度，对所有松动的连接部件及时紧固，同时对腐蚀的部件及时进行更换。

（2）检查安全定位点应有明显颜色标记或安全标识，方便区别其他连接件。

（3）对防坠落定位点所有固定螺栓进行加固处理，以确保其牢固可靠。如发现任何松动或锈蚀现象，立即更换螺栓，并做好防腐措施。

（4）检查定位点完好无裂缝、无裂口、无氧化或损坏。

（六）机舱底座巡视维护

（1）检查机座的防腐层无脱落。

（2）检查机座与相邻组件的连接点，确保连接螺栓或焊接部位无松动或损坏。

（3）检查液压站平台前踏板与底座连接螺栓无松动、无锈蚀。

（4）检查弹性支撑无损坏。

（5）检查偏航轴承与底座的连接螺栓无断裂、无锈蚀。

（6）对整个底架和发电机支座的焊缝执行目视检查，应无裂缝、无腐蚀、无损坏。此外还要检查防腐涂层无损坏，如有涂层损坏及时进行修复。

（7）底座焊缝处容易受震动和应力损坏的部位，需定期检查无裂纹。

（8）检查螺栓和螺母周围，若有划痕或剥落，需查明原因并消除，失效的螺栓需立即更换。彻底清洁修理区域，清除腐蚀物后重新涂防腐保护层。

（七）机舱加热器巡视维护

（1）清理加热器灰尘，如图 6-245 所示。检查加热器接线无松动、固定应牢靠，检查力矩标识线未发生位移。

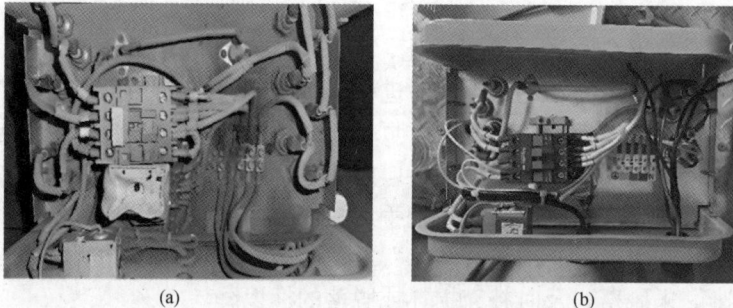

(a)   (b)

图 6-245 机舱加热器清理
(a) 清理前；(b) 清理后

（2）测试机舱内每个加热器加热功能应正常，风扇正常运行，无异响。

（3）紧固加热器支撑结构螺栓。

（4）在断开加热器电源开关的情况下，使用万用表的电阻档测量加热器的阻值，应该在合理范围内之间。同时，在加热状态下，使用钳形电流表测量加热器的相线电流，应在额定电流范围内。

（5）检查加热器电阻丝无损坏。

（6）对失效的加热器进行更换。

（八）导流罩巡视维护

（1）检查导流罩表面无裂纹、无损伤、无渗漏雨；检查螺栓连接周围的玻璃钢无裂纹。

（2）检查导流罩固定螺栓处螺栓无锈蚀、无松动。

（3）检查导流罩边缘处结合部位无裂纹、无破损，密封良好。

（4）检查导流罩前、后支架无裂纹、无锈蚀，漆面无脱落，固定螺栓处螺栓无锈蚀、无松动。

（5）检查轮毂支架结构无裂缝或腐蚀。

（6）检查导流罩支撑结构与纤维板之间所有连接的力矩标识线无位移，并进行力矩紧固检查。

（7）进入导流罩，并检查、确认每一叶片的防尘罩无破损、脱落。

（九）照明系统巡视维护

（1）检查确认塔架中各个平台下方照明应正常。对应急照明灯执行至少持续 1h 的连续照明测试。

（2）检查塔筒内接线盒应固定牢固。电缆无破损老化情况。

（3）检查机舱及轮毂照明，灯具正常点亮，灯具固定紧固，接线无松动、电缆老化情况。

（4）定期测试漏电保护器应正确动作。

（5）对照明灯具进行清洁，及时更换损坏的灯具，以及更换老化的照明线路等部件。

（6）对照明电缆分接盒内的接线进行紧固处理，确保其接触良好。

（7）对照明灯的固定螺栓进行紧固检查，确保其紧固可靠，防止灯具脱落。

（十）塔筒平台巡视维护

（1）对各平台表面及区域内的油污、杂物进行彻底清理，如发现油污存在，应立即查明油污来源并采取相应措施处理。

（2）检查平台的支撑件、拼接部位、盖板，以及爬梯的固定螺栓，重点关注支撑件是否出现断裂迹象，以及平台是否出现下沉现象。

（3）对爬梯支架的焊接点进行仔细检查，确保无锈蚀、裂纹等。

（4）对于有"许可载荷"标签的平台和附加平台，需特别关注其载荷限制，确保在规定范围内使用。

（十一）机舱防雷系统巡视维护

（1）检查机舱柜内防雷模块应无放电痕迹及失效情况，若发现失效，请立即进行更换。

（2）检查机舱柜体接地良好，确保其状态正常且接地线缆连接稳固，符合安全标准。

（3）检查齿轮箱、发电机、机舱控制柜等关键设备，确保其与主机架之间的等电位连接稳固、有效。对于发电机的接地线，需对螺栓力矩进行紧固，并确保它与主机架牢固连接；对叶片根部防雷引线固定螺栓进行紧固；检查跨接的金属编织带或电缆无断裂和破损，如图 6-246 所示。

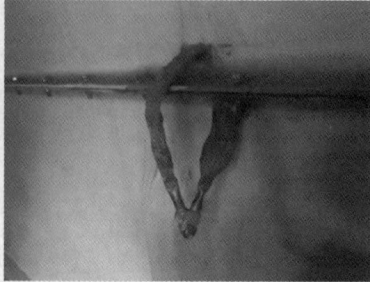

图 6-246　机舱罩防雷跨接线

（4）对轮毂至塔底底部的引雷通道进行的检查和测试，确保电阻值不超过 0.5Ω。对于测试不合格的风电机组，必须进行整改，以确保其符合标准。

（5）对碳刷处的油污进行彻底清理，涉及机舱罩与主轴之间、机舱底座与塔架之间的碳刷部分。同时，采用万用表对主轴防雷碳刷端面与地的导通性能进行检测，确保其具备良好的导电性能。一旦发现碳刷长度达到磨损刻度线，需及时进行更换，以确保刷握的稳定、可靠。

（6）检查测风支架接地电缆连接螺栓紧固，连接点无锈蚀，如图 6-247 所示。

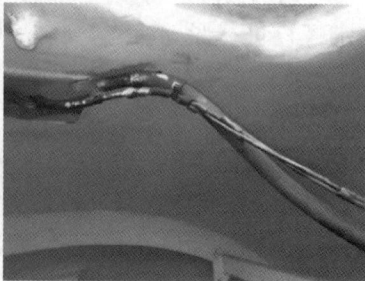

图 6-247　测风支架接地线

六、电缆巡视维护

（一）电缆夹板巡视维护

（1）检查电缆夹板安装应牢固，对电缆没有夹紧的加橡胶垫进行紧固，确保电缆固定牢靠。

（2）检查并确认塔筒内电缆固定夹板的安装螺栓正确拧紧，以确保结构的稳固性和安全性。

（3）检查电缆磨损情况，对有磨损的电缆进行包扎，查找磨损原因并进行处理。

（二）中间平台电缆转接箱巡视维护

（1）打开中间平台电缆转接箱，检查各电缆接头无松动、过热变色等情况。

（2）紧固电缆转接箱电缆接头螺栓力矩。

（三）电缆隔离环巡视维护

（1）检查电缆隔离环绑扎带缺失、损坏情况，对损坏、缺失的绑扎带进行更换。

（2）将电缆竖直后再进行绑扎，绑扎带绑扎不得过紧，避免破坏电缆绝缘皮。

（3）检查电缆进线管防火封堵情况，对封堵不良的部位及时进行防火封堵。

（4）电缆入口应有细钢网或石棉板（防止防火泥由于温度变软落入管孔），细钢网或石棉板上方使用防火泥均匀覆盖。

（四）马鞍桥电缆巡视维护

（1）检查马鞍桥部位电缆固定应牢靠，电缆绝缘无破损，扭缆高度应在制造商技术要求范围内，如果低于范围需要提升电缆进行重新固定。

（2）检查扭缆吊索应完好、紧固；检查扭缆保护胶皮应完好，固定牢靠。

第十四节　生产数字化系统巡视维护

本节介绍了生产数字化系统巡视维护的具体内容，包括视频监控平台在线检查、摄像头状态确认、设备物理检查及清洁维护；无线网络 AP 面板检查、光缆测试、交换机端口状态确认；在线振动服务器状态监测、传感器固定与接线检查、数据备份；以及功率预测服务器运行指示灯检查、测风塔结构及传感器状态查验、气象站供电与网络测试。

一、视频监控设备巡视维护

（一）视频监控设备巡视维护

（1）登录新能源生产数字化平台，选择视频监控系统模块进入。

（2）选择实时预览模块，在组织架构中，逐级选择，查看各类型摄像头在线情况，子条目括号内"/"前、后的数值一致表示全部在线，数值差值为离线数量。

（3）逐级点开至有离线摄像头的子条目，依次查看摄像头图形标记，图形标记带红色圆点的表示该摄像头离线。

（4）记录离线摄像头的数据信息。

（二）摄像头巡视维护

（1）检查摄像头区域卫生清洁情况，无障碍物遮挡镜头或红外传感器。

（2）检查摄像头及交换机网络连接，确认网线及光纤无损坏、无松动。

（3）检查摄像头及交换机等设备电源供电开关固定牢固，供电回路接线紧固无发热现象。

（4）检查摄像头固定牢固、无松动，俯仰角设置适宜。

（5）检查立杆无倾斜，摄像头接地线及安全绳连接牢固无松动。

（6）清洁摄像头镜头，使用专用的镜头清洁液和柔软的镜头纸巾擦拭，不要使用含酒精或硬的纸巾，并在监控系统中确认图像质量清晰。

（7）检查摄像头的固件和软件，及时进行更新并确保版本符合规定要求。

（三）服务器和录像机巡视维护

（1）清理服务器和录像机设备区域卫生，确保通风良好，无灰尘、污垢及杂物积聚。

（2）服务器运行指示灯绿色常亮、硬盘运行灯绿色常亮、两路电源运行指示灯绿色常亮。

（3）网络硬盘录像机 NVR 运行指示灯绿色常亮，散热风扇运行正常无卡涩、无异响。

（4）检查服务器、录像机散热风扇运行正常无卡涩、无异响，并清理风扇内部灰尘。

（5）视频监控工作站监控程序运行良好，无卡涩、无死机，摄像头监控界面画面清晰、分屏适宜。

（6）紧固设备固定螺栓及接线。

（7）检查网络连接网线，光纤无损坏、无松动。

（8）检查服务器和录像机设备电源线固定牢固、无松动，供电回路接线紧固无发热现象。

（9）检查网络视频录像机的运行状态，可正常记录及存储视频。

（10）检查磁盘存储状态，确认磁盘健康运行，无故障迹象。

（11）定期进行录像数据的备份，确认录像文件在需要时可以恢复。

（12）检查网络视频录像机的固件和管理软件，及时进行更新以提高性能和安全性。

二、无线网络设备巡视维护

（1）检查无线 AP 面板外观正常无破损，无电解液泄漏、固定卡扣及螺栓牢固无松动。

（2）检查无线 AP 指示灯闪烁为慢闪，无线信号指示正常，网线连接指示灯闪烁正常。

（3）清理无线 AP 设备区域卫生，确保通风良好，无灰尘、污垢及杂物积聚。

（4）检查光缆固定情况并进行绑扎固定。

（5）通过交换机管理平台导出交换机光接口光衰表，光接口收光小于−14 均为异常，检查网线水晶头及光纤链路，并更换损坏部件。

（6）检查风电机组机舱至塔底数字化交换机连接光缆以及风电机组之间环网光缆外观，通光测试正常，无过度弯折及过度绑扎。

（7）检查交换机连接光缆端口正常闪烁（风电机组上、下行光缆为交换机 12 口、环网光缆为交换机 9 口至 11 口）。

三、在线振动设备巡视维护

（一）振动系统巡视维护

（1）登录新能源生产数字化平台，选择振动系统模块进入。

（2）检查风电场服务器在振动系统在线，检查无数据采集器和振动传感器离线。

（3）检查无新增预警记录。

（二）振动设备巡视维护

（1）振动服务器运行指示灯、硬盘运行灯、两路电源运行指示灯绿色常亮。

（2）检查振动服务器散热风扇运行正常，无卡涩、无异响并清理散热风扇卫生。

（3）检查网线连接无松动，网口指示灯闪烁正常。

（4）检查传感器固定牢固、无松动。

（5）检查传感器接线紧固、无发热，绑扎牢固、无松动，布线规范且远离高温、转动设备。

（6）清理传感器设备区域卫生，确保无灰尘、污垢积聚。

（7）检查数据采集器电源正常、网线牢固、传感器接线牢固；数码管显示无"EO"。

（8）检查振动服务器磁盘存储状态正常，无故障迹象。

（9）进行数据的备份。

（10）检查振动服务器的固件和管理软件，并更新到最新版本。

四、功率预测设备巡视维护

（一）功率预测服务器巡视维护

（1）检查功率预测服务器运行指示灯、硬盘运行灯、两路电源运行指示灯绿色常亮。

（2）检查并清理服务器散热风扇，确保运行正常，无卡涩、无异响。

（3）检查网线连接无松动，网口指示灯闪烁正常。

（4）检查功率预测服务器电源线固定牢固、无松动，供电回路接线紧固无发热现象。

（5）清理功率预测服务器设备区域卫生，确保无灰尘、污垢积聚。

（6）检查功率预测服务器磁盘存储状态，确认磁盘健康运行，无故障迹象。

（7）进行数据的备份。

（8）检查功率预测服务器的固件和管理软件，并更新到最新版本。

（二）测风塔巡视维护

（1）清理测风塔上气象观测站平台及风速、风向传感器卫生，确保无灰尘、污垢及杂物积聚。

（2）检查测风塔塔架无倾斜，固定螺栓无松动，拉线无松动、断股，传感器固定牢固、无松动。

（3）检查设备电源线固定牢固、无松动，接线紧固、无发热，连接线固定牢固、无晃动。

（4）网线连接无松动，网口指示灯闪烁正常。

（5）检查气象观测站的整体结构，包括塔体、支撑结构、支架和基础，完整且稳固。

（6）检查测风塔基础外观和沉降，使用水平仪检测主基础、拉索基础无下沉，查验基础无开裂。

（7）检查各层传感器及其线缆无物理损坏，检查测风塔设备供电正常。

（8）检查安全设施，如防护栏、安全标志、警告牌等无异常，塔体和周围区域无杂物。

国家能源集团
CHN ENERGY

技术技能培训系列教材

电力产业（新能源）

风力发电机组检修工

（下册）

国家能源投资集团有限责任公司　组编

中国电力出版社
CHINA ELECTRIC POWER PRESS

内 容 提 要

本系列教材根据国家能源集团新能源专业员工培训需求，结合集团各基层单位在役机组，按照人力资源和社会保障部颁发的国家职业技能标准的知识、技能要求，以及国家能源集团发电企业设备标准化管理基本规范及标准要求编写。本系列教材覆盖新能源专业员工培训需求，本教材的作者均为长期工作在生产第一线的专家、技术人员、具有较好的理论基础、丰富的实践经验。

新能源系列培训教材包括《新能源（储能）装备技术（风电技术）》《风力发电机组检修工》《风力发电运行值班员》《新能源（储能）装备技术（光伏技术）》等。本教材为《风力发电机组检修工》，旨在全面阐述风力发电机组检修工所需掌握的各项技能和知识。全书共分为十一个章节，分别为概述、岗位安全职责、危险源辨识与典型事故、检修作业安全操作规范、风电机组检修基础知识、风电机组巡视维护、风电机组故障处理、风电机组缺陷处理、风电机组技术改造、应急救援与现场处置、职业危害因素及其防治。

本教材不仅适用于国家能源集团风力发电检修工的培训与指导，还可作为风力发电检修相关专业领域技术和管理人员的学习与参考资料。通过认真学习本教材，帮助其胜任风电机组检修工作进而为风力发电行业培养众多具备专业技能与知识的检修人才，助力我国风力发电事业的可持续发展。

图书在版编目（CIP）数据

风力发电机组检修工 / 国家能源投资集团有限责任

公司组编. -- 北京： 中国电力出版社，2025. 6.

（技术技能培训系列教材）. -- ISBN 978 - 7 - 5198 - 9620 - 1

Ⅰ. TM315

中国国家版本馆 CIP 数据核字第 2025TE7387 号

出版发行：中国电力出版社
地　　址：北京市东城区北京站西街 19 号（邮政编码 100005）
网　　址：http://www.cepp.sgcc.com.cn
责任编辑：孙　芳（010—63412381）
责任校对：黄　蓓　郝军燕　李　楠
装帧设计：张俊霞
责任印制：吴　迪

印　　刷：北京雁林吉兆印刷有限公司
版　　次：2025 年 6 月第一版
印　　次：2025 年 6 月北京第一次印刷
开　　本：787 毫米×1092 毫米　16 开本
印　　张：40
字　　数：770 千字
印　　数：0001—2500 册
定　　价：190.00 元（上、下册）

技术技能培训系列教材编委会

主　任　王　敏
副 主 任　张世山　王进强　李新华　王建立　胡延波　赵宏兴

电力产业教材编写专业组

主　　编　张世山
副 主 编　李文学　梁志宏　张　翼　朱江涛　夏　晖　李攀光
　　　　　蔡元宗　韩　阳　李　飞　申艳杰　邱　华

《风力发电机组检修工》编写组

编写人员　（按姓氏笔画排序）
　　　　　丁兆龙　于重阳　马建荣　王　兴　王　建　王　聘
　　　　　王天福　王利静　王纯理　王建国　王曦正　牛　江
　　　　　牛玉鑫　代　余　白淑伟　邢智伦　曲柏衡　吕　朋
　　　　　朱　泽　乔　帅　乔佳良　仲丛彬　任彦彬　刘　凯
　　　　　刘　强　刘志强　刘佳松　刘紫东　刘静静　闫军帅
　　　　　孙海鸿　李京都　李振中　杨生进　杨宏明　杨海龙
　　　　　冷明旭　羌　慰　沈　涛　张　凯　张学文　张建冬
　　　　　张跃强　尚新升　罗　翔　金熙伦　周世东　周成成
　　　　　孟　刚　赵俊华　钟佳炜　夏　曦　徐　旸　徐　鹏
　　　　　徐文龙　徐明军　高宏飙　郭日阳　郭明旭　唐重建
　　　　　陶　涛　黄文游　黄晓杰　梁　锐　靳禄宁　翟津川
　　　　　樊登胜　薛　蕾

序　言

　　习近平总书记在党的二十大报告中指出，教育、科技、人才是全面建设社会主义现代化国家的基础性、战略性支撑；强调了培养造就更多大师、战略科学家、一流科技领军人才和创新团队、青年科技人才、卓越工程师、大国工匠、高技能人才的重要性。党中央、国务院陆续出台《关于加强新时代高技能人才队伍建设的意见》等系列文件，从培养、使用、评价、激励等多方面部署高技能人才队伍建设，为技术技能人才的成长提供了广阔的舞台。

　　致天下之治者在人才，成天下之才者在教化。国家能源集团作为大型骨干能源企业，拥有近25万技术技能人才。这些人才是企业推进改革发展的重要基础力量，有力支撑和保障了集团公司在煤炭、电力、化工、运输等产业链业务中取得了全球领先的业绩。为进一步加强技术技能人才队伍建设，集团公司立足自主培养，着力构建技术技能人才培训工作体系，汇集系统内煤炭、电力、化工、运输等领域的专家人才队伍，围绕核心专业和主体工种，按照科学性、全面性、实用性、前沿性、理论性要求，全面开展培训教材的编写开发工作。这套技术技能培训系列教材的编撰和出版，是集团公司广大技术技能人才集体智慧的结晶，是集团公司全面系统进行培训教材开发的成果，将成为弘扬"实干、奉献、创新、争先"企业精神的重要载体和培养新型技术技能人才的重要工具，将全面推动集团公司向世界一流清洁低碳能源科技领军企业的建设。

　　功以才成，业由才广。在新一轮科技革命和产业变革的背景下，我们正步入一个超越传统工业革命时代的新纪元。集团公司教育培训不再仅仅是广大员工学习的过程，还成为推动创新链、产业链、人才链深度融合，加快培育新质生产力的过程，这将对集团创建世界一流清洁低碳能源科技领军企业和一流国有资本投资公司起到重要作用。谨以此序，向所有参与教材编写的专家和工作人员表示最诚挚的感谢，并向广大读者致以最美好的祝愿。

编委会

2024 年 11 月

前　言

随着风电产业的迅猛发展，风力发电机组的检修维护工作也面临着日益严峻的挑战。其需求的日益增长，为行业带来了前所未有的发展机遇。当前，风力发电机组检修人员的技能水平已经成为推动风电产业高质量发展的关键动力。为进一步提升检修人员技术水平，确保高质量、高效率地完成检修任务，保障风力发电机组的稳定运行和高效发电，国家能源集团精心组织一批具有丰富现场实践经验和深厚理论功底的专业人才，共同编写了一套系统、全面、实用的风力发电系列培训教材。

本套教材包括《新能源（储能）装备技术（风电技术）》《风力发电机组检修工》《风力发电运行值班员》。《风力发电机组检修工》分十一章，包括概述、岗位安全职责、危险源辨识与典型事故、检修作业安全操作规范、风电机组检修基础知识、风电机组巡视维护、风电机组故障处理、风电机组缺陷处理、风电机组技术改造、应急救援与现场处置、职业危害因素及其防治。

第一章详细介绍了风力发电机组检修人员的工作内容、工作性质和工作目标，让读者对这一岗位有更深入地理解。

第二章强调了风力发电机组检修人员在检修过程中应遵守的安全规定和责任，以确保自身和他人的安全。

第三章讲解了如何识别和应对风力发电机组检修过程中的危险源。

第四章详述了风力发电机组检修过程中的安全操作规范，以确保检修工作的顺利进行。

第五章介绍了检修基础理论、工具器的使用、图纸识图、操作工艺、起重作业等与检修工作相关的基础知识。

第六章阐述了风力发电机组巡视维护的基本要求、操作流程和维护周期。

第七章介绍了风力发电机组故障处理的流程、方法和注意事项。

第八章阐述了风力发电机组缺陷原因、类型、处理方法。

第九章阐述了风力发电机组技术改造的具体方法和技巧。

第十章介绍了风力发电机组检修过程中遇到紧急情况时的救援措施和现场处置方法。

第十一章分析了风力发电机组检修人员面临的职业危害因素，并提出了防治措施。

本教材不仅适用于国家能源集团风力发电检修人员的培训与指导，还可作为风力发电检修相关专业领域技术和管理人员的学习与参考资料。通过认真学习本教材，帮助其熟练掌握风力发电机组的检修维护技术，有效应对各种现场故障，胜任风力发电机组检修工作，为风力发电行业培养众多具备专业技能与知识的检修人才，助力我国风力发电事业的可持续发展。

由于编著者水平有限，书中难免有不足之处，希望广大读者批评指正。

编写组

2025 年 3 月

目　录

（下册）

第七章　风电机组故障处理

风电机组故障处理是风电场检修维护工作中的一个环节，关系到风电机组的安全稳定运行。随着风电机组技术的快速发展和规模的不断扩大，故障类型日益复杂，对检修人员的专业能力提出了更高要求。及时、准确地诊断和处理故障，不仅能减少停机损失、提高发电量，还能延长设备寿命、降低运维成本。

本章介绍了风电机组各系统的常见故障类型、原因分析及处理方法，包括变桨系统、传动链、发电机、主控系统、变流器、偏航系统、液压系统、制动系统、水冷系统、润滑系统以及生产数字化系统等内容。通过典型故障案例的详细解析，结合实际操作步骤和技术要点，为检修人员提供实用的故障处理参考指导。

第一节　变桨系统故障处理

本节介绍了变桨系统的故障处理方法，包括桨叶位置偏差、桨叶位置检测错误、控制信号中断、电源电压异常以及设备超温等故障的原因分析和处理步骤。同时通过典型故障案例具体说明了故障诊断和排除的实际操作流程。

一、故障处理

（一）桨叶位置偏差原因及故障处理

1. 桨叶位置过小

当桨叶位置低于某个角度时报此故障。桨叶的位置记录在编码器内，当报此故障时，需要判断是实际桨叶位置过小，还是编码器位置反馈值不正确。此时可以给定一个值，看桨叶是否能正常转到这个位置。如果发现是编码器问题，先检查编码器到采集点的接线，在确保接线无误的情况下再决定是否要更换编码器。

2. 桨叶位置过大

当主控系统检测到桨叶的转动角度超过 $90°$ 的某个角度时，将会触发此故障报警。此时，需要区分是实际桨叶位置确实超出了正常范围，还是编码器位置反馈值存在误差。这种情况与上述桨叶位置过小故障类似。另外，需要特别注意的是，当桨叶转动至 $95°$ 限位开关时，可能会同时触发此故障报警。关于这一点，将在 "$95°$ 限位开关动作" 故障中进行详细解释。

3. 95°限位开关动作

当95°限位开关动作时，将触发伺服驱动器驱动信号的切断机制，从而确保电机立即停止运转。引发95°限位开关动作的原因主要有3个：通信故障、编码器故障和伺服驱动器未检测到使能信号而触发的紧急模式。在通信故障的情况下，由于无法向伺服驱动器发送速度指令，电机将以设定的恒定速度驱动桨叶挡块撞击95°限位开关。通信故障的可能原因，应考虑通信模块本身的问题、前面模块故障或接线错误，需逐一排查；当编码器出现故障时，桨叶位置信号无法正常传输，导致桨叶向顺桨方向运动并最终撞击95°限位开关。此时，应检查编码器—轴柜—采集点的接线，确保接线无误后进一步判断是否为采集器的问题。排除这些因素后，最终确定是否为编码器故障，如确认故障，应及时更换编码器。此外，若伺服驱动器插头无法检测到使能信号，也会触发桨叶挡块撞击95°限位开关的行为。此时，应检查伺服驱动器插头的紧固状态。

4. 90°传感器故障

变桨系统装有两个磁感应位置传感器，当桨叶上的挡块经过这两个传感器时，传感器应能感应到并且亮灯。在桨叶校零过程中，挡块接近传感器使其动作输出闭合信号，此时变桨控制器会记录编码器的反馈值，挡块继续运行离开传感器，传感器输出的闭合信号消失时也会记录此时的值，校零成功后，正常运行过程中，当编码器的反馈值处于设定区间，若一直检测不到传感器动作，则报相应的传感器故障。此时手动触发传感器，查看变桨控制器是否收到反馈信号，若没有，则检查传感器线是否有损坏。正常情况下，手动开桨将挡块变桨到与90°传感器相对应的位置，观察变桨控制器是否收到反馈信号，若不正常则调整传感器位置，保证它能顺利感应到挡块。

（二）桨叶位置检测错误原因及故障处理

1. 编码器故障

编码器记录着桨叶位置，当其出现问题时通常桨叶的角度给定会有问题，从而使电机转动出现异常。遇到这类情况，首先要检查编码器到采集点的接线是否正确，绝缘是否良好，然后确定采集器是否有问题。连接桨叶调试界面，手动模式下给正转、反转指令，观察是否正常，观察是否还报编码器故障，如果还报则考虑更换采集器和编码器。

2. 超速

当电机转速超过设定值且不在紧急模式时，变桨系统会报此故障。考虑到速度反馈信号是由编码器发出，并通过伺服驱动器传输至变桨控制器，需要对编码器到伺服驱动器的速度反馈接线进行检查。如果检查后确认接线无误，需要进一步考虑是否为编码器本身的问题。

（三）控制信号中断原因及故障处理

1. 通信故障

当主控系统检测变桨系统心跳信号脉冲一段时间（200ms）为同一个状态时，主控系统会报通信故障。以 Profibus-DP 通信为例，如果出现 DP 通信问题，可以按以下 4 点进行检查：

（1）检查变桨滑环接口红、绿接线正常，屏蔽线接地良好。将其他柜内的屏蔽线解除。

（2）拆开变桨轴柜 Profibus-DP 通信连接器，检查红、绿接线露出的铜线是否合适，经现场实践证明，铜线露出的长度越短越好。

（3）排除 Profibus-DP 通信模块问题，可以将 3 个轴柜模块调换，如果固定报 Profibus-DP 通信故障轴柜，也随着模块转移，则更换模块，同理 Profibus-DP 通信连接器也可以调换观察。

（4）Profibus-DP 通信终端电阻要与 Profibus-DP 通信电缆特性相符合，目前 Profibus-DP 通信连接器两端均为 220Ω 电阻。终端电阻主要作用是消除信号反射，这类似于光从一种介质到另一种介质时会产生反射一样，如果 Profibus-DP 通信故障总是在一个轴柜发生，可以尝试在此轴柜 Profibus-DP 通信连接器内并联 220Ω 电阻，达到预期目的。

2. 安全链断开

当无其他故障且只报安全链故障时，需要检查安全链回路接线及机舱柜继电器、安全链模块，以及变桨滑环接线是否正常。

（四）电源电压异常原因及故障处理

1. 电源管理模块故障

失去主电源，控制器检测不到电源管理模块 OK 信号，报此故障。确认是否因主电源故障引起，若不是，检查电源管理模块入口电压是否正常、有无缺相或者电压过高、过低的情况，检查电源管理模块是否有输出，观察电源管理模块工作指示灯是否正常（正常时为绿色），可以重启上电，若还不正常，更换电源管理模块。

2. 超级电容欠压

在轴柜电压低于设定的故障阈值时报此故障。当风电机组的主电源发生故障时，充电器将无法为电容充电，这可能导致风电机组在顺桨过程中，变桨柜体内部设备耗电，进而使电容电压下降。一旦电压降至设定的故障阈值，系统将报出超级电容欠压故障。此外，伺服驱动器会监测超级电容的端电压，并通过 CAN 通信将其传输至变桨控制器，再通过 Profibus-DP 通信发送给风电机组主控系统。因此，如果在 CAN 通信或 Profibus-DP 通信过程中出现故障，也可能导致欠压故障的误报。此外，如果电容上的熔断器损坏，也可能触发欠压故障。为了进一步诊断问题，应观察充电器的指示灯是否正常工作，并检查充电器的输入和输出电压是否正常。如果确信是轴柜充电器损坏，则应考虑更换充电器。

3. 端电压和中间点电压比较错误

轴柜超级电容中间点电压与电容电压应是 1/2 关系，否则报此故障。电容电压由伺服驱动器检测，在确保伺服驱动器插头紧固并连接完好后，测量电容中间点电压和电容电压是否正常，若不正常，依次测量超级电容单体电压，对有问题的超级电容进行更换。

（五）设备超温原因及故障处理

1. 电机堵转

在伺服驱动器检测到电机电流过高的情况下，会触发电机堵转故障。出现这种问题的原因可能是由机械装置故障、编码器故障、编码器检测模块故障、电机接线错误、电磁刹车继电器故障、电磁刹车故障以及电机接线松动等引起的。

2. 伺服驱动器超温

当伺服驱动器温度超过设定的故障阈值时报此故障。对比 3 个轴柜的伺服驱动器温度，如果只有 1 个轴柜的伺服驱动器温度很高，则考虑是伺服驱动器检测的问题。若伺服驱动器温度都很高，则可能是环境温度过高引起的。

3. 轴柜超温

轴柜温度是通过 pt100 进行检测的，当检测到的温度超过预设的故障阈值时，系统将报出此故障。为了判断是否存在问题，需要比较 3 个轴柜的温度是否相近。如果发现其中某个轴柜的温度明显高于其他轴柜，则应检查该轴柜对应的温度检测模块是否正常工作，同时测量 pt100 的阻值，以确定其是否正常。

4. 电机超温

电机温度是通过 pt100 进行测量的，需要确保电机温度检测模块和 pt100 电阻值的准确性。观察温度检测模块通道灯的状态，如果出现红色闪烁或持续红色，可能表示模块出现故障。如果电机确实过热，应进一步检查是否由于变桨减速器、电机制动器等机械部件的问题所导致。

5. 电机超温且堵转

电机超温且堵转故障是指在检测到电机温度超过设定的故障阈值时，且风电机组任意两个桨叶在安全位置后，系统会报出此故障。需要对电机温度检测模块的接线进行检查，确保其完好无损，同时也要检测 pt100 阻值是否正常。如果以上两项检查都没有问题，需要判断是否是机械原因造成的。

二、典型故障案例

（一）变桨控制器故障

（1）故障原因：Profibus-DP 通信连接器松动或损坏；通信模块损坏；电气滑环损坏；通信接线松动；通信接线破损；通信接线的屏蔽线松动。

（2）处理方法：检查测量并紧固 Profibus-DP 通信连接器，更换通信模块；清洗变桨滑环；检查通信接线，如有松动则紧固，如破损严重则更换通信线；检查通信线路的屏蔽线，若接地异常，则重新接地。

故障案例：某风电机组报"变桨控制器超时"和"变桨控制器故障"，检修人员首先分析故障现象："变桨控制器超时"故障解释为每 150ms 产生的变桨系统通信超时信号数量累计超过 10 个。"变桨控制器故障"解释为电网接触器吸合至少 700ms 后，电网电压高于 360V 时，未收到变桨控制器响应信号。此故障处理过程如下：

（1）远程监控发现风电机组报出变桨控制器超时和 3 个桨叶变桨控制器故障。

（2）确认故障现象：风电机组可以正常启动，桨叶变桨到 65°后，发电机转速达到 160～180r/min 时，风电机组报出上述故障，导致停机。但复位后可以正常重新启动，到达相应转速时又报出此故障。

（3）初步判断：变桨控制器与机舱控制器通信模块间通信出现问题。

（4）确认电路图：变桨控制器到机舱控制器通信模块的电路图如图 7-1 所示。

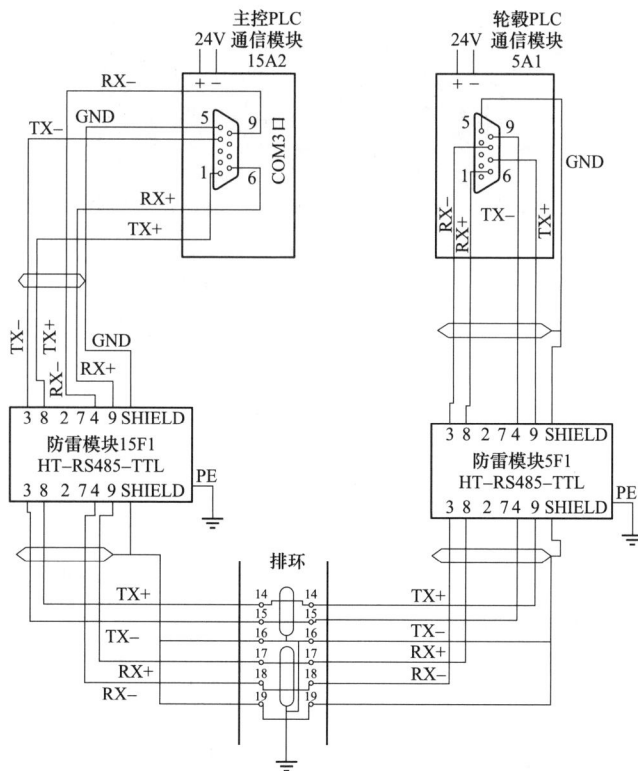

图 7-1　机舱控制器至变桨控制器通信连接

（5）检查该回路，重点检查变桨滑环通信滑道磨损情况；变桨控制器和机舱通信模块的 4 根通信线（RX＋、RX－、TX＋、TX－），有无断线或对地短路。

（6）检查变桨滑环滑道，发现滑道污损，应进行清洗。污损的滑道如图 7-2 所示。

图 7-2　污损的滑道

（7）确认处理结果：清洗滑道后，故障仍未消除。如图 7-3 所示为清洗后的滑道。

图 7-3　清洗后的滑道

（8）检查回路：再次打开滑环，通过校线发现通信线 RX＋对地短路，断开滑环前段接线，查接地点，进一步发现是滑环至变桨控制器的线缆问题。

（9）进轮毂检查变桨控制器防雷模块至变桨滑环的接线，发现为防雷模块下端出轮毂控制柜接口处（在护套内部）有磨损，RX＋、RX－都已磨到铜线部分。包裹好两个信号线，并绑上扎带，让护套部分出线不能随轮毂随便转动。

（10）复位后发现，变桨控制器超时故障消除，故障排除。

（二）变桨位置比较故障

（1）故障原因：位置传感器故障；变桨电机故障；变桨轴承故障；变桨比例阀故障；电磁刹车故障；位置信号线路故障。

（2）处理方法：通过查看故障文件，分析桨叶角度变化，判断故障桨叶，初步判断故障原因，携带备件登塔测试。

故障案例：某风电机组一段时间内平均每一天报一次变桨位置比较故障，该故障逻辑为：风电机组在未激活急停模式下，若出现 3 个变桨位置的最小值小于 75°且相互间差值绝对值的最大值大于 2；或 3 个变桨位置的最小值不小于 75°且相互间差值绝对值的最大值大于 4 的情况，并持续 3s，风电机组报此故障并执行紧急停机。此故障处理过程如下：

（1）查看"B"故障文件发现，故障瞬间 3 号桨叶角与 1 号、2 号桨叶角相差 4°以上，风机叶片变桨瞬间，3 号桨叶变桨速度几乎为 0。变桨速度波形如图 7-4 所示。

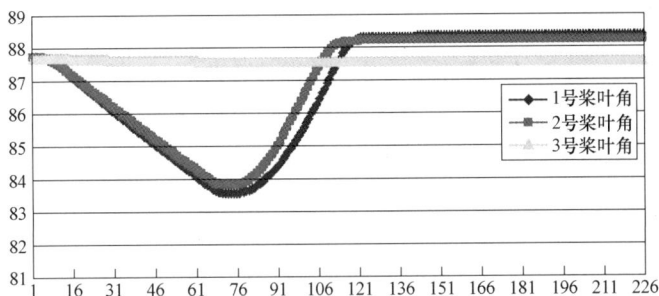

图 7-4　变桨速度波形

（2）查看"B"故障文件发现，伺服驱动器脉冲信号正常，无故障；桨叶 3 位置数值无变化，编码器正常；初步判断桨叶 3 变桨电机电磁刹车未打开。

（3）携带变桨电机电磁刹车继电器登塔处理。

（4）登塔后手动开桨测试变桨电机电磁刹车继电器指示灯能亮，桨叶 3 变桨电机电磁刹车不能松闸。

（5）检查变桨电机电磁刹车回路，发现回路连接器内接线端子虚接，导致供电时有时无。

（6）恢复接线端子后故障消除。

（三）变桨安全链故障

（1）故障原因：常见的变桨系统发生任意故障时都会导致安全链回路断开，当未发生其他故障时，应判断安全链硬件回路是否发生问题。

（2）处理方法：检查紧固安全链回路接线；清洗变桨滑环；检查安全链模块输出正常；检查安全链继电器触点正常。

故障案例：某风电机组变桨系统报安全链故障。其原因为机舱控制柜输出变桨控制柜 1 条回路电压为 24V 的 EFC 信号，变桨控制柜内安全链继电器 11K1 吸合，自检无故障则闭合变桨控制柜内系统正常继电器 8K3。3

个柜体均无故障时，机舱控制柜 24V 的安全链信号经变桨控制柜后返回机舱控制柜。当任一控制柜出现故障时，断开出现故障的控制柜系统正常继电器 8K3，机舱控制柜检测不到返回的 24V 信号，则不输出 24V 的 EFC 信号，3 个控制柜紧急顺桨。出现该现象其原因与控制柜本身故障、主控系统安全链模块、继电器或中间接线等均有密切关系。安全链回路如图 7-5 所示。此故障处理过程如下：

（1）登塔复位安全链，变桨安全链输入接触器 332K1 吸合 15s 后断开，且变桨安全链接触器 337K6 未吸合。

（2）再次复位测量变桨安全链接触器 337K6 的 A1 口无 24V 电压，初步判断故障在轮毂内。

（3）进入轮毂复位观察控制柜安全链继电器 11K1，3 个控制柜安全链继电器 11K1 正常吸合。

（4）观察发现 3 号控制柜系统正常继电器 8K3 未吸合，8A1 的 4 口有电压输出，检查发现 3 号控制柜系统正常继电器 8K3 线圈损坏。

（5）更换损坏的继电器 8K3 后故障消除。

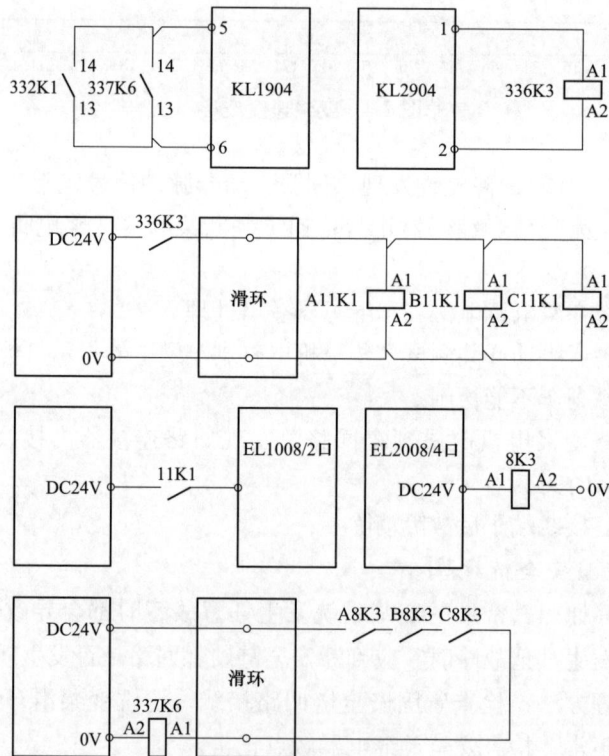

图 7-5　安全链回路

第二节 传动链故障处理

本节介绍了传动链系统的主要故障及处理方法，包括主轴故障、齿轮箱故障、联轴器故障以及连接螺栓故障。同时通过齿轮箱损坏大修、高速轴更换、润滑冷却系统维修典型案例，具体说明了传动链系统故障的检修流程和操作要点。

一、故障处理

（一）主轴故障处理

主轴轴承易出现的故障之一是高温。其主要原因是润滑油脂过量或不足、选用不当、承受异常载荷、配合面发生蠕变，以及密封装置摩擦力过大。针对这些故障，常规处理措施包括清理轴承内部润滑油脂，优化轴承滚子与内、外圈的接触状态，并在必要时更换轴承密封件或整体轴承。主轴轴承的异常表现主要包括温度异常、振动加剧，以及严重的油脂泄漏。主轴轴承外圈油沟及油孔如图 7-6 所示。

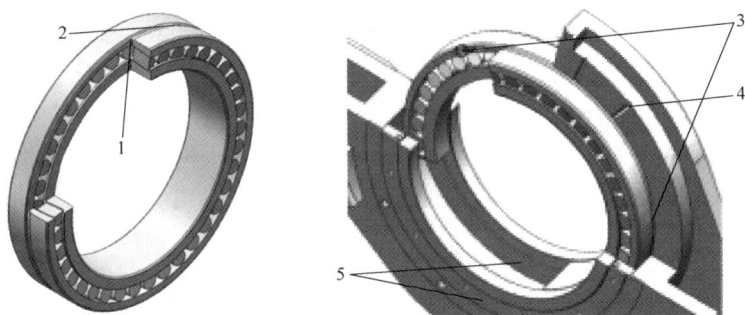

图 7-6 主轴轴承外圈油沟及油孔
1—油孔；2—油沟；3—导油孔；4—注油孔；5—排油孔

1. 轴承温度高原因及故障处理

（1）油脂板结：经现场拆解分析发现，部分主轴油温过高的风电机组，其主要原因是主轴轴承内部油脂已发生板结，导致轴承滚子无法得到充分润滑，从而使主轴轴承在运行过程中温度逐渐升高。长此以往，废旧油脂在轴承室内堆积无法排出，降低了轴承的散热效果。油脂板结情况如图 7-7 所示。

润滑脂板结的主要原因是油脂的动态分油过程受到破坏。动态分油其实质是正常润滑油脂在使用过程中受到机械挤压或者高温引起的分油现象。动态分油分为以下两种情况：

1）在正常工况下，适量的动态分油是润滑油脂在应用中实现润滑效果的必要过程。

2）在特殊工作条件下，如极端高温、大负载、极高压力或受离心力影

图 7-7　油脂板结情况

响，润滑油脂可能发生过量分油现象，甚至导致润滑油脂变稠、变干，丧失润滑功能。这种动态分油对润滑油脂的使用具有较大影响，有必要加以控制。

因此，润滑脂使用可以简单理解为当油脂中的基础油快使用完毕，要清除废旧油脂并加注新油脂，防止出现板结现象。出现板结后，油脂很难从排油孔里面排出，因此会出现恶性循环，越堵越加，越加越堵，轴承运行工况出现急剧恶化，随之而来就是主轴承温度异常升高报警。

以某"两点式"布置主轴支撑结构为例说明。此类风电机组前、后主轴轴承各有 2 个注油孔，2 个注油孔约成 90°布置；双列调心滚子轴承外圈油沟有 3 个导油口互相成 120°布置；每个轴承密封挡圈各有 3 个排油孔互相成 120°布置，如图 7-8 所示。油脂从轴承座加油孔注入，经过油沟和导油孔进入轴承室润滑滚动体，废旧油脂经 3 个排油孔排出。

图 7-8　主轴油脂润滑过程
1—轴承外圈油孔；2—轴承外圈油沟；3—油脂加入；4—废脂孔；5—油脂进入滚珠间

但在拆解"两点式"布置主轴支撑结构时，发现轴承室内油脂板结严重，部分排油孔被废旧油脂堵死，导致废旧油脂无法排出。加注后的油沟内残存油脂在下个周期加注新油脂前因轴承外圈温度的作用已经板结，所以加注时新油脂会将板结油脂挤入轴承。这样多次加注后轴承室内油脂板结愈加严重且无法排出轴承外，滚动体润滑越来越差，最终导致轴承磨损严重，主轴轴承温度高，寿命急剧缩减，直至损坏。

（2）润滑异常：部分风电机组主轴轴承因密封设计原因等存在不同程度的油脂泄漏，导致润滑油脂缺少，不能实现有效的润滑，如图 7-9 所示。以某 1.5MW 风电机组主轴轴承采用双 VA 圈＋毛毡的密封结构形式为例，由于轴承内部润滑油在滚动体作用下存在局部压力，油脂从密封圈间隙处渗出，其密封性能无法达到预期效果。

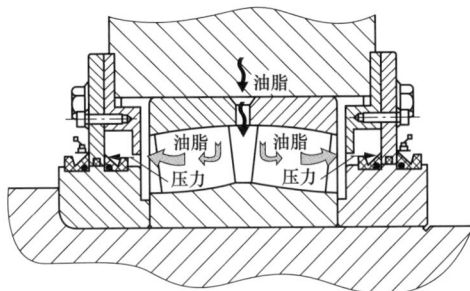

图 7-9　某主轴润滑密封

（3）轴承内部损坏或磨损：由于生产装配过程中质量把控不严，轴承或主轴装配体存在装配缺陷，在轴承长期运行下，轴承内部会异常磨损，造成不同程度的缺陷，如图 7-10 所示。例如，滚珠或滚道的损伤、保持架断裂等，这些故障会导致滚动体间摩擦阻力增加，从而使轴承温度升高。

图 7-10　轴承内圈存在剥落损伤区域

（4）轴向位移：因轴承结构的特性设计，使其能够保持径向旋转并抵御一定的轴向力，但由于轴向力的异常过大或其他外力因素导致轴承损坏，此时内轴会发生一定位移。导致轴向位移的主要因素有：

1）当风轮推力传递至主轴转子过大时，轴承容易发生轴向位移；如湍流风况作用。

2）保持架发生严重磨损，轴承间隙过大，轴承转子在保持架内位移，最终导致轴向位移发生。

3）长时间的使用会导致轴承磨损，过量的磨损导致轴向位移。

4）轴承装配过程中工艺执行不当，如轴承偏斜、不平行或不垂直等，也可导致轴向位移的发生。

5）轴承的工作温度变化可以导致轴向位移。当轴承温度升高或降低时，由于热胀冷缩效应，轴承内部尺寸会发生变化，导致轴向位移。

2. 轴承振动过大原因及故障处理

导致主轴轴承振动过大（主轴偏心）的主要原因是轴承表面变形、严重磨损或剥离、安装不良等。对于振动监测等级为注意的级别，通常采用清洗相关零件，改善密封装置，重新注入新的合适剂量润滑油脂等方式进行故障处理。如果振动监测等级达到报警级别，通常需更换轴承。

3. 轴承外圈与轴承座磨损原因及故障处理

轴承外圈与轴承座磨损的主要原因是轴承外圈蠕变。所谓轴承蠕变指的是在轴承的配合面上产生间隙时，配合面之间发生相对滑动。发生蠕变的配合面呈现出镜面光亮或暗面，有时会产生卡伤磨损，如图 7-11 所示。而滚动轴承外圈蠕变是指滚动轴承在使用过程中，存在外圈相对于轴承座发生缓慢旋转运动的现象，如图 7-12 所示。滚动轴承外圈蠕变会引起轴承座或轴承外圈的磨损，并将磨损颗粒带入轴承内部，导致轴承运行不良。轴承外圈蠕变的主要影响因素有温度、应力、显微结构等。

图 7-11　轴承座存在磨损痕迹

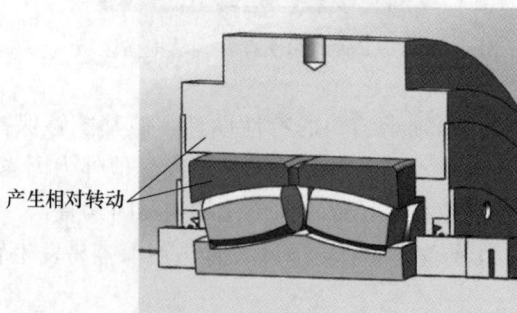

产生相对转动

图 7-12　轴承外圈与轴承座相对转动示意图

因此，为了减少外圈蠕变需要采取一定措施，例如降低轴承发热、使用合理的配合间隙、选取适当数量的滚动体、提高轴承的外圈壁厚等措施。

（二）齿轮箱故障处理

1. 油温高原因及故障处理

（1）温控阀损坏。

齿轮箱温控阀位于齿轮箱滤芯下方。目前，温控阀的主要功能是将油路的内循环阀门和外循环阀门进行切换，即油温在超过 60℃时，温控阀由内循环切换至外循环，通过风冷降温。但是，若此温控阀损坏，油路不能进行有效切换，齿轮箱油循环将一直进行内循环，油液温度无法进行冷热交换，导致齿轮箱油温高故障。

（2）滤芯堵塞。

在润滑油路中齿轮箱滤芯起到过滤油液的作用。若未能及时更换或油中杂质积累过多，将导致滤网堵塞，进而降低滤油效率，减少循环油路的流量，导致油压下降，最终影响散热效果。因此，在风电机组定期维护期间，应认真执行齿轮箱相关的维护作业，如齿轮箱滤芯更换、滤壳清洗、油路清洗等。

（3）温度检测回路损坏。

在风电机组运行过程中，机舱各位置均存在不同程度的振动。由于长期振动，在设备模块或温度传感器 PT100 接线处，易出现接线松动的现象，从而导致内部金属丝疲劳折断发生虚接情况，在虚接过程中就会出现电压或电流尖峰，造成温度检测模块采集数据出现异常。对存在虚接的可能处，进行模块固定，对散乱接线进行归置入盒，并可在无线盒处采用粘贴固定或绑扎固定的方式，提升接线牢固程度。

（4）导流罩损坏。

齿轮箱导流罩损坏、散热百叶窗卡死等造成散热通道不畅。散热器换热后热空气随导流罩损坏部位进入机舱，机舱环境温度升高，热空气进入齿轮箱换热回路无法排出机舱，热空气反复循环影响齿轮箱散热。当发现导流罩损坏时，可进行修补的立即进行孔洞修复，做好防磨措施，损坏严重的及时进行更换。导流罩损坏如图 7-13 所示。

图 7-13　齿轮箱导流罩损坏

（5）油冷/风冷换热风扇电机损坏。

换热风扇电机故障可导致水温或油温异常升高，这主要是因为电机损坏会阻碍水-风或油-风换热风扇及时进行温度调节，进而降低了齿轮箱的散热效能。在检查换热风扇电机的三相绕组时，应确保绕组平衡；若发现绕组不平衡，应更换电机。

注意：进行换热风扇电机三相绕组测量时，务必确保供电无电压，以确保安全。

（6）油冷/风冷换热风扇损坏。

换热风扇是在油-风和水-风热交换过程中驱动空气流动的关键动力组件，它加速散热片间的空气流通，促使热量迅速从散热片散发到空气中。当散热风扇出现故障时，散热效能将大幅下降，导致换热量不足，使得过剩热量随热油或热水回流至齿轮箱或水冷系统，进而引起齿轮箱油温升高。一旦风扇损坏，应立即进行更换以恢复散热功能。

（7）散热器堵塞。

齿轮箱散热器对于降低油温发挥着至关重要的作用，其核心功能是实现油-空气或水-空气之间的热交换。由于风电机组长时间运行，空气中的风沙和毛絮容易在散热器片上积聚，造成通风口堵塞，尤其在每年5～8月期间更为严重。这种堵塞会降低热交换效率，导致齿轮箱油温升高。因此，一旦散热器出现堵塞，应立即进行清洗和疏通，以恢复其散热效果，在环境较差的地区，应提前进行清洗和疏通工作，以确保散热效率。

（8）水冷系统水压不足。

当水压表显示低于1MPa时，表明水循环系统压力不足。此情况将影响水的流速，进一步造成外循环水冷散热效果不佳，从而影响齿轮箱散热。因此，需定期巡检风电机组水压情况，在不足时及时添加。

2. 内齿轮损坏原因及故障处理

（1）针对因长期静止导致的齿面压痕或黑线，建议采取以下故障处理措施：在长时间停机时通过空转以保证充分润滑；长时间存储应手动空转齿轮箱；如果压痕较深，硬化层深度允许，可进行重新磨齿修复；通过振动传感器进行振动监测，并进行降功率试运行，在试运行后的6个月内，按需进行两次内窥镜检查，如果损伤未显著扩展，齿轮箱可以正常使用。

（2）针对因接触疲劳导致的齿面点蚀问题，建议采取以下故障处理措施：维持润滑油的适当冷却、清洁度和低含水量；定期监测润滑油的质量和颗粒度；跟踪齿轮箱的振动和载荷变化。对于微点蚀，可通过重新磨削齿面来消除。在微点蚀（收敛性点蚀）被确认后，前3个月应每月进行1次内窥镜检查；如果点蚀未扩散或呈现收敛趋势，则可继续正常使用。对于分散点蚀（扩展性点蚀），应在每两周或连续满负荷运行240h后进行1次内窥镜检查；若发现点蚀显著扩展，则应提前准备备用零件以便及时更换和维修。

（3）针对因接触摩擦导致的齿面快速升温问题，建议采取以下故障处理措施：维持润滑油的适当冷却、清洁度和低含水量；确保齿轮在啮合初期得到充分润滑；监测齿轮箱的振动和载荷变化。若齿面硬度层的尺寸允许，可通过重新磨削齿面来消除胶合现象。由于胶合是一种严重的轮齿失效形式，应根据现场状况增加油液和振动监测的频率。在胶合初期，应每两周进行 1 次内窥镜检查，或在连续满负荷运行 240h 后进行检查，并伴随振动监测；若齿面损伤加剧，应降低负荷运行或进行检修。对于中等至严重程度的胶合，应提前准备备用零件以便及时更换和维修。

（4）针对因材料选择或加工不当引起的齿面塑性变形和裂纹问题，建议采取以下故障处理措施：持续监测齿轮箱的振动和载荷变化；降低运行负荷，避免齿轮箱承受过载冲击。一旦确认塑性变形或裂纹问题，应根据具体情况迅速更换齿轮箱。同时，检查同批次其他齿轮箱未存在类似问题，并提前准备备用零件以便及时更换和维修。

（5）针对因齿面硬度不够、超高载荷连续运行、硬质物落入齿轮啮合处、紧急制动或过载冲击等造成的断齿问题，建议采取以下故障处理措施：定期监测油品质量；定期检查磁堵和磁性油标，如有金属碎屑，需做全面检查；异响或较大振动需做停机检查；根据现场情况尽快安排油液和振动监测，确定断齿损坏情况；用内窥镜检查确认后停机，尽快更换维修。

3. 滚动轴承损坏原因及故障处理

对于因润滑不良导致的轴承损坏问题，建议确保其充分润滑，特别在停机重启后；确保润滑油的油品质量，避免油品型号更改；按期进行油品检测；根据现场情况加强油液和振动监测频次；通过用内窥镜检查确认初期磨损，平均每月检查一次轴承磨损情况，提前准备备件更换维修；通过用内窥镜检查确认初期磨损，出现滚动体表面疲劳剥落或永久变形，并且伴随振动和异响严重时应停机，尽快更换维修。

4. 箱体开裂或行星架"卡死"原因及故障处理

（1）对于因齿轮箱冲击载荷过大导致的箱体开裂问题，建议采取以下故障处理措施：定期检查齿轮箱箱体状况；确认箱体开裂后及时停机检查，尽快更换维修；确认主轴与行星架相对位移，应及时紧固锁紧盘螺栓，平均每月检查主轴锁紧盘标记刻度线，长期相对位移，应尽快更换维修；由于齿轮箱开裂导致的塔筒内部油污需及时进行清理。

（2）对于由于螺栓本身质量问题（材料或热处理），未按规定力矩拧紧螺栓（力矩过大或过小）等导致的连接螺栓损坏，进一步促使齿箱开裂问题，建议采取以下故障处理措施：定期检查齿轮箱螺栓状况；装配螺栓时需按规定力矩拧紧螺栓；若发现螺栓变形或断裂应及时停机检查；确认螺栓严重变形或断裂时，应及时停机更换，并查明原因。平均每月检查一次螺栓力矩，如果出现反复断裂，则应尽快更换维修齿轮箱或锁紧盘。

（3）对于因箱体内部零部件防锈油膜损坏导致的箱体或内部零部件锈

蚀、卡涩问题，建议采取以下故障处理措施：定期检查齿轮箱箱体和内部状况；如发现箱体外部锈蚀，需去除锈蚀并补漆；对内部锈蚀严重的零部件，需要打开箱体除锈；轻微锈蚀基本不影响齿轮箱运行，正常维护、保养即可；内部严重锈蚀应及时除锈，更换齿轮油。

（三）联轴器故障处理

1. 膜片联轴器故障

根据风电机组运行工况及故障统计，膜片联轴器主要失效形式为扭矩限制器频繁打滑和膜片断裂。

（1）扭矩限制器打滑原因及故障处理。

1）频繁过载。

当联轴器超载次数超过扭矩限制器的允许打滑次数时，由于摩擦片材料的过度磨损，可能导致力矩限制器发生打滑，进而降低力矩。在额定载荷下，扭矩限制器可能出现频繁打滑。针对此类情况，应对齿轮箱输出轴的扭矩载荷进行监测，并检查和消除导致扭矩载荷过大的原因。根据风电机组的运行经验，齿轮箱扭矩载荷过大的主要原因包括机组控制不稳定导致的转矩大幅度波动、发电机短路等。扭矩限制器内置典型结构局部示意图如图 7-14 所示。

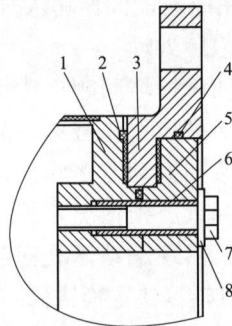

图 7-14　扭矩限制器内置典型结构局部示意图
1—中间管连接法兰；2—摩擦片；3—对偶法兰；4—密封圈；5—压紧法兰；
6—弹性销；7—调节螺栓；8—蝶形弹簧

2）扭矩设定值过低。

与一般的工业传动机械相比风电机组的应用工况有其特殊性。在风电机组运行过程中，受风速波动的影响很大，比一般工业传动机械更容易出现扭矩过载的情况，且过载幅度高。在选取联轴器打滑扭矩设定值时，如果按照一般工业传动机械的经验选取，打滑扭矩设定值可能会过低，导致风电机组在运行过程中出现联轴器频繁打滑的情况。外置式扭矩限制器示意图如图 7-15 所示。

3）扭矩标定不准确。

在扭矩限制器预紧螺栓紧固过程中，摩擦系数及摩擦片的选择对扭矩

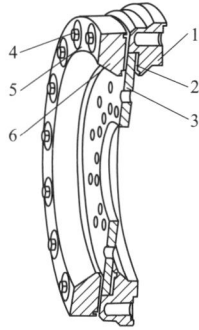

图 7-15　外置式扭矩限制器示意图
1—连接法兰；2—摩擦片；3—连接盘；4—调节螺栓；5—蝶形弹簧；6—压紧法兰

限制器装配后的实际打滑扭矩影响很大。如果摩擦系数离散度比较大，会造成扭矩限制器装配后的实际打滑扭矩与理论值偏差很大。实际打滑扭矩比要求值偏小较多，会造成联轴器频繁打滑。实际打滑扭矩比要求值偏大，又起不到过载保护的作用。在扭矩限制器装配完成后，要将膜片式联轴器装在标定设备上进行标定，如果标定过程中发现实际打滑扭矩与要求值偏差超出允许范围，需要重新调整螺栓的上紧扭矩。

（2）膜片断裂原因及故障处理。

1）过载。

当联轴器承受超过其承载能力的负载时，膜片就会受到过大的压力，从而导致断裂。因此，在使用联轴器时，必须确保负载不超过其承载能力，以避免膜片断裂的情况发生，如图 7-16 所示。

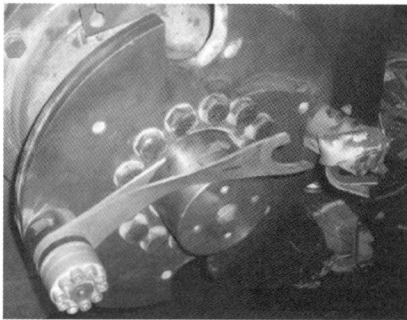

图 7-16　联轴器膜片损坏

2）安装不当。

如果联轴器的安装不正确，例如轴心不对称、螺栓松动等，就会导致膜片受到不均匀的力，从而导致断裂。因此，在安装联轴器时，必须按照正确的方法进行，确保轴心对称、螺栓紧固等。

3）磨损。

随着联轴器使用时间的增加，膜片会逐渐磨损，从而导致断裂。因此，在使用联轴器时，必须定期检查膜片的磨损情况，并及时更换磨损严重的膜片，以避免断裂的发生。

4）材料质量问题。

联轴器膜片的材料质量不好，如硬度不足、强度不够等，就会导致膜片容易断裂。因此，在选择联轴器时，必须选择质量好的产品，以确保膜片的质量。

2. 连杆式联轴器故障

连杆式联轴器损坏主要表现形式是弹性体损坏和连杆损坏，如图 7-17 所示。

图 7-17 连杆联轴器损坏图

（1）弹性体寿命到期原因及故障处理。

橡胶材质的产品使用年限一般是 5～10 年，一些使用特殊配方的产品年限大概为 15～20 年。现场使用的联轴器已连续运行多年，由于弹性体橡胶材料的老化，其使用寿命即将结束。此外，橡胶材料对工作环境的要求较高，高弹性联轴器在振动时有热量产生，但由于橡胶不能很快将热量散发出去，会使橡胶元件温度升高，在温度过高的环境中很容易发生橡胶老化的现象，这进一步加剧了弹性体寿命的缩减。连杆式联轴器内部橡胶老化如图 7-18 所示。

（2）连杆损坏原因及故障处理。

当连杆两端的橡胶弹性体发生开裂、脱落等损坏后，连杆两端与法兰和中间套筒连接出现间隙；联轴器在高速转动下，弹性体无法实现有效的减振、缓冲作用，连杆两端连接部分在巨大作用力下撞击法兰、中间套筒连接，导致连杆出现变形和断裂，如图 7-19 所示。

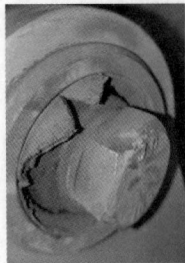

图 7-18 连杆式联轴器内部橡胶老化

图 7-19 联轴器连接金属部件磨损

3. 油泵电机联轴器故障

油泵电机联轴器损坏主要表现形式是弹性体损坏和金属爪盘损坏。其损坏原因主要有以下 5 个方面。

（1）过载原因及故障处理。

过载是联轴器损坏最常见的原因之一。过载使联轴器工作时承受超过其设计负荷的力和扭矩，导致联轴器变形破裂。因此，在选型时应根据实际负载和传动转速确定星形弹性联轴器的承载能力，以免因过载导致联轴器损坏。另外，在选择时不能盲目采购，要了解运行工况，根据工况选择合适的星形联轴器，计算容许转矩和工况转速进而选择联轴器。

梅花弹性联轴器和星形弹性联轴器均设计用于连接同轴线的传动轴，均具备补偿轴间偏移、减震、耐磨和缓冲功能。这两种联轴器的工作温度范围均为 -35～80℃，适用转速为 900～1900r/min，轴孔直径覆盖 14～140mm，轴孔长度则在 42～252mm 之间。它们的主要区别在于传递的公称转矩范围，梅花弹性联轴器的范围为 16～25 000N·m，而星形弹性联轴器的范围则更广，为 20～35 000N·m。

（2）松紧度不当原因及故障处理。

联轴器松紧度不当也是导致其损坏的原因之一。过紧或过松都会使弹性联轴器承受不正常的力和扭矩，导致联轴器损坏。因此，在安装时应注意调整星形弹性联轴器的松紧度，以保证其正常工作。

（3）安装不良原因及故障处理。

弹性联轴器在安装过程中，如果没有注意细节，也容易导致损坏。电机和油泵之间通过联轴器实现连接，能够补偿两轴相对位移、吸收振动和缓冲。电机和油泵转轴在运行时会发热伸缩变形，若两轴端面不留适当间隙则会发生两轴挤压接触情况，严重时转轴发生弯曲变形、轴承损坏等问题。因此，两个金属抓盘之间安装完毕后要留 2～3mm 间隙，如图 7-20 所示。这样金属抓盘之间的弹性体才能最大程度地发挥补偿、缓冲和减振效应。

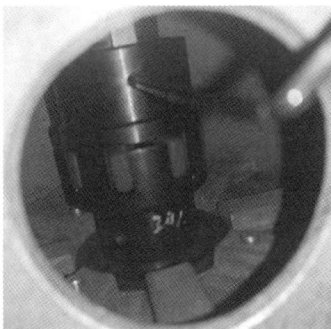

图 7-20　弹性联轴器安装间隙

联轴器上的径向偏差是由电机和油泵在钟罩上安装孔的同轴度来保证的；而角度偏差则是由电机和油泵安装平面及其定位孔在钟罩上的垂直度来保证的。因此，为了最大限度地减少允许的偏差，必须确保钟罩的加工和安装满足高精度要求。

（4）弹性体寿命到期原因及故障处理。

弹性联轴器也具有一定的使用寿命，经过长时间的使用，材料会老化、变形，从而导致联轴器失去弹性，甚至断裂。因此，在使用过程中，需要定期检查和更换星形弹性联轴器，以确保其正常工作。弹性体一般都是由工程塑料或橡胶组成。联轴器的寿命也就是弹性体的寿命。由于弹性体是受压而不易受拉，一般弹性体的寿命为 10 年，弹性体的性能极限温度一般为 $-35 \sim 80℃$，其一般工作温度为 $-20 \sim 60℃$。因此，联轴器寿命的关键是弹性体材质足够优良。

（5）电机轴承损坏原因及故障处理。

当电机轴承内圈、外圈或滚珠损坏时，过度磨损与轴颈变形导致轴承故障，电机轴承损坏导致电机主轴径向跳动加大。过大的主轴径向跳动会导致联轴器在运行时弹性体运行工况急剧恶化，导致使用寿命大大缩减。

（四）主轴和齿轮箱连接螺栓断裂故障

主轴和齿轮箱传动链的连接螺栓种类和等级，以及连接结构件的情况较多也较复杂。从故障处理的角度主要分为两大类，即螺栓与基体连接紧固（如主轴与轮毂连接螺栓、轴承与机架连接螺栓、锁紧盘连接螺栓等），螺栓与螺母连接紧固（齿轮箱的箱体连接螺栓等）。连接螺栓不同的损坏形式主要有螺栓松动、螺纹损伤或脱落、螺栓断裂等，采用的故障处理方法也各有不同。

1. 螺栓松动原因及故障处理

导致螺栓松动的主要原因有机械连接部件振动异常、螺栓受到交变性的剪力作用等，通常采用定期力矩检查以及重新紧固的方法进行处理。对于出现反复松动的情况，则需要考虑采用扭力系数更小的润滑剂更换新螺栓，或适当的增加螺栓预紧力进行处理并检查振动缘由，从减少振动方面入手进行全方位处理。

2. 螺纹损伤或脱落原因及故障处理

导致螺纹损伤或脱落的主要原因有长期反复预紧螺栓使得螺纹屈服或接触疲劳、安装力矩过大导致螺栓塑形变形、螺栓质量不合格，或安装时有异物等。如果是基体螺纹损伤或脱落，则需要对基体材料重新攻丝或扩孔攻丝，采用新螺栓或更大规格螺栓连接；如果是螺母或螺栓螺纹损伤或脱落，则需要清理螺纹孔，更换新螺栓连接副，并采用适当的力矩进行螺栓连接副的紧固处理。

3. 螺栓断裂原因及故障处理

导致螺栓断裂的主要原因有螺栓承受异常的交变载荷，从而导致疲劳断裂或结构件突然过载造成螺栓直接被拉断或切断等。对于这种情况，通常要查明螺栓断裂原因，并进行相应的分析，再进行故障处理。故障处理的方法主要有更换断裂螺栓的同时更换断裂螺栓左右各 3～7 颗旧螺栓，变更安装螺栓的安装力矩或润滑剂，使得螺栓预紧力更合理且数值分散度更小，或重新采用规格和级别更高的螺栓进行替换。

二、典型故障案例

（一）齿轮箱损坏大修及更换

根据主轴和齿轮箱传动链的连接方式不同，其吊装及更换方式也略有不同。无论是两点式支撑结构，还是三点式支撑结构均可以采用将主轴和齿轮箱总成直接吊装，但是考虑到传动链分布式特点和吊装成本，对于两点式支撑结构的主轴后轴承的支撑作用也可以单独吊装齿轮箱。主轴和齿轮箱更换及大修的基本作业流程和步骤主要包括以下内容：

1. 准备工作

（1）准备工作包括需要的工具、材料已到位；作业现场已详细勘察，无影响作业的障碍；作业人员已到位，作业人员资质及个人安保用品齐全、合格；作业人员必须经过安全培训，合格后方可上岗；所有工器具具备相应的技术、资质文件和有效的检测证明以及相应手续。

（2）吊车工况选择，通常需要对吊车载荷、高度、载荷率计算后才能确定吊车型号和类型；对于 1.5MW 风电机组通常选择 600t 主吊和 80t 辅吊，其他类型机组则需要计算后确定吊车型号和类型。

（3）登塔前准备工作，布置作业场地及安全措施；履行工作票相关手续，停机维护设置必要的标示牌及围栏。

2. 拆卸安装步骤

（1）将叶轮调整成"Y"形，锁定叶轮机械锁及风电机组高速轴制动，直驱机型锁住叶轮机械锁，做部分停电操作。

（2）将叶片限位开关和止挡片拆下来；将叶片变成 180°（－90°）；用叶片锁将叶片锁住。

（3）拆除轮毂内部电源；拆除滑环，将滑环拆卸下来放入机舱，将电缆固定好。

（4）进入轮毂内，将滑环到轮毂控制柜内的接线、滑环至轮毂内的电源线断开并取出等。

（5）对于液压变桨的风电机组，需要进入轮毂内拆除液压和机械变桨机构。

（6）安装叶轮吊具；吊车吊点安装到位，准备好轮毂工装和枕木；拆除叶轮。

（7）拆卸发电机与齿轮箱联轴器，拆联轴器护罩，拆卸联轴器中间体。

（8）拆卸齿轮箱传感器、电缆及其他附件，拆除齿轮箱各外部接线；

拆除主轴传感器接线；拆卸齿轮箱与液压系统相关连接回路。

（9）拆除机舱上部风向标、风速仪、照明及防雷引线的相关线缆，拆除顶部机舱罩螺栓，拆卸顶部机舱罩。

（10）拆卸主轴/齿轮箱总成（见图 7-21）。拆除齿轮箱弹性支撑；拆除主轴轴承座固定螺栓；缓慢起吊主轴和齿轮箱；做好机舱内的清理工作。

(a)　　　　　　　　　　　　　　　(b)

图 7-21　主轴和齿轮箱总成的吊装

(a) 两点支撑结构；(b) 三点支撑结构

（11）拆除和清理胀紧套；将主轴从行星轮支架中移出，主轴/齿轮箱分解。

（12）若需要更换齿轮箱，则需要在齿轮箱上拆卸和安装制动盘与制动器。安装和紧固胀紧套，安装新齿轮箱。

（13）主轴和齿轮箱吊装至机舱，回装叶轮，并将相应的固定螺栓按照拆卸步骤逆序进行预紧；安装顶部机舱罩，并将相应的线缆依次连接；安装联轴器；安装齿轮箱传感器、电缆及其附件；安装滑环、滑环线及其他附件；发电机对中。

（14）更换完成后进行测试、试验、试运行。包括轮毂上电检查；变桨系统测试；液压系统测试；齿轮箱测试；转速测试；试运行。

3. 注意事项

（1）拆卸叶轮注意事项。在施工区域邻近高压输电线路的情况下，必须预先测量以下安全距离：叶片叶尖与高压线路之间的最近距离、缆风绳固定点至高压线路的最近距离，以及吊车臂至高压线路的最近距离。同时，应提前规划并确定地锚的固定位置。在整个施工过程中，须严格确保所有设备和部件与高压线路之间维持规定的安全距离。

（2）吊篮使用注意事项。吊篮使用前需仔细检查，确保所有结构无变形、无开焊，满足承载要求。需在吊篮底部铺设模板，底部四周装设不低于 40cm 的板材，且将板材固定牢固，确保连接无缝隙。防止吊篮使用过程中，吊篮内物品脱落，造成高空落物。吊篮提升前需做好预起吊试验，距离地面 30cm，确保吊篮安全、可靠后方可提升。在吊篮两侧分别固定一根合适长度的缆风绳，在起吊过程中地面作业人员通过缆风绳控制好吊篮，确保吊篮内作业人员安全。吊篮平台应保持荷载均衡，严禁超载运行。当吊篮施工遇有大雪、大雾、风沙及 10m/s 以上大风等恶劣天气时，应停止作业，并应将吊篮平台停放至地面，对钢丝绳进行绑扎固定。

（二）齿轮箱高速轴损坏大修及更换

高速轴的齿面点蚀、胶合等磨损、轮齿变形、断裂，以及配合轴承磨损、打滑等问题是风电机组齿轮箱常见的故障类型。随着齿轮箱设计的不断优化，以及现场对运维和检修成本的控制，当出现齿轮箱高速轴故障损坏，导致风电机组无法正常运行时，通常在机舱内完成齿轮箱高速轴的大修及更换。高速轴的更换涉及齿轮箱本体的拆装，对现场工艺要求较高。在进行某型号齿轮箱高速轴的在役大修和更换之前，首先要查看装配图纸或与主机、齿轮箱制造商确认该型号齿轮箱的结构设计，必须具备在役更换高速轴及配套轴承的条件，防止轮齿与轴承结构干涉无法在役取出高速轴及配套轴承。

下面以某 1.5MW 风电机组齿轮箱高速轴的大修和更换为例介绍其维修工艺和流程。

1. 准备工作

（1）高速轴更换前，查看公称图纸，确认高速轴连接轴承型号，通常发电机侧轴承为一个圆柱滚子轴承和一个球轴承，叶轮侧轴承为一个圆柱滚子轴承。

（2）在登机前，把待更换的新高速轴和 3 个配套轴承进行装配；装配工艺根据现场的情况，可以对高速轴冷冻与轴承配合位置进行冷装，也可以对轴承内圈感应加热进行热装；将装配好的高速轴与轴承装配件包装保存待用。

2. 拆卸安装步骤

（1）执行停机操作、锁叶轮，将高速轴与轴承装配件吊装至机舱备用。

（2）松联轴器连接螺栓，拆除联轴器。

（3）松高速制动器的连接螺栓，拆卸制动器。

（4）松制动盘的连接螺栓，拆卸制动盘。

（5）拆卸齿轮箱高速轴端箱体结构上的 PT100 温度传感器，如果管路影响高速轴拆装，则需要拆卸管路。

（6）松高速轴端盖螺栓，拆除高速轴端盖。

（7）采用丝杠等辅助工具，将高速轴连同发电机侧的两个完整轴承、叶轮侧的圆柱滚子轴承内圈等装配件从齿轮箱中抽出；抽出过程注意不要划伤与高速轴啮合的齿轮齿面。

（8）将新高速轴与轴承装配件安装至齿轮箱内；确保高速轴叶轮侧圆柱滚子轴承内圈安装到位，并且没有结构干涉。

（9）安装高速轴端盖，采用适当的预紧力紧固螺栓。

（10）恢复齿轮箱高速轴箱体结构上的 PT100 温度传感器和油管等。

（11）依次安装高速轴制动盘、高速轴制动器和联轴器。

（12）发电机对中，进行测试、试验、试运行。

（三）齿轮箱润滑及冷却系统损坏大修及更换

齿轮箱润滑和冷却系统是齿轮箱总成中最关键的辅助系统，其重要部件（如冷却器风扇或电机、润滑系统压力传感器、油泵或电机等）发生故障损坏后需要进行相应的大修及更换。

下面以某 1.5MW 风电机组齿轮箱润滑及冷却系统大修及更换为例介绍其主要维修工艺和流程。冷却器风扇或电机大修及更换如图 7-22 所示。

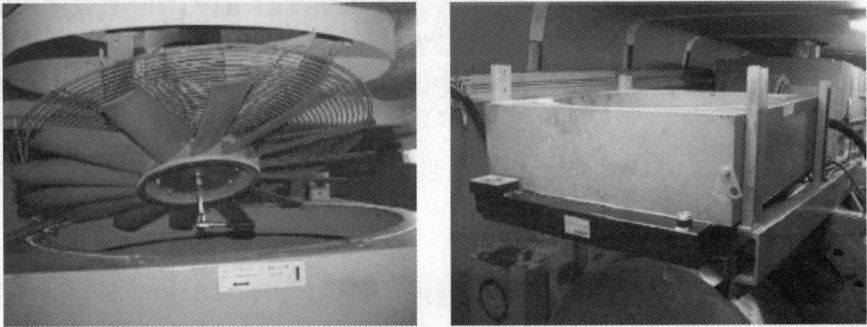

图 7-22　冷却器风扇或电机大修及更换

冷却器风扇或电机大修及更换步骤如下：

（1）检查并断开 400V 交流电源的断路器和风扇电机保护断路器。

（2）检查并断开 690V 输入电机保护开关。

（3）拆除排气口挡风罩。

（4）打开电机接线盒，断开所有的电缆终端，避免任何潜在的电缆短路。

（5）松开并拆卸电机支架螺丝。

（6）脱离电机或风扇叶片部分，安装新的冷却风扇电机或叶片。

（7）打开电机接线盒，将电缆连接到终端 V1、U1、W1、地面和两根小电缆上部的终端接线盒上。

（8）将断路器和电机保护开关合上。

（9）检查风扇叶片旋转方向，并确保排气充气膨胀（这意味着机舱的空气被吸出，而不是吸入）。

第三节　发电机故障处理

本节介绍了发电机常见故障处理方法和更换流程，包括转子轴颈磨损修复、轴承损坏及轴电流腐蚀处理、转子扫膛维修等典型故障的诊断与解决方案。同时通过双馈感应发电机和同步发电机具体更换案例，详细说明了发电机拆卸、吊装、安装的完整操作步骤，以及更换过程中的安全注意事项和技术要点。

一、故障处理

（一）转子轴颈磨损原因及故障处理

当发电机出现转子过流、轴承高温卡死的故障时，导致轴颈与轴承内圈轴瓦剧烈摩擦，转子轴颈损坏，轴颈变色磨损（见图 7-23）。故障发生后，发电机转子无法正常旋转，由于转轴磨损且无法判断定子、转子之间摩擦程度，发电机需整体拆卸进行返厂维修。

需经过发电机制造商对发电机专业解体，判定转子轴颈损伤变色情况，发电机定子、转子分离后，监测发电机定子、转子有无扫膛损坏现象，并需测试绝缘是否正常。

发电机制造商将转轴拆卸后，经过转轴激光堆焊、铣床、磨床等工艺，将发电机转轴更换新轴承后修复完成，通过出厂试验后，返回现场继续使用。

图 7-23　发电机轴颈损坏

（二）轴承损坏及轴电流腐蚀原因及故障处理

由于定子与转子气隙不均匀，轴中心与磁场中心不一致，变频器 PWM 励磁产生的共模电压等原因，发电机的转轴不可避免地要在一个高频交变电压下旋转。正常情况下，要求风电机组转动部分对地绝缘电阻大于 $1G\Omega$，以抑制共模轴电流。如果在转轴两端同时接地就可以将轴电流旁路以保护轴承。轴电流经过轴承，使间隙中的油膜不断遭到电弧的放电侵蚀（EDM 电火花加工效应），使油不断碳化，同时造成轴承的滚道上形成搓衣板状的腐蚀痕迹，从而严重影响轴承的寿命，如图 7-24 所示。

发电机由于轴承润滑不良、同心度不合格、动平衡不达标或有异物进入等原因，也会导致发电机轴承的损坏（见图 7-25）。发电机轴承损坏则进行塔上更换。

图 7-24　轴承电腐蚀痕迹

图 7-25　发电机轴承润滑不良

（三）转子扫膛原因及故障处理

发电机由于轴承润滑不良、同心度不合格或动平衡不达标等原因，且未按时进行振动监测发生轴承故障，造成发电机定子、转子扫膛（见图 7-26 和图 7-27），报绕组高温，最终变频器过流保护动作。检查绕组电气绝缘损坏，经测量绕组的对地绝缘为零，发电机不能正常运行，吊装拆卸发电机返厂拆解进行维修。

图 7-26　转子扫膛

具体处理过程如下：

（1）发电机定子、转子绕组清洗、烘干。清洗、烘干之后，更换定子或转子全部槽楔，对发电机做对地耐压试验和匝间试验。试验合格后，对

图 7-27 定子扫膛

发电机定子真空压力浸漆两次。

（2）对发电机转轴进行探伤、修理或更换，更换驱动端及非驱动端轴承，更换转子滑环、刷握，更换电刷，进行转子动平衡试验。

（3）对发电机定子、转子绕组做耐压试验和匝间试验；发电机各项试验合格后，对发电机进行组装；收尾交验对轴承温度传感器、加热器、热电阻等器件进行测试，更换不合格器件，发电机组装完成后，进行出厂试验；喷外表面漆后返回现场使用。

二、典型故障案例

（一）双馈感应发电机损坏更换

1. 准备工作

（1）作业场地：安装拆卸作业人员指挥吊车就位，清理出 10m×10m 的作业场地。

（2）风电机组停机：将风电机组停机并置于维护模式。偏航至机舱侧面正对主吊车并锁定叶轮锁。

（3）拆卸发电机相关电气连接及其附件，并做好相应标识。

2. 拆卸安装步骤

（1）拆除顶部机舱罩与底部机舱罩间的跨接接地线。

（2）将 4 根 5t/5m 吊带和 4 个 2t 卸扣挂在位于顶部机舱盖外侧的 4 个吊点上［见图 7-28（a）］，可靠连接。在前、后吊点处各系一根缆风绳［见图 7-28（b）］。

（3）拆除顶部机舱罩与底部机舱罩间的连接螺栓，4 个角各留 1 颗螺栓不拆。

（4）拆除机舱罩前部左右各 1 颗螺栓，慢慢升起吊车，同时在机舱内部用美工刀割开顶部机舱罩与底部机舱罩间的密封胶，机舱罩左、右两边同时切割，将密封胶全部割开。

（5）主吊车将顶部机舱罩吊离。需要注意的是，在吊离顶部机舱罩过程中要慢慢吊离，且全部人员的头部在顶部机舱罩与底部机舱罩对接平面

图 7-28　顶部机舱罩挂吊具
(a) 机舱盖外侧吊点；(b) 缆风绳

以下。通过对讲机指挥地面拉缆风绳的作业人员，保持顶部机舱罩平稳降落地面。

（6）拆卸旧发电机。

（7）拆除发电机地脚螺栓。使用扭矩倍增器将 1 个发电机弹性支撑上的螺母拧松并取下，然后用同样的办法拆下另外 3 个地脚螺母及垫块。

（8）吊离发电机。连接好发电机吊具，用四股成套索具挂好发电机 4 个吊点（见图 7-29），慢慢升起吊车将发电机吊到地面上放好，缆风绳 2 个挂点背离吊车，安装新发电机。

（9）吊装新发电机。连接好吊具，并在发电机前、后各系上一根缆风绳（背离吊车臂），如图 7-30 所示，将发电机起吊至机舱内安装位置，慢慢落至双头螺柱内，手动拧紧。

图 7-29　发电机吊点　　　　图 7-30　发电机缆风绳

（10）安装发电机地脚螺栓。将 4 个发电机地脚弹性支撑上螺母的力矩值紧固。

（11）拆除发电机吊具及缆风绳，安装顶部机舱罩。

（12）将 4 根 5t/5m 吊带和 4 个 2t 卸扣挂在吊钩上，然后挂在顶部机舱罩的 4 个吊点上。在前、后吊点处各系一根 150m 长缆风绳。

（13）在与顶部机舱罩对接的底部机舱罩的对接表面上，使用密封胶枪沿对接表面打一圈 5mm 宽的密封胶。

（14）主吊车吊着顶部机舱罩缓慢向底部机舱罩移动并对接，先在 4 个角位置各插入 1 颗螺栓定位，然后手动插入全部的连接螺栓。待全部螺栓都安装好后，使用扳手拧紧。

（15）使用扳手安装顶部机舱罩与底部机舱罩之间的跨接地线。

（16）拆除吊装顶部机舱罩用的 4 根 5t/5m 吊带和 4 个 2t 卸扣，拆除顶部机舱罩前吊点处的 150m 长缆风绳。

（17）安装发电机侧联轴器，恢复发电机及其附件的全部接线，对发电机进行对中后固定地脚螺栓。

（18）对新吊装的发电机进行验收并测试。

（二）同步发电机损坏更换

1. 准备工作

（1）作业场地：现场需要整理出一块 40m×40m 的空地，以容纳整个叶轮。吊装场地布置参考方案如图 7-31 所示。

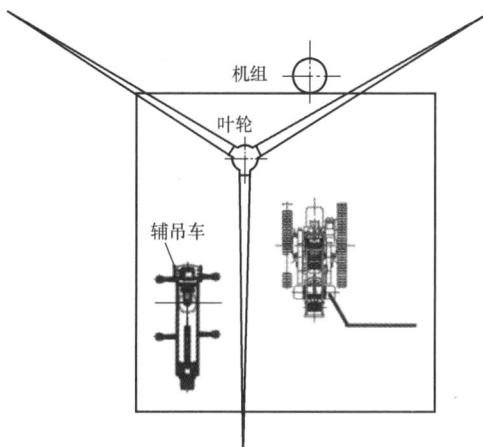

图 7-31　吊车与机组参考布置

（2）将风电机组停机并切换至维护模式，控制塔底控制面板的"手动偏航"开关，使机舱向解缆方向偏航，直至叶轮朝向主吊车。

（3）拆卸滑环、滑环线及其他附件。

（4）检查并确定液压制动系统、风电机组的变桨系统处于正常状态。

（5）将风电机组叶片转为空中正视"Y"形状，使用机舱内维护手柄进行机械制动并锁定叶轮锁。

（6）分别将 3 支叶片对应的控制柜电源总开关切换到断开位置，切断电源供电回路的电源。

（7）拆除滑环的电缆引线接头和转速传感器线缆，使用绝缘胶带进行绑扎。

（8）叶片人工变桨－90°，实际操作时应在相反的方向安装和拉动手拉葫芦［见图7-32（a）］。每次使用2个手拉葫芦，准备使用一拉一松的方法对叶片进行－90°锁定［见图7-32（b）］，另一只手拉葫芦在换位时使用。

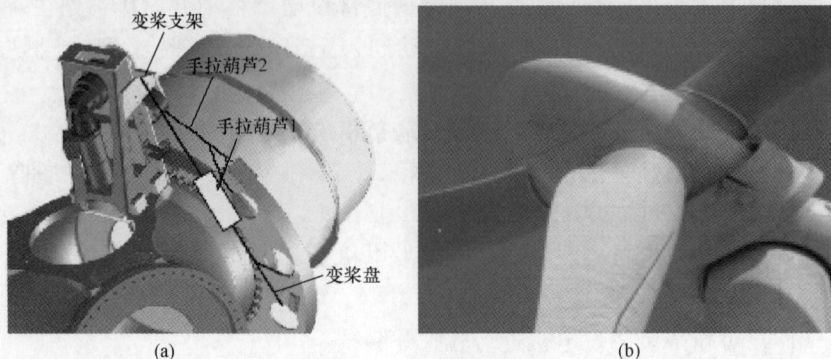

图 7-32　安装手拉葫芦
（a）手拉葫芦位置；（b）叶片－90°

2. 拆卸叶轮

（1）安装叶尖护套：打开风电机组机舱顶盖窗户，从两个叶片中间扔下1根50m的缆风绳用于后期叶尖护套的提拉。

（2）使用4根 $\phi28\times2m$ 钢丝绳和4个卸扣将钢丝绳挂在辅助吊车的主吊钩上，将叶尖护套挂在吊篮的上侧外沿。

（3）使用3根100m的缆风绳，分别绑扎在吊篮两侧。其中1根用于叶尖护套安装完成后的绑扎，在叶尖护套上作为叶片拆卸时的缆风绳。

（4）缓缓地升起主吊钩并完成下垂叶片叶尖护套的安装。机舱内的作业人员根据高空作业人员的指令缓缓将叶尖护套的提拉绳收紧，高空作业人员解下吊篮一侧的缆风绳并在叶尖护套上系好。缓缓落下辅助吊车的主钩，使得高空作业人员安全回到地面。

3. 安装叶轮吊带

（1）垂下主吊车的主钩，将2根 30t/16m 扁平叶轮吊带安装在主吊钩上（见图7-33）。

图 7-33　吊带安装在主吊钩上

（2）打开机舱的舱门顶盖，从机舱中放下 2 根 200m 缆风绳（叶轮吊带缆风绳 1、2），缆风绳的下端分别接在叶轮吊带的下端（见图 7-34）。

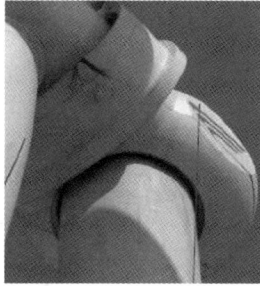

图 7-34　机舱中放下缆风绳

（3）分别将 2 根叶轮吊带的中、下部各拴系 1 根 100m 缆风绳（叶轮吊带缆风绳 3、4），便于叶轮吊带在空中悬挂时的调整。

（4）在主钩上拴 1 根 100m 缆风绳，避免主钩在空中摆动碰撞到叶轮导流罩。

（5）缓慢升起吊钩和吊带，逐渐靠近升到叶轮上方，直至主钩超过机舱顶部 2m 左右（见图 7-35）。

图 7-35　主钩超过机舱顶部

（6）打开叶轮的舱门顶盖，风电机组叶轮、机舱内的作业人员和地面作业人员配合拉动系在叶轮吊带的中、下部的缆风绳（见图 7-36），使吊带平展地包裹在叶片的叶根上。

（7）缓缓地下垂吊臂，将叶轮吊带的下端可靠地挂在主吊钩上。

（8）缓慢地升起吊钩并调整吊钩的垂心，最后将吊带拉紧，直至主吊车吃重（吨位显示）即可。地面缆风绳应留有固定作业人员在缆风绳处等待。作业人员挂好安全绳后，使用液压扳手和套筒对轮毂－发电机的连接螺栓进行拆卸。

（9）双头螺柱、螺母和垫片拆卸完成后，全部用红色油性笔做好标识。

（10）拆卸末期时，通知地面指挥人员。螺柱完成拆卸后，作业人员全

图 7-36　作业人员拉动缆风绳

部撤离轮毂，进入机舱内。拆取轮毂—发电机的手拉葫芦，主吊车牵引着轮毂与机舱分离（见图 7-37）。

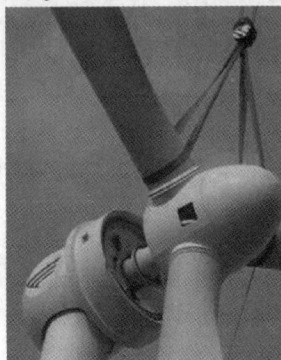

图 7-37　叶轮与机舱分离

4. 叶轮翻转

（1）当叶片尖离地面 5m 左右时，驶入辅助吊车准备进行翻转吊具的安装（见图 7-38）。

图 7-38　叶轮翻转

（2）使用辅助吊车和安全吊篮对下垂方向的叶片进行叶片后缘护具安装，吊笼上应系有缆风绳保证作业人员在作业时不受大的晃动和撞击。

（3）在叶片后缘护具安装 10t/10m 吊带后，下垂吊钩放下人员，解下吊篮。

（4）在指定位置缓缓放下叶轮。在 3 支叶片支撑处安装叶片支架，见图 7-39（a），叶轮支撑处安装叶轮支座，见图 7-39（b）。

图 7-39　叶片支架和叶轮支座
（a）叶片支架；（b）叶轮支座

5. 拆卸旧发电机

（1）拆除发电机引出线电缆、PT100 连接线和电压转速传感器，并按照吊装前方式使用绑扎带和白布带将其绑扎和固定，拆除发电机的转速传感器，并将引线和传感器头捆绑好放回机舱控制柜（见图 7-40）。

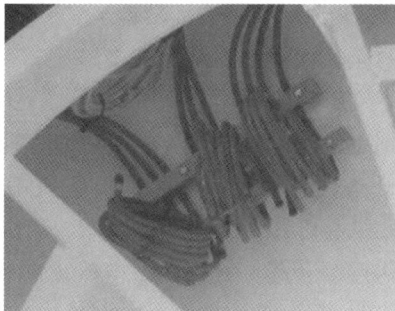

图 7-40　发电机引线和传感器头捆绑

（2）拆除滑环连接线放回机舱控制柜旁，用十字螺丝刀拆除发电机下舱门盖板 6 个螺钉。用活动扳手拆除液压制动油管，并用闸体螺栓堵头封堵进油孔（见图 7-41）。

6. 安装发电机吊具

（1）主吊车完成吊装位置调节后，使主吊车吊梁正面直对发电机，下垂吊钩至发电机吊具上方。

（2）将 2 根钢丝绳吊挂在吊车的主钩上，再用 2 个 35t 卸扣连接在发电机吊具的外吊耳上（见图 7-42）。

图 7-41 液压制动油管拆卸后封堵

图 7-42 安装钢丝绳

（3）使用 2 根 $\phi28\times2$m 钢丝绳连接吊钩上，并将这 2 根钢丝绳分别放在发电机吊具前、后两侧。

（4）将 2 只 10t 手拉葫芦挂入发电机吊具前、后的 2 根钢丝绳末端。调节手拉葫芦的下吊钩到主吊钩的长度为 4m 左右。

（5）将 2 个发电机吊装主钢丝绳安装在发电机吊具上，并使用铁丝固定。在主钢丝绳的中段绑接 2 根 100m 的缆风绳。

（6）主吊车的吊钩逐渐升起并移动到发电机顶部 1.5m 高度，地面人员拉动缆风绳并将发电机吊具边缘上的两个主钢丝绳环套入发电机的两个吊耳（见图 7-43）。

图 7-43 主钢丝绳环套入发电机

（7）高空作业人员出舱前做好安全绳固定，最后确认发电机吊耳上的钢丝绳安装正确可靠，缓慢地提升吊车主钩，并调整吊钩的垂心最后将钢丝绳拉紧，直至主吊车上吨位显示 44～45t 即可。

7. 拆卸旧发电机

（1）使用 3t 的手动葫芦和吊带拉紧发电机与底座，防止发电机在螺栓拆卸时突然脱开。

（2）使用液压扳手和电动扳手对称拆卸发电机与底座的连接螺栓。拆卸过程中，保持吊车的起吊重量在 44～45t，螺栓拆卸完成后，松开底座与发电机连接的手拉葫芦，如图 7-44 所示。

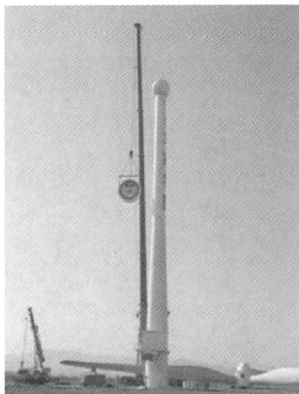

图 7-44 拆卸旧发电机

8. 安装新发电机

（1）发电机起吊前的检查和清理。发电机吊装前（不超过 8h），须测试发电机两套绕组分别对地以及两套绕组之间的绝缘电阻。

（2）用清洗剂把发电机转动轴法兰面清洗干净，不允许有油渍、污物，撕掉转子支架 22 个排水孔处的黄黑胶带，发电机观察孔的白色橡胶堵头不要取掉。

（3）在定轴法兰螺孔上以 120°等分安装 3 根发电机吊装导正棒，位置是 2 点钟、6 点钟、10 点钟方向，将一只手拉葫芦与发电机翻转吊具处的卸扣连接。

（4）将发电机起吊至离地面 2m 时，在辅助吊车配合下，将发电机从水平状态翻转成接近竖直状态，如图 7-45 所示。

（5）将 10t 手拉葫芦与转动轴处吊带连接好，使用手拉葫芦调节发电机定轴法兰面与垂直方向的倾角到 3°，在定轴法兰上端挂一个铅锤，保证法兰下端距离铅垂线 65～70mm，如图 7-46 所示。

（6）主吊起吊，地面作业人员配合拉导向绳将发电机缓慢平稳起吊至机舱安装位置，最后使发电机定轴法兰与机舱底座法兰面对齐并借助导正棒使安装法兰孔对正。

图 7-45　发电机翻转

图 7-46　发电机定轴法兰面倾角测量

（7）手动旋入双头螺柱，检查保证螺柱露出底座法兰面长度 60mm，安装垫圈、螺母，要求在螺柱螺纹部位（即安装螺母螺纹部位）、螺母与垫圈的接触面涂固体润滑膏，定轴与底座连接所有螺柱最终紧固扭矩完成后，拆卸发电机主吊具，即完成 3 遍 50％、75％、100％力矩后方可松吊钩拆卸吊具。

9. 起吊和安装叶轮

（1）辅助吊车配合主吊车将叶轮由水平状态慢慢调整至竖直状态，确保叶尖不触地［见图 7-47（a）］。待第 3 支叶片成竖直向下时，将辅助吊车脱钩并拆除叶片护具、护带（拆除辅助吊具时防止被护具砸伤）；辅吊脱钩后，缆风绳提前拉住叶片以便于控制叶轮倾角，主吊车继续匀速缓缓提升，地面人员设专人拉住两叶尖导向绳使叶轮平稳起吊至发电机安装位置。叶轮竖直状态时，停主吊拆辅吊［见图 7-47（b）］。

（2）机舱中的安装作业人员通过对讲机与吊车保持联系，指挥吊车缓缓平移，叶轮法兰靠近机舱发电机转动轴法兰时暂时停止。

（3）叶轮法兰与发电机转动轴法兰对接：地面作业人员听从风电机组上作业人员指挥要求，吊车配合使轮毂法兰面与发电机转动轴法兰面保持平行对接状态；必要时可通过手拉葫芦协助对接。叶轮与发电机对接如图 7-48 所示。

（4）若两法兰螺栓孔错位时，松开发电机转子两锁定装置，通过手拉

(a)   (b)

图 7-47　起吊叶轮

（a）叶轮调整至竖直状态；（b）停主吊拆辅吊

图 7-48　叶轮与发电机对接

葫芦旋转发电机转子使螺栓穿入螺纹孔。

（5）叶轮与发电机转动轴对接安装时，为便于以后叶片维护检修，要注意尽量保证叶轮锁定后朝下、叶片竖直朝下；检查发电机定子和转子人孔的重合情况，使朝下的叶片与塔筒的夹角，尽量不要超过 15°（即发电机与叶轮连接的安装孔转过 2 个孔）。

10. 恢复和测试

（1）安装变桨滑环、变桨滑环线缆及其他附件。

（2）安装齿形带。

（3）测量齿形带的振动频率。

（4）按照变桨滑环连接线安装方式，恢复连接线。

（5）对新吊装的发电机进行接线恢复，验收并进行测试。

第四节　主控系统故障处理

本节介绍了主控系统故障处理方法，包括故障文件调取流程、波形分析软件操作指南、故障分析思路和处理步骤。通过测风系统异常故障和箱变断路器拒动典型案例，具体说明如何通过数据分析定位故障原因。

一、故障处理

（一）故障文件调取

风电机组在故障后会自动在主控系统 PLC 存储器中生成故障文件。故障文件内的数据变量具有采集精度高（20ms）、故障针对性强的优点。通常故障文件存于 FTP 文件夹中，现场检修人员可以调阅并进行分析，从而提高故障处理的效率。以某主控系统为例，介绍故障文件的调取方法。

（1）在地址栏中输入 FTP：//＋风电机组的 IP 地址（注意：必须保证电脑与风电机组处于同一内网中），进入 FTP 文件夹（见图 7-49）。

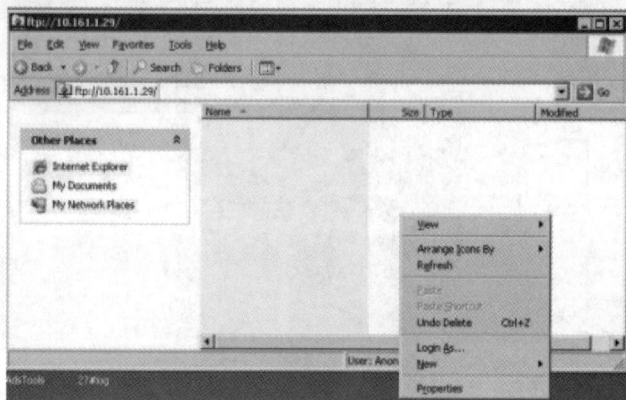

图 7-49　FTP 文件夹

有些风电机组进入 FTP 文件夹内需要右键点击空白处，再左键点击 Login As，输入账号及密码才能看见内部的文件，如图 7-50 所示。

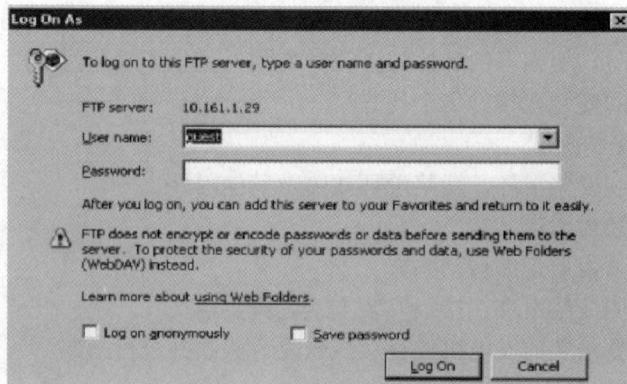

图 7-50　密码输出界面

（2）点击 FTP 文件夹中 ERROR 文件夹（见图 7-51），而有些风电机组是 Tracelog 文件夹（见图 7-52），文件夹中的文件即为该风电机组的故障文件。文件名称通常以日期格式命名。

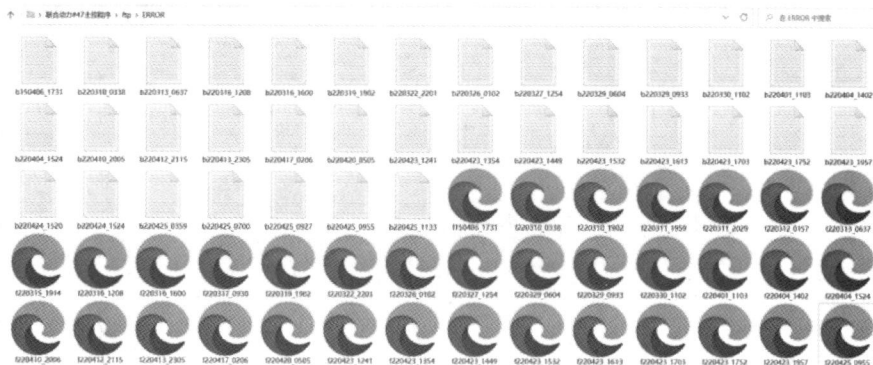

图 7-51　ERROR 文件夹

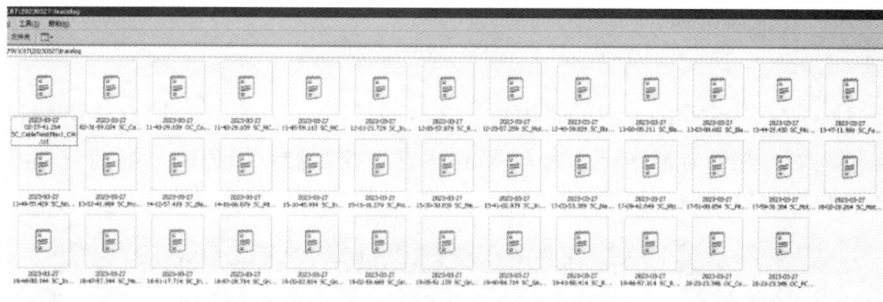

图 7-52　Tracelog 文件夹

（二）波形分析软件的应用

波形分析软件是一种用于风电机组故障分析的重要工具。目前，所有风电机组的主控系统 PLC 都配有故障录波软件，并可以采集风电机组中发生的故障波形，以便现场检修人员进行故障分析和诊断。波形分析软件是通过高速数字采样技术，将风电机组主控系统 PLC 采集的 I/O 变量进行采样和记录，然后通过软件进行变量的绘制。除使用上述与风电机组 PLC 配套的波形分析软件之外，还可以使用专业的波形分析软件对风电机组数据进行图像绘制及分析，如 TIBCO 和 Tableau 等。以某主控系统 PLC 配套的 TwinCAT ScopeView2 波形分析软件为例，说明波形分析软件的使用方法。

TwinCAT ScopeView2 是某主控系统品牌推出的一款针对信号分析和数据采集的图形工具。数据记录器（ScopeServer）和查看器（ScopeView）相互独立，因此能够在集中式 Scope2 视图中显示多个系统的信号处理。除能够长时间记录数据外，TwinCAT ScopeView2 中还提供了各种触发器功能和标尺功能。

1. 录波软件的基本介绍

（1）在 windows Start→Programs→TwinCAT　System→TwinCAT　Scope2

菜单下启动 ScopeView2 软件,ScopeView2 操作界面,如图 7-53 所示。

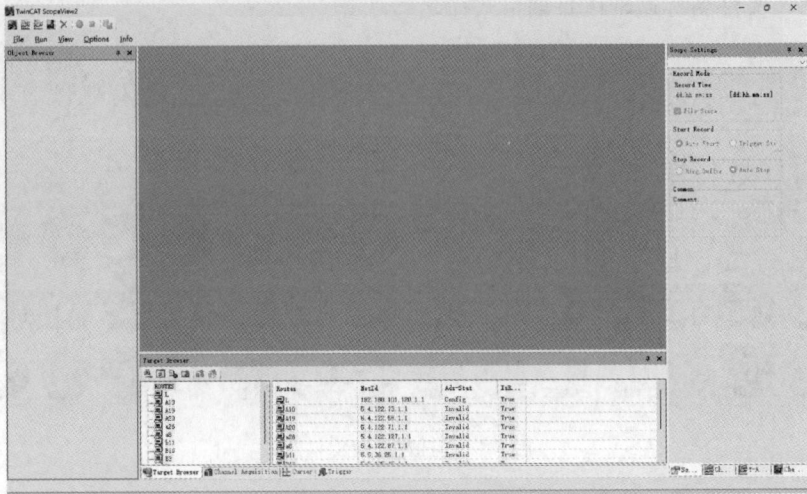

图 7-53   ScopeView2 操作界面

(2) TargetBrowser 中列出了所有 SystemManager 中添加过路由的目标控制器,红色为未连接或未在 Run 状态的控制器,绿色表示当前连接在 Run 状态的控制器,如图 7-54 所示。

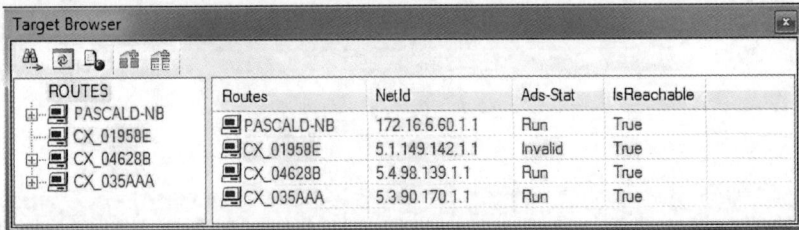

图 7-54   TargetBrowser 窗口

(3) 所连接的控制器菜单栏展开后,选择对应端口下的变量(可多选),即可将变量添加至新通道,如图 7-55 所示。

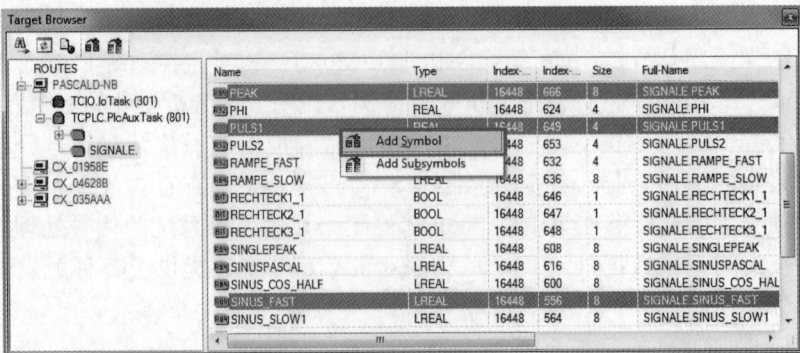

图 7-55   添加通道

（4）在 Object Browser 菜单中自动添加了 Scope、Chart、Axis 和 Channel，每个通道（channel）会自动分配不同颜色进行区分，如图 7-56 所示。

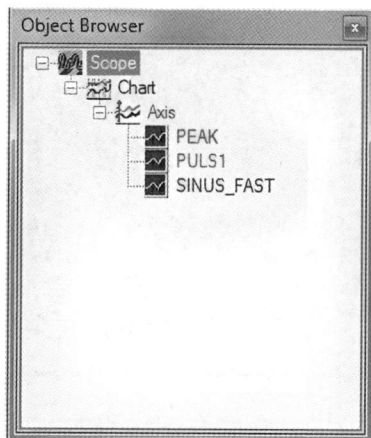

图 7-56　不同颜色区分

同时，也可以在这个窗口中右键手动添加所需的变量作为新的通道（Channel），如图 7-57 所示。

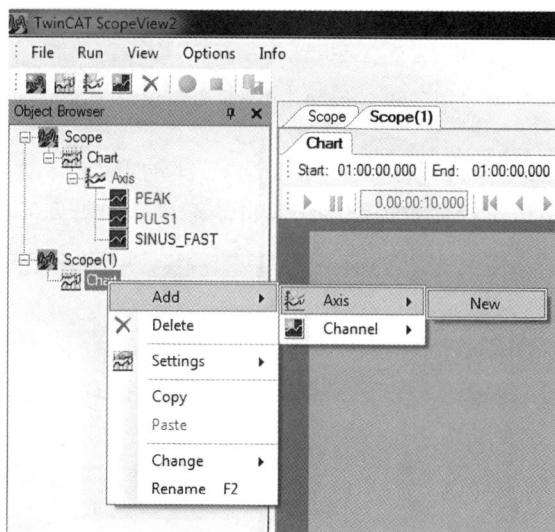

图 7-57　手动添加通道

（5）完成添加 channel 工作后回到 ScopeView 界面，如图 7-58 所示。

（6）首次使用软件时，需要先对软件进行设置，在 channel Acquisition 窗口中需设置 Sample Time 和 Use Local Server，如图 7-59 所示。如果目标控制器中没有安装 ScopeServer，则必须勾选，否则将不能录波。

（7）在 ScopeSettings 里对 Record Mode 做相关设置。Record Time 为

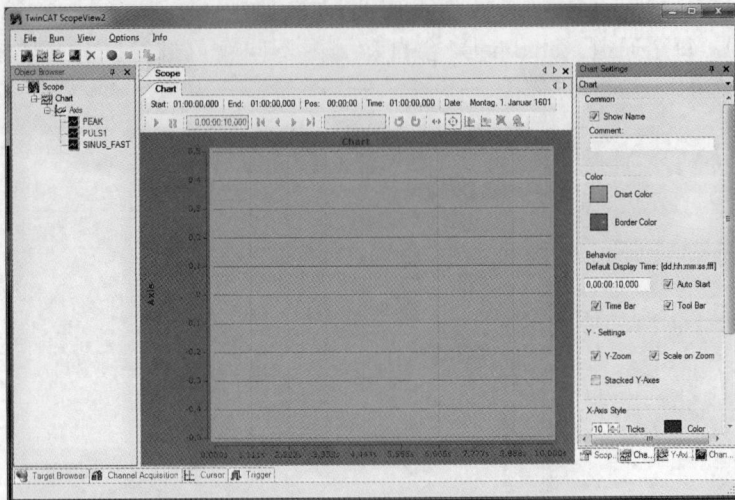

图 7-58　添加完通道主界面

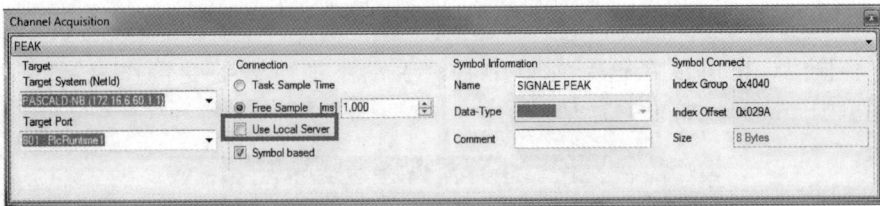

图 7-59　channel Acquisition 窗口

录制时长，Start Record 菜单下可以选择自动开始及触发开始，Stop Record 菜单下可以选择变量控制停止及自动停止，如图 7-60 所示。

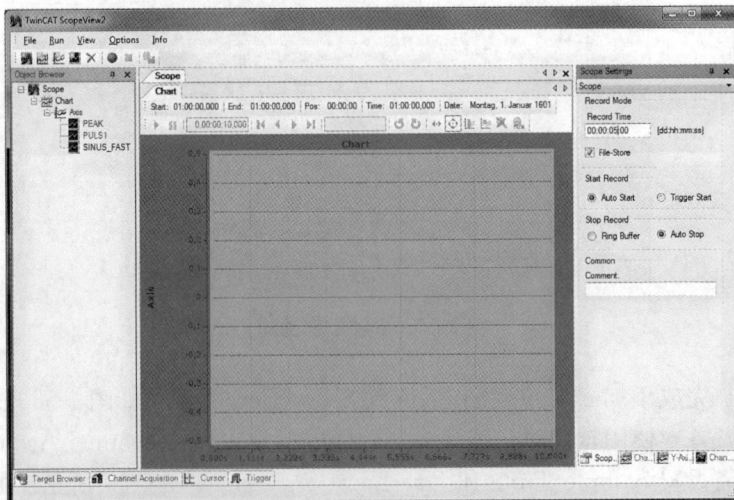

图 7-60　Record Mode 设置

（8）设置完成后，点击红色框选 Record 按钮即可开始记录，chart 窗口中会显示所选通道（channel）的数据变化曲线，如图 7-61 所示。

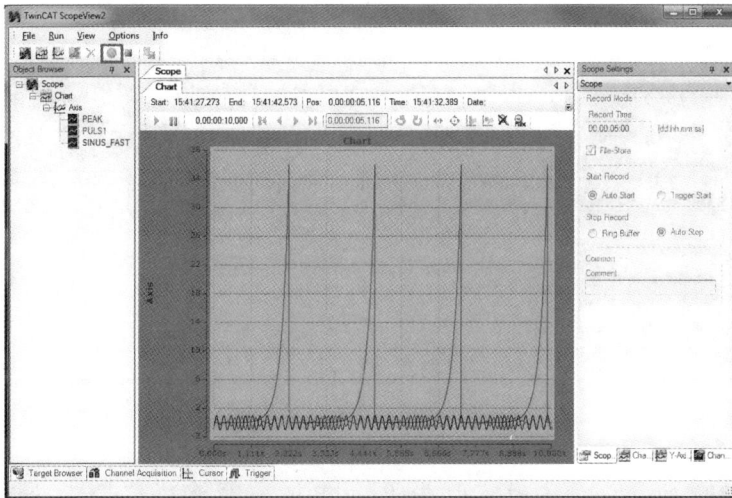

图 7-61　录制数据曲线

2. 触发功能的设置

（1）通过 Trigger 菜单触发录波，点击 New 按钮添加变量，如图 7-62 所示。

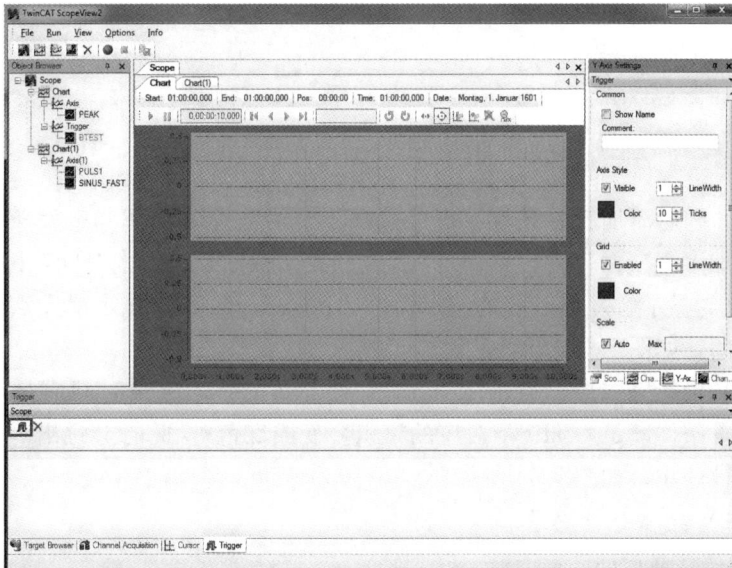

图 7-62　添加变量

（2）在 Trigger 窗口中设置 Stop_Record（停止记录），如图 7-63 所示。

（3）第一次设置 Stop_Record 后，会弹出对话框询问是否将 ScopeSet-

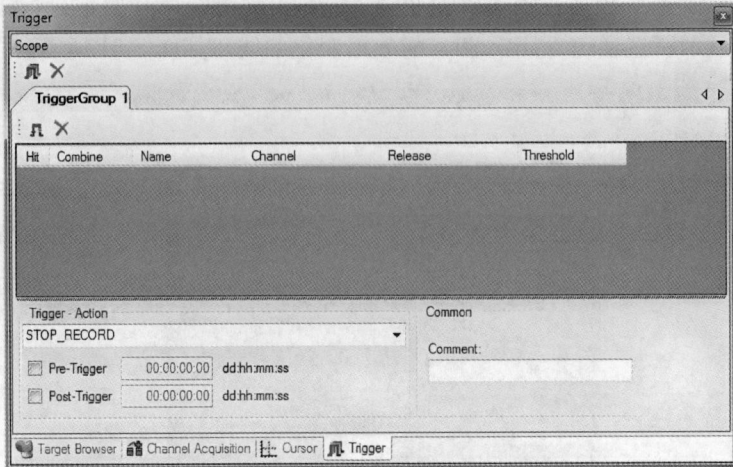

图 7-63　Stop_Record 设置

tings 中的 StopRecord 模式改为 Ringbuffer，需选择"是"，如图 7-64 所示。

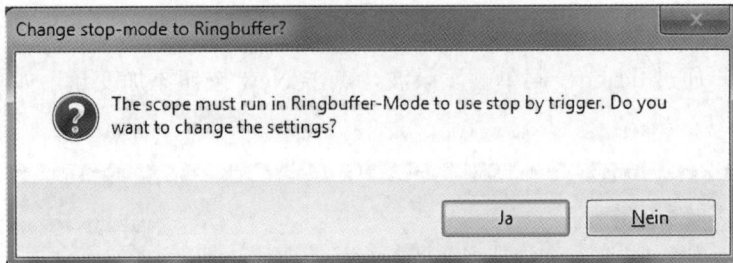

图 7-64　缓冲区设置提示窗口

（4）随后添加触发条件，可以选择上升沿或下降沿作为触发条件，也可以添加多个变量，并设置"与""或"关系触发及触发的时间范围。Pre-Trigger 为显示触发点以前的波形时间，Post-Trigger 为显示触发点以后的波形时间，如图 7-65 所示。

（5）设置完成后，点击 Record 按钮启动记录，记录时间满足触发条件（触发条件满足后 Hit 下对应的旗帜会变成红色），此时会跳出对话框提示记录被停止，如图 7-66 所示。

（三）故障分析思路

1. 故障分析的必要条件

（1）掌握故障现象：在进行故障分析前，必须全面掌握故障现象。详细记录风电机组在故障发生时的运行参数、状态和异常情况，包括温度、压力、振动等关键指标。通过系统记录这些故障现象，能够追溯问题，准确找出故障发生的具体时刻，为后续的故障分析提供更精准的线索。

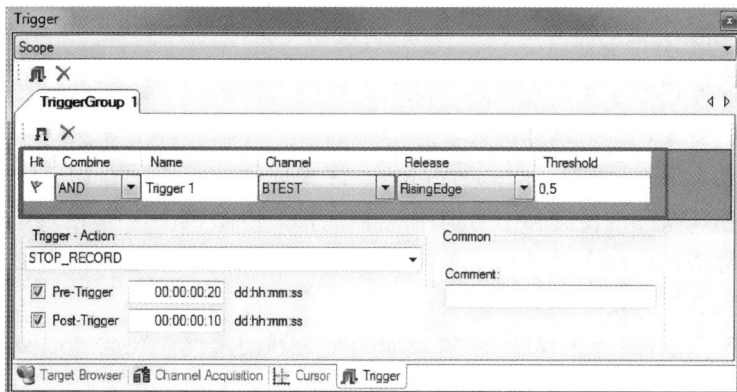

图 7-65　触发条件设置

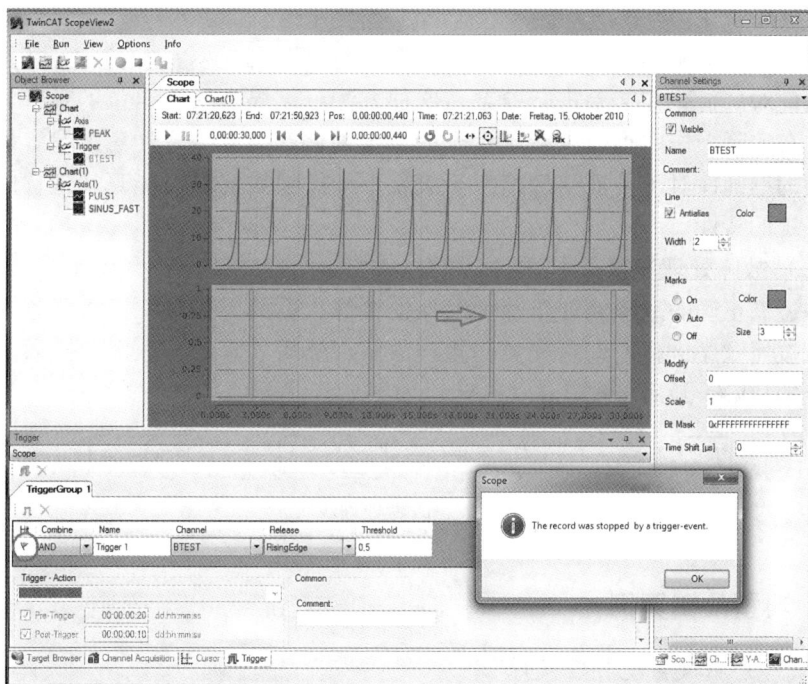

图 7-66　触发后界面

（2）理清故障逻辑及原理：通常风电机组在发生故障后会生成故障报文，故障报文是对于故障的大范围描述，检修人员需要对此报文背后的故障逻辑及触发原理进行了解。确定哪些信息是直接相关的，哪些信息是间接相关的，这有助于形成一个清晰的故障逻辑链条。通过理解故障的逻辑及触发原理，现场检修人员可以更准确地定位问题根源。

（3）抓取关键数据点：在理清故障逻辑及原理后，可以使用录波软件对关键数据点进行抓取并绘制成图像。检修人员通过图像能够更直观地了解故障的动态过程，有助于精准定位问题，提高故障诊断的准确性和效率。

2. 故障分析方法

(1) 原理推导法：在处理故障前，检修人员需要对故障点所在回路的原理进行捋顺，包括动作时序、信号传递路径等。原理推导法是一种系统性的方法，通过逻辑推理和原理分析，深入理解故障点所在回路的逻辑关系，包括从检测的传感器一直追溯到主控系统 PLC 的 DI/AI 输入口。通过原理推导法，检修人员能够在故障发生时更迅速而准确地理解回路的工作原理，这有助于定位和解决问题。

(2) 扫点法：对于故障现象及原因不明确的情况，在故障时刻全面扫描风电机组变量可以有效帮助进行故障处理，将这种方法简称为"扫点法"。这种方法有助于全面了解风电机组在故障时刻的工作状态，检修人员可以通过监测、记录和分析这些变量，找到异常点并逐步缩小故障范围，找出问题所在。

(3) "猜测" 仿真法：通过故障现象对故障原因进行"猜测"，并用仿真软件对"猜测"结果进行验证，这种方法可以提高故障定位的效率，尤其是在实际操作中难以直接观察到的系统内部状态。需要注意的是，仿真模型的准确性对于验证猜测结果至关重要。模型需要尽可能真实地反映实际系统的特性。

3. 故障处理步骤

遵循正确的故障处理步骤可以保证检修人员的工作效率。故障处理步骤应按照顺序进行，即首先处理供电故障，然后处理通信故障，接着处理安全链故障，最后处理其他类故障，如图 7-67 所示。

图 7-67　故障处理步骤

二、典型故障案例

(一) 测风系统异常故障

1. 故障背景

某现场风电机组的风速—功率散点图如图 7-68 所示。其中，散点为 15 台风电机组的实际功率点，红色虚线为 3.2MW 风电机组的理论功率曲线，黑色虚线为 3.4MW 风电机组的理论功率曲线。机组实际功率散点要优于理论功率曲线，功率散点呈左移状态。综合观察近几个月的运行数据，风速—功率散点图始终呈此状态，考虑过环境因素、空气密度偏差等多项外扰因素，但均不能支撑实际功率优于理论设计功率的事实。因此，猜测该项目 15 台风电机组的风速传递函数存在计算偏差，机组显示的风速值低于实际风速值。为了证实猜想，进行相关试验。

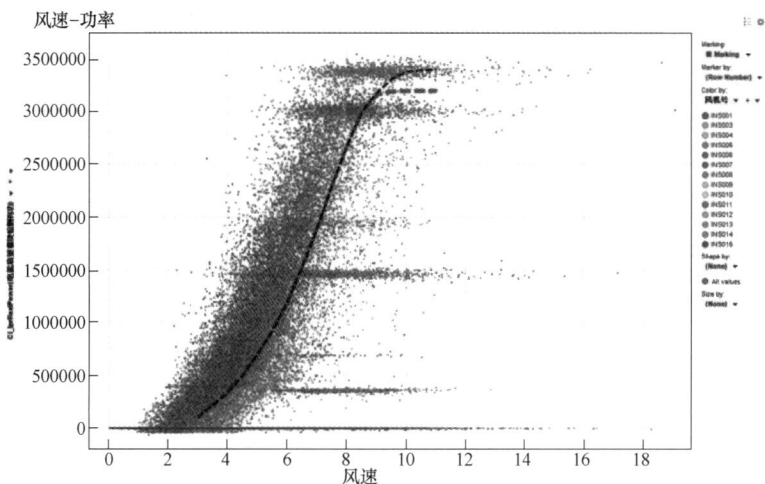

图 7-68 风速—功率散点图

2. 试验过程

（1）传递函数推导：该项目 15 台风电机组使用的机械式风速仪（见图 7-69），该风速仪测风范围为 0～50m/s，输出电流范围为 0～20mA，即相应的传递函数为

$$v = k \cdot i + b \tag{7-1}$$

式中 v——风速仪测量风速，m/s；

i——风速仪的输出电流，mA；

k——传递函数的比例因子；

b——传递函数的偏移因子。

依据该型号风速仪的线性关系及参数进行推导，可求出风速—电流的传递函数为

$$v = 3.125 \cdot i - 12.5 \tag{7-2}$$

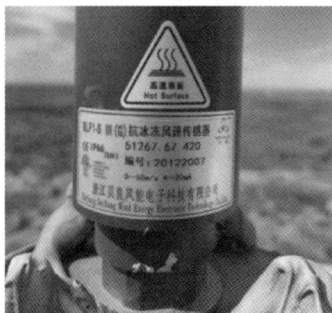

图 7-69 风速仪参数铭牌

（2）控制系统闭环测试：用恒流源模拟风速仪输出的 4～20mA 电流，

将电流信号接入主控系统 PLC 的 AI 检测模块，然后在 SCADA 监控界面获取风速测量值。电流由小到大总共进行了 26 组试验，试验数据见表 7-1。

表 7-1　试验数据

试验序号	给定电流（mA）	风电机组显示风速（m/s）
1	4.18	0.5
2	4.64	1.7
3	5.19	3
4	5.61	4.1
5	6.07	5.4
6	6.49	6.4
7	6.87	7.4
8	7.35	8.7
9	7.73	9.6
10	7.95	10.2
11	8.01	10.6
12	8.93	14
13	9.15	15.2
14	9.85	18.3
15	10.09	18.9
16	10.64	20.7
17	11.13	22.3
18	11.27	22.7
19	12.42	26.3
20	12.78	27.3
21	13.59	29.9
22	14.61	33
23	15.67	36.4
24	17.13	40.8
25	18.82	46.2
26	19.73	48.9

在主控系统 PLC 组态通道中可见，风电机组设置了多个风速变量，如图 7-70 所示。进行第 10 组试验时，恒流源提供 7.95mA 电流，其中 CI_WindSpeed1 变量值为 10.19 与风电机组 SCADA 显示的风速值一致，CI_WindSpeed1Ten 变量值为 12.34 与给定的实际风速一致，因此说明风电机组已经获取了准确的风速信息，而传递给 SCADA 的是"调整"后的信息。

3. 故障分析

按相关传递函数计算实际风速值，然后与风电机组显示的风速进行对

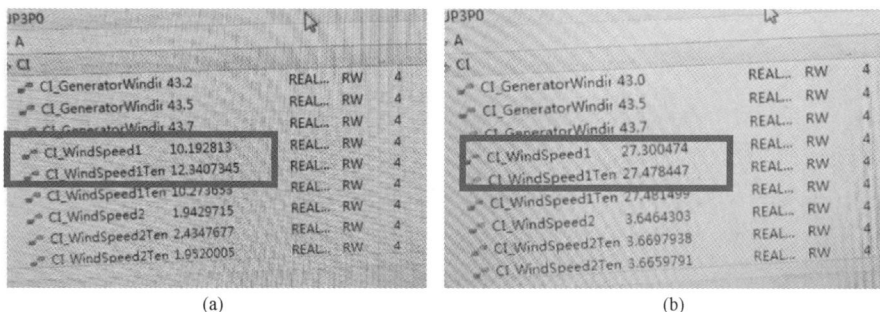

(a)　　　　　　　　　　　　　　　(b)

图 7-70　组态中的变量信息

（a）小风速段风速对比；（b）大风速段风速对比

比，对比数据如表 7-2 所示，对比折线图如图 7-71 所示。在小风速段主控系统进行了风速调整，大风速段未做调整。

表 7-2　数据对比情况

序号	给定电流（mA）	实际风速（m/s）	显示风速（m/s）	显示偏差（m/s）
1	4.18	0.6	0.5	−0.1
2	4.64	2.0	1.7	−0.3
3	5.19	3.7	3	−0.7
4	5.61	5.0	4.1	−0.9
5	6.07	6.5	5.4	−1.1
6	6.49	7.8	6.4	−1.4
7	6.87	9.0	7.4	−1.6
8	7.35	10.5	8.7	−1.8
9	7.73	11.7	9.6	−2.1
10	7.95	12.3	10.2	−2.1
11	8.01	12.5	10.6	−1.9
12	8.93	15.4	14	−1.4
13	9.15	16.1	15.2	−0.9
14	9.85	18.3	18.3	0.0
15	10.09	19.0	18.9	−0.1
16	10.64	20.8	20.7	−0.1
17	11.13	22.3	22.3	0.0
18	11.27	22.7	22.7	0.0
19	12.42	26.3	26.3	0.0
20	12.78	27.4	27.3	−0.1
21	13.59	30.0	29.9	−0.1
22	14.61	33.2	33	−0.2
23	15.67	36.5	36.4	−0.1
24	17.13	41.0	40.8	−0.2
25	18.82	46.3	46.2	−0.1
26	19.73	49.2	48.9	−0.3

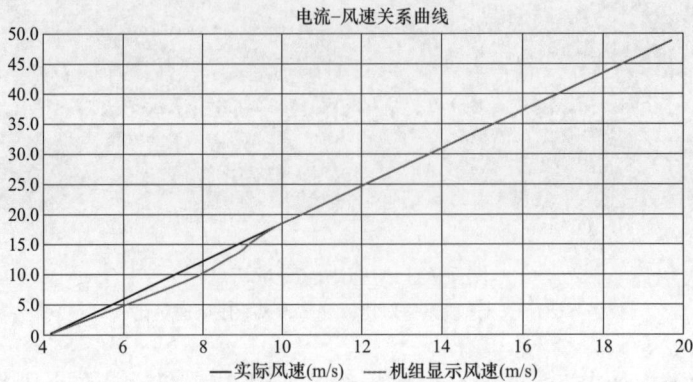

图 7-71　风速对比折线图

4. 故障结论

该项目 15 台风电机组在 3～16m/s 风速段，存在较大的测风偏差，最大测量偏差高达－2.1m/s，该问题令风速—功率曲线左移，夸大了风电机组的捕风能力。风电机组制造商更新主控程序后，风电机组测风偏差问题得到解决。该问题可能由以下因素导致：

（1）风电机组主控程序中所配置的风速传递函数有误。

（2）风电机组主控程序中所配置的风速校正、风速补偿类功能模块含计算 bug，补偿数值过大。

（3）制造商为了夸大风电机组的捕风能力，展现更优的风速—功率曲线，故意修改额定风速段以内的测风数值。

（二）箱式变压器断路器拒动故障

1. 故障背景

箱式变压器断路器是风电机组的重要组成设备，其可靠性关系到风电机组安全稳定运行。若风电机组在发生短路故障时断路器拒动，将引发严重的火灾事故，且行业内因断路器拒动而引发的火灾事故比比皆是。某现场结合定期维护工作对多台风电机组箱式变压器断路器的脱扣性能进行测试，大部分风电机组的箱式变压器断路器都不能可靠动作，为保证风电机组的安全稳定运行，特开展箱式变压器断路器拒动问题的研究工作。

2. 试验过程

对存在拒动问题的断路器进行拆解，将智能控制器以及脱扣线圈带回实验室进行试验。

（1）试验一：在不同环境温度下，对某品牌智能控制器进行脱扣实验，通过脱扣测试按钮触发跳闸信号，观察脱扣线圈是否动作。实验结果见表 7-3。

表 7-3　脱扣测试数据

环境温度 T	实验次数	拒动次数	拒动占比
$T < -20℃$	50	50	100%
$-20℃ < T < 10℃$	50	21	42%
$T > 10℃$	50	2	4%

试验发现，某品牌智能控制器在 $T < -20℃$ 时，脱扣线圈无法正常动作，拒动占比 100%；在 $-20℃ < T < 10℃$ 时，脱扣线圈偶尔动作，拒动占比 42%；在 $T > 10℃$ 时，脱扣线圈大部分能正常动作，拒动占比 4%。由此实验可知，该断路器拒动与环境温度有关。

（2）试验二：使用示波器采集异常智能控制器发出的脱扣脉冲，其脉宽为 3.96ms，波形如图 7-72 所示。同时进行对照试验，用示波器采集其他品牌新型（正常）智能控制器的脱扣脉冲波形，其脱扣脉宽为 18.8ms（见图 7-73）。根据能量公式可知，脱扣线圈的跳闸能量（W）与脱扣脉宽（T）成正比，因此异常智能控制器的脱扣能力低于其他产品。

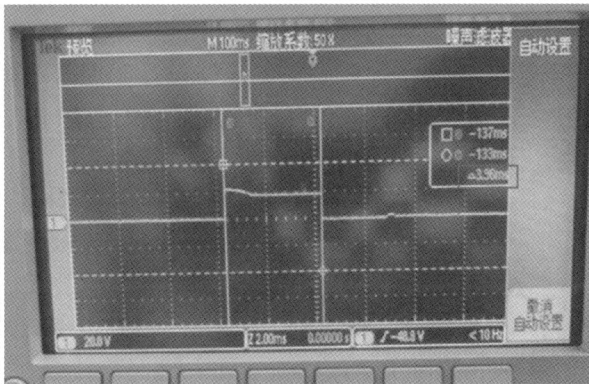

图 7-72　异常智能控制器脱扣脉冲波形

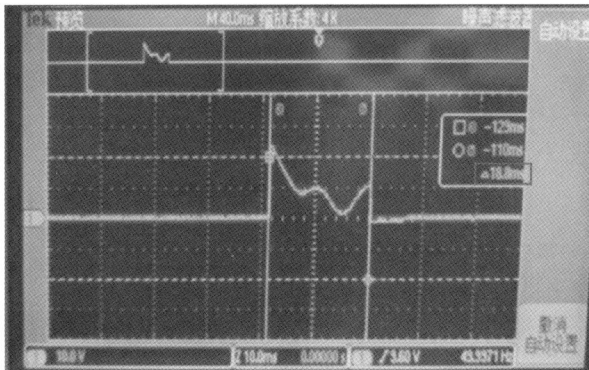

图 7-73　其他品牌智能控制器脱扣脉冲波形

（3）试验三：将两个智能控制器的机芯进行互换，用其他品牌新型（正常）智能控制器机芯控制异常智能控制器的脱扣线圈，并在低于—20℃的环境温度下进行脱扣测试，测试结果见表7-4。

表7-4　脱扣测试数据

环境温度 T	实验次数	拒动次数	拒动占比
$T<-20℃$	50	0	0%

根据实验结果可以看出，其他品牌新型（正常）智能控制器的机芯在低温环境下可以驱动异常智能控制器的脱扣线圈弹出，拒动次数占比为0%，说明温度不是影响断路器拒动的主要因素。由此得出以下两点结论。

1）断路器的拒动受温度影响。当断路器处在低温环境下时，机械特性发生变化且内部润滑不良，因此低温环境下需要智能控制器驱动电路为脱扣线圈提供更高的能量。

2）引起断路器拒动的主要原因是智能控制器脱扣脉冲过窄，断路器脱扣能量不足，再加上温度的影响，断路器在低温的环境下更容易拒动。

3. 故障分析

脱扣脉冲的宽度取决于智能控制器的电路设计，拒动断路器的智能控制器脉冲控制电路如图7-74所示。当该电路检测到故障信号时，比较器U1.2的2端口输出高电平，该电平信号与R5电阻构成了C8电容的充电回路。充电起初时刻CU点电压为高电平（高于2.1V），比较器U1.1输出高电平，比较器U1.4同样也输出高电平，晶体管U2导通，脱扣线圈得电。随着C8电容充电过程的推进，CU点电压逐渐降低，波形如图7-75所示，当CU点电压低于2.1V时，比较器U1.1输出端由高电平转为低电平，比较器U1.4输出端同样也由高电平转为低电平，此时晶体管U2截止，脱扣线圈失电。因此C8电容的充电时间决定着脱扣脉冲的宽窄。

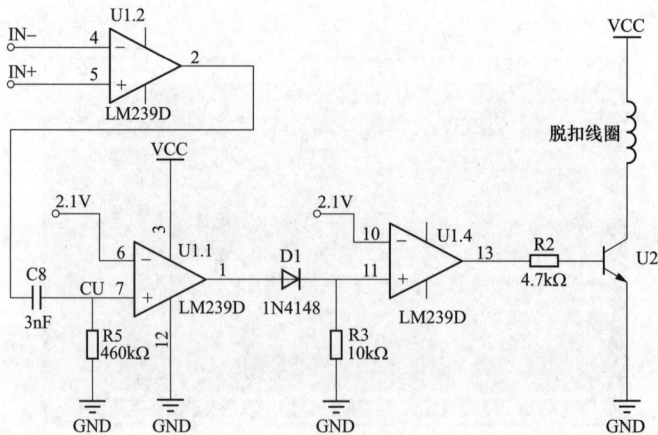

图7-74　智能控制器电路图

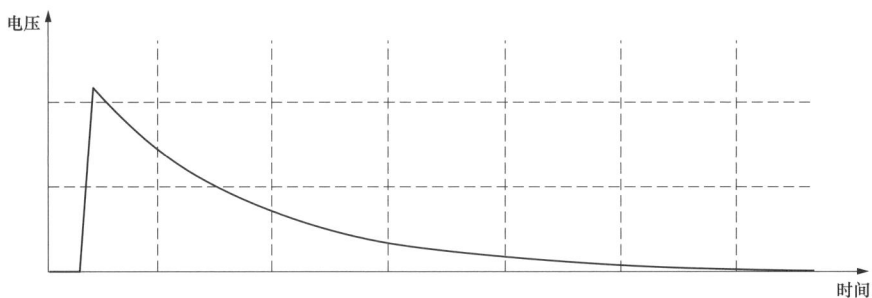

图 7-75　CU 点电压衰减波形

实际检测发现，异常智能控制器中 C8 电容选型值过小，仅为 3nF，因此对应回路的充电速度过快，导致脱扣线圈得电时间过短，脱扣动能不足，断路器拒动。

4. 解决方案

依据仿真试验结果，将有问题的智能控制器进行改造，将电路板中原有的 C8 电容由 3nF 更换为 100nF（见图 7-76）。

图 7-76　技改后电路板实物图

为了验证改造效果，重新采集了技改后的脱扣脉冲波形图，脱扣脉宽增加为 108ms（见图 7-77）。同时对改造后的智能控制器再次进行脱扣实验，实验数据见表 7-5。

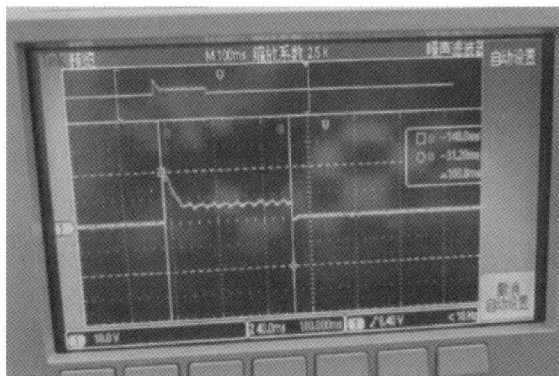

图 7-77　改造后智能控制器脱扣脉冲波形图

表 7-5　脱扣测试数据

环境温度	实验次数	拒动次数	拒动占比
＜－30℃	50	0	0%

5. 故障结论

当前行业中部分风电机组箱式变压器断路器在低温环境下有拒动情况，断路器拒动的一部分原因为其选用的智能控制器存在设计缺陷，内部脉冲控制电路选用的电容值选型过小，导致电路输出的脱扣脉宽过窄，脱扣动能严重不足。低温环境下断路器脱扣线圈、脱扣机构的润滑及其他相关特性受到干扰，再结合脱扣动能的不足，断路器不能可靠动作。将智能控制器中脉冲控制电路中的电容更换为大容量电容，可有效解决断路器拒动问题。

第五节　变流器系统故障处理

本节介绍了变流器系统故障处理方法，包括通信故障、预充电故障、IGBT 温度过高、断路器或网侧接触器故障、变流器转子过电流等常见故障的原因及处理步骤，通过并网接触器闭合后跳开、网侧三相电流不平衡、同步超时、变流器网侧电流超限、机侧功率模块过温典型故障案例，具体说明了故障现象、分析思路、处理过程和最终结论。

一、故障处理

（一）故障文件调阅

故障文件的调阅可以通过设置故障触发条件，实现在检修人员离开风电机组的状态下对故障前、后的变流器系统数据进行记录和保存。可以帮助检修人员更快地判断故障。

1. 保存/读取设置

在变流器系统的控制软件中打开故障录波功能，设置故障录波形式，选择所要记录的故障录波参数，并选择故障录波的横、纵坐标和图像形式。

2. 软件界面介绍

（1）主界面。变流器系统控制软件主界面通常由工具栏、状态栏、控制区和波形图组成。

（2）工具栏。工具栏用于设置软件各种参数，实现变流器实验、复位、录波、文件打开和保存等功能。

（3）控制区。控制区用于调阅和更改变流器系统各种参数。

（4）波形图。波形图用于查看变流器系统运行或实验时的电压、电流等波形。用于记录变流器系统运行参数，便于故障处理等。

（二）变流器运行异常原因及故障处理

1. 通信故障

通信故障包含下列两种情况：变流器系统内部网侧控制板与机侧控制板的通信故障；变流器系统与主控系统（塔底柜）的通信故障。

（1）原因分析。

1）变流器系统环境存在大量干扰，信号线屏蔽层失效。

2）光纤通路受损，导致光信号传递困难（见图7-78）。

图 7-78 通信光纤

3）控制板老化或软件错误，识别通信信号存在错误。

（2）处理步骤。

1）检查通信线屏蔽层。

2）擦拭光纤接头或更换受损光纤。

3）重新刷写程序或更换控制板。

2. 预充电故障

变流器系统网侧有预充电回路，若预充电电路存在问题，开始预充电后直流母线电压在规定时间内（如在 50s）无法达到规定的电压。

（1）原因分析。

1）预充电回路存在断路，包括预充电电阻烧损，保险丝烧损。

2）检测及反馈回路故障，无法正常检测直流母线电压。

（2）处理步骤。

1）检查充电主回路，更换受损器件。

2）检查检测回路，更换相关继电器。

3. IGBT 温度过高故障

当 NTC（Negative Temperature CoeffiCient）电阻检测到的温度达到80℃以上时会报出该故障。NTC 热敏电阻是指随温度上升电阻呈指数关系减小，具有负温度系数的热敏电阻。其一般安装在 IGBT 附近或置于 IGBT 内部，用于检测 IGBT 的温度。

（1）原因分析。

1）外界环境温度过高，并且变流器内部空气流动不畅。

2）风电机组长时间高速运转，负荷过大，IGBT或其他器件产生的热量过大。

3）功率柜和模块过滤器灰尘太大，影响散热。

4）散热风扇或水冷却系统故障。

（2）处理步骤。

1）清理风道内积尘，更换导热硅脂，更换通风量不佳的散热风扇。

2）更换IGBT。

4. 断路器或网侧接触器故障

电路板发出断路器（见图7-79）或网侧接触器吸合指令后，未收到接触器辅助触点吸合反馈信号；或者断路器网侧接触器吸合指令取消后，未收到接触器辅助触点分开的反馈信号。

图 7-79　断路器

（1）原因分析。

1）断路器机构卡涩，储能电机损坏，分、合闸线圈损坏。网侧接触器线圈损坏或粘连。

2）反馈回路受阻，相关继电器触点老化或损坏。

（2）处理步骤。

1）对卡涩的机械结构进行润滑，或更换受损的断路器或接触器。

2）检查反馈回路，对阻值过大的继电器进行更换。

5. 变流器转子过电流故障

变流器转子电流过高并超过设定值时会触发该故障。例如，转子相间绝缘变差，相间短路导致转子电流升高。

（1）原因分析。

1）发电机转子电缆接线交叉短路。

2）发电机定子、转子电缆接线有接错情况。

3）发电机转子滑环碳刷积碳太多、碳刷弹出碳刷支架或碳刷磨损严重导致转子侧短路或接地。

4）Crowbar 内部被击穿。

（2）处理步骤。

1）检查变流器系统控制单元绝缘情况，检查有无打火，击穿。

2）检查 Crowbar，将 Crowbar 从转子侧脱开，做同步试验和零速启动试验，若故障依然存在，证明 Crowbar 不存在问题。

3）检查变流器功率单元 IGBT，有无击穿迹象。

4）检查定子侧的绝缘。

二、典型故障案例

（一）并网接触器闭合后跳开

在并网之前，风电机组控制系统会对比发电机定子输出的三相电压与电网电压，当幅值、频率、相位都匹配时，风电机组控制系统会发出并网指令，并网接触器吸合，发电机开始向电网输送电能。如果并网后检测到异常，定子并网接触器会迅速跳开。

1. 故障分析

在出现故障之前并网接触器已经吸合，说明定子输出的三相电压与电网电压在幅值、频率和相位上都相同，进而可以证明变流器系统励磁和发电机性能都不存在问题，可能由于并网后对一些参数的测量上出现了问题，导致迅速脱网。

2. 故障原因

并网接触器机构故障，分闸线圈或者储能机构出现故障，导致并网接触器吸合后又误动作；并网接触器触点接触不良；电流互感器损坏，并网后风电机组测量定子三相电流，检测三相电流相量和是否为零，如相量和不为零，也会使风电机组脱网。并网接触器反馈信号丢失，并网接触器吸合后，辅助触点会把闭合信号送至控制系统的 DO 通道，如检测不到反馈信号，接触器也会再次断开。

（二）网侧三相电流不平衡

从发电到输送，三相电是基本平衡的，不平衡主要是指三相负载的不平衡。对于无中性线的三相负载，电流的不平衡也会导致严重的电压不平衡；对于有中性线的三相负载，不平衡时主要是电流的不平衡，电压变化较小。根据《电能质量三相电压不平衡》（GB/T 15543—2008）的相关规定，电网正常运行时，不平衡度不超过 2%，短时不得超过 4%。

以某风电机组变流器系统为例，介绍风电机组报三相电流不平衡故障的处理案例。风电机组报 U 相电流低，V、W 相电流高故障。

1. 故障原因

（1）变流器计算误差。

（2）电流互感器本身问题。

(3) 电流、电压采集板或接线问题。

(4) 网侧滤波电容问题。

(5) 网侧 IGBT 问题。

2. 注意事项

(1) 用万用表检查网侧 IGBT 是否有问题，如果网侧 IGBT、IGBT 驱动线缆、变流器系统电压、电流采集板其中一个有问题，都会导致三相电流不平衡。

(2) 检查高压 I/O 板电流互感器接线是否有问题，是否存在接反或者虚接现象。

(3) 检查网侧滤波电容是否正常，网侧滤波电容控制回路是否有线虚接。

(4) 低温或者随着风电机组运行时间增长，电流互感器可能有问题，如有问题更换电流互感器。

3. 故障处理

(1) 用示波器测量网侧电压，示波器显示三相电压不平衡。

(2) 更换网侧控制器后故障依然存在，并网后报 IGBT5 故障，单独做测试 IGBT5 不调制，初步判断是接线有问题，将 IGBT5 和 IGBT4 对换后再次试验，拆出 IGBT5 后发现已经爆炸，但反馈信号完好，所以导致其限功率，由 IGBT6 支撑着 U 相电流，U 相电流仅有其他两相的一半。

(3) 更换 IGBT5 后，并网运行几分钟后再次故障停机，查看故障文件显示：U 相电流突然减小，与其他相电压之间相差一倍，现象与最初相同，电流仅为其他两相的 1/2。

(4) 用万用表检测 IGBT5 没有损坏，做对冲试验 IGBT5 时，发现有不正常的调制电流响声。

(5) 最终，检查发现 IGBT5 交流侧到电抗器连接母排因虚接损坏。

4. 故障结论

该故障最终确定是因 IGBT5 交流侧到电抗器连接母排虚接导致的。

(三) 同步超时故障

1. 故障现象

某风电机组因为发电机损坏，进行发电机吊装（吊装发电机为返修发电机），吊装完成后，对变流器系统进行调试，输入制造商提供的发电机定子、转子绕组阻抗参数计算值。启机测试报出同步超时故障：5s 内，定子与电网电压频率幅值相位未达要求，则报出该故障，如图 7-80 所示。

故障编号 1070（Synchr. Fault）	
故障名称	同步故障
故障原因	定子电压与电网电压同步过程中超时

图 7-80 Synchr. Fault 故障

2. 故障处理

为排除发电机与变流器谁是故障源，录取了故障时刻的波形，如图 7-81 所示。

A1：电网电压 UV 相。

A2：定子电压 UV 相。

A3：转子机械相角（注意：发电机增量式编码器采集并累加 AB 通道进光数量形成的锯齿波，靠 Z 通道置零，一个锯齿波代表机械位置的 360°）。

A4：定子电压与电网电压相位差。

D2：故障字（Y 轴 0.1 倍、X 轴 1 倍）。

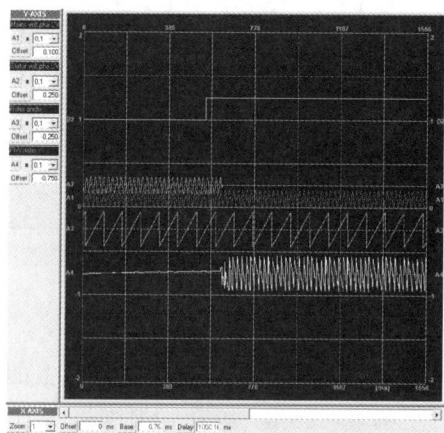

图 7-81　变流器故障时刻的波形

通过将 A4 定子电压与电网电压相位差波形 Y 轴、X 轴设定为 1 倍，可以观察到定子电压与电网电压相位差在故障时刻（红线）前，也就是同步过程中抖动非常严重（故障时刻以后，变流器停止励磁，定子电压消失，相位差大幅波动属于正常情况）。

录取了 VW 相定子电压与电网电压的波形（见图 7-82），发现存在同样

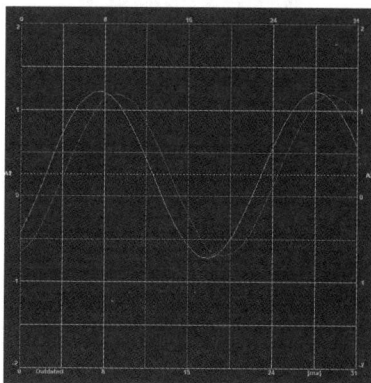

图 7-82　VW 相定子电压与电网电压

385

的问题（此处结合前述 UV 相波形也能看出来发电机定子、转子相序没有接错，相位差存在但很小，远在 120°以内）。

通过将 A4 转子机械相角波形 Y 轴设定为 1 倍，X 轴设定为 20 倍，可以观察到转子机械相角每个周期都出现两次抖动（斜率突然增高），如图 7-83 所示。

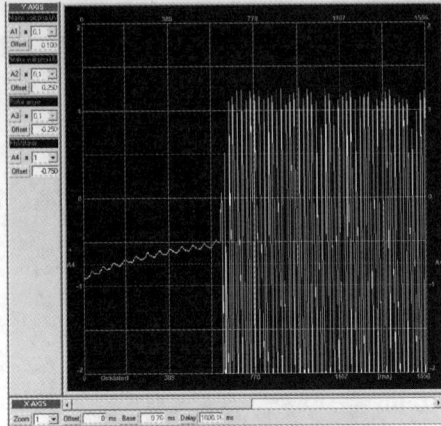

图 7-83　转子机械相角抖动

登塔检查发现发电机编码器确实存在一定程度上的窜动（见图 7-84），使用百分表对其进行小轴窜动测量，其窜动值远超 0.1mm 的要求标准，对小轴进行调整后，使其符合标准，并更换了新的发电机编码器。

图 7-84　发电机编码器窜动

校正发电机小轴并更换新的编码器后，再次启机，仍然报出同步超时故障，下载最新的波形如图 7-85 所示。

A1：电网电压 UV 相。

A2：定子电压 UV 相。

A3：转子机械相角。

A4：定子电压与电网电压相位差。

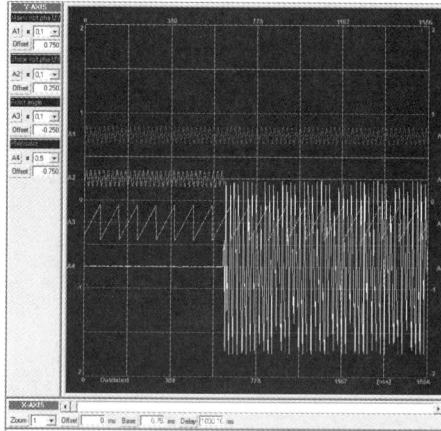

图 7-85 处理编码器窜动后的波形图

放大 A1 电网电压与 A2 定子电压波形（见图 7-86）后，观察发现此前的相位差已经消除，但是幅值上还是存在差值（定子电压最大值大于电网电压）。

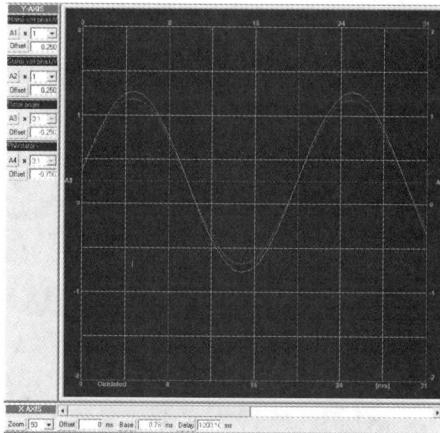

图 7-86 A1 电网电压与 A2 定子电压

此时，发现发电机制造商提供的参数可能存在问题（返修发电机参数与原厂相比会出现变化），因为定子、转子绕组阻抗值确实会影响定子感应电压的大小。

3. 故障分析

异步电机等效原理图如图 7-87 所示。

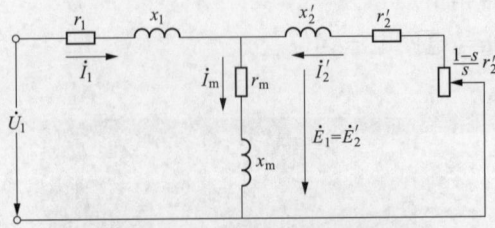

图 7-87　异步电机等效原理图

$$\begin{cases} I_1 + I_2 = I_m \\ U_1 = -E_1 + I_1(r_1 + jx_1) \\ E_2 = I_2\left(\dfrac{r_2}{s} + jx_2\right) \\ E_1 = E_2 = -I_m Z_m = -I_m(r_m + jx_m) \end{cases} \qquad (7\text{-}3)$$

式（7-3）中，E_2 为变流器系统机侧逆变出来的电压，I_2 为转子绕组中的电流。转子电流的大小不仅受 E_2 的影响，还与 R_r 和 X_r 转子电阻与电抗的大小有关，所以式（7-3）和图 7-86 展示了通过控制变流器系统 U_r 就能控制定子电压 U_s，而一切的前提都在拥有准确的定子、转子阻抗值，即发电机阻抗参数准确的基础上。

因此，尝试修改了发电机的阻抗参数，再次做实验，发现定子电压的幅值果然出现了变化，此时定子电压最大值小于电网电压，如图 7-88 所示。

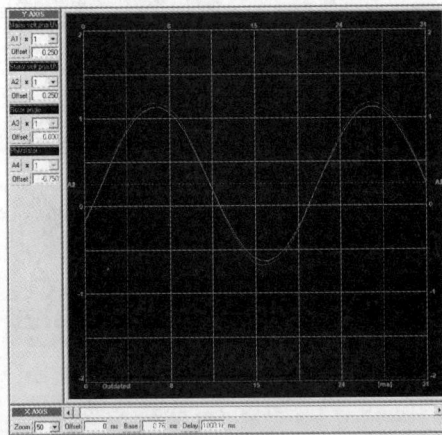

图 7-88　修改发电机的阻抗参数后波形

要想得到正确的发电机参数，可以做同步励磁实验，通过改变发电机的励磁曲线输出能力，来进行相位差、幅值差的调节，使变流器系统自己计算出发电机的参数（见图 7-89）。最终通过同步励磁实验，调整了励磁曲线后，该机组并网成功。

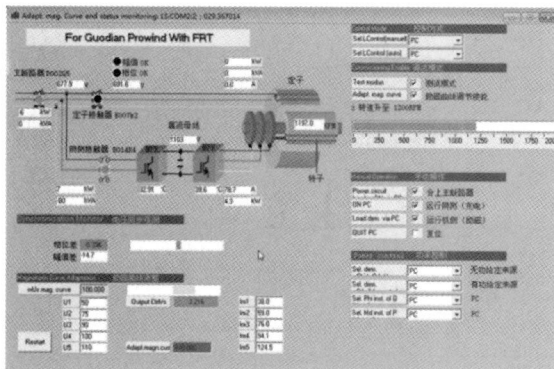

图 7-89　重新测量发电机参数

（四）某变流器网侧电流超限故障

1. 故障逻辑

当变流器系统网侧 L1/2/3 相电流超过 1600A 时，触发此故障。

2. 故障现象

该风电机组频繁报出网侧电流 X 相超限故障如图 7-90 所示。查看故障文件显示故障触发时刻网侧电流峰值某一相或两相最高可达 2400A 左右。

grid_UL1	384.300 V	grid_UL2	385.500 V	grid_UL3	385.800 V
grid_I1	240.000 A	grid_I2	1152.000 A	grid_I3	222.000 A
grid_frequency	50.000 Hz				
grid_frequency_1	50.000 Hz	grid_frequency_2	50.000 Hz	grid_frequency_3	50.000 Hz
grid_reactive_power	-58.988 kvar				
grid_reactive_power_1	17.788 kvar	grid_reactive_power_2	-209.829 kvar	grid_reactive_power_3	133.053 kvar
grid_power	229.440 kW				
grid_power_1	87.600 kW	grid_power_2	61.200 kW	grid_power_3	81.000 kW
grid_energy_counter	364714 kWh				

grid_UL1	381.900 V	grid_UL2	381.000 V	grid_UL3	381.900 V
grid_I1	322.000 A	grid_I2	330.000 A	grid_I3	2398.000 A
grid_frequency	50.067 Hz				
grid_frequency_1	50.000 Hz	grid_frequency_2	50.100 Hz	grid_frequency_3	50.100 Hz
grid_reactive_power	-779.467 kvar				
grid_reactive_power_1	-23.392 kvar	grid_reactive_power_2	-29.173 kvar	grid_reactive_power_3	-726.902 kvar
grid_power	458.940 kW				
grid_power_1	115.200 kW	grid_power_2	118.200 kW	grid_power_3	228.600 kW
grid_energy_counter	364724 kWh				

图 7-90　变流器网侧电流超限故障

3. 故障处理

由于编码器转速出现了波动，瞬时突然变化的转速（转速变化率很大）导致变流器系统算法出现了紊乱。

如图 7-91 所示为低穿生成的 Buffer 文件作图（进入低穿的条件为变流器系统采集的电网电压跌落或者转子电流超限值），从上到下依次为电磁转矩有效值、发电机编码器转速、三相定子电流有效值、进入低穿信号、桨叶位置。

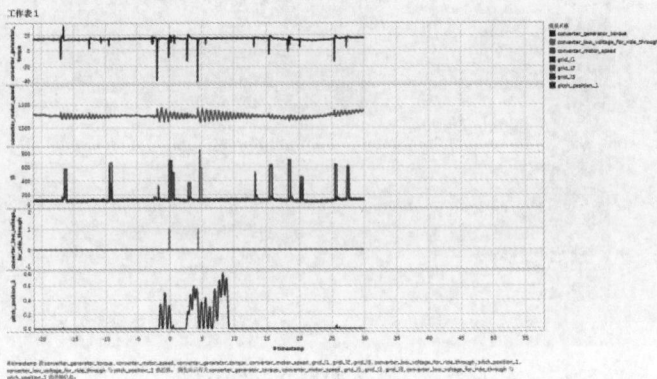

图 7-91　低穿 Buffer 文件作图

电磁转矩在发电机编码器波动的同时也出现了突变，放大后也能看到同编码器转速类似的波动现象。三相定子电流同时也出现了尖峰跃变，在波动较大的时刻出现了两次低穿信号，同时伴随桨叶小幅回桨又开桨。

4. 故障分析

变流器系统定子电流突变（见图 7-92），主控系统报出对应不同 X 相超限取决于当时转速突变时的电网电压交流瞬时值 U、V、W 哪一相处于正弦波的波峰（功率因数为 1，电流瞬时值与电网电压同相位此时也为波峰）。

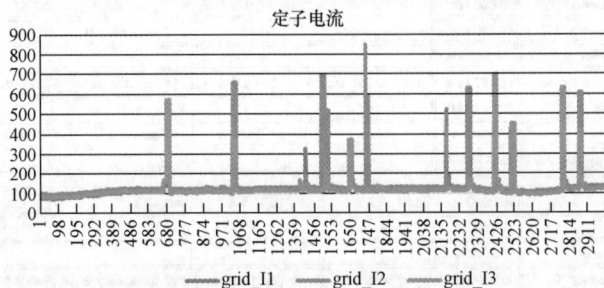

图 7-92　变流器定子电流突变

放大编码器波形后，编码器出现振荡明显，这也是导致定子过流的原因，再次放大查看每次震荡前第一个尖峰，波形并不像后面波浪波形平滑，而第一个尖峰明显是一个突变量，不具有惯性（见图 7-93）。

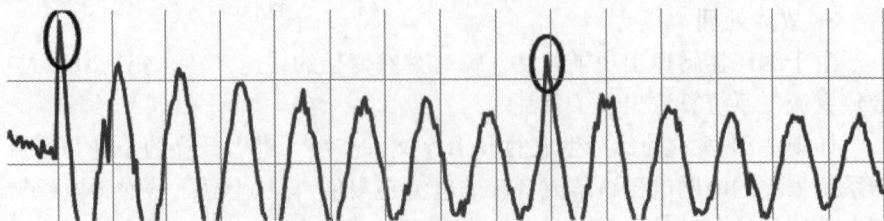

图 7-93　变流器编码器波形

390

（五）机侧功率模块过温故障

1. 故障逻辑

机侧功率模块最大温度超过 120℃，触发此故障。

2. 故障分析

某风电机组多次报出"机侧功率模块过温故障"，故障期间现场更换过损坏的塔筒门风扇，各个散热系统均正常运行，但仍然报出此故障，检修人员通过单模块分别并网测试，机侧控制器所采集的最大温度均会慢慢增长超过 140℃，U、V、W 三相温度均会慢慢增长超过 90℃，如图 7-94 所示，故排除机侧功率模块故障（并网时网侧功率模块一直处于 40℃）。

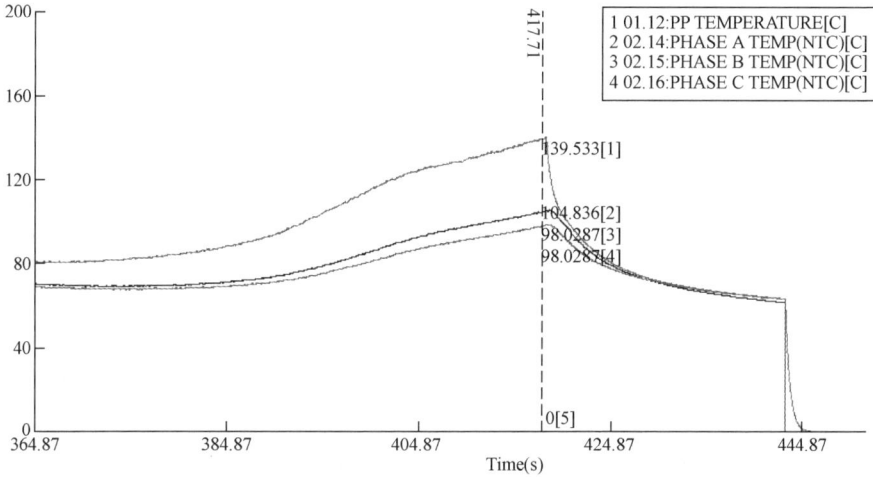

图 7-94　变流器温度录波

实际温度并未达到 90℃以上，故怀疑是温度采集或计算的问题。查看手册得知 1.12 PP TEMPERATURE 是由 IGBT 测量值＋热模型常数所构成（见图 7-95），由此判断是机侧控制器内部计算错误导致的此故障。

01.12　PP TEMPERATURE (160.20)	转子侧变流器 IGBT 温度最高测量值　（＝IGBT 温度测量值＋热模型常数）[°C]	R, I; 1 = 1	r

图 7-95　PP TEMPERATURE 参数解释

3. 故障处理

重新刷新机侧控制器程序后故障消除。

第六节　偏航系统故障处理

本节介绍了偏航系统常见故障处理方法，包括位置角度过大、限位触发、反馈信号丢失、速度异常、电机保护动作、控制器信号丢失、润滑油位低故障的原因分析及处理步骤，通过偏航电机保护动作故障和偏航速度故障典型案例，具体说明了故障现象、分析思路、处理过程和解决方案。

一、故障处理

（一）位置角度过大原因及故障处理

1. 故障原因

风电机组控制系统检测到偏航位置角度的绝对值大于预设扭缆的角度值，持续一段时间后，报出此类故障。

2. 原因分析

（1）偏航扭缆开关被触发。

（2）风电机组实际偏航位置角度的绝对值大于预设扭缆的角度值。

（3）偏航控制反馈回路无电压。

（4）偏航扭缆开关损坏或控制回路故障，如断线、错误接线、虚接线等。

（5）控制系统偏航数据和信号反馈模块损坏。

3. 处理方法

（1）检查机舱偏航位置角度的绝对值，若大于预设扭缆的角度值，对机组进行偏航解缆操作。

（2）更换偏航扭缆开关。

（3）重新对偏航扭缆开关 0°位置、扭缆角度位置和极限角度位置进行校正设置。

（4）测量偏航扭缆开关供电电源电压，反馈偏航数据和扭缆信号线缆的电压和回路电阻，并处理存在断线、错误接线、虚接线的线缆。

（5）更换风电机组偏航位置数据反馈和扭缆信号反馈的模块。

（二）限位触发原因及故障处理

1. 故障原因

风电机组控制系统检测到向左或向右偏航位置角度达到预设限位的角度值时，报出此类故障。

2. 原因分析

（1）偏航扭缆开关限位开关被触发。

（2）风电机组实际偏航位置角度达到预设限位的角度值。

（3）偏航控制反馈回路无电压。

（4）偏航扭缆开关损坏或控制回路故障，如断线、错误接线、虚接线等。

（5）控制系统偏航数据和信号反馈模块损坏。

3. 处理方法

（1）检查机舱偏航位置角度，若达到预设限位的角度值，对风电机组向相反方向进行偏航操作。

（2）更换偏航扭缆开关。

（3）重新对偏航扭缆开关（黄盒子）0°位置、扭缆角度位置和限位角度位置进行校正设置。

（4）测量偏航扭缆开关供电电源电压、反馈回路和扭缆信号线缆的电压和回路电阻，处理存在断线、错误接线、虚接线的线缆。

（5）更换用于检测偏航位置反馈和限位信号反馈的模块。

（三）反馈信号丢失原因故障及故障处理

1. 故障原因

风电机组控制系统发出向左或向右偏航信号，持续一段时间后，未能收到向左或向右偏航运行反馈信号，报出此类故障。

2. 原因分析

（1）偏航接触器反馈触点接线错误、接触不良，接触器损坏。

（2）偏航控制器失效。

（3）偏航电机电磁刹车不动作，偏航电机过载保护动作，电机损坏。

（4）偏航液压制动无法释放。

（5）控制系统接触器信号反馈模块或控制命令输出模块损坏。

（6）偏航减速器异常卡涩或损坏。

3. 处理方法

（1）测量偏航电机供电开关反馈信号电压，核对开关保护定值，更换损坏的开关。

（2）测量偏航接触器动力触点和辅助触点的电压和接触电阻，处理存在断线、错误接线、虚接线的线缆，更换损坏的接触器。

（3）更换偏航控制器。

（4）检查偏航电机过载情况，核对电机过载保护定值，更换损坏的过载保护部件。

（5）测量偏航电机电磁刹车电源电压，测量电磁刹车动作间隙，更换损坏的偏航电机电磁刹车。

（6）手动偏航操作，测量偏航液压制动回路压力，查看制动器动作情况，调整异常压力。

（7）更换控制系统用于检测接触器信号反馈模块或控制命令输出模块。

（8）更换偏航减速器。

（四）速度异常原因及故障处理

1. 故障原因

风电机组向左或向右偏航一段时间后，控制系统计算出的偏航速度小于或大于预设速度值时，报出此类故障。

2. 原因分析

（1）偏航液压半泄压力值过大。

（2）偏航制动器与制动盘间隙过小，偏航制动盘存在异物杂质。

（3）偏航电机电磁刹车不动作，偏航电机过载保护动作，电机损坏。

（4）偏航控制器失效，电压紊乱。

（5）偏航扭缆开关损坏或控制回路故障，如断线、错误接线、虚接线等。

（6）控制系统偏航数据和信号反馈模块损坏。

（7）偏航变频器（如有）滤波电容容值异常。

（8）偏航减速器异常卡涩或损坏。

3. 处理方法

（1）测量偏航液压半泄压力值，调整异常压力。

（2）调整偏航制动器与制动盘间隙，清理偏航制动盘的异物杂质。

（3）测量偏航电机电磁刹车电源电压，测量电磁刹车动作间隙，更换损坏的偏航电机电磁刹车。

（4）更换偏航控制器。

（5）测量偏航扭缆开关供电电源电压，反馈偏航数据和扭缆信号线缆的电压和回路电阻，处理存在断线、错误接线、虚接线的线缆。

（6）更换风电机组偏航位置数据反馈和限位信号反馈的模块。

（7）测量变频器滤波电容容值，更换容值异常的滤波电容。

（8）更换偏航减速器。

（五）电机保护动作原因及故障处理

1. 故障原因

机组控制系统未能检测到偏航电机保护开关闭合的反馈信号时，报出此类故障。

2. 原因分析

（1）偏航电机电磁刹车不动作，偏航电机过载保护动作，电机损坏。

（2）偏航电机供电开关跳闸，开关反馈信号丢失。

（3）偏航控制回路故障，如断线、错误接线、虚接线等。

（4）控制系统偏航电机反馈信号模块损坏。

3. 处理方法

（1）测量偏航电机电磁刹车电源电压，测量电磁刹车动作间隙，更换损坏的偏航电机电磁刹车。

（2）测量偏航电机供电开关反馈信号电压，核对开关保护定值，更换损坏的开关。

（3）测量偏航电机绕组绝缘电阻，更换损坏偏航电机。

（4）测量偏航保护回路的电压和电阻，处理存在断线、错误接线、虚接线的线缆。

（5）更换控制系统偏航电机反馈信号模块。

（六）控制器信号丢失原因及故障处理

1. 故障原因

风电机组控制系统未能检测到偏航控制器正常的反馈信号时，报出此类故障。

2. 原因分析

（1）偏航控制器损坏。

（2）偏航控制器反馈回路故障，如断线、错误接线、虚接线等。

（3）控制系统偏航控制器反馈信号模块损坏。

（4）偏航控制器参数设置错误。

3. 处理方法

（1）更换偏航控制器。

（2）测量控制器反馈回路的电压和电阻，处理存在断线、错误接线、虚接线的线缆。

（3）更换控制系统偏航控制器反馈信号模块。

（4）核对偏航控制器参数值，更改异常参数。

（七）润滑油位低原因及故障处理

1. 故障原因

当风电机组偏航润滑泵内油脂油位低时，传感器信号反馈给控制系统，报出此类故障。

2. 原因分析

（1）偏航润滑泵油脂较少。

（2）偏航润滑油位反馈回路故障，如断线、错误接线、虚接线等。

（3）控制系统偏航润滑油位反馈信号模块损坏。

（4）偏航润滑泵油位传感器损坏。

3. 处理方法

（1）加注偏航润滑油脂。

（2）测量偏航润滑油位反馈回路的电压和电阻，处理存在断线、错误接线、虚接线的线缆。

（3）更换控制系统偏航润滑油位反馈信号模块。

（4）更换偏航润滑泵油位传感器损坏。

二、典型故障案例

（一）偏航电机保护动作故障

1. 故障现象

（1）风电机组偏航电机供电开关跳闸，偏航电机和偏航控制回路无异常。

（2）合上偏航电机供电开关后，对风电机组进行偏航测试。使用钳形电流表测量偏航软启器启动电流最大达133A，平稳运行后电流保持在24.8A（正常电流值应在16~20A之间），偏航运行启动时声响巨大。

（3）系统控制面板显示偏航时液压系统压力为80bar（正常偏航时压力值应在20~25bar之间），将风电机组偏航时制动器出油口溢流阀调整至最小溢流值0bar，系统控制面板显示偏航时液压系统压力仍然过大。

2. 故障分析

直接原因：偏航制动系统存在液压油回路管道直径不一致的问题，通常在接头处的油管直径约为整体直径的一半左右，导致进油口P9和出油口P10之间出现明显的压力差异。在冬季条件下，P9与P10之间的压力差甚至可高达55bar。这种情况下，偏航时液压系统在制动器处的压力明显超过了溢流阀设定的压力值。

间接原因：由于极低温度导致液压油的粘度增大，在偏航时液压系统的压力异常升高，从而引发偏航阻尼力矩显著增大。

3. 故障处理

对液压系统的偏航制动器油液回路进行优化改造，引入一个单向阀将出油管P9和回油管P10连接（见图7-96）。当出油管P9和回油管P10两端的压力差超过设定值（6bar）时，单向阀会自动导通，确保进出口的压力保持一致（见图7-97）。在偏航油路两端的压差处于正常范围时，单向阀将保持关闭状态，不产生作用。

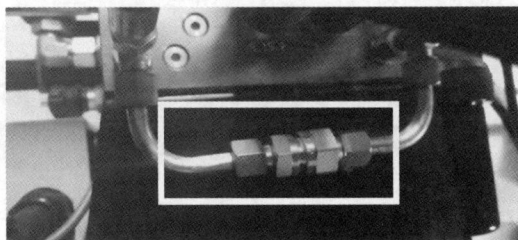

图7-96 液压系统引入单向阀

（二）偏航速度故障

1. 故障现象

风电机组报偏航速度故障，可复位，偏航动作时重新报出。偏航控制逻辑为风电机组在不同的风速条件下，偏航的动作方式不同，分为高风速偏航和低风速偏航。

（1）高风速下自动偏航。

机组60s平均风速大于等于9m/s时，触发偏航的条件如下：风电机组与风向60s平均偏差大于8°，延时210s后，风电机组开始偏航。风电机组与风向60s平均偏差大于15°，延时20s后，风电机组开始偏航。

（2）低风速下自动偏航。

风电机组60s平均风速小于9m/s时，触发偏航程序的条件如下：风电机组与风向60s平均偏差大于10°，延时250s后，风电机组开始偏航。风电机组与风向60s平均偏差大于18°，延时25s后，风电机组开始偏航。

故障触发条件是在风电机组向左或向右偏航动作30s后，偏航速度小于或等于−0.2°/s，触发此故障。

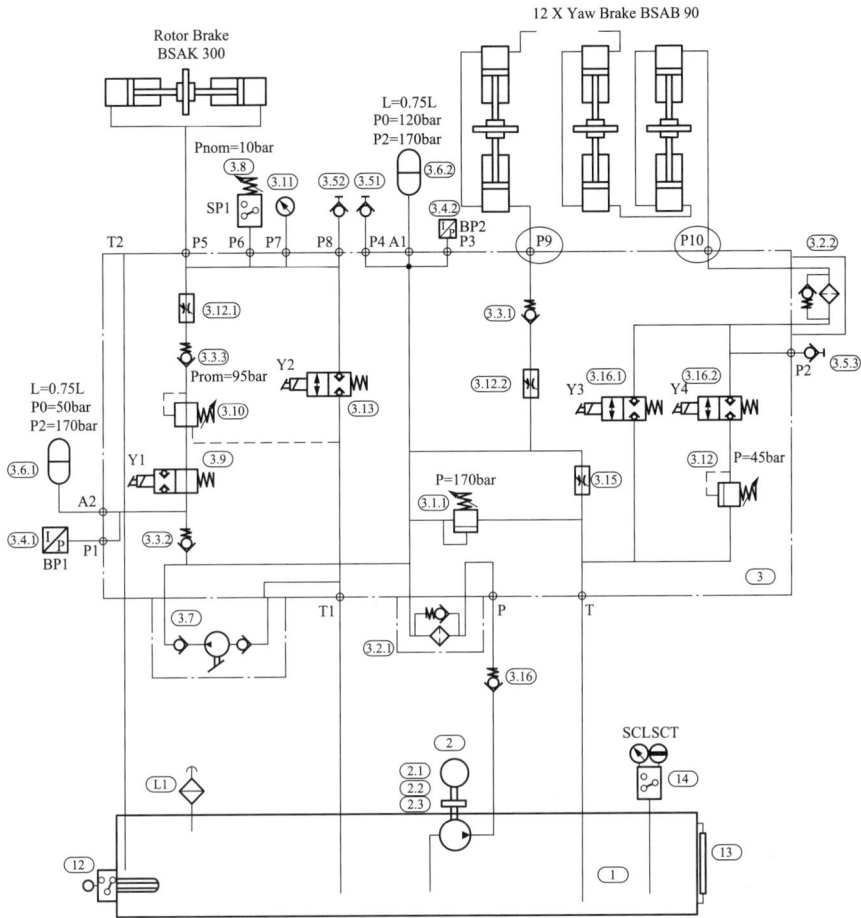

图 7-97　液压系统原理图

2. 故障分析

（1）编码器跳变故障。

（2）软启动器故障。

（3）偏航压力导致（液压系统问题）。

（4）风电机组电装工艺问题（信号线松动、动力线缆松动等）。

（5）在调试现场中经常出现 4 个电机中某一个或者两个电机动力电缆相序接反情况。导致风电机组偏航控制回路正常的情况下，偏航不动作。

（6）在调试现场中经常出现某个偏航电机电磁刹车损坏，在控制信号正常的情况下无法打开，导致风电机组偏航不动作。

（7）采集模块 KL5001 故障，此类情况会出现风电机组能正常偏航，但在偏航过程中偏航速度有跳变或者一直恒定不变情况，报偏航速度故障停机。主要原因为模块自身质量问题或供电不足导致。

3. 故障处理

（1）检查编码器及扭缆开关的接线无松动，编码器的齿轮与偏航大齿圈啮合良好，编码器及扭缆开关固定牢固。

（2）检查偏航电源 211Q1 开关上口的 400V 三相电源正常，三相电压平衡，对电机电磁刹车进行测试，电机的叶片可以转动。

（3）对偏航进行半泄测试，检查偏航半泄压力正常，液压系统运行正常。

（4）偏航软启动器的 RUN、ERR 指示灯等闪烁正常，进行偏航时，软启动器的 EN、softstar 的 24V 信号正常，软启动器的 24V 电源正常，负极接线正常，334K1 接触器吸合，在 218F1、218F3、218F5、218F8 热继电器下口均有电压输出，且电压平衡。

（5）在进行风电机组偏航时，电机电磁刹车打开正常，偏航电机发出"嗡嗡"堵转的声音，2 号偏航电机减速器发出"蹦蹦"的异响声音，对 2 号偏航电机减速器进行解体检查，发现减速器行星轮损坏。

第七节　液压系统故障处理

本节介绍了液压系统常见故障处理方法，包括系统压力低、高速轴制动压力低、油泵电机工作时间过长、油泵电机保护开关动作、油液加热器保护开关动作、系统压力高、油位低、建压频繁故障的原因分析及处理步骤，并通过主系统压力低故障典型案例，具体说明了故障现象、分析过程、处理方法和预防措施。

一、故障处理

（一）系统压力低原因及故障处理

1. 故障逻辑

在运行模式下，不进行偏航和解缆时，主系统压力低于设定值，并延时一定时间后，触发此故障。

2. 故障原因

（1）液压系统压力传感器及其检测回路异常。

（2）液压系统泄压手阀未拧紧。

（3）液压系统压力最低限故障、启泵、停泵压力设定值异常。

（4）液压系统溢流阀堵塞。

（5）液压系统油泵工作异常。

（6）液压系统电磁阀异常供电造成阀体误动，或电磁阀卡涩造成泄压。

（7）液压系统蓄能器预充压力不足。

3. 处理方法

（1）在塔底屏监控软件查看液压系统最低限故障、启泵、停泵压力设定值。

（2）查看机械液压表压力，若系统压力正常，检查压力传感及其检测回路，即检查回路供电是否正常，检查反馈回路是否断线、虚接，更换压力传感器，更换测量模块。

（3）查看电磁阀是否异常供电、拆下电磁阀观察铁芯是否卡滞、活塞是否灵活、阀口是否有异物，以及电磁阀密封圈是否破损。

（4）检查手动泄压阀是否松动，查看手动泄压阀顺时针是否拧紧。

（5）检查溢流阀调整螺母是否松动，拆下溢流阀，检查密封圈的状况，检查内部是否有异物卡涩，内部器件是否磨损。

（6）手动打压测试压力，若正常检查液压系统油泵，即检查联轴器是否损坏、液压泵是否损坏。

（二）高速轴制动压力低原因及故障处理

1. 故障逻辑

在运行模式下，高速轴制动压力低于设定值时，并持续一定时间后，触发此故障。

2. 故障原因

（1）高速轴制动压力传感器及其回路异常，造成压力检测异常。

（2）高速轴制动泄压手阀未拧紧。

（3）高速轴制动压力最低限设定值异常。

（4）高速轴制动回路的保压单向阀卡涩。

（5）高速轴制动回路电磁阀堵塞。

3. 处理方法

（1）在塔底屏监控软件查看液压系统高速轴制动压力设定值。

（2）塔底屏监控软件测试偏航电机电磁阀动作，若高速轴制动系统压力降低，检查高速轴制动系统回路的保压单向阀。

（3）查看机械液压表压力，若系统压力正常，检查压力传感及其检测回路，即检查回路供电是否正常，检查反馈回路是否断线、虚接，更换压力传感器，更换测量模块。

（4）检查手动泄压阀是否松动，查看手动泄压阀顺时针是否拧紧。

（5）拆下高速轴制动回路电磁阀观察铁芯是否卡滞、活塞是否灵活、阀口是否有异物，以及电磁阀密封圈是否破损。

（三）油泵电机工作时间过长原因及故障处理

1. 故障逻辑

在正常模式下，液压系统油泵电机运行，在不进行偏航和全泄压的情况下，电机持续工作一定时间以上，触发此故障。

2. 故障原因

（1）液压系统压力传感器及其检测回路异常。

（2）液压系统泄压手阀有渗漏。

（3）液压系统停泵压力设定值异常。

（4）液压系统溢流阀堵塞。

（5）液压系统油泵工作异常。

（6）液压系统电磁阀异常供电，或电磁阀卡涩造成泄压。

3. 处理方法

（1）在塔底屏监控软件查看液压系统停泵压力设定值。

（2）查看机械液压表压力，若系统压力正常，检查压力传感及其检测回路，即检查回路供电是否正常，检查反馈回路是否断线、虚接，更换压力传感器，更换测量模块。

（3）查看电磁阀是否异常供电、拆下电磁阀观察铁芯是否卡滞、活塞是否灵活、阀口是否有异物，以及电磁阀密封圈是否破损。

（4）检查手动泄压阀是否松动，查看手动泄压阀顺时针是否拧紧。

（5）检查溢流阀调整螺母是否松动，拆下溢流阀，检查密封圈的状况，检查内部是否有异物卡涩，内部器件是否磨损。

（6）手动打压测试压力，若正常检查液压系统油泵，即检查联轴器是否损坏、液压泵是否损坏。

（四）油泵电机保护开关动作原因及故障处理

1. 故障逻辑

液压系统油泵电机保护开关跳闸时，触发此故障。

2. 故障原因

（1）液压系统油泵电机保护开关损坏跳闸或整定值异常。

（2）液压系统油泵电机保护开关反馈回路异常。

（3）液压系统油泵电机损坏。

（4）液压系统油泵电机线缆短路。

3. 处理方法

（1）查看油泵电机保护空开实际位置，若实际未跳开检查反馈回路，即检查辅助触点接线是否松动，检查供电及反馈回路是否断线，更换检测模块。

（2）检查油泵电机保护空开设置定值，检查油泵电机空开本体。

（3）转动油泵电机是否卡涩，测量三相绕组是否平衡、对地是否绝缘。

（4）检查油泵电机供电线缆对地绝缘及相间绝缘。

（五）油液加热器保护开关动作原因及故障处理

1. 故障逻辑

油液加热器保护开关跳闸时，触发此故障。

2. 故障原因

（1）液压系统加热器保护开关损坏跳闸。

（2）液压系统加热器保护开关反馈回路异常。

（3）液压系统加热器损坏。

（4）液压系统加热器线缆短路。

3. 处理方法

（1）查看液压油加热器保护空开实际位置，若实际未跳开检查反馈回路，即检查辅助触点接线是否松动，检查供电及反馈回路是否断线，更换检测模块。

（2）检查液压油加热器空开本体。

（3）测量液压油加热器电阻阻值是否正常。

（4）检查液压油加热器供电线缆对地绝缘及相间绝缘。

（六）系统压力高原因及故障处理

1. 故障逻辑

当系统压力大于系统设定值，并持续一定时间后，报出此故障。

2. 故障原因

（1）液压系统压力传感器及其检测回路异常。

（2）液压系统压力最低限设定值异常。

（3）液压系统溢流阀异常。

3. 处理方法

（1）在塔底屏监控软件查看液压系统最低限故障、启泵、停泵压力设定值。

（2）查看机械液压表压力，若系统压力正常，检查压力传感及其检测回路，即检查回路供电是否正常，检查反馈回路是否断线、虚接，更换压力传感器，更换测量模块。

（3）拆下溢流阀，检查内部是否有异物卡涩。

（七）油位低原因及故障处理

1. 故障逻辑

油位传感器检测油位过低，并持续定值时间，触发此故障。

2. 故障原因

（1）液压系统本体及油管漏油。

（2）液压系统油位开关及检测回路问题。

3. 处理方法

（1）检查液压系统实际油位，若油位低则需查出液压站渗漏点并处理。

（2）油位传感器是否正常，检查相应接线是否松动。

（八）建压频繁原因及故障处理

1. 故障逻辑

当液压系统在规定时间内建压超过规定次数时，触发此故障。

2. 故障原因

（1）液压系统电磁阀异常造成泄压。

（2）液压系统蓄能器预充压力低。

（3）液压系统手阀未拧紧造成内泄。

3. 处理方法

（1）检查手阀是否松动，查看手阀是否拧紧。

（2）检查蓄能器预充压力：将液压系统泄压至 0bar，等待 5min，让蓄能器中的气体与蓄能器外壳的温度变得一样。在蓄能器上安装压力计，测量蓄能器预充压力，测量蓄能器外壳的温度，根据蓄能器预充压力测量校正表，校正蓄能器的预充压力。证实 20℃时蓄能器预充压力达到规定值，如果 20℃时校正后的预充压力低，则使用充氮装置给蓄能器加注氮气。

（3）拆下电磁阀，观察铁芯是否卡滞、活塞是否灵活、阀口应无异物，以及电磁阀密封圈是否破损。

二、典型故障案例

（一）故障逻辑

在运行模式下不进行解缆和偏航泄压时，主系统压力低于设定值 125bar，并持续 15s 后，触发主系统压力低故障。

（二）故障现象

风电机组执行偏航动作后，报出主系统压力低故障。

（三）原因分析

根据该风电机组液压系统原理如图 7-98 所示，当风电机组执行偏航时，电磁阀（Y4）得电、（Y3）失电，偏航制动器内部油液经过电磁阀（Y4）、溢流阀（3.16）回到油箱，偏航时主系统压力与偏航余压相同，当偏航结束时电磁阀（Y4）失电、（Y3）失电，系统建压至 150bar 停止。

调出故障时的故障数据，并对数据进行分析，如图 7-99（a）所示。其中，由故障数据生成的关于偏航位置与主系统压力的曲线图，绿色曲线代表主系统压力，红色的线代表偏航位置。从图 7-99（a）中可以看出，－15.6s，风电机组液压系统开始建压，此时主系统压力为 30.9bar；相隔 15s 后，即－0.6s，此时主系统压力为 122.1bar，满足主系统压力低故障逻辑。可以说明，此风电机组液压系统存在泄漏点。登塔检查后，发现该风电机组的液压系统油泵损坏，导致液压系统内泄，如图 7-99（b）所示。

（四）预防措施

定期检查液压系统油泵是否有异常噪声、漏油等现象；确保液压系统中使用的润滑油清洁，并根据制造商建议定期更换润滑油。保持液压系统的良好润滑状态有助于减少摩擦和磨损，延长液压系统油泵的使用寿命；定期检查液压系统的外部情况，包括管道连接是否紧固、油管是否损坏、阀门是否正常开关等。确保液压系统的外部结构完好，防止外部因素引起的损坏和泄漏。

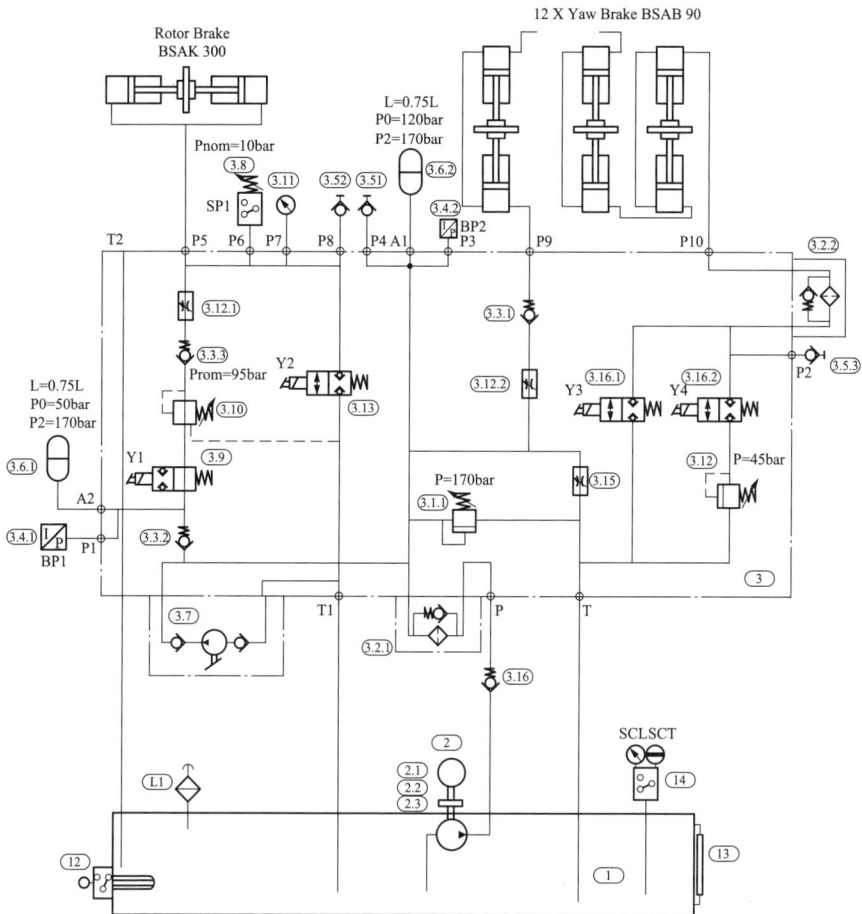

图 7-98 液压系统图纸

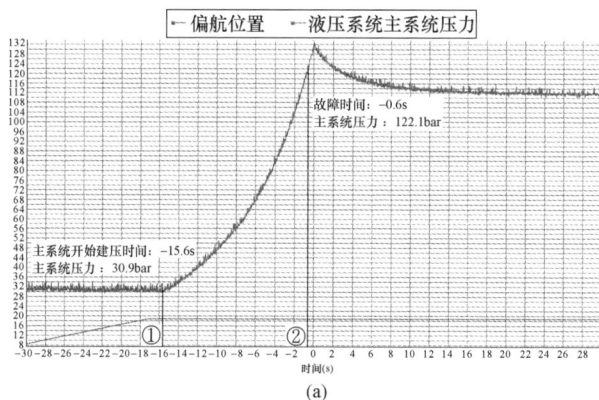

图 7-99 主系统压力与蓄能器压力

（a）偏航位置与主系统压力曲线；（b）故障机组主蓄能器预充压力

第八节　制动系统故障处理

本节介绍了制动系统故障处理方法，分析了高速轴摩擦片磨损故障的可能原因和对应的处理措施，并通过高速轴制动盘严重磨损故障的典型案例，具体说明了故障现象、原因及最终处理方案。

一、故障处理

（一）摩擦片磨损故障

主控系统检测到高速轴制动传感器严重磨损开关打开，并持续 15s 后，触发此故障。

（二）故障原因

（1）高速轴摩擦片装配时与高速轴制动盘距离太近，旋转起来导致摩擦片与制动盘磨损。

（2）高速轴摩擦片装配时，两侧摩擦片与高速轴制动盘距离不相等，一侧摩擦片长期磨损制动盘。

（3）制动钳复位弹簧损坏导致抱闸磨损。

（4）测试制动器刹车动作复位情况，制动器释放后能够可靠回位且回位灵敏。

（5）制动钳损坏导致抱闸。

（6）液压系统制动器电磁阀误动作导致抱闸。

（7）磨损传感器安装位置问题。

（8）磨损传感器损坏。

（9）主控系统检测模块检测异常。

（三）处理方法

1. 摩擦片实际磨损

检查刹车间隙，间隙调整不正确出现摩擦片磨损，如刹车间隙不符合标准值进行间隙调整；检查制动盘平整度，有无弯曲，测试是否符合要求，否则更换制动盘；检查摩擦片实际磨损情况，摩擦片实际磨损低于 3mm 更换摩擦片。

2. 摩擦片实际未磨损

检查磨损传感器有无损坏，否则更换传感器；检查传感器行程杆动作是否灵敏，有无卡涩；检查传感器接线，校验接线有无松动、虚接情况；检查监测模块接线有无松动，模块信号检测是否正常，有无损坏。

二、典型故障案例

（一）故障名称

高速轴制动盘严重磨损故障。

（二）故障逻辑

高速轴制动传感器严重磨损开关打开，并持续 15s 后，触发此故障。

（三）原因分析

导出风电机组 SCADA 服务器故障数据，分析故障时刻系统压力和高速轴制动压力相关数值及状态（见表 7-6）。

表 7-6 故障数据表

时间	叶轮转速（r/min）	液压系统压力（bar）	高速轴制动系统压力（bar）	高速轴制动压力OK信号	高速轴制动总故障	备注
6：18：55	17.45	136.48	145.94	0	0	
6：18：56	17.46	127.94	121.53	0	0	
6：18：57	17.30	93.45	90.70	0	0	机组运行状态下，高速轴制动突然动作，高速轴制动系统压力低于120bar
6：18：58	16.94	98.94	96.20	0	0	高速轴制动压力低于120bar且持续时间在1s以上，机组故障未报出
6：18：59	16.51	104.74	101.99	0	0	
6：19：00	16.34	110.85	108.10	0	0	
6：19：01	16.30	117.56	114.51	0	0	
6：19：02	16.20	124.88	121.53	0	0	
6：19：03	16.10	131.90	129.46	0	0	
6：19：04	16.03	139.84	137.09	0	0	
6：19：05	15.92	146.86	144.42	1	0	高速轴制动压力大于10bar，高速轴制动压力开关动作，高速轴制动执行刹车
6：19：06	15.72	149.60	147.47	1	0	
6：19：07	15.55	148.99	146.86	1	0	
6：19：58	16.49	136.18	133.43	1	0	
6：19：59	16.06	135.57	133.43	1	0	
6：20：01	14.92	135.57	133.43	1	1	高速摩擦片磨损，高速轴制动总故障报出
6：20：02	13.35	135.57	133.12	1	1	
6：20：03	11.57	135.57	133.12	1	1	
6：20：13	1.44	134.95	132.21	1	1	

续表

时间	叶轮转速 (r/min)	液压系统 压力 (bar)	高速轴 制动系统 压力 (bar)	高速轴 制动压力 OK 信号	高速轴 制动 总故障	备注
6:20:14	0.87	134.65	132.21	1	1	
6:20:15	0.66	134.65	132.21	0	1	风电机组故障停机, 叶轮转速已降至 0.6rpm

从表 7-6 可以看出,该风电机组高速轴制动电磁阀在风电机组运行情况下动作,导致高速轴制动压力降低,同时高速轴回路建压高速轴制动动作。

从高速轴制动动作逻辑给出,高速轴制动只有在风电机组维护状态且叶轮转速低于 5r/min 时,可以激活高速轴制动或者主控系统在停机状态;发生紧急停机且叶轮转速低于 5r/min 时,高速轴制动才能激活。

如图 7-100 所示可以看出,风电机组在运行状态,叶轮转速始终在额定转速,当第一次高速轴制动动作时,高速轴制动回路压力降低,叶轮转速降低,短时间电磁刹车得电后风电机组又恢复正常运行;第二次高速轴制动动作,高速轴制动回路压力低于 120bar,叶轮转速下降,56s 之后风电机组高速轴制动压力故障告警触发,风电机组故障停机。

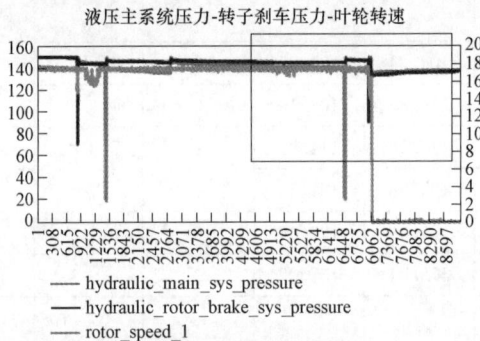

图 7-100 刹车动作情况

如图 7-101 所示可以看出,模块输出 4 口、5 口高速轴制动驱动信号未变化,始终为"1",即控制系统未进行刹车信号驱动,但高速轴制动回路压力已超过 10bar,高速轴制动刹车。

(四)故障处理

两次高速轴制动异常动作后,高速轴制动回路压力低于设定值 120bar,但高速轴制动回路压力低故障一直未报出,原因为现场高速轴制动压力最小值现场修改导致未按照正常逻辑报出。

第二次高速轴制动异常建压后,风电机组叶轮转速降低,高速轴制动持续动作,高速轴制动压力低故障未报出,风电机组持续运行,最后高速

406

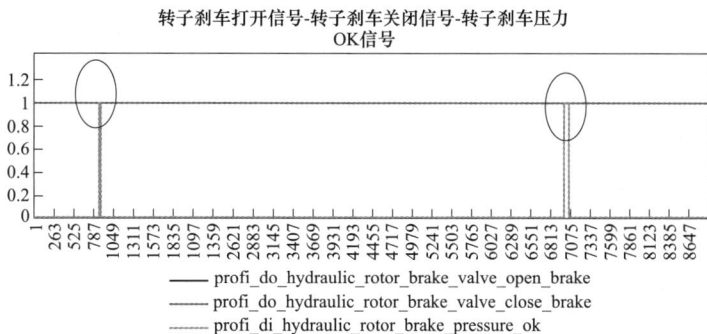

图 7-101 刹车信号反馈

轴制动预磨损、高速轴制动严重磨损故障报出，风电机组故障停机。

分析转子刹车控制、执行回路，当风电机组转子刹车压力降低时，转子刹车压力 OK 信号为 1，说明高速轴回路确实进行了刹车动作，1YV 电磁阀和 2YV 电磁阀失电动作导致高速轴制动故障（见图 7-102）。

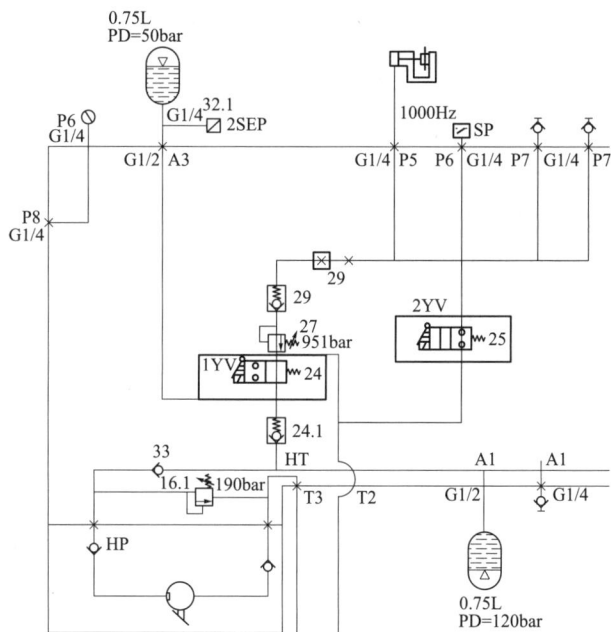

图 7-102 液压站电磁阀

风电机组在运行状态，高速轴制动误动作，风电机组频繁刹车，导致风电机组高速轴摩擦片严重磨损，刹车预磨损和严重磨损故障报出。因此，故障主要原因是高速轴制动两个电磁阀异常失电导致刹车在风电机组并网运行时误动作。

第九节 水冷系统故障处理

本节介绍了水冷系统常见故障处理方法，包括出阀压力低、进阀压力高、进阀温度高和流量低故障的故障解释、原因分析，并给出了针对性的检查和处理方案。

一、出阀压力低原因及故障处理

（一）故障名称

出阀压力低。

（二）故障解释

出阀压力不大于 0.25bar，持续 5s。

（三）故障原因

（1）出阀压力超出了程序设定值。

（2）电磁排气阀总排气。

（3）变流器系统下方的锥形滤网或水冷柜内部滤网堵塞。

（4）水冷系统缺水。

（5）出阀压力传感器损坏。

（四）处理方法

（1）查看故障时的故障文件，出阀压力正常值应该在 0.25～4.0bar 之间，如果低于 0.25bar 就会报此故障，重新启动水冷系统，观察出阀压力是否正常，排除电磁干扰造成的故障。

（2）观察静态水压如果低于 2.0bar，及时检查气压并补气或补水，如果高于 2.0bar，说明出阀压力有异常，检查变流器系统下方的锥形滤网和水冷柜内部滤网，并进行彻底清理。

（3）检查电磁排气阀状态，排除电磁排气阀的原因。

（4）如果以上都是正常的，请检查出阀压力传感器接线是否松动或错误，在保证其接线正确可靠的情况下，如果还有问题，更换出阀压力传感器。

二、进阀压力高原因及故障处理

（一）故障名称

进阀压力高。

（二）故障解释

进阀压力大于 0.55MPa。

（三）故障原因

（1）进阀压力传感器损坏。

（2）电磁排气阀不能正常工作。

（3）变流器系统锥形滤网或水冷柜内滤网堵塞。

（4）压力平衡罐损坏。

（5）调试过程中混合液加入过多，导致压力平衡罐内无法补入气体。

（四）处理方法

（1）查看故障的进阀压力，并查看当时静态压力，如果静态压力高于 0.12MPa，请给系统放水至 0.12MPa。

（2）检查进阀压力传感器的接线，保证其接线正确和接线牢固。

（3）检查电磁排气阀的接线等控制回路，保证其工作正常。

（4）检查变流器系统锥形滤网和水冷柜内滤网，并进行彻底清洗。如果就地压力表和就地监控面板显示的压力值都是正常的，仍然报此故障，请更换进阀压力传感器。

（5）检查在不同温度下系统压力变化情况，因为有压力平衡罐的作用，正常情况下系统压力随温度变化不太明显，但是如果压力平衡罐损坏，整个系统就没有了压力平衡能力，所以系统压力随混合液温度的升高会迅速升高，从而导致此故障。此时请更换压力平衡罐内气囊，其内部气囊已经损坏；放掉少量水，让静压符合调试要求。

三、进阀温度高原因及故障处理

（一）故障名称

进阀温度高故障。

（二）故障解释

进阀温度不小于48℃，持续20s。

（三）故障原因

（1）散热器堵塞。

（2）进阀温度传感器接线错误或接线松动。

（3）进阀温度传感器损坏。

（4）电磁干扰。

（四）处理方法

（1）检查散热器是否有异物堵塞。

（2）检查散热风扇工作是否正常。

（3）检查进阀温度传感器的接线，保证其接线正确和接线牢固。

（4）如果以上都是正常的，更换进阀温度传感器。

四、流量低原因及故障处理

（一）故障名称

流量低故障。

（二）故障解释

系统流量低于 140L/min。

（三）故障原因

（1）水冷系统缺水。

（2）变流器系统锥形滤网或水冷柜内滤网堵塞。

（3）传感器损坏。

（4）水冷系统主管路控制手阀没有打开到合适位置。

（5）主循环泵反转。

（四）处理方法

（1）检查系统压力是否正常以及系统是否有渗漏水的地方。如果有渗漏水的地方请及时处理。

（2）如果有缺水的现象，给系统补水至静态压力 0.12MPa。

（3）如果以上正常，系统仍然报流量低故障，检查变流器系统锥形滤网和水冷柜内滤网并彻底清洗。

（4）检查进出阀压力值是否有异常现场，并保证其接线正确可靠，如果有异常现象请更换。

（5）检查并保证主循环泵旋转方向正确；检查水冷系统主管路控制手阀，并适当调大流量。

第十节　润滑系统故障处理

本节介绍了润滑系统常见故障处理方法，包括齿轮油温度异常、主轴轴承温度异常、主轴轴承和支承座漏脂、润滑泵电机不运转、系统堵塞、油管变皱或断裂故障的原因分析和处理措施。

一、齿轮油温度异常原因及故障处理

1. 齿轮箱渗漏油、油位低

查找渗漏油点，如有渗漏点及时处理；检查确认无渗漏油点后，添加齿轮油至标准油位。

2. 冷却系统故障

通常进行测试齿轮油冷却系统是否正常，并测试冷却系统进油管和出油管是否有温差，检查温控阀和散热回路，可以按照冷却系统定期维护的技术要求进行该故障处理。

3. 齿轮箱本体轮齿和轴承的损坏

检查运行时齿轮箱是否存在异常噪声；检查振动状态是否存在异常或检查油品状态等是否存在异常。采用上述方法发现齿轮箱状态异常时应结合内窥镜检查进一步确认，确认故障后采取对应方法进行故障处理。

4. 风电机组长时间高负荷工作

检查是否由环境温度较高和风电机组长时间高负荷工作引起，此时等温度降下后，自动复位。

5. 温度传感器故障

检查温度传感器对应阻值，并检查线缆无虚接，如电阻值差距较大，需要更换温度传感器。

6. 模块采集故障

检查相应的采集模块及其接线和背板总线，必要时更换。

7. 回路接线问题

检查温度传感器回路及其端子接线，必要时更换。

二、主轴轴承温度异常原因及故障处理

导致主轴轴承温度异常升高的原因主要有润滑脂过多、不足或不合适，异常载荷、配合面蠕变、密封装置摩擦过大等。通常采用清理轴承和相关的零部件，减少或补充、更换适当和适量的润滑脂，改善轴承与轴、箱体的接触状况，必要时更换密封或整个轴承等方法进行故障处理。

三、主轴轴承和支承座漏脂原因及故障处理

主轴轴承严重漏脂如图 7-103 所示。导致轴承和支承座漏脂严重的主要原因有润滑脂过多、异物侵入或研磨粉末产生异物，以及轴承密封损坏或失效。通常采用清洗零部件，使用适量和适当的润滑剂，更换密封，必要时更换轴承等方法进行故障处理。

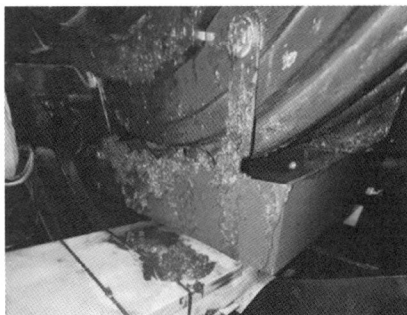

图 7-103　主轴漏脂严重

四、润滑泵电机不运转原因及故障处理

处理方法：

（1）检查系统保险丝是否熔断。

（2）检测系统两个电源接线柱间的输入电压是否正常。

（3）检查电源线接头是否正常。

如果以上均正常，则可判断为电动润滑泵出现故障，应维修或更换。

五、系统堵塞原因及故障处理

处理方法：若出现润滑脂在电动润滑泵运行时由安全阀溢回存储罐或润滑部位出现干摩擦，则可判断为系统已经堵塞或安全阀压力调定不当。

（1）用 0～40MPa 压力测试仪测试安全阀的开启压力，一般为 30MPa，当压力达到安全阀开启压力时，安全阀未能开启卸压，则应对其重新调定，压力测试仪如图 7-104 所示。

（2）只拆下管路的出脂端，然后启动系统，观察有无润滑脂从出脂端出现，可以逐一检查各个管路是否堵塞，如发现有管路堵塞，则应更换。

（3）将分配器相连的所有出脂管路拆下，然后启动系统，如无润滑脂出现，则表明分配器已堵塞，应维修或换新。

图 7-104　润滑泵测试
1—软管管路；2—T 形接头；3—压力表；4—安全旋塞

六、油管变皱或断裂原因及故障处理

处理方法：如果主油管或者其中的 1 个二级油管破损或泄漏，那么就要更换此油管。

注意：主油管或二级油管被更换后，油管必须被重新注满润滑脂。

其具体步骤为：

（1）松开连接在主分配器或者二级分配器入口处的油管，然后启动强制润滑，直到润滑脂从油管的末端流出（没有气泡）。

（2）把油管和分配器连接上。

常见故障原因及措施见表 7-7。

表 7-7　常见故障原因及措施

故障	原因	措施
泵不能工作	（1）油管被堵塞； （2）泵出现故障	（1）更换油管； （2）更换泵

续表

故障	原因	措施
泵能工作但不能输送润滑油	（1）在柱塞里存在气体； （2）泵单元故障	（1）给泵通气； （2）更换泵
全部的润滑点上没有油脂	泵出现故障	更换泵
有几个润滑点上没有油脂	主油管或二级油管堵塞	更换油管
一个润滑点上没有油脂	（1）相对应的油管发生爆裂或者泄漏； （2）分配器故障	（1）更换油管或拧紧油管和装置的连接处，或更换装置； （2）更换分配器
泵显示油位错误	（1）油位太低； （2）油位开关故障	（1）给油箱重新注油； （2）更换泵
泵显示循环错误	（1）泵不能工作； （2）泵单元故障； （3）接近开关出现故障； （4）油管发生爆裂或者泄漏	（1）更换泵； （2）更换分配器； （3）更换油管或者重新拧紧油管和装置； （4）的连接处，或更换装置

第十一节　生产数字化系统故障处理

本节介绍了生产数字化系统常见故障处理方法，包括视频监控设备、无线网络设备、在线振动设备和功率预测设备故障的原因分析和处理步骤，通过摄像头离线、记录仪注册异常、数据采集器通信故障等典型问题的排查流程，提供了具体操作指导。

一、视频监控设备故障处理

（一）监控平台视频掉线原因及故障处理

视频监控拓扑图如图 7-105 所示。

1. 监控平台显示离线，本地监控在线

此状况问题出在 NVR 上，若是全部掉线时需检查专线连接是否正常；若是部分掉线检查 NVR 及摄像头地址是否有冲突。

2. 监控平台显示离线，本地监控不在线

此状况问题出在本地。

（1）检查环网是否有断线。

（2）检查设备是否损坏。

（3）检查连接是否松动。

（二）ping 命令测试摄像头离线原因及故障处理

（1）ping 命令测试成功，登录网页查看是否是摄像头界面，若不是摄像头界面，一般为地址冲突，修改网络配置即可。

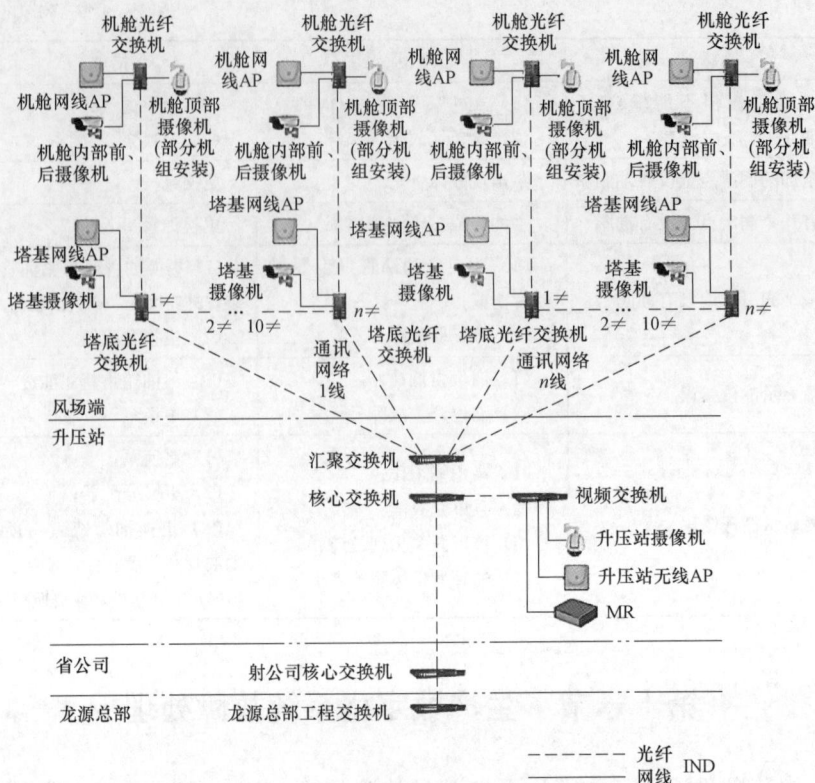

图 7-105　视频监控拓扑图

（2）ping 命令测试失败，查看交换机红色面板拨码必须均为 OFF。查看交换机状态灯，如果亮绿灯，则设备正常，如果亮红灯，断电重启后，若还亮红灯，检查现场环境，是否散热不良温度过高；是否电源供电出现问题，测量电源电压是否正常，然后进行替换检查。

（三）单个或少量摄像头无序离线原因及故障处理

（1）检查摄像头侧和交换机侧两端网线是否插紧。

（2）检查是否是网线质量有问题。

（3）检查是否是摄像头电源问题。

（4）更换网线后，设备仍然离线，检查或更换摄像头。

（四）摄像头大批量离线原因及故障处理

（1）检查摄像头所属组织，若所属同一组织 NVR，且 NVR 内的摄像头全部离线，检查 NVR。

（2）并不是 NVR 内的摄像头全部离线，并且 NVR 成顺序离线，查看是否是环网链路出现问题，查看环网从哪个塔底开始离线，然后检查是不是光纤有断点。

（3）环网链路出现问题，交换机红色面板拨码必须均为 OFF。查看交换机状态灯，如果亮绿灯，则设备正常，如果亮红灯，断电重启后，若还亮红灯，检查现场环境，是否散热不良温度过高；是否电源供电出现问题，测量电源电压是否正常，然后进行替换检查。

（4）指示灯正常进行下一步，查看光纤是否插紧，是否过度弯折，光模块是否积灰，查看塔底之间或者塔底到机舱之间的整条光纤链路质量，必要时调换光纤。

（五）记录仪报存储满原因及故障处理

（1）记录仪在设置—系统设置—U盘选项关闭U盘只读，然后把记录仪用USB线接到电脑，记录仪设置—系统设置—U盘选项—U盘模式打开U盘模式，输入密码，进电脑U盘手动删除录像文件。

（2）记录仪插采集站之后不显示采集完成，将采集站里的所有记录仪都拔出来，只保留不显示采集站完成的记录仪，在采集站桌面右键计算机—管理—设备管理器—其他设备，将识别到的记录仪驱动卸载掉，然后重启采集站，插拔记录仪即可解决。

（3）记录仪开机未能正常进入相机界面，出现问题如图7-106（a）所示。此问题是开机时候按到了PTT按键导致，不用做任何操作。等界面自动跳过后重启，记录仪版本升级失败，报错如图7-106（b）所示。

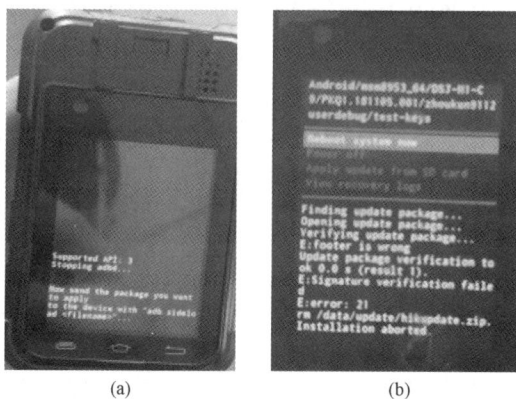

(a)　　　　　　　　(b)

图7-106　执法记录仪

（a）执法记录仪界面；（b）执法记录仪升级失败界面

（4）确认记录仪存储空间充足（已插采集站上传文件），且无存储异常报错。

（5）确认升级包大小是否下载完整。

（6）不允许跨版本升级。

注意：以上（1）～（6）检查都无异常时，可能需在记录仪设置—设备维护—参数重置里恢复出厂设置，重新按版本依次进行升级。

（六）采集站注册异常原因及故障处理

1. 版本不正确

进入采集站配置管理，检查下平台配置（如平台类型、地址、端口号、用户名和密码）是否正确，配置完成点击保存。

2. 网络测试

采集站按 win＋R 键，输入 cmd 后按 enter 键，在弹出窗格里 ping 总部平台地址，测试网络是否畅通，如果能通，则进入下一步排查。如果网络不通，需检查采集站的网线是否接入视频交换机的前 12 个网口。

3. 关闭系统防火墙

在采集站桌面控制面板—系统和安全—Windows Defender 防火墙—启用或关闭 Windows Defender 防火墙—关闭防火墙之后点确定。几分钟之后，确认采集站是否显示已连接。

二、无线网络设备故障处理

（一）无线 AP 无法连接原因及故障处理

若现场无线信号显示为非 LongYuan_WLAN，需检查 AP 网线是否连接至"华三"工业交换机的 1 口，若交换机品牌非"华三"，需检查交换机接口配置是否为 AP 对应配置；若均正常无线信号仍显示为非 LongYuan_WLAN，请通信部分专业人员处理。

若出现记录仪闪断并且 Ping 记录仪获取的 IPV6 地址延迟高，并且 Ping 有线地址正常的情况下，可以查看终端到 AP 之间有没有影响信号的东西，当前终端信号是不是弱或者说附近是不是有干扰源（如过多的蓝牙设备、无线设备或者电磁设备），查看 AP 是否是降档的状态，查看供电有没有按照标准的方式供电，进而测试正常供电下是否有延迟。

（二）记录仪连接失败原因及故障处理

（1）首先检查记录仪 WiFi 是否连接，在记录仪相机界面右上角是否有 WiFi 图标。如果没有图标，请在设置—网络设置—WLAN 里连接 LongYuan_WLAN 这个 WiFi。

（2）WiFi 如果连接正常，在相机界面从屏幕顶部往下拉，看下是否显示注册成功。

（3）如果下拉通知栏无任何显示或者显示注册异常，在设置—网络设置—平台设置里，打开注册平台（此项配置打开之后会在通知栏显示记录仪注册平台状态），然后检查剩余配置、平台 IP、端口、ID。

（4）如果检查完 WiFi 连接和第三步配置之后记录仪还是显示注册异常，在设置—网络设置—高级里查看记录仪获取到的 IP 地址是否是 IPV6 网段，使用 ping 命令测试该地址是否畅通。

注意：若（1）～（4）检查完还是注册异常，需在设置—设备维护—参数重置—恢复出厂设置里恢复一下，输入密码，然后重新按照（1）、（3）进行配置。

三、在线振动设备故障处理

（一）在线振动数据未接入原因及故障处理

1. 在线振动设备问题

在线振动设备主要包括数据采集器、转速传感器、振动传感器等。与其关联的接入问题包括运行环境、运输等外界因素造成的设备异常，以及出厂检验未查出的设备隐匿故障。

2. 网络问题

网络问题包括环网光纤不通、视频交换机掉线、视频交换机未纳管、视频交换机及环网设置异常、光纤光衰严重等。

3. 安装问题

安装问题包括数据采集器配置问题、转速传感器安装问题、振动传感器安装问题、振动网线连接问题、振动网线水晶头压接不良等。

（二）设备异常原因及故障处理

1. 通信异常

在线振动数据通过视频交换机传回升压站，造成通信异常的原因一般有网线异常、数据采集器工作异常、交换机掉线、环网不通、交换机 6 口设置不正确。数据采集器如图 7-107 所示。

图 7-107　数据采集器主机

处理步骤：

（1）检查数据采集器数码管（提示码滚动显示）及运行指示灯（电源灯常亮，指示灯闪烁）等工作情况，若异常，重启数据采集器尝试恢复。

（2）检查提示码是否有"E0"，提示"E0"，说明通信异常，进行网线检查。

（3）利用网线测线仪检测网线，如有异常，重新压接水晶头，并检查设备通信情况；或用成品网线临时替代原振动网线，连接数据采集器和交换机，检查设备的通信情况。

（4）更换成品网线后，若通信正常，说明原振动网线压接不良，重新压接水晶头；若通信仍不正常，需进一步处理。使用一根新的网线，一端插入数采 LAN1 口，另一端插入笔记本电脑。

（5）使用本地升级工具连接数采，检查云台地址是否配置和规划的一致。如若不一致，则修改。

（6）如果还不能正常通信，检查交换机及环网配置情况，异常时，重新进行配置。

2. 数据采集器工作异常

处理步骤：

（1）检查数据采集器供电是否正常，PWR 灯是否正常亮蓝灯。

（2）检测网络连线，网线一端应连数据采集器 LAN0 口，网线另一端连接指定交换机的指定端口，观察交换机网线端口是否正常闪亮。若不能正常闪亮需将网线加固，加固后还是不能正常闪亮，需更换网线进行测试。

根据数码管显示来排查故障，当显示 OFF1/OFF2/OFF3，即数据采集板卡/底卡与主控通信异常，断电重新插拔并紧固数据采集板卡，上电后重新观察数码管是否仍有此类现象。

3. 数据采集器多个或单个通道无数据上传

数据采集器状态灯如图 7-108 所示。

图 7-108　数据采集器状态灯

处理步骤：

（1）登塔检查数据采集器运行状态，检查数据采集器运行灯是否闪亮、数码管提示码是否存在"OFF4、OFF5、OFF6"。若数码管闪亮，无"OFF4、OFF5、OFF6"提示码，检查转速传感器接线是否正确（正确接线线序棕色线接电源＋、黑色线接 DI、蓝色线接 GND）。

（2）检查数据采集器提示码是否存在"CH11、CH12"提示码，检查对应通道两端接线情况，排除接线不良等问题。

（3）利用万用表检测线缆是否存在断路、短路情况。

（4）若上述操作仍不能恢复，传感器或者线缆存在异常。

（5）将异常测点的振动传感器与邻近正常测点的振动传感器对调，观察提示码。若变成临近测点的提示码，则振动传感器故障，进行更换；若仍是该异常测点的提示码，说明振动线缆或者采集器箱体内排线存在异常，需进一步确认故障点。

（6）检查异常测点对应的振动线缆或排线通断情况。

4. 数据采集器某采集板卡无数据

处理步骤：

（1）登塔检查数据采集器运行状态，观察数据采集器数码管提示码，检查转速传感器接线是否正确，检查振动线缆是否存在接线不良的情况。

（2）若仍不能恢复，可将该采集板卡接线端子与另外一块采集板卡接线端子排互换，判断端子排连接线缆是否异常；端子排对调后，若原异常采集板卡恢复正常，原正常采集板卡异常，则说明原异常采集板卡的接线端子存在问题，直接进行更换或暂时借用采集板卡 3 的接线端子进行恢复。

（3）端子排对调后，若原异常采集板卡不能恢复，数据采集器断开 220V 供电后，对调采集板卡 1 与采集板卡 2；采集板卡对调后，若原无数据通道恢复数据上传，则采集板卡有问题，更换板卡；采集板卡对调后，若原无数据通道不能恢复数据上传，则数据采集器有问题，更换数据采集器模块。

5. 数据采集器采集板卡电源指示灯与运行指示灯异常

处理步骤：

（1）若数据采集器电源灯不亮，运行指示灯不闪烁，此时将数据采集器断电，数据采集器重启后观察是否恢复。

（2）若不能恢复，则将设备断电，将 6 块采集板卡拆卸，露出背板，背板上有两个拨码开关，将拨码开关上的一层保护膜撕除，并重新拨码，拨码顺序"2、4、5"档位是"ON"，其余是"OFF"。

（3）将设备上电，观察是否恢复，若恢复正常，则说明是拨码开关未能正确拨码导致；若不能恢复，则更换数据采集器模块。

6. 数据采集器数码管不亮

数据采集器数码管不亮如图 7-109 所示。

图 7-109　数据采集器数码管不亮

处理步骤：

（1）重启数据采集器，若不能恢复，数据采集器断电后，将数据采集器主控模块拆卸，将主控板卡上的一根白色排线两头端子重新插拔，重新装机后上电观察是否恢复。

（2）重新装机后，若仍不能恢复，更换主控板。

7. 数据采集器网络泄漏

处理步骤：

（1）远程排查疑似泄漏场站并定位数据采集器，若该故障是由于网线插在数据采集器"LAN1"口导致，则可以远程定位数据采集器，登塔改插到"LAN0"口。

（2）若远程排查发现是数据采集器主控模块网口隔离程序异常导致，则重新刷写程序。

8. 数据采集器配置错误或序列号摘录错误

处理步骤：

（1）对未正常上线的数据采集器进行远程配置。

（2）若无法远程处理，如果数据采集器可以正常通信，可以在升压站，用 win10 系统电脑连接在汇聚交换机上，按配置数据采集器的操作流程，完成电脑环境配置，打开配置工具，用 IPV6 建立连接，对数据采集器云平台地址、网关地址、NTP 地址以及本地时间等进行配置，且读取正确的设备序列号。

（3）若在升压站无法建立连接，首先检查风电机组视频监控是否正常，保证基本通信正常，再对数据采集器进行操作。

（4）若风电机组网络正常，则需登塔处理，携带 win10 系统电脑、成品网线等消缺必需工具，在塔上对数据采集器进行 IPV4 建立连接，对数据采集器进行重新配置。

四、功率预测设备故障处理

接收不到测风塔数据文件：指定邮箱会每天定时接收测风塔发送的前一日风速资源数据，接收不到的原因为 SIM 卡欠费、邮箱存储到达上限、光纤损坏、测风塔采集器故障。

处理步骤：

（1）查看 SIM 卡是否欠费。

（2）查看邮箱存储是否达到上限。

（3）使用有 LoggeNet 软件的笔记本电脑到测风塔光纤收发器旁边（一般在风功率机柜内），断开笔记本的无线网络，将网线接到光纤收发器的空余网口上。

（4）打开 LoggeNet 软件，点击链接（connect），进入软件，选择测风塔号，然后点击"连接"。

（5）软件数据界面如图 7-110 所示，软件左下角显示的线缆图标连接起来并开始计时表示成功连接，再到软件中间下拉框点击（表格显示下方），选择 public 查看实时数据，数据实时刷新表示测风塔采集器正常。

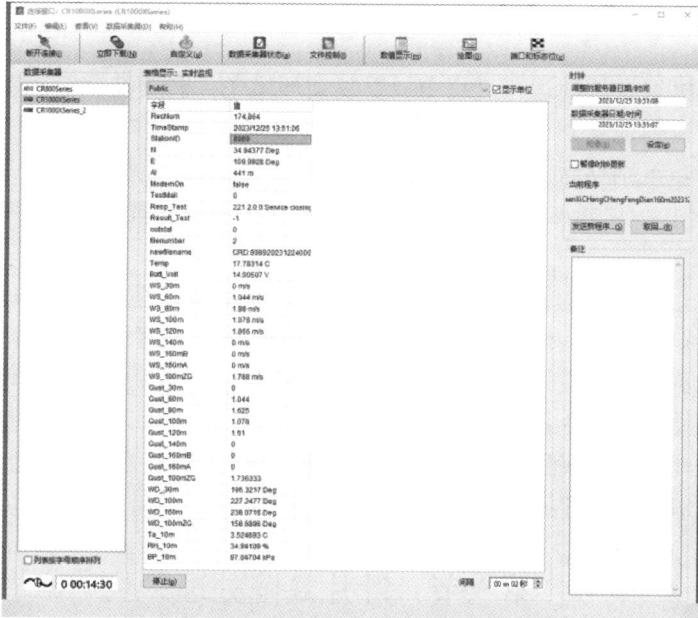

图 7-110　LoggeNet 软件数据界面

（6）如果连接不上或 ping 不通需排查光纤是否断线。若光纤正常则采集器故障，需更换。

第八章　风电机组缺陷处理

风电机组在长期运行过程中，受复杂环境条件和交变载荷的影响，各部件不可避免地会出现各类缺陷。这些缺陷若不能及时处理，轻则影响发电效率，重则导致设备损坏甚至安全事故。缺陷处理是风电机组检修维护工作中一项重要内容，通过正确的处理手段，能够有效恢复设备性能。

本章介绍了风电机组各个系统的缺陷处理方法，包括叶片缺陷处理、变桨系统缺陷处理、传动链缺陷处理、发电机缺陷处理、主控系统缺陷处理、变流器系统缺陷处理、偏航系统缺陷处理、液压系统缺陷处理、制动系统缺陷处理、水冷系统缺陷处理、润滑系统缺陷处理、塔架与基础缺陷处理以及辅助设备缺陷处理。结合实际缺陷问题提出了可操作的处理措施，为风电机组缺陷处理提供可参考的技术指导。

第一节　叶片缺陷处理

本节介绍了风电机组叶片断裂、开裂、雷击损伤、表面涂层侵蚀、局部表面裂纹、褶皱以及运输和吊装造成的损伤。包括叶片断裂评估处理、后缘开裂填充修复、表面涂层打磨喷漆、蒙皮玻纤布修补、芯材损伤修复、前缘侵蚀防护处理以及防雷引下线修复。

一、缺陷类型

风电机组叶片运行期间可能由多种原因导致叶片损坏，如大风、大雨、雷击、冰雹、鸟击及生产安装等过程中的人为失误等。叶片损坏使得空气动力效率损失从而导致发电量减少，使用寿命缩短。叶片损坏主要有断裂、开裂、雷击损伤、表面涂层侵蚀、局部表面裂纹、褶皱、运输和吊装造成的损伤等形式。

（一）断裂

风电机组叶片断裂是指叶片在承受高速气流中的横向冲击和弯曲荷载时发生的折断现象。这种情况通常发生在叶片的根部至中部区域，断裂特征表现为疲劳断裂形式。

（二）开裂

当风电机组叶片在运行中出现开裂或破损情况时，即为叶片开裂。这类开裂现象常见于叶尖、叶片中部前缘部分，以及叶片的 PS 面和 SS 面粘接处，表现为纵向分离张口状态。

（三）雷击损伤

风电机组叶片雷击损伤是指风电机组叶片在运行过程中受到雷电袭击，进而导致叶片出现损坏的现象。伴随风电机组容量的扩大、轮毂高度的升高和叶片长度的增加，加上风电机组多建于开阔地带或山顶，并且服役期延长、叶片表面变污浊，使得风电机组被雷击的概率上升。叶片遭雷击后的失效情况在接闪器处及其他部位较为明显。

（四）表面涂层侵蚀

风电机组叶片表面涂层侵蚀损伤，具体表现为叶片在运行期间，其表面局部区域呈现出磨损或侵蚀的现象。就我国的地理环境而言，西部省份地区沙尘天气频发，这使得风电机组叶片遭受风沙侵蚀的情况较为突出。叶片受风沙侵蚀的主要部位集中在叶尖切迎风面、叶中部切迎风面、叶片前缘以及叶片后缘等区域。而在这些易受损的部位中，又以叶片尖部最为严重。这是因为叶片在运转时，尖部的线速度达到最大，与风沙颗粒的相对速度也最大，从而导致其受到的冲击力最强，所以叶片尖部成为最易遭受风沙侵蚀的部位。

（五）局部表面裂纹

从统计资料来看，局部表面裂纹的分布无明显的规律性，全叶片均有发生，迎风面分布相对集中，叶片涂层抗低温冷脆性变差、交变拉伸及风电机组自振引起涂层疲劳、飓风冲击损伤等均会引起涂层出现裂纹，叶片表面裂纹早期发生较少，一般在风电机组运行2～3年后就会出现。

（六）褶皱

根据褶皱出现位置的不同，主要分为主梁褶皱和壳体褶皱。

1. 主梁褶皱

风电机组叶片主梁作为整个叶片主要承载力的结构，由于主梁铺层比较厚，在制作过程中容易产生褶皱和气泡等各种缺陷，从而导致主梁力学承载能力明显下降，影响结构安全。主梁常见的褶皱形式有平行于宽度方向和平行于长度方向，由于主梁的铺层为单向布，其平行于宽度方向的褶皱比较常见。

2. 壳体褶皱

叶片壳体由于结构复杂和模具曲率变化大的因素，是褶皱产生的高发地带。叶片壳体褶皱可以分为叶根褶皱、芯材过渡区域褶皱、后缘区域褶皱、压痕褶皱，以及其他褶皱。针对叶片壳体不同区域褶皱，要从设计、材料和加工等多角度进行控制。

除上述褶皱外，还有一些在制造过程中由操作人员踩踏导致的玻纤布碾压褶皱和移位变形，以及芯材或夹具工装等二次调整对位时造成下方玻纤布移位而产生的褶皱。对该形式褶皱要实现一次将所有辅材铺设到位，减少传统辅材分别铺设时人员多次踩踏，也可采用大厚度的三维立体纤维材料或化零为整多层裁片整体缝边的高性能复合型纤维材料，通过减少铺设层数降低褶皱产生风险。

（七）运输和吊装造成的损伤

运输和吊装造成的损伤在不同的阶段都有可能发生。在运输过程中，装车、捆绑，以及碰擦导致的伤痕，叶片到场后卸车、吊装过程中壳体受绳具、夹具损伤后，经过一段时间就会在叶片的表面形成凹陷现象。有些叶片在运输、吊装过程中由于作业不规范而直接被毁损。

二、缺陷修复

环境温度在10℃或以上时，叶片修补可在现场进行。温度降低，修补工作延迟直到温度回升到10℃以上。当叶片修补完，风电机组不能运行，需等树脂完全固化。因现场温度太低而不能修补时且现场无条件（短期内温度不回升），叶片应吊下运往条件允许的室内修补或运回生产制造商修补。

在修复时根据叶片损伤程度，可采取填补或挖补修复方式。填补修复方式是指采用局部结构预制件填补的形式对结构进行复原。破坏区域被去除后留下形状较为规则的凹槽，槽的边缘被打磨成阶梯变化的斜面，然后直接把提前做好的预制件黏接在斜面上，黏接时，要保证修复区域型线吻合，最后对预制件与斜面的黏接面进行增强。挖补修复方式是指将已损伤的结构层按照特定的修复要求全部打磨掉，打磨时四周要打磨成一定倾斜度的倒角，再逐层铺布修补。

修复叶片时要保证使用材料的一致性。①一方面是材料种类及规格的一致性，如修复位置使用的是PVC泡沫，则维修时优先使用PVC泡沫而不使用其他种类的泡沫；如修复位置使用的是单轴向玻纤布，则修复时需使用单轴向玻纤布。②另一方面是材料供应商的一致性，在确保修复时所使用的材料类型及规格的一致性前提下，满足修复所使用的材料与原叶片所使用的原材料为相同供应商。

（一）断裂

断裂叶片需要拆卸至地面进行评估，是否可修复或返厂修复，或者更换新叶片，进行报废处理。

（二）后缘开裂

修复流程：首先对叶片的后缘开裂情况进行全面评估，包括裂缝的长度、深度和扩展情况。通过视觉检查和非破坏性检测方法（如超声波检测）来确认开裂的具体位置和范围。

在开始修复之前，先清理受损区域的表面，将其彻底清洁干净。清除附着在叶片表面的杂物和旧涂层，以便于后续的修复工作。根据叶片的材料和损伤情况，选择适合的填充材料。填充材料可以是聚氨酯树脂、环氧树脂等，其选择应与叶片材料相兼容，并具有良好的粘附性和强度。使用选定的填充材料，将其均匀地填充到叶片裂缝中。确保填充材料填满整个裂缝并与叶片表面紧密粘合。使用适当的工具（如刮刀或填充刷），将填充材料平整并去除多余的材料。根据填充材料的要求，进行固化和加热处理，以确保填充材料能够完全硬化和固结。根据材料的要求，可能需要在一定的温度和湿度条件下进行固化。

修复完成后，使用砂纸和打磨工具进行修整和打磨，使修复区域与周围叶片表面光滑一致，恢复叶片的外观和风阻特性。最后，在修复区域涂刷底漆和面漆，以提供额外的保护。确保涂层完全覆盖修复区域，并符合叶片的设计要求。

所有修复工作完成后，进行可视检查、非破坏性检测和力学性能测试等质量检验和测试，以确保修复区域的结构完整性和强度达到要求。对修复工作进行详细记录，包括修复方法、使用材料和工艺参数等信息。定期检查和维护叶片，确保修复效果的持久性和可靠性。在进行修复工作时，务必遵循相关安全规范和操作要求，以确保工作的安全性和有效性。

（三）表面涂层损伤

修复流程：将脱落涂层区域打磨平整，保证打磨后损伤区域无残留漆，尽量使打磨区域呈矩形；打磨后将打磨残留的粉尘清理干净；计算填充物用量；将搅拌好的填充物填补在打磨后出现的凹坑内；常温固化后打磨平整；清理打磨后残留在打磨区域的粉尘；标记维修区域；喷漆厚度最少为 $150\mu m$，最大不超过 $225\mu m$，以此标准计算出所需喷漆的质量；将搅拌好的喷漆材料均匀涂抹在修复区域表面，并用海绵滚刷将其厚度滚匀，取下固定修复区域的纸胶带。

（四）蒙皮损伤

修复流程：首先对损伤区域的涂层进行打磨；使用角磨机小心磨掉受损的玻纤布，磨除受损区域表面油漆，直至露出完好的玻纤层，确定玻纤布受损区域大小，通过打磨形成一个倾斜的面，以便从斜面获取详细信息，如图 8-1 所示。随后清理打磨后残留粉尘。

图 8-1　打磨缺陷区域

1—第一层玻璃纤维布；2—第二层玻璃纤维布；3—第三层玻璃纤维布；4—第四层玻璃纤维布

根据受损玻璃纤维的层数及类型，参照玻纤布修补搭接标准用记号笔和钢尺画错层图，标记维修区域，如图 8-2（a）所示。使用电动角磨机和 40 号砂轮片，按照绘制的错层图，由内向外逐层递减进行打磨。确保推层结束后每一层的递减都平滑过渡，如图 8-2（b）所示。最后，使用百洁布清理灰尘，包括非维修区域。

(a)   (b)

图 8-2　打磨错层
(a) 画错层图；(b) 打磨错层区域

计算修补所需环氧树脂及玻璃纤维质量，裁剪适合修复损伤区域面积的双向纤维布、三向纤维布、脱模布；将环氧树脂混合料均匀涂抹在修补区域；将三向纤维布粘在修补区域；在三向纤维布外再均匀刷一层环氧树脂材料，用硬滚刷在其表面用力往返滚动使三向纤维布完全浸透，接着将裁剪好的双向纤维布铺在损伤区域，在双向纤维布外表面均匀刷一层环氧树脂，用硬滚刷在其表面用力往返滚动使环氧树脂材料对双向纤维布完全浸透；待环氧树脂表面反应时间过后，将维修区域用脱模布覆盖并用纸胶带封严，等待自然固化；自然固化后用加热毯包裹维修区域使其二次固化；将已固化好的积层表面打磨平整；之后按照面漆修复流程修复面漆。

（五）芯材损伤

修复流程：首先无论芯材是 PVC、PET 还是巴沙木，均须对损伤区域的表层进行打磨，清除表面涂层，揭露下方的芯材损伤并去除受损的部分，并用针式打磨机精细处理内层纤维层表面。用电动细磨机彻底清理残留的芯材和纤维，以确保修复界面的整洁和均匀。新的芯材需要根据损伤面积裁剪来填补空缺，之后混合粘接胶和固化剂，按照正确比例进行调配。将混合均匀的修复材料涂抹在准备好的区域内，嵌入新裁剪的芯材片，并确保用胶填补所有缝隙。在常温下让混合材料固化，然后用电动细磨机处理填充材料表面，使其与原始芯材层外形相符。

对于穿透性的损伤，修复过程中还需要在损伤区域打磨通透，插入一个尺寸稍大的预制纤维板作为支撑，用胶将其黏合在纤维层内侧，作为铺设内层纤维层的衬托；固化后将胶黏边缘用电动细磨机打磨平整并清理干净。标记出待修复的维度，裁剪适当的纤维布（如双向或三向布料），并将环氧树脂均匀涂抹于损伤区域。纤维布按层次铺设，每层都涂上树脂，使用硬滚刷确保树脂完全渗透纤维。环氧树脂固化后，同样使用电动细磨机修复表面，然后进行纤维层和面漆的最终修复。在整个过程中，确保修复材料与原有叶片的材料性能相匹配，以恢复其原始的结构强度和耐久性。完成后，对修复区域进行详细的检查和测试，确保修复过程符合质量标准。

（六）前缘侵蚀

修复流程：对前缘受损玻纤布区域进行打磨，用针式打磨机沿前缘侵蚀处打磨并清理；根据受损情况决定铺布的层数；裁剪玻纤布至打磨尺寸，称量和搅拌树脂，浸润玻纤布，逐层手糊，从大到小利用刮板赶除气泡和树脂残留，玻纤布干透之后进行表面打磨；对新铺布区域刮腻子，腻子干透之后打磨，最后进行面漆涂刷。针对叶尖前缘约 15m 范围内的部分，根据多年运行经验，这一区域的腐蚀较为严重，修复叶片前缘玻璃纤维布受损区域后，应涂刷防腐蚀专用的前缘保护漆以提供额外的保护，或增加前缘保护膜进行补强。目前，3M 公司提供了一种背面涂覆高耐候性丙烯酸压敏胶的透明聚氨酯薄膜，具有 500％ 的断裂伸长率，能够有效保护叶片前缘，延长使用寿命。

（七）防雷引下线断裂

造成叶片防雷引下线断裂的主要原因：部分叶片出现设计缺陷，防雷引下线采用弹力绳牵引，斜拉至轮毂连接点固定。未沿着叶根使用玻纤布及树脂固化固定牢靠。

叶片防雷引下线应采用玻纤布和环氧树脂沿着叶根固化粘接固定，并应连接在叶片的安装法兰或轮毂上。连接完成后，使用接地电阻测试仪测试，测试结果不应大于 50mΩ。

三、质量验收

（一）叶片壳体区域

（1）叶片壳体维修区域硬度检测，固化后使用硬度计测量壳体表面硬度，应符合工艺设计要求。

（2）叶片壳体维修区域取样后，用差示扫描量热仪进行 T_g（玻璃化转变温度）的检测，检测结果符合工艺设计要求。

（3）叶片腹板主粘接区域维修后，应对粘接区域进行 UT（超声）检测，检测结果符合工艺设计要求。

（4）当叶片维修区域过大、反复或批量维修时，应分析原因，必要时对维修区域进行无损探伤或平行测。

（5）叶片壳体维修外观平整度验收时，应确保气动外形无明显的变形。

（6）叶片维修后的风电机组动平衡的检测验收，维修后的风电机组满功率运行时振动数据满足原设计要求。

（二）叶片防雷系统

（1）使用的各连接器件及连接尺寸与原有的一致。

（2）防雷导线及接闪器固定牢靠。

（3）防雷导线维修区域绝缘处理符合工艺要求。

（4）防雷导线电阻满足叶片设计要求，电阻值不大于 50mΩ（特殊要求除外）。

第二节　变桨系统缺陷处理

本节介绍了变桨系统齿圈磨损修复和齿形带位置偏移调整。齿圈磨损修复具体说明了修前测量标准、修复准备工作、焊接修复步骤、探伤检测方法以及修后润滑要求；齿形带位置偏移介绍了调整准备工作、角度调整步骤、垫片加装方法、平整度调整技巧以及张紧度测量标准。

一、齿圈磨损

（一）修前测量

测量变桨系统轴承齿圈 0°齿磨损量达到 50% 为严重磨损，0°齿磨损尺寸如图 8-3 所示，0°齿正常尺寸如图 8-4 所示。

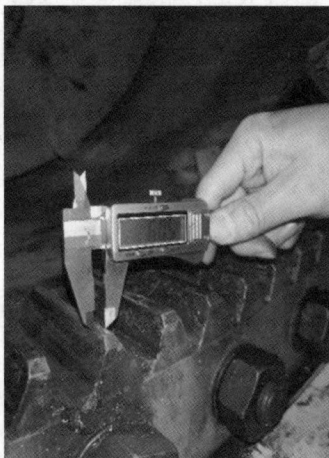 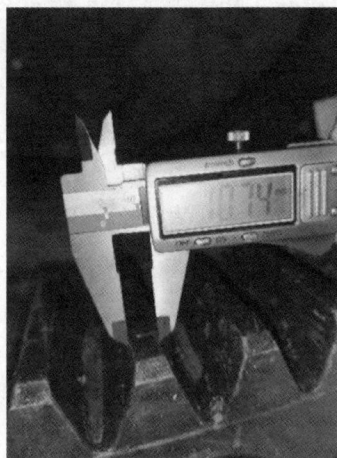

图 8-3　0°齿磨损尺寸（6.05mm）　　　图 8-4　0°齿正常尺寸（10.74mm）

（二）修复准备

（1）锁定叶轮锁，将相关工具和物资运至风电机组机舱和轮毂。氩气瓶无须吊运至机舱，用气管将氩气倒运至工作面。

（2）焊材烘烤准备：将加热桶放置于合适位置，远离易燃物，避免烫伤。取适量 FD03 焊丝，装入焊条加热桶，设定加热温度 200℃，烘焙时间不得低于 1 小时（具体情况可根据焊条要求调整）。将焊条加热桶的温度设定为 100~150℃ 保温状态，便于焊接时随取随用。

（3）工具调试：将焊机、角磨机及热风枪等电气设备与电源连接，调试焊机、角磨机及热风枪等，确保各电气设备可正常工作。

（4）风电机组操作：调试变桨系统，将待修复齿旋转至方便施工位置。

（5）在待修复齿下方及周围铺上防火毯。

（三）修复步骤

（1）清理齿圈：用清洁布对待修复齿及周围进行多次擦拭，去除表面油污，再用清洗剂清洗，进一步去除表面油污。

（2）打磨齿圈：使用角磨机对待修复部位进行打磨，打磨过程中不断目视检查打磨效果，确保表面达到焊接条件，即表面光滑、无凹坑及凸起。注意打磨过程中戴好口罩、耳塞和防护镜。

（3）基体去氢：使用热风枪对待修复齿进行加热，加热过程中不断用测温枪进行温度检测，预热温度不得低于100℃，预热时长10min。注意每天开始焊接时，都需要先对待修复齿进行去氢处理。

（4）熔覆焊接：调试焊机，将焊接电流调整至适当值。启动焊枪，开始对齿的表面进行焊接修复。熔覆一层后，目视检查焊接效果。若存在气孔、裂纹等缺陷，用角磨机进行打磨，去除气孔和裂纹等缺陷，随后继续进行熔覆。用游标卡尺和卡规对熔覆后的齿进行尺寸检测，当检测值大于目标值0.5mm左右时，停止熔覆。

（5）成形打磨：利用角磨机将修复后的齿进行表面打磨。打磨过程中不断用游标卡尺和卡规对齿的尺寸进行检查，直至齿的尺寸达到要求。0°齿卡规测量齿形如图8-5所示。

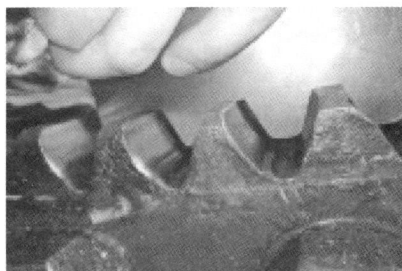

图8-5　0°齿卡规测量齿形

（6）探伤检测：对修复后的齿进行探伤检测无缺陷。

（7）硬度及尺寸检测：待修复部位冷却至大气温度后，使用便携式硬度检测仪对修复部位进行硬度测量，测量随机选取5处，并做好记录。使用卡规、齿厚游标卡尺对修复部位进行尺寸测量，测量随机选取5处，并做好记录。0°齿硬度测量如图8-6所示。

（8）现场验收：

1）齿面光滑无凹凸和剥落。

2）齿面硬度满足（50±5）HRC。

3）齿形和原齿误差在0.1~0.5mm之间。

4）清理干净作业面卫生，保证现场整洁无杂物。齿圈修复前、后对比

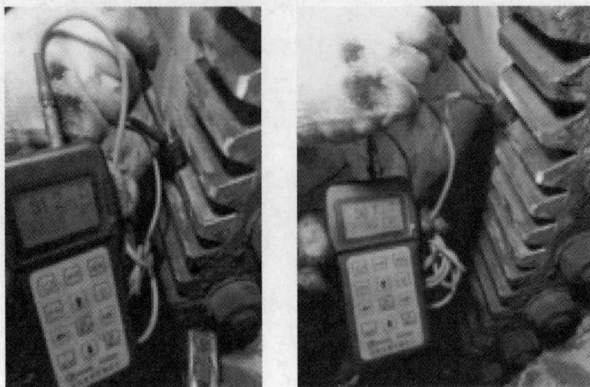

图 8-6　0°齿硬度测量

如图 8-7 和图 8-8 所示。

图 8-7　0°齿修复前

图 8-8　0°齿修复后

（四）修后润滑

（1）清理变桨系统齿圈、驱动齿轮、大齿圈与轮毂间隙之间的所有异物和废油脂，并检查油脂集油瓶，清理废油。

（2）对变桨系统齿圈−5°～100°齿面均匀地涂抹一层油脂，涂抹不到的齿面应手动变桨后进行涂抹。

二、齿形带位置偏移

（一）调整准备

1. 工具准备

所需工具及耗材包括张力测试仪、套筒、力矩扳手、开口扳手、压板调整垫片、照明灯等，如图 8-9 所示。

2. 叶轮锁定

（1）手持机舱维护手柄。

（2）通过观察孔观察叶轮刹车盘与叶轮机械锁定孔洞位置，孔洞对齐后按下维护手柄上的叶轮刹车按钮。

（3）逆时针旋转手轮，将锁定销旋入。

（4）观察叶轮锁定接近开关黄灯灭。

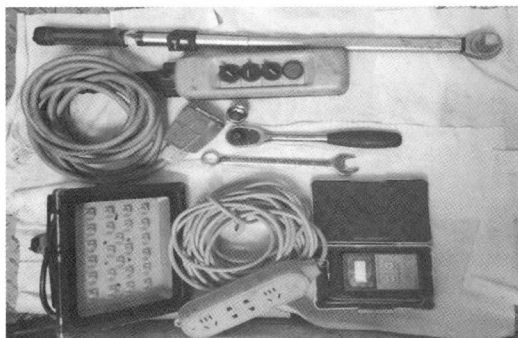

图 8-9 工具

（5）插入止退销，如图 8-10 所示。

图 8-10 叶轮锁定状态

（6）重复（3）～（5）步将另一侧机械锁定装置可靠锁定，两侧叶轮锁需全部锁定。

（二）调整步骤

1. 调整角度

（1）检查变桨系统手/自动旋钮在自动位置，变桨系统动作旋钮在顺桨方向和开桨方向中间的"0"位置，如图 8-11 所示。

图 8-11 变桨系统控制旋钮

（2）将变桨系统手/自动旋钮由自动位置旋至手动位置。

（3）选择变桨系统叶片动作为开桨方向，叶片角度调整到 45°位置，让叶片角度左右对称，如图 8-12 所示。

图 8-12　叶片变桨的角度位置

（4）进行开桨、顺桨操作前，一定要注意变桨方向，不得超过极限位置导致齿形带崩断。

（5）由于未锁定叶片 T 型锁，当风速大于 6m/s 时，禁止以此方式调整齿形带。

2. 拧松螺栓

（1）用套筒将驱动轮压紧螺栓拧松，如图 8-13 所示。

图 8-13　驱动轮压紧螺栓位置

（2）用套筒和开口扳手对齿形带张紧度螺栓进行调整，如图 8-14 所示中使用套筒的 2 颗螺栓。

（3）调整后用套筒将驱动轮压紧螺栓拧紧，如图 8-14 所示中使用开口扳手的 6 颗螺栓。

（4）先用开口扳手拧松齿形带张紧度螺栓的螺帽，待齿形带张紧度螺栓螺帽拧松后，再用套筒对齿形带张紧度螺栓进行调整，顺时针是调紧，

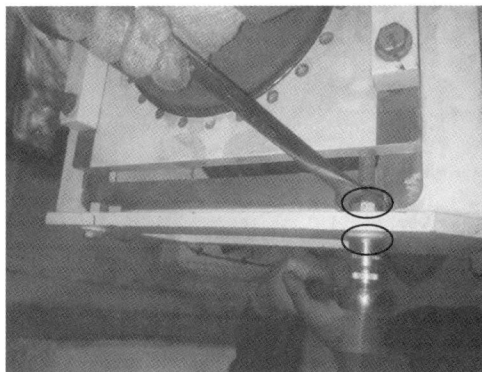

图 8-14 齿形带张紧度螺栓位置

逆时针是调松。

3. 加装垫片

（1）用套筒将驱动轮的 6 颗压紧螺栓拧松。

（2）用套筒和开口扳手松开两个调节螺栓上螺母，通过调整调节螺栓适当调松齿形带的张紧度，使张紧度调节板和变桨系统驱动支架之间出现缝隙，如图 8-15 所示；若缝隙不足以加入垫片，则拧松张紧度调节螺栓，使调节板自然下沉。

图 8-15 加装垫片位置

（3）根据现场齿形带位置偏移情况，在张紧度调节压板和变桨驱动支架之间加 1.5mm 垫片，例如：齿形带与齿形轮挡圈的上圈接触产生磨损，在调节板的外侧加垫片，反之在内侧加垫片，如图 8-16 所示。不管垫片加装在内侧还是外侧，螺栓要穿过垫片。

（4）用 24mm 的套筒将驱动轮的 6 颗压紧螺栓拧紧。

4. 调整固定

（1）两人从齿形带两端压板处开始，将平整度调平直至驱动轮处，使齿形带平整度良好，如图 8-17 所示。

图 8-16　内侧和外侧位置

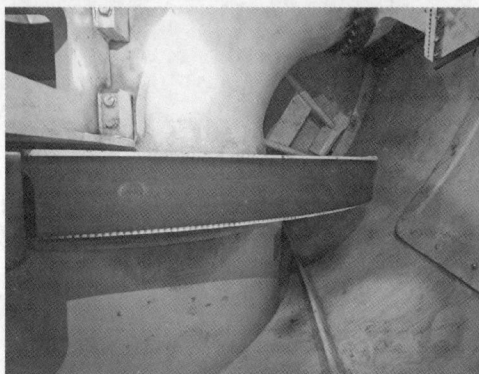

图 8-17　齿形带平整

（2）使用套筒拧紧张紧度调节螺母。

（三）调后测量

1. 张紧度测量及调整

对松弛的齿形带进行调整，如图 8-18 所示。由于北方四季温差过大，齿形带存在热胀冷缩现象，因此未将驱动轮压紧螺栓紧固前，测量张紧度为 140～150Hz 即可，对压紧螺栓紧固后张紧度会上涨 15～20Hz。

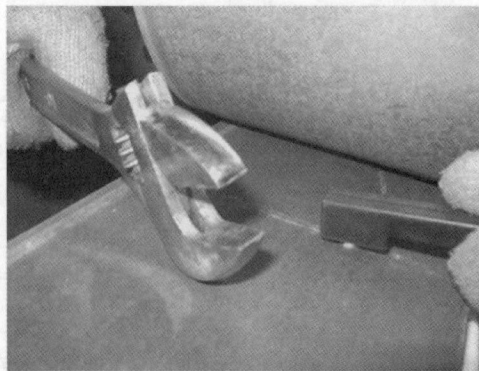

图 8-18　张紧度测量

2. 紧固螺栓

（1）用套筒和力矩扳手对驱动轮压紧螺栓进行紧固，如图 8-19 所示，力矩要求为 175N·m。

图 8-19　紧固驱动轮压紧螺栓

（2）用套筒和力矩扳手对齿形带张紧度螺栓进行紧固，如图 8-20 所示，力矩要求为 175N·m。

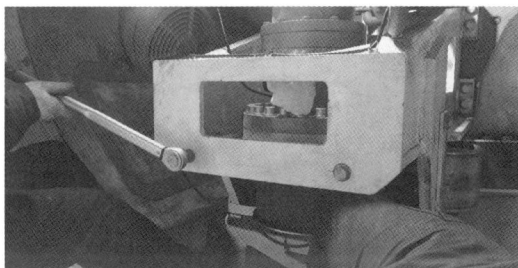

图 8-20　紧固张紧度螺栓

第三节　传动链缺陷处理

本节介绍了传动链主轴缺陷处理和齿轮箱缺陷处理，包括轴承异响的成因及对应的处理方案、调整安装精度、更换轴承、改善润滑等措施；唇式密封渗油问题规范注油操作和更换密封圈的解决方案。齿轮箱缺陷具体介绍了油温异常、油压异常以及中空轴渗油的原因和处理方法。

一、主轴缺陷处理

（一）轴承运行声音异常

金属噪声通常是由于安装不良、载荷异常、润滑脂不足或不合适，以及旋转零件接触等问题导致的（见图 8-21）。可以采用改善安装精度或安装方法后重新拆卸安装，修正箱体挡肩位置、调整负荷，补充适当和适量的润滑脂，以及修正密封的接触状况等方法进行缺陷处理。

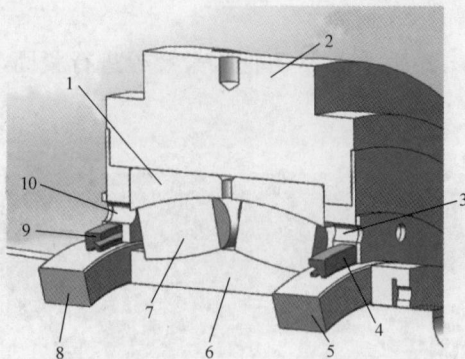

图 8-21　主轴非驱动端结构图

1—带油沟的轴承外圈；2—轴承座；3、10—废脂孔；4、9—密封圈；

5、8—轴承挡圈；6—轴承内圈；7—球面滚子

1. 主轴规律性异响

通常由于异物造成滚动体或轨道接触面产生压痕、锈蚀和损伤等（见图 8-22）。这种情况通常采用更换轴承、清洗内部滚动回路相关零件、改善密封装置、重新注入新的适当和适量润滑脂等方式进行缺陷处理。

图 8-22　轴承内圈磨损剥离情况

2. 主轴无规律性异响

通常来源于游隙过大、异物侵入或滚动体损伤等原因。这种情况通常采用更换轴承、清洗相关零件、改善密封装置、重新注入新的适当和适量润滑脂等方式进行缺陷处理。

3. 设备轻微损坏情况

可采取限负荷、限功率方式运行风电机组。在运行过程中，定期进行设备数据的导出分析，定期开展设备巡视，精准掌握设备的缺陷发展情况。当缺陷进一步恶化时，开展相关的设备损坏鉴定及大修工作。

（二）唇式密封渗油

（1）维护注油期间未打开腔室排油口，轴承球面滚子持续转动，导致内部油脂局部堆积，油脂从唇式密封缝隙中溢出（见图 8-23）。

可采取的方法：在主轴润滑加脂过程中，打开轴承废油口，伴随轴承球面滚子持续转动，将内部腔室多余油脂在压力作用下排出，降低内部多

余油脂存储量，从而缓解内部油脂局部堆积情况。

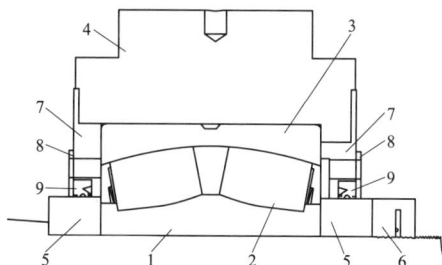

图 8-23 轴承与唇式密封安装示意图
1—轴承内圈；2—球面滚子；3—轴承外圈；4—轴承座；5—轴承挡圈；
6—锁紧螺母；7—油脂挡圈；8—密封圈挡圈；9—密封圈

（2）唇式密封圈内圈与主轴转子存在磨损，长期运行导致密封圈密封不严，轴承球面滚子持续转动导致内部油脂局部堆积，并且油脂从密封圈与主轴转子缝隙中渗出（见图 8-24）。

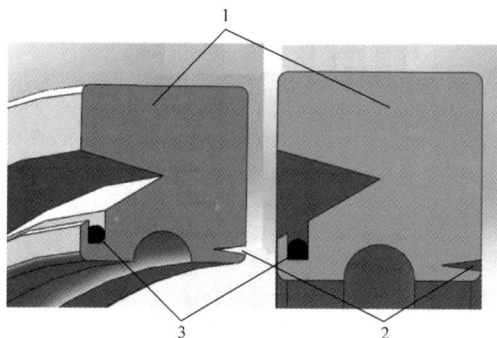

图 8-24 密封圈结构立体图
1—密封圈立体；2—弹簧；3—防尘唇

可采取的方法：更换密封圈的方式提升密封圈密封能力，降低轴承渗油情况。

二、齿轮箱缺陷处理

（一）油温度异常

（1）齿轮箱渗漏油、油位低导致的温度异常，通常在检查确认齿轮油位后，对齿轮箱渗漏油点进行封堵，并加注适量齿轮油。

（2）齿轮箱本体轮齿和轴承的缺陷导致油温异常，需对齿轮箱内部进行内窥镜检查，进一步确定缺陷位置。

（3）风电机组长时间高负荷工作导致油温高，检查是否由环境温度较高和风电机组长时间高负荷运行引起。

（二）油压力异常

（1）滤芯堵塞导致的齿轮油压力高。检查滤芯内杂质，根据定期维护

437

要求更换齿轮油滤芯，同时注意检查滤芯上吸附的杂质颗粒形状，进一步确定齿轮箱内部结构磨损情况。

（2）单向阀关闭不严导致的齿轮油压力低。如果单向阀被铁屑杂物等卡住，关闭不严，则会导致齿轮油经过油泵后部分直接回流至油箱，造成齿轮油压力低故障。此故障多会出现在油温上升后。当冬季油温较低的情况下，齿轮油压力依然可以在启机后保持一段时间，但当油温上升后，齿轮油压力会很快下降到 0.5bar 以下，应及时清理单向阀。

（三）中空轴渗油

齿轮箱中空轴为一个整体管型结构，通常有两种结构形式：一种是前端止口嵌入一级行星架挡块，后端使用深沟球轴承支撑在发电机侧的齿轮箱端盖上（见图 8-25）；另一种是前端使用法兰固定在行星架上，后端使用圆柱滚子轴承支撑在发电机侧的齿轮箱端盖上（见图 8-26）。

图 8-25　前端止口嵌入的中空轴

图 8-26　前端法兰固定的中空轴

由于中空轴的结构形式，其渗漏油的形式主要有两种，即从中空轴风轮侧发生渗油和从中空轴电机侧发生渗油。

1. 渗漏油点一

管轴 O 型圈密封失效后，润滑油从管轴间隙处缓慢渗出，由于风电机组安装结构有一定倾斜角（滑环处位置偏低），润滑油液便会通过管轴回流至滑环处，导致滑环处少量渗油。目前，中空轴渗漏油绝大多数是此种情况。其失效的基本原理如图 8-27 所示。

2. 渗漏油点二

根据某 1.5MW 风电机组齿轮箱结构可见（两级行星＋一级平行），发电机侧中空轴采用两种密封方式。方式一为机械密封，通过中空轴上甩油槽结构，将轴体自身存在的油脂通过离心力作用甩出，后经油脂汇聚槽将油脂送回齿轮箱。方式二为接触式密封，通过中空轴上胶质密封圈与端盖

(a)

(b)

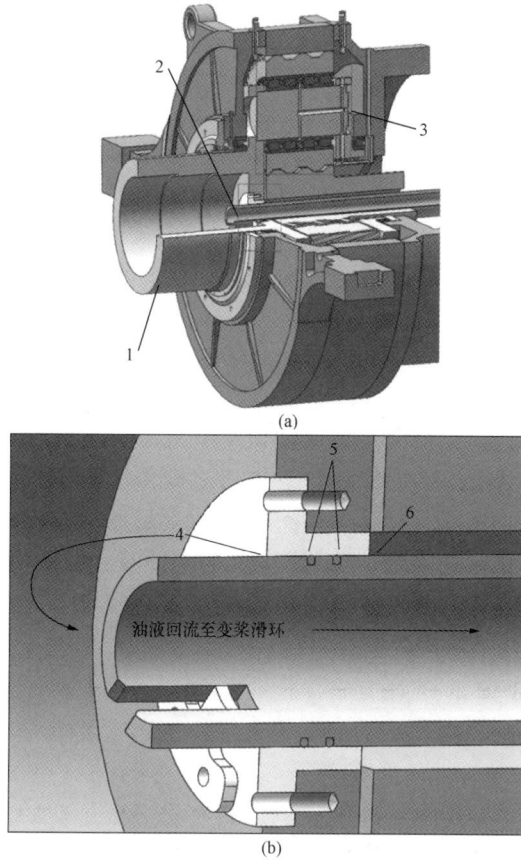

图 8-27　齿轮箱输入端中空轴渗漏油位置
（a）齿轮箱输入端中空轴渗漏油位置；（b）齿轮箱输入端中空轴渗漏油油液路径
1—齿轮箱输入端；2—渗油位置；3——级行星结构；
4—油液渗出；5—密封胶圈；6—齿轮箱内部油液

相配合，从而形成接触式密封结构。发电机侧中空轴渗油原因主要是机组长时间运行，端部接触式密封存在磨损缺陷，如图 8-28 所示。

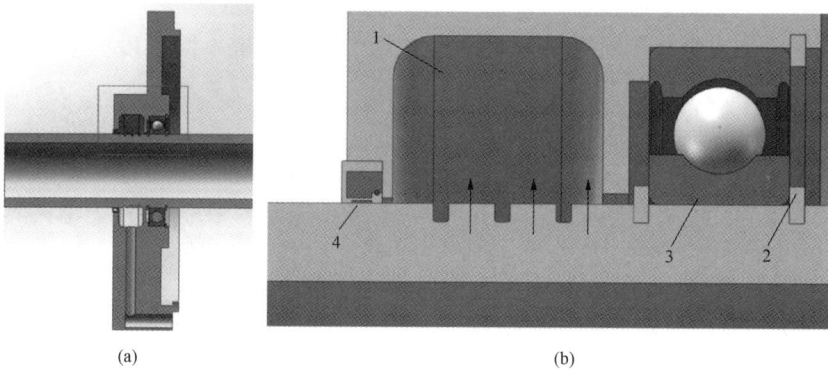

(a)

(b)

图 8-28　中空轴渗漏油原理图
（a）中空轴渗油位置；（b）中空轴渗油位置放大图
1—汇油腔；2—限位卡簧；3—球轴承；4—密封圈

第四节　发电机缺陷处理

本节介绍了发电机不对中和转子绕组连接线断裂缺陷处理。发电机不对中具体讲解了激光对中仪的使用流程，包括探测器安装、参数设置、三点测量法、垂直和水平方向调整方法；转子绕组连接线断裂介绍了拆卸流程、断裂点焊接修复工艺、绝缘处理以及修复后的绝缘测试等关键技术要点。

一、不对中

发电机不对中是指齿轮箱高速轴、发电机两转子的轴心线与轴承中心线歪斜或偏移的现象，且齿轮箱与发电机之间由联轴器连接，传递运动和转矩。发电机不对中是引起风电机组故障的常见原因。不对中状态中的齿轮箱与发电机会引起机械振动，加剧轴承磨损和轴的挠曲变形，增加转子受力及轴承的附加力，导致风电机组的异常振动和轴承的前期损坏。不对中情况中，联轴器不对中的情况占比较高。

（一）原因分析

（1）联轴器的安装误差及工作状态下的热膨胀及承载后的变形都会导致不对中。

（2）发电机与齿轮箱装配及长期运转磨损导致不对中。大型发电机对自身动平衡要求较高，长期运转情况下，因各种因素导致底座紧固螺栓细微松动、发电机自身动平衡状态被破坏而导致不对中等。

（二）表现形式

（1）两轴平行、两轴不同心、径向位移。

（2）两轴不平行、两轴同心、角向偏移。

（3）两轴不平行、两轴不同心、综合偏移。

（三）处理措施

目前，发电机不对中普遍采用激光对中仪来调整不同心度。下面主要以某发电机的对中作业做典型介绍。

1. 探测器与探测物的安装

（1）打开发电机高速轴的防护罩，用 V 型夹具将"M"探测器（见图8-29）卡到发电机锁紧套上并通过把 V 型夹具链条的末端挂在 V 型夹具的小钩上固定探测器，假设轴的直径过大可以使用延长链条。"S"探测器（见图 8-30）通过磁座及"一"字卡具吸附在高速轴刹车盘端面，与"M"探测器在一条直线上（见图 8-31）。

（2）打开主机电源，出现如图 8-32 所示界面。

（3）选择水平轴对中方式，进入对中主界面，"S""M"两探测器发出激光。

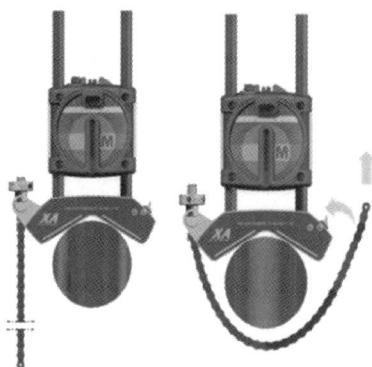

图 8-29　"M"探测器

图 8-30　"S"探测器

图 8-31　安装探测器

图 8-32　对中仪操作界面

　　根据对中仪提示，点击对中主界面里的 ▇ 图标进入设置界面，再按下设置界面的 ▣，可以看到 2 个探头之间的角度偏差，调整两探测器位置使偏差角度不超过 0.3°（见图 8-33）。

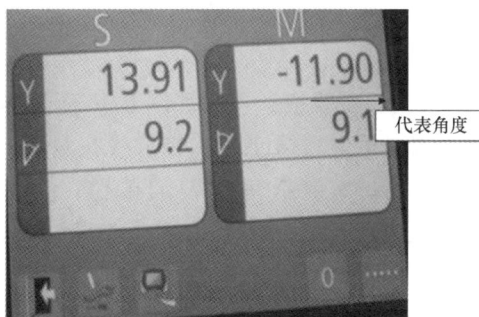

图 8-33　探头偏差角度

　　（4）调整后返回对中仪主界面。用工具拧紧锁紧螺栓（见图 8-34），但不要过度拧紧，以手转不动为佳。

图 8-34　拧紧锁紧螺栓

（5）调整"M"探测器或"S"探测器，使两探测器发射的激光都打在对方接收窗口大致中间的位置上，使各探测器都能接收到对方发出的激光并锁紧（可通过打开探头两侧的锁紧片来上下调整探头），如图 8-35（a）所示。这时对中仪界面 2 个信号灯应该是绿色，如图 8-35（b）所示。

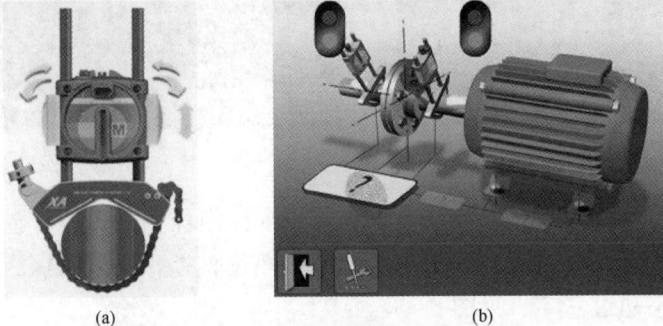

图 8-35　打光示意图
（a）锁紧片调整探头；（b）信号灯

按下工具图标 ![icon] 进入设置界面。进入如图 8-36 所示界面。

其中，![icon] 表示测量单位与精度；![icon] 表示状态显示；![icon] 表示采样时间；![icon] 表示软脚测试；![icon] 表示角度表示单位；![icon] 表示补偿值预设；![icon] 表示测量方法；![icon] 表示备注；![icon] 表示公差设置；![icon] 表示重新开始。

（6）点击测量方式图标 ![icon] 进入对中方法选择界面。水平轴对中程序有三种测量法，即任意三点法、快捷法与时钟法。

1）三点法：![icon] 三点法需测量 3 个位置点，每个位置点距离至少 60°。三点均为手动控制测量。

2）快捷法：![icon] 快捷法对中，只需轴每次旋转一定角度，系统自动计算对中情况。当开始测量第 1 个点以后，在转动到其他位置后保持 2s，其他

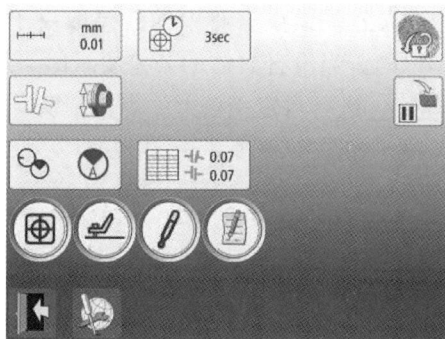

图 8-36　测试方式选择

点自动记录。

3）时钟法：⏱时钟法要求轴每次旋转固定的角度。因此在风电机组调试过程中，一般不采用时钟法。选择任意三点对中方法或快捷法，并点击 OK 按钮。

（7）基本数据输入点击预设图标✐选择轴样图标输入方式（第 2 个图标），如图 8-37 所示。

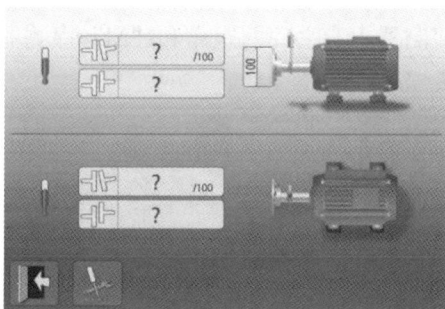

图 8-37　输入预设值界面

（8）选择数据框███？███输入预设值并保存。

（9）预设值：发电机轴在垂直方向上相对于齿轮箱轴的预设值角度和高度为 0°和 1.5mm（发电机轴要高于齿轮箱轴 1.5mm），如图 8-38 所示。

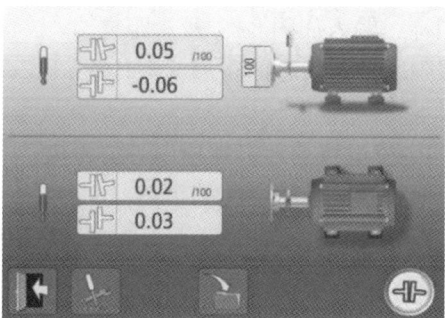

图 8-38　预设值界面

443

（10）点击 进入公差预设。对中的公差取决于轴的转速，结果必须达到制造公差范围以内。当没有具体的公差要求时，可使用系统默认值。点击此方框 进行自定义公差。点击箭头 选择需要应用的公差，选好后点击 OK 键，如图 8-39 所示。

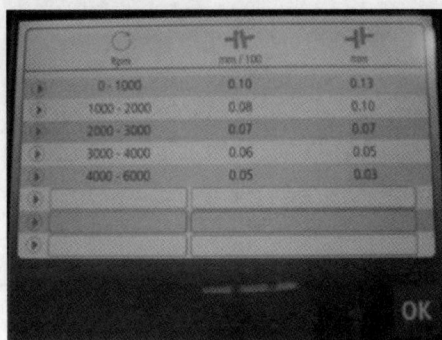

图 8-39　公差预设

（11）点击 图标，进入下一界面。

（12）输入对中测试所需条件。

测量两探测器中心之间的距离和"M"探测器中心到发电机前地脚螺栓中心之间的距离（见图 8-40）。

图 8-40　测量探测器中心之间距离

（13）点击 图标，输入如图 8-41 所示距离。

1）"S"探测器到联轴器中心的距离（默认为 s1/2，可根据实际测量进行改动）。

2）"M"探测器到发电机前地脚螺栓中心的距离。

3）发电机前后地脚螺栓中心之间的距离。

注意：c、d 两项数据也可在对中测试之后，调整界面之前输入。

2. 对中测试

初始测试：要想对中，首先要知道两轴之间的偏差是多少，这就需要先对两轴进行测试。然后转动高速轴，取三点对两个轴的轴心初始位置进

图 8-41 两个探头中心之间的距离 s1

行测试。

（1）对起始点进行测量，触摸保存图标 🔽，对测试结果手动保存（见图 8-42）。

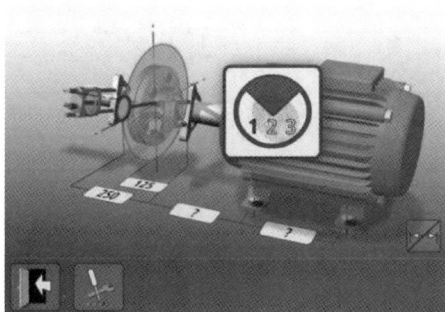

图 8-42 保存第一点结果

（2）盘车进行第二点的选取，盘车期间对中仪显示屏将显示第二点的可选区域，绿色为可选区域，红色为不可选区域（至少转过 30°，若两探头之间距离小于 200mm 则至少转过 60°），触摸保存图标，对测试结果手动保存（见图 8-43）。

图 8-43 保存第二点结果

（3）第三点：方法同第二点，如图 8-44 所示。

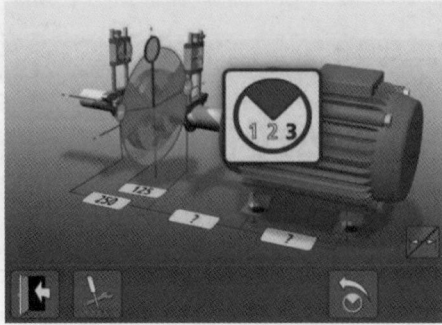

图 8-44　保存第三点结果

（4）测试结果测试结束后，对中仪将显示测试结果，并将以下数据作为初始值进行保存，如图 8-45 所示。

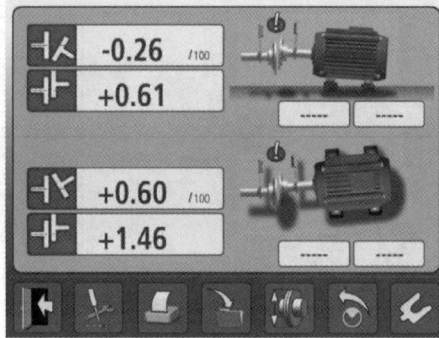

图 8-45　保存测试结果

测试结果显示了两个轴在水平和垂直方向的角度和径向偏差，以及发电机地脚螺栓需要调整的值。

左侧的图标显示了角度偏差和径向偏差的方向，以及是否在误差范围内：![](在误差范围内（绿色）；![](在两倍误差范围内（黄色）；![](超出了误差范围（红色）。

在两个联轴器之间的图标显示了两个联轴器之间的状态：![](在误差范围内；![](两倍误差范围内；![](超出了误差范围。

根据实际测试情况选择：测试结果在误差范围内，选择保存测试结果图标![]；测试结果超过误差范围，选择调整图标![]进行调整。

根据对中测试结果分析哪个方向需要调整。首先用发电机尾部工装顶住发电机，防止发电机后移，再进行调整，调整顺序是先调垂直方向，再调水平方向（见图 8-46）。

3. 垂直方向调整

（1）将探测器盘车到垂直方向（12 点或 6 点，通过看水平泡![]来

图 8-46　发电机调整

确定是否在 12 点或 6 点准确位置），根据对中仪上显示的偏差确定需要调整的地脚螺栓。参考方向为发电机向上调整为正，向下调整为负。调整后地脚螺栓时，用 36mm 扳手将前侧地脚螺栓打紧，后地脚螺栓松开，根据地脚螺栓位置偏差进行调整。首先要确定需要调整的高度，然后确定是调整后侧弹性支撑还是需要加垫片（见图 8-47）。一般弹性支撑螺母调整量为 0~8mm，如果超过此范围，必须加垫片。一般弹性支撑螺母旋转一圈是触摸屏的 2mm，可以根据这个数据确定螺母需要旋转多少圈。同理，调整前侧，直到发电机垂直方向的偏差在范围之内。

（2）在调整过程中，注意观察对中仪显示屏上显示的调整情况。使主机显示的模型与实物的方向相对应，按如图 8-48 所示箭头的大小和方向进行调整，先调节偏差大的那一个，最终使显示屏上的调节液泡处于中间位置。

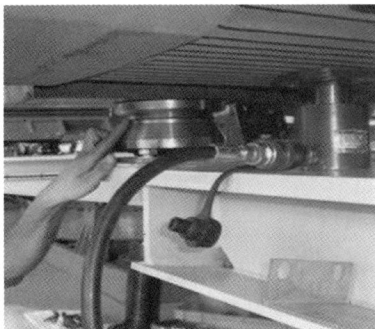

图 8-47　垂直方向调整

图 8-48　垂直方向对中仪界面

4. 水平方向调整

将探测器盘车到水平位置（9 点或 3 点，通过看水平泡 ▭▭ 来确定是否在 9 点或 3 点准确位置），根据对中仪上显示的偏差判定需要调整的方向，然后通过专用工装将水平方向误差调整到公差范围内，调整方法与垂直方向类似，只是所用工装不同，水平方向是靠调整工装左右移动发电机，如图 8-49 所示。

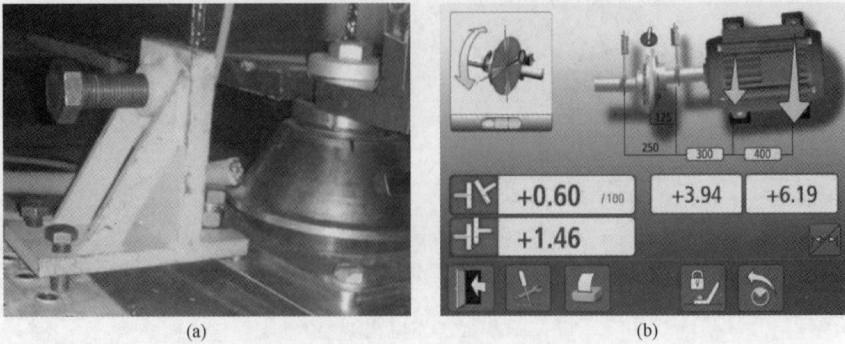

图 8-49　水平方向调整

（a）水平方向调整工装；（b）水平方向调整对中仪界面

5. 重新测试

选择重新测试图标，应用任意 三点法重新检测一遍。如果仪表显示的两轴误差超过允许公差范围，重复上述调整步骤，直到调整合格，并保存调整合格后的测试结果（见图 8-50）。

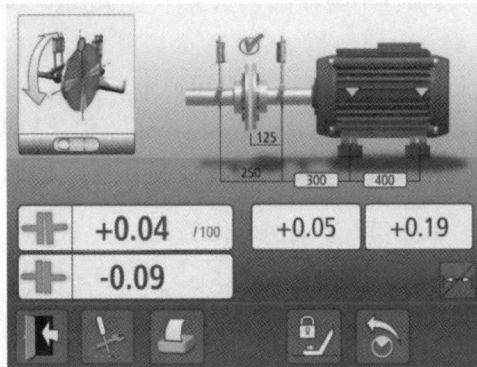

图 8-50　发电机对中重新测试

6. 调试结束

（1）调试结束后，需要拧紧发电机地脚螺栓，对发电机进行固定。按如图 8-51 所示顺序分两次紧固标准力矩，第一次预紧固 500N·m，第二次

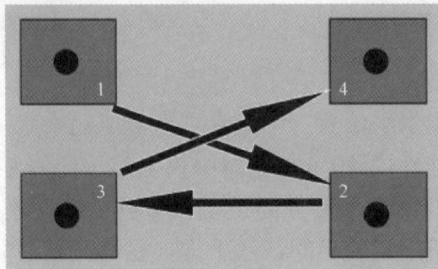

图 8-51　发电机地脚螺栓固定顺序

紧固850N·m。紧固完500N·m力矩以后，再次用对中仪检测对中结果是否在允许的范围内，如果超出了范围就要重新对中，如果在范围内再进行第二次紧固标准力矩850N·m。

（2）取下探测器，整理仪表及工具，将高速轴防护罩重新装好，完成作业记录，至此对中作业完成。

注意：在对中过程中，一定要把对中前和对中后的结果以电子版的形式进行保存，以便以后查对；对中结束后，应将高速刹车全部松开，检查液压系统是否完全泄压，确保叶轮处于自由旋转状态。

二、转子绕组连接线断裂

（一）原因分析

双馈异步发电机转子引出线、桥接线、中性环线加工折弯变形，发电机高速运转产生离心力、振动导致接线导线断裂，断裂部位拉弧，瞬间高温可能会导致端部绝缘烧损、匝间及对地绝缘烧毁。如果放电部位绝缘未击穿、匝间未短路，则可进行塔上接线修复工作。

（二）处理措施

（1）拆卸前的准备工作。在塔底将风电机组停机切换到维护状态；断开相应开关；锁上叶轮锁；按下急停按钮。

（2）拆卸发电机转子电缆。拆下转子接线箱的盖子，测量转子铜排对地电压，确认没电后用棘轮扳手将转子连接线和接地线拆松并取下（见图8-52），电缆头部放置到不影响作业的区域（拆除时，需要检查电缆上的线标是否正确，不正确的需要重新标注）。

（3）拆卸编码器及其他控制电缆。拔下集电环传感器接线，拆除非驱动端PT100传感器，如图8-53所示。

图8-52　发电机转子接线箱　　　　图8-53　发电机传感器接线箱

（4）拆除发电机空—空冷却器的风道及排碳管，如图8-54所示，清理集电环卫生。

（5）拆除主碳刷和接地碳刷，并将其用扎带固定在碳刷架上，取下后轴承加油管。

拆除编码器，如图8-55所示。拆除编码器插头，放到发电机底部不影响作业的位置。拆除安装编码器的三脚支撑架，拆除编码器后盖后再拆除轴端螺钉，取下编码器。

图 8-54　排碳管

图 8-55　拆卸编码器

（6）拆卸发电机后盖、风扇，如图 8-56 所示。

（7）用一字穿心起将风扇防尘罩上的保险清除，拆除螺栓，如图 8-57 所示。

图 8-56　拆除发电机后盖

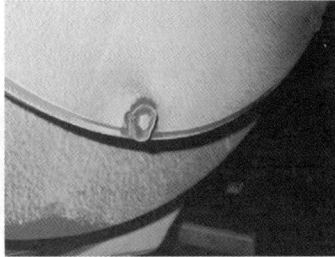

图 8-57　拆除风扇防尘罩

（8）拆除发电机风扇叶，如图 8-58 所示。

（9）拆卸发电机集电环、接地环，将转子三相电缆头解开并用漆笔做好记号，如图 8-59 所示。

图 8-58　拆除发电机风扇叶

图 8-59　拆除转子三相电缆

（10）拆除安装编码器的三脚支撑架，用大弹簧卡钳将集电环前的弹簧卡圈取出，如图 8-60 所示。

（11）将转子电缆塞进圆柱形工装内，圆柱形工装固定在集电环端面，如图 8-61 所示。

图 8-60 拆除集电环前的
弹簧卡圈

图 8-61 将六根转子电缆塞进
圆柱形工装内

（12）取螺杆并固定在圆柱形工装顶端的孔上，将 20t 中空式液压千斤顶套在螺杆上。将 4 根 M12 的螺杆固定在集电环上，套上圆盘形工装将千斤顶夹在中间。在 4 根 M12 螺杆上拧上螺母，使圆盘形工装、千斤顶与集电环平行。

预加紧力至 4 根螺栓松紧适度，用千斤顶（压力不大于 100MPa）将集电环缓缓拉出（注意集电环不能擦碰转子轴颈），如图 8-62 所示。

图 8-62 用千斤顶将集电环缓缓拉出

（13）拆卸发电机后轴承盖及滑环室。首先将放油管的固定螺栓拧开，用管子钳或鹰嘴钳将轴承加油管拧下，然后拆除碳刷支架的螺栓，将碳刷支架及滑环室缓缓顶出（注意该支架较重，要防止跌落），如图 8-63 和图 8-64 所示。

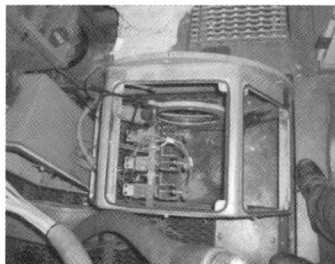

图 8-63 拆除碳刷支架和集电环室

图 8-64 顶丝孔位置

（14）拆除轴承前端盖。轴承挡油环和轴承前端盖不要分离（见图 8-65），一起拆除。

451

1）清理发电机轴上的油和毛刺。

2）用油漆笔把轴承座、发电机端盖、挡油环与发电机的连接处做上显著的标记。

3）拆除挡油环与轴的定位螺栓、轴承前端盖外圈与轴承座的螺栓。

4）用穿心起分离前端盖外圈与轴承座，在前端盖内圈的端面上装上螺栓。

5）用热风枪加热前端盖挡油圈时，需握紧螺栓整体取出轴承前端盖挡油圈。

（15）拆除轴承座及发电机端盖。发电机端盖与轴承座不分离，整体拆除（见图 8-66）。

1）拆除端盖上附件，拆除发电机大端盖与发电机的连接螺栓。

2）用液压千斤顶和木板支撑发电机轴（在轴上包上保护用的厚布）。

3）用高强度螺杆，把发电机端盖与轴承座整体顶出来。

4）缓慢松开千斤顶，放下发电机转子，把发电机端盖与轴承座整体取出。

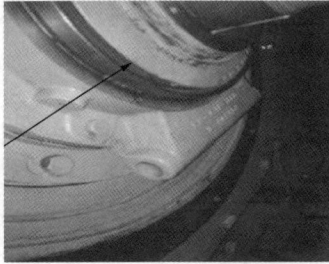 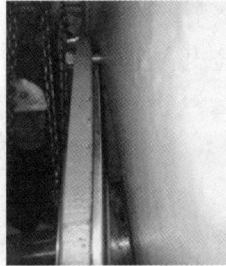

图 8-65　挡油环　　　　　　　图 8-66　吊住发电机转子

（16）拆除后轴承。清理发电机轴上的油和毛刺，取下前绝缘环和轴承后盖板上浮动弹簧，清理轴承上的油脂。

（17）用高强度螺杆一端固定在轴承后端盖，另一端固定在圆盘形工装上，在铁板和发电机轴端面之间放置液压千斤顶（见图 8-67），让三者平行、预紧。

（18）用热风枪加热轴承内圈，当加热到 100℃ 左右液压千斤顶打压（注意表压不超过 300bar），顶出轴承（见图 8-68）。用油漆笔做好后端盖与发电机连接处的标记，取下后绝缘环和轴承后端盖，并将其清理干净。

图 8-67　放置液压千斤顶　　　　图 8-68　轴承被顶出

（19）引出线修复。查找到断裂引出线［见图 8-69（a）］，清理损坏绝缘层［见图 8-69（b）］。

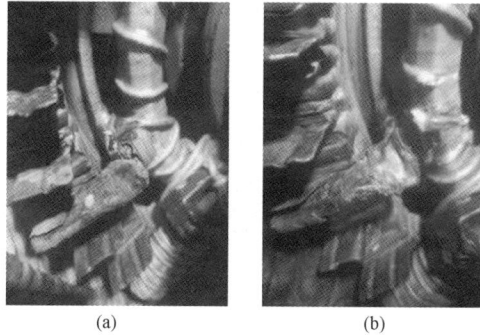

（a）　　　　　　　　　（b）

图 8-69　转子引出线

（a）引出线故障点；（b）清理损坏绝缘层

（20）根据断裂部位修形连接铜排，并在周围使用过水实心毛毡保护损坏周围部分的部件（见图 8-70）。

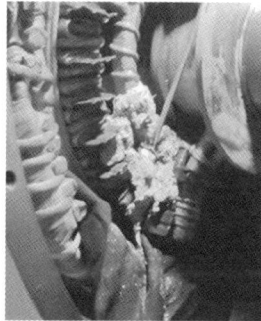

图 8-70　使用铜排连接故障点

（21）使用银焊条焊接损坏部位，焊接过程中保证无虚焊，如图 8-71所示。

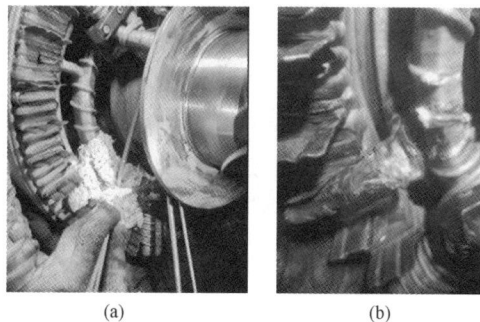

（a）　　　　　　　　　（b）

图 8-71　焊接

（a）焊接损坏部位；（b）焊接后的引线

（22）清理过水毛毡及焊接产生污物，使用热风枪加热修复周围水汽（见

图 8-72），使用 1000V 绝缘电阻表测试转子对地绝缘值在 50MΩ 以上。

图 8-72　使用热风枪加热

（23）使用石英带、无纬带及环氧树脂对修理部分做绝缘处理，并使用热风枪加热使环氧树脂加速固化，如图 8-73 所示。

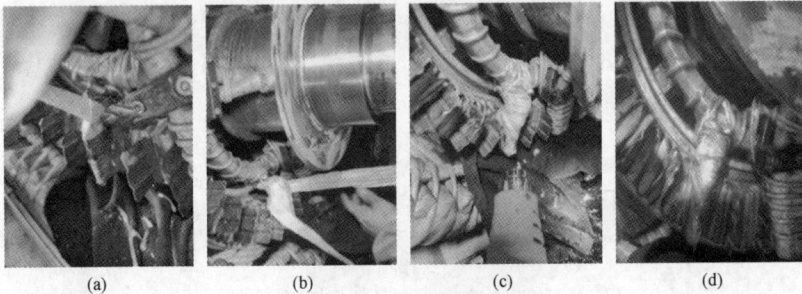

图 8-73　修理后绝缘处理

(a) 石英带处理；(b) 无纬带处理；(c) 热风枪加热环氧树脂；(d) 处理完成

（24）使用直流电阻测试仪测量转子三相直阻平衡，如图 8-74 所示。

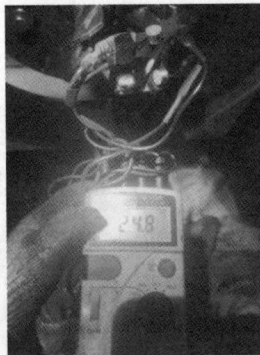

图 8-74　直流电阻测试

第五节　主控系统缺陷处理

本节介绍了主控系统控制柜门损坏、电气器件触点氧化和通信总线耦合器损坏，给出了加装防松螺母、更换合页和门锁的具体操作步骤；介绍了触点电阻测量标准、百叶窗更换和滤棉安装的技术要求；讲解了软件的使用流程，包括 IP 地址设置、设备搜索、路由添加、模块状态检测等诊断步骤。

一、控制柜门损坏

（一）原因分析

控制柜的柜门损坏一般有两种原因，一是控制柜地脚螺栓松动或丢失，二是控制柜门锁损坏。

（1）控制柜的地脚螺栓松动导致控制柜晃动和损坏，在维护过程中需要定期排查控制柜螺栓松动情况，必要时可以加装防松螺母，如图 8-75 所示。

图 8-75　控制柜地脚螺栓位置

（2）控制柜门锁损坏通常是由于人员在开锁过程中操作不当所致，一旦发生损坏，通常需要及时更换门锁，如图 8-76 所示。为了预防门锁损坏，应使用配套的钥匙进行开锁。在某些风电机组中，为了方便操作，会将钥匙挂在指定位置。

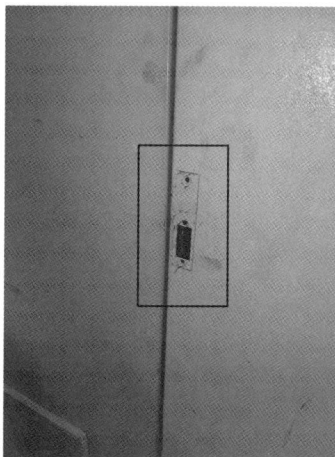

图 8-76　控制柜门锁损坏

　　在门锁损坏后，柜门无法关严，导致合页损坏（见图 8-77）。针对损坏的合页，不仅需要更换受损的合页，还应当检查柜门锁，以防止风电机组在运行过程中柜门出现晃动，再次导致合页损坏。

图 8-77　控制柜合页损坏

（二）处理措施

（1）使用扳手紧固控制柜地脚螺栓，也可以加装防松螺母。

（2）拆下损坏的合页。拆损坏的合页时，拆下一个旧合页更换一个新合页，防止一次性拆下所有合页后，柜门脱落，砸伤人员或控制柜器件。

（3）更换新合页，如果原有的合页固定孔已经损坏，需要重新打孔固定新合页。

（4）拆卸损坏的门锁、门锁连杆及其他附件。

（5）安装新门锁、门锁连杆等附件。

（6）关闭控制柜的柜门，检查柜门可以关严。

（7）将控制柜钥匙挂在控制柜附近的指定位置，便于开门时取用。

（8）再次检查柜体及柜门的晃动情况，确保柜体和柜门牢固，无晃动情况。

二、电气器件触点氧化

（一）原因分析

　　主控系统的电气器件触点氧化，主要是柜体密封不严导致的，柜体密封不严的原因有柜门损坏问题，也有控制柜的滤棉缺失或百叶窗损坏的问题。滤棉缺失可导致尘埃和其他颗粒物进入柜体，导致柜体内的电气器件触点发生氧化，如图 8-78 所示。

　　在风电机组上的百叶窗一般使用塑料材质制成。当百叶窗因风化等原因出现破损时，无法正常固定滤棉，空气未经过滤棉直接进入控制柜内，如图 8-79 所示。尘埃和其他颗粒也伴随着一起进入柜体内，导致电气器件触点氧化程度加剧。

图 8-78 控制柜内接触器辅助触点氧化

图 8-79 控制柜百叶窗损坏

（二）处理措施

（1）使用万用表的电阻档测量确认触点的电阻，高于 1Ω 的应更换。

（2）拆下损坏的电气器件触点。

（3）更换新的电气器件触点。安装前测量新电气器件的触点阻值，电阻值应小于 1Ω。

（4）拆下损坏的百叶窗。

（5）安装新的百叶窗。

（6）安装缺失的滤棉，滤棉尺寸应与原尺寸相同，不易过大或过小，滤棉尺寸过大或过小均会影响过滤效果。

三、通信总线耦合器损坏

（一）原因分析

主控系统的通信耦合器在运行中易出现损坏的问题，造成通信中断，其主要原因是内部芯片的 5V 电压异常。该缺陷需要使用配套的主控系统软件判断模块损坏情况和缺陷位置，如图 8-80 所示。

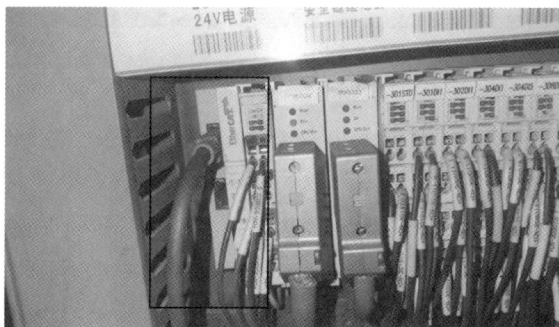

图 8-80 通信总线耦合器

（二）处理措施

（1）修改调试电脑 IP 地址，将 IP 地址与 PLC 控制器地址改为同一网段，如图 8-81 所示。

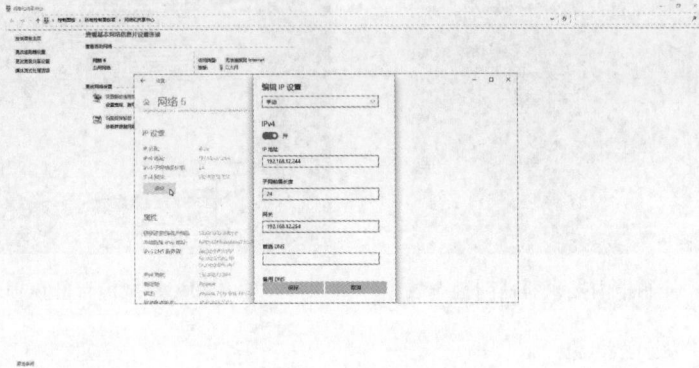

图 8-81　修改 IP 地址

（2）打开 TwinCAT System Manager 软件操作界面，如图 8-82 所示。

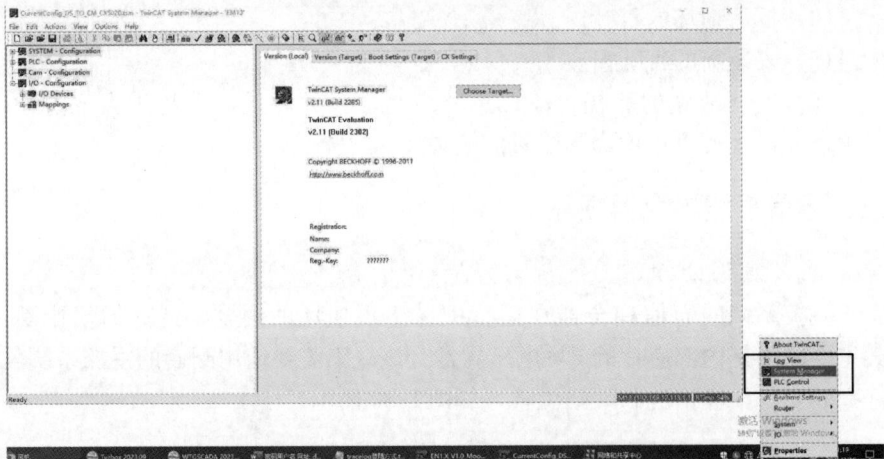

图 8-82　TwinCAT System Manager 软件

（3）点击"Choose Target System"按钮，进入已连接过的设备列表栏，如图 8-83 所示。

（4）点击"Search {Ethernet}"按钮，搜索局域网内设备，如图 8-84 所示。

（5）点击"Broadcast Search"按钮，通过广播搜索的方式搜索设备，如图 8-85 所示。

（6）选中对应的 PLC 控制器地址，点击"Add Route"按钮添加路由地址，如图 8-86 所示。

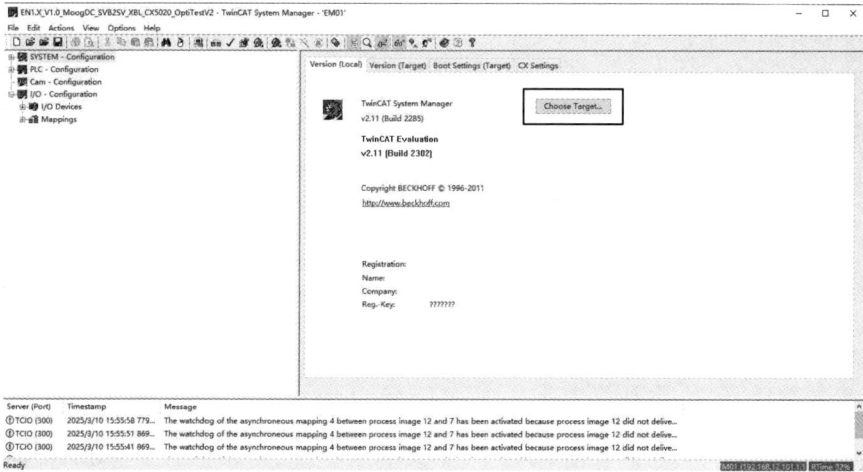

图 8-83　进入历史连接设备记录列表

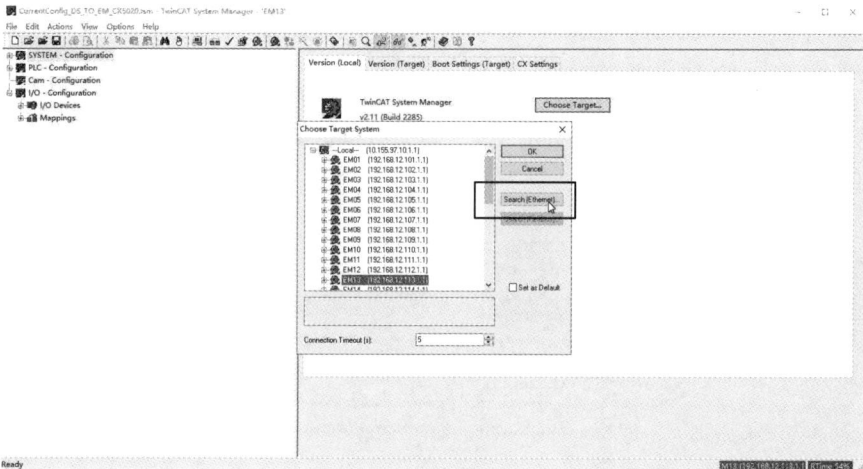

图 8-84　搜索设备

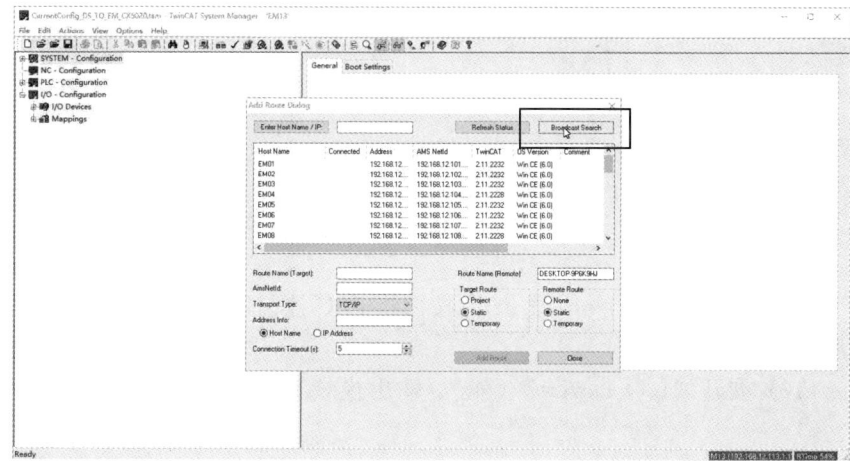

图 8-85　广播搜索

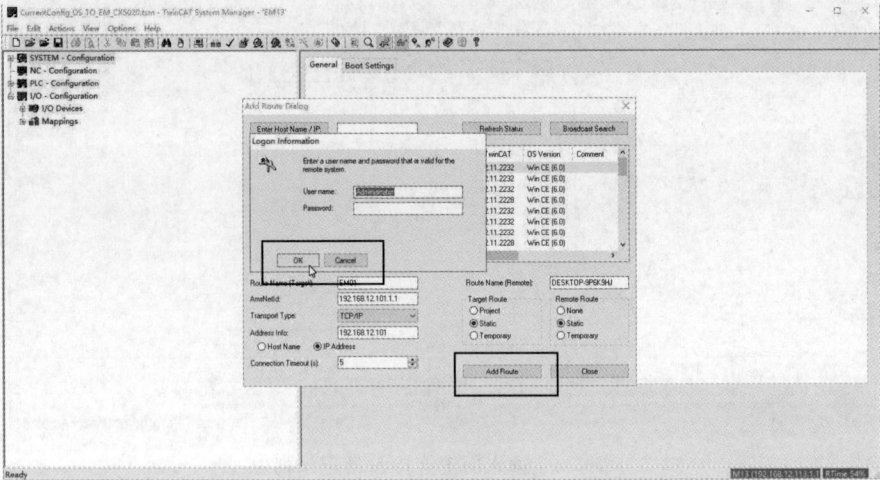

图 8-86　添加路由地址

（7）点击"OK"按钮，确认添加的路由地址，如图 8-86 所示。

（8）在"Connected"列有"x"说明软件已经和 PLC 控制器建立连接，如图 8-87 所示。

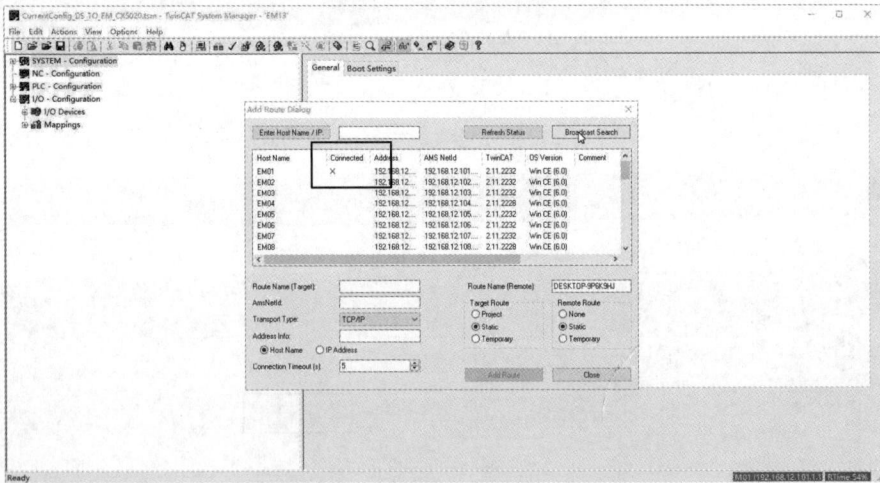

图 8-87　软件和 PLC 建立连接

（9）点击"Open from target"按钮将 PLC 控制器中的组态导出到本地电脑，如图 8-88 所示。

（10）展开"I/O Device"（输入/输出模块）树形结构，如图 8-89 所示。

（11）展开"Master（EtherCAT）"（主站）树形结构，如图 8-90 所示。

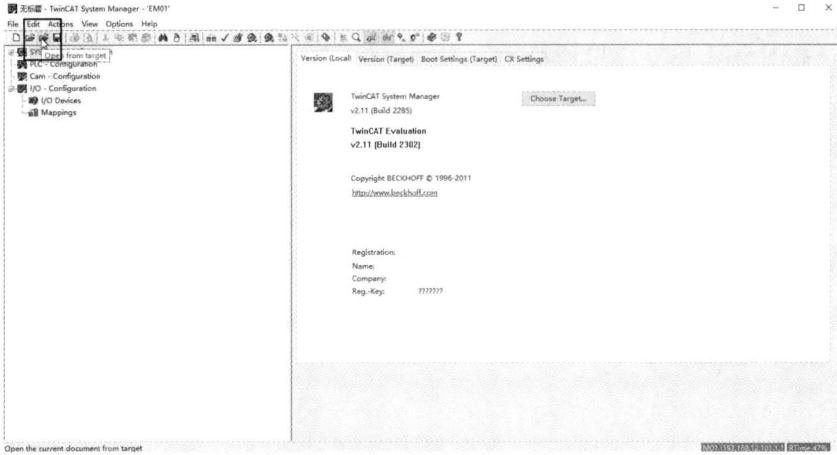

图 8-88 导出 PLC 的组态配置

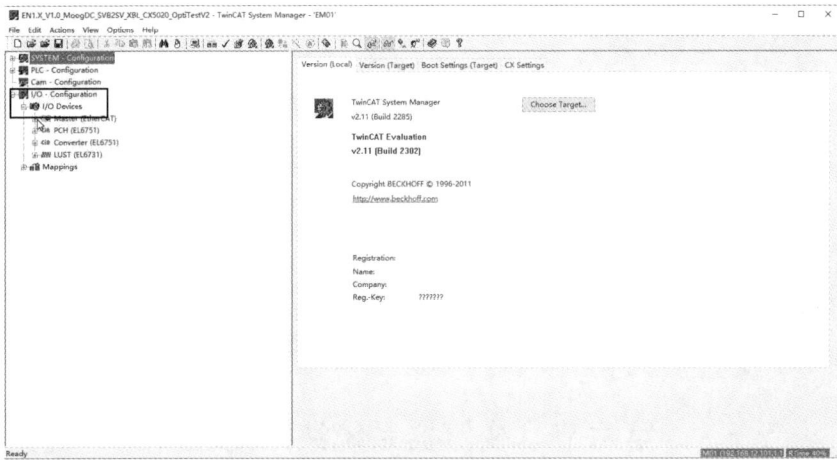

图 8-89 展开输入/输出模块结构树

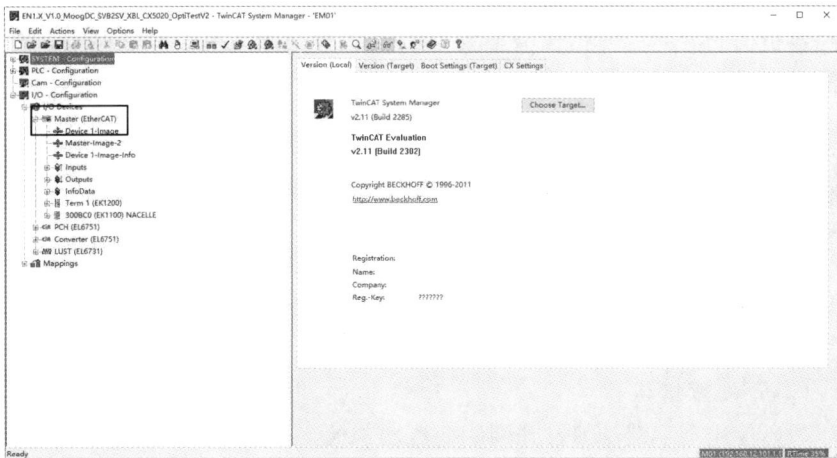

图 8-90 展开主站结构树

461

（12）点击"Onlion"按钮。查看模块的运行状态，判断模块的损坏情况，如图 8-91 和图 8-92 所示。

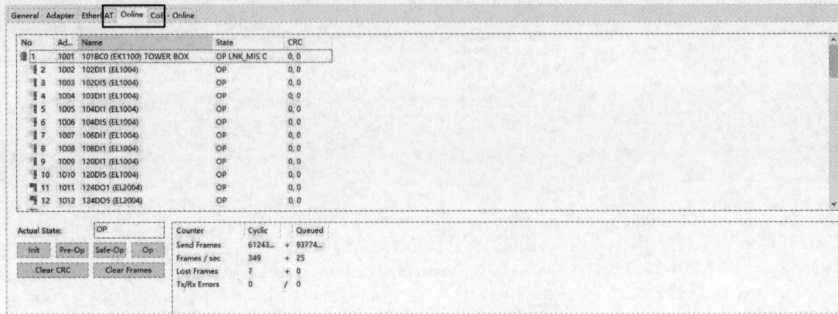

图 8-91　查看塔底模块的运行状态

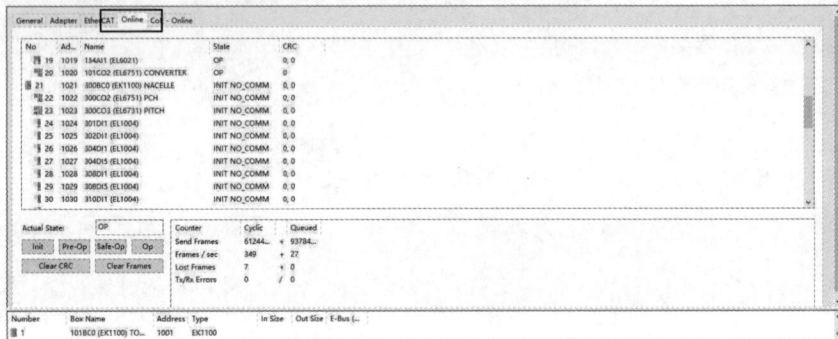

图 8-92　查看机舱柜模块的运行状态

第六节　变流器系统缺陷处理

本节介绍了变流器系统功率模块过温的硅脂涂抹工艺和安装力矩标准；断路器机构润滑不良的机构清洁要点以及润滑操作规范，并强调了润滑后的测试要求。

一、功率模块过温

（一）原因分析

随着风电机组变流器设备运行年限的增长，功率模块因过温导致炸毁的事件日益增多。这主要是由于功率模块的散热效果不佳，其散热主要介质导热硅脂的涂抹存在问题。

（二）处理措施

（1）使用十字螺丝刀打开网侧变流器盖板，如图 8-93 所示。

（2）检查变流器检测板、电源板、DSP 主控板固定螺栓及绝缘支柱，如发现缺失应及时补齐。

（3）拆除检测板上电气插头、功率模块驱动线及 DSP 主控板上的光纤插头；使用十字螺丝刀拆除网侧变流器上层间隔的固定螺栓，如图 8-94 所示。

图 8-93　网侧变流器模块　　　　图 8-94　网侧变频器上层间隔固定螺栓

（4）拆除网侧变流器上层隔断，使用开口扳手拆除功率模块电容固定螺栓（见图 8-95），并检查功率模块电容是否出现漏液损坏等现象。

（5）使用开口扳手拆除功率模块与网侧母排连接螺栓（见图 8-96）。

图 8-95　网侧变流器功率模块　　　图 8-96　网侧变流器功率模块与
　　　　电容固定螺栓　　　　　　　　　　　母排连接螺栓

（6）使用十字螺丝刀拆除功率模块固定螺丝（见图 8-97）。

（7）取下功率模块，使用干净抹布擦掉硅脂残留污渍，检查功率模块驱动板有无灼伤、过火痕迹，功率模块外观有无破损、打火痕迹，并使用万用表测量功率模块二极管压降，正常值为 0.375V。

（8）使用功率模块涂硅脂工装对功率模块均匀涂抹硅脂（见图 8-98），硅脂要求导热系数在 $3.0W/(m \cdot K)$ 以上。

图 8-97　网侧变流器功率模块固定螺栓　　　图 8-98　涂抹功率模块硅脂

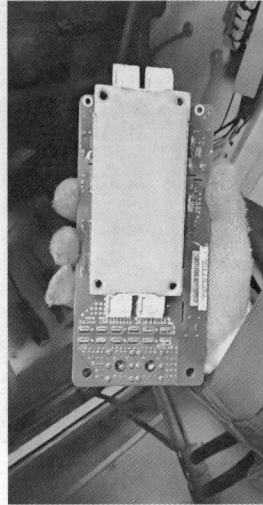

（9）功率模块涂抹硅脂后重新安装功率模块，功率模块上 M5 螺丝力矩为 $35N \cdot m$，M6(10mm) 固定螺栓力矩为 $45N \cdot m$，M8(13mm) 固定螺栓力矩为 $95N \cdot m$。

（10）检查紧固功率模块的驱动线（见图 8-99）。

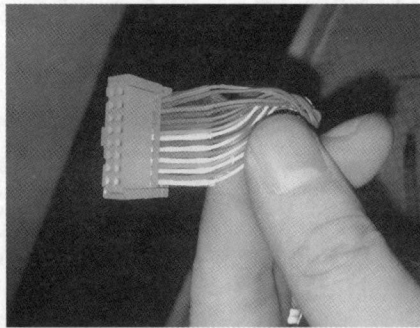

图 8-99　网侧变流器功率模块驱动线

（11）按照拆卸步骤安装恢复网侧变流器上层隔断，并恢复接线，安装变流器盖板。

（12）机侧变流器功率模块涂抹硅脂步骤与网侧变流器功率模块涂抹硅脂步骤基本一致，参考网侧变流器功率模块拆除步骤。

二、断路器机构润滑不良

（一）原因分析

随着风电机组运行年限的增加，风电机组频繁报主断路器分闸、合闸反馈类故障，尤其是冬季低温长时间停机后会大批量报出，该类故障占比呈逐年上升趋势。其中主要原因是断路器机构出现阻滞情况，而导致机构阻滞是现场断路器机构润滑不到位引起的。

（二）处理措施

1. 拆除透明盖板和面罩

（1）如图 8-100 所示，螺丝旋转 90°，可拆除透明盖板，松开 4 颗螺丝拆下面罩。

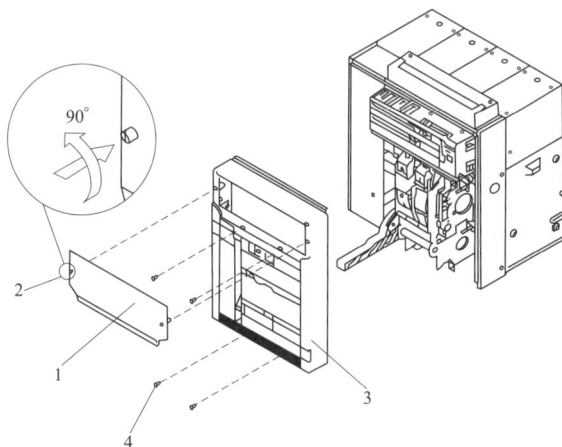

图 8-100　断路器盖板

1—透明盖板；2—螺丝；3—面罩；4—4 颗螺丝

（2）松开如图 8-101 所示的螺丝，拆下侧挡。

2. 拆下储能电机

（1）松开六角螺钉，取下固定在断路器左侧的储能电机（见图 8-102）。

图 8-101　断路器侧挡

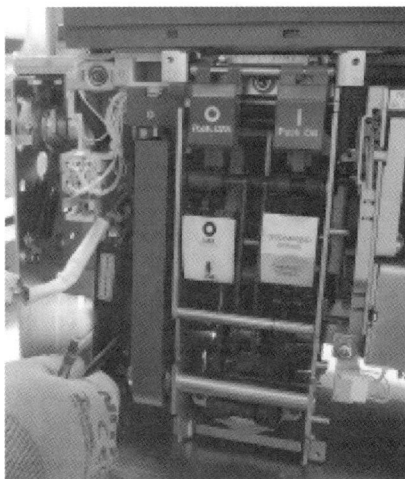

图 8-102　断路器储能电机

（2）拆下固定在断路器内的储能电机。储能电机先向左拔出，然后向前拉出（见图 8-103）。

3. 取下线圈支架

（1）松开断路器右侧的螺丝（见图 8-104）。

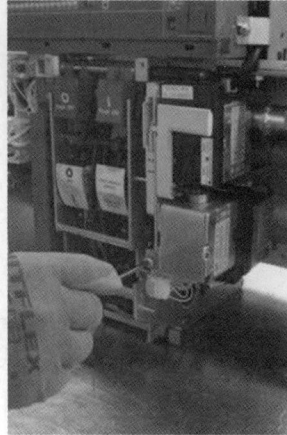

图 8-103　拆下断路器储能电机　　图 8-104　断路器右侧螺丝

（2）拉下支架上拉杆，然后拉出整个线圈支架（见图 8-105）。

注意：拆下固定在断路器内的储能电机。储能电机先向左拔出，然后向前拉出。

4. 掀开分闸按钮

为了方便检查断路器的操作机构，将合闸按钮（红色）先向左拉动，然后掀开分闸按钮（见图 8-106）。

图 8-105　断路器线圈支架　　图 8-106　断路器分闸按钮

5. 机构清洁

（1）清洁分闸半轴右台肩侧和左台肩侧的 3 个轴座，如图 8-107 所示，包括内测和外侧。

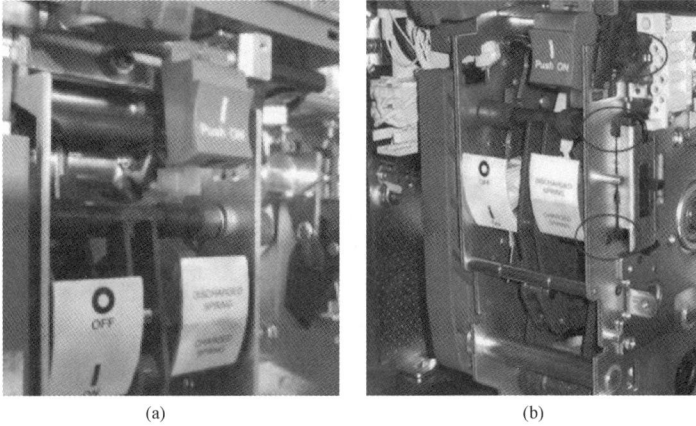

(a)   (b)

图 8-107　断路器轴座

(a) 内侧；(b) 外侧

（2）清洁合闸半轴的勾块与转轴连接部分，如图 8-108 所示。

图 8-108　断路器勾块与转轴

（3）清洁合闸勾块与合闸半轴接触部分，如图 8-109 所示。

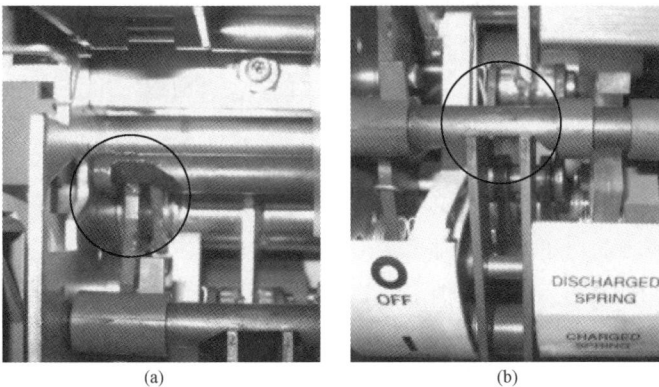

(a)   (b)

图 8-109　断路器勾块与合闸半轴

（a）左侧接触部分；（b）右侧接触部分

（4）清洁十字轴顶杆与分闸半轴接触部分，如图 8-110 所示。

图 8-110　断路器十字轴顶杆与分闸半轴

注意：用毛刷来清除老化的油脂以及尘垢。清洁过程中，需转动所有清洁的部件，确保各部件正常动作。

6. 检查清洁效果

（1）转动合闸半轴，拉出合闸勾块，如图 8-111 所示，然后松开合闸半轴和合闸勾块。

注意：如果清洗是有效的，合闸勾块会紧随合闸半轴迅速回位，不论合闸半轴还是合闸勾块都无迟滞现象。

（2）转动分闸半轴，推入十字轴顶杆，如图 8-112 所示，然后松开分闸半轴和十字轴顶杆。

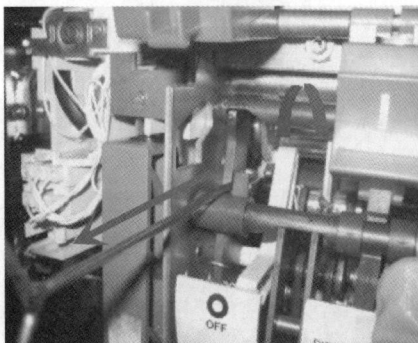

图 8-111　断路器合闸半轴和合闸勾块　　图 8-112　断路器分闸半轴和十字轴顶杆

注意：如果清洗是有效的，十字轴顶杆会紧随分闸半轴迅速回位，不论分闸半轴还是十字轴顶杆都无迟滞现象。

7. 机构润滑

（1）润滑右台肩侧和左台肩侧的 3 个轴座，包括内测和外侧。

（2）润滑勾块与转轴接触部分。

（3）在勾块与合闸半轴接触部分加入润滑油。

（4）在十字轴顶杆与分闸半轴接触的部分加入润滑油。

（5）在储能顶杆和三连杆支座部分加入润滑油，并在其对称部分也加入润滑脂，如图 8-113 所示。

图 8-113　断路器储能顶杆和三连杆支座
（a）外侧润滑；（b）内侧润滑

（6）在主轴销和主轴支座部分加入润滑油，并在其对称部分也加入润滑脂，如图 8-114 所示。

图 8-114　断路器主轴销和主轴支座
（a）左侧润滑；（b）右侧润滑

注意：多余的油需要清除。加润滑油的过程中，需转动所有润滑的部件，确保各部件转动正常。

第七节　偏航系统缺陷处理

本节介绍了偏航系统减速器渗油缺陷，详细说明了密封圈更换的具体步骤，制动钳渗油缺陷分析了油缸密封圈老化和油管接头漏油两种原因，并给出相应的更换措施；运行声音异常缺陷提出了润滑检查、减速器油位补充、齿面损伤修复等六项处理措施；制动盘磨损缺陷区分轻度磨损和重度磨损分别采用铣削修复和镶块修复工艺；滑移缺陷处理介绍了制动力矩检测方法，包括偏航铜套阻尼力矩和电磁刹车抱闸力矩的校验调整流程。

一、减速器渗油

（一）原因分析

根据现场观察，偏航减速器渗油的主要原因是密封圈的失效，如图 8-115 所示。密封圈在长期与减速器输入轴的摩擦过程中，容易发生磨损，从而导致密封性能下降，引发渗油问题。为了确保设备的正常运行，必须定期对密封圈进行检查和更换。

图 8-115　偏航减速器端盖密封失效

（二）处理措施

（1）拆卸偏航电机连接螺栓，确保螺丝完好无损，将偏航电机卸下。

（2）清理密封圈处的油脂，使用一字螺丝刀将损坏的密封圈取出。

（3）在新油封的外壁接触面和内圈接触面涂抹润滑油，使用专用工具将其均匀敲入。

（4）重新安装偏航电机和电气接线，进行偏航测试以确保偏航方向正确、无异响、无渗漏油现象。

二、制动钳渗油

（一）原因分析

偏航制动钳的构造包括上下两块钳体、摩擦片、活塞、油缸，以及防泄漏软油管。在制动器的使用过程中，可能会出现漏油的情况，主要问题可能出现在油缸内密封圈的老化，以及制动钳油管接头处漏油。

（二）处理措施

（1）巡视过程中，发现制动钳废油收集管或收集瓶内出现液压油，钳体内部活塞的主密封已老化失效，需进行更换。

（2）寒冷地区由于热胀冷缩可能导致油管接头处渗油，更换时需选用耐低温油管。

三、运行声音异常

（一）原因分析

风电机组偏航系统在运行过程中，若出现偏航振动和噪声，将加速轴承的损坏，同时还会造成偏航制动钳摩擦片和制动盘的过度磨损。这些情况将导致风电机组零部件提前失效，增加维修成本。此外，振动还会引起螺栓松动及其他零部件的损坏。

（二）处理措施

（1）定期清理制动盘表面的油污和磨屑，确保摩擦片在适宜环境下工作。

（2）仔细检查润滑状况。拆卸偏航毛毡齿和偏航轴承处油管，启动偏航润滑泵，观察油管内油脂是否正常排出。

（3）检查偏航减速器油位，如需补充润滑油，应及时补加。

（4）检查偏航减速器及大齿圈齿面有无损伤，如有损坏，应立即修复或更换。

（5）参照维护手册，对偏航制动钳力矩进行校验，确保偏航阻尼力矩适中，避免过大或过小。

（6）检查偏航半泄回路是否正常工作，确保偏航余压满足要求。

四、制动盘磨损

（一）原因分析

风电机组偏航制动盘多为金属材质，在长期与摩擦片摩擦过程中，会出现不同程度的磨损，如图 8-116 所示。磨损的主要原因有：

（1）偏航制动钳安装问题。偏航制动钳与基座之间有间隙调整装置，随着风电机组运行时间的延长间隙会发生变化，导致偏航制动钳内的摩擦片与制动盘不平行，使其局部摩擦力增大。

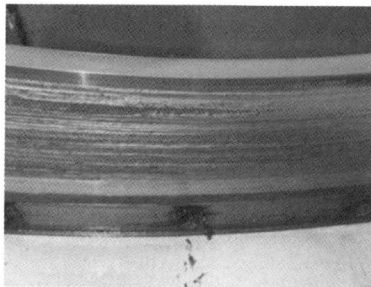

图 8-116　偏航制动盘磨损严重

（2）偏航过程中，摩擦片和制动盘相互摩擦产生磨屑，磨屑会附着在制动盘和摩擦片之间。摩擦片摩擦系数下降，偏航时会产生制动打滑引起刹车盘磨损。

（3）偏航过程中，偏航制动钳油液压力未有效泄放，机组"带载"偏航。

（二）处理措施

（1）设计制动盘时，相关计算保留了足够的安全余量，若轻度磨损，可采用铣削修复方式进行平整度修复，如图 8-117 所示。

图 8-117　安装铣削装置

（2）重度磨损一般采用"胶粘＋螺钉连接"镶块的修复方式，如图 8-118 所示。

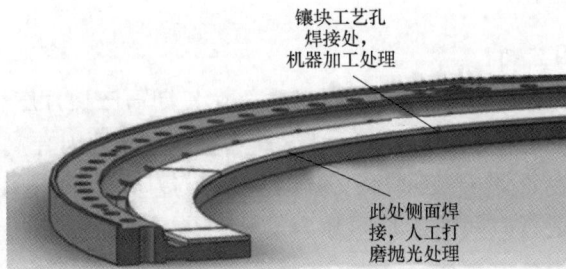

图 8-118　镶块修复方式

五、滑移

（一）原因分析

当偏航制动力矩不足时，风电机组易出现偏航滑移现象。在偏航滑移过程中，偏航大齿与减速器小齿反复撞击，会导致减速器输出轴疲劳断裂。同时，碰撞力会从减速器逐级传递至偏航电机，若偏航电机电磁刹车制动力矩正常，偏航电机转子保持静止，力矩会传递至减速器一级行星齿，造成一级行星齿损伤。若电磁刹车制动力矩不足，偏航电磁刹车摩擦片会发生带载转动，加速摩擦片磨损。

（二）处理措施

（1）在电磁刹车打开的状态下，采用偏航制动力矩校验工装和数显力矩扳手，对偏航铜套阻尼力矩或偏航制动钳制动力矩进行检测。如果检测结果未能满足标准要求，需对偏航铜套力矩进行重新调整，或查找偏航制动钳制动力不足的原因，如图 8-119 所示。

图 8-119　偏航制动力矩校验

（2）在偏航电磁刹车关闭的状态下，通过执行（1）中相同的操作，可以检测偏航电磁刹车的抱闸力矩。若检测结果未能满足要求，需要对偏航电磁刹车的间隙进行重新调整，直至达到所需的制动力矩。

第八节　液压系统缺陷处理

本节介绍了液压系统油液泄漏分析了密封件损坏、管路连接松动、泵阀泄漏等原因，并给出了更换密封件、管路紧固、泵阀维修等对应措施；蓄能器预充压力不足提出了温度校正、控制策略优化和定期更换滤芯的解决方案；油液污染制定了密封检查、部件更换周期和油液分析的维护方案。

一、油液泄漏

（一）原因分析

（1）密封件损坏：密封圈、O 形圈或垫片损坏或老化。

（2）管路连接处泄漏：管路接头未正确连接或连接处松动。

（3）泵或阀泄漏：液压系统油泵或阀的密封件或阀芯存在问题。

（4）液压系统油箱或管路损坏：液压系统油箱或管路本身存在缺陷或损坏。

（5）液压系统压力异常：液压系统压力过高可能导致泄漏。

（6）液压系统油泵损坏：长期使用或超负荷工作导致泵体或齿轮磨损。

（二）处理措施

（1）替换损坏的密封件，确保使用适当规格和材料的新密封件，保证正确安装和紧固。

（2）重新连接并确保紧固良好，使用适当的扭矩进行紧固，防止松动和泄漏。

（3）对液压系统油泵或阀门进行检查和维护，替换损坏的密封件或阀芯。确保油泵或阀门的正常运行和正确密封。

（4）修复或更换受损的液压系统油箱或管路部分，确保其完整性和密封性。

（5）调整系统压力至正常范围内。

（6）定期监测液压系统油泵的运行温度、压力。一旦发现磨损，及时更换，避免对系统产生更大的影响。

二、蓄能器预充压力不足

（一）原因分析

（1）充气温度不合适：蓄能器在非标准温度下充气，导致气体的膨胀和收缩不符合预期，进而影响充入气体量与预期压力不匹配。

（2）皮囊老化：蓄能器皮囊频繁动作导致其材料老化，引发预充压力不足。

（3）油液杂质：油液中的杂质损伤皮囊，进而导致气体泄漏。

（二）处理措施

（1）尽可能确保在标准温度（20℃）下进行蓄能器充气。对于由于在非标准温度下充气所引起的压力不匹配问题，应进行相应校正并调整预期的压力参数。

（2）优化液压系统控制策略，以降低蓄能器皮囊的频繁运动，同时及时更换蓄能器。

（3）定期更换液压系统中的滤芯和油液，确保油液质量符合要求。

三、油液污染

（一）原因分析

（1）外部污染物：油箱未正确密封或密封件损坏可能导致空气中的尘埃、水分等杂质进入系统。

（2）机械磨损：液压系统的运行会导致零件间的磨损，产生金属碎屑等固体杂质。

（3）油液老化：使用时间过长或者在高温、高压条件下工作，可能导致油液的氧化、降解，产生沉淀物和树脂，影响液压油的质量。

（二）处理措施

（1）确保油箱正确密封，及时更换密封件。定期清洁油箱和其他系统部件，避免尘埃、水分等外部杂质进入。

（2）定时更换易损耗部件，使用优质的润滑油，减少磨损产生的金属碎屑。

（3）定期进行油液分析，监测油液状态，并根据分析结果及时更换液压油。

第九节　制动系统缺陷处理

本节介绍了制动系统高速刹车未排气的排气操作流程，包括泄压、油管安装和手动打压排气步骤；高速刹车间隙异常的调整方法和验证测试要求；高速刹车摩擦片磨损缺陷的更换标准，描述了摩擦片拆卸安装步骤和定位螺栓力矩要求；高速刹车密封圈损坏的更换工艺，包括油缸清洁、密封唇安装方向和压力测试等关键环节。

一、高速刹车未排气

（一）原因分析

高速刹车在更换完液压系统油液和长时间制动后，会出现制动力不足的情况，应进行高速刹车排气。排气是为了防止回路中有气泡，影响刹车制动，在排气操作前应佩戴护目镜和防护手套。

（二）处理措施

（1）锁住叶轮机械锁。

（2）打开液压系统泄压阀，释放系统压力，使液压系统刹车处于无压力油状态。

（3）在刹车钳的排气口安装油管（见图 8-120）。

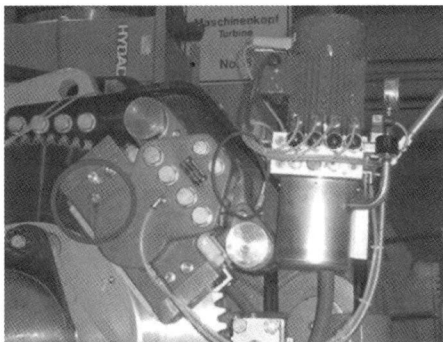

图 8-120　高速轴刹车排气口

（4）在油管另一端使用油桶接油。

（5）手动打压建立系统压力，此时注意不得将油管朝向检修人员。

（6）激活高速刹车，排除系统内气体，直到油管有油流出时取下油管。

（7）释放高速刹车。

二、高速刹车间隙异常

（一）原因分析

风电机组高速刹车间隙异常主要表现为间隙过大或过小，通常由摩擦片磨损、装配误差、异物卡滞等异常引起。在风电机组日常检修工作中需定期检查主动摩擦片、被动摩擦片与刹车盘之间的距离（在 1～2mm 之间，具体按制造商要求执行），间隙超过要求值需进行刹车间隙调整，摩擦片间隙检查如图 8-121 所示。

图 8-121　摩擦片间隙检查

（二）处理措施

（1）锁定叶轮机械锁。

（2）释放液压系统压力，使液压系统刹车处于释放状态。

（3）松开位置调整机构螺栓上的锁紧螺母。

（4）向顺时针或逆时针方向转动螺栓，用塞尺测量摩擦片与制动盘之间间隙，并将主动及被动摩擦片间隙调整一致。

（5）调整结束后触发刹车动作，然后再松开，用塞尺测量刹车盘与刹车制动钳之间的间隙满足要求，重复三次，确保间隙合格。

（6）紧固锁紧螺母。

三、高速刹车摩擦片磨损

（一）原因分析

风电机组高速刹车摩擦片磨损主要由于频繁制动产生的摩擦损耗、摩擦片与刹车盘间存在异物或污染、材料疲劳或高温导致的性能退化。定期检查摩擦片是否存在磨损，若制动器摩擦片摩擦材料厚度低于 3mm 必须更换摩擦片。

（二）处理措施

（1）锁定风电机组叶轮机械锁。

（2）断开液压系统供电电源，打开液压系统主系统泄压手阀确保液压系统无压力，使液压系统刹车处于无压状态。

（3）使用扳手拆下联轴器和高速刹车护罩，并放在固定位置。

（4）拆下摩擦片磨损检测开关。

（5）使用扳手拆除两个摩擦片挡块上的 4 个固定螺栓，并移走挡块。摩擦片挡块如图 8-122 所示。

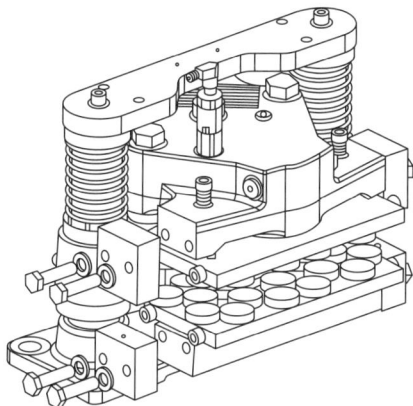

图 8-122　摩擦片挡块

（6）拆下主动钳和被动钳的摩擦片复位弹簧和螺栓，并将两组摩擦片复位弹簧及螺栓取下。

（7）拆下主动钳上的摩擦片：用内六角套筒拧下位于摩擦片两端的四颗内六角定位螺栓，收好螺栓，过程中注意同时扶住摩擦片，防止摩擦片突然掉落。

（8）慢慢将磨损的摩擦片从间隙中取出。

（9）同样的步骤拆下被动钳上的摩擦片。

（10）安装新的摩擦片：把新的摩擦片按照规定方向（圆弧边与刹车盘圆弧对齐）插入到安装位置，安装摩擦片及螺栓，使用力矩扳手和内六角套筒对定位螺栓施加标准力矩。

（11）调整摩擦片位置使摩擦片上 2 个螺纹孔对上壳体上的 2 个孔，将摩擦片复位弹簧及螺栓安装好，然后用力矩扳手和内六角套筒施加标准力矩。

（12）调整制动钳定位螺栓，测量摩擦片与刹车盘之间的间隙，调整至两侧间隙相等，调整好后锁紧定位螺栓上的螺母，安装好磨损检测开关。

注意：如有多组摩擦片更换，重复上述步骤即可，同时更换过程中必须保证清洁度，防止影响制动效果。

四、高速刹车密封圈损坏

（一）原因分析

风电机组高速刹车密封圈长期摩擦磨损、高温老化导致弹性下降、液压油污染腐蚀，以及安装不当或材质缺陷都会造成密封圈损坏，在定期检查中若发现高速刹车在加压时油管有油液流出，可能是油缸密封圈有损坏，需更换油缸密封圈。

（二）处理措施

（1）锁定风电机组叶轮机械锁。

（2）断开液压系统供电电源，打开液压系统主系统泄压手阀确保液压系统无压力，使高速刹车处于无压状态，液压管路无油液。

（3）使用扳手拆下联轴器和高速刹车护罩，并放在固定位置。

（4）拆下摩擦片磨损检测开关。

（5）将除制动器上全部油管拆下。

（6）取下 2 个密封盖，使用扳手拧下把制动器固定在安装底座上的 2 根安装螺栓，可以拆下制动器。

（7）拆除主动钳和被动钳上的摩擦片复位弹簧组件固定螺栓。

（8）取出两侧摩擦片。

（9）拧松定位系统上的固定螺母，把定位系统的螺杆和压簧一并从底座上拧出。

（10）把装在一起的主动钳组件和被动钳组件整体从底座的导柱上拔出来。

（11）拧下连接主动钳和被动钳的内六角固定螺栓。

（12）把主动钳组件和垫片从被动钳组件分离开来。

（13）连接制动钳上压力管路，注意其他的压力接口是全部已用油封堵住，加液压油把活塞从壳体中轻微顶出。

（14）取出密封圈和防尘圈，注意在取出密封圈和防尘圈时，请确保油缸内的密封沟槽不被破坏。

（15）清洁液压系统油缸，去除灰尘、油脂和防腐层，清洗后保证油缸内部清洁干燥，检查油缸有无磨损，否则同时更换油缸。

（16）把新密封圈和防尘圈装入壳体，安装时可把密封件弯成心形，密封唇必须朝向里面，如图 8-123 所示。安装时在密封圈和防尘圈表面涂抹油脂。

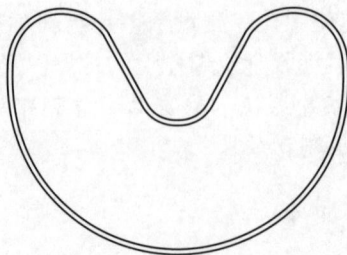

图 8-123　密封圈和防尘圈

（17）把活塞装入壳体并压到底。

（18）根据刹车盘的厚度添加垫片，若有垫片把垫片放在被动钳组件上。

（19）把主动钳组件放到被动钳组件之上。

（20）使用力矩扳手将内六角螺栓紧固主动钳组件和被动钳组件，严格按照标准力矩紧固。

（21）将装配好的组件滑入底座的2根导向柱上。

（22）把定位系统螺杆穿入制动器壳体，注意带压簧，然后把内六角螺母拧入穿过来的螺杆上，把螺杆拧入底座。

（23）调整定位螺杆和螺母位置，紧固螺母。

（24）装制动器两侧摩擦片。

（25）安装主动钳和被动钳上的摩擦片复位弹簧组件，固定螺栓。

（26）使用2个螺栓将制动器固定在安装底座上，严格按照标准力矩紧固，并安装2个密封盖。

（27）安装除制动器上全部油管。

（28）安装摩擦片磨损检测开关。

（29）安装联轴器和高速刹车护罩，确保固定牢固。

（30）液压系统加压并测试有无泄漏。

第十节　水冷系统缺陷处理

本节介绍了水冷系统膨胀罐气囊失效缺陷，说明了放水泄压操作、气囊更换步骤和法兰螺栓紧固要求；冷却液变质缺陷明确了更换周期，介绍了冷却液更换流程、配比要求和排气操作规范，并规定了系统静压标准。

一、膨胀罐气囊失效

（一）原因分析

膨胀罐最常见的缺陷是气囊失效和气压较低。气囊失效的原因一般为加水过多和气压不足，也与气囊的材质和使用寿命有关。膨胀罐的气压较低一般是由于底部气门嘴漏气导致的。在处理膨胀罐缺陷时，如果皮囊和膨胀罐是一体式的，则需要更换整个膨胀罐。如果皮囊可以单独更换，则参照膨胀罐的更换步骤来进行更换。

（二）处理措施

（1）将水冷系统放水至水泵出口压力表示数为0，如图8-124所示。

（2）用气压表测量膨胀罐气压。若无气压，则给膨胀罐充气至1.0bar，以排空气囊内存水。

（3）通过膨胀罐气嘴顶针放空膨胀罐气压，如图8-125所示。

图 8-124　水泵出口压力表示数为 0

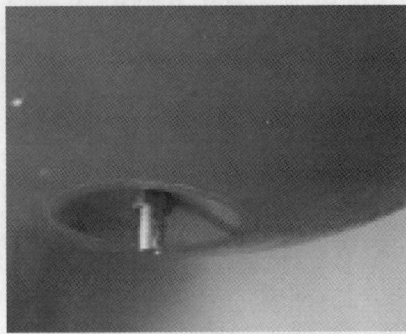

图 8-125　膨胀罐气嘴顶针

（4）使用开口扳手拆卸膨胀罐顶部法兰盘固定螺栓，取出破损的气囊，如图 8-126 所示。

（5）清理罐内液体，使膨胀罐内壁干燥，如图 8-127 所示。

图 8-126　取出气囊

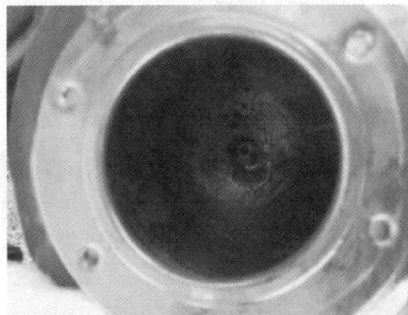

图 8-127　清理罐内液体

（6）检查膨胀罐顶部法兰密封环无破裂、无老化。

（7）更换新的气囊后将膨胀罐进行复原，使用力矩扳手锁紧膨胀罐法兰盘螺栓。注意法兰上各部件朝向与原来保持一致，如图 8-128 所示。

图 8-128　更换新气囊

（8）使用打气筒（补气泵）对膨胀罐补气至规定的压力，并检查膨胀罐底部气门嘴的气密性。

二、冷却液变质

（一）原因分析

冷却液具有吸湿性，冷却系统应密封良好，一般冷却液长期不更换，冷却液的防腐、防锈、防垢效果会因冷却液的衰减而降低，冰点和沸点也会发生变化，这样会导致水冷系统内部容易腐蚀，所以，冷却液建议每两年更换一次。如果将不同类型或品牌的冷却液混合使用可能导致不良的化学反应，形成沉淀物。

（二）处理措施

冷却液出厂后，1年内装机运行的，使用寿命为3年，存放时间超过1年的，使用寿命为3年减去超出的时长，到期更换。在不同环境温度下更换冷却液时，气压、水压都不相同，同时必须进行排气操作。以下是水冷系统更换冷却液的流程：

（1）检查各球阀下连接的导流管抱箍紧固。

（2）将水冷柜内导流管置于储液桶内，开启球阀，泄空系统管道内部液体。

（3）启动空气压缩泵，对膨胀罐补气至1.5bar，将内部液体泄空。

（4）将空气散热器底部手动泄空阀拆除，使内部液体泄空。

（5）关闭球阀，关闭手动泄空阀。

（6）按要求的体积比配制纯净水、乙二醇、防腐剂溶液，乙二醇必须按比例添加，或选择指定比例的乙二醇冷却液。

（7）旋松手动排气阀的白色放气帽（见图8-129），以便在补液时系统内气体顺利排出。

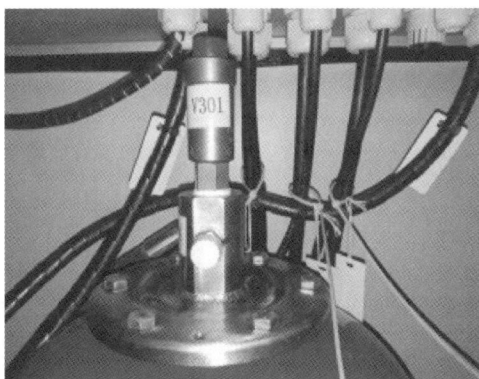

图8-129　手动排气阀

（8）旋松主循环泵排气阀（见图8-130），以便排出泵内气体。

（9）调节三通阀至开限位（见图8-131）。

（10）检查膨胀罐预充压力值在1.2bar（见图8-132），若压力不足，补气至1.2bar。

图 8-130　主循环泵手动排气阀

图 8-131　水冷系统三通阀

（11）将补水软管连接到补水泄空球阀（见图 8-133），将补水泄空球阀打开至 1/3 开度。

图 8-132　膨胀罐气压

图 8-133　冷却液泄空

（12）启动补水泵，观察乙二醇溶液桶，当液位降低至距罐底 100mm 时，应停止补液，避免吸入空气。

（13）每次停止补水泵时，应马上关闭球阀，以免系统内液体倒流。

（14）待主循环泵排气阀出现排水时，拧紧排气阀。

（15）待手动排气阀出现排水时，拧紧排气阀。

（16）继续补液直至主循环泵出口水压表和膨胀罐底部气压表显示系统静压为 2.5bar 时，停止补水，关闭阀门。

（17）补液后系统静压不能高于 3.0bar。

（18）启动主循环泵，每运行 3 分钟后停止 5min，并开启手动排气阀对系统进行多次排气、补液，在运行过程中主循环泵出现异常噪音，应马上停止，对系统进行再次补液排气操作，直至排气完成，停机时系统静压约为 2.0bar，如排气完成后静压大于 2.0bar，可通过微量排液至 2.0bar。

第十一节　润滑系统缺陷处理

本节介绍了润滑系统变桨轴承集油瓶无废油现象判定标准，分析了自动润滑故障和密封圈损坏异常原因，给出了排油孔疏通的具体操作步骤；变桨轴承密封圈漏油缺陷介绍了整体模压密封圈的更换工艺，包括油嘴检查、老化油脂清理、密封圈复位敲击等关键技术要点，并强调了新密封圈安装时的注意事项。

一、变桨轴承集油瓶无废油

（一）原因分析

变桨轴承自动润滑系统中的集油瓶除有收集废油的作用外，还有平衡轴承腔体与外界气压的功能，能够防止轴承腔体压力过大导致密封失效。集油瓶结构如图 8-134 所示。

图 8-134　集油瓶结构

普通集油瓶被动式回收废旧油脂效果差，常收集不到废旧油脂，如图 8-135 所示，轴承内无法排出的油脂易沉积堵塞，胀破油封并溢出，进而导致新油脂不能有效注入润滑部位，严重影响轴承润滑，而且泄漏的废油还会污染风电机组。变稠、变硬的废旧油脂和磨损产生的废屑，会恶化轴承润滑环境，增加摩擦力矩，降低风能利用效率，加剧轴承磨损，引起整机振动加剧，最终可能导致轴承卡死。

图 8-135 某风电机组变桨轴承集油瓶不出油

（二）处理措施

为满足变桨轴承初始运行要求，一般在变桨轴承出厂前要注脂，初始注脂量为轴承腔体的 $60\%\sim80\%$，后续变桨轴承的维护注脂量要根据轴承尺寸制定，一般要求在 2 年内注满轴承剩余油腔体积。

由于各风电机组的环境温度和运行工况的不同，直接影响了轴承内油脂的流动性和油脂的损耗，综合考虑油脂的流动性、油脂的损耗、变桨轴承润滑油路及润滑系统管路的影响，在风电机组并网运行 2.5 年内变桨轴承集油瓶收集不到废旧油脂都属正常情况。

如果变桨轴承在运行 2.5 年后集油瓶仍没有收集到废旧油脂，最可能的原因为：①自动润滑出现故障，没有按照预定程序注油；②变桨轴承密封圈损坏，油脂泄漏，油脂长时间没有流动，出现了油脂"板结"情况，堵塞变桨轴承的排油孔。

变桨轴承不排油可按照排查流程（见图 8-136）进行排查处理。出油孔堵塞需疏通出油孔，如图 8-137 所示。

二、变桨轴承密封圈漏油

（一）原因分析

现场运行的个别风电机组变桨轴承会出现密封圈脱落，如图 8-138 所示，或密封圈断裂及漏油的情况如图 8-139 所示。此问题与变桨轴承厂家密封圈安装工艺、密封件的材料性能都有关系。其具体原因分析如下：

（1）轴承供货商采购的密封圈并非整圆，而是由长直条密封圈粘接而成，造成密封圈外圈受拉。众所周知，橡胶在受拉时的抗老化性能和低温性能在很大程度上会降低，最终导致密封圈外圈开裂。

①拆下集油瓶。

②观察变桨轴承出油孔是否有干结油脂堵塞。

③用木棍通变桨轴承出油孔，记录结果。

```
            ┌──────────────────────────┐      ①记录机组并网时间，检查变桨润滑
            │ 变桨轴承集油瓶搜集不到废油 │────── 油泵剩余油量，记录变桨轴承自动
            └──────────────────────────┘      润滑油泵加油记录。
                        │
            ┌──────────────────────┐          ②检查机组自动润滑控制程序，是否
            │ 检查自动润滑系统工作在状态 │────── 为72h开启自动润滑油泵480s。
            └──────────────────────┘
                 │            │               ③强制打开自动润滑系统，查看油泵
          ┌────────┐    ┌──────────┐          是否正常工作，润滑管路是否漏油。
          │ 正常工作 │←── │ 没有正常工作 │
          └────────┘    └──────────┘
           │      │           │
    ┌──────────┐ ┌────────┐ ┌──────┐
    │检查轴承排油│ │检查轴  │ │故障处理│
    │口是否堵塞 │ │承密封  │ └──────┘
    └──────────┘ └────────┘     │
                            ┌──────────┐
                            │仍不能正常工作│
                            └──────────┘
    ┌────┐┌──────┐┌──────┐┌────┐┌────────┐
    │堵塞 ││不堵塞 ││不漏油 ││漏油 ││报废返厂 │
    └────┘└──────┘└──────┘└────┘└────────┘
    ┌──────┐┌────┐┌────┐┌──────────┐
    │物理疏通││结束 ││结束 ││更换密封圈 │
    └──────┘└────┘└────┘└──────────┘
```

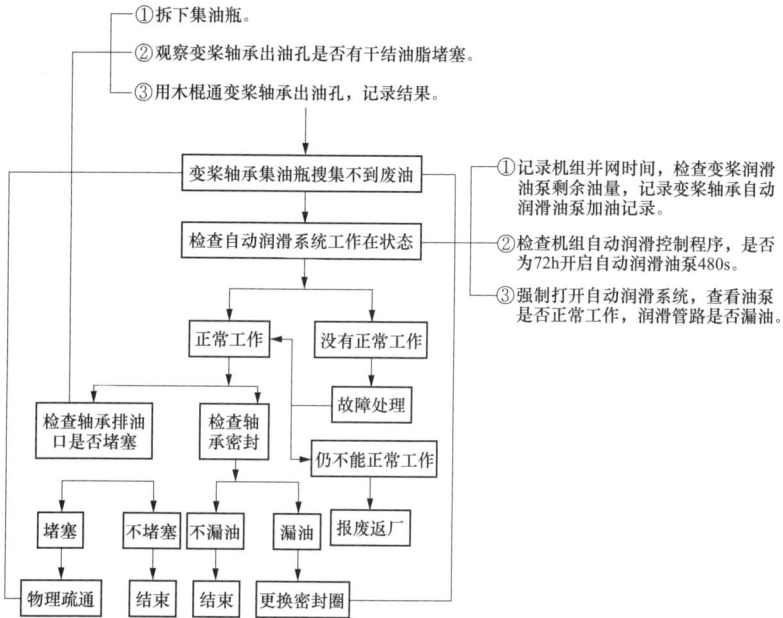

图 8-136　变桨轴承不排油排查流程

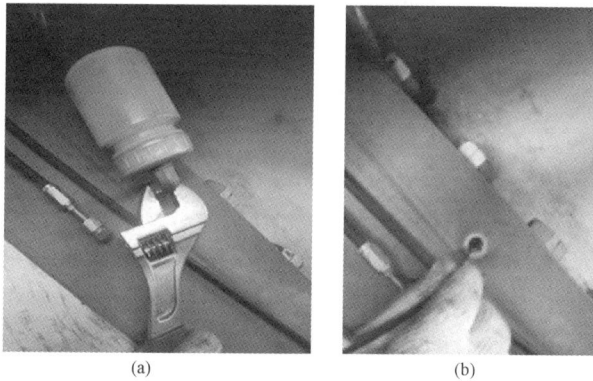

(a)　　　　　　　　　　　(b)

图 8-137　出油孔疏通

（a）拆卸集油瓶；（b）疏通

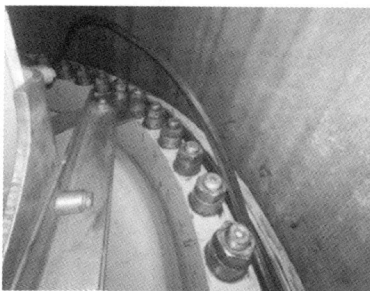

图 8-138　变桨轴承密封圈脱落　　图 8-139　变桨轴承密封圈漏油

（2）部分轴承供货商采用开口密封圈，其密封圈的安装工艺大体为压

入密封圈-剪断-粘接，由于密封圈是由开口处压入轴承密封槽内，按顺序压紧夯实后粘接而成闭合环状，导致安装在轴承上的密封圈为拉长状态，密封圈老化速度快，寿命大幅缩短。

（3）密封圈采用开口式，其粘接工艺要靠工艺保证，人为因素影响较大，导致粘接处为薄弱环节，易开裂。

（4）变桨轴承密封圈的密封性能与密封圈和轴承配合的松紧程度有直接关系。开口式密封圈的安装方法难以保证所有变桨轴承的密封圈与轴承内、外圈都有合适的配合，所以密封性能难以保证。

基于以上原因，为提高变桨轴承的密封性能，提高密封圈的使用寿命，要求轴承供货商提供采用整体模压制造而成的变桨轴承密封圈。所谓整体模压密封圈就是通过一个成型的模具将一个整体密封圈直接成型出来，没有任何接口，内、外圈在原始状态不受任何拉压力，整体模压最大的好处就是定长，变桨轴承的密封性能是设计出来的而不是装配出来的，减少了人为因素的参与，保证了变桨轴承密封性能的稳定性。

（二）处理措施

（1）打开油嘴连接头，观察内部油脂是否堵塞。如有堵塞或没有油脂，应及时疏通或排除油管内部的空气。

（2）轴承出厂、存放及装机和调试周期过长，同时在风电机组运行时集油瓶内没有油脂溢出，应考虑轴承排油孔内油脂是否老化和固化，接油瓶排气孔是否通畅。将接油瓶取下，看接油瓶气孔是否通畅。按顺序取下接油瓶，油管接头，使油管接头处畅通。然后用细螺丝刀，将油孔内部的老化油脂挑出，使轴承排油孔通畅。疏通后将接油瓶按顺序安装复位。

（3）变桨轴承局部有大量油脂溢出，清理油脂后观察密封圈是否有鼓包、松动、老化、断裂现象。可用螺丝刀将密封挑开（不要用尖锐的物体去挑密封，避免在拆密封的时候损坏橡胶密封条）。

（4）将附着的油脂清理干净，观察密封条唇口部位是否有破损或者严重老化、开裂现象，密封圈如图 8-140 所示，必要时需准备一条新的密封圈

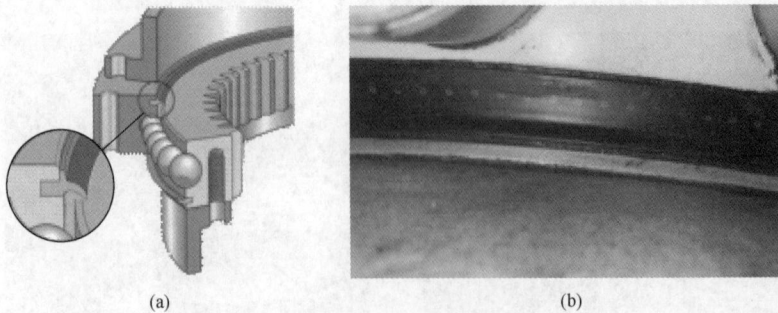

(a) (b)

图 8-140 变桨轴承密封圈
(a) 结构示意图；(b) 新安装密封圈

进行更换。如果发现密封圈鼓包和脱落可用锤子的木手把或活动扳手的尾部圆弧端均匀敲击密封条宽端面处，将密封复位。

第十二节　塔架与基础缺陷处理

本节介绍了塔架与基础缺陷处理方法，包括塔架焊缝开裂的修复工艺和防腐修复标准；基础松动、圆台混凝土裂缝、混凝土之间缝隙、混凝土碎裂带、密封防水损坏、锚栓基础腐蚀、水平偏差大和强度不足缺陷的解决方案。

一、塔架缺陷处理

（一）塔架焊缝开裂

1. 工艺要求

（1）返修质量应符合《风电机组塔架》（GB/T 19072）的质量要求。

（2）对焊缝内部存在的超标缺陷，可采用碳弧气刨剔除，然后焊接修补。

（3）不得采用在塔架焊缝表面贴焊钢板的方法。

2. 人员和焊材

焊工经考核具有相应的持证项目，进入现场的焊材应符合相应标准和技术文件规定要求，并具有焊材质量证明书。

3. 设备和工具

逆变焊机或硅整流焊机，预热和热处理设备、高温烘箱、恒温箱、除湿机、温度和湿度测量仪、碳弧气刨等设备完好，性能可靠。计量仪表正常，并经检定合格且有效。便携式焊条保温筒、角向磨光机、钢丝刷、凿子、榔头等焊缝清理与修磨工具配备齐全。

4. 环境要求

（1）施焊环境温度应能保证焊件焊接时所需的足够温度和焊工操作技能不受影响。

（2）风速：手工电弧焊小于 8m/s，气体保护焊小于 2m/s。

（3）焊接电弧在 1m 范围内的相对湿度小于 90%。

（4）在下雨、下雪、刮风期间，必须采取挡风、防雨、防雪、防寒和预加热等有效措施。

5. 现场施工

（1）根据检测报告确定焊缝缺陷的性质、尺寸，与内表面的深度，此项工作应由检测人员在现场完成。

（2）在确保人员和设备安全的情况下，对塔架焊缝缺陷进行处理（根据需要可进行碳弧气刨或角向磨光机打磨）。

（3）碳弧气刨打磨后应除去焊缝表面的熔渣、氧化层，并用磁粉探伤确认缺陷已打磨干净。

（4）焊前预热应符合焊接工艺卡的规定。根据塔架壁厚、天气温度等情况，确定是否需要焊前预热及保温措施，并用点温枪测试预热的温度和宽度，确保预热效果；预热方法原则上宜采用电加热，条件不具备时，方可采用火焰加热法，预热宽度以焊缝中心为基准，每侧不应少于焊件厚度的 3 倍，且不小于 50mm。

（5）根据补焊工艺卡的要求，选择焊条、焊接参数、施焊顺序及焊接层次，打底层焊缝焊接后应经自检合格，方可焊接层次；厚壁大径管的焊接应采用多层多道焊；除工艺或检验要求需分次焊接外，每条焊缝宜一次连续焊完。当因故中断焊接时，应采取防止裂纹产生的措施（如隔热、缓冷、保温等）。再焊时，应仔细检查确认无裂纹后，方可按原工艺要求继续施焊。

6. 检验标准

焊缝的检验应按原设计文件的要求执行。焊缝外观检验包括焊缝表面成型良好，焊缝边缘应圆滑过渡到母材，焊缝表面不允许有裂纹、气孔、未熔合等缺陷。焊缝外形尺寸和表面缺陷应符合原设计文件的要求。焊缝的无损检验需按原设计文件的要求执行。

7. 注意事项

严禁在被焊工件表面引弧、试电流或随意焊接临时支撑物。施焊过程中，应保证起弧和收弧处的质量，收弧时应将弧坑填满。多层多道焊的接头应错开，并逐层进行自检合格，方可焊接次层。

（二）塔架腐蚀

1. 工艺要求

修复塔架防腐层，使之满足塔架防腐总体寿命 20 年以上，20 年内腐蚀深度不超过 0.5mm 的要求。塔架防腐修复如图 8-141 所示。

图 8-141 塔架防腐修复

2. 防腐分类

根据风电机组暴露的腐蚀环境，对塔架的防腐等级主要分为以下 4 类：

（1）C3，主要包括城市和工业大气环境、中等程度二氧化硫污染、低盐度的海岸地区。

（2）C4，主要包括工业地区和中等盐度的海岸地区。

（3）C5-I，主要包括具有高湿度和苛刻大气环境的工业地区。

（4）C5-M，主要包括海岸和离岸地区。

3. 工作准备

（1）用记号笔标出需修补油漆的位置。

（2）使用磨光机、钢丝刷等工具打磨清除铁锈、焊接飞溅等影响油漆质量的杂物，直至露出金属光泽。对于因探伤而在塔架上遗留的耦合剂、煤油等沾染物，应使用合适的清洁剂进行有效清除。

（3）经打磨修理的部位一定要做斜坡处理达到 45°倒角，并应保证深入到完整油漆层的最小距离要达到 50mm。

（4）确认修补的位置处于清洁、无油、干燥的状态。

4. 修补步骤

（1）预涂：用圆刷子对边、角、焊缝进行刷涂，以及使用无气喷涂难以接近的部位进行预涂。

（2）喷漆：采用无气喷涂，当修补面积在 1m² 以下时可采用刷涂。喷漆厚度参考表 8-1。

表 8-1　喷漆的厚度参考表（单位：μm）

风机组件	环境	涂层配套			
		环氧富锌底漆	环氧厚浆中间漆	聚氨酯面漆	总干膜厚度
塔筒外表面 （RAL9018）	C3 内陆	50	100	50	200
	C4	50	140	50	240
	C5-I	50	180	50	280
	C5-M	60	200	60	320
塔筒内表面 （RAL7035）	C3 内陆	50	110	—	160
	C4	50	150	—	200
	C5-I	50	180	50	280
	C5-M	60	200	60	320

（3）油漆干燥时间控制：每道油漆的干燥时间要根据油漆制造商规定的最长涂覆间隔来控制，要在一定的时间内喷涂下一道油漆。

（4）塔架电器柜支架及其平台采用热浸锌＋油漆防腐，其他塔架内附件（直爬梯、爬梯支撑、防雷导线接地耳板、接地板、电缆桥架或电缆夹板、电缆桥架支撑和吊装护栏等）采用热喷锌或热浸锌处理。塔架上、中、下法兰对接的接触面喷砂后，不喷涂油漆涂层，而使用火焰喷锌处理。

5. 环境要求

以下环境下不允许进行表面油漆作业：部件的表面温度低于环境空气的露点+3℃以上时；当温度低于5℃或高于40℃时；相对湿度为80%以上；下雨、下雪，表面有水、有冰或大雾时。

6. 检验标准

采用无气喷涂，不允许有涂漆过量，外观应无流挂、漏刷、针孔、气泡，薄厚应均匀、颜色一致，平整光亮，并符合规定的色调，且视觉效果良好。

7. 注意事项

（1）油漆材料必须置于未开启的出厂包装容器中，并且标识清楚，包装齐全，注有制造商名称、油漆牌号、颜色、产品批号、封装日期。

（2）所有的油漆材料储存仓库通风良好，并符合有关安全及防火的要求。油漆材料不可置于阳光直射下，并要防止出现低温霜冻和雨水污染，应根据油漆制造商的规定，储存于温度稳定的场所。油漆仓库必须远离热源、明火、焊接作业场所及产生火星的工具。

（3）不同厂家、不同品质的油漆不得混合使用。

二、基础缺陷处理

（一）松动

目前，主要采取灌浆、加预应力和加环向箍的方法对基础进行加固。首先是纠偏，使基础达到符合水平度要求的位置；然后在纠偏的基础上进行加固。加预应力和加环向箍的方法应用较少，采用灌浆加固法，虽然灌浆料的种类不同，但都具有抗拉、抗压、抗弯强度高、自流态、渗透力强、耐疲劳性能好等特点。

（二）圆台混凝土裂缝

剔除风电机组基础圆台存在缺陷的混凝土，将裂缝清理干净并充分暴露；在基础上表面裂缝开口通畅处骑裂缝埋设注浆嘴，裂缝其余部位用灌封胶泥封堵严密；采用压力泵将灌封胶灌入裂缝内，直至灌注饱满；灌封胶充分固化后，凿掉注浆嘴。

（三）混凝土之间缝隙

（1）对裂缝表面进行处理，将基础外壁与混凝土缝隙之间清理干净。在基础内、外侧钻孔，灌浆孔位设置在主力风向（主力风向上出现失调的可能性大），灌浆孔的深度要深入到基础下法兰的底部，灌浆料才能把关键破碎部位填实，灌浆孔位置如图8-142所示。

（2）将基础内、外侧与混凝土交界面处裂缝使用灌封胶进行封堵，采用低压注气检查孔缝均无漏气，达到合格标准。

（3）采用压力灌注法将灌浆料自下而上灌入风电机组基础内，直至裂缝和破碎处灌注饱满。

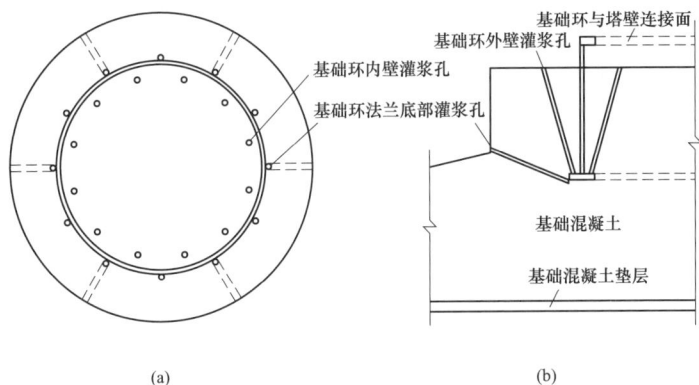

图 8-142　灌浆孔位置

（a）俯视图；（b）剖面图

（4）缝隙全部注满后继续保压固化，稳定压力一段时间，胶液完全固化后，敲去注胶嘴。

（四）混凝土碎裂带

基础在风电机组主力风向区域的迎风面和背风面产生松动后，受交变荷载影响，基础混凝土应力集中，形成碎裂带。将碎裂带混凝土剔除，其深度、宽度和长度根据碎裂带具体情况确定；在原基础上钻孔并植入钢筋，按要求绑扎箍筋；灌浆前，在混凝土表面刷一层混凝土界面处理剂；将混凝土灌浆料调配并搅拌均匀后倒入基础内；灌浆料固化后，进行浇水养护。

（五）密封防水损坏

基础与混凝土交界面转角处打磨成圆弧状；基础混凝土顶面和塔架外壁高 300mm 内清理干净；将丙烯酸酯防水涂料均匀涂抹于混凝土和塔架外壁表面，沿塔架外壁向下粘贴缝织聚酯布，延伸至基础承台外边下翻 30mm；防水涂料胶固化后，涂刷基面表层。基础环防水修复效果如图 8-143 所示。

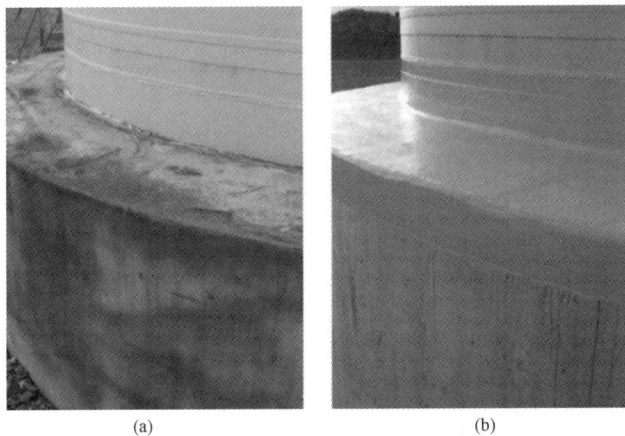

图 8-143　基础环防水修复前与修复后效果对比

（a）修复前；（b）修复后

（六）锚栓基础腐蚀

（1）外露锚栓防腐措施：清理锚栓，将锚栓露出底法兰部分清理干净，不得有任何铁锈、混凝土渣等杂质。用清洁布将锚栓浮锈、灰尘等擦拭干净，用黄油或其他油脂涂抹锚栓外露螺纹（必须将锚栓清理干净且保持干燥才能涂抹防腐油脂，雨雾雪天气不可施工）。将塑料锚栓保护套安装在锚栓外露部分上。保护套与锚栓之间的间隙应充满防腐油脂。保护套同法兰接触面建议用玻璃胶封严。

（2）基础防水措施：施工时，应在上锚板接缝处用玻璃胶封堵，建议在底座法兰外侧、法兰与上锚板接缝处、上锚板外表面、上锚板与二次灌浆接缝处、二次灌浆与基础混凝土接缝处，以及基础混凝土外表面喷涂防水涂料。基础环防水修复效果如图 8-144 所示。

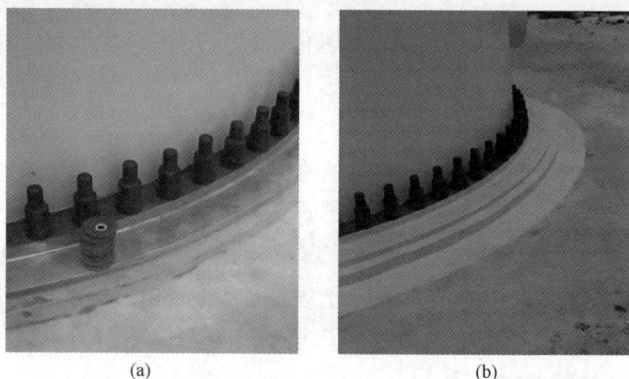

(a)   (b)

图 8-144　锚栓基础防水修复前与修复后效果对比

(a) 修复前；(b) 修复后

（3）超声波透射检测验证：灌浆料固化后，对加固的风电机组基础采用超声波透射检测，反射波形连续完整，没有波形畸变，修复后超声波检测结果如图 8-145 所示。

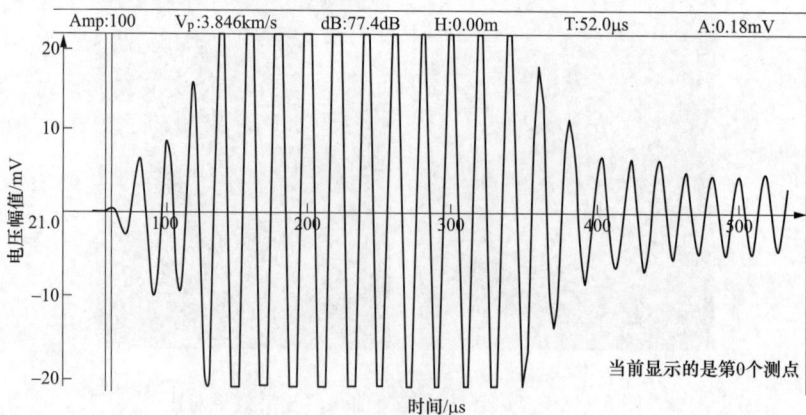

图 8-145　修复后超声波检测结果

（七）水平偏差大

对于已经投运的风电机组，将机舱风轮偏航至基础平整偏差最大测量点，使用5只100t手动液压千斤顶安放在基础内侧，支顶位置为水平度较低一侧的法兰底部，如图8-146所示。人工纠偏分多次进行，支顶时，千斤顶均匀施力使得每次调整量不大于1mm，调整完毕后静置24h观察水平度较调整前有无变化，如无变化则继续进行纠偏作业，如水平度发生变化，则在原支顶位置使用辅助支撑物进行支撑，待千斤顶位置调整完毕后再静置24h观察水平度变化，在水平度调整满足要求后进行灌胶加固施工。

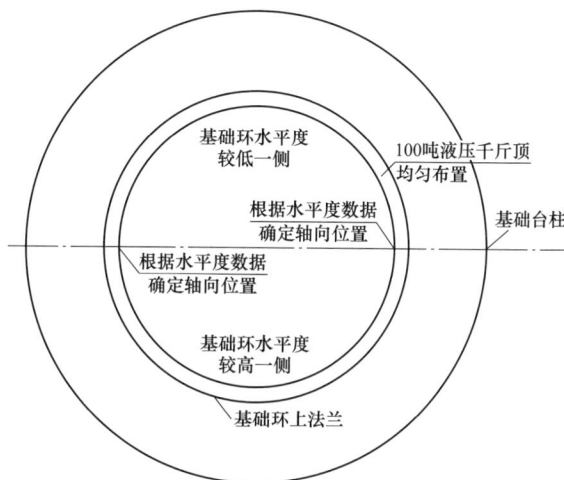

图 8-146　人工纠偏示意图

（八）强度不足

基础加固施工分为环氧类灌胶加固和基础台柱扩大加固两个过程。

（1）环氧类灌胶加固：该项施工是采用环氧类灌浆料将基础环与基础混凝土缝隙填堵密实，具体施工流程如图8-147所示。

注浆工艺程序的施工工艺包括表面处理、注浆孔位置设定、钻孔、压力清孔、注浆孔验收检查、注浆、封孔、注浆施工质量检验。钻孔和加注位置如图8-148和图8-149所示。

1）表面处理：清除混凝土表面的水泥浮浆、薄膜、松散砂石、软弱混凝土层、油污等，并不得有积水。

2）注浆孔位置标定：按加固设计图纸标定注浆孔位置。

3）钻孔：剔凿基础混凝土，直至确定受力钢筋位置，特别是穿孔筋位置。钻孔直径30mm，深度抵达基础环表面与混凝土缝隙处。

4）压力清孔：成孔后用压缩空气进行清孔作业，清除灌浆区域的粉尘、渣屑等。

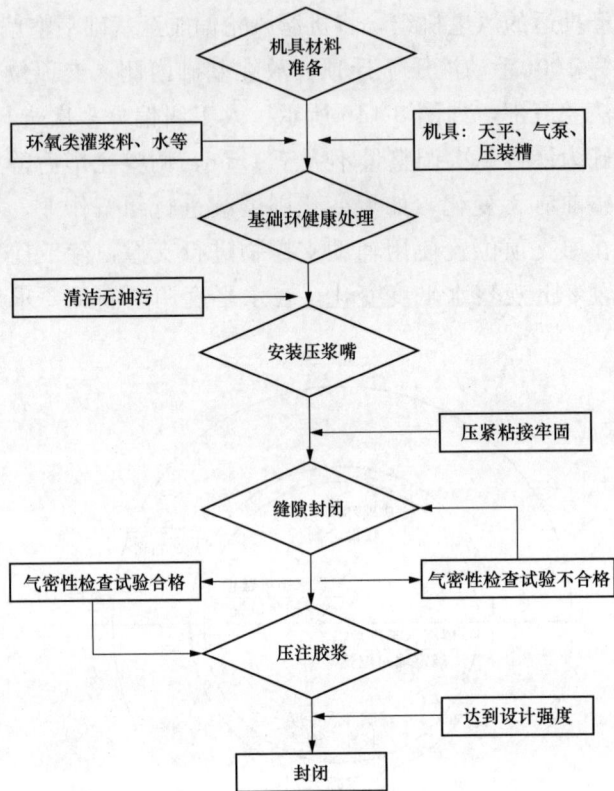

图 8-147　环氧类灌胶流程图

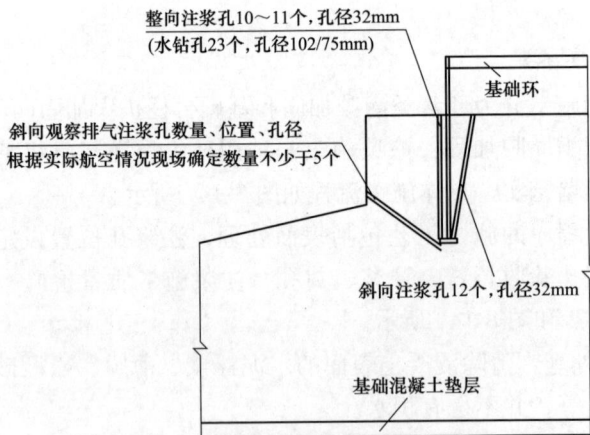

图 8-148　风电机组基础注浆加固孔位

5）注浆孔验收检查：检查注浆孔清洁及干燥情况是否满足化学注浆要求。

6）注浆：采用环氧类注浆料，每个注浆孔在液面稳定后，保持压力1～2min，注胶总量约为150kg。

7）封孔：灌浆孔灌浆结束后，进行封孔作业。

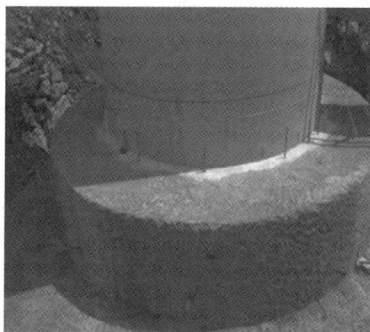

图 8-149　风电机组基础注浆孔位图

8）注浆施工质量检验：本次注浆加固主要是将塔筒基础与基础混凝土之间的缝隙填堵密实，施工过程中通过观察贯通孔的注浆流量和不贯通孔的注浆完成量来判断注浆效果，最后根据运行管理单位的测振结果检验风电机组自振频率是否恢复正常。

（2）基础台柱扩大混凝土浇筑加固：通过增大基础平台体积，提高机组承载能力，避免基础应力集中。具体方法是将基础台柱外侧半径由 3m加大到 4.2m，台柱顶部加高至基础顶面以下 5cm 位置，扩大效果如图 8-150 所示。对扩大的台柱用 C40 钢筋混凝土（二级配）进行浇筑，混凝土灌浆量约为 52m³。灌浆要点包括原材料质量检查、灌浆前孔内有无积水现象检查、灌浆前基础水平度检查、搅拌均匀程度检查、配比检查、灌浆料流动性检查、灌浆顺序及方式的选择（本案例宜采用自流平式注浆）。

图 8-150　基础台柱扩大

对下法兰位置处混凝土受力进行建模分析发现，相比加固前、加固后基础环下法兰处混凝土受力（见图 8-151 和图 8-152），获得大幅度改善。

图 8-151　加固前混凝土受力

图 8-152　加固后混凝土受力

第十三节　辅助设备缺陷处理

本节介绍了辅助设备链式提升机链条更换流程和限位开关更换注意事项；免爬器制动电机抱闸间隙调整和制动片粘连处理步骤；机舱罩弹性支撑更换周期和刚度变化要求；天窗固定支撑修复和大面积损坏的整体更换方案。

一、链式提升机缺陷处理

（一）机械结构

（1）拆下吊钩装置，前限位装置。

（2）将维修用专用链条通过开口链环挂入承重链末端，点动按钮，把专用链条导入提升机（见图 8-153）。

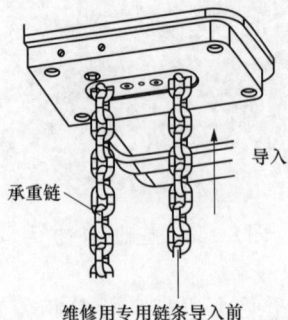

图 8-153　链条导入示意图

注意：开口链环开口朝外。

（3）拆下防缠绕装置（不带此装置的跳过此步）。

（4）摘下链环、承重链（见图 8-154）。

（5）更换导向十字口备件。

（6）拆下沉头螺钉，把螺钉拧入中间螺孔顶出导向十字口件。安装新的导向十字口，拧紧螺钉。

（7）安装防缠绕装置，如图 8-155 所示。

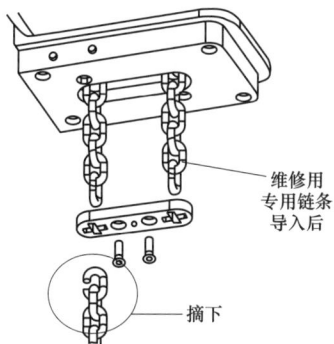

图 8-154　维修专用链条示意图

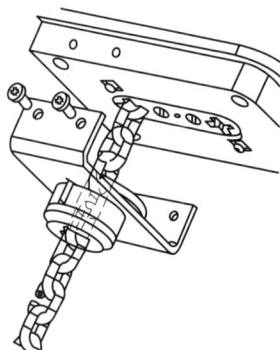

图 8-155　防缠绕装置示意图

（8）安装时链条要保持平直，链条必须以相同的方位穿过防缠绕装置底部的十字槽和导向件入口，严禁存在扭转现象。

（9）挂上链环、承重链，导入提升机。

注意：开口链环开口朝外。

（10）摘下专用链条、链环。

（11）安装前限位装置和吊钩，更换完毕。

（12）安装完后注意观察链条出入导向件的情况，无卡链现象则可以正常使用。

（二）导向件

导向件如被链条卡住而破裂，严禁运行提升机。为确保安全，需采用维修专用的链条、开口链环来替换承重链。以下是更换步骤：

（1）拆下链盒吊架的安装螺栓（只拆远离提升机的一颗），把吊架旋转移开（见图 8-156）。

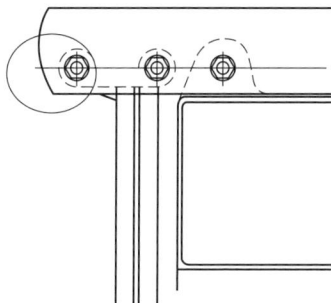

图 8-156　链盒安装示意图

（2）拆下导向件紧固螺钉，拿下导向件，拔下三线插头（限位开关安装在导向件内部，导向件损坏，限位开关一般也会损坏），把完好的导向件的插头插上（见图8-157）。

（3）此时按下按钮站，链条可以运行，拆下吊钩、限位挡铁、弹簧，把开口链环（开口朝外）专用链条挂上，导入提升机（见图8-157）。

（4）导入后，把承重链摘下，此时可以拿下损坏的导向件，把完好的导向件装上（见图8-158）。

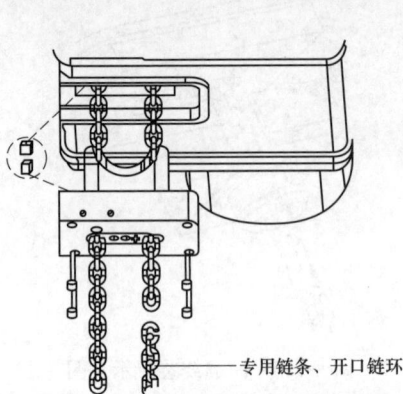

专用链条、开口链环

图8-157　链条导入提升机示意图　　　图8-158　取下专用链条示意图

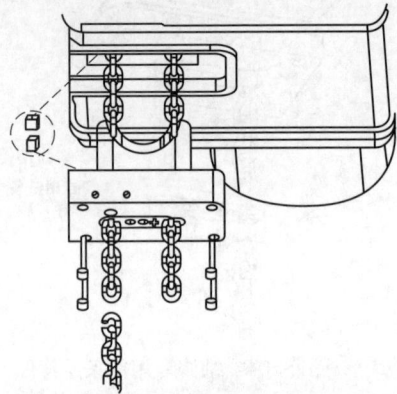

注意：链条不要扭转，否则安不上导向件，不要遗漏盖板。

（5）装上完好的导向件后，再挂上开口链环、承重链，导入提升机，导入后把开口链环、专用链条摘下。

（6）装上挡铁、弹簧、吊钩，更换完毕。

（7）更换完后注意观察链条出入导向件的情况，无卡链现象则可以正常使用。

（三）限位开关

（1）拆下链盒吊架的安装螺栓（只拆远离提升机的一颗），把吊架旋转移开。

（2）拆下导向件的安装螺钉，拿下导向件。

（3）拆下限位开关的接线头，拿出限位开关。

（4）将完好的限位开关放入槽内，接好线头，盖上盖板，接上插头，将导向件装上，并安装紧固螺钉。

注意：不要遗漏盖板，否则引起重大事故。

（5）更换完毕后，务必检验限位开关的动作灵敏性，操作到上限、下限时，电机自动停机。

（四）瓦口及链条

吊车瓦口损坏，必须更换；链条损伤严重，必须更换。

（1）用小锤把损坏的瓦口敲出。

498

（2）把完好的瓦口敲入。

（3）装链条时，用一细铁丝或软导线缠在专用链条头部，穿过瓦口，把链条第一环扣在链窝内，再把导向件上的三线插头接上，点动按钮，导入瓦口；导入后拆下细铁丝，再安装导向件及承重链（见图 8-159）。

警告：此操作危险！务必点动按钮操作，以免挤伤手指！

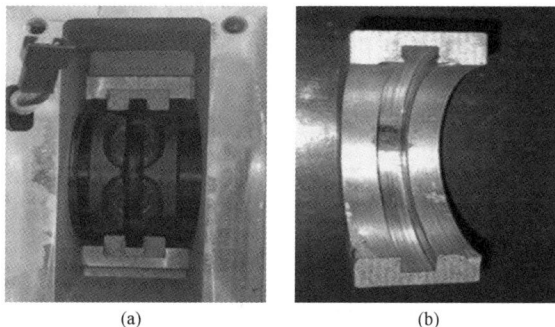

(a)　　　　　　　　　　　(b)

图 8-159　瓦口
(a) 瓦口安装；(b) 新瓦口

二、免爬器缺陷处理

（一）制动电机抱闸间隙

根据制动电机抱闸间隙的标准，其值应在 0.3～0.4mm 之间，并且四周的间隙应保持一致。以下是抱闸间隙调整操作步骤：

（1）断开免爬器电源。

（2）打开电机壳后端的防护罩。

（3）使用内六角扳手松动抱闸机构的 3 个固定螺钉。

（4）根据抱闸间隙的大小旋动抱闸的间隙调整钉（顺时针转动间隙变大/逆时针变小）。

（5）紧固抱闸机构的 3 个固定螺钉，使用塞尺插入间隙内，使抱闸机构四周的间隙基本一致。

注意：不可调整抱闸手柄环的固定螺钉调整抱闸间隙。

（二）制动片与电机粘连

（1）断开免爬器电源。

（2）拆开电机后端的防护罩，取下轴端的卡簧。

（3）取下风扇和制动机构。

（4）取下制动片，把粘连部位的制动片端面与电机端面擦拭干净。

（5）取下电磁铁，摘下轴用挡圈，用一字螺丝刀撬起抱闸片，抱闸片底面和电机端面擦拭干净后重新恢复。

（6）正常装入制动片、制动机构、风扇、卡簧和防护罩。

（7）装入过程中使制动间隙符合要求，调整方法按照"抱闸间隙调整操作步骤"执行。

三、机舱罩弹性支撑缺陷处理

（1）一般情况下，对使用年限较长的弹性支撑进行更换，以保护传动链部件不受损伤，使风电机组可靠运行。

（2）通常，橡胶器件超过 5 年后，其刚度变化率均处于设计许可范围值的边缘，超过 7 年的刚度变化率均已超过设计要求的 20%，那么减振的作用已减弱超过 50%，并随着年限的推迟，减振的作用进一步减弱。

（3）弹性支撑刚度减小或部分失效，刚度减小直接会造成预紧力的减小，从而让弹性支撑和定位轴之间在振动中出现间隙现象，加之风电机组机架本身 5°的倾斜角度，使每次振动都产生向后的轴向力，从而出现轴向位移。只有更换弹性支撑才能解决此现象的产生。

（4）弹性支撑的橡胶老化也会造成此现象，老化虽然使刚度增加但可压缩的空间距离减小也会造成振动的加大，解决的办法也是必须更换。

（5）如部分更换弹性支撑，会造成某单方向振幅过大，造成新更换部件的加速老化，新更换的和原部件不能同步工作，原部件老化后刚度会提升，同样的预压缩距离，新更换的和原部件所提供的支撑力是不一样的，所以同样会造成加速老化或者降低吸振。

四、天窗缺陷处理

（一）固定支撑损坏

风电机组天窗存在固定卡扣脱落、伸缩支撑杆及铰链破损，甚至天窗整体脱落的现象，如图 8-160 所示。为解决这些问题，可对现有天窗设计进行优化，提升固定卡扣、伸缩支撑杆和铰链等关键部件的强度及耐用性，确保其在恶劣环境下仍能保持优良的工作性能。

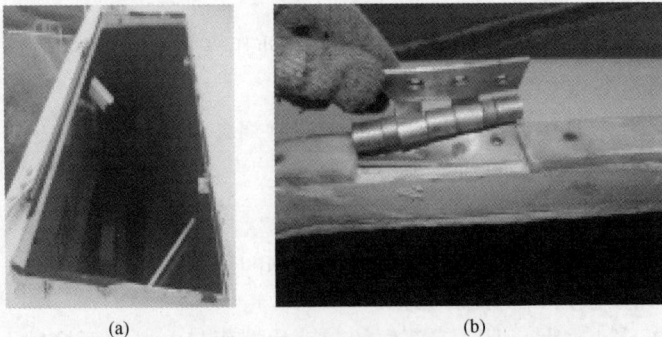

(a)　　　　　　(b)

图 8-160　天窗缺陷
（a）天窗缺失；（b）铰链损坏

针对固定卡扣脱落或支撑杆的缺陷或损伤，可采取以下措施：

（1）补充脱落的固定卡扣，或采用轴把手或固定环替代原固定卡扣式把手。

（2）更换损坏的伸缩支撑杆，或采用链式支撑替换原有的气动支撑或轮式支撑杆。

（3）对损坏的铰链，及时进行紧固，或采用打孔自攻螺丝进行固定。

（二）大面积损坏

当玻璃钢或有机玻璃材质的天窗出现大面积损坏或缺失时，应优先考虑整体更换天窗总成。同时，也可以参考其他类型的天窗进行相应的改造（见图 8-161）。对于某特定类型的天窗改造，方案可以参照以下内容：

（1）天窗采用 4 个锁紧把手，把手采用尼龙材料，把手带扣带锁功能，要求从内、外两边均可打开和关闭天窗，四边周框为铝合金。

（2）天窗打开角度为 110°，为防止过度打开损坏天窗铰链，两边加装铰链拉紧。

（3）天窗与出舱口盖套内孔尺寸进行配套选择合适尺寸。

（4）天窗采光板为 8mm 厚度 PC（聚碳酸酯）。

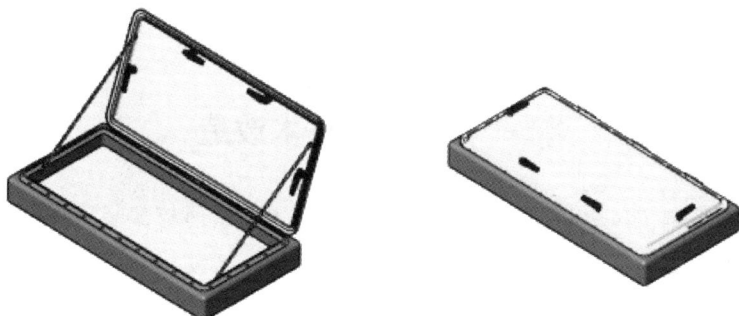

图 8-161　某类型天窗改造

第九章　风电机组技术改造

随着风电机组服役年限的增加，设备老化、技术落后等问题逐渐显现，通过对风电机组关键部件进行技术改造，有效提升设备性能、延长使用寿命、降低故障率等。从叶片气动优化到控制系统智能化升级，技术改造不仅解决了现有缺陷，还为风电机组适应复杂环境与更高技术要求提供了可能。

本章将重点介绍风电机组各个系统的技术改造方案，包括叶片技术改造、变桨系统技术改造、传动链技术改造、发电机技术改造、主控系统技术改造、变流器系统技术改造、偏航系统技术改造、液压系统技术改造、制动系统技术改造、水冷系统技术改造、润滑系统技术改造以及塔架与基础技术改造。通过原因分析、改造方案及效果评估，为现场风电机组技术改造提供一定的参考与借鉴。

第一节　叶片技术改造

本节介绍了风电机组叶片涡流发生器的结构原理与安装应用、后缘襟翼的工作原理及降噪效果、叶根扰流板的设计与气动优化、叶尖小翼的减阻增效机制、叶尖加长的技术要求与安全规范、长叶片更换的实施流程与评估要点，以及防冰涂层的分类和热能除冰的具体实施方案。

一、涡流发生器

涡流发生器（Vortex Generator）是一种普遍应用于航空、船舶等领域的被动控制技术。它实际上是一种小展弦比机翼，垂直地安装在翼型表面，能够在迎风气流中形成强烈的翼尖涡。由于展弦比较小，翼尖涡的强度相对较大。这些高能量的翼尖涡与下游的边界层流混合，将能量传递给边界层，使得处于逆压梯度中的边界层流场能够继续附着在翼型表面，从而有效延缓流动的分离。涡流发生器结构如图 9-1 所示。

目前，涡流发生器以其结构简单、成本低、可靠性高等优势，在风电机组叶片领域得到广泛应用。它实质上是一种安装在翼型吸力面上的扰流器，如图 9-2 所示。这些扰流器在分离上游，与入流成特定角度且垂直安装于叶片表面。由于涡流发生器的展弦比较小，顶端产生具有高能量的翼尖涡，脱落并进入下游低能量的边界层，与低能量边界层混合后能够增加边

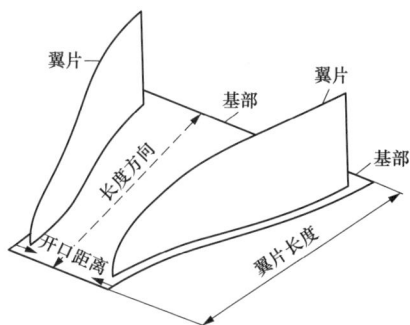

图 9-1　涡流发生器结构

界层的动能。这样一来，涡流发生器能够克服逆压梯度，使气流持续贴附在机体表面，延缓流动的分离，进而提高气动性能。

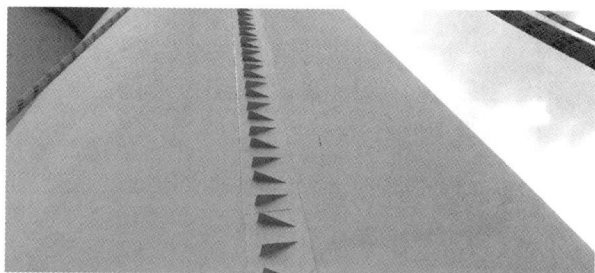

图 9-2　涡流发生器安装

二、后缘襟翼

后缘襟翼又称格尼襟翼，通常位于风电机组叶片中部至叶尖之间，如图 9-3 所示。其工作原理主要通过改变叶片后缘气流的流动状态，增大叶片压力面后缘附近的静压区，同时减缓上、下叶面气流在后缘处的掺混强度，由此可提升叶片性能，减小叶片所产生的气动噪声。

图 9-3　后缘襟翼

三、叶根扰流板

根据叶素动量理论，最优的叶片外形设计要求叶根部有很大的弦长以捕集风能。在工程实际中，受结构方面的制约，大部分叶片的最大弦长均被大大削减。因此，叶根扰流器逐渐被广泛用于叶片上，以弥补叶根部的风能捕集，如图 9-4 所示。在航空领域，飞机机翼的吸力面安装扰流器，当其打开工作时，升力减小，阻力增加，常用于飞机降落过程中。叶片则刚好相反，扰流器被安装于叶根部压力面后缘，起到增加翼型中弧线的效果，增加了升力系数。

图 9-4　叶根扰流板

四、叶尖小翼

叶片旋转运动时，由于压力差导致压力面气流绕过叶尖端面流入吸力面，既破坏了叶尖二维流动情况，同时又会产生叶尖涡，这是造成叶尖噪声、叶片效率减小、疲劳载荷增加的主要原因之一。借鉴飞机机翼解决翼尖涡的经验，一种类似翼梢的叶尖小翼被应用到风电机组叶片中。加装小翼，可以重整通过叶尖流场的气流，有效地降低叶尖处诱导阻力，减少叶尖能量损失，从而提高原有风电机组的功率输出。叶尖小翼如图 9-5 所示。

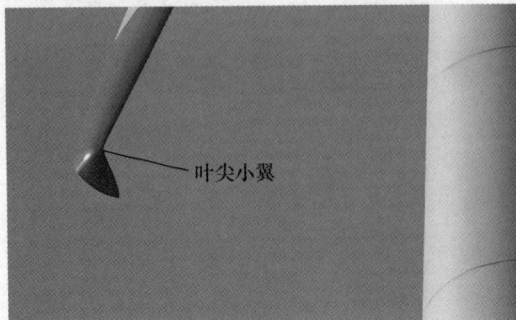

叶尖小翼

图 9-5　叶尖小翼

五、叶尖加长

叶片延长技术针对已运行风电机组，通过增加叶片长度来增强风轮的捕风能力（见图9-6），从而实现发电量提升的目的。叶片延长的同时增加了相关载荷，需要对叶片本体结构和根部螺栓的强度进行校核。同时，由于叶片的延长，叶尖处的线速度更快，因此对延长部分的粘接施工工艺要求相对严格，若粘接不良很容易造成叶尖飞出等事故。

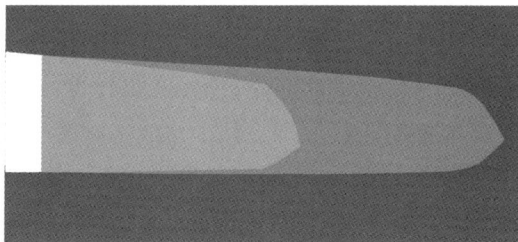

图 9-6　叶尖加长

六、长叶片

早期的风电机组设备多数是低塔筒、小叶轮，而叶轮越小，其捕风能力就越差。从提效的角度来说，通过增大叶轮直径来提升发电量，就成为最为直接的方式，随即推出了更换长叶片方案。风电机组更换长叶片的技术改造方案需要精心规划并且涵盖技术评估、设计考量、安全准备、物流协调、实际操作，以及后续监测和评估。以下是该技术改造方案可能包含的主要步骤和考虑因素。

（1）技术评估与设计审查：对现有风电机组的叶片设计、性能数据和运行历史进行全面评估。确定新叶片的设计规格，评估其对现有风电机组结构的适应性，包括叶片长度、重量、气动性能等。对叶片接头和连接部位的结构进行设计以确保与现有叶轮接口兼容。进行新叶片对风电机组性能的影响模拟，包括负载计算和性能预测。

（2）风险评估与安全规划：对叶片更换过程中可能遇到的风险进行识别和评估，包括高空作业风险、设备操作风险等。设计应急响应计划，确保作业人员安全和风险最小化。准备作业人员所需的安全培训和个人防护装备。

（3）物流和资源协调：确定所需的起重设备和特殊工具，并安排到位。协调新叶片的制造、运输、存储和现场交付。确保现场有充足的技术人员和操作人员。

（4）实施计划与操作流程：制订详细的操作计划，包括拆卸旧叶片、安装新叶片的步骤和时间表。在停机维护期间，按照安全操作程序进行叶片更换，确保风电机组稳定性和作业人员安全。使用适当的起重和吊装方法，确保新叶片在传输和安装过程中不受损害。

（5）质量控制与验收：对新叶片的制造质量进行检查，确保与设计规格一致。在安装新叶片后，进行结构完整性和动态平衡的检测。进行叶片安装后的初步试运行，确保风电机组运行平稳。

（6）后续监测与评估：在叶片更换后，对风电机组的运行性能进行长期监测。分析更换长叶片后的性能数据，并与更换前进行对比，评估技术改造方案的效果。如果必要，进行微调和优化以确保最佳运行效能。

七、涂层和热能

1. 涂层防冰

主要分为疏水涂层及吸热型防冰涂层两种。利用疏水涂层的疏水特性，根据降低水滴在物体表面附着的原理，减少水滴在附着物表面的附着时间；吸热型防冰涂层主要是通过漫反射降低光的反射率，使较多的太阳光能量转化为热能，达到除冰的目的。

2. 热能除冰

利用一些加热装置来加热风电机组叶片表面，使表面的温度超过冰熔点，从而达到除冰的效果，如图 9-7 所示。根据加热位置的不同又可分为叶片腔体加热、叶片本体加热及叶片表面加热等。叶片腔体加热，通过对叶片腔体内空气的加热，使热量通过风电机组叶片传递到表面，进而使其温度达到 0℃以上，起到除冰的目的；叶片本体加热，将电热元件布置在风电机组叶片的壳体内，通过该加热装置散发热量将风电机组叶片加热至 0℃以上，起到除冰的目的；叶片表面加热，通过在叶片表面铺设高分子电加热膜、电热网或加热布，通电加热使叶片升温除冰。

图 9-7　叶片加热热成像

第二节　变桨系统技术改造

本节介绍了变桨系统伺服驱动器预充电限流电阻的改造方案及实施过程，包括电路计算和接线调整；编码器隔离电源的改造原理与实施方法，重点分析了隔离电源装置的工作原理和电路设计;以及加热器隔热垫圈的改造方案,通过物理隔离解决风扇线圈高温损坏问题。

一、伺服驱动器预充电限流电阻

(一)改造原因

某变桨系统故障率较高,其主要原因为变桨系统未在伺服驱动器主供电回路加装预充电限流电阻,现场在变桨系统维护、风电机组主回路维护进行停、送电操作时,易出现伺服驱动器无法正常启动的情况。

(二)改造方案

1. 改造前

变桨系统供电由主控系统通过滑环将400V电源接至变桨系统主柜,通过空气开关进行3个轴柜分配,轴柜变桨系统伺服驱动器供电由主柜PLC控制器控制,PLC供电正常模块输出信号,接触器16K3、16K4、17K4吸合直接供给伺服驱动器,尤其在上电过程中,电压不稳将导致母线电压波动,伺服驱动器内部电源控制器芯片电压由直流母线经过降压电阻提供,电压波动将导致降压电阻损坏,芯片不能正常运行,进而影响伺服驱动器正常启动运行。技术改造前伺服驱动器供电回路见图9-8。

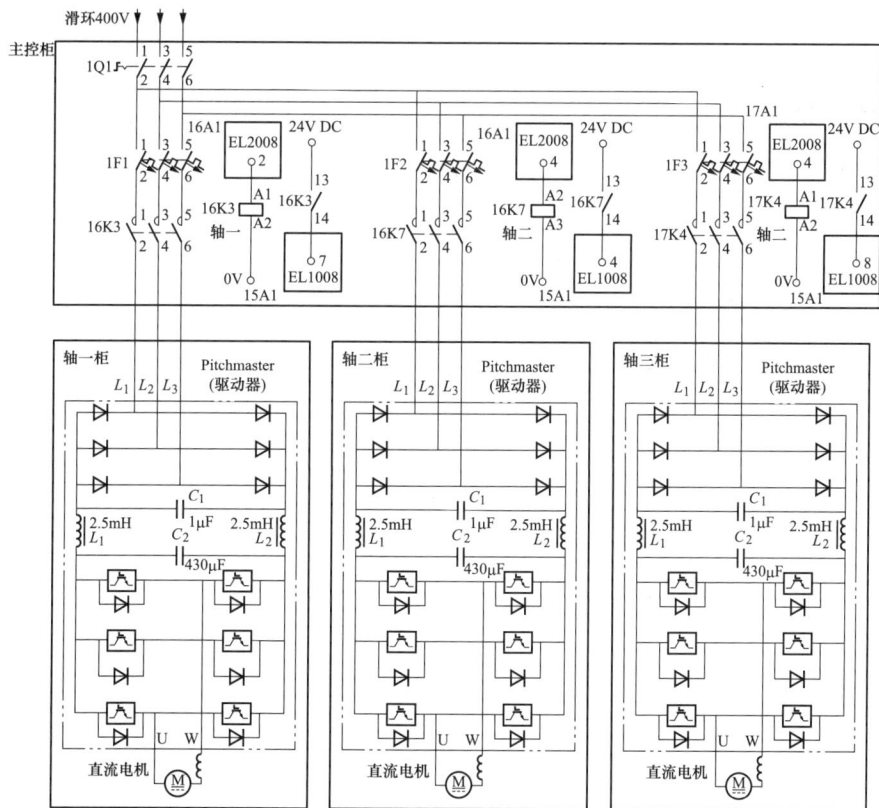

图9-8 伺服驱动器供电回路改造前

2. 改造后

在伺服驱动器 400V 供电回路根据计算增加预充电回路，主回路采用伺服驱动器内部输出稳定的 24V 电源端口，驱动 400V 主供电接触器吸合并旁路预充电回路，抑制风电机组电源电压异常波动导致母线电压波动。技术改造后伺服驱动器供电回路见图 9-9。

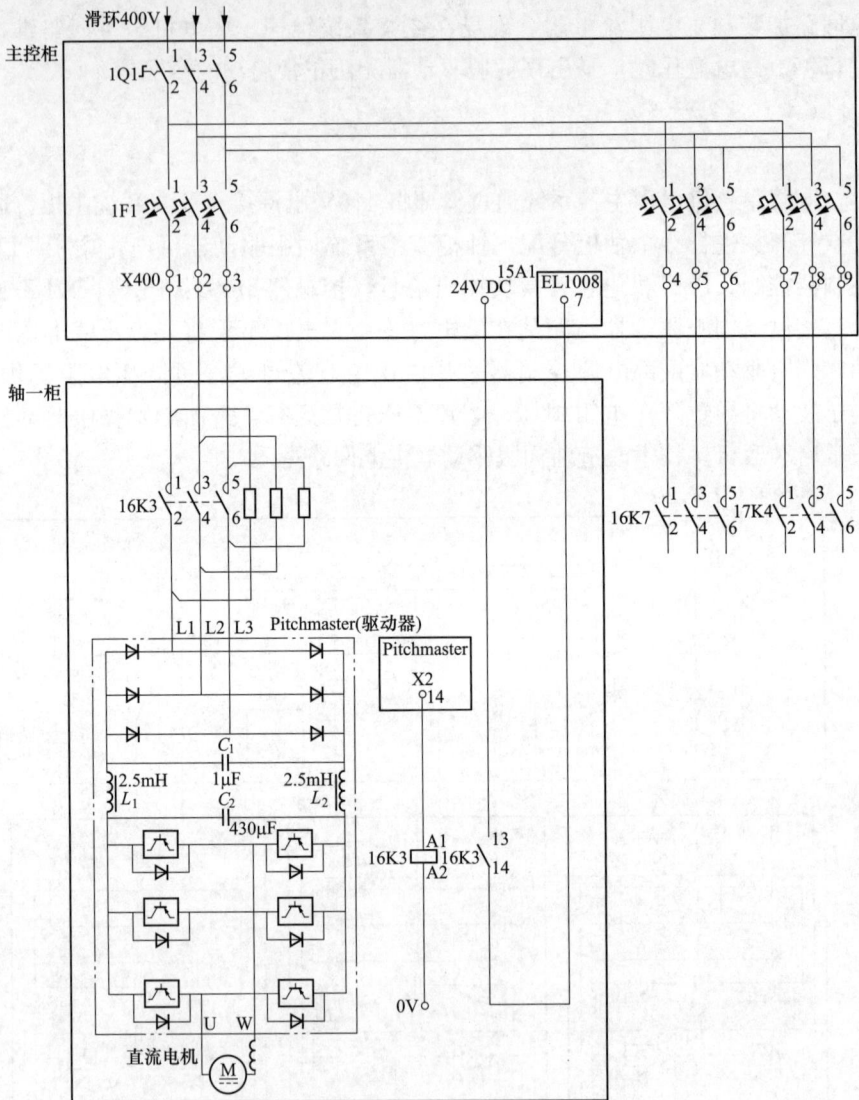

图 9-9　伺服驱动器供电回路技术改造后

（三）改造过程

（1）根据零状态响应计算公式。

$$U_C = U_S - U_S e^{-\frac{t}{\tau}} = U_S(1 - e^{-\frac{t}{\tau}}) \tag{9-1}$$

式中　U_C——电容电压，V；

$\qquad U_S$——直流电压源，V；

$\qquad \tau$——时间常数，s。

时间常数 $\tau = RC$，选择电阻为 3Ω，功率为 65W，在 5 个时间常数内直流母线电压为 565V，时间为 0.006s。

（2）采用三相预充电回路，将预充电限流电阻和接触器安装在轴柜内，采用导线并联在主柜主接触器 16K3、16K7、17K4 两侧。

（3）主接触器 16K3、16K7、17K4 驱动采用伺服驱动器自身供电正常后，X2 端子排 14 口输出 24V。

（4）主接触器 16K3、16K7、17K4 反馈采用接线由轴柜接至主柜 EL1008 模块，作为主接触吸合的信号反馈。

二、编码器隔离电源

（一）改造原因

风电机组电动变桨系统所采用的混合式编码器，其主要原理为光电编码器，在风电机组运行过程中，会出现编码器损坏现象，进而引发风电机组故障停机。

经过调研与测试，发现常见的库伯勒品牌编码器供电回路缺少有效过电压保护电路。当风电机组上电操作、变桨系统 24V 供电回路虚接、雷电侵入、电网谐波等事件发生时，容易导致变桨系统 24V 供电回路产生尖峰过电压。进而使得 24V 供电回路器件过电压烧毁，同时与伺服驱动器相连的编码器速度采集回路也会遭受不同程度的损坏。

为确保故障不再发生，应在编码器供电回路加装独立的隔离电源装置，以防止高电压及谐波侵入编码器内部。

（二）改造方案

1. 改造前

在改造前，PLC 模块直接为编码器供电，这一过程未采取任何隔离防护措施。这种接线方式缺乏隔离防护，还可能使设备容易受到电源故障的影响，进而造成编码器的损坏。因此，对编码器供电回路进行改造是必要的，以提高设备的稳定性和可靠性。改造前编码器供电回路见图 9-10。

2. 改造后

经过改造，编码器的供电回路将得到全面优化。加装隔离电源装置并实现独立供电，这一举措将有效降低编码器的损坏率。这种改造不仅提高了编码器的稳定性，还增强了其抗干扰能力，确保了设备在复杂环境中的可靠运行。此外，独立隔离电源装置的设计还减少了电源波动对编码器的影响，进一步延长了其使用寿命。因此，这一改造对于提高设备的整体性能和可靠性具有重要意义。编码器供电回路改造后见图 9-11。

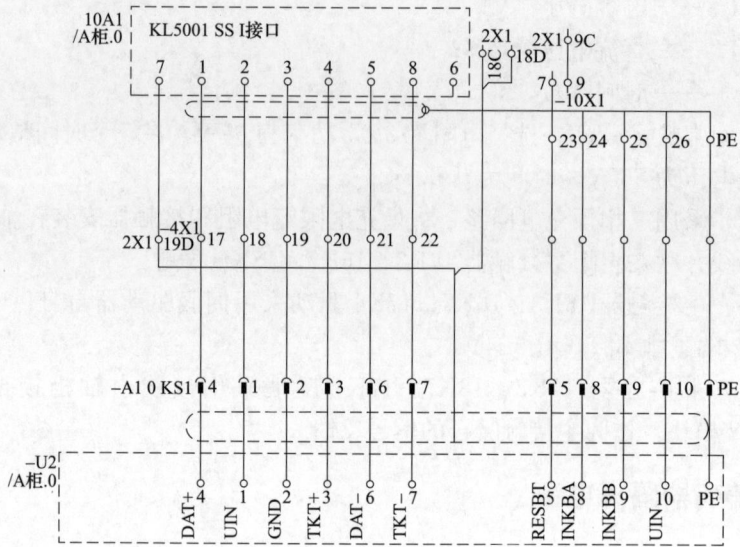

图 9-10　编码器供电回路改造前

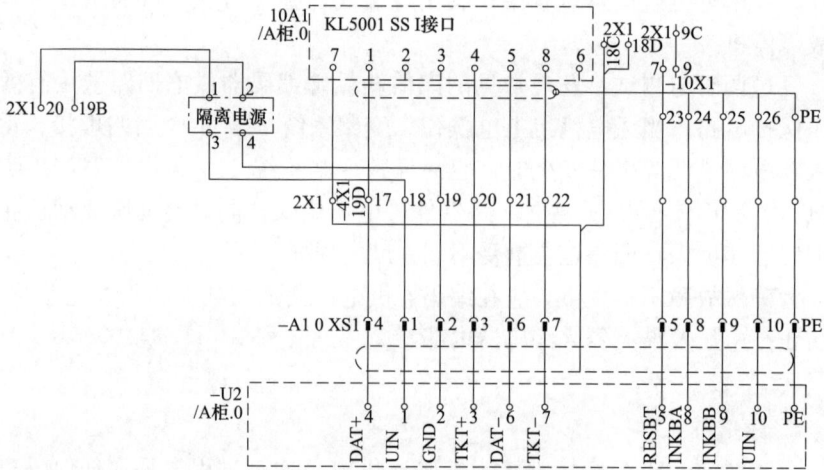

图 9-11　编码器供电回路改造后

（三）工作原理

隔离电源装置是一种将普通电源进行隔离处理的电源设备，它通过一系列的电路设计，实现了对电源的隔离、滤波、保护和控制等功能。

下面从电源转换电路、隔离变压器、滤波电路、保护电路和控制电路等方面，详细介绍隔离电源装置的工作原理。隔离电源装置内部结构见图9-12。

1. 电源转换电路

隔离电源装置的电源转换电路通常包括输入滤波器和输出滤波器。输入滤波器的作用是抑制输入电源中的谐波和电磁干扰，确保输入电源的稳

510

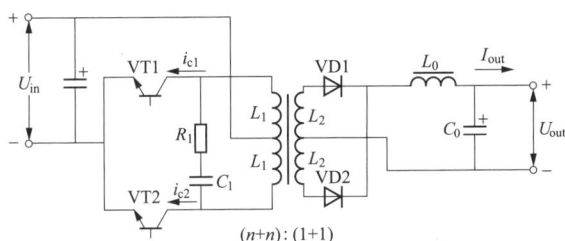

图 9-12　隔离电源装置内部结构

定性和可靠性；输出滤波器则是对输出电源进行滤波处理，进一步减少输出电源中的谐波和电磁干扰，提高输出电源的质量。

2. 隔离变压器

隔离变压器是隔离电源装置的核心部件之一，它的作用是将输入电源与输出电源进行隔离，避免输入电源中的干扰直接传递到输出电源。隔离变压器通常采用高频变压器或低频变压器，通过改变隔离变压器的匝数比，实现输入电源和输出电源之间的电压和电流的转换。

3. 滤波电路

滤波电路是隔离电源装置中不可或缺的一部分，它的作用是滤除电源中的谐波和电磁干扰，提高电源的纯净度和稳定性。滤波电路通常由电容、电感和电阻等元件组成，通过调整元件的参数和组合方式，实现对不同频率和不同幅度的谐波和电磁干扰的滤除。

4. 保护电路

保护电路是隔离电源装置中用于保护设备的重要部分。它通常包括过流保护、过压保护、欠压保护等。当电源出现异常时，保护电路会立即切断电源，避免设备受到损坏。同时，保护电路还会发出报警信号，提醒操作人员及时处理。

5. 控制电路

控制电路是隔离电源中用于控制电源输出的部分。它通常包括电压控制、电流控制、频率控制等。通过控制电路的调节，可以实现对输出电源的精确控制，满足不同设备的需求。同时，控制电路还可以实现远程控制和自动化控制等功能，提高了设备的智能化水平。

三、加热器隔热垫圈

（一）改造原因

风电机组变桨系统蓄电池位于轮毂内，更换时由于重量大、触电风险高，以及吊装、运输和储存过程中还存在火灾隐患，极大增加了现场检修人员的安全操作风险和劳动强度。北方地区变桨系统蓄电池故障率逐步上升，新更换的蓄电池使用寿命也在缩短，部分蓄电池甚至仅能使用 1 年。

蓄电池性能快速衰减的主要原因是低温环境（其寿命与温度密切相关）；蓄电池性能下降轻则使风电机组频繁报故障，重则可能导致风电机组无法紧急收桨。现场检查发现，低温的主要原因在于电池柜加热器损坏，且数量持续增加。而加热器性能下降和损坏的主要原因则是散热风扇与加热体距离过近，导致风扇电机线圈在长期高温环境下烧损，高温也会使风扇电机轴承卡涩，最终导致风扇损坏，加热器性能下降，无法确保蓄电池在正常温度下工作。

（二）改造方案

由于加热器的加热体与风扇线圈是毗连的结构，中间没有任何的隔热措施，导致风扇线圈高温损坏。

现将风扇线圈与加热体用新型隔热垫圈进行物理隔离，这样可以有效降低风扇线圈和轴承在高温环境下的受损程度，延长其使用寿命，具体改造参数如图 9-13 所示。

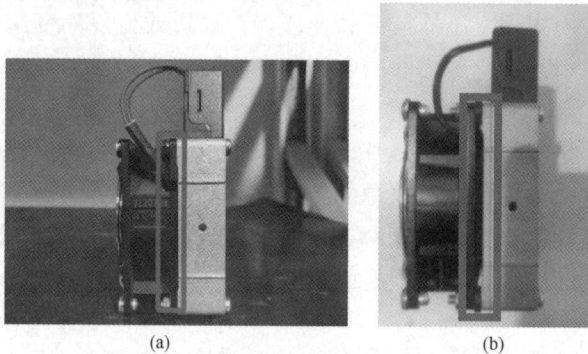

图 9-13　技术改造前后对比
(a) 改造前；(b) 改造后

第三节　传动链技术改造

本节介绍了传动链轴承双剖分径向式密封改造方案，详细分析了原双 VA 密封圈泄漏原因并展示了新型 GYEX 密封结构；中空轴集流和导流装置的实施过程，包括排油孔加工、集油端盖安装等具体操作步骤；以及弹性支撑更换工装的设计与应用，通过专用工装实现弹性支撑的高效更换，大幅降低维修时间和人力成本。

一、轴承双剖分径向式密封

（一）改造原因

以某 1.5MW 风电机组主轴承技术改造为例说明整体方案。主轴承采用双 VA 圈＋毛毡的密封结构形式，实际结果表明其密封性能不能达到预期效果。在已安装运行的同系列风电机组中，基本上都存在不同程度的油脂泄漏。通过分析发现，原有密封结构形式不合理是导致同系列风电机组批量油脂泄漏发生的根本原因，为了能有效解决此类问题，改造采用双剖分径向式密封结构。

1. 双 VA 密封圈密封结构原理

双 VA 密封圈密封结构的轴承座每侧采用 2 道 VA 密封圈，如图 9-14 所示。其中，外侧 VA 密封圈防止外界尘土、水汽等进入轴承内部，里侧 VA 密封圈主要防止轴承内部油脂外泄。VA 密封圈不抗压，因此密封结构正常发挥效用的一个重要前提是：在设备装配正常的情形下，轴承腔内、外没有压力差。

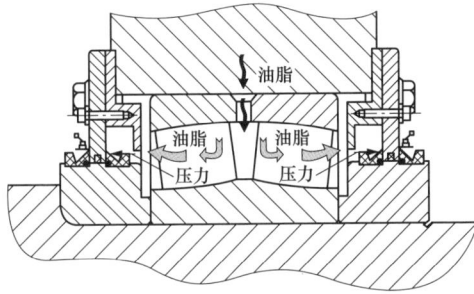

图 9-14 双 VA 密封系统图

2. 密封泄漏原因

密封系统泄漏的发生是多方面因素综合作用的表象，对于双 VA 圈密封结构的主轴密封技术改造方案来说，主要原因有：

（1）排油结构失效。

据现场观察发现，风电机组结构设计中的排油装置基本不能正常工作，排油孔至集油瓶之间被黏稠的油脂堵塞，已经失去排油功能。

正常情况下，风电机组日常维护会定期加注油脂，而多余油脂则从排油孔排出。在排油孔被堵塞失去其功能的情况下，油脂不断加注而不能排出必然导致轴承腔内压不断增高，甚至最后需要在外部施加很大的压力才能加注油脂，内部压力导致轴承座里侧 VA 密封圈磨损加剧，直接导致外侧 VA 密封圈失效，从而最终导致油脂泄漏发生。

（2）轴向位移。

风电机组主轴轴向位移的现象非常普遍，现有运行中的双馈 1.5MW 系列风电机组基本上均存在轴向位移的现象，不同的只是位移量的大小不同。主轴轴向位移对现有结构形式的密封是致命的（位移越大，影响越大），如图 9-15 所示，轴向位移必然导致轴承端盖两端 VA 密封圈一端贴紧端盖，加剧密封唇口与轴承端盖的摩擦，最终密封失效；另一端密封唇口脱离轴承端盖，直接导致密封失效。这种密封失效在轴向位移较大的情况下表现得特别明显，但是即使是在轴向位移小的情况下，其对 VA 密封圈的密封性能依然是非常大的威胁。

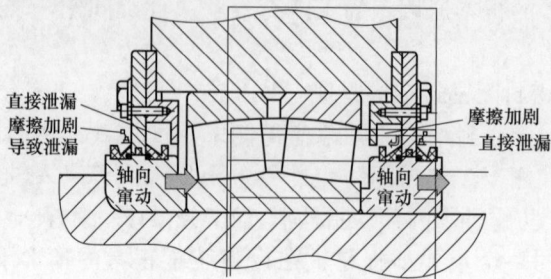

图 9-15 轴向位移示意图

（3）温升。

风电机组机舱内部空气流动性相对较差，热量不易散发。特别是在高温季节，外界环境气温高，机舱内部件散热不良，伴随机械部件的运转，多种因素叠加导致加快了轴承内部压力升高，从而进一步加剧轴承端盖内侧 VA 密封圈磨损，最终造成轴承端盖内、外两侧 VA 密封圈密封失效，油脂泄漏情况发生。

（4）其他因素。

导致双 VA 密封圈密封失效的原因还有很多。比如，很多时候轴承锁紧螺母未能正常锁紧，就会导致油脂从轴承锁紧螺母处泄漏。这个与密封结构没有多大关系，只要轴承锁紧螺母未能锁紧，泄漏都会发生。

总的来说，排油结构失效带来的轴承腔内部压力升高是双 VA 密封圈密封失效的根本原因，因此，密封结构改造的设计首先应该考虑排油、抗压，同时要兼顾防轴向位移等。

（二）改造方案

GYEX 型自定位双剖分径向式密封又称双剖分式组合开口 E 型油封（见图 9-16），是一款自带支承环的骨架式开口油封，特别适合在线更换。而且比原改造方案更具针对性，不仅功能完善，安装也更为方便，可极大地提升安装效率。双剖分径向式密封结构经过完善，现已运用于相关机型在线改造，改造效果相对稍好。GYEX 密封结构改造前后对比如图 9-17 所示。

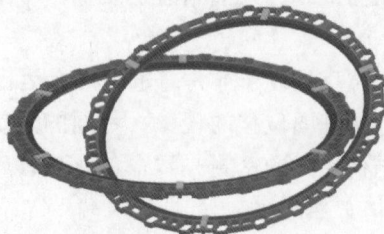

图 9-16 新型 GYEX 密封结构

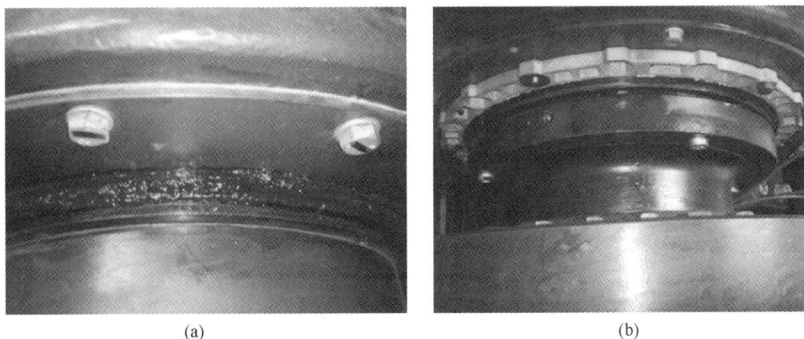

图 9-17　GYEX 密封结构改造前后对比

(a) 改造前；(b) 改造后

二、中空轴集流和导流装置

（一）改造原因

为彻底解决风电机组齿轮箱中空轴的油液渗漏问题，通常需对齿轮箱进行下塔维修，但这将涉及高昂的吊装、运输和维修成本。目前，业界普遍采用的策略是通过集流和导流装置收集并重新引导渗漏的油液回流至齿轮箱。在这过程中，还特别实施了防护措施，以阻止油液沿着变桨系统通信线缆渗入滑环。

（二）改造过程

下面仅以某 1.5MW 风电机组齿轮箱为例说明。

（1）断开风电机组高速轴刹车空气开关、锁定双侧叶轮锁。

（2）拆除滑环旋转单元，可见中空轴侧滑环结构。

（3）拆除轮毂内相关接线，将滑环结构与内部线缆一并抽出，过程中做好线缆剐蹭防护措施。滑环接口实物如图 9-18 所示。

（4）拆除中空轴端盖，在端盖与中空轴重合部位确定排油孔，并在管轴上使用电钻加工排油孔，如图 9-19 所示。排油孔内存在的铁屑、毛刺等进行光滑处理，防止因毛刺损坏导油装置。

图 9-18　滑环接口实物图　　　　图 9-19　中空轴加工排油孔

（5）清洗：清洁电缆、清洗管轴、清理端盖上残油及密封胶。

（6）安装整体式集油端盖（见图 9-20），回油管接入齿轮箱。

（7）在正常线缆外加装隔油胶皮管（见图 9-21），在隔油胶皮管端面处自制胶皮管法兰，实现内外部隔离功能。

图 9-20　安装集油端盖　　　　　　　图 9-21　隔油胶皮管

（8）安装隔油胶皮管法兰盘至中空轴上（见图 9-22），将内部线缆通过隔油胶皮管内部回装至轮毂内相应接线位置。

（9）恢复安装滑环端面接口（见图 9-23），检查测试中空轴应无渗漏油。

图 9-22　法兰盘安装位置　　　　　　图 9-23　回装滑环与中空轴固定端

三、弹性支撑更换工装

（一）改造原因

风电机组经过长期运行后，齿轮箱减振器弹性支撑会出现老化、磨损、裂纹等严重问题，尤其在大风时（13m/s 以上）齿轮箱晃动较大，减振器处发出"咔吱"的较大异响声。齿轮箱减振器弹性支撑损坏直接影响齿轮箱减振效果，造成齿轮箱机械轴承磨损、齿轮损坏等，并且弹性支撑损坏还将导致齿轮箱与发电机轴向及径向的对中性产生较大偏差，通过齿轮箱振动力的传递增大，最终造成发电机轴承损坏。

当前，风电机组齿轮箱减振器弹性支撑不能解体拆卸更换，需要整体更换齿轮箱减振器。现有技术整体更换齿轮箱减振器，存在的弊端如下：

（1）齿轮箱减振器包括固定支撑铁块和弹性支撑体，价格比较昂贵。

（2）齿轮箱减振器重量约190kg，人员劳动强度高。

（3）由于无专业工装，拆卸更换环节多，劳动力需4～5人，每台风电机组更换4个减振器，需要约20个小时。

（4）风电机组机舱内空间狭小，更换重大部件容易给检修人员造成机械重物砸伤、挤伤等安全风险。

（二）改造方案

本方案要解决的技术问题是利用工装，不用整体更换齿轮箱减振器，就能把减振器的弹性支撑体取出进行更换。劳动力只需2人，每台风电机组更换4个减振器弹性支撑，只需约4个小时。通过制作齿轮箱减振器弹性支撑更换工装，不仅降低了设备成本价格，优化了齿轮箱减振器的维修方法，降低工作时间、人员劳动强度，消除更换重大部件带来的安全隐患。

1. 更换工装

（1）齿轮箱更换弹性支撑拔轴工装如图9-24所示。

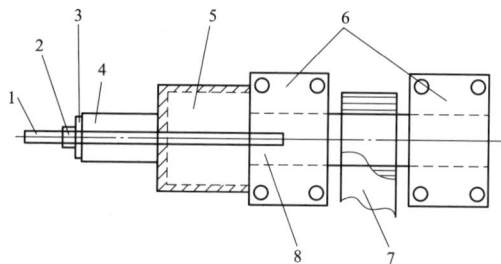

图9-24　齿轮箱更换弹性支撑拔轴示意图
1—30号丝杠；2—46号螺母；3—工装端盖1；4—中空千斤顶；5—工装中空桶；
6—齿轮箱弹性支撑；7—齿轮箱；8—齿轮箱弹性支撑轴

（2）齿轮箱更换弹性支撑如图9-25所示。

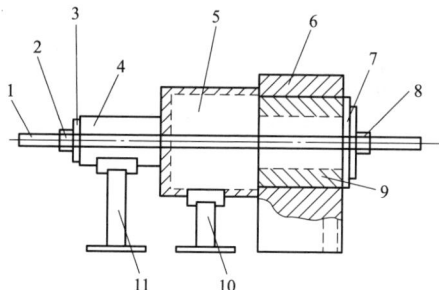

图9-25　齿轮箱更换弹性支撑示意图
1—30号丝杠；2—46号螺母；3—工装端盖1；4—中空千斤顶；
5—工装中空桶；6—齿轮箱弹性支撑钢体架；7—工装端盖2；
8—46号螺母；9—齿轮箱弹性支撑体；10—工装支架2；11—工装支架1

2. 工装制作方法

(1) 按照减振器弹性支撑尺寸，制作工装中空桶，如图 9-26 所示。

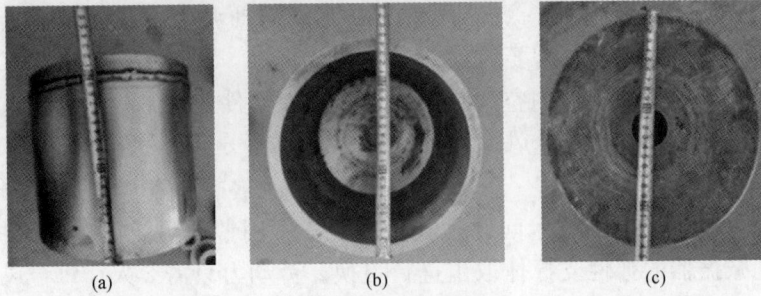

图 9-26　减震器弹性支撑尺寸

(a) 长度尺寸；(b) 内径尺寸；(c) 底部尺寸

(2) 制作 100cm 长 M30 丝杠，配套 M46 螺母，如图 9-27 所示。

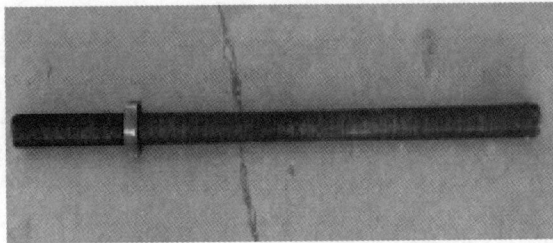

图 9-27　M30 丝杠和 M46 螺母

(3) 制作工装端盖 1 和工装端盖 2，如图 9-28 所示。

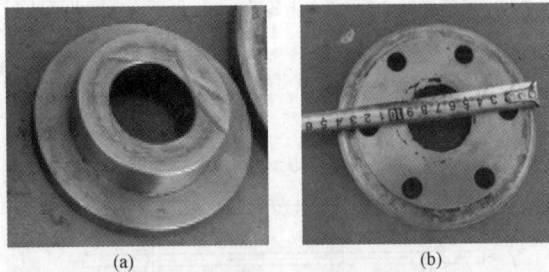

图 9-28　工作端盖

(a) 工装端盖 1；(b) 工装端盖 2

(4) 制作工装支架，如图 9-29 所示。

(三) 改造过程

(1) 利用工装对齿轮箱弹性支撑轴进行拆卸及安装，如图 9-30 所示。

(2) 组装工作对齿轮箱弹性支撑进行更换，具体如下：

图 9-29　工装支架　　　　图 9-30　工装拆卸安装齿轮箱弹性支撑轴

1）组装工作配套中空千斤顶，安装在齿轮箱减振器上，如图 9-31 所示；

图 9-31　组装工装

2）操作千斤顶利用工装将弹性支撑拔出，如图 9-32 所示；

3）安装新的弹性支撑，只需将工装安装在减振器反方向，操作中空千斤顶，即可完成，如图 9-33 所示。

图 9-32　利用工装将　　　　图 9-33　利用工装完成齿轮箱
弹性支撑拔出　　　　　　减振器弹性支撑更换

第四节　发电机技术改造

本节介绍了发电机轴承温度监测系统的安装实施，包括前、后轴承 PT100 温度传感器的安装位置选择、电缆布线路径规划以及接线接入方案；同时对发电机轴承润滑系统进行了全面改造，重点解决了注油困难、排油不畅等问题，详细说明了新型注油管路设计、专用排油装置的结构特点及安装工艺要求。

一、轴承温度监测和告警

（一）改造原因

风电机组出厂时，发电机前、后轴承未配置温度监测和告警功能，轴承缺陷引起的温度异常升高检修人员无法提前预知，不能很好地指导检修人员做到"预防性检修"。

（二）改造过程

1. 安装发电机后轴承 PT100

将发电机后轴承温度传感器 R2（自带 14m 电缆）的 PT100 探头插入发电机后轴承对应 $\phi10$ 的孔内，R2 的安装位置如图 9-34（a）所示，用开口扳手拧紧传感器的探头螺栓，紧固力矩为 40N·m，检查力矩为 34N·m，接线完成后对线缆端头做好标识。

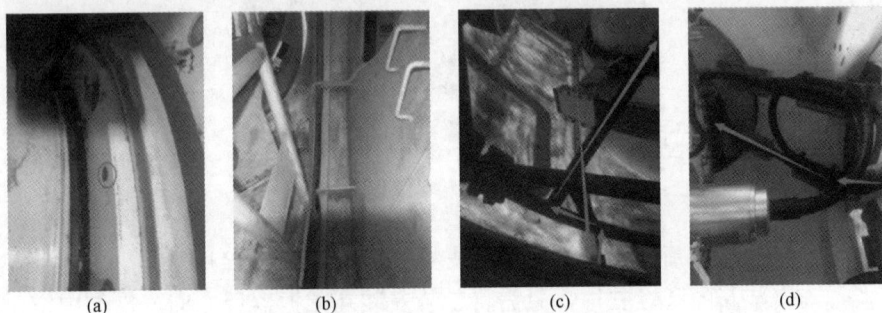

(a)　　　　(b)　　　　(c)　　　　(d)

图 9-34　后轴承 PT100 布线示意图
（a）R2 安装位置；（b）定子表面电缆布线路径；
（c）导流罩表面电缆布线路径；（d）变桨系统柜 2 电缆布线路径

对发电机后轴承温度传感器 R2 其自带的 14m 电缆（使用 $\phi10$ 的黑色缠绕管进行防护），需根据如图 9-34（b）、（c）、（d）所示电缆布线路径敷设至轮毂变桨柜 2。敷设电缆前，沿着电缆敷设路径，在定子和导流罩加强筋表面，使用结构胶每间隔 300mm 粘贴一个固定座。粘贴固定座后，需要等待至少 30min，待固定座牢固后，再开始布线。粘贴前，需要将定子表面和导流罩加强筋表面进行清洁处理。

2. 安装发电机前轴承 PT100

将发电机前轴承温度传感器 R1（自带 6m 电缆）的 PT100 探头通过 M10 螺栓固定在发电机前轴承对应 $\phi10$ 的孔内，如图 9-35（a）所示，使用开口扳手拧紧传感器的探头螺栓，紧固力矩为 40N·m，检查力矩为 34N·m，接线完成后对线缆端头做好标识。

前轴承温度传感器 R1 自带的 6m 电缆，沿着如图 9-35（b）所示敷设路径从探头位置沿滑环固定支架、电机电缆桥架布线，使用 80mm×2.5mm 的尼龙扎带将电缆进行绑扎。

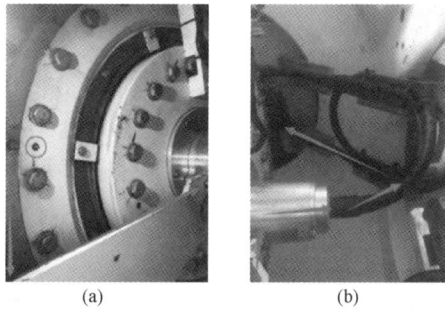

图 9-35　前轴承 PT100 布线示意图

(a) R1 安装位置；(b) 敷设路径

3. 前、后轴承 PT100 接线接入柜体

将前轴承 PT100 接线接入 1 号变桨系统柜外 X7 重载连接器（插针）的 3、4 端子（原位置未使用），如图 9-36（a）所示。

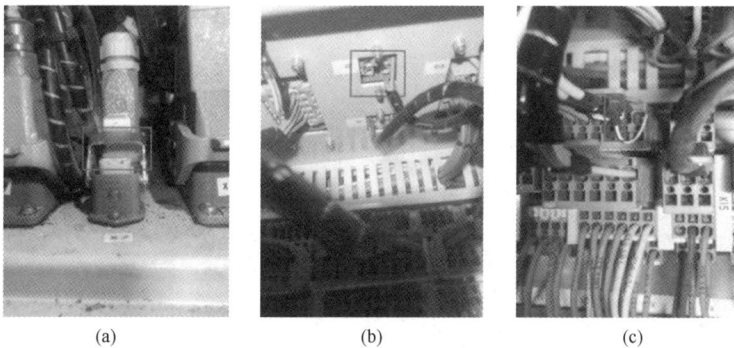

图 9-36　PT100 接入柜体布线示意图

(a) 重载连接器（插针）；(b) 重载连接器（插孔）；(c) X16 端子排

拆除 X16 端子排的 3、4 口接线，使用绝缘胶带包扎后隐藏，将变桨柜内 X7 重载连接器（插孔）的 3 口连接至 X16 端子排的 3 口，X7 重载连接器（插孔）的 4 口连接至 X16 端子排的 4 口，如图 9-36（b）、（c）所示。按照同样方法，将后轴承温度测量点接至变桨系统柜 2。

二、轴承注油和排油管

（一）改造原因

目前，很多风电机组发电机轴承油路系统普遍存在注油困难、油流通性差、排油管径较小以及废油难以排放等问题。这些问题易导致油路系统堵塞，从而影响发电机轴承的正常散热，降低设备运行效率，甚至可能引发设备故障。为提高风电机组发电机油路系统的可靠性，需对发电机注油和排油管进行技术改造。

（二）改造过程

1. 注油部分

（1）拆下原注油嘴［见图 9-37（a）］，增加一个弯头油管，将油管增高后水平引出［见图 9-37（b）］，在水平引出的油管上连接套管、长油管，使油管的长度能伸出到机座的接线箱侧位置［见图 9-37（c）］，用套管将注油嘴连接到油管上，将油管固定［见图 9-37（d）］。这样在发电机接线箱侧面即可直接加油。

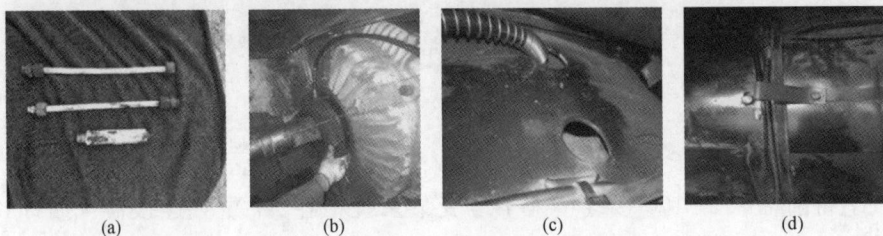

图 9-37　注油部分

(a) 注油嘴；(b) 弯头油管；(c) 油管伸出；(d) 油管固定

（2）对于油脂直接进入到轴承外端盖，不参与润滑的问题。在轴承外盖与端盖的注油孔处增加一个注油管［见图 9-38（a）］，注油管与注油孔间增加密封圈，使油脂通过注油管进入到轴承内端盖和轴承，对轴承进行润滑，如图 9-38（b）、(c) 所示。

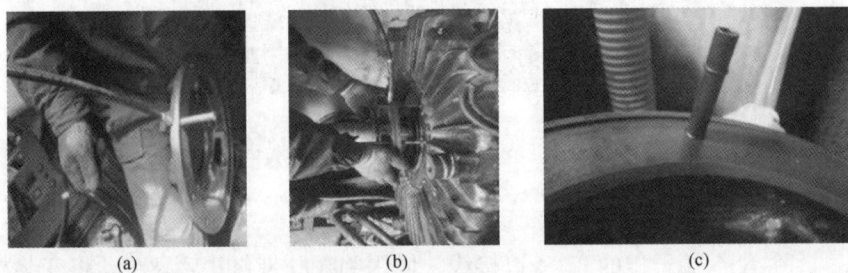

图 9-38　增加注油管

(a) 注油管安装；(b) 轴承外端盖安装；(c) 护罩注油管安装

（3）对于油脂注油时在注油回路接缝处发生漏油的问题。通过将接缝组合成的注油管路技术改造为注油管路直接连接，解决油脂从接缝处溢出、油脂无法注入轴承的问题，如图 9-39 所示。

2. 排油部分

（1）设计发电机专用排油装置，原发电机轴承外端盖不变，按原排油口尺寸设计专用排油装置接口，如图 9-40 所示。

（2）充分利用原发电机轴承外端盖处的空间，使专用排油装置体积尽量大，如图 9-41 所示。

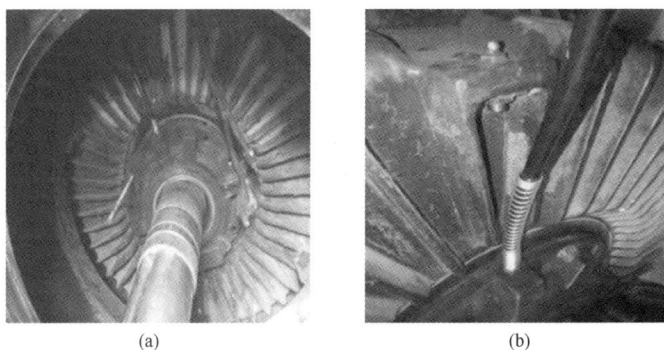

图 9-39　改为注油管路直接连接

（a）改造前；（b）改造后

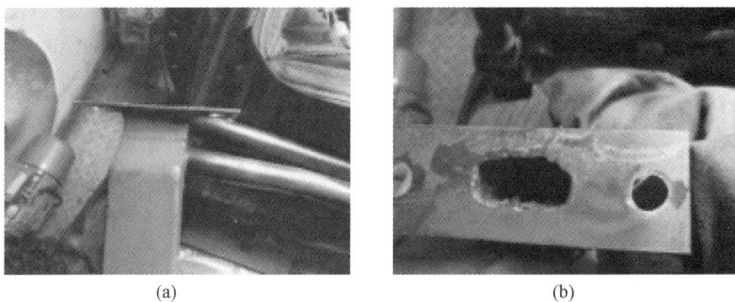

图 9-40　专用排油装置接口

（a）接口侧面；（b）接口底部

（3）在排油装置的集油盒中增加排油刮板，将集油盒内的废油排出盒外，如图 9-42 所示。

图 9-41　专用排油装置　　　　　图 9-42　增加排油刮板

（4）为了保证排油过程操作方便、安全可靠，发电机排油盒端［见图 9-43（a）］要远离旋转部件。在发电机护罩适当位置开口，将排油装置排油端伸出护罩，如图 9-43（b）、（c）所示。

（5）排油装置与轴承外端盖连接处增加绝缘垫，保证了发电机端盖原

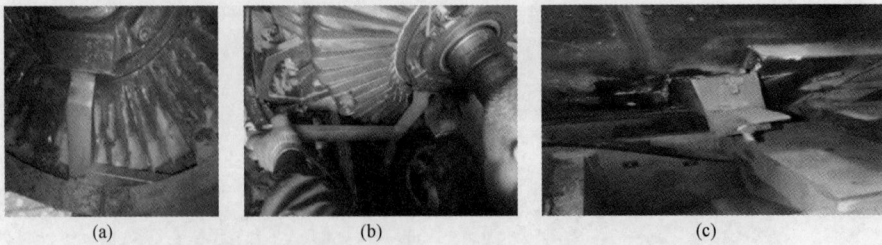

图 9-43　排油装置排油端伸出护罩
(a) 排油盒端；(b) 排油装置排油端；(c) 护罩开口

有的绝缘性能，如图 9-44 所示。

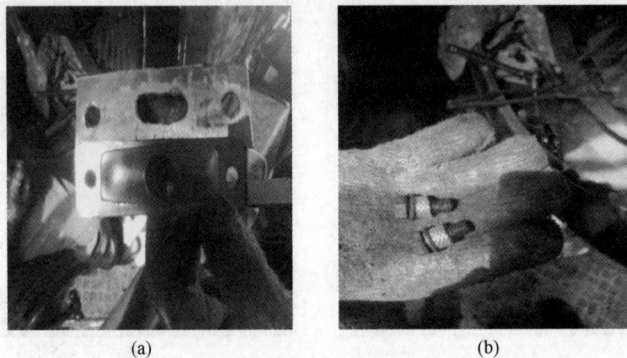

图 9-44　增加绝缘垫
(a) 连接处；(b) 绝缘垫

第五节　主控系统技术改造

本节介绍了主控系统配电系统中性线接地改造，包括 IT 系统问题分析、中性点直接接地方案及电涌保护器加装；模块 DC-DC 隔离电源的安装实施，具体说明了塔底和机舱控制柜的电源模块安装步骤及接线方法；以及模块金属板和丝杠加固方案，通过加装不锈钢金属板和防松丝杆有效解决了模块振动导致的通信故障问题。

一、配电系统中性线

(一) 改造原因

1. IT 系统简介

根据《低压电气装置　第 1 部分：基本原则、一般特性评估和定义》（GB 16895.1）第 312.2.3 条的描述，IT 电源系统的所有带电部分都与地隔离，或某一点通过阻抗接地。电气装置的外露可导电部分被单独地或集中地接地，如图 9-45 所示。某 1.5MW 风电机组在 690/400V 干式变压器引出 5 根导线（L1、L2、L3、N、PE），而中性点不接地，因此该风电机组的 400V 配电系统为配出中性线的 IT 系统。

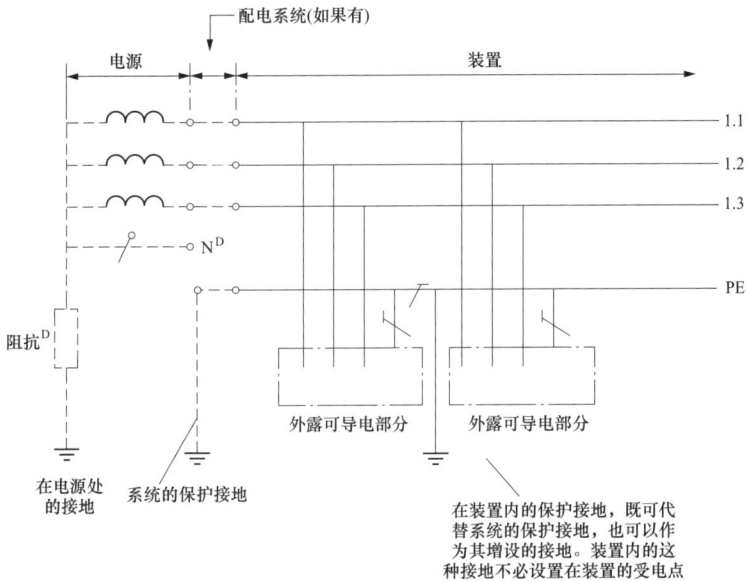

注：装置的 PE 导体可另外增设接地。
1) 该系统可经足够高的阻抗接地。例如，在中性点、人工中性点或相导体上都可以进行这种连接。
2) 可以配出中性导体，也可以不配出中性导体。

图 9-45　IT 系统图示

IT 系统的中性点未直接接地，因此在发生第一次单相接地故障时，故障电流没有直接返回电源的通路，能够产生的故障电流很小，不足以发生电气事故，也不足以导致回路的保护电器动作，在第一次单相接地故障时可持续运行。

2. IT 系统的问题

（1）图纸与实际设备不符。风电机组制造商下发的设备图纸中，塔底干式变压器（690V/400V）的 400V 侧中性点与地连接为典型的 TN-S 系统，如图 9-46 所示。但实际存在很多现场和很多风电机组的 400V 中性点未直接接地的情况，与图纸不符。

（2）N 线对地存在一个不确定的电压差。因中性点没有直接接地，中性线的电位没有被强制限制在地电位上，风电机组由三相负载不对称、各相对地绝缘电阻不对称、各相分布电容不对称等原因，中性点的对地电压会产生漂移，实际设备中性线对地会有一个 20～100V 之间的不确定电压。具体的电压由风电机组布线、单相负载运行状态、各相线及单相设备绝缘和对地电容等决定，如图 9-47 所示。

由于风电机组中的单相负载除了照明灯、插座等辅助设备配置剩余电流动作保护器，其他用于控制、环控等设备均是通过单相空气开关控制相线来为负载供电，N 线均来自 N 排或 N 线端子。当设备检修时，检修人员

525

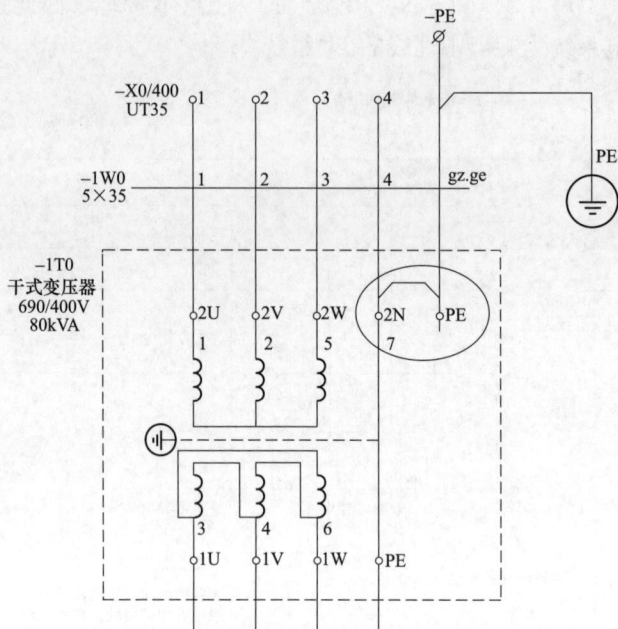

图 9-46   机组图纸

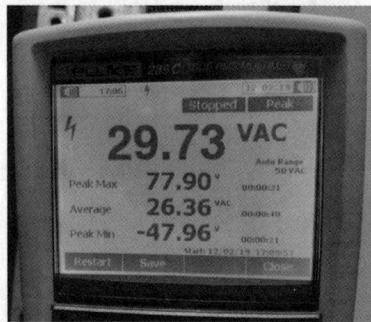

图 9-47   机组无故障时实测 N 线对地电压

很有可能在只断开单相空气开关后工作，从而触及 N 线，导致 N 线通过人体对地放电，造成触电事故。

（3）发生单相接地故障后，无报警且连续不间断运行。为了监视 IT 系统的绝缘状态以及单相接地故障，《低压配电设计规范》（GB 50054）第 5.2.20 条及《系统接地的型式及安全技术要求》（GB 14050）第 5.4.2 条均规定：在 IT 系统中应装设具有音响或灯光信号的绝缘检测器，而此风电机组选用的 IT 系统却没有安装绝缘检测器。

当发生第一次单相接地故障后，IT 系统带故障运行，无故障相的对地电压上升到 400V（见图 9-48），N 线对地电压上升到 230V（见图 9-49）。由此可能给检修人员带来更大的触电危险，如果长时间带故障运行，则电缆、用电设备可能受到不同程度的损害，如电缆绝缘能力降低、单相设备承受对地 400V 电压而击穿损坏、变桨系统中电涌保护器（$U_c = 275V$）频繁烧损。

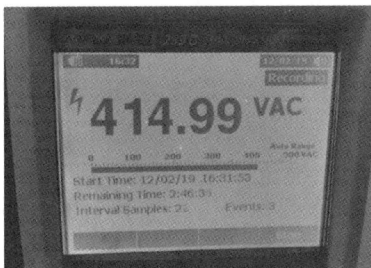

图 9-48 发生单相接地故障时
非故障相对地电压

图 9-49 发生单相接地故障时
N 线对地电压

（4）电涌保护器的配置未考虑 N 线导体。由于此风电机组是引出中性线的 IT 系统，在《建筑物防雷设计规范》（GB 50057）第 J.1.2 条中规定：引出 N 线（不包含 PEN）的系统必须配置中性线与 PE 线之间的电涌保护器。

（5）400V 接地不规范。此风电机组存在不同程度的接地不规范现象。例如：塔底干式变压器外壳未直接接地；去往塔底柜 400V 的 PE 线未接地；塔底柜 X400V 端子排 PE 端子进线未接线；端子排的 PE 线及电涌保护器 PE 线松动，不牢固。

（二）改造方案

（1）将干式变压器 400V 侧中性点直接接地。将此风电机组 400V 侧中性点由原来的不接地系统改为中性点直接接地的 TN-S 系统，将 N 线电位强制限制在地电位，从而解决 N 线带电给检修人员带来的危险以及设备发生单相接地故障后故障回路不跳闸、不报警等问题。

（2）增加 N 线对 PE 线的电涌保护器。根据《建筑物防雷设计规范》（GB 50057）的要求，增加 N 线对 PE 线的电涌保护器，以保护 N 线及 N 线所带设备。

（3）检查并规范接地线的连接。检查塔底干式变压器、塔底柜内各接地线连接情况，对不符合要求的进行整改。

二、模块 DC-DC 隔离电源

（一）改造原因

现场某风电机组采用倍福品牌的控制系统，控制系统 EtherCAT 模块与 I/O 模块共用一个电源，I/O 模块电源的噪声会影响 EtherCAT 模块总线正常工作，造成了其通信故障并影响了机组的稳定运行。通过该技术改造安装 DC-DC 隔离电源可以有效增强 EtherCAT 模块的 EMC 能力，确保机组的稳定运行。

（二）改造方案

1. 塔底控制柜安装 DC-DC 隔离电源

（1）将风电机组切换到停机状态，待发电机转速小于 20r/min 时，继续将风电机组转入维护状态。

（2）使用万用表电压档测试塔底控制柜控制系统供电电压，确认为 24V 后进行后续步骤。

（3）断开塔底控制柜控制系统供电，并验电确认无电。

（4）将 DC-DC 隔离电源模块安装至塔底控制柜中，拆除塔底控制柜 EK1100 模块和 EL9400 模块的原有 1 号线和 5 号线，若有其他端子与 1 号线和 5 号线短接，一并拆除，然后将 DC-DC 电源模块输出端"＋"和"－"分别接入 1 号端子和 5 号端子，将原有的供电线接入 DC-DC 电源模块输入端，如图 9-50 所示。

（5）连线完成后，使用万用表电阻档测试 DC-DC 电源模块输出的"＋"和"－"是否短路，若短路不可上电，重新检查。

（6）检查所有工作是否做到位并达到技术改造要求，确认完成后清理现场。

（7）合上塔底控制柜内的所有开关，取消维护状态，手动复位风电机组故障，启动风电机组，观察风电机组正常运行。

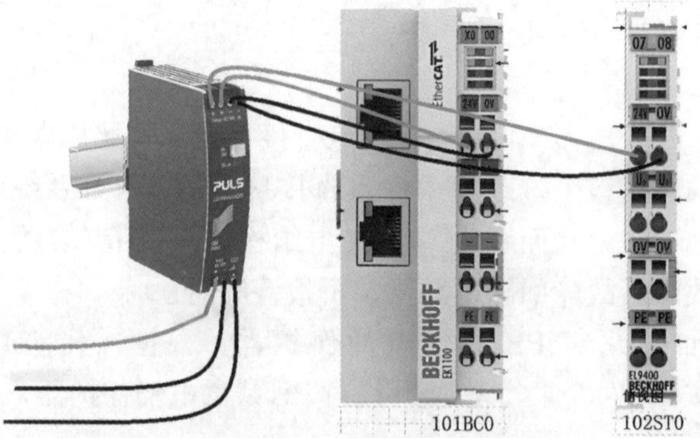

图 9-50 塔底安装电源模块示意图

2. 机舱控制柜安装 DC-DC 隔离电源

（1）操作前检查步骤参照塔底控制柜安装步骤进行。

（2）断开机舱控制柜控制系统供电，并验电确认无电压。

（3）将 DC-DC 电源模块安装至机舱控制柜中，拆除 EK1100 模块、所有 EL9400 模块及 BK1250 模块的原有 1 号线和 5 号线，若有其他端子与 1 号线和 5 号线短接，一并拆除，然后将 DC-DC 电源模块输出端"＋"和"－"分别接入 1 号端子和 5 号端子，将原有的供电线接入 PULS 模块输入端，如图 9-51 所示。

（4）安装完恢复步骤参照塔底控制柜恢复步骤进行。

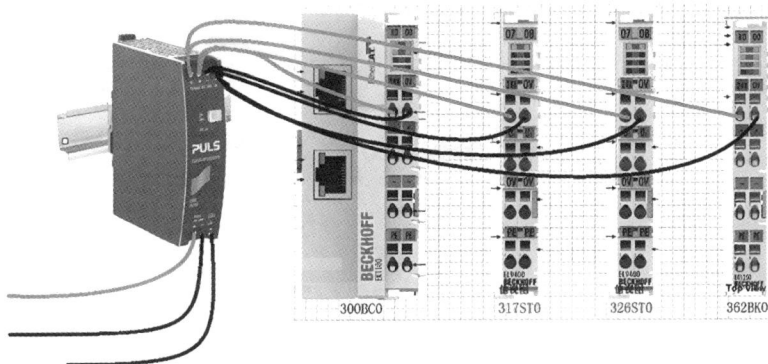

图 9-51　塔底安装电源模块示意图

三、模块金属板和丝杠

（一）改造原因

某风电机组采用倍福品牌主控系统，主控系统子站模块组合过长，在风电机组的长时间运行过程中，随着塔底柜、机舱柜的振动，风电机组常报出通信类或供电类故障，故障率居高不下。

研究发现，风电机组振动导致主控系统模块间弹簧触点和导电轨相互摩擦，接触电阻变大，致使各类通信故障及供电故障出现，通过金属板和丝杠固定主控系统模块的技术改造可以有效解决此类问题。

（二）改造方案

此技术改造针对机舱柜子站，在站点两侧加装金属板，使用上、下两根丝杆拉紧固定，这样就能减少模块与模块之间的晃动。选用两片 2mm 厚度的不锈钢金属片，穿入两根与控制站点长度对应的 4mm 丝杆，用 4 个防松螺母旋紧固定，如图 9-52 所示。

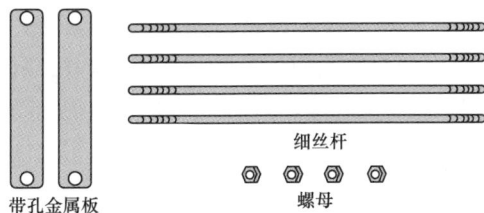

图 9-52　技术改造金属板

具体步骤：在给控制站点安装固定前，首先断开 24V 控制电源，确认无电后再开始安装；将模块两端的固定端子拆下，对每一个模块重新插拔安装；将金属板安装在模块左、右两端面，将两根金属丝杆分别安装在模块上、下两侧，并穿入金属板，然后用防松螺母紧固，确保模块之间连接紧固（不能

529

锁定过紧），最终将原装的固定端子安装在站点两侧（见图 9-53）。

图 9-53 技术改造效果

第六节 变流器系统技术改造

本节介绍了变流器系统电源板双 MOSFET 串联改造方案，包括驱动电路重新设计和保护电路优化措施，通过降低开关管耐压要求提升可靠性；以及功率模块散热通风系统改造，具体说明了轴流风扇加装、不锈钢滤网更换、排风罩安装等散热优化措施的实施过程。

一、电源板双 MOSFET 串联

（一）改造原因

某型号风电机组变流器系统随着运行时间的增长故障率逐年增加，根据维修统计数据，故障主要集中在 INU/ISU 电源板、Crowbar 电源板、滤波板、信号分配板、加热控制板、保险板等单板，尤其是电源板，损坏占比很高。由于该变流器系统内部电路板的损坏率较高且故障点较为集中，为了降低设备故障率，电源板采用双 MOSFET 串联的方式，并改造驱动电路和保护电路。

（二）改造方案

对于问题比较突出的电源板，目前使用的是 2200V 高耐压规格且损坏率高的单 MOSFET 方案，本技术改造方案将拓扑改为了双 MOSFET 串联的方式，这样就可以由两个 MOSFET 共同承担原本极高的耐压，将开关管的规格降低为 1500V 耐压。目前，这种规格的开关管市场上有很多制造商可以提供，开关性能优于原版的高压型号的同时，价格也非常低廉，不仅能降低成本，还可以提升电源的效率和可靠性。

但是，简单将两个开关管串联的做法，在这种高频开关的情况下是无法可靠工作的，需要同时对电路的驱动和保护也进行优化。

1. 驱动电路

重新设计了一种上、下管驱动相互独立但开关联动的电路（见图 9-54），上管的驱动电压是单独构建的，通过驱动电阻和二极管连接到上管门级，但在下管不导通时，即使上管门级有电压，但没有回路，上管也无法

530

驱动；只有在下管接收到电源管理芯片的驱动后，下管导通的瞬间，上管的源极被拉到 GND，上管的驱动回路才形成，从而打开，这样就保证了上、下管的同步驱动，并排除了 PCB 走线及开关管本身的特性差异造成的影响。

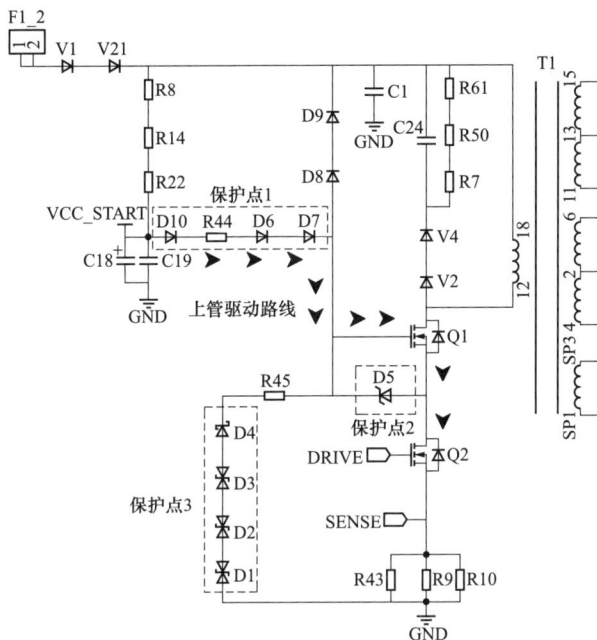

图 9-54　电源板驱动电路及保护点

2. 保护电路

（1）上管的驱动电压到门级间的二极管使用高压规格，在开关管关断的时候为低压驱动电源和高压母线之间提供隔离并预防母线电压波动。

（2）上管的门级和源极间增加了稳压二极管，在较弱电涌或异常情况下对上管驱动电压进行稳压。

（3）上管门级对 GND 加入高压 TVS 管应对来自输入侧的雷击或电涌。

二、功率模块散热通风

（一）改造原因

在夏季高温季节，变流器系统会频繁发生高温情况，导致设备故障率和备件消耗提高。以往采取打开塔筒门和变流器系统柜门的措施，虽可以部分缓解高温问题，但不满足风电机组设备安全管理相关要求，且灰尘或蚊虫进入风电机组后影响设备稳定运行，所以改造变流器系统功率模块散热通风结构是十分必要的。

（二）改造方案

（1）在风电机组塔筒门上改装 2 台大流量高风压的轴流风扇，如图 9-

55 所示。确保充足的塔筒外空气补充到塔筒内，并有效到达变流器系统进风口。风扇的启、停由检测塔底温度的温度控制开关控制，当温度大于 30℃时启动风扇，当温度小于 25℃时停止风扇。

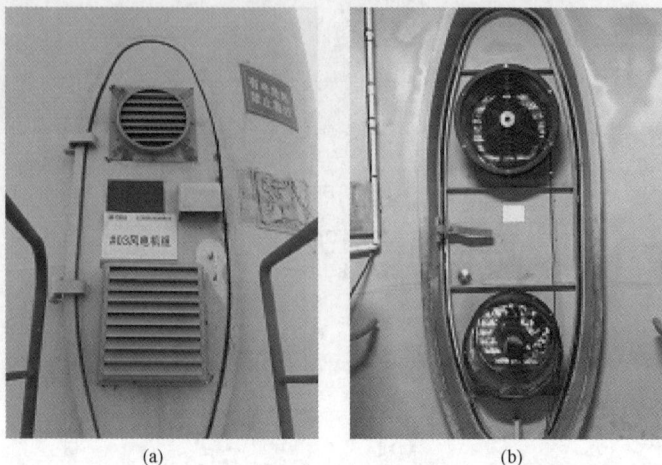

图 9-55 塔筒门风扇安装
(a) 塔筒外；(b) 塔筒内

（2）把变流器系统原有纸质滤网更换成新型的不锈钢滤网（见图 9-56），有效打开变流器系统的进风通道，确保冷却空气的流动性。

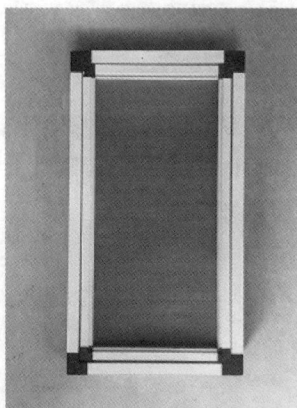

图 9-56 不锈钢滤网

（3）为确保变流器系统的进风量，避免因风扇电源板和风扇控制板损坏导致风扇无法启动，把变流器系统 INU 和 ISU 的风扇控制方式改成外部电源的恒频控制，风扇的启、停由接触器控制（见图 9-57），即当变流器系统直流母线带电后，风扇开始启动并保持工频运行，在风扇的出风口增加挡网，防止脱落的翅片进入功率模块。

（4）去除变流器系统背部出风口的过滤棉，加装一个排风罩（见图 9-

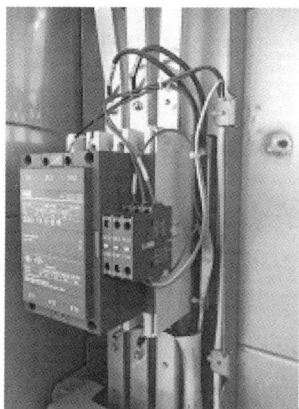

图 9-57　接触器

58），并在塔筒的二层平台加装 1 台大流量高风压的轴流风扇，风扇的启、停控制方式和条件与塔筒门风扇一致。同时通过耐高温阻燃的软管把排风罩和轴流风扇连成一体，通过轴流风扇快速把变流器系统产生的热量排到塔筒中部，变流器系统产生的热量不在塔底循环，有效降低塔底内部的环境温度，确保变流器系统散热良好。

图 9-58　排风罩

（5）加装独立的通风控制箱，在变流器系统进、出风口各安装一个热电偶，在塔底安装一个热电偶监测塔底温度，所有测得的温度模拟量信号引到控制箱，根据热电偶测得的温度信号，监测所有风扇的工作状态。

第七节　偏航系统技术改造

本节介绍了偏航系统制动力矩校验装置的设计与应用，通过专用工装实现偏航制动力矩的精确测量；电磁刹车过温保护改造，新增温度控制器与热继电器串联保护；卡钳活塞安装专用工装开发，解决密封圈更换难题；以及风向标 N 点校正方法，利用机械校准工装提高风向测量精度。

一、制动力矩校验

（一）改造原因

当风电机组偏航制动力矩不足时，易出现偏航滑移现象。在偏航滑移过程中，偏航大齿与减速器小齿反复撞击，长此以往会导致减速器输出轴疲劳断裂。碰撞力会从减速器输出轴逐级传递至偏航电机。若偏航电机电磁刹车制动力矩正常，偏航电机转子保持静止，力矩最大值会传递至减速器一级行星齿，造成一级行星齿损伤。若电磁刹车制动力矩不足，偏航电机电磁刹车摩擦片在带载摩擦过程中，会出现磨损发热。现场发现多起因电磁刹车过热导致其上方散热风扇的扇叶融化的案例。偏航滑移的根本原因在于现场检修维护时无法检测偏航制动力矩、电磁刹车制动力矩是否满足设计要求。为确保系统稳定运行，应加强偏航系统制动力矩的检测与维护。在目前的偏航系统维护过程中，我们对偏航被动阻尼制动装置（如铜套）仅将预紧螺栓拧至额定力矩值；对偏航主动阻尼制动装置（如液压卡钳）仅检测卡钳上施加的液压系统压力值。然而，这些方法并未实现对偏航制动盘上实际作用制动力矩的在线监测。此外，在维护过程中，偏航电磁刹车仅按照规定的值调整刹车间隙，但无法检测实际的刹车力矩是否满足设计要求。

（二）改造方案

1. 偏航阻尼力矩校验装置

根据受力大小选用 Q235 钢材，根据偏航电机风扇键槽设计顶丝，为防止顶丝破坏键槽，将顶丝前端进行加工，满足工况要求，应用安全可靠，如图 9-59 所示。

图 9-59　偏航阻尼力矩校验装置

2. 校验步骤

（1）通过电磁刹车施加力矩，将自主设计的装置安装在偏航电机轴上。然后，使用带数字显示的力矩扳手安装在装置上，对偏航电机的轴施加力矩，如图 9-60 所示。若偏航电机的轴转动，此时数字显示的力矩扳手上施加的力矩值就是电磁刹车的力矩值。如果电磁刹车的制动力矩不满足设计要求，需调整电磁刹车，并反复测试，直至力矩值达到设计要求。

图 9-60　装置安装

（2）偏航被动阻尼力矩校验。解除电磁刹车并重新对偏航电机的轴施加力矩，如图 9-61 所示。若观察到偏航整体发生移动（可通过检查其他三个偏航电机是否转动来判断偏航运动情况），此时数字显示的力矩扳手上的力矩值即为偏航刹车整体的制动力矩。若制动力矩未达到设计要求，需检查并调整制动装置，然后进行重复测试，直至力矩值满足设计规范。

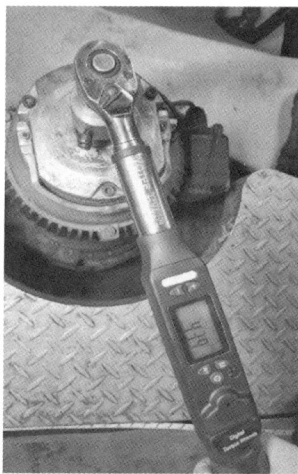

图 9-61　偏航阻尼力矩校验

二、电磁刹车过温保护

（一）改造原因

风电机组偏航电机制动器（偏航电磁刹车）属于开环控制状态，即偏航电磁刹车是否打开，主控系统并无有效反馈。偏航电磁刹车可靠打开风电机组才能顺利偏航，当偏航电磁刹车未打开或未完全打开时，偏航电磁刹车摩擦盘就会磨损严重，偏航电磁刹车整体过热损坏。

　　虽然风电机组偏航电磁刹车供电回路开关反馈触点接入主控系统，但控制接触器及电磁刹车状态反馈并未接入主控系统，如图 9-62 所示。若更换为带状态（行程）反馈的偏航电磁刹车总成，则经济性较差。因此需要一种低成本技术改造方案，保证偏航电磁刹车异常工作时能立即停机，并精准判断出故障偏航电机，防止故障扩大和维护成本的增加。

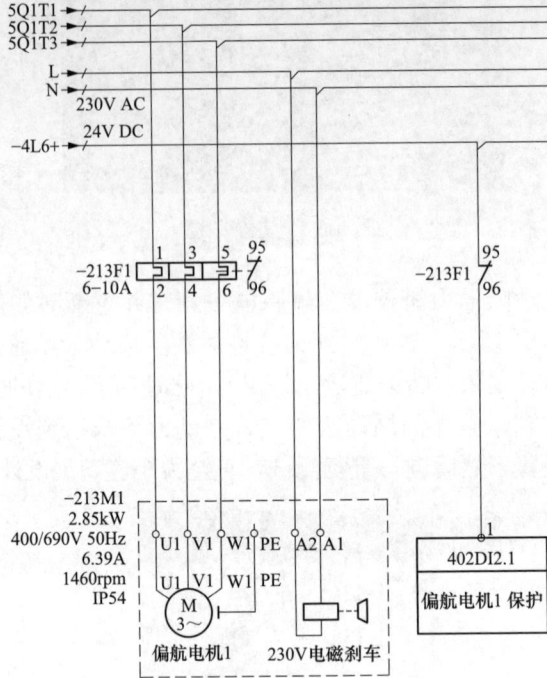

图 9-62　原偏航电磁刹车控制及反馈回路

（二）改造方案

　　将偏航电机热保护分为两个部分：一是偏航电机绕组过热；二是偏航电磁刹车本体过热。同时，将两个"热"串联后接入主控系统形成保护。

　　1. 技术改造图纸

　　如图 9-63 所示，箭头框为技术改造新安装设备，其他设备保持原配置不变。

　　2. 工作原理

　　（1）偏航电磁刹车未打开情况。当机组执行偏航动作时，因偏航电磁刹车控制接触器损坏或动力回路存在断点等，导致偏航电磁刹车不动作。此时，偏航电磁刹车制动力矩较大（此时为静摩擦），偏航电机过载或电流急剧增大，引起热继电器常闭触点断开，触发"偏航电机保护"故障。

　　（2）偏航电磁刹车未完全打开情况。当机组执行偏航动作时，因偏航电磁刹车机械结构卡涩或偏航电磁刹车间隙过大，导致偏航电磁刹车制动力矩不足（此时为滑动摩擦），在偏航电机驱动下偏航电磁刹车摩擦片"带

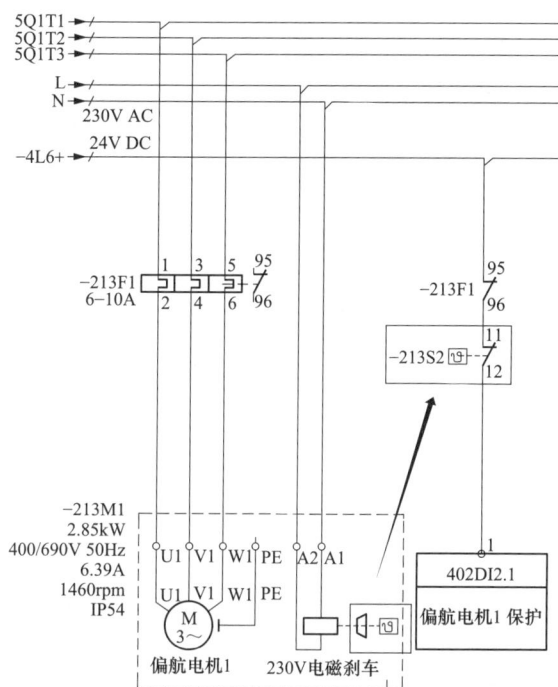

图 9-63　技术改造后图纸

压"转动，温度急剧上升，进而使得温度控制器常闭触点断开，同样触发"偏航电机保护"故障。

（三）改造过程

（1）在温度控制器均匀涂抹导热膏，如图 9-64 所示。

（2）在偏航电磁刹车线圈处安装温度控制器，并使用纤维胶带进行固定，如图 9-65 所示。

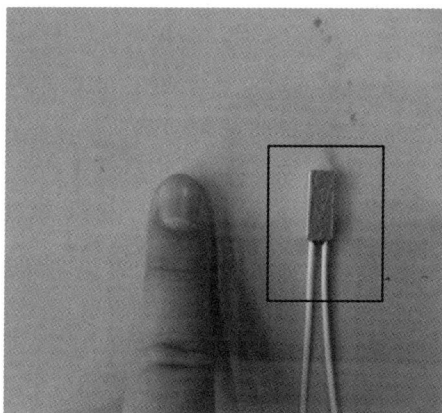

图 9-64　温度控制器

图 9-65　实际安装位置

（3）沿温度控制器边缘涂抹强力硅胶，进行粘接，如图 9-66 所示。

图 9-66　温度控制器粘接

（4）将温度控制器与相应偏航电机热继电器，以串联形式接入主控系统，如图 9-67 所示。

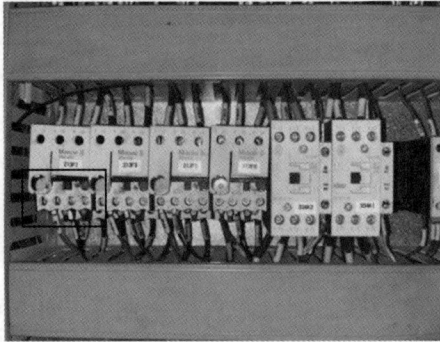

图 9-67　偏航电机热继电器常闭触点

三、卡钳活塞安装

（一）改造原因

风电机组的偏航系统普遍采用液压钳式（以下简称"卡钳"）制动，其内部用于密封钳体与活塞的密封圈易因为油液污染、老化等原因出现失效的情况，因此需要对密封圈进行更换维修。若对偏航系统卡钳密封圈进行更换，其工作过程为：拆下偏航系统卡钳活塞，将旧密封圈从活塞上拆下，然后更换新密封圈，再将活塞安装至钳体。而如何将偏航系统卡钳活塞从钳体中取出，以及活塞取出后如何回装至钳体内，一直是行业内的难点。

从钳体中取出活塞，可采用对活塞表面进行打孔、攻丝的方法，但是工作效率低下，且损伤活塞。另一种采用气泵加压的方法取出活塞，但对于同一钳体有多个活塞的情况，会出现气压不足，无法吹出的情况，或者其中一个活塞在气压作用下被顶出，其他活塞受摩擦阻力较大而无法取出的情况。

对于将活塞回装钳体的方案，维修人员多使用橡皮锤或等效的工具进行手杆锤击以安装活塞，但是该种安装方式不仅劳动强度大，工作不安全，而且在锤击的过程中不能保证安装工具作用在活塞表面的力是垂直向下的，很容易导致活塞安装倾斜，从而损坏密封圈以及钳体。

（二）改造方案

由于活塞取出及活塞回装是整个偏航系统卡钳密封圈更换工艺的难点，那么设计高效的卡钳活塞取出及回装工装就显得尤为重要了。

如图 9-68 所示，偏航系统卡钳活塞取出工装，该工装包括拉伸杆、磁力座、平面铣及支架。首先将支架固定在平面铣的两侧，放置在卡钳平面上，再将一组拉伸杆通过螺丝孔贯穿平面铣，在此拉伸杆的顶端套入带有垫片的螺母，使螺母紧贴平面铣的上表面，而后使用活动扳手旋拧螺母，拉伸杆上的螺纹就会随螺母的旋拧而上升，则磁力座带着活塞缓缓上移，直至取出活塞。更换支架位置，将其余活塞取出。

图 9-68　偏航卡钳活塞取出方案

如图 9-69 所示，将活塞置于钳体的凹槽内，再放置好压力支撑架，使钳体的底部置于下支撑板的上表面，并保证压力支撑架和凹槽处于同一垂直位置；然后，在活塞上放置好活塞限位环，再在活塞限位环上放置好液压千斤顶，使液压千斤顶的后端部与上支撑板的下表面垂直接触；使用时，按压液压千斤顶，由于此时上支撑板是无法在垂直方向进行移动的，液压千斤顶的前端部会向活塞的方向进行垂直顶升，此时液压千斤顶作用在活塞上的力与活塞的轴心重合，从而保证了活塞回装过程中不会发生倾斜，将活塞进行回装。

图 9-69　卡钳活塞回装方案

四、风向标 N 点校正

(一) 改造原因

目前现场检修人员往往采用目测的方式,大致调整风向标 N-S 标记线与风电机组机舱走向平行来校准风向标,因人工目测安装存在较大偏差,致使风电机组始终无法正对风向发电,长期将影响风电机组的功率输出和发电量。

为了解决风向标 N 点偏差问题,经分析风电机组风向标安装的气象架结构、机舱罩机构、风电机组维护经验,总结出以气象架为基准的机械校准风向标的方案,此方案操作简单便捷,满足现场使用条件。

(二) 改造方案

由于风向标安装于风电机组机舱顶部气象架上,通过测量判断该气象架基本垂直于机舱走向且气象架横担端面平齐,气象架横担即可作为风向标的校准基准。因此可通过校准风向标 N-S 标记线与气象架横担来保证风向标安装位置的正确性。风电机组安装气象架如图 9-70 所示。

机械校准工装尺寸结构如图 9-71 所示,其中要求校准工装各面均为平面,各角均为直角,各连接面均对齐,以保证工装测量的准确度。

图 9-70 风电机组安装气象架   图 9-71 机械校准工装尺寸结构

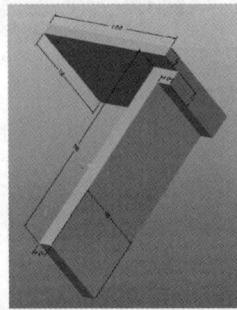

(三) 改造过程

(1) 超声波式风向标:超声波式风向标顶部印有一条 N-S 标记线,将机械校准工装平面贴紧气象架横担端面,调整超声波式风向标使之 N-S 标记线与对应工装端面重合后,拧紧超声波式风向标底座锁紧螺母即可。其具体校准方法如图 9-72 所示。

(2) 机械式风向标:由于机械式风向标 N 点、S 点标记在风向标侧面,校正较困难,故采用将风向标调节至 180°方向(调试软件内显示值如图 9-73 所示)后尾翼固定牢固,再使用工装平面贴紧气象架横担端面,整体调整机械式风向标,使风向标尾部与对应工装端面齐平后,拧紧机械式风向标底座锁紧螺母即可。

由于风电机组调试软件内显示风向值为 60s 平均风向,需固定风向标

图 9-72　超声波风向标校准方法

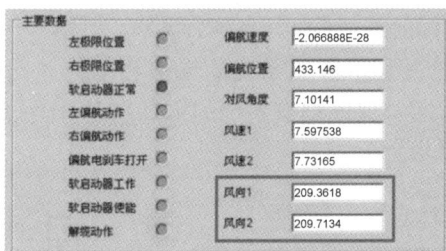

图 9-73　风电机组调试软件风向值

超过 60s 以保证当前调试软件显示方向与实际方向相同，经微调后可保证风向标实际方向为 180°，由于此方法不必参照风向标上 N-S 标记线，就可消除风向标本身测量误差及其他影响测量的因素，使测量更准确。具体校准方法如图 9-74 所示。

图 9-74　机械式风向标校准方法

第八节　液压系统技术改造

本节介绍了液压系统电磁阀的加装方案，通过在偏航回路与主系统回路间增设电磁阀，有效缩短液压系统油泵工作时间；以及电子式压力继电器的更换实施过程，包括原机械式继电器拆卸、新型电子式继电器安装调试等具体操作步骤，显著提升了系统压力控制的精确性和可靠性。

一、电磁阀

（一）改造原因

某液压系统偏航回路在风电机组偏航动作时都未形成封闭回路，导致偏航（解缆）过程中主系统压力会被拉低，偏航（解缆）过程中液压泵会持续打压，长时间打压会造成接触器、电机、联轴器、齿轮泵等部件的快速老化或损坏，尤其对蓄能器的影响更为突出，导致液压系统类故障逐年持续增加。

（二）改造方案

如图 9-75 所示，在液压系统偏航回路与主系统回路之间安装一个电磁阀 Y5。当风电机组偏航或解缆时，电磁阀 Y5 关闭，将偏航回路与主系统回路隔离，保证偏航过程中液压系统油泵不会动作。偏航结束后系统开始建压，电磁阀 Y5 导通，保证偏航系统的可靠制动。通过实验发现，液压系

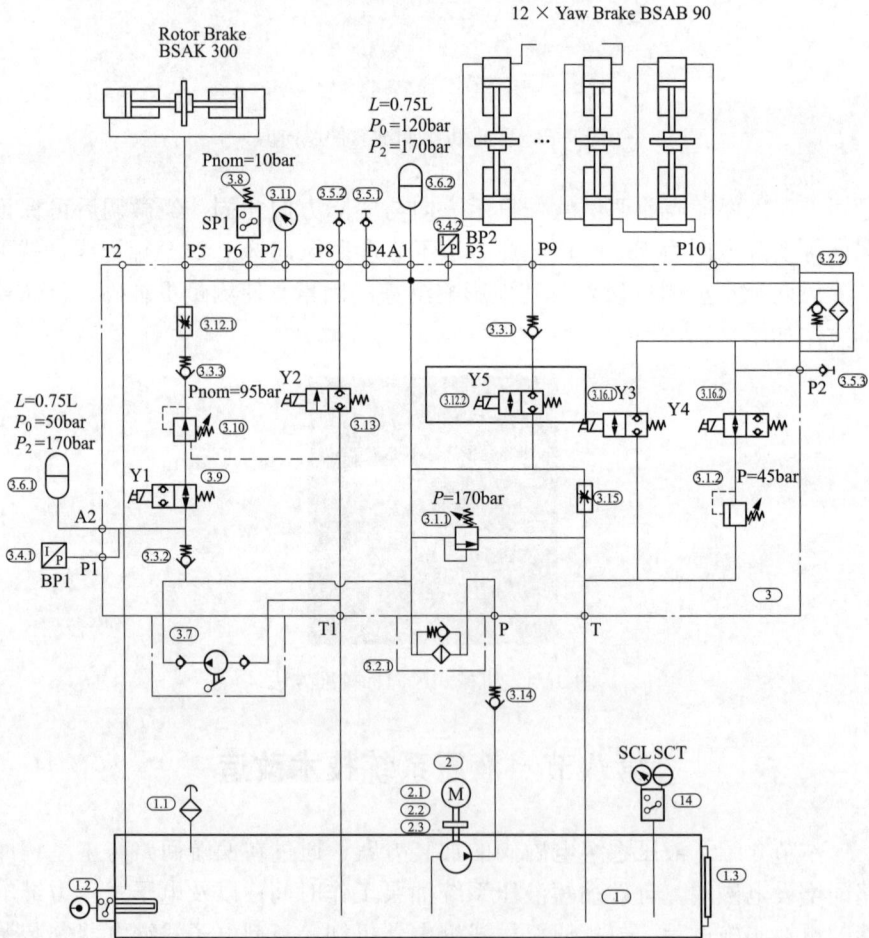

图 9-75 电磁阀 Y5

统油泵只需动作 1～2s 即可完成系统建压，而以往整个建压时间会在 8～15s，大大减少了液压系统油泵动作时间，有效延长了液压系统各部件寿命，降低液压系统故障率。

技术改造后，平均每次液压系统油泵工作仅 2s，液压系统油泵工作 19h/年，液压系统油泵工作时间下降 93%。通过此项技术改造可以避免因风电机组液压系统长时间建压造成的接触器、电机、联轴器、齿轮泵、蓄能器等部件的快速老化或损坏报出的故障，提高了风电机组运行可靠性，避免部件的异常磨损，提高了设备可利用率。

二、电子式压力继电器

（一）改造原因

某风电机组液压系统频繁报液压系统无反馈、建压时间长等故障，故障占比达到 20% 左右，现场压力继电器为纯机械式控制，触点容易损坏，检查发现为压力继电器本身内部触点氧化造成，一般处理方式为更换压力继电器，但是更换的仍然为同种类型的备件，运行一段时间后又会报出同种类型故障，为彻底消除此故障，选择新型压力继电器进行技术改造。

（二）改造方案

经过调查，某品牌电子式压力继电器整体表现良好，应对频繁开关的工作状态时，压力控制更加精确，可靠性高，样机技术改造效果较好，压力稳定。

（三）改造过程

（1）断开液压系统供电和反馈电源开关并进行相对地、相间验电，电压为 0V。

（2）用内六角扳手逆时针旋松液压系统主回路截止阀（见图 9-76），对液压系统压力进行泄压，直至压力表的显示数字降为 0。

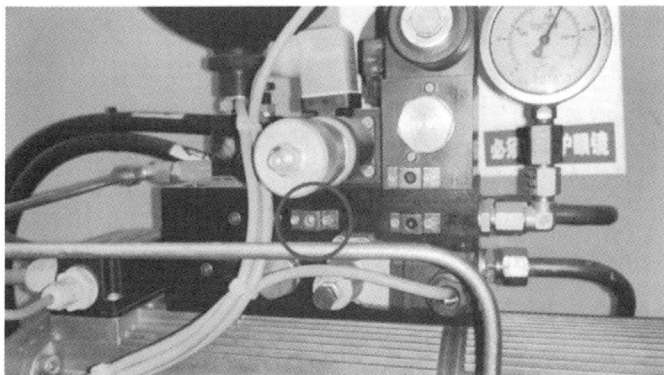

图 9-76　液压系统泄压

（3）用内六角扳手拆卸原机械式压力继电器 4 颗固定螺栓（见图 9-77）。

图 9-77　拆卸原压力继电器

（4）用开口扳手逆时针拆卸液压系统至压力继电器之间接头螺栓（见图 9-78）。

图 9-78　拆卸原压力继电器接头螺栓

（5）用微型端子起拆除液压系统接线盒内端子排压力继电器电源线和反馈线两根电缆（见图 9-79）。

图 9-79　拆除原压力继电器接线

（6）用活动扳手安装电子式压力继电器，紧固后旋转电子式压力继电器在顺时针或逆时针（340°）范围调节电子式压力继电器可视窗至水平朝上，表盘可 270°范围内调节至适宜的观察位置即可（见图 9-80）。

图 9-80　安装电子式压力继电器

（7）电子式压力继电器接线端子压接线鼻子后进行接线，白色线用绝缘胶带包扎即可。

（8）将电子式压力继电器多余电缆，如图 9-81 所示绑扎牢固、整齐。

图 9-81　压力继电器电缆绑扎

（9）检查 4 组参数设置正确无误。

（10）通电测试液压系统油泵从 0bar 开始工作建压至 160bar 时立即停止工作，为正常；手动偏航系统压力降至 140bar 且延迟 1 秒后液压系统油泵开始工作建压，若不工作，需重新检查设置参数；观察电子式压力继电器压力值与液压系统本体压力表数值同步变化且一致。

（11）清理液压系统本体渗漏出油污及作业现场卫生，清点工器具。

第九节　制动系统技术改造

本节介绍了制动系统高速刹车控制模块供电优化，通过改进供电线路解决刹车误动作问题；高速刹车压力传感器的加装方案，实现异常刹车状态的实时监测；以及高速刹车片定位销专用取出器的开发应用，将定位销拆卸时间缩短，大幅提升维护效率。

一、高速刹车控制模块供电

（一）改造原因

某品牌风电机组在运行中突然高速刹车动作，报"高速刹车磨损严重故障"。登塔检查发现高速刹车片磨损严重，由于风电机组控制系统模块较长，控制高速刹车动作的 PLC 输出模块的 4、5 口输出电压跌落至 15.5V，如图 9-82 所示。易造成接触器电磁铁欠压，导致高速刹车突然动作。

（二）改造方案

从机舱柜 24V 开关电源输出端给 PLC 高速刹车输出模块的 2、3 口供直流 24V 电压（见图 9-83），避免模块过多导致供电电压不足出现刹车"偷刹"情况，保证输出模块电源保持在 24V。

图 9-82　技术改造前

图 9-83　技术改造后

技术改造后保证了模块控制信号电压在 24V 左右，可有效防止高速刹车控制接触器失电导致刹车误动作，同时避免了高速摩擦片的磨损和机舱火灾事故发生。

二、高速刹车压力传感器

（一）改造原因

某风电场多台风电机组在并网情况下发生高速刹车异常动作，且风电机组未报故障持续运行，直至高速刹车片严重磨损后，报出刹车片磨损故障停机的情况，期间产生大量火花，存在机舱着火重大安全隐患。

（二）改造方案

1. 加装压力传感器

经测试，断开高速刹车压力传感器反馈接线，60s后风电机组可正常报出高速刹车压力传感器故障。故可在液压系统高速刹车回路 P4 口安装压力传感器，将压力传感器常闭触点接入主控系统判断故障（同时变更图纸内常开、常闭触点内容）。

2. 设定压力传感器压力定值

利用高速刹车回路压力传感器（见图 9-84）所测压力值，判断运行中是否发生异常刹车，主控系统未下达刹车指令时刹车压力值超设定值，并

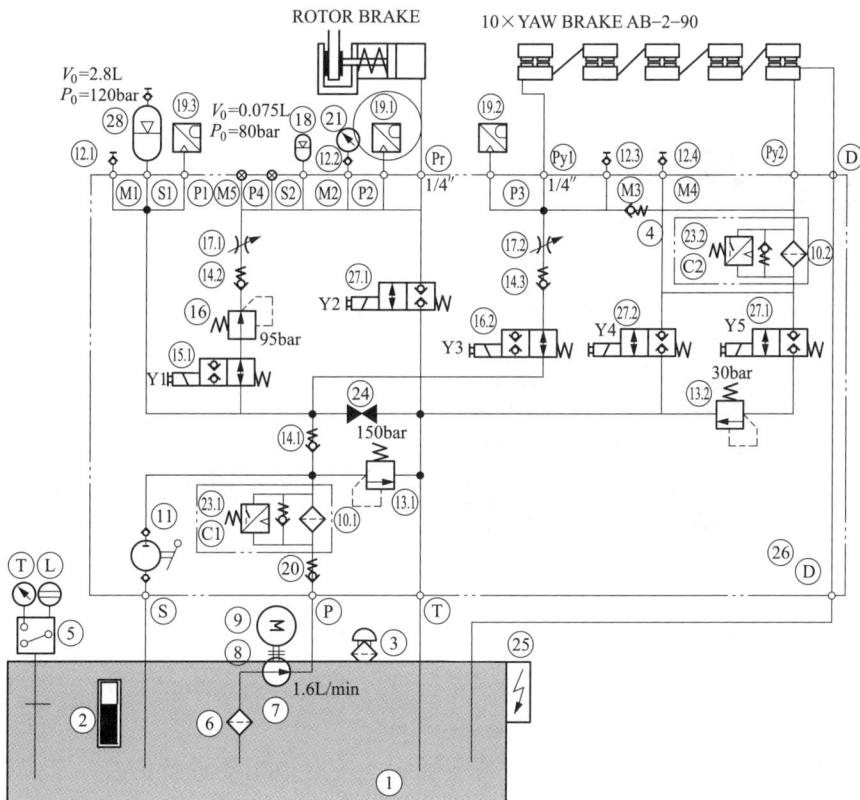

图 9-84 压力传感器

保持一段时间报出转子刹车压力故障，另外可设定主控系统下达刹车指令异常的相关故障逻辑判断。

三、高速刹车片

（一）改造原因

某风电机组的高速刹车片属于备件易耗品类，在风电机组故障停机时参与制动，刹车片借助液压系统卡钳的压力，与高速旋转的刹车盘进行摩擦，从而达到制动效果。在制动过程中，刹车片的磨损量比较大，在高负荷的运行状态下，一次紧急制动就会达到更换标准。更换刹车片也成为频发性工作之一。

在更换刹车片时，安装在刹车卡钳上的刹车片定位销是一个拆卸难点，刹车卡钳在风电机组上的安装位置空间狭小，与齿轮箱仅有 30mm 距离的空隙。而且卡簧锁紧力度大，给更换刹车片这一工作带来很大难度。以往大多采用老虎钳、鹰嘴钳等工具对定位销生拉硬拽，传统工具受空间位置的限制无法发挥出应有的效用，同时生拉硬拽的过程中也给检修人员带来磕碰的人身安全隐患。

（二）改造方案

采用圆钢作为取出器主体选材，体积小强度高，配合高强度螺栓，使用个人随身工具就可对定位销进行拆卸（见图 9-85）。同时也满足安全、快速、便捷这三个要求。

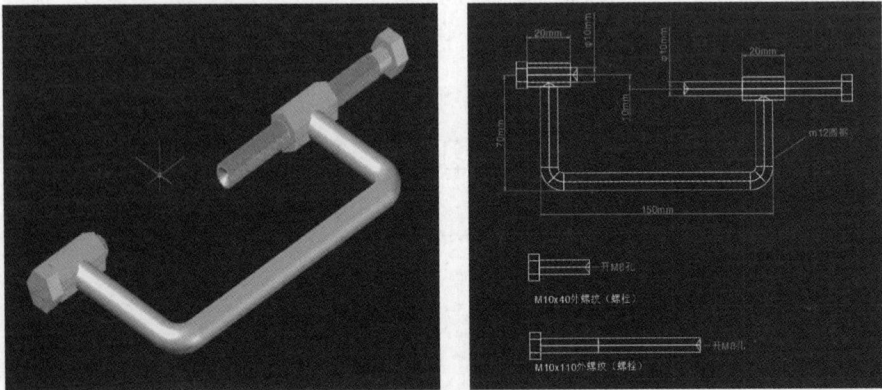

图 9-85　取出器结构尺寸

用取出器前：使用老虎钳、鹰嘴钳夹住定位销头部用力拔出，依靠蛮力进行生拉硬拽，拔销过程根据锁紧程度大概在 20～30min 不等，一台机组共 6 个定位销，总计需 2～3h。

用取出器后：使用电动扳手或普通扳手配合取出器进行更换，定位销的锁紧程度对拆卸过程不构成影响，每次拔销过程大概 1～2min 即可，5～10min 即可拆下全部定位销。

第十节　水冷系统技术改造

本节介绍了水冷系统电动三通阀更换方案，包括机械三通阀拆除、电动三通阀安装及调试过程；以及缓冲稳压装置升级改造，重点说明了高位水箱系统的结构特点、安装步骤和调试方法，通过采用新型稳压装置有效解决了原膨胀罐系统压力调节能力不足的问题。

一、电动三通阀

（一）改造原因

水冷系统的内、外循环切换主要依靠三通阀这一关键部件。其特殊的机械设计导致风电机组在长时间冷、热交替运行情况下，机械三通阀内部感温包失效或动作不灵敏，导致阀芯卡涩无法正常使用。

（二）改造过程

（1）风电机组正常停机后，将机组置于维护模式，先将水冷系统内冷却液排空，观察压力表为零时可进行技术改造工作。

（2）将散热器回水管和变流器进水管拆除，用堵头将散热器回水管接口处堵死，将散热器回水管安装到电动三通阀外循环接口，如图9-86所示。

（3）取出机械三通阀及其弹簧，恢复时，只安装密封圆板和卡簧，机械三通阀及其弹簧收回不再安装，如图9-87所示。

图 9-86　安装电动三通阀

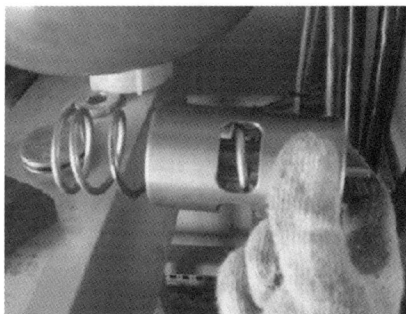

图 9-87　取出机械三通阀

（4）将电动三通阀接线打开，按照要求对电动三通阀进行接线。

（5）按照维护手册，对水冷系统进行加水，使系统静态压力满足要求。

（6）合上电源开关，对更换的电动三通阀进行调试，观察电动三通阀能正常工作，技术改造完成。

二、缓冲稳压装置

（一）改造原因

目前风电机组水冷系统的缓冲稳压装置通常由膨胀罐、自动排气阀、手动排气阀等组成。膨胀罐内预充稳定压力的压缩空气，当水冷系统压力损失时，压缩空气扩张，把冷却介质压入循环管路，以保持管路的压力恒定和冷却水的充满；当压力较高时，介质进入膨胀罐气囊内，通过膨胀罐内气体来进行缓冲。气囊式膨胀罐稳压装置属于闭式系统，受自身原理的限制，其缓冲稳压能力有限，当系统压力过高或过低时，膨胀罐容易失效。

（二）改造方案

冷却介质由主循环泵升压后流经空气散热器，得到冷却后进入被冷却器件将热量带出，再回到主循环泵，形成密闭式往复循环。循环管路设置有缓冲稳压装置，为系统保持合理压力并能吸收系统中冷却介质的热胀冷缩体积变化，从而保证整个系统的稳定运行。缓冲稳压装置主要由高位水箱、呼吸阀和盐雾过滤器等组成，高位水箱与水冷系统的连接口位于主循环水泵进水口附近。

缓冲系统介质热胀冷缩体积变化。当温度降低介质体积缩小时，高位水箱里的液体补充到系统中保持系统管路介质的充满；当温度升高介质体积膨胀时，高位水箱用以容纳介质体积膨胀量。同时，高位水箱自身的安装高度还用来调节系统压力变化，高位水箱罐体材质为不锈钢304，如图9-88所示。

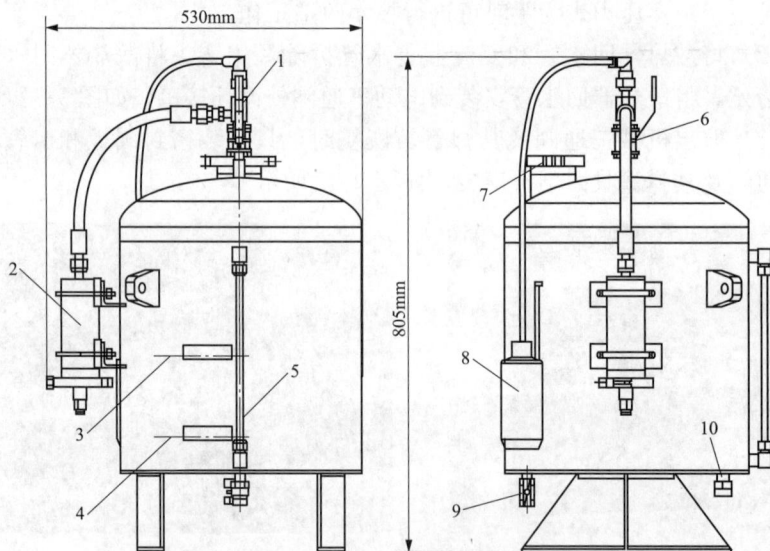

图 9-88　高位水箱示意图

1—呼吸阀：使进出空气分流，不从相同接口进出水箱，还起到低压时向
水箱内补充气体，高压时往箱外排出气体的作用；

注意：呼吸阀动作压力厂内已调整好，切勿擅自改动呼吸阀上外六角螺母松紧程度。

2—空气过滤器：对进入水箱的空气进行过滤，避免杂质进入水箱中，污染冷却液；

3—补水液位标识；4—低液位标识；5—液位计：就地显示水箱内部液位高度，旁边带有液位标识，补液时需按照液位标识进行补液；6—关断球阀：使用时需处于开启状态，如球阀处于关闭状态，将导致水箱内部压力波动范围变大；7—排气盲板：当系统压力出现异常时，可通过打开排气盲板，将水箱内气体直接排出，从而降低系统压力；8—接液瓶：用于收集水箱中溢出的介质；

9—泄空球阀：如只需排空水箱中介质时，可打开此球阀，排出水箱中介质；

10—管路接口：与连接泵站软管连接的接口，安装时将软管连接到此接口处

（三）改造过程

（1）施工前准备好相关的物料、资料、工器具及入场资料手续等。

（2）现场勘察，确认施工条件是否满足，材料是否齐全，是否满足开工要求。

（3）对水冷系统面板数据进行拍照、记录，以便改造完成后恢复。

（4）将水冷系统设备调节至维修状态，并检查确认；关闭水冷系统副循环回路，并确认；将软管连接到本体补水口处，软管另一端放于水桶中，打开球阀开始放水［见图 9-89（a）］，待排水流速较慢时，缓慢开启膨胀罐上部球阀［见图 9-89（b）］，小心有液体漏出，直到确认软管中无液体流出。

（5）拆除膨胀罐软管。如图 9-90 所示，需按顺序进行拆除软管，即先拆除位置 1 的软管，再拆除位置 2 的转接头。拆除期间，使用 3 把扳手，1 把扳手卡在 1 的位置，1 把扳手卡在 2 的位置，1 把扳手卡在活动螺母上。

(a)

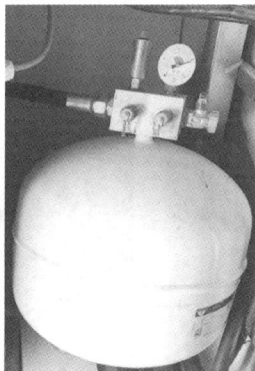
(b)

图 9-89　水冷系统放水
（a）打开球阀放水；（b）膨胀罐

图 9-90　拆除膨胀罐软管

（6）将压力表组件安装到水泵上，如图 9-91 所示。

（7）拆除水泵入水口软管，拧松水泵入水口法兰螺栓，拆下入水阀块，更换新密封圈后［见图 9-92（a）］，调整水泵进水口阀块方向［见图 9-92（b）］，使阀块进水口成水平角度，再将 4 个螺栓重新紧固。

（8）将过渡转接管道（见图 9-93）安装到阀块进水口处，另一端与软管连接。

（9）将高位水箱、安装材料、连接软管和施工工具吊装至塔筒二层平台，在靠近爬梯附近放置水箱，按照水箱底脚安装孔位置在平台上钻 $\phi 12mm$ 的通孔，用螺栓固定好水箱后，在平台上开出 $\phi 45mm$ 的通孔，将连接软管带 90°弯头的一端连接到水箱接口上后，让软管穿过 $\phi 45mm$ 的通孔后往下部放，做好防护，如图 9-94 所示。

（10）在水冷系统柜背板上开一个 $\phi 50mm$ 的通孔，连接软管从该通孔

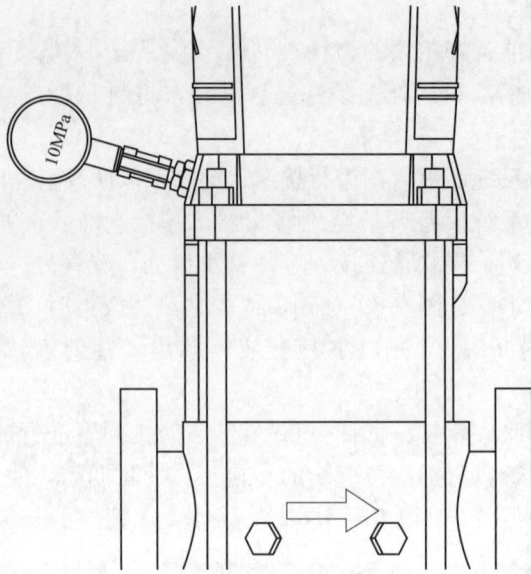

图 9-91　安装压力组件

图 9-92　密封圈更换
(a) 密封圈；(b) 阀块

穿过后进入水冷柜内，再与过渡转接管道相连，软管穿过后做好防护。

（11）高位水箱改装完成后，逐一恢复之前各项操作，加水恢复至水冷系统的初始状态，并进行相关试验，确保水冷系统压力、温度和流量等参数正常。

（12）水冷系统高位水箱各项试验合格后，各方确认表示工作完成。

（13）清理工具，整理现场。

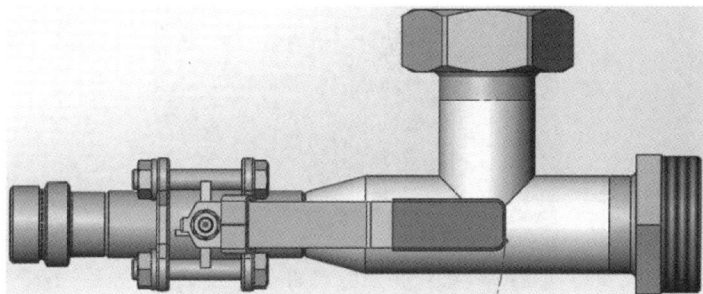

图 9-93　过渡转换管道

图 9-94　高位水箱安装

第十一节　润滑系统技术改造

本节介绍了润滑系统发电机轴承润滑脂选型优化，通过对比分析不同润滑脂参数特性，选用更适合的产品替代原润滑脂，解决了油脂干涸堆积问题；以及主轴集中润滑系统改造，包括自动润滑油泵、分配器的选型安装，润滑管路布置和系统调试等具体实施步骤，实现了主轴轴承的定时定量自动润滑。

一、发电机轴承润滑脂选型

（一）改造原因

某机型风电机组发电机轴承因润滑油脂干涸大量堆积在轴承腔内无法正常排出（见图 9-95），导致轴承润滑不良，轴承磨损严重，频繁报发电机轴承高温故障，严重影响机组发电效率。经调查分析发现，多个风电场均存在同样问题，且发生问题风电机组发电机轴承均使用美孚 SCH100 润滑脂。

图 9-95 润滑脂干涸堆积无法排出

通过对美孚 SCH100 润滑脂产品参数分析，美孚 SCH100 润滑脂黏度较高，易出现油脂析出板结现象，并不是特别适用于风电机组的使用环境，因发电机维护不到位，发电机冷却器灰尘堆积过多导致冷却能力下降，润滑脂在轴承腔内堆积过多无法排出，造成散热困难。

（二）改造方案

通过对多种润滑脂理化性能参数分析，确定克虏伯 BEM41-141、BEM41-132 润滑脂在多方面有更好的适应性，可以替换美孚 SCH100。润滑脂参数对比见表 9-1，现场更换润滑脂后，发电机轴承排脂正常，轴承运行温度降低，发电机轴承排脂正常，再未报出发电机轴承温度类故障。

表 9-1 润滑脂参数对比

产品参数	美孚 SHC 100	Klüberplex BEM 41-141	Klüberplex BEM 41-132
增稠剂类型	复合锂皂基	复合锂皂基	复合锂皂基
颜色	红色	黄色-绿色	黄色
工作温度	−40～150℃	−40～150℃	−40～150℃
NLGI 等级	2	1	2
针入度（0.1mm）	280	310～340	265～295
40℃时的黏度，基础油，（mm^2/s）	100	130	120
100℃时的黏度，基础油，（mm^2/s）	16.3	14	14
滴点	265℃	≥250℃	≥250℃

二、主轴集中润滑

（一）改造原因

某风电机组主轴无自动润滑系统，润滑方式为人工定期集中润滑，不能做到实时润滑，且主轴内润滑油脂加注量无法精确掌控，导致加油过多或不足影响散热或润滑。主轴内润滑油脂在轴承内无法循环流动，部分积累在轴承空隙处凝结成块，导致主轴润滑不良，温度升高。

（二）改造方案

为避免风电机组主轴出现润滑不均匀的情况出现，在机舱平台加装自动润滑油泵，润滑油脂通过润滑油泵输送至 4 孔单线式分配器，通过分配器均匀的分配至 4 条润滑油管，对主轴 4 个注油点进行注油，如图 9-96 所示。自动润滑油泵可设定加油周期，并附有压力检测。

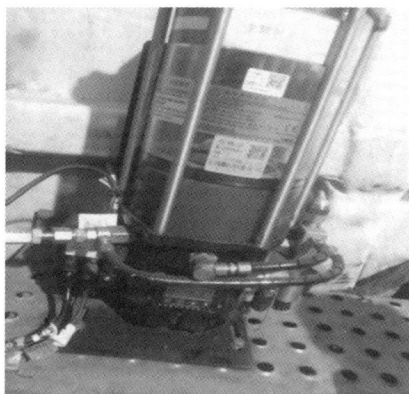

图 9-96　主轴集中润滑系统

（1）主轴轴承根据注油孔的分布，集中润滑方案采用 1 台润滑泵和 1 个 4 孔单线式分配器组成。

（2）润滑油泵：润滑油泵安装在安装板或风电机组预留加油口位置处，具体位置可现场选定，立式安装。严禁带电安装，安装时要保证油箱上的液位线清晰、干净。润滑油泵应安装牢固，固定在环境污染少、加油维护方便、易于观察和操作的位置。安装面应平整，安装连接要可靠。

（3）分配器：分配器安装在机架合适位置，现场直接打孔安装也可事先预留好安装位置，做好安装板。分配器要安装牢固，便于维护。安装时要分配器进、出油口保持清洁、干净。分配器应尽量靠近润滑点布置。

（4）润滑油管：根据润滑油泵和分配器的安装位置，选择合适的布置油管线路，并将油管固定。油管应轴向垂直切断，不可使管口崩裂、划伤，更不可将油管压扁。安装时管道必须保持干净、清洁，无污染物。管路配管须短捷，以减少系统压力损失，确保管路畅通。管路接头连接处必须连接可靠，不得出现渗漏现象。

（三）改造过程

（1）按照要求，确定润滑油泵及单线分配器固定位置及固定方式。

（2）用固定螺栓按照要求锁紧并装防松开口销或防松铁丝，涂螺纹锁固胶并做防松标记。

（3）拆掉轴承原加油口接头，将润滑接头安装在画圈处见图 9-97。

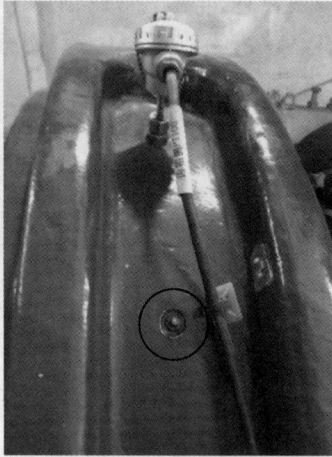

图 9-97　润滑接头安装处

（4）根据现场管路走向确认管路长度，并用管刀截取。

（5）把高压胶管末端涂上润滑油或油脂插入到外套中，将外套按逆时针方向拧紧，直至将高压胶管旋入底部后倒退半圈。

（6）用开口扳手夹住外套，在涨芯的螺纹处涂上润滑油或油脂，然后把直涨芯插入到涨套中，顺时针拧紧即可。

（7）将制作好的管路与卡套式接头进行安装、拧紧。不可出现渗油、漏油的现象。

（8）将管路进行绑扎固定。

（9）严禁私拉乱接。所有与风电机组对接线必须得到客户现场技术人员确认，方可连接。

（10）严禁带电作业。开柜接线前必须确保控制柜处于断电状态，保证作业环境安全。

（11）所有接线处要采用端子连接，必要时可以重新压接端子，并制作安装相应的线标，在压接过程中产生的铜丝、铝丝等碎屑要收集带走，避免掉落到控制柜内，引起风电机组故障。

（12）接好线后要将线槽盖板压紧，同时要确保接线柜内没有遗落物品。

（13）集中润滑系统调试：

1）调试前首先要检查管路是否有漏装、错装等现象，接线是否正确。

2）将油泵参数设置好。

3）将油泵出口管路拆下，手动运行油泵，观察油泵出油量是否正常。

4）确保油泵运行正常后，将管路连接好，同时观察管路系统是否有渗漏现象。

5）拆下相对分配器较远处的润滑点末端接头，直到出油量正常为止。

6）再次设置油泵参数，手动运行一次，确认系统运行无误，调试完毕。

第十二节 塔架与基础技术改造

本节介绍了塔架与基础防雨罩的设计与安装方案，通过环形防雨罩结构有效防止雨水渗入基础环与混凝土接缝；以及在线监测系统的实施，包括倾角传感器的安装布置和数据采集分析方法，实现对塔基沉降和倾斜状态的实时监测。

一、防雨罩

（一）改造原因

风电机组陆上基础一般为钢筋混凝土结构，基础环固定在混凝土中，风电机组的塔筒通过螺栓与基础环连接，基础环与混凝土之间采用聚氨酯密封胶、泡沫棒、卡西涂层进行防水，长时间后基础环与混凝土之间防水材料破坏，产生缝隙裂纹。雨水进入基础环与混凝土之间的裂纹，导致基础环的内部积水，在雨水的侵蚀下混凝土、防水层进一步遭到破坏，严重时造成基础开裂，风电机组剧烈晃动，影响设备的安全运行。

（二）改造方案

该改造方案设计了一种风电机组基础防雨罩，它在风电机组的基础环上安装一圈环形的防雨罩，防雨罩分为八段，每段之间用螺栓连接，螺栓锁紧后防雨罩与基础环产生摩擦力，将防雨罩固定在基础环上，如图 9-98 所示。

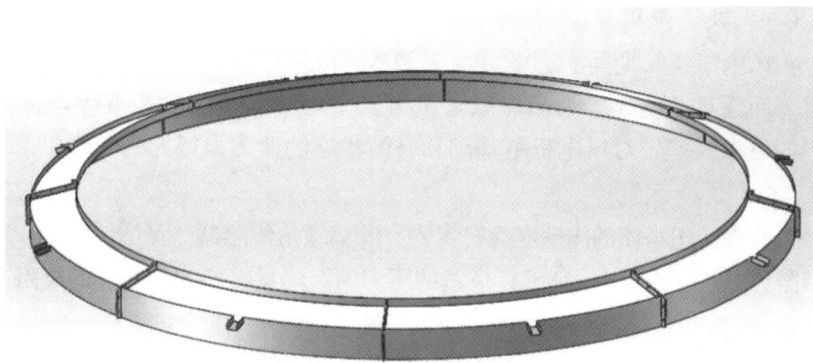

图 9-98 防雨罩设计效果图

防雨罩外径 30cm，与水平面成约 20°倾斜，可以增加防雨效果，同时避免灰尘、油污等在防雨罩上聚积。防雨罩的边缘分别向上、下延伸，下边沿形成挡雨板，进一步防止雨水侵入，挡雨板下边缘与水平面垂直距离约 5cm，上边沿与防雨罩本体构成雨水导流槽，雨水导流槽下端面位于同一水平面，并在雨水导流槽某一处开口，适当向外延伸引流，具体尺寸如图 9-99 所示虚线框内。

557

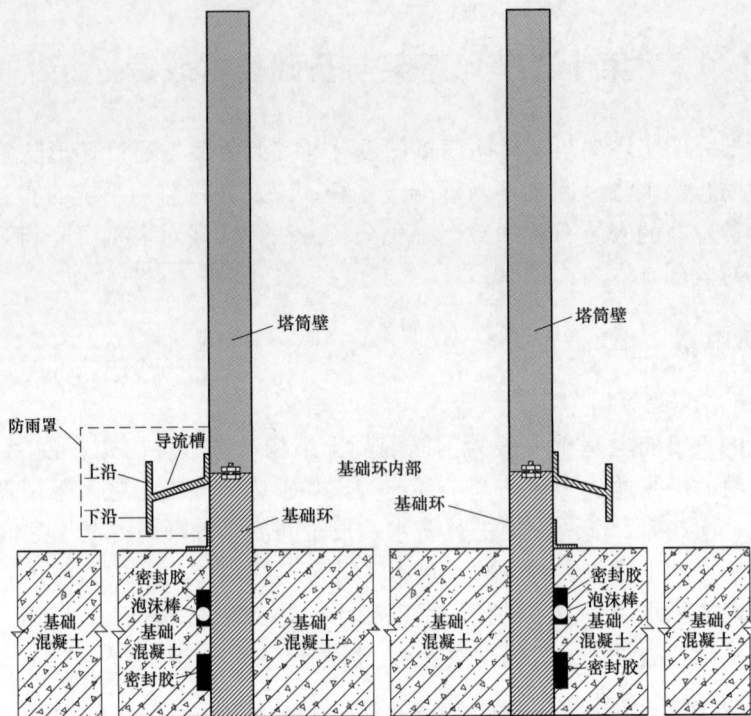

图 9-99　风电机组安装气象架

二、在线监测

（一）改造原因

在风电机组长期运行过程中，基础结构的损坏、基础下沉以及塔筒的倾斜等问题日益凸显。为确保风电机组安全运行，预防潜在事故，并维持稳定的发电效率，对风电机组基础和塔筒状态的监测显得尤为重要。

（二）改造方案

（1）在机组塔筒的内壁准确安装 2 个塔基倾角传感器（见图 9-100），这些传感器利用电位器元件，能够将塔基的不均匀沉降量转换为相对应的电阻或电

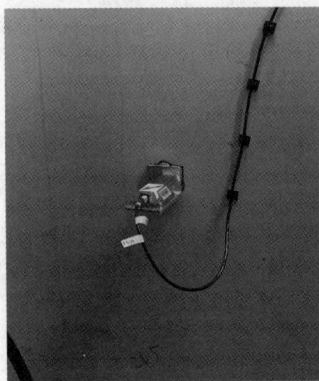

图 9-100　塔基倾角传感器

压值，这种转换遵循线性或特定的函数关系，以便进行精确的监测和分析。

（2）传感器所采集的数据将由远程通信系统传送至主控制单元，如图9-101所示。随后，使用专门的数据提取软件对这些数据进行矢量合成处理，并绘制成极坐标图。通过分析极坐标图中的幅值和角度变化及其分布情况，可以对塔筒的运行状态进行准确评估。

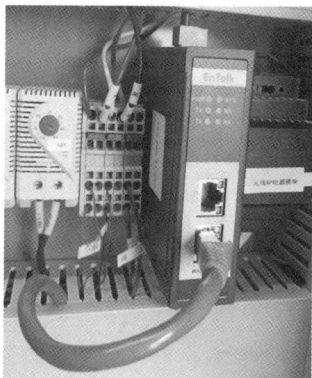

图 9-101　数据采集装置

第十三节　辅助设备技术改造

本节介绍了辅助设备提升机链条收纳和导向装置的改造，通过落地安装和加装导向装置消除安全隐患；电缆固定的优化，采用钢芯绑扎带和新型卡箍结构防止电缆磨损；以及平台结构的整体加固方案，包括吊点改造、钢缆修复和门框固定等具体措施，有效解决了平台下沉和晃动问题。

一、提升机链条收纳和导向

（一）改造原因

在风电机组运行过程中，机舱吊车链条的收纳盒持续晃动，这种晃动可能导致固定螺栓或链条磨损甚至断裂，严重时会导致链条收纳盒掉落。如图9-102所示。链条收纳盒固定螺栓或链条磨损断裂后收纳盒掉落。此外，由于链条导向块到收纳盒之间20cm缺少导向功能，吊车使用过程中有时会出现链条外溢现象；出现链条外溢时，吊物人员会潜意识抓取下落链条，存在人员高空坠落的风险，其根本原因是缺少链条导向装置。

图 9-102　链条收纳盒固定位置

（二）改造方案

将链条收纳盒从悬挂安装方式改为落地安装，可靠固定在机舱平台，并增加链条导向装置。从根本上消除了链条收纳盒坠落和链条溢出的风险。具体内容如下：

1. 改造链条收纳盒

使用角磨机切掉小吊车链条收纳盒底部圆弧部分、固定边，使用320mm×185mm×3mm 尺寸钢板焊接在链条收纳盒底部；对焊接钢板按照如图 9-103 所示进行打孔，喷漆防腐。

2. 安装链条收纳盒

将链条导出原有的链条收纳盒，拆卸链条收纳盒固定螺栓，选择链条收纳盒安装位置（位于发电机转子接线箱旁），如图 9-104 所示，并按照改造后的链条收纳盒底部开孔尺寸在风电机组底板上打孔，使用螺栓固定改造后的链条收纳盒。

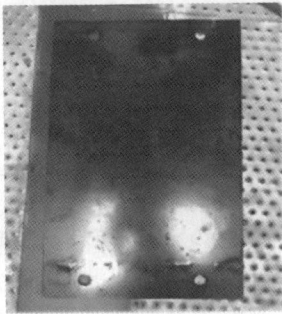

图 9-103　320mm×
185mm×3mm 钢板

图 9-104　新链条收纳盒
安装位置

3. 安装链条导管

将链条穿过链条导管，使用带胶条的固定管夹将链条导管与小吊车链条收纳盒固定架连接固定，如图 9-105 所示；使用 U 型固定卡将链条导管与吊物孔护栏连接固定，如图 9-106 所示；使用 R 型固定卡将链条导管与改造后的链条收纳盒固定。完成整体效果如图 9-107 所示。

图 9-105　链条导管上部固定

图 9-106　链条导管中部固定

图 9-107　完成整体效果

二、电缆固定

（一）改造原因

在风电机组塔筒内部存在电缆护筒或者电缆防护套，此设计对于风电机组的电缆具有重要保护作用。关于电缆的防磨措施，主要采用防磨胶皮进行包裹，并使用扎带进行固定。防护套内部多贴有硅胶。由于冬季温度较低，电缆包裹的胶皮和扎带变得脆化。在风电机组运行过程中，容易导致扎带脱落或断裂，导致包裹的胶皮下滑脱落。如果长时间未能发现或处理，磨损会日益加剧，最终导致防护套脱落。在这种情况下，电缆在风电机组持续运行中会失去保护，与铁质支撑架接触发生磨损，从而降低电缆的绝缘性能，增加了相间短路和接地事故的风险，甚至可能引发火灾。

（二）改造方案

1. 钢芯绑扎带固定

该种捆绑带配合收紧器紧固电缆护套时操作方便，登塔时方便携带，捆绑强度高，确保电缆护套不会松动脱落。

效果评估：采用捆绑带配合收紧器对电缆护套进行紧固，电缆护套无明显脱落下坠。通过两根绑带替代绑扎带将橡胶薄片紧紧缠绕固定，确保橡胶薄片不会松动脱落，避免 PVC 管的锋利边缘不会损坏电缆。此技术改造避免了电缆磨损放电着火造成的安全隐患，提高了风电机组运行的稳定性，如图 9-108 所示。

图 9-108　使用带收紧器的绑带固定的电缆护套

2. 加装挂耳和橡胶垫

（1）风速小于 8m/s 时，风电机组处于停机维护状态，拆装时系好安全带，做好防坠落防护。

（2）拆下风电机组扭揽平台固定电缆护套的卡箍，如图 9-109 所示位置，利用焊接的方式对卡箍加装边沿及挂耳，边沿厚度为 1cm，挂耳孔直径 8mm，挂耳厚度 3mm。

（3）在卡箍边沿上方垫 5mm 厚的橡胶垫，橡胶垫在原卡箍上拆下即可，如图 9-110 所示。

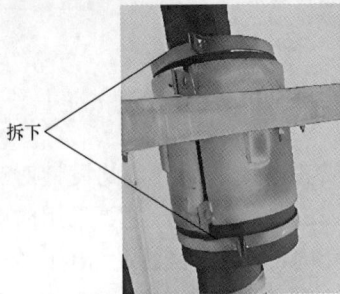

图 9-109　卡箍位置

图 9-110　橡胶垫

（4）回装带边沿的卡箍，回装后如图 9-111 所示，卡箍边沿将护套托住，且电缆不会磨到边沿。

图 9-111　回装后卡箍位置

（5）安装下护套卡箍：使用吊环螺丝将支架与护套之间的螺栓进行替换，并使用钢丝绳将吊环螺丝与弹簧钩相连，弹簧挂钩挂在卡箍的挂耳上，钢丝绳使用卡扣对接，安装牢固，对侧同样方法连接，安装方式如图 9-112 所示。

图 9-112　吊环位置

（6）安装上护套卡箍：两侧安装，如图 9-113 所示。

图 9-113　安装后效果

（7）更换完成后将多余的钢丝绳剪掉，使用绝缘胶带包裹剪断钢丝绳头处，以免钢丝绳头裸露造成人员伤害。

（8）检查卡箍安装牢固，卡箍边沿将护套托住，且电缆不会磨到边沿。

（9）清理现场，做到"工完、料净、场地清"。

采用此方案加固的方式，有效避免了风电机组运行中不断地撞击导向圈，造成扎带脱落断裂、保护套筒脱落、发电机电缆磨损等问题，解决了电缆相间短路和接地引起的火灾隐患，且此方案加固简单，费用低，节约生产成本，实用性强。

三、平台技术改造

（一）改造原因

某风电机组塔筒内平台安装情况，如图 9-114 所示。平台吊耳通过平台上焊接铝块后用吊板连接，平台之间用于固定升降器三脚架处采用钢缆连接，平台门框底部固定上端无连接。

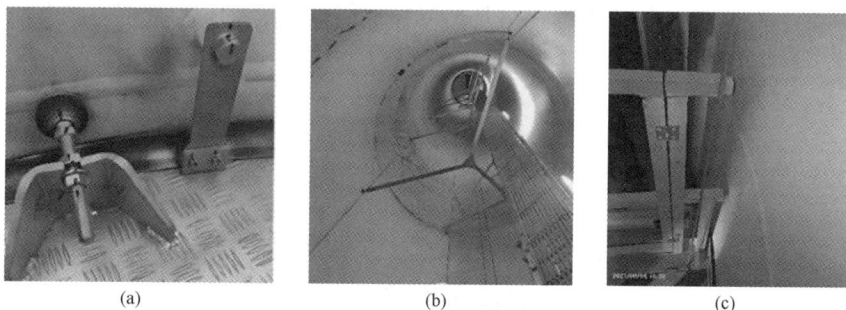

图 9-114　平台安装情况

（a）平台上焊接铝块；（b）三脚架钢缆连接；（c）门框底部固定

该风电机组偏航平台和柜体平台的吊耳出现多处断裂现象，导致平台最大 2.5cm 的下滑量，由于断裂数量较多，剩余吊耳承受的重量较多，随时有全部断裂风险，全部断裂将导致平台整体下滑甚至掉落的隐患；且平台之间用于固定升降器三脚架的钢缆绳接头有部分断裂。存在问题如图 9-115 所示。

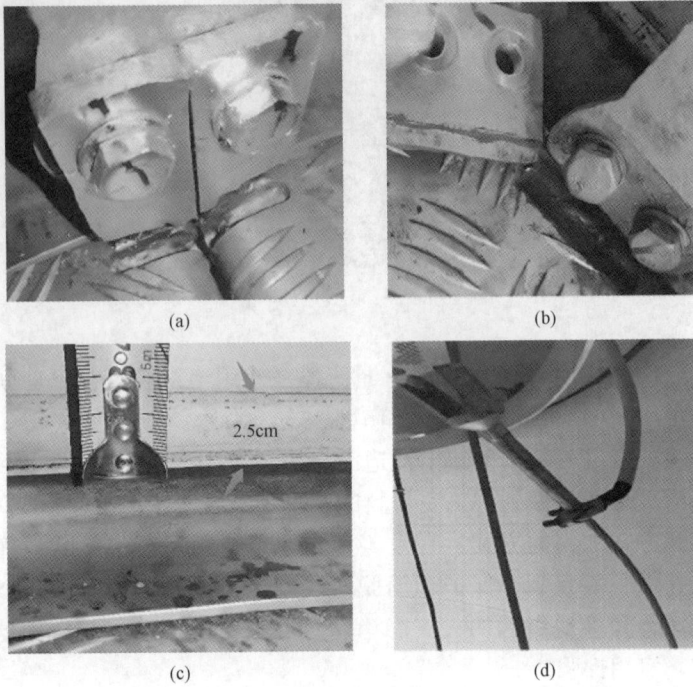

图 9-115　存在问题

（a）原平台整体吊耳焊接处断裂；（b）原平台分体吊耳断裂；
（c）平台下沉量过大；（d）钢缆头断裂

（二）改造方案

1. 平台吊点改造

（1）加工平台单耳吊板、双耳吊板以及门口吊板，如图 9-116 所示，材料为 Q345 钢材；加工门缓冲垫块，材料为 45 号钢。

图 9-116　平台吊点改造

（2）拆除原平台吊点。

（3）安装加工的平台吊板，利用 M14 螺栓调整吊点高度。

2. 钢缆修复改造

采购花篮螺栓（见图 9-117），M16 螺栓长 250mm，材料为 304 不锈钢；采购鸡心环、钢丝绳夹头，材料为 304 不锈钢；拆除原断裂钢缆头；安装花篮螺栓各部件，锁紧花篮螺栓至钢缆拉紧。

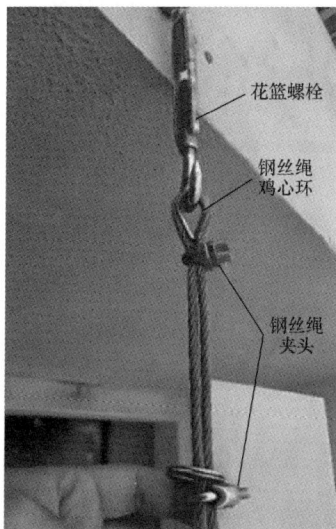

图 9-117　钢缆修复改造

3. 平台门固定改造

（1）加工强磁固定板（见图 9-118），材料为 304 不锈钢；采购强磁磁吸，材料为钕铁硼强磁。

（2）调整强磁吸附位置，锁紧固定板。

图 9-118　平台门固定改造

技术改造后与技术改造前风电机组对比，如图 9-119 所示。柜体平台及偏航平台下沉通过新型吊板提升至原位置；原平台吊点断裂位置人踩会晃动问题得到解决；钢缆安装中把将钢缆掉落后的铝扣重新装入三脚架并拉紧，使三脚架受力不再下移；平台门框在开关时晃动问题也得到解决。

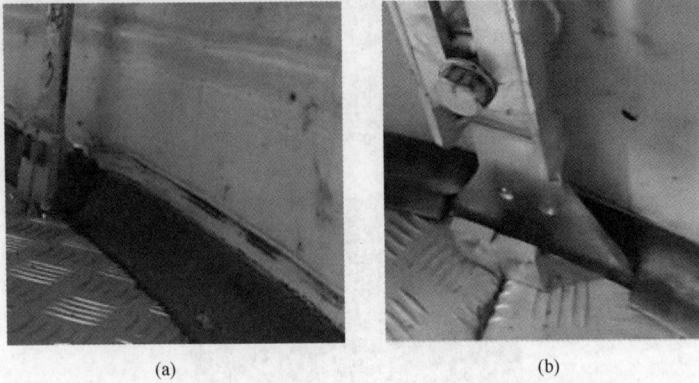

(a)　　　　　　　　　　　　　　　(b)

图 9-119　技术改造前后对比
（a）吊点改造前；（b）吊点改造后

第十章　应急救援与现场处置

随着风电机组的装机规模及并网发电的快速增长，电力设备设施的先进技术应用越来越广泛，施工作业环境条件越来越复杂，面临着自然灾害、设备故障、人为操作失误等多重潜在风险对企业安全生产工作造成影响，对企业人员的人身安全构成威胁，为确保在意外事故发生时能及时、高效、有序地应对，做好应急预案管理工作具有十分深远的意义。

企业应急管理工作是安全管理的重要组成部分。企业应急管理工作应符合国家能源局《电力企业应急预案管理办法》（国能安全〔2014〕508 号）的工作要求，从基本原则、事故保障、现场应急处置三个方面完善应急组织体系、应急预案体系和应急保障体系，定期开展应急培训演练和应急实施与评估等工作，提高应急处置能力，有效控制事故灾害蔓延，将事故造成的损失降低到最低程度。

第一节　基　本　原　则

本节主要介绍了应急预案管理的基本原则，包括应急预案的定义、意义、阶段划分以及企业应急管理的重要性，详细阐述了应急管理 4 阶段的具体内容，即预防、准备、响应和恢复阶段，并着重强调了应急准备阶段的重要性。另外，还介绍了企业应急管理的组织体系、应急预案体系建设和应急预案的编制过程。

一、应急预案管理

应急预案管理是各级人民政府及其部门、基层组织、企事业单位、社会团体等依法、迅速、科学、有序应对突发事件，最大程度减少突发事件造成的损害而预先制定的工作方案。加强应急预案管理工作，是维护国家安全、社会稳定和人民群众利益的重要保障，是履行政府社会管理和公共服务职能的重要内容。《中华人民共和国安全生产法》颁布实施以来，我国加强了安全生产领域的应急救援、应急管理的机制和法制建设，初步形成了应急预案体系，制定了应急救援规划，组建了国家安全生产应急救援指挥中心，应急管理工作不断向前推进，形成了应急管理的"一案三制"体系。

"一案"为国家突发公共事件应急预案体系；"三制"为体制、机制、法制，即要建立健全应急工作的管理体制、运行机制和相关法律制度。在应急管理体制方面，主要是要建立健全集中统一、坚强有力、政令畅通的指挥机构；在运行机制方面，主要是建立健全监测预警机制、应急信息报告机制、应急决策和协调机制；在法制建设方面，主要通过依法行政，努力使突发公共事件的应急处置逐步走上规范化、制度化和法治化轨道。

二、应急管理的 4 个阶段

应急管理按照时间序列可分为预防、准备、响应和恢复阶段。

（1）预防阶段：一是指事故预防，通过安全管理和安全技术手段，尽可能防止事故的发生；二是假设事故必然发生条件下，预先采取措施，降低事故影响和严重程度。

（2）准备阶段：针对可能发生的事故，为开展有效的应急行动而预先做的各项准备工作，保证应急救援需要的应急能力。

（3）响应阶段：事故发生后，立即采取紧急处置和救援行动，尽可能地抢救受害人员，减少设备损坏，控制和消除事故的发展。

（4）恢复阶段：事故影响得到控制后，使生产和环境尽快恢复到正常状态而采取的措施和行动，一般首先恢复到安全状态，然后逐步恢复到正常状态。

三、企业应急管理

应急管理工作重在预防和准备阶段，预防阶段一般要结合总体的安全管理、生产基建"三同时"、人员培训等工作，检查有无缺陷隐患。准备阶段是企业应急管理的核心响应。恢复阶段是准备阶段工作成果的体现，按照应急预案来开展工作。以下重点介绍准备阶段的工作。

（一）应急组织体系

企业应建立应急领导小组，明确应急领导小组的职责，应由企业安全第一责任人担任组长，分管副职担任副组长，其他部门负责人为成员。

应急领导小组的主要职责是确保将应急管理 4 个阶段的工作落实到位。其具体内容包括：

（1）贯彻落实上级应急管理法规及相关政策；

（2）接受上级应急领导小组领导；

（3）研究决定应急决策和部署，指挥应急处置工作；

（4）组织编制应急预案，完善应急预案体系；

（5）督促和指导开展应急演练工作；

（6）确保应急物资的可靠保障，将资金列入年度计划。

（二）应急预案体系建设

1. 应急预案的分类

根据《生产经营单位生产安全事故应急预案编制导则》（GB/T 29639—2020），企业的应急预案分为综合应急预案、专项应急预案和现场处置方案。

结合国家电监会的有关要求，除综合应急预案外，企业应至少编制新能源企业专项预案和现场处置方案。

（1）综合应急预案。

综合应急预案相当于总体预案，从总体上阐述预案的应急方针和政策、应急组织结构及相应的职责、应急行动的总体思路等。通过综合应急预案，可以很清晰地了解应急时的组织体系、运行机制及预案的文件体系。更重要的是，综合应急预案可以作为应急救援工作的基础和"底线"，对那些没有预料的紧急情况也能起到一定的应急指导作用。

（2）专项应急预案。

专项应急预案是针对某种具体的、特定类型的紧急情况，如全场停电、火灾、风电机组倒塔、飞车、台风、洪水等事故和自然灾害而制定的方案，是综合应急预案的组成部分，应按照综合应急预案的程序和要求组织制定，并作为综合应急预案的附件。专项应急预案在综合应急颈案的基础上，充分考虑特定危险所具备的特征对应急的形势、组织机构、应急活动等进行更具体的阐述，具有较强的针对性。专项应急预案应制定明确的救援程序和具体的应急救援措施。企业应编制以下专项应急预案：

1）自然灾害类：防台、防汛、防强对流天气应急预案，防雨雪冰冻应急预案，防地震灾害应急预案及防地质灾害应急预案。

2）事故灾难类：人身事故应急预案、重大设备事故应急预案、大型机械事故应急预案、火灾事故应急预案、交通事故应急预案、网络信息安全事故应急预案。

3）公共卫生事件类：传染病事件应急预案、群体性不明原因疾病事件应急预案、食物中毒事件应急预案。

4）社会安全事件类：群体性突发社会安全事件应急预案、突发新闻媒体事件应急预案。

（3）现场处置方案。

现场处置方案是在专项应急预案的基础上，根据具体情况而编制的，是针对具体装置场所、岗位所制定的应急处置措施，如危险化学品事故专项应急预案的基础上编制的某重大危险源的现场处置方案等。现场处置方案的特点是针对某一具体场所的各类特殊危险及周边环境情况，在详细分析的基础上，对应急救援中的各个方面做出具体、周密而细致的安排，因而现场处置方案具有更强的针对性和对现场具体救援活动的指导性。企业应编制以下现场处置方案：

1）人身事故类：高处坠落伤亡事故处置方案、机械伤害伤亡事故处置方案、物体打击伤亡事故处置方案、触电伤亡事故处置方案、火灾伤亡事故处置方案。

2）设备事故类：风电机组倒塔事故处置方案、开关柜爆炸事故处置方案、输电线路倒塔处置方案、母线故障处置方案、场用电电源（包括备用电源）中断处置方案、起重机械事故处置方案。

3）火灾事故类：风电机组火灾事故处置方案、电缆火灾事故处置方案、库房（油品）火灾事故处置方案、控制室（含继保室）火灾处置方案、开关室火灾处置方案。

2. 应急预案的编制

企业应急预案应按照国家电监会《电力企业综合应急预案编制导则（试行）》《电力企业专项应急预案编制导则（试行）》和《电力企业现场处置方案编制导则（试行）》电监安全〔2009〕22 号的要求进行编制。应急预案的编制一般包括下面 6 个过程：

（1）成立工作组。成立以本企业主要负责人为组长的应急预案编制工作组，明确编制任务、职责分工，制订工作计划。

（2）资料收集。收集应急预案编制所需的各种资料（相关法律法规、应急预案、技术标准、国内外同行业事故案例分析、本单位技术资料等）。

（3）危险源与风险分析。在危险因素分析及事故隐患排查、治理的基础上，确定本企业的危险源、可能发生事故的类型和后果，进行事故风险分析并指出事故可能产生的衍生事故，形成分析报告，分析结果作为应急预案的编制依据。

（4）应急能力评估。对本企业应急装备、应急队伍等应急能力建设进行评估，并结合实际情况，加强应急能力建设。

（5）应急预案编制。针对可能发生的事故，按照有关规定和要求编制应急预案。应急预案编制过程中，应注重全体人员的参与和培训，使所有与事故有关人员均掌握危险源的危险性、应急处置方案和技能。应急预案应充分利用社会应急资源，与地方政府相关管理部门的预案、上级主管单位的预案相衔接。

（6）应急预案的评审与发布。评审由企业主要负责人组织有关部门和人员进行。外部评审由上级主管部门或地方政府负责安全管理的部门组织审查。评审后应按规定报有关部门备案，并经企业主要负责人签署发布。

第二节　事　故　保　障

本节主要围绕事故保障展开，详细介绍了企业在应急保障方面的具体措施，包括应急物资的储备与管理、应急抢险队伍的建设、保障资金的投入，以及应急培训和演练的重要性。

一、应急保障

1. 应急物资

企业建立应急物资储备台账，设立应急物资存放点，定期进行检查，及时予以补充和更新，保障应急资源处于完好状态。企业的应急物资储备类型一般包括救援防护用品（安全带、防尘防毒面具、正压式呼吸器等）、应急照明、防汛物资（沙袋、铁锹、雨篷等）、应急药品（蛇药、防中暑药、消毒止血药、绑带、担架等），以及工器具等。

2. 应急抢险队伍建设

企业应成立必要的兼职应急救援队伍，明确职责，改善技术装备，提高抢险能力。

3. 保障资金投入

应将应急保障资金纳入年度预算，在应急装备、应急物资储备及维护、应急培训和演练等方面确保资金供给。

二、应急培训和演练

应急预案编制完成后应定期进行培训，每月应开展一次应急预案的学习培训。应急预案的演练根据不同预案类型，一般每季度开展一次现场处置方案的演练，每年度开展一次专项预案的演练。应急预案的演练可采用不同规模的演练方法对应急预案的完整性和周密性进行评估，如桌面演练、专项演练和全面演练等。

1. 桌面演练

桌面演练是指由应急组织的代表或关键岗位人员参加的，按照应急预案及其标准工作程序，讨论紧急情况时应采取行动的演练活动。桌面演练的特点是对演练情景进行口头演练，一般是在会议室内举行。桌面演练方法成本较低，主要为专项演练和全面演练做准备。

2. 专项演练

专项演练是指针对某项应急响应功能或其中某些应急响应行动举行的演练活动，主要目的是针对应急响应功能，检验应急人员和应急体系的策划及响应能力。专项演练比桌面演练规模要大，需动员较多的应急人员和机构，因而协调工作的难度也随着更多人员和组织的参与而加大。演练完成后，除采取口头评论形式外，还应完成有关演练活动的书面总结，提出改进建议。

3. 全面演练

全面演练是指针对应急预案中全部或大部分应急响应功能，检验、评价应急组织应急运行能力的演练活动。全面演练包含预案中涉及的所有相关人员，一般要求持续几个小时，采取交互式方式进行，演练过程要求真实，调用更多的应急人员和资源，并开展人员、其他资源的实战性演练，以检验相互协调的应急响应能力。与专项演习类似，演练完成后，除采取口头评论、书面汇报外，还应提交正式的书面报告。

4. 总结提高

每次应急预案演练结束，召开演练总结会，全体参演人员参加，各自对预案演练过程中发现的问题、存在的不足、缺失的内容进行总结，提出改进意见；由应急预案编写组认真分析总结，对预案进行修改完善，使之更符合生产现场真实情况，报应急领导小组批准后下发执行。

第三节　现场应急处置

本节主要介绍了现场应急处置的相关知识，包括逃生途径及适用情况、触电急救、中暑急救、火灾急救、高空坠落急救、中毒急救、有限空间急救、交通事故急救、外伤急救、心肺复苏法、窒息急救，以及海上作业人员落水急救等内容。

一、逃生途径及适用情况

（一）塔筒爬梯逃生

（1）优点：方法简易、可靠，不需要经过专业高空逃生设备的使用培训，只需要正确掌握日常的风电机组攀爬技巧和正确使用登塔作业劳动防护用品即可；操作步骤极少，从判断需要逃离到从爬梯撤离，只需要确认安全带与防坠滑块（安全锁）已正常扣好，不管是从风电机组的机舱还是轮毂位置逃离火灾现场，从爬梯口逃离的路径最短；逃离口开启方便，整个逃离过程响应时间短，塔筒爬梯口通常设计在机舱到塔筒的中心位置，逃离口较为开阔，周边附属设备相对较少，受火情封锁逃离口的概率最低。

（2）缺点：逃离过程无法自动完成，需在人员身体未受伤的前提下，能够徒手完成逃离攀爬过程，受人员体力、塔筒高度、火灾情况下塔筒照明掉电等因素等制约；攀爬逃离过程时间较长，攀爬过程中可能会受到物体打击等二次伤害，逃离过程中因心理紧张、逃离速度过快、劳动防护用品使用不当等原因导致高空坠落或悬挂。

（3）适用情况：高空逃生优先考虑途径。

（二）用逃生装置舱外逃生

（1）优点：逃离过程速度快，从60m高空缓降至地面，逃离过程仅需要1min左右，逃离过程自动完成，不需要消耗体力；可重复使用，方便用于高空救援，完成对受伤人员的迅速转移。

（2）缺点：操作过程较为复杂，使用人员需经过专业培训后方可使用，需按步骤逐项完成，在逃生过程中，由于时间紧迫，人员心理紧张，很有可能因操作失误导致高处坠落等事故；逃离前准备过程较为耗时，不利于第一时间逃离，逃生绳往舱外地面扔的过程由于无法顾及风速和风向，绳索有抛掷集电线路上引发触电事故的可能性；逃生装置需定期检验使用，若下降过程中出现装置异常，人员有悬吊在空中的风险；逃生装置一般需要悬挂在高处，或采取从天窗口逃生时，因火势一般呈向上蔓延趋势，因此逃生途径被火情阻挡的概率较高；高空缓降逃生，从机舱"跳"出的一刻，需要战胜内心的恐惧，作业人员难以实现，即便是接受过高空逃生培训，若未实战演练过，危急关头时，要迈出这一步也极为困难。

（3）适用情况：作业人员手脚受伤严重，无法完成攀爬动作；转移昏迷、受伤（无法攀爬）的工作班成员。

（三）用逃生装置塔筒内逃生

（1）优点：与使用逃生装置从舱外逃生相似。

（2）缺点：由于逃生路径在塔筒内部，逃生孔洞较小，容易导致下降过程中与爬梯、横担等物体相撞，其他方面与从舱外逃生的缺点相同。

（3）适用情况：适用于机舱外大风等恶劣环境（避免高压触电），逃离人员手脚受伤严重，无法完成攀爬动作，转移昏迷、受伤（无法攀爬）的工作班成员。

二、触电急救

（一）触电的定义

电击伤俗称触电，是由于一定量的电流或电能量（静电）通过人体引起组织损伤或功能障碍，重者发生心跳骤停和呼吸停止。高电压还可引起电热灼伤。闪电损伤（雷电）属于高电压损伤范畴。

（二）触电的危害

（1）电流通过人体的线路分两种：一是电流由一手进入，另一手或一足通出，电流通过心脏，即可立即引起室颤；二是电流自一足进入经另一足通出，不通过心脏，仅造成局部烧伤，对全身影响较轻。

（2）触电损伤程度取决于通过人体电流的大小、持续时间、途径、种类（交流或直流）等。一般而言，直流比交流危险、低频率比高频率危险、电流强度越大、接触时间越长越危险。

（3）触电死亡直接原因（严重并发症除外）有室颤、呼吸麻痹、电击性休克。

（三）触电的急救

触电急救的第一步是使触电者迅速脱离电源，第二步是现场救护。

1. 脱离电源

发生了触电事故，切不可惊慌失措，要立即使触电者脱离电源。使触电者脱离低压电源应采取的方法如下：

（1）就近拉开电源开关，拔出插销或保险，切断电源。要注意单极开关是否装在火线上，若是错误地装在零线上，不能认为已切断电源。

（2）用带有绝缘柄的利器切断电源线。

（3）找不到开关或插头时，可用干燥的木棒、竹竿等绝缘体将电线拨开，使触电者脱离电源。

（4）可用干燥的木板垫在触电者的身体下面，使其与地绝缘。

（5）如遇高压触电事故，应立即通知有关部门停电。要因地制宜，灵

573

活运用各种方法，快速切断电源。

2. 现场救护

（1）若触电者呼吸和心跳均未停止，此时应将触电者躺平就地，安静休息，不要让触电者走动，以减轻心脏负担，并应严密观察呼吸和心跳的变化。

（2）若触电者心跳停止、呼吸尚存，则应对触电者做胸外按压。

（3）若触电者呼吸停止、心跳尚存，则应对触电者做人工呼吸。

（4）若触电者呼吸和心跳均停止，应立即按心肺复苏方法进行抢救。

三、中暑急救

中暑是在高温环境下由于热平衡失常或水盐代谢紊乱等因素引起的一种以中枢神经系统或心血管系统障碍为主要表现的急性疾病。通常天气闷热、气温过高、体质虚弱、不耐热、劳动强度过大、过度疲劳等都易诱发中暑。

（一）中暑的症状

（1）伤病者皮肤潮红、干燥、无汗。

（2）体温上升，可达到40℃或以上。

（3）脉促而强。

（4）神志不清。

（二）中暑的急救

中暑的急救措施分为三个等级，根据中暑的严重程度采取不同的应对措施。

1. 对于轻度中暑（热痉挛）

（1）将患者移到阴凉处：迅速将患者移动到阴凉、通风的地方，避免继续暴露在高温环境中。

（2）补充水分：让患者休息，给予足够的水分，尤其是含有电解质的饮料，以帮助恢复水分和电解质平衡。

（3）放松肌肉：如果有痉挛，可以轻轻按摩患者的肌肉，帮助其放松。

2. 对于中度中暑

（1）紧急降温：将患者移到阴凉处，用冷湿毛巾或冰块敷在颈部、腋下和大腿内侧等大动脉部位，帮助降低体温。

（2）补充水分：给予患者足够的水分，尤其是含有电解质的液体，但避免过快过量饮水。

（3）就医：及时就医，由专业医护人员进行进一步的评估和处理。

3. 对于严重中暑（热射病）

（1）紧急降温：立即将患者移到阴凉处，使用冷湿毛巾、冰块或冷水浸泡的毛巾来迅速降低体温。

（2）呼叫急救：立即呼叫紧急救援或急救服务，并告知患者的情况。

（3）持续冷却：持续冷却患者，直到急救人员到达。可以使用风扇或其他方式帮助空气流通。

（4）观察呼吸和心跳：保持密切监测患者的呼吸和心跳，进行心肺复苏（如果需要）。

4. 注意事项

（1）避免使用过冷的水或冰直接接触皮肤，以免导致血管收缩和其他并发症。

（2）在等待急救人员到达时，继续监测患者的状况，提供心理安慰和支持。

（3）对于严重中暑，及时的急救非常关键，因此立即呼叫急救服务是至关重要的一步。此外，为了防范中暑，尽量避免在极端高温的环境中长时间活动，保持充足的水分摄入，避免过度劳累。

四、火灾急救

根据可燃物的类型和燃烧特性，火灾分为 A、B、C、D、E、F 六类。

A 类火灾：固体物质火灾。这种物质通常具有有机物质性质，一般在燃烧时能产生灼热的余烬，如木材、煤、棉、毛、麻、纸张等火灾。

B 类火灾：液体或可熔化的固体物质火灾，如煤油、柴油、原油，甲醇、乙醇、沥青、石蜡等火灾。

C 类火灾：气体火灾，如煤气、天然气、甲烷、乙烷、丙烷、氢气等火灾。

D 类火灾：金属火灾，如钾、钠、镁、铝镁合金等火灾。

E 类火灾：带电火灾，即物体带电燃烧的火灾。

F 类火灾：烹饪器具内的烹饪物（如动植物油脂）火灾。

（一）灭火器的选择

在选择灭火器时应符合下列规定：

（1）扑救 A 类火灾应选用水型、泡沫、干粉、卤代烷等灭火器。

（2）扑救 B 类火灾应选用干粉、泡沫、卤代烷、二氧化碳等，扑救水溶性 B 类火灾不得选用化学泡沫灭火器。

（3）扑救 C 类火灾应选用干粉、卤代烷、二氧化碳型灭火器。

（4）扑救 D 类火灾应选用专用干粉灭火器、粉状石墨灭火器。

（5）扑救 E 类（带电设备）火灾应选用卤代烷、二氧化碳、干粉灭火器。

（6）扑救 F 类火灾应选用干粉灭火器。

（7）扑救 E 类火灾应选用卤代烷、二氧化碳、干粉灭火器。禁止使用水型灭火器，以防触电事故发生。

（8）扑救 F 类火灾应选用干粉、泡沫、二氧化碳型灭火器。由于 F 类火灾涉及动植物油脂，不得使用水型灭火器。

（二）水不能灭的火灾种类

（1）带电火灾不能用水直接扑灭，因为可能触电或者对电气设备造成极大损害，应选用磷酸铵盐干粉、二氧化碳灭火器。

（2）油脂类、酒精类火灾，因为油、酒精比水轻，前者就会浮在水面上，增大燃烧面积从而增加损失，油滴乱溅还会灼伤皮肤，因此扑灭油脂类、酒精类火灾应采用空气隔离法，用身边的物体，如锅盖等立即将燃烧物体盖住，达到隔离空气的效果。

（3）气体火灾，用水无法有效扑灭，还可能使燃烧的气体扩散，扩大火势。一般应选用干粉、二氧化碳灭火器。

（4）金属火灾，不能用水扑灭，金属遇水会发生剧烈化学反应，生成可燃气体，并释放大量的热，从而使火势加剧，一般采用干砂或者泥土覆盖。

（三）火灾自救

（1）熟悉环境，牢记出口：在风电机组日常工作时，工作人员务必熟悉机组内部结构布局，牢记机舱、塔筒等部位的疏散通道、紧急出口及爬梯位置等。这些关键位置可能因机组型号不同而有差异，要特别留意标识。

（2）确保通道，畅通无阻：风电机组内的逃生通道，像塔筒爬梯、通往紧急出口的路径等，必须时刻保持畅通。严禁在通道上放置工具、备用零件等杂物，更不能私自设置阻碍通行的设施。因为在火灾突发时，哪怕是小小的障碍，都可能严重影响逃生速度。

（3）初期灭火，及时控制：倘若在风电机组内发现初期小火，且火势尚未蔓延扩大，也未对人员安全构成紧迫威胁时，若周边配备有适用的灭火设备，例如干粉灭火器、二氧化碳灭火器等，应迅速利用这些设备，按照正确操作方法，全力将小火扑灭，避免小火演变成大灾。

（4）冷静判断，迅速撤离：一旦遭遇火灾，工作人员首先要保持冷静，快速分析火势和所处位置。不要盲目跟随他人行动，避免在狭窄通道产生拥挤、踩踏。若在机舱内，优先选择通过塔筒爬梯向地面撤离；若爬梯受阻，再考虑利用备用逃生装置，如从特定窗口使用缓降设备等，撤离方向应朝着明亮、通风且远离火源的地方。

（5）舍弃财物，安全第一：身处风电机组火灾险境，应将生命安全置于首位，立即撤离现场。切勿因留恋个人物品、设备数据记录等财物，浪费宝贵的逃生时间。已经成功逃离的人员，不应再返回危险区域。

（6）简易防护，应对浓烟：风电机组火灾可能产生大量有毒浓烟。逃生时，可使用工作服、毛巾等物品浸湿后捂住口鼻，尽量降低身体高度，贴近地面爬行前进。如有条件，可用湿布包裹头部、身体，防止高温灼伤。

（7）合理选择，不用电梯：风电机组内的电梯在火灾发生时，极易因电路故障、高温变形等原因停运，导致人员被困。所以，在火灾情况下，应避免使用电梯逃生，而是选择可靠的爬梯通道等安全途径撤离。

（8）利用设备，安全缓降：部分风电机组配备有高空缓降设备或逃生绳索等。在无法通过正常通道逃生时，要熟悉并正确使用这些设备。若没有专用设备，可利用机舱内的绳索、坚固的布带等，自制简易逃生工具，在确保安全的情况下，从合适位置缓慢降至安全区域。

五、高处坠落急救

（一）高处坠落急救方法

（1）迅速赶到坠落现场，评估周边环境安全性，排除风电机组仍存在的部件松动、漏电等二次危险隐患，设置警示标识，防止无关人员进入。

（2）立即呼叫专业医疗救援，告知事故详情与准确位置。

（3）小心去除伤员身上的尖锐、硬质用具，如工具袋、扳手等，以及口袋中的硬物，防止在后续操作中造成额外伤害。

（4）避免随意挪动伤员，尤其是颈部和脊柱部位。若需移动，应由专业人员使用脊柱固定板、颈托等设备，确保颈部和躯干保持直线，避免前屈、扭转或侧弯，严禁采用一人抬肩一人抬腿的错误搬运方式，以防加重脊髓损伤导致截瘫。

（5）对可见的创伤部位进行妥善包扎，使用无菌纱布、绷带等，压迫止血并保护伤口，防止感染。

（6）若伤员存在疑似颅底骨折且有脑脊液漏情况，严禁进行填塞操作，以免引发颅内感染，应让脑脊液自然流出，并用干净纱布轻轻覆盖伤口周边。

（7）对于颌面部受伤的伤员，首要任务是保持呼吸道畅通。立即摘除假牙，清除口腔内移位的组织碎片、血凝块、分泌物等异物。

（8）松解伤员颈部、胸部的纽扣、衣物等束缚，改善呼吸。

（9）若伤员存在复合伤，将其安置为平仰卧位，持续关注呼吸状况，确保呼吸道始终畅通无阻，同时解开衣领扣，利于呼吸顺畅。

（二）高处坠落急救注意事项

坠落产生的伤害主要是脊椎损伤、内脏损伤和骨折。为避免施救方法不当使伤情扩大，抢救时应注意以下 4 点：

（1）发现坠落伤员，首先看其是否清醒，能否自主活动。若能站起来或移动身体，则要让其躺下，用担架抬送到医院，或用车送往医院。因为某些内脏伤害，当时可能感觉不明显。

（2）如果已经不能动，或不清醒，切不可乱抬，更不能背起来送医院，这样既容易拉脱伤者脊椎，造成永久性伤害。此时应进一步检查伤者是否骨折。若有骨折，应首先采用夹板固定。送医院时应先找一块能使伤者平躺下来的木板，然后在伤者一侧将小臂伸入伤者身下，并有人分别托住头、肩、腰、胯、腿等部位，同时用力，将伤者平稳托起，再平稳放在木板上，抬着木板送往医院。

（3）如果坠落在地坑内，也要按照上述程序救护。若地坑内杂物太多，应由几个人小心抬抱，应采用平托式搬运法抬出。

（4）如果坠落地井中，无法让伤者平躺，则应小心将伤者抱入筐中吊上来。施救时，应注意不能让伤者脊椎、颈椎受力，避免人为加重伤情。

六、中毒急救

（一）硫化氢气体中毒的预防和急救

硫化氢气体有臭鸡蛋味，为无色易燃气体。废气、粪池、污水沟、隧道、垃圾池中，均有各种有机物腐烂分解产生的大量硫化氢。硫化氢主要损害中枢神经系统，短期内吸入即对呼吸道、眼睛产生刺激症状。极高浓度（达 $1000mg/m^3$ 以上）时吸入，可在数秒内突然昏迷、呼吸骤停，进而导致"闪电式"死亡。

1. 判断

接触硫化氢的人员，可能出现以下症状：头痛剧烈、头晕、烦躁、谵妄、疲惫、昏迷、抽搐、咳嗽、胸痛、胸闷、咽喉疼痛，气急，甚至出现肺水肿、肺炎、喉头痉挛以至窒息，还可能有结膜充血，水肿、怕光、流泪，进而血压下降、心律失常等症状。

2. 预防

（1）加强对工作环境中硫化氢气体浓度的监测，配备充分的局部排风与全面通风系统，确保硫化氢气体浓度始终处于安全阈值以下。

（2）加强安全和环保宣教，加强预防措施。工作现场严禁吸烟、进食、喝水；工作后淋浴更衣；进入高浓度区域工作必须有人监护。

（3）戴好防护工具。紧急事态下抢救或撤离时，必须使用正压自给式呼吸器，戴化学安全防护眼镜和橡胶手套。

3. 现场急救措施

（1）迅速撤离人员至上风处，隔离至气体散尽。

（2）合理通风，切断气源，喷雾状水稀释、溶解，并收集和处理废水，应采用抽排（室内）或强力通风（室外）。

（3）处置中毒人员，有条件时应在专业人员指导下使用药物缓解症状。及时送医院救治。

（二）氯气中毒的预防和急救

氯气为黄绿色气体，有窒息味。其广泛应用于石油、化工行业中。氯气不燃，但能与一般易燃性气体或蒸汽形成爆炸性混合物，并能与许多化学品发生猛烈反应引起爆炸，如松节油、乙醚、氨气、金属粉末等。氯气主要对呼吸道、眼睛和皮肤有强烈刺激作用。短期吸入可造成声门水肿，进而产生窒息或肺水肿，可并发气胸。

1. 判断

接触氯气的人员，可出现以下症状：流泪、流涕、咽干、咽痛、胸闷、

555555

气急，甚至出现肺水肿以至窒息，肺部可有干、湿啰音或哮喘音。

2. 预防

（1）应对风电机组中可能涉及含氯物质的设备组件进行严格密封处理。

（2）加强安全和环保宣教，加强预防措施，应定期组织检修人员参加氯气安全知识培训。

（3）应为风电机组检修人员配备专业的个人防护装备。

3. 现场急救措施

（1）迅速撤离人员至上风处，隔离至气体散尽，切断火源。避免氯气与松节油、乙醚、氨气、金属粉末等接触。

（2）合理通风，切断气源，喷雾状水稀释、溶解，并收集和处理废水。抽排（室内）或强力通风（室外）。如有可能，将泄漏氯气钢瓶放置于石灰乳液中，之后对泄漏钢瓶做技术处理。

（3）处置中毒人员。迅速撤离人员至空气新鲜处，保持安静和保暖，及时送医院救治。

（三）一氧化碳气体中毒的预防和急救

一氧化碳作为一种无色、无味、无刺激性的气体，常常隐匿在我们的生活与工作环境中，带来极大的安全隐患。它与血红蛋白的亲和力远超氧气，一旦进入人体，会迅速与血红蛋白结合形成碳氧血红蛋白，阻碍氧气的运输与释放，致使人体组织器官缺氧，引发中毒症状，严重时甚至危及生命。

1. 判断

（1）轻度：头痛、头晕、心慌、耳鸣、眼球转动不灵、恶心呕吐，全身无力。立即脱离中毒环境，吸入新鲜空气，很快恢复。

（2）中度：除轻度症状外，常有意识不清、黏膜、口唇、皮肤、指甲出现樱桃红色。速送医院抢救，抢救及时数日才能康复。

（3）重度：肺、脑、心受损，呼吸困难、肺水肿、心律不齐、体温升高、皮肤苍白或青紫，昏迷，肢体瘫痪、癫痫发作。速送医院抢救，抢救康复后遗留记忆力减退、智力低下、精神失常等症状。

2. 预防

（1）风电机组应配备完善的火灾监测与报警系统，如烟雾传感器、温度传感器等，确保能及时发现火灾隐患。在机舱和塔筒内设置有效的灭火装置，如干粉灭火器、二氧化碳灭火器等，并定期检查其性能。

（2）应对检修人员进行定期的安全培训，内容涵盖一氧化碳的性质、危害、产生原因以及预防和急救方法等。

（3）应为工作人员配备符合国家标准的个人防护装备，如一氧化碳防毒面具、便携式一氧化碳检测仪等。在进入可能存在一氧化碳风险的区域作业前，工作人员必须正确佩戴个人防护装备。

3. 现场急救措施

（1）合理通风，切断气源，喷雾状水稀释、溶解。应采用抽排（室内）或强力通风（室外），可将泄漏气体用排风机送至空旷地方。

（2）自己发现有中毒时，可暂时走（爬）出中毒现场，吸新鲜空气，并呼叫他人速来相助。发现他人已中毒者，将中毒者抬离现场至通风处，松解衣扣，使呼吸通畅并保暖。

（3）如有呕吐应使中毒者头偏向一侧，并及时清理口鼻内的分泌物。

（4）若现场有条件，立即为中毒人员提供吸氧治疗。可使用氧气袋或氧气瓶，让中毒人员吸氧，以加速碳氧血红蛋白的解离，促进一氧化碳排出体外，缓解中毒症状，及时送医院救治。

七、有限空间急救

有限空间指的是封闭或部分封闭，进、出口较为狭窄，没有被设计为固定工作场所，通风不良，容易造成有毒有害、易燃易爆物质积聚或氧含量不足的空间。

在受限空间里，作业场所封闭狭窄，通风不畅，不利于有害气体扩散，照明不足，通信不畅，严重影响正常作业和事故救援；在受限空间作业，风险高，一旦发生事故容易造成作业人员或救援人员死亡等严重后果；受限空间内，实施救援也相对困难，受限空间场地狭窄，不利于救援人员施救，也容易对施救人员造成伤害，引发严重后果。

当作业过程中出现异常情况时，作业人员在还具有自主意识的情况下，应采取积极主动的自救措施。作业人员可使用隔绝式紧急逃生呼吸器等救援逃生设备，提高自救成功效率。如果作业人员自救逃生失败，应根据实际情况采取非进入式救援或进入式救援方式。

（一）非进入式救援

非进入式救援是指救援人员在有限空间外，借助相关设备与器材，安全快速地将有限空间内受困人员移出有限空间的一种救援方式。非进入式救援是一种相对安全的应急救援方式，但需至少同时满足以下两个条件：

（1）有限空间内受困人员佩戴了全身式安全带，且通过安全绳索与有限空间外的挂点可靠连接。

（2）有限空间内受困人员所处位置与有限空间进、出口之间通畅且无障碍物阻挡。

（二）进入式救援

当受困人员未佩戴全身式安全带，也无安全绳与有限空间外部挂点连接，或因受困人员所处位置无法实施非进入式救援时，就需要救援人员进入有限空间内实施救援。进入式救援是一种风险很大的救援方式，一旦救援人员防护不当，极易出现伤亡扩大。实施进入式救援，要求救援人员必须采取科学的防护措施，确保自身防护安全、有效。同时，救援人员应经过专门的有限空间救援培训和演练，能够熟练使用防护用品和救援设备设施，并确保能在自身安全的前提下成功施救。若救援人员未得到足够防护，不能保障自身安全，则不得进入有限空间实施救援。

八、交通事故急救

（一）事故自救常识

（1）车祸发生时，驾乘者应沉着冷静，保持清醒的头脑，千万不要惊慌失措。

（2）驾驶人应迅速辨明情况，按照"先救人、后顾车；先断电路，后断油路"的原则，把事故损失降到最低。

（3）发生翻车事故时，驾驶人应紧紧抓住方向盘，两脚钩住离合器踏板或油门踏板，尽量使身体固定，防止在驾驶室内翻滚、碰撞而导致伤害。如果驾驶室是敞开式的，翻车时驾驶人应尽量缩小身体往下躲，或者设法跳车。乘客应迅速趴到座椅上，紧紧抓住前排座椅或扶杆、把手等固定物，低下头，利用前排座椅靠背或手臂保护头部；若遇翻车或坠车时，应迅速蹲下身子，紧紧抓住前排座位的椅脚，身体尽量固定在两排座椅之间，随车翻转；车辆在行驶中发生事故时，不要盲目跳车，应在车辆停下后再陆续撤离。

（4）万一人被抛出驾驶室或车厢，应迅速抱住头，并缩成球状就势翻滚，其目的是减小落地时的反作用力，减轻头部、胸部的损伤，同时尽量远离危险区域。

（5）当翻车已不可避免，需要跳车时，应用力蹬双脚，增大向外抛出的力量和距离，不能顺着翻车的方向跳车，以防跳出后又被车辆重新压上。

（6）在撞车事故中，巨大的撞击力常常对人造成重大伤害。为此，乘坐人员应紧握扶手或靠背，同时双脚稍微弯曲用力向前蹬，使撞击力尽量消耗在自己的手腕和腿弯之间，减缓身体向前冲的速度和力量。

（二）事故互救常识

（1）首先是设法打交通事故报警电话"122"或派人报告公安交通管理部门，告知出事的时间、地点、伤亡情况等；并设法通知紧急救护机构，请求派出救护车和救护人员。

（2）对于伤员不必急于把他们从车上或车下往外拖，应首先检查伤员是否失去知觉，还有没有心跳和呼吸，有无大出血，有无明显的骨折；如果伤员已发生昏迷，可先松开颈、胸、腰部的贴身衣服，把头转向一侧并清除口鼻中的呕吐物、血液、污物等，以免引起窒息；如果心跳和呼吸都停止，应马上进行口对口人工呼吸和胸外心脏按压。

（3）如果有严重外伤出血，可将头部放低，伤处抬高，并用干净的手帕、毛巾在伤口上直接压迫或把伤口边缘捏在一起止血。

（4）发生开放性骨折和严重畸形，可能由于伤员穿着衣服难以发现，因此不应急于搬动伤者或扶其站立，以免骨折断端移位，损伤周围血管和神经。如果伤员发生昏迷、瞳孔缩小或散大，甚至对光反应消失或迟钝，则应考虑有颅内损伤情况，必须立即送医院抢救。

（5）至于一般的伤员，可根据不同的伤情予以早期处理，让采取自认为恰当的体位，耐心地等待有关部门前来处理。

九、外伤急救

止血、包扎、固定、搬运是外伤救护的四项基本技术。实施现场外伤救护时，现场人员要本着救死扶伤的人道主义精神，在通知就近医院的同时，要沉着、迅速地开展现场急救工作，其原则是：先抢后救，先重后轻，先急后缓，先近后远；先止血后包扎，再固定后搬运。

（一）止血

1. 出血方式

（1）外出血：身体表面受伤引起的出血，血液从伤口流出。

（2）内出血：体内的脏器和组织受损伤而引起的出血，血液流入体腔内，外表看不见，如肝破裂、胸腔受伤引起的血胸等。

（3）皮下出血：皮肤未破，只在皮下软组织内出血，如挫伤、瘀斑等。

（4）动脉出血：量大鲜红，呈喷射状、搏动状。

（5）静脉出血：暗红色，持续从伤口外溢。

（6）毛细血管出血：鲜红的点、片状渗血。

2. 止血的常用方法

（1）局部加压包扎法：适用于创口小的出血，局部用生理盐水冲洗，周围用75%的酒精消毒盖上无菌纱布，用绷带包扎好。

（2）指压止血法：其优点是止血迅速、不需要任何工具；其缺点是止血不能持久，多处、多人难以处理。

（3）屈肢加垫止血法；适用于四肢止血，骨折及脱位禁用。

（4）绞棒止血法：简单易行。

（5）止血带止血法：主要用于肢体严重创伤引起大、中血管的出血。前臂和小腿一般不适用止血带，因有两根长骨，使血流阻断不全。

3. 止血的现场处理方法及注意事项

（1）伤口渗血：用较伤口稍大的消毒纱布数层覆盖伤口，然后进行包扎。若包扎后仍有较多渗血，可再加绷带适当加压止血。

（2）伤口出血呈喷射状或鲜红血液涌出时，立即用清洁手指压迫出血点上方（近心端），使血流中断，并将出血肢体抬高或举高，以减少出血量。

（3）用止血带或弹性较好的布带等止血时，应先用柔软布片或伤员的衣袖等数层垫在止血带下面，再扎紧止血带以使肢端动脉搏动消失为度。上肢每60min放松一次，下肢每80min放松一次，每次放松1~2min。开始扎紧与每次放松的时间均应书面标明在止血带旁。扎紧时间不宜超过 4h。不要在上臂中 1/3 处和窝下使用止血带，以免损伤神经。若放松时观察已无大出血可暂停使用。

（4）严禁用电线、铁丝、细绳等作为止血带使用。

（5）高处坠落、撞击、挤压可能有胸腹内脏破裂出血。受伤者外观无出血，但常表现面色苍白、脉搏细弱、气促、冷汗淋漓、四肢厥冷、烦躁不安，甚至神志不清等休克状态，应迅速躺平，抬高下肢，保持温暖，速送医院救治。若送院途中时间较长，可给伤员饮用少量糖盐水。

（二）包扎

用敷料或其他洁净的毛巾、手绢、三角巾等覆盖伤口，加压包扎达到止血目的。

1. 采用绷带进行现场包扎处理的方法

（1）简单螺旋包扎：由受伤部位的下方开始，由下而上包扎；包扎时应用力均匀，由内而外扎牢，每绕一圈时，绷带应遮盖前一圈绷带 2/3，露出 1/3；包扎应将敷料完全盖住。

（2）螺旋反折包扎：常用于包扎四肢粗细不等的部位；包扎时先用环行法固定始端，旋转方法每圈反折一次，反折时，以一手拇指按住绷带上面正中处，用另一手将绷带向下反折，向后绕并拉紧，反折处不要在伤口上。

（3）人字形包扎：用于能弯曲的关节，如肘部、膝部、手及脚跟，在关节中央开始重复绕一圈做固定，然后绕一圈向下，一圈向上，结束时，在关节的上方重复绕一圈做固定。

（4）手（足）部包扎：将绷带在手腕（足踝）处重复绕一圈做固定，然后将绷带斜绕过手背（足背）、手掌到指（趾）旁；将绷带围绕手掌（足底），使绷带的下边恰好贴住指（趾）甲部，然后再将其斜绕回手腕（足踝）处；用 8 字形包扎手（足）部，直到包扎将敷料完全遮盖，结束时在手腕（足踝）处重复绕一圈做固定。

2. 包扎注意事项

（1）先清创，再包扎。

（2）要结扎在伤口的近心端。

（3）不能直接结扎在皮肤上。

（4）禁止在上臂中 1/3 处结扎，以免损伤桡神经。

（5）每扎 1h 要松一次，每次松 1～2min。

注意：颅脑损伤、鼻腔、外耳道有出血的病人，不能堵塞，防止逆流至颅腔内引起颅内感染。

（三）固定

固定主要用于骨折，因此在学习固定方法之前要先了解骨折的症状和急救要点，才能正确地使用固定方法。

1. 骨折的分类

人体骨骼因外伤发生完全或不完全的断裂时称为骨折。由于致伤外力的不同，可造成不同类型的骨折，骨折断端与外界直接相通的称为开放性骨折，未与外界相通的称为闭合性骨折。根据骨折的程度不同，又可分为完全性骨折、不完全性骨折。依骨折线的走向不同，可分为横行骨折、斜行骨折、粉碎性骨折、压缩性骨折等。还可按骨骼的名称分为股骨骨折、尺骨骨折、桡骨骨折等。不同类型的骨折其治疗处理的方法不尽相同。

2. 骨折的主要症状

骨折的类型和部位不同，其症状不完全相同，但骨折的局部症状主要有疼痛、肿胀、畸形、功能障碍、大出血。

（1）疼痛：骨折部位疼痛，活动时疼痛加剧，局部有明显的压痛，可有骨摩擦音。

（2）肿胀：由于骨折端小血管的损伤和软组织损伤水肿，骨折部位可能出现肿胀。

（3）畸形：由于骨折端的错位，肢体常发生弯曲、旋转、缩短等畸形；当骨折呈完全断裂型时，还可能出现假关节样的异常活动。

（4）功能障碍：骨折后，肢体原有的骨骼杠杆支持功能丧失，如上肢骨折时不能拿、提，下肢骨折时不能行走、站立。

（5）大出血：当骨折端刺破大血管时，伤员往往发生大出血，出现休克。大出血多见于骨盆骨折。

3. 骨折的急救要点

（1）止血：要注意伤口和全身状况，如伤口出血，应先止血，后包扎固定。

（2）加垫：为使固定妥帖稳当和防止突出部位的皮肤磨损，在骨突处要用棉花或布块等软物垫好，要使夹板等固定材料不直接接触皮肤。

（3）不乱动骨折的部位：为防止骨断端刺伤神经、血管，在固定时不应随意搬动；外露的断骨不能送回伤口内，以免增加污染。但是，现场急救时，搬动伤员伤肢是难免的，如为使伤员远离再次受伤的危险，则要先将伤员搬到安全地方，在包扎固定时也不可避免要移动伤肢，这时可以一人握住伤处上方，另一人握住伤处下端匝着肢体的纵轴线做相反方向的牵引，在伤肢不扭曲的情况下让骨断端分离开，然后边牵引边同方向移动，另外的人可进行固定，固定应先捆绑断处上端，后绑下端，然后固定断端的上下两个关节。

（4）固定、捆绑的松紧要适度，过松容易滑脱，失去固定作用，过紧会影响血液循环。固定时应外露指（趾）尖，以便观察血流情况，如发现指（趾）尖苍白或青紫，可能是固定包扎过紧，应放松重新包扎固定。固定完成后应记录固定的时间，并迅速送医院做进一步的诊治。

4. 骨折固定的材料

（1）夹板：用于扶托固定伤肢，其长度、宽度要与伤肢相适应，长度一般要跨伤处上下两个关节。没有夹板时，可用健侧肢体、树枝、竹片、厚纸板、报纸卷等代替。

（2）敷料：用于垫衬的，如棉花、布块、衣服等；用于包扎捆绑夹板的，如三角巾、绷带、腰带、头巾、绳子等，但不能用铁丝、电线。

5. 骨折固定的方法

（1）前臂骨折的固定方法：用夹板时，可把两块夹板分别放置在前臂的掌侧和背侧，可在伤员患侧掌心放一团棉花，让伤员握住掌侧夹板的一端，使腕关节稍向背屈，然后固定，再用三角巾将前臂悬挂于胸前。无夹板时，可将伤侧前臂屈曲，手端略高，用三角巾悬挂于胸前，再用一条三角巾将伤臂固定于胸前（见图10-1）。

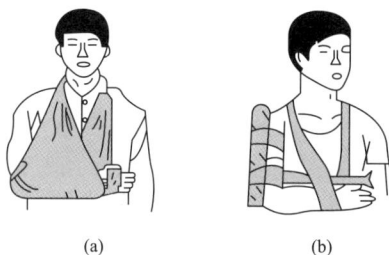

图 10-1　胳臂骨折的固定方法
（a）前臂骨折固定方法；（b）上臂骨折固定方法

（2）上臂骨折的固定方法：有夹板时，可将伤肢屈曲贴在胸前，在伤臂外侧放一块夹板，垫好后用两条布带将骨折上下两端固定并吊于胸前，然后用三角巾（或布带）将上臂固定在胸部。无夹板时，可将上臂自然下垂用三角巾固定在胸侧，用另一条三角巾将前臂挂在胸前；也可先将前臂吊挂在胸前，用另一条三角巾将上臂固定在胸部（见图10-2）。

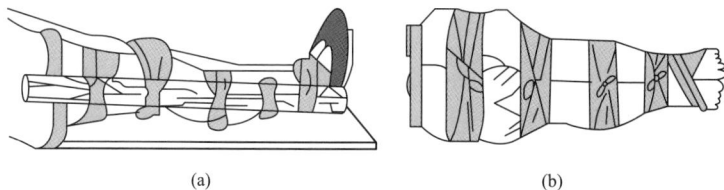

图 10-2　小腿骨折的固定方法
（a）有夹板固定方法；（b）无夹板固定方法

（3）小腿骨折的固定方法：有夹板时，将夹板置于小腿外侧，其长度应从大腿中段到脚跟，在膝、踝关节垫好后用绷带分段固定，再将两下肢并拢上下固定，并在脚部用8字形绷带固定，使脚掌与小腿形成直角。无夹板时，可将两下肢并列对齐，在膝、踝部垫好后用绷带分段将两腿固定，再用 8 字形绷带固定脚部，使脚掌与小腿形成直角（见图 10-2）。

（4）大腿骨折的固定方法：将夹板置于伤肢外侧，其长度应从腋下至脚跟，两下肢并列对齐，垫好膝、踝关节后用绷带分段固定。用 8 字形绷带固定脚部，使脚掌与小腿形成直角。无夹板时也可用健肢固定法（见图 10-3）。

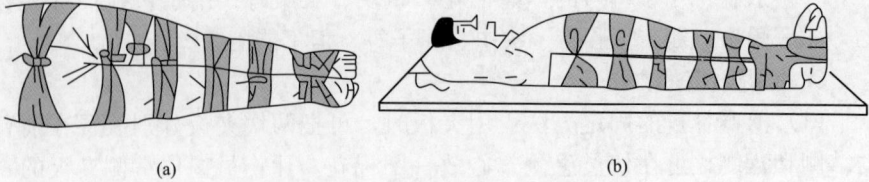

图 10-3　大腿骨折的固定方法
(a) 无夹板固定方法；(b) 有夹板固定方法

（5）锁骨骨折的固定方法：让伤员坐直挺胸，包扎固定人员用一膝顶在伤员背部两肩胛骨之间，两手把伤员的肩逐渐往后拉，使胸尽量前挺，然后做固定，方法是在伤者两腋下垫棉垫，用两条三角巾分别在两肩关节紧绕两周，在背部中央打结，打结时应将三角巾用力拉紧，使两肩稍后张，打结后将伤员两肘关节屈曲，两腕在胸前交叉，用另一条三角巾在平肘处绕过胸廓，在胸前打结固定上肢。也可用绷带在挺胸、两肩后张下做 8 字形固定。

（6）脊椎骨折的固定方法：脊椎骨折抢救过程中，最重要的是防止脊椎弯曲和扭转，不得用软担架和徒手搬运。如有脑脊液流出的开放性骨折，应先加压包扎。固定时，由 4～6 人用手分别扶托伤员的头、肩、背、臀、下肢，动作一致地将伤员抬到硬木板上。颈椎骨折时，伤员应仰卧，尽快给伤员上颈托，无颈托时可用砂袋或衣服填塞头、颈部两侧，防止头左右摇晃，再用布条固定。胸椎骨折时应平卧，腰椎骨折时应俯卧于硬木板上，用衣服等垫塞颈、腰部，用布条将伤员固定在木板上。

（四）搬运

伤员经过现场初步急救处理后，要尽快用合适的方法和震动小的交通工具将伤员送到医院去做进一步的诊治。搬运过程中，随时注意观察伤员的伤情变化。常用搬运方法有徒手搬运和使用器械（包含担架、轮椅等）搬运。

1. 徒手搬运法

（1）适用于伤情较轻且搬运距离短的伤病者，但必须注意徒手搬运法不可应用于怀疑有脊椎受伤或肢体骨折的伤病者。

（2）单人搬运法是用搀扶、抱、背等方法（见图 10-4）。

（3）双人搬运法是用双人椅式、平托式、拉车式等方法（见图 10-5）。

（4）多人搬运法是用平卧托运等方法（见图 10-6）。

2. 使用器械搬运法

用于伤情较重，路途较远又不适合徒手搬运的伤员。常用搬运工具有帆布担架、绳索担架、被服担架、门板、床板，以及铲式、包裹式、充气

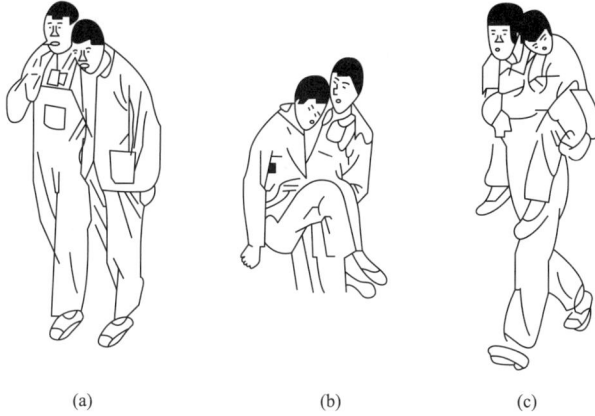

(a)　　　　　　　(b)　　　　　　　(c)

图 10-4　单人搬运法

（a）搀扶；（b）抱；（c）背

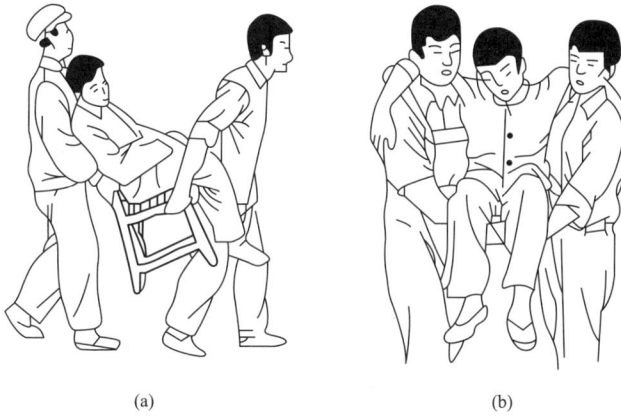

(a)　　　　　　　　　　　　(b)

图 10-5　双人搬运法

（a）双人椅式；（b）平托式

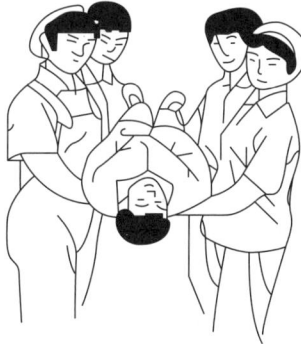

图 10-6　多人搬运法

式担架。伤员上担架时，要由 3～4 人分别用手托伤员的头、胸、骨盆和腿，动作一致地将伤员平放到担架上，并加以固定。不同的病情选用不同的担架和搬运方法，如上肢骨折伤员多能自己行走，可用搀扶法。下肢骨折伤员可用普通担架搬运，而脊柱骨折时则要用硬担架或木板，并要填塞固定，颈椎和高位胸脊椎骨折时，除要填塞固定外，还要有专人牵引头部，避免晃动。

（五）烧伤急救

根据烧伤的不同类型，采取以下的急救措施：

（1）灭火和脱离现场：迅速扑灭身上火焰，采取有效措施使伤员迅速脱离致伤现场。对着火的衣物要采用水浸、水淋、卧倒翻滚等方法灭火，避免直立奔跑或站立呼喊，以免加重燃烧和呼吸道烧伤。

（2）衣物处理：灭火后，伤员应立即脱去衣物，剪去粘在皮肤上的部分。注意防止休克和感染，给伤员口服止痛片和磺胺类药，或肌肉注射抗生素，提供口服烧伤饮料。

（3）创面保护：对烧伤创面，一般不做特殊处理，避免弄破水泡。不涂抹有色的外用药。使用三角巾、大纱布块、清洁的衣物等简单而确实的包扎，以防止创面污染和感染。

（4）合并伤处理：处理合并伤，如骨折、出血、颅脑、胸腹部损伤，必须给予相应处理。伤员应尽快送往医院救治，注意搬运时动作轻柔，减少伤员痛苦。

十、心肺复苏法

心肺复苏（cardiopulmonary resuscitation）简称 CPR，是一种简单而有效的急救技术，可在心跳骤停或呼吸停止的紧急情况下使用，目的是恢复伤员自主呼吸和自主循环，直到专业医疗服务人员到达。

（一）心肺复苏法操作流程

1. 检查现场环境安全

在实施心肺复苏前，首先要快速观察现场环境，确保现场安全，例如远离火源、漏电区域、交通要道等，避免在急救过程中施救者和伤员受到二次伤害。

2. 检查伤员情况、反应

在安全的场地，应先检查伤员是否丧失意识、自主呼吸、心跳。

（1）检查意识：轻拍重呼，轻拍伤员肩膀，大声呼喊伤员。

（2）检查呼吸：检查呼吸时，伤员如果为俯卧位，应先将其翻转为仰卧位。用"听、看、感觉"的方法检查伤员呼吸。

（3）检查心跳：检查颈动脉的搏动，检查脉搏的时间一般不能超过 10s。

3. 紧急呼救

根据现场环境和伤员情况，应向周围人求助，拨打急救电话。

4. 胸外按压

（1）胸外按压部位：将一只手的掌根放在伤员胸骨中下 1/3 交界处，将另一只手的掌根置于第一只手上，手指间互相交错或伸展，按压力量经手掌跟而向下，手指应抬离胸部。

（2）胸外按压方法：确保伤员仰卧于平地上或用胸外按压板垫于其肩背下，两臂位于伤员胸骨的正上方，双肘关节伸直，利用上身重量垂直下压，对成人下压深度应为5～6cm，而后迅速放松，解除压力，让胸廓自行复位。如此有节奏地反复进行，按压与放松时间大致相等，频率应为100～120次/min。

5. 开放气道

（1）清理口腔异物：用手指清除口中可见的异物，如呕吐物、痰液等。

（2）采用仰头抬颌法：一只手按住伤员的额头，另一只手抬起伤员的下颌，使头部后仰，以打开气道。

6. 人工呼吸

（1）通常情况下，捏住伤员鼻子，用自己的嘴严密地罩住伤员的嘴，缓慢向内吹气，持续时间约1秒以上，观察到伤员胸廓有起伏为有效。

（2）松开捏着伤员鼻子的手指，让伤员胸廓自然回缩，排出肺部气体，同时均匀吸气。

步骤（1）和步骤（2）再重复一次。一般每进行30次胸外按压后，进行2次人工呼吸，如此反复进行，直到专业医疗服务人员到达或伤员恢复自主呼吸和心跳。

（二）心肺复苏的注意事项

（1）口对口吹气量不宜过大，一般不超过1200mL，胸廓稍起伏即可。吹气时间不宜过长，过长会引起急性胃扩张、胃胀气和呕吐。吹气过程要注意观察伤员气道是否通畅，胸廓是否被吹起。

（2）胸外心脏按压只能在伤员心脏停止跳动下才能施行。

（3）口对口吹气和胸外心脏按压应同时进行，严格按吹气和按压的比例操作，吹气和按压的次数过多和过少均会影响复苏的成败。

（4）胸外心脏按压的位置必须准确。不准确容易损伤其他脏器。按压的力度要适宜，过大过猛容易使胸骨骨折，引起气胸血胸；按压的力度过轻，胸腔压力小，不足以推动血液循环。

（5）施行心肺复苏术时应将伤员的衣扣及裤带解松，以免引起内脏损伤。

十一、窒息急救

窒息，是人体的呼吸过程由于某种原因受阻或异常，所产生的全身各器官组织缺氧，二氧化碳潴留而引起的组织细胞代谢障碍、功能紊乱和形态结构损伤的病理状态称为窒息。当人体内严重缺氧时，器官和组织会因为缺氧而广泛损伤、坏死，尤其是大脑。气道完全阻塞造成不能呼吸只要1min，心跳就会停止。只要抢救及时，解除气道阻塞，呼吸恢复，心跳随之恢复。

（一）窒息的阶段

（1）因二氧化碳分压升高、引起短时间内呼吸中枢兴奋加强，继而呼吸困难，丧失意识。

（2）全身痉挛，血管收缩，血压升高，心动徐缓，流涎，肠运动亢进。

（3）痉挛突然消失，血压降低，呼吸逐渐变浅而徐缓，产生喘息，不久呼吸停止。发生窒息现象时，若患者心脏微微搏动，应立即排除窒息原因并施行人工呼吸。丧失抢救时机必然使心脏停搏，瞳孔散大，全身反射消失，最后死亡。

需要说明的是，在上述窒息过程的任何阶段，皆可因心跳停跳而突然死亡。

（二）窒息的主要表现

呼吸极度困难，口唇、颜面青紫，心跳加快而微弱，伤员处于昏迷或者半昏迷状态，发绀明显，呼吸逐渐变慢而微弱，继而不规则，到呼吸停止，心跳随之减慢而停止。瞳孔散大，对光反射消失。

（三）窒息的急救方法

窒息的原因很多，窒息的急救应根据其病因进行救护。除了气道阻塞和引起缺氧的原因，部分伤员可以迅速恢复。具体措施如下：

（1）呼吸道阻塞的救护。将昏迷伤员下颌上抬或压额抬后颈部，使头部伸直后仰，解除舌根后坠，使气道畅通。然后用手指或用吸引器将口咽部呕吐物、血块、痰液及其他异物挖出或抽出。当异物滑入气道时，可使病人俯卧，用拍背或压腹的方法，拍挤出异物。

（2）颈部受扼的救护。应立即松解或剪开颈部的扼制物或绳索。呼吸停止时应立即进行人工呼吸，如伤员有微弱呼吸可给予高浓度吸氧。

（3）浓烟窒息时救护。在鼻、口周围绑上一条毛巾或厚布（最好是湿的），以保护自己。通过火场须尽量俯屈身体，自己通过时推开的门窗随手关上，以防止火势蔓延。

（4）胸部严重损伤的救护。半卧位法，给予吸痰及血块，保持呼吸道通畅，吸氧，止痛，封闭胸部开放伤口，固定肋骨骨折，速送医院急救。

十二、海上作业人员落水急救

在海上作业过程中，虽然作业人员落水的情况并不常见，但一旦发生，生命安全将面临严重威胁。因此，及时有效的急救措施至关重要。针对海上作业人员落水的情况，救援措施需迅速、有序地执行，救援人员需保持冷静，并严格遵循急救操作规程。

（一）落水应急救援方法

（1）快速响应：一旦发现有人落水，立即触发紧急按钮或利用无线电、卫星电话等设备发送求救信号。若落水者距离较近，可使用救生杆或抛掷救生圈，并确保两者通过绳索相连。

（2）安全评估与自我防护：在采取救援措施前，确保自身安全不受威胁。若落水者神志清醒，询问其身体状况，并协助其穿戴救生装备。

（3）远距离救援：对于远离救生圈的落水者，迅速呼叫救援，并准备救生艇等救援工具。请求附近船舶协助救援。

（4）夜间落水应对：夜间落水时，立即开启照明设备，投掷带有黄色烟雾和自亮浮灯的救生圈，并发出警报。

（5）现场施救：落水者被救起后，立即进行呼吸道清除和心肺复苏（CPR）。

（二）落水急救注意事项

（1）保持冷静，合理判断，避免因惊慌造成错误。

（2）正确评估落水者和自身安全状况。

（3）避免直接接触落水者，以免被其抓住无法脱身。

（4）使用适当的救援装备，如救生圈、绳索、救生衣等。

（5）确保落水者的呼吸道畅通，避免窒息。

（6）如有出血，迅速进行止血。

（7）救出落水者后，应尽快送往医疗机构接受治疗。

第十一章　职业危害因素及其防治

　　职业健康旨在研究并预防工作中因环境或有害因素导致的疾病，防止原有疾病恶化。1950 年，国际劳工组织和世界卫生组织联合职业委员会给出明确定义，强调促进职工生理、心理及社交最佳状态，防止受工作环境影响。做好职业健康防治工作意义重大，能保障检修人员健康，维持良好工作状态。

　　本章主要涵盖粉尘、有害气体、噪声、高温、不良劳动体位、辐射等常见职业危害因素的介绍，阐述它们对检修人员健康产生的不良影响。同时，针对每一类危害因素，深入讲解对应的有效防治方法，包括防护设备使用、作业环境改善等，以切实保障检修人员在工作中的身体健康。

第一节　粉尘危害及其防治

　　在风电机组检修、维护等各类工作场景中，粉尘危害对检修人员的身体健康构成潜在威胁。本节主要包括粉尘的危害及防治内容，详细介绍了防治基本原则、防护措施、治理手段、警示标识设置以及个人防护，旨在防范粉尘危害带来的不良影响。

一、粉尘的危害

　　(1) 长期吸入大量粉尘，如风电机组中的碳粉等，这些粉尘会在肺部不断沉积，逐渐破坏肺部组织，使肺部出现纤维化病变，导致尘肺。

　　(2) 粉尘具有致敏性，吸入后可能引发机体的过敏反应，导致哮喘发作。

　　(3) 粉尘会刺激呼吸道黏膜，引发炎症反应，导致支气管炎、肺炎等呼吸道疾病。

　　(4) 粉尘进入眼睛，会刺激眼结膜和角膜，引起眼睛疼痛、流泪、红肿等症状。长期接触粉尘还可能导致眼部慢性炎症，如结膜炎、角膜炎等，影响视力。

　　(5) 某些粉尘，如风电机组中的碳粉等，具有致癌性。长期吸入这些粉尘，可能会诱发肺癌、皮肤癌、膀胱癌等多种癌症。

二、基本原则

　　根据国家有关发电厂设计规范、职业卫生设计规程等有关要求，对生产现场可能产生的粉尘采取综合治理的措施。为防止粉尘的泄漏，应在工艺设备的选型和系统的设计中考虑较好的密封措施。针对检修过程中存在的职业危害主要依据的原则如下：

（1）设备各部件运行产生的粉尘，如发电机集电环室产生的碳粉，应检查排碳粉风扇工作正常，穿戴好防护用品，定期进行碳粉清理，并做好密封，防止碳粉进入机舱，对人员造成危害。

（2）环境因素产生的粉尘，风电机组应做好必要的密封，防止密封失效导致空气中的粉尘进入风电机组。

（3）检修过程中因打磨、焊接、涂漆等过程产生的粉尘，检修过程前应穿戴合格防护用品，减少检修过程中的粉尘吸入。

三、防治措施

（1）应为在存在粉尘危害的区域进行作业的检修人员，配备防尘口罩、护目镜等个人防护用品，并督促检修人员正确佩戴和使用。

（2）对存在粉尘危害的设备、设施、区域应定期进行清扫、冲洗、吸附等降尘措施，保持工作环境的干净、整洁。

（3）加强除尘、降尘设备设施的维护、保养及定期清理工作，做好粉尘的定期监测，发现设备设施缺陷，及时查明原因并予以消除，确保除尘、降尘设备设施投入率100％。

（4）进行有产生粉尘风险的作业前，检修人员应穿戴好个人防护用品。

（5）改善风电机组排碳通道、机舱内部密封环境，避免粉尘吸入。

（6）增加通风、吸尘等除尘装置。

（7）工作前做好预防措施，避免人体吸入粉尘。

四、警示的设置

（1）在发电机集电环室附近应设置"必须戴护目镜""必须戴防尘口罩"标示牌，如图11-1所示。

（2）在风电机组轮毂入口设置"注意通风"标示牌，如图11-2所示。

图11-1　发电机集电环设置标识牌

图11-2　轮毂入口设置标识牌

五、个人防护

在粉尘危害区域作业或从事粉尘危害作业的检修人员，应正确佩戴和使用防尘口罩、防尘服等劳动防护用品，如图11-3所示。

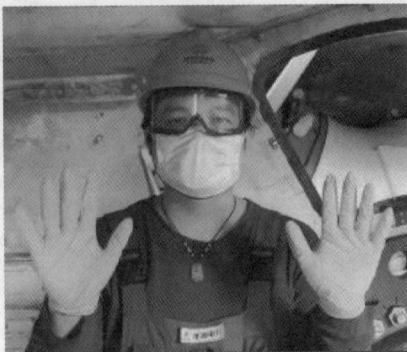

图 11-3　穿戴个人防护用品

第二节　有害气体危害及其防治

在风电机组工作场景中，有害气体容易引发头晕、恶心、中毒等一系列严重健康问题，甚至危及生命。本节主要包括有害气体危害的具体表现，详细介绍应对有害气体危害的基本原则、防护措施、治理手段、警示标识设置以及个人防护等多维度的防治策略，有效防控有害气体带来的危害。

一、有害气体的危害

（1）硫化氢是一种无色、有刺激性气味的气体，会刺激人体的眼睛、鼻子、喉咙等器官，导致头痛、眩晕、恶心、呕吐等症状。长时间接触高浓度的硫化氢，可能对人体的神经系统和呼吸系统产生严重的损害。此外，硫化氢还是腐蚀性气体，对金属设备和建筑物等产生腐蚀作用。

（2）二氧化碳是一种无色、无味的气体，它对人体健康没有直接的危害，但是高浓度的二氧化碳会抑制人体的呼吸中枢，导致呼吸困难，严重时可能导致窒息死亡。

（3）一氧化碳是一种无色、无味、有毒的气体，会与血红蛋白发生反应，导致人体缺氧，严重时可能导致死亡。长时间接触低浓度的一氧化碳，也可能导致头痛、眩晕、恶心等症状。

二、基本原则

（1）贮存和产生有害气体或腐蚀性介质的场所，应设置相应的防毒及防化学伤害的安全防护设施。

（2）工作场所应设置机械通风设施，室内空气不允许循环使用。

三、防治措施

（1）在有毒有害区域作业的检修人员，应配备防毒面具、防护手套、防护口罩等防护用品，并督促检修人员正确佩戴和使用。

（2）对可能产生有毒有害物质的场所进行定期清理并加强通风。

（3）减少有毒有害清洗剂的使用，从根本上消除有毒有害危害因素。

（4）采用稀释的方法，减少有毒有害因素的危害，如增加通风装置。

四、警示的设置

在可能产生有毒有害物质的区域应设置"当心中毒""注意通风"等标示牌，包括：

（1）储存清洗剂、油品等物质的场所。

（2）在需要使用清洗剂的密闭空间，如风电机组机舱、轮毂、基础等空间。

五、个人防护

（1）在使用清洗剂、油品等易挥发产生有毒气体的化学制剂前，穿戴好防护服、佩戴好口罩及防护手套。

（2）现场使用的工业清洗剂等挥发性化学制剂，每次作业中允许携带的总剂量不得超过 1L，不得采用敞开式瓶口的容器盛装清洗剂，应采用具有按压式、喷雾式瓶盖的容器进行盛装，确保容器倾倒后不会发生泼洒和泄漏；应要求制造商提供容量在 1L 以下的独立小包装产品。

（3）在机舱内使用工业清洗剂等挥发性化学制剂作业时，必须打开机舱盖（天窗）以保持空气流动；在风电机组轮毂内使用时，必须装设机械排风装置或使用便携式鼓风机等排风装置。

（4）使用工业清洗剂等挥发性化学制剂在风机内作业时，必须有专人在通风良好的区域进行安全监护，监护人员应携带满足现场救援需要的应急设备。

第三节　噪声危害及其防治

在风电机组众多工作场所，噪声危害广泛存在。本节主要内容包括噪声危害的具体表现形式及防治措施，详细阐述防治基本原则、防护措施、治理手段和个人防护，守护工作人员免受噪声侵害。

一、噪声的危害

（1）风电机组运转过程中，叶片切割空气、齿轮箱传动以及发电机运转等会产生高强度噪声，长期在这样的环境下工作，检修人员的内耳听觉细胞会逐渐受损。

（2）持续暴露于风电机组噪声中，会干扰人体的植物神经系统，导致检修人员出现头痛、头晕等不适症状。

（3）风电机组噪声过大，会掩盖设备运行过程中发出的异常声音，检修人员难以通过声音判断设备是否存在故障隐患，增加设备突发故障的风险，影响风电机组的正常运行和维护。

二、基本原则

（1）企业应根据国家有关发电厂设计规范、职业卫生设计规程等有关要求，对生产现场可能产生的噪声采取综合治理的措施。

（2）设计时，对于噪声较大的转动机械，选用低噪声设备。设备招标时向制造商提出控制机械噪声要求，以便从声源上治理。

三、防治措施

（1）应为在噪声危害区域作业或从事噪声危害作业活动的检修人员，配置护耳器、耳塞等个人防护用品，并督促检修人员正确佩戴和使用。

（2）在存在噪声危害的区域，设置警示标示牌。

（3）加强防噪、降噪设备设施的维护、保养及定期清理工作，做好噪声的定期监测，发现噪声升高、设备设施缺陷，及时查明原因并予以消除，保证所有的防噪、降噪设备设施处于正常运行状态。

（4）设备运行或维护时，对设备一直存在的噪声或不定时启动产生的噪声进行统计，检修人员提前了解，并做好预防措施。

（5）在设计中和设备更换时，尽量选用低噪声产品；在设备订货时，向制造商提出设备噪声限制要求，使其设备噪声值满足有关标准的要求，从声源上控制噪声。

（6）定期组织抑噪、降噪设备设施隐患排查，制订计划，实施治理。

（7）工作前制定降噪措施。

四、个人防护

（1）在高噪声危害区域作业或从事高噪声作业活动的检修人员，应正确佩戴和使用耳塞等个人防护用品；

（2）提前对不定时启动或产生影响工作噪声的设备断电；

（3）对检修工作中无法避免的噪声，提前采取佩戴好耳塞等降噪措施。

第四节　高温危害及其防治

当检修人员长时间处于高温环境下，身体散热机制面临巨大压力，极易引发中暑，出现头晕、恶心、呕吐等症状，严重时甚至危及生命。本节主要包括高温危害及其防治的相关内容，详细介绍防治基本原则和防护措施，确保检修人员免受高温侵袭。

一、高温危害

（1）脱水和中暑风险增加：在高温下，人体会过度蒸发水分，导致脱水。脱水会导致血液黏稠度增加，心脏负担加重，容易出现中暑。中暑是由于体温调节失调造成的，严重的中暑会导致意识丧失、器官功能衰竭，甚至死亡。

（2）心血管系统疾病风险增加：在高温环境下，人体的血压会升高，心脏负担加重，容易引发高血压、心脏病等心血管系统疾病。长期处于高温环境下工作，会加速心血管老化速度，促使心血管疾病提前发作。

（3）呼吸系统疾病风险增加：在高温环境下，人体的嘴巴和呼吸道会感到干燥，这会引发呼吸系统疾病，如哮喘、慢性咳嗽等。此外，高温环境中还会产生大量的粉尘、有害气体等，对呼吸系统造成刺激，增加呼吸系统疾病的风险。

（4）疲劳和注意力不集中：高温环境下，人体的新陈代谢增加，消耗大量能量，容易出现疲劳。疲劳会导致工作效率下降，容易发生错误和事故。此外，高温环境下的检修人员因身体的不适感，容易出现注意力不集中，影响工作安全。

（5）烫伤风险：风电机组刚停机时，其齿轮箱壳体温度较高，检修人员检修过程中容易发生烫伤事故。

二、基本原则

（1）最高气温达到40℃以上时，应当停止当日室外露天作业；

（2）最高气温达到37℃以上、40℃以下时，安排室外露天作业时间累计不得超过6h，连续作业时间不得超过国家相关规定，且在气温最高时段3h内不得安排室外露天作业。

三、防治措施

（1）健康教育和监测：对从事高温作业的检修人员进行健康教育，详细介绍高温作业的危害和预防措施，增强检修人员的风险意识。此外，定期进行体温、血压等生物监测，及时了解检修人员的身体状况。

（2）合理安排工作时间和休息：在高温环境下，应尽量避免在中午和下午高温时段进行工作。根据高温程度合理安排工作时间和休息时间，避免连续长时间的高温作业，严格控制工作时长，高温时段风电场停止室外露天和高处作业，防止检修人员疲倦乏力、劳累过度导致伤亡事故发生。

（3）提供适宜的工作环境：在高温作业现场，应提供足够的通风设施，确保空气流通。可以通过开启窗户、使用风扇、安装空调等方式降低室温。

（4）提供适宜的工作服装：检修人员应穿着透气性好的工作服，选择合适的材料，避免过度蒸发水分。此外，可以使用冰帽、冰领巾等冷却装备，帮助降低体温。

（5）提供清凉饮品和食物：严格落实检修人员防暑降温物品和药品的发放，购买矿泉水，保证作业现场不间断供应饮用水，厨房煮绿豆汤饮料（包括茶水、各种汤类等），防止检修人员脱水、中暑；风电场配备防暑必要的药品，配备医疗箱。定时足量发放给各班组及一线检修人员防暑药物。

（6）培训人员急救知识：对从事高温作业的检修人员进行急救知识培训，提高应对高温作业中的急救能力，为紧急情况提供合理的救助。

（7）存在高温危害的区域设置"注意高温""当心烫伤"等职业健康标示、标志，给检修人员足够的提醒。

第五节　不良劳动体位危害及其防治

在日常工作中，不良劳动体位会对检修人员的身体健康产生持续性的负面影响。本节主要包括风电机组工作中不良劳动体位的危害及其防治措施，详细阐述防治的基本原则和防护措施，构建不良劳动体位危害的坚固防线。

一、不良劳动体位危害

（1）腰间损伤：在风电机组的设备维护和备件更换过程中，由于某些备件重量较大，而更换空间相对狭小，检修人员常常需要过度使用腰部力量来完成操作。这种长期、频繁的腰部用力，容易导致腰部肌肉疲劳甚至损伤。对于风电机组检修人员来说，这种不正确的工作姿势和长期重复的用力动作，对腰部健康构成了潜在的危害。

（2）人身伤害：在风电机组的内部，存在着众多的转动部件和空间狭小的区域。这些区域在检修人员进行工作时，可能会造成手指夹伤或碰头的风险。

（3）触电伤害：在风电机组中，存在众多复杂的供电回路。在进行检修维护工作时，尽管已断开检修回路的供电电源，但在其邻近部位仍可能存在带电元件，增加了检修人员在工作中误触带电元件的风险。

二、基本原则

（1）安全第一：在进行任何检修工作之前，确保工作环境安全是最重要的。风电设备的运行和维护涉及高压、高速旋转等危险因素，因此，检修人员必须严格遵守安全规程，佩戴必要的安全防护设备，如安全帽、防护服和安全鞋等。

（2）标准化作业：风电机组检修人员应遵循标准化的作业流程，确保检修工作的质量和效率。应按照规定的步骤和要求进行工作，避免漏检或误操作。

（3）合适的工具：风电机组检修人员应使用合适的工具进行检修工作。选择合适的、符合安全标准的工具和设备可以提高工作效率，减少对设备的损伤。

三、防治措施

优化备件更换流程、提供适当的工具和设备等。同时，定期进行体检和健康检查，以及开展针对性的锻炼宣传，提高检修人员对健康的重视和自我保护意识。

工作过程中，正确佩戴个人安全防护用品。在执行电气部件的检修维护工作时，除了断开检修回路的电源外，还应确保邻近回路的电源也已断开，并进行验电操作，确认无电压后，方可进行检修工作。

第六节　有限空间作业危害及其防治

风电机组有限空间作业因空间相对封闭、通风不良等特性，可能面临中毒、窒息等致命风险，还可能存在缺氧环境。本节主要包括有限空间作业的危害及其防治措施，详细介绍防治的基本原则和防护措施，抵御有限空间作业危害。

一、有限空间作业的危害

（1）缺氧：有限空间内可能缺乏足够的氧气，导致检修人员窒息。

（2）有毒气体：空间内可能积聚有毒气体，如硫化氢、一氧化碳等，对检修人员造成中毒。

（3）可燃气体：可燃气体积聚可能导致爆炸或火灾。

（4）粉尘：粉尘积聚可能引起爆炸或导致呼吸系统疾病。

（5）物理危害：如高温、低温、高压、机械伤害等。

（6）其他危险：如触电、淹溺、滑倒等。

二、基本原则

（1）风险评估：在作业前对有限空间进行风险评估，识别潜在的危险和所需的控制措施。

（2）通风：确保有限空间内有足够的通风，以排除有害气体和粉尘，提供新鲜空气。

（3）测试和监测：在作业前和作业期间对空气中的氧气含量、有毒气体和可燃气体进行测试和监测。

（4）个人防护：为检修人员提供适当的个人防护装备，如呼吸器、防护服、安全帽、安全带等。

（5）培训和教育：对检修人员进行有限空间作业的安全培训，确保其了解作业风险和应急措施。

（6）安全监督：在作业期间，应有专门的安全监督人员在场，以监控作业环境和检修人员的安全。

（7）应急准备：制定应急响应计划，包括救援程序、紧急联络方式等，并确保救援设备和工具随时可用。

（8）准入控制：限制非检修人员进入有限空间区域，并在入口处设置警示标志。

（9）通信：确保有限空间内外有可靠的通信手段，以便在紧急情况下及时沟通。

三、防治措施

（1）从事有限空间作业的检修人员必须经过相关知识的专项培训，确保其熟悉制度、程序、风险及措施。

（2）当实施有限空间作业前，对有限空间可能存在的职业病危害进行识别、评估，以确定该有限空间可以准入并作业。

（3）在有限空间入口处设置安全警示标志和警示说明告知牌，并设置人员、工器具、物品进出登记本，如实记录。

（4）现场有限空间作业前应对所有检修人员进行交底，确保其熟知存在的职业危害因素及防范、应急措施。

（5）有限空间作业要严格执行"先通风、再检测、后作业"的作业程序。

（6）设置专职监护人员，作业期间与检修人员保持联系，在紧急情况时通知检修人员撤离。

（7）在有限空间作业过程中，检修人员应当对作业场所中的危险有害因素进行定时检测。

（8）应根据现场有限空间作业的特点，制定应急预案或现场处置方案，并配备相关的正压式呼吸器、防毒面罩、通信设备、安全绳索等应急装备。

（9）在电缆隧道等有条件的地方加装通风装置。

参 考 文 献

［1］龙源电力股份集团有限公司．风电安全风险分析及预控措施．北京：中国电力出版社，2017.

［2］龙源电力股份集团有限公司．风力发电职业培训教材　第二分册　风电场安全管理［M］．北京：中国电力出版社，2016.

［3］龙源电力集团股份有限公司．风力发电职业培训教材　第四分册　风力发电机组检修与维护［M］．北京：中国电力出版社，2016.

［4］联合动力 1.5MW 风电机组三级维护标准［S］．龙源电力集团股份有限公司．2019.

［5］尹天文．低压电器技术手册［M］．北京：机械工业出版社，2014.

［6］张利平．液压阀原理、使用与维护［M］．北京：化学工业出版社，2014.7.

［7］杨校生．风力发电技术与风电场工程［M］．北京：化学工业出版社，2012.

［8］韦恩．基尔柯林斯著．纪志帅劳德洪译．风电场运维与风力发电机维护及保养．北京：机械工业出版社，2006.